APPLICATION DES POTENTIELS

A L'ÉTUDE DE L'ÉQUILIBRE ET DU MOUVEMENT DES SOLIDES ÉLASTIQUES,

AVEC DES NOTES ÉTENDUES SUR DIVERS POINTS
DE PHYSIQUE MATHÉMATIQUE ET D'ANALYSE.

APPLICATION DES POTENTIELS

A L'ÉTUDE DE L'ÉQUILIBRE ET DU MOUVEMENT DES SOLIDES ÉLASTIQUES,

PRINCIPALEMENT AU CALCUL DES DÉFORMATIONS ET DES PRESSIONS
QUE PRODUISENT, DANS CES SOLIDES,
DES EFFORTS QUELCONQUES EXERCÉS SUR UNE PETITE PARTIE
DE LEUR SURFACE OU DE LEUR INTÉRIEUR;

MÉMOIRE SUIVI DE NOTES ÉTENDUES SUR DIVERS POINTS
DE PHYSIQUE MATHÉMATIQUE ET D'ANALYSE;

par M. J. BOUSSINESQ,

Professeur à la Faculté des Sciences de Lille.

———

PARIS,

GAUTHIER-VILLARS, IMPRIMEUR-LIBRAIRE

DU BUREAU DES LONGITUDES, DE L'ÉCOLE POLYTECHNIQUE,

SUCCESSEUR DE MALLET-BACHELIER,

Quai des Augustins, 55.

———

1885.

TABLE DES MATIÈRES

CONTENUES DANS CE VOLUME.

———————

NOTES COMPLÉMENTAIRES.

Note I, se rapportant au N° 8 et au § VI, relative à un potentiel à quatre variables, ou potentiel sphérique, plus simple que les autres, et dont l'emploi, outre qu'il rend presque intuitive l'étude de leurs propriétés, permet d'intégrer sous une forme concrète les équations de mouvement d'un milieu élastique et isotrope indéfini.

Note II, se rapportant au N° 8, et où il est traité, par une méthode nouvelle d'intégration, de la propagation de la chaleur dans les milieux athermanes, du mouvement transversal des barres et des plaques élastiques indéfinies, et des ondes que l'émersion d'un solide ou une impulsion comme celle d'un coup de vent font naître à la surface d'un liquide.

§ Ier. — *Nouvelle méthode pour intégrer une classe importante d'équations aux dérivées partielles.*

§ II. — *Applications de cette méthode dans la théorie de la chaleur et dans celle du frottement des fluides.*

APPLICATION DES POTENTIELS

A L'ÉTUDE DE L'ÉQUILIBRE ET DU MOUVEMENT DES SOLIDES ÉLASTIQUES,

PRINCIPALEMENT AU CALCUL DES DÉFORMATIONS ET DES PRESSIONS
QUE PRODUISENT, DANS CES SOLIDES,
DES EFFORTS QUELCONQUES EXERCÉS SUR UNE PETITE PARTIE
DE LEUR SURFACE OU DE LEUR INTÉRIEUR (*) ;

par M. J. BOUSSINESQ,

Professeur à la Faculté des Sciences de Lille.

INTRODUCTION. — BUT ET RÉSUMÉ DE CE TRAVAIL.

1. — *Objet principal du Mémoire.*

On peut se poser, relativement à l'équilibre des solides
élastiques, deux sortes de problèmes fondamentaux, c'est-
à-dire propres à faire comprendre de quelle manière se
comporte un corps quand il se déforme pour résister à
certaines actions extérieures.

(*) Plusieurs parties de ce mémoire ont été résumées : 1° dans des notes
insérées aux *Comptes-Rendus de l'Académie des Sciences de Paris*, (t. LXXXVI,
p. 1260, t. LXXXVII, p. 402, 519, 687, 978, 1077, t. LXXXVIII, p. 277, 334,
375, 701, 741, du 20 mai 1878 au 7 avril 1879 ; t. XCIII, 7 et 14 novembre 1881,
p. 703 et 783 ; t. XCV, 27 novembre et 4 décembre 1882, p. 1052 et 1149 ;
t. XCVI, 22 janvier 1883, p. 245) ; 2° dans deux extraits étendus, qui font partie
de l'édition française de la *Théorie de l'élasticité* de Clebsch, par MM. de Saint-
Venant et Flamant, publiée à Paris chez M. Dunod (premier fascicule, de 1881,
pages 374 à 407a, et second fascicule, de 1882, p. 881 à 888).

Les premiers de ces problèmes concernent des solides dont les parties analogues éprouvent des déformations pareilles, comme il arrive : 1° pour un parallélipipède rectangle, quand, au moyen de pressions normales appliquées à ses faces et constantes sur toute l'étendue de celles de même direction, on le soumet à des contractions ou dilatations uniformes, qui y laissent rectilignes et rectangulaires entr'elles les lignes matérielles parallèles à ses arêtes; 2° plus généralement, quand un prisme subit les mêmes déformations, soit en tous les points d'une fibre longitudinale quelconque, ce qui a lieu, à fort peu près, dans chaque tronçon d'une tige ou corps allongé, soit en tous les points d'un feuillet quelconque parallèle aux bases, comme il arrive de même, sensiblement, dans chaque tronçon d'une plaque ou corps aplati; 3° ou encore, quand les divers points d'une sphère solide se déplacent suivant ses rayons et de quantités ne dépendant que de la distance au centre, etc. Tous ces cas présentent un grand intérêt : car il résulte, de la manière simple dont les actions extérieures y sont supposées réparties, que les déformations et les pressions intérieures suivent des lois saisissables, comportant une expression analytique facile à traduire en nombres et, surtout, une représentation intuitive ou géométrique, toujours plus satisfaisante pour l'esprit que ne peuvent l'être des formules.

Mais il faut évidemment, pour se former une idée suffisamment générale de l'équilibre intérieur des solides élastiques, considérer aussi une seconde classe de problèmes, dans laquelle on ne supposera plus réalisés ces modes spéciaux de répartition des actions extérieures, ni, par suite, la sorte d'uniformité ou d'égalité des déformations qui en résulte pour divers endroits du corps; car ce n'est pas moins dans des conditions d'une inégalité quelconque de distribution, que dans celles d'une certaine égalité, qu'il importe de savoir comment agissent et se transmettent, aux différents points du solide élastique donné, les efforts

extérieurs qu'on lui applique. Malheureusement, ces nouveaux problèmes sont d'une complication excessive, et on
ne doit y regarder comme réellement fondamentaux, ou
comme capables de nous éclairer sur les lois de l'équilibre
intérieur des corps, que ceux dont la solution est bien
intelligible et comporte une représentation géométrique
naturelle. Il ne suffit pas d'y choisir son terrain de manière
à pouvoir effectuer les intégrations : car quel résultat applicable, utile pour le physicien ou l'ingénieur, a-t-on pu
tirer, par exemple, de la belle solution analytique donnée
par Lamé, en 1852, du problème de l'équilibre d'une
sphère, ou d'une enveloppe sphérique, que sollicitent des
pressions extérieures distribuées arbitrairement à sa surface? Il faut donc s'attacher surtout à des questions où,
malgré la plus grande généralité possible laissée au mode
de répartition des forces dans leur région d'application
donnée, il se présente quelque circonstance simplificatrice,
telle que l'éloignement des surfaces limites du corps, etc.,
qui permette à la solution d'avoir des lois intuitives ou,
tout au moins, de ne pas dépasser ce degré de complication au-delà duquel les formules ne disent plus rien à
l'esprit.

Il semble que, s'il existe de pareils problèmes, l'un
d'eux, le plus important, et même le premier qui se pose
naturellement quand on pense aux phénomènes d'élasticité,
doit être la question de savoir quelles déformations on
produit dans un solide, en le touchant sur une petite partie
de sa surface, tandis que ses parties éloignées de celle-là
sont maintenues fixes : cas où il n'y a de déplacements
sensibles que dans le voisinage de la région de contact,
en sorte que tout se passe, à fort peu près, comme si le
corps étudié était limité d'un côté par son plan tangent
(mené à l'endroit touché) et indéfini suivant les autres directions. Ce problème ne diffère évidemment pas de celui
des déplacements et des pressions que fait naître, dans un
sol élastique horizontal, le poids d'un corps déposé à sa

surface. Il comporte d'ailleurs, comme nous verrons, deux points de vue distincts, suivant que l'on se donne le mode de distribution de la charge ou pression totale entre les divers éléments de la surface de contact, pour en déduire les déformations du corps touché et spécialement de cette surface, autrement appelée *base d'appui*, ou suivant que l'on se donne, au contraire, la forme et la disposition nouvelles prises par la base d'appui, pour en déduire, ce qui est beaucoup plus difficile, le mode correspondant de distribution de la pression ou de la charge.

Une autre de ces questions, plus simple que la précédente en ce sens qu'aucune surface limite n'y complique les phénomènes, mais moins intéressante à cause du mode peu pratique d'application des forces extérieures qui s'y trouve employé, est celle des déformations qu'on produit dans un solide en exerçant, sur une partie de sa masse suffisamment éloignée de sa superficie, des actions quelconques. C'est ce qui arriverait, par exemple, si une portion intérieure du corps était magnétique et que, la surface se trouvant rendue fixe, on approchât, à quelque distance, des masses de fer.

Tels sont les deux principaux problèmes qui feront l'objet de cette étude. Ils constituent des questions élémentaires, presque inévitables, de la théorie de l'élasticité. Il n'en est vraisemblablement pas qui soient plus propres à nous faire connaître de quelle manière, dans les solides en équilibre, les pressions ou autres efforts extérieurs se transmettent, soit de la surface à l'intérieur — ce qui est le cas du premier problème, — soit d'une région aux régions voisines — ce qui est le cas du second ; — et comment s'y prend, en quelque sorte, l'élasticité pour répartir et modérer ces pressions ou ces forces, ainsi que leurs effets, à mesure qu'on s'éloigne des endroits où elles sont appliquées.

Observons, d'ailleurs, que la supposition qu'on y a faite, de l'immobilisation des parties du corps très éloignées

de la région sur laquelle on agit, n'est guère introduite
que pour fixer les idées. En réalité, les phénomènes produits dans cette région resteraient, sans doute, à peu près
les mêmes, si le corps était entièrement libre dans l'espace; car ses parties éloignées, vu la grandeur relative de
leur étendue et, par suite, de leur masse totale, seraient
maintenues sensiblement immobiles par leur inertie,
durant bien plus de temps qu'il n'en doit falloir à la petite
partie, de masse insignifiante, qui est contiguë à la région
d'application des forces exercées, pour suivre les impulsions qu'on lui imprime et se mettre dans un état quasi-
permanent de déformation et de tension, c'est-à-dire, à
fort peu près, dans l'état d'équilibre correspondant à la
fixation de l'ensemble du corps et à l'intensité actuelle
effective des actions extérieures qu'il supporte à l'endroit
que l'on considère.

2. — *De l'introduction naturelle des potentiels dans d'autres
théories que celle de forces obéissant à la loi newtonienne.*

Lamé et Clapeyron, dans leur célèbre mémoire de
1828, publié en 1833 (*), avaient déjà étudié l'équilibre
d'élasticité d'un solide sans pesanteur, indéfini dans tous
les sens, excepté d'un côté où ils le supposaient terminé
par une face plane et soumis du dehors à des pressions perpendiculaires. C'est bien l'une des questions traitées ici,
celle qui se présente quand on considère, par exemple, les
déformations produites dans un sol horizontal par des
charges données que supporte sa surface. Mais la solution
qu'ils ont obtenue consiste à superposer une quadruple
infinité d'intégrales simples, dont chaque terme est le produit d'une constante arbitraire (que permet de déterminer

(*) *Sur l'équilibre intérieur des solides homogènes*, au *Recueil des Savants étrangers
de l'Académie des Sciences de Paris*, t. IV (p. 541. — Quatrième section, cas
généraux).

ultérieurement la formule de Fourier) par une exponentielle
où paraît en exposant, au premier degré, la coordonnée z,
normale à la surface du corps, par une fonction linéaire de
z et par deux sinus ou cosinus affectés chacun, linéairement
aussi, de l'une des autres coordonnées x, y. Or, ces expressions des petits déplacements u, v, w du solide indéfini
sont trop complexes pour permettre de se représenter le phénomène, dont elles ne mettent en évidence qu'une loi
accessoire, d'après laquelle la dilatation cubique θ est proportionnelle, en chaque point de la surface, à la pression
normale qui s'y exerce. En général, dans toutes les questions de physique mathématique où l'on emploie la formule
de Fourier, les résultats s'offrent sous la forme d'intégrales
définies, doubles, quadruples ou sextuples, qui en dissi-
mulent profondément le sens concret; en sorte qu'on
n'arrive, par leur moyen, à des lois saisissables, que lorsqu'il est possible d'y effectuer la moitié des intégrations.

Ayant eu à traiter, en janvier 1870 (*), un problème
assez analogue à celui de Lamé et Clapeyron, quoique
beaucoup plus simple, savoir, le problème de l'écoulement
d'un liquide, sous des hauteurs de charge notables, par un
orifice percé dans une paroi plane indéfinie, avec la supposition que l'on connaisse en chaque point de l'orifice la
composante, normale à son plan, de la vitesse qui s'y
produit, j'ai composé aussi la solution d'une quadruple
infinité d'intégrales simples, dont la formule de Fourier
donne de suite les coefficients; mais j'ai reconnu, en effectuant deux des intégrations sur quatre, que les résultats
ainsi simplifiés s'expriment aisément au moyen du potentiel ordinaire ou classique relatif à une matière fictive
étalée sur l'orifice. Il en résulte cette loi simple, que la

(*) *Comptes-Rendus de l'Académie des Sciences de Paris* (t. LXX, p. 33, 177 et
1279). Voir aussi, pour plus de développements, au tome XXIII du *Recueil des
Savants étrangers*, la quatrième partie de l'*Essai sur la Théorie des eaux courantes*
(p. 536 à 589), et, dans les *Comptes-Rendus* (t. XCIV, p. 904, 1004, 1130; 3, 10 et
24 avril 1882), trois articles de M. de St-Venant.

vitesse du fluide en chaque point de l'intérieur du réservoir est égale, pour la grandeur et la direction, à l'attraction newtonienne qu'exercerait au même point, sur l'unité de masse, une couche homogène recouvrant l'orifice et d'une épaisseur partout proportionnelle à la composante normale donnée de la vitesse d'écoulement. Une fois en possession de cette loi, on reconnaît aisément qu'elle satisfait à toutes les équations du problème, et qu'il y aurait eu avantage à partir directement d'un potentiel sans passer par la formule de Fourier.

Il est naturel que les potentiels relatifs à des masses fictives finies s'introduisent dans certaines questions de physique mathématique, même ne se rattachant pas à la théorie de la pesanteur. Car, d'une part, la belle propriété, qu'ils présentent, d'avoir leur paramètre différentiel du second ordre Δ_2 nul hors de la masse par rapport à laquelle on les prend, et en raison directe de la densité dans l'intérieur de cette masse, les prédispose, en quelque sorte, à vérifier les équations indéfinies des problèmes où les paramètres Δ_2 jouent un grand rôle; et, d'autre part, ils deviennent inversement proportionnels à la distance pour les points très éloignés, ce qui, dans les milieux indéfinis, les rend également propres à exprimer les conditions dites *aux limites*, ou spéciales, qui consistent alors dans l'évanouissement asymptotique des phénomènes à mesure qu'on s'éloigne des régions d'activité de leurs causes (*).

3. — Leur application au problème de l'équilibre d'un solide
élastique, limité par un plan indéfini.

Ayant voulu appliquer ces considérations au problème de Lamé sur l'équilibre d'élasticité d'un solide que limite

(*) Il est clair que cela n'empêche pas les potentiels, ou d'autres intégrales définies plus ou moins analogues à ces fonctions, de pouvoir convenir aussi dans des questions concernant certains corps limités en tous sens, quoique sans doute les formules deviennent alors, généralement, beaucoup plus compliquées.

une face plane, prise pour plan des $x\,y$, et dont la masse n'est sollicitée par aucune action extérieure telle que la pesanteur, j'ai reconnu qu'on formait aisément trois types d'intégrales des équations indéfinies, en partant de toute fonction continue dont le paramètre Δ_2 est nul au dedans du solide. Dans le troisième, qui est le plus simple, $w=0$ et $-u, v$ égalent les deux dérivées en y et x de la fonction ; dans le second, u, v, w sont les trois dérivées de celle-ci en x, y, z ; enfin, dans le premier, ils résultent d'un déplacement w, proportionnel à la dérivée de la fonction par rapport à z, et de trois déplacements u, v, w obtenus en multipliant cette dérivée, changée de signe, par z et en différentiant le produit, respectivement, par rapport à x, y, z.

Seulement, pour que les véritables conditions spéciales aux points éloignés se trouvent satisfaites, il faut que la fonction considérée soit, non pas précisément le potentiel ordinaire relatif à une masse fictive (qui devrait toujours, d'ailleurs, être supposée extérieure au solide, afin que le paramètre Δ_2 s'annulât en tous les points de celui-ci), mais, par exemple, une fonction ayant ce potentiel pour sa dérivée première en z. J'appelle cette fonction, qui me paraît avoir passé inaperçue jusqu'ici, *potentiel logarithmique à trois variables*. Ses éléments s'obtiennent en mesurant la droite r qui joint au point donné (x, y, z) de l'espace chaque élément de la masse fictive, puis en augmentant cette droite de sa projection sur l'un des axes, qui est ici l'axe des z, et en multipliant le logarithme népérien de la somme par la masse élémentaire considérée. Le paramètre différentiel Δ_2 du potentiel ainsi formé est nul hors de la masse qui le donne (du moins du côté des z positifs, le seul dont il soit question), tout comme celui du potentiel ordinaire ; et ses dérivées premières, ou les produits par z de ses dérivées secondes, qui entrent dans les expressions des déplacements u, v, w, deviennent, pour les points éloignés, comme il le fallait, de l'ordre de l'inverse de la distance, quoique le potentiel lui-même grandisse alors indéfiniment.

Enfin, les conditions usuelles les plus simples que l'on puisse se donner à la surface du corps, et qui consistent à y supposer nulles, avec Lamé et Clapeyron, les composantes tangentielles de la pression extérieure, tandis que sa composante normale, par unité d'aire, est connue en chaque point, se vérifient aussi quand on admet, pour fixer les idées, que le corps soit un sol horizontal, et que la matière dont on prend le potentiel logarithmique se réduise à une couche mince pulvérulente étalée sur ce sol, assez lourde pour que chaque élément de la surface trouve sa charge effective, ou la pression qu'il supporte, dans le poids même de la partie de couche qui le recouvre. D'ailleurs, les véritables déplacements u, v, w se calculent alors par une superposition des deux premiers types d'intégrales.

Une autre superposition des trois types permet de traiter le cas d'actions tangentielles exercées sur la surface : mais la détermination des fonctions arbitraires, quand ces actions sont données, y semble plus difficile (*).

4. — *Déformations d'un sol élastique sous des charges données et transmission des pressions à son intérieur.*

Les expressions des déplacements deviennent extrêmement simples, pour chaque type d'intégrales, quand la couche par rapport à laquelle on prend le potentiel se réduit à un seul de ses éléments. Leur interprétation géométrique est alors immédiate, comme on le verra aux numéros 19, 20, 21, 22 et 23, et elle ne devient guère plus complexe lorsque, effectuant la superposition des deux premiers types dont il vient d'être parlé, on considère le cas d'un sol chargé en un seul point, ou plutôt sur une partie, très petite en tous sens, de sa surface.

Le long d'une droite quelconque émanée du point pressé, les déplacements sont en raison inverse de la distance à

____

(*) On verra au n° 40 *bis* (p. 182) qu'elle cesse de l'être par l'emploi d'un second potentiel logarithmique ayant le précédent pour sa dérivée en z.

ce point. Leur composante verticale, partout de même
sens que la pression élémentaire exercée, croît, d'ailleurs,
à mesure que diminue l'angle fait par la droite considérée
avec la verticale, proportionnellement au carré du cosinus
de cet angle, sans s'annuler nulle part. Quant à la composante horizontale, pour une pression positive ou exercée
de haut en bas, elle éloigne la matière de l'axe de symétrie
vertical passant par le point pressé, s'il s'agit de celle qui
est à l'intérieur d'un certain cône de révolution décrit
autour de cet axe ; tandis qu'elle l'en rapproche, au contraire, s'il s'agit de la matière extérieure au même cône
et notamment de celle de la surface. Ainsi, des cercles
concentriques, décrits sur la surface autour du point
pressé, se contractent d'une petite quantité, inversement
proportionnelle à leur rayon, en même temps qu'ils éprouvent un abaissement régi par la même loi de proportionnalité inverse.

Si l'on considère, à l'intérieur du corps, des couches de
matière parallèles à la surface et de plus en plus éloignées
de celle-ci ou de plus en plus profondes, on trouve que la
pression exercée au dehors se transmet, de chacune de ces
couches à la suivante, sous la forme de pressions obliques,
dirigées exactement à l'opposé du point de la surface directement comprimé, et qui sont en raison inverse, tout
à la fois, du carré de la distance à ce point et du carré du
rapport de cette distance à la profondeur de la couche (*).

A cause du principe de la superposition des petits effets,
l'enfoncement produit en un point donné de la surface
par des pressions extérieures connues, réparties arbitrairement, égalera, à un facteur constant près, la valeur,
pour ce point, du potentiel ordinaire total relatif à une
couche pulvérulente fictive, distribuée sur la surface de la
même manière que les pressions, ou propre à faire naître
celles-ci par son poids. Il est donc aisé de voir quelle forme

(*) Voir au n° 40 *bis* (p. 187) ce que devient cette loi dans le cas général d'une
pression inclinée.

prend la surface, soit à de grandes distances de la région d'application des forces, là où un développement en séries très convergentes est possible, et où une première approximation donne les mêmes lois que pour une pression isolée (ne s'exerçant que sur un élément plan), soit même à l'intérieur et dans le voisinage de la région d'application, en s'y bornant toutefois, pour simplifier les calculs, au cas simple d'une distribution pareille tout autour d'un point central. On trouve, par exemple, dans ce dernier cas, que les divers modes de répartition d'une même pression totale, à l'intérieur d'un cercle donné, sont presque sans influence sur la forme que prend la surface aux distances du centre dépassant une fois et demie ou deux fois le rayon du cercle, quoique les enfoncements ou abaissements y soient encore très sensibles ; le principal des termes qui expriment l'action propre de ces modes est en raison inverse du cube de la distance.

Des intégrales définies fort simples, aisément réductibles en séries, permettent d'étudier les déformations de la surface, notamment pour la région d'application des forces, quand celles-ci sont distribuées, dans tout l'intérieur d'un cercle, ou uniformément, ou paraboliquement avec annulation soit au bord, soit au centre, etc. La moyenne des enfoncements observés sur toute l'aire de la région d'application, et leurs valeurs tant au bord de cette région qu'à son centre, s'obtiennent même sous forme finie pour les modes précédents de distribution de la pression ou charge totale et pour une infinité d'autres modes plus complexes.

Les formules donnant tous ces résultats se déduisent, par voie d'intégration, de celles qui conviennent au cas d'une charge élémentaire uniformément répartie le long d'une circonférence ou, pour mieux dire, sur une bande annulaire infiniment étroite. Une loi digne de remarque signale ce cas simple : elle consiste en ce que, si deux charges égales sont ainsi déposées, à la surface du sol, suivant deux circonférences concentriques de rayons quelconques,

chacune d'elles produit un égal abaissement ou une égale
flèche aux points qu'occupe l'autre. La même loi de réciprocité s'observe pour une plaque circulaire mince, horizontale, appuyée ou encastrée sur tout son bord et supportant des charges réparties le long de circonférences concentriques à ce bord ; en sorte qu'elle établit, malgré la
différence profonde des formules, une analogie curieuse
entre un sol de dimensions indéfinies et une plaque mince
limitée en tous sens.

Mais revenons à l'étude de la forme prise par une région
d'application circulaire, sur toute l'étendue de laquelle
s'exercent les forces données. Une telle région, que nous
pouvons appeler la surface directement comprimée, devient
sensiblement concave pour une distribution uniforme de
la pression, et cette concavité s'accroît encore, elle fait
plus que doubler, dans une distribution parabolique avec
décroissement du centre au bord. Au contraire, la courbure prise par la surface comprimée est beaucoup plus
faible dans le deuxième mode de distribution parabolique,
où il y a annulation de la pression au centre, et aussi dans
d'autres modes formés, comme celui-là, par une combinaison des deux précédents.

Ces derniers modes, où la surface comprimée s'éloigne
moins de sa forme primitive que lors d'une distribution
uniforme, portent l'esprit à chercher comment il faut répartir la pression, à l'intérieur d'un contour donné, pour
que toute la surface limitée par ce contour reste plane et
horizontale. Il est clair que le potentiel doit alors recevoir
une valeur constante en tous les points de la couche par
rapport à laquelle on le prend, comme lorsqu'il s'agit
d'une charge d'électricité en équilibre sur une plaque mé-
tallique ; en sorte que le mode de distribution cherché est
le même pour les pressions que pour une charge électrique à la surface d'un plateau conducteur ayant la
forme de la région d'application. Dans le cas bien connu
où le contour est elliptique, il faut concevoir décrit sur

l'ellipse donnée, comme base, un demi-ellipsoïde à axe
vertical, puis supposer la charge totale répartie, à la surface
convexe de ce demi-ellipsoïde, proportionnellement, en
chaque point, à la distance de ce point à un ellipsoïde
concentrique et semblable infiniment voisin, et transporter enfin chaque partie de la charge sur l'élément de
l'ellipse donnée où elle se projette alors verticalement. La
propriété, dont jouit ce mode de distribution, de laisser à
la surface elliptique comprimée sa forme plane et horizontale se déduit sans calcul de celle que présente une
couche homogène, limitée par deux ellipsoïdes concentriques et semblables, de n'exercer aucune attraction sur
un point intérieur. Des parallèles équidistantes, d'une direction quelconque, découpent l'ellipse d'application en
bandes supportant toutes d'égales charges, etc.

Enfin, la transformation classique par rayons vecteurs
réciproques permet de déduire, de chacun des modes
considérés d'application des pressions extérieures, une
infinité d'autres modes, pour lesquels la forme de la surface
se trouve connue sans intégrations nouvelles. En particulier, le mode de distribution qui laisse à une région d'application circulaire sa forme plane et horizontale conduit
à un autre, également symétrique autour d'un centre, où
la région d'application est une bande annulaire, sans
limite extérieure déterminée, dont tous les points
s'abaissent comme ils le feraient si la charge entière était
réduite à sa résultante statique, c'est-à-dire transportée
au centre.

Il n'existe aucun mode de répartition des pressions, sur
une partie limitée de la surface indéfinie du corps, pour
lequel il y ait proportionnalité entre la charge que supportent les divers éléments de la surface et l'abaissement
qu'ils éprouvent. Mais cette proportionnalité se produit
dans des cas où toute la surface est divisée en compartiments similaires que sollicitent pareillement des pressions
et des tractions se neutralisant en moyenne. Les effets des

forces décroissent alors, à mesure qu'on s'enfonce à l'intérieur du corps, bien plus vite qu'ils ne feraient s'ils variaient, comme dans les cas précédents, en raison inverse d'une puissance déterminée de la distance; car il y entre en facteur une exponentielle qui s'évanouit (asymptotiquement) dès que l'éloignement à la surface devient un peu grand par rapport aux dimensions des compartiments.

5. — *Répartition, à la surface de contact, de la pression totale, quand c'est un corps dur qui l'exerce.*

Le problème de l'équilibre ne cesse pas d'être complétement déterminé quand, au lieu de se donner la pression extérieure en chaque endroit de la région d'application, on s'y donne, au contraire, l'abaissement w, ou encore lorsqu'on connaît, avec la charge totale, la forme que doit prendre la surface comprimée, et qu'on cherche, d'une part, l'abaissement d'ensemble éprouvé par celle-ci, ainsi que son orientation ou les rotations qu'elle subit, et, d'autre part, la manière dont s'y répartit la pression. Seulement, ces problèmes inverses, dont le second se ramène toujours à plusieurs de l'espèce du premier, sont beaucoup plus difficilement attaquables que le problème direct, où l'on suppose donnée la charge partielle de chaque élément de la région d'application (*). Heureusement, ils se trouvent résolus en même temps que ce problème direct, pour les cas où la surface comprimée aurait précisément l'une des formes qu'on y a obtenues et éprouverait l'abaissement d'ensemble correspondant ou supporterait la même pression totale. C'est ainsi que, par exemple, conformément à la loi énoncée plus haut pour des régions d'application elliptiques, une surface comprimée circulaire ne pourra rester plane

(*) Leur solution, sous une forme assez simple, est maintenant obtenue dans le cas de symétrie tout autour d'un point, grâce à une formule de M. Eug. Beltrami sur les potentiels (n° 38 *bis*, p. 167).

et horizontale qu'autant que sa charge, vue, d'une hauteur infinie, en perspective sur la surface d'une demi-sphère ayant pour base le cercle donné, sera distribuée uniformément entre toute l'étendue de cette calotte hémisphérique.

Or, la seconde des questions inverses, celle où l'on suppose connues la pression totale et la forme que doit prendre la surface comprimée, revient évidemment à chercher comment se répartit, sur un sol élastique horizontal et poli, le poids d'un solide beaucoup moins flexible qu'on y dépose, et de combien s'y enfonce un tel solide. En effet, la forme de la surface de contact ne diffère pas alors sensiblement de ce qu'elle était dans le solide non déformé, c'est-à-dire de la base d'appui du corps; elle fait partie des données de la question. Et les limites de la même surface, quand elles sont inconnues, s'obtiennent en exprimant que la pression s'y annule ou que le sol élastique n'y présente aucune discontinuité de son plan tangent, conditions équivalentes et nécessaires, comme on verra (p. 208). Les cas où la base d'appui du corps est plate et à contour convexe taillé en arête vive ne peuvent pas, il est vrai, être traités en toute rigueur dans l'hypothèse simplificatrice d'une courbure infinie aux arêtes; car il en résulterait, pour la pression exercée tout le long du contour, des valeurs infinies elles-mêmes par unité d'aire, bien qu'insignifiantes en grandeur absolue. Mais cette hypothèse n'en conduit pas moins aux véritables lois naturelles, et les seules accessibles, du phénomène, pour toutes les régions du sol élastique autres qu'une zone étroite contiguë au contour, sur laquelle régneront certaines *perturbations locales* comme il s'en rencontre dans bien d'autres questions de physique mathématique. Donc, on aura résolu, pour les cas les plus simples, le problème célèbre de d'Alembert et Euler, relatif à la question de savoir comment le poids d'un corps, posé sur un plan horizontal, se distribue entre les divers éléments de la surface de contact.

S'il s'agit de corps dont la base, limitée par un certain contour, est plane et reste horizontale, le mode de répartition cherché sera le même, comme il a été dit, que pour une charge électrique en équilibre sur une plaque terminée à ce contour. Je viens d'énoncer la loi très simple qui convient en particulier pour un disque circulaire. On reconnait, d'ailleurs, qu'un tel disque s'enfonce, à la surface du sol élastique, d'une quantité assez peu différente ($\frac{1}{12}$ en moins environ) de l'abaissement moyen qu'éprouverait la surface circulaire comprimée si la charge s'y distribuait uniformément (*).

6. — *Application des potentiels à des cas où le solide est sollicité dans sa masse par des forces extérieures.*

Ce n'est pas seulement pour des solides dont la surface supporte localement des pressions ou tractions diverses, que les potentiels s'appliquent avec avantage au problème de leur équilibre d'élasticité : ces fonctions donnent encore des intégrales, et aussi simples que possible, dans une autre question d'équilibre qu'on se propose de traiter également ici, savoir, celle où l'on s'occupe de corps dont la masse même, l'intérieur, est soumis, assez loin de sa surface, à l'action de forces quelconques données. Seulement les potentiels à considérer sont alors relatifs, non plus à de simples couches, infiniment minces, comme quand il s'agissait de pressions extérieures s'exerçant sur les surfaces occupées par ces couches, mais bien à des matières fictives à trois dimensions, remplissant, de même, l'espace où s'exercent les forces proposées. Il devient donc nécessaire d'étudier les potentiels et leurs dérivées pour l'intérieur des masses qui les donnent.

On sait combien sont artificielles et délicates les mé-

____

(*) La solution n'est pas moins simple dans le cas d'un corps à surface convexe quelconque (voir n° 51 *bis*, p. 239).

thodes imaginées dans ce but par les géomètres, celles,
par exemple, dont on se sert dans les traités de mécanique
pour démontrer la formule de Poisson. J'espère avoir découvert le procédé réellement naturel qui convient à l'étude
des intégrales multiples dont il s'agit, c'est-à-dire analogues aux potentiels direct et inverse ou à leurs dérivées
partielles successives. Il consiste à décrire une sphère,
d'un très petit rayon constant R, autour du point (x, y, z)
qui a pour coordonnées les paramètres dont dépend l'intégrale, et où la fonction sous le signe $\int$ devient infinie :
l'intégrale, supposée réduite aux éléments qui correspondent à la matière située en dehors de la sphère, reste une
fonction extrêmement peu différente de ce qu'elle doit être
réellement, c'est-à-dire de ce qu'elle devient pour $R = 0$; et
elle a les mêmes allures que cette fonction limite, qui
d'ailleurs n'existe ou n'est définie que par elle. C'est
donc sur l'intégrale ainsi entendue, ou dont on exclut tous
les éléments correspondant à l'intérieur de la petite sphère,
que doit se faire l'étude de l'intégrale limite elle-même.
Or, quand on la différentie, le point (x, y, z) se déplace
infiniment peu, emportant avec lui la sphère, de rayon
R, dont il est le centre. A côté des éléments communs
à l'intégrale dans ses deux états successifs, et qui se
différentient sous le signe $\int$ par le procédé ordinaire, il y
a donc des éléments, les uns gagnés, les autres perdus, et
qui correspondent aux espaces délaissés ou envahis par la
sphère. De là des termes aux limites, relatifs à la surface
de cette petite sphère, et dont la somme n'est pas toujours
négligeable, c'est-à-dire de l'ordre d'une puissance positive
du rayon R ou d'une autre fonction s'annulant avec R. Ce
sont précisément ces termes qui rendent le paramètre Δ_2 du

potentiel ordinaire ou inverse $\int \frac{dm}{r}$ égal au produit de

— 4π par la densité ρ ; et ils donnent pareillement, au
paramètre Δ_4 du paramètre Δ_2 du potentiel direct $\int r\, dm$, la
valeur — $8\pi\rho$, au lieu de la valeur zéro que Lamé trouve,

par la différentiation sous le signe f, à la vi[e] de ses *Leçons
sur la théorie de l'élasticité* (*).

Une méthode pareille s'applique à l'étude du potentiel
logarithmique à trois variables. Seulement la fonction
sous le signe f est alors infinie en une infinité de points
alignés sur une parallèle à l'un des axes coordonnés ; ce
qui conduit à remplacer la petite sphère par un cylindre
mobile de très petit rayon, décrit autour de cette parallèle
comme axe.

Les propriétés générales des potentiels une fois reconnues,
il est aisé de voir ce que deviennent, pour les points situés
à l'intérieur des masses fictives, les trois types d'intégrales
obtenus dans la première partie du mémoire : ils y satisfont
encore aux équations indéfinies de l'équilibre, mais seulement pour des cas où certaines actions extérieures s'y
trouveraient appliquées à l'unité de volume du corps élastique. Le premier type est particulièrement intéressant, en
ce que, d'une part, l'action extérieure y a, en chaque en-

(*) Ce procédé présente un autre avantage, quand on applique le potentiel
inverse à la théorie de la pesanteur, c'est-à-dire des forces régies par la loi
newtonienne. Comme rien n'empêche de supposer le rayon, R, de la sphère
décrite autour du point (x, y, z), à la fois très petit par rapport aux dimensions
des corps, ou par rapport aux distances auxquelles s'exercent en quantité sensible les actions dont on parle, et cependant très grand en comparaison de la
distance de deux molécules contiguës, l'intégrale ne sera pas modifiée d'une
manière appréciable, non plus que ses dérivées, si on pulvérise fictivement la
matière, en répandant d'une manière uniforme la masse de chaque molécule dans
tout l'espace qui la sépare de ses voisines. En effet, la distance, pour le moins
aussi grande que R, de chaque fragment au point (x, y, z) n'aura varié que dans
un rapport négligeable. La théorie classique du potentiel, qui suppose chaque
corps formé de parties exactement contiguës ou remplissant tout son volume ap-
parent, subsistera donc dans l'hypothèse, admise par tout le monde, de la discontinuité de la matière. On peut voir à ce sujet un petit mémoire que j'ai publié
au tome VI (1880, p. 89 à 93) du *Journal de Mathématiques pures et appliquées*, par
MM. Liouville et Resal.

Ainsi que je le dis à la fin de ce mémoire, la considération d'une petite sphère
mobile, décrite autour du centre (x, y, z) et entourant une matière dont on
convient de faire abstraction dans le calcul du potentiel, n'a rien de commun
avec celle de la petite sphère, *fixe* et *pleine*, qui a permis jusqu'ici aux auteurs
de mécanique de démontrer, assez simplement, pour les points (x, y, z) situés à
son intérieur, le théorème de Poisson, par la facilité que présente le calcul
direct du potentiel relatif à toute sa matière, supposée homogène et continue.

droit, sa valeur simplement proportionnelle à la densité.de la matière fictive, et que, d'autre part, les expressions des déplacements u, v, w s'y annulent en tous les points d'une sphère infinie décrite autour de l'origine comme centre.

Aussi ce premier type, d'où le potentiel logarithmique s'élimine de lui-même pour n'y laisser paraître que les dérivées secondes d'un potentiel direct, donne-t-il, sous une forme naturelle et comportant un sens géométrique des plus expressifs, les valeurs des déplacements qu'éprouve un solide indéfini sous l'action de forces extérieures appliquées à certaines parties de sa masse. MM. William Thomson et Tait avaient déjà, aux n°s 730 et 731 de leur beau *Traité de philosophie naturelle*, trouvé des expressions équivalentes, mais plus complexes, auxquelles les ont conduits des méthodes d'intégration beaucoup moins simples.

On peut aussi, dans ce problème, arriver très vite aux expressions définitives des déplacements u, v, w par l'introduction de potentiels directs $\int r\,dm$, en s'appuyant sur l'analogie de l'équation $\Delta_2 \Delta_2 \int r\,dm = -8\pi\rho$, vérifiée par ces potentiels, avec les formules qui donnent les Δ_2 des Δ_2 de u, v, ou w, et qui se déduisent aisément, comme on sait, des équations indéfinies ordinaires de l'équilibre. Lamé avait comme pressenti cet emploi des potentiels directs, au n° 26 (p. 71) de ses *Leçons sur la théorie de l'élasticité* : on voit seulement que ce n'est pas pour un corps intérieurement libre de toute action extérieure qu'il réussit le mieux, comme l'insinuerait la comparaison que fait Lamé de relations telles que $\Delta_2 \Delta_2 \int r\,dm = 0$ et $\Delta_2 \Delta_2 (u, v, w) = 0$, mais bien, au contraire, pour un corps que sollicitent des forces quelconques appliquées à son intérieur.

7. — *Déformations et pressions dans un corps indéfini, sollicité intérieurement par une force unique ou par deux forces égales et contraires. — Des perturbations locales dans la mécanique des solides.*

Le potentiel dont les dérivées secondes entrent dans les expressions des déplacements u, v, w se réduit à un seul de ses éléments, quand le corps, supposé indéfini en tous sens, est sollicité à son intérieur par une force unique. Alors, le long d'un même rayon r émané du point d'application de la force, les déplacements sont parallèles entr'eux et inversement proportionnels à la distance r. Si l'on décompose, par la pensée, la matière du corps en couches sphériques minces ayant pour centre le point d'application considéré, chaque couche reste sphérique et conserve son rayon, tout en se déplaçant dans le sens de la force ; seulement, son centre de gravité avance moins que son centre de figure, parce que la matière glisse à sa surface et s'accumule un peu à l'arrière ; etc. Des lois également très simples régissent les déformations produites et les pressions intérieures qui en résultent. Par exemple, chaque couche sphérique exerce sur celle qui l'entoure des actions, inverses du carré du rayon r, se composant par unité d'aire, en chaque point, d'une pression oblique constante, de même sens que la force extérieure appliquée au centre, et d'une pression normale, proportionnelle au cosinus de l'angle qu'elle fait avec cette force.

En superposant les effets de deux forces égales et de sens contraires, appliquées au corps indéfini, on peut se rendre compte, soit des erreurs que tolère la statique classique, dans l'étude d'un tel corps, lorsqu'elle permet d'y déplacer une force le long de sa direction, soit des effets d'un couple sur le solide. Ces derniers effets, de même que ceux de deux forces égales et opposées, sont purement locaux, c'est-à-dire insensibles à quelque distance de la région d'application ; car il n'y a pas de rotation d'ensemble, vu qu'on suppose le corps fixé à l'infini et qu'on cherche seulement ses déformations intérieures. D'ailleurs, même dans le cas où il serait libre, l'inertie de ses parties éloignées suffirait pour les immobiliser sensiblement, jusqu'à ce que la région d'application, avec ce qui l'entoure, eût reçu ses déplacements d'équilibre.

On se trouve donc n'évaluer, de la sorte, que des *perturbations locales*, comme il s'en produit près des extrémités des tiges ou du contour des plaques, c'est-à-dire là où s'exercent d'ordinaire, dans ces corps d'une étude plus facile et plus répandue que les autres, de grandes actions extérieures, dont on donne la résultante et le moment sans s'occuper de leur mode de distribution ou d'application, ni, par suite, des effets locaux qu'il entraîne.

Seulement, ces perturbations, à l'intérieur de solides ayant leurs trois dimensions comparables entr'elles, paraissent se propager beaucoup plus loin que celles qui, chez les tiges et les plaques, naissent sous l'action de forces en équilibre, appliquées à une extrémité ou dans une petite région quelconque. Et on le conçoit ; car, dans les corps massifs, les diverses parties sont beaucoup moins libres de leurs mouvements, beaucoup plus solidaires les unes des autres : des forces qui se neutralisent, ou qui ont pour effets non un mouvement d'ensemble, mais de simples tiraillements en sens opposés, y ébranlent donc beaucoup plus de molécules et, par contre, beaucoup moins les molécules mêmes contiguës aux points d'application, que dans les corps allongés ou aplatis. Effectivement, MM. Thomson et Tait ont pu calculer, d'une manière approchée, les perturbations que causent dans les plaques les couples de torsion, perturbations représentées par certaines intégrales du troisième type dont il est parlé plus haut, généralisé, et ils ont reconnu que ces perturbations décroissent très rapidement, à partir du bord de la plaque, proportionnellement à une exponentielle, de manière à s'évanouir, au point de vue de l'observation, à une distance du bord qui vaut le double seulement de l'épaisseur de la plaque. Au contraire, dans un solide indéfini, comme à la surface d'un sol horizontal, les effets de forces appliquées à l'intérieur d'une certaine région et qui se neutralisent ne décroissent, à mesure qu'on s'éloigne de la région considérée, qu'en raison inverse du cube de la distance.

8. — *Réflexions sur une différence que présentent, en physique mathématique, les véritables solutions simples, ou les éléments naturels des solutions générales, suivant qu'il s'agit de systèmes matériels indéfinis ou de corps limités.*

En résumé, parmi les problèmes sur l'équilibre d'élasticité qu'on peut traiter par les potentiels, deux surtout m'ont paru trouver dans ces fonctions leur solution naturelle, la représentation propre et en quelque sorte immédiate des faits(*). Ces deux questions, concernant des phénomènes dont l'allure concorde si bien avec les modes même de variation des potentiels ou de leurs dérivées, sont, d'une part, le problème de l'équilibre d'un solide limité par un simple plan et soumis, en divers points de ce plan, à des pressions arbitraires, d'autre part, le problème de l'équilibre d'un corps, indéfini dans toutes les directions, sur lequel s'exercent, en certaines régions limitées, des forces extérieures quelconques. Or, dans les deux cas, l'intégrale générale se compose d'une infinité de termes, dont chacun pris à part la constituerait si la matière fictive par rapport à laquelle on prend le potentiel se réduisait à un seul de ses éléments, ou, ce qui se trouve revenir au même, si on n'appliquait, soit à la surface, soit au volume du corps, qu'une seule des forces élémentaires données. Les *véritables* solutions simples, c'est-à-dire celles en lesquelles se décompose *d'elle-même* la solution générale, expriment donc les effets qui se

____

(*) Il faut y joindre celui du n° 43 *bis* (p. 197), où les déplacements à la surface sont donnés au lieu des pressions.

produiraient si les actions déformatrices, cause des phénomènes étudiés, ne s'exerçaient qu'en un seul des éléments de leur région d'application, tous les autres restant libres (*).

Une loi analogue apparaît dans le problème, rappelé au n° 2 (p. 20), de l'écoulement d'un liquide, sous de grandes charges, par un orifice percé à travers une paroi plane indéfinie. *L'appel* du fluide intérieur vers le dehors se compose, en quelque sorte, des appels partiels qu'exercent sur lui les diverses parties de l'ouverture faite à la paroi ; car on a vu que tout se passe comme si le liquide débité dans l'unité de temps par chaque élément de l'orifice imprimait aux molécules intérieures des vitesses proportionnelles à son volume et en raison inverse du carré de la distance, la vitesse effective s'obtenant ensuite par la composition géométrique de toutes ces vitesses partielles.

Il en est de même dans la question de la corde vibrante de longueur indéfinie, type classique de tous les phénomènes ondulatoires. L'ébranlement initial, cause du fait étudié, est réductible, pour chaque partie de la corde, à deux ébranlements distincts, émis, l'un, dans un sens, l'autre, dans le sens contraire. Or, chacun de ces ébranlements se propage comme si l'autre n'existait pas et comme si toutes les parties de la corde, excepté la portion infiniment petite que l'on considère, s'étaient trouvées initialement sans vitesse dans leurs situations de repos. Donc, là encore, l'intégrale générale, quoique de forme finie pour l'analyste, se décompose naturellement, pour le physicien, en une infinité de solutions simples, exprimant, chacune, ce que serait le phénomène si sa cause ne s'était exercée que sur un seul élément de la région donnée d'application.

Il serait aisé de mettre en évidence le même caractère dans la solution générale, due à Laplace, de l'équation

(*) On pourrait en dire autant si la *cause* des phénomènes était (n° 43*bis*, p. 197) des déplacements à la surface *donnés*, corrélatifs de pressions dont la plupart, s'exerçant en des points maintenus fixes, ne seraient pas réputées déformatrices, mais purement résistantes.

indéfinie des températures (*), solution qui exprime par
une intégrale définie la dissémination, le long d'une barre
infiniment longue ou au sein d'un milieu athermane à
plusieurs dimensions, d'une quantité de chaleur que contenaient initialement certaines régions de la barre ou du
milieu. En effet, chaque élément de l'intégrale définie considérée représente, pour tout point du corps, la part de sa
température qui est due à la chaleur initialement concentrée dans une partie infiniment petite de ces régions. Et il
en serait de même de l'intégrale de Fourier, assez connue,
qui exprime la propagation d'ébranlements transversaux
le long d'une barre droite sans fin (**).

Dans ces problèmes et leurs analogues (***), il convient
de choisir comme variables d'intégration, sous les signes f
de l'intégrale définie obtenue pour exprimer le résultat,
les variables mêmes dont dépend immédiatement la fonction arbitraire introduite sous ces signes f et caractéristique
de l'état initial ou des circonstances qui définissent, pour
ainsi dire, l'individualité du phénomène. Les variables dont
il s'agit représentent directement les coordonnées de la
région où naissent les faits étudiés, en sorte que l'élément
de l'intégrale définie exprimera les effets issus de chaque
partie infiniment petite de cette région et produits par les
causes élémentaires qui s'y trouvent ou s'y trouvaient
initialement en jeu.

Il est donc permis, ce semble, d'ériger en principe
général que, lorsqu'il s'agit de corps ou milieux indéfinis
dans les sens suivant lesquels se déroulent les phénomènes,
les véritables solutions simples des problèmes de physique

(*) Voir, à la fin du mémoire, le n° 14 de la deuxième note complémentaire.
Les éléments de la solution générale dont il s'agit sont donnés par la formule
(67) de cette note.

(**) Voir le n° 20 de la même note.

(***) La même deuxième note complémentaire en offrira un certain nombre :
les solutions simples naturelles y sont exprimées par les formules (32), (60), (67),
(98), (99), (110), (111), (197), (201), (224), (229), (240), (242), etc.

mathématique, c'est-à-dire celles qui figurent naturellement et utilement dans la composition des résultats cherchés, sont des termes infiniment petits, exprimant, chacun, la partie des faits observés qui prend naissance dans un élément particulier de la région où ils se produisent. Ces faits élémentaires se superposent sans s'influencer mutuellement, à cause de la forme linéaire des équations. Et ils conservent indéfiniment leur simplicité, leur caractère distinctif de faits issus d'un même point et se propageant toujours de même dans des espaces de plus en plus grands mais uniformes ou semblables : car on suppose le système matériel homogène, et dépourvu de toute limite qui, inégalement distante des diverses parties, établirait entr'elles des différences relatives ou modifierait à son approche les phénomènes.

On sait qu'il en est tout autrement pour les corps limités. Alors les solutions simples représentent des cas où les causes en jeu interviennent à la fois dans toute l'étendue de leur région possible d'application, mais où leurs effets ont, aux divers points, des rapports d'intensité, dépendant de la forme du corps, tellement calculés, qu'ils se propagent, à partir de cette région, ou se transforment, à partir de l'instant initial, sans que ces rapports changent et, d'ordinaire, proportionnellement à des exponentielles, sinus ou cosinus de fonctions linéaires de la distance ou du temps. Ces solutions simples, en nombre infini, supposées rangées suivant l'ordre même de leur degré décroissant de simplicité, diffèrent, les unes des autres, en ce qu'elles présentent dans toute l'étendue de la région d'application un nombre de plus en plus grand de changements de signe à mesure qu'on passe de l'une d'elles à la suivante, c'est-à-dire en ce qu'elles expriment des faits élémentaires de moins en moins concordants pour tout l'intérieur de chaque partie de la région d'application ou, par suite, de moins en moins influents et de moins en moins marqués aux yeux de l'observateur. En conséquence, l'intégrale générale est une série de termes finis, dont chacun, proportionnel à une des solutions simples, se trouve affecté d'un coefficient qui exprime pour quelle part cette solution simple intervient dans le mode proposé de répartition des causes en jeu ou dans l'état initial donné. Et la série ainsi obtenue est d'ordinaire très convergente; car les termes éloignés changent trop souvent de signe pour concourir, d'une manière notable, à l'expression d'un mode de répartition ou d'un état initial quelque peu graduels et s'étendant à la totalité de la région d'application (comme on l'admet, quoique souvent d'une manière implicite, dans les problèmes de cette nature, quand on veut que les formules trouvées ne soient pas illusoires au moins dans la période de début des phénomènes).

Mais concevons qu'un système matériel limité grandisse de plus en plus, et qu'en même temps la région où naissent les faits reste finie, de manière à n'occuper qu'une partie de plus en plus faible de son étendue totale possible. On aura ainsi un mode de distribution des causes en jeu, ou un état initial, qui s'éloignera de plus en plus de ceux que représentent les solutions simples propres aux corps bornés; en sorte que, dans la décomposition à effectuer de ce mode ou de cet état initial en une série de modes ou d'états initiaux correspondant aux solutions simples, les termes de la série qui deviendront influents seront de plus en plus nombreux et d'un ordre de plus en plus élevé. A la limite, c'est-à-dire au moment où les bornes du système s'évanouiront en disparaissant à l'infini, et où la région dans laquelle naissent les phénomènes étudiés ne sera plus qu'un point dans l'étendue qu'elle pourrait occuper, le mode de répartition ou d'état initial différera infiniment de celui qui est propre à toute solution simple, et même de ceux qui correspondent à toute somme d'un nombre très grand, mais fini, de solutions simples. Donc, la série exprimant l'intégrale cherchée n'aura que des termes infiniment petits et ne sera plus qu'infiniment peu conver-

gente, sans compter qu'elle pourra même ne le devenir
qu'après une infinité de termes. C'est ce qui arrive quand on
passe, par exemple, des séries trigonométriques ordinaires à
la série de Fourier, vers laquelle tend la plus générale d'entr'elles quand la période grandit indéfiniment. On n'a donc
plus, à cette limite, qu'une formule illusoire, du moins
au point de vue des calculs effectifs; et il le faut bien,
puisqu'on veut, par une sorte de fiction, imposer des formes
à un espace qui n'en a plus et saisir, relativement à ses
limites qui se sont évanouies, des différences de position
entre ses parties, devenues au contraire similaires en tout.

L'application de la formule de Fourier aux problèmes
de physique mathématique concernant les corps indéfinis
ne donne donc les résultats que sous une *forme de transition*, pour ainsi dire, forme parfois indécise, en ce qu'il y
subsiste des traces de circonstances disparues, et impropre
par elle-même aux calculs numériques, mais apte d'ordinaire à se transformer utilement quand on peut, en effectuant dans ces résultats la moitié des intégrations, savoir,
celles qui s'y trouvent indiquées par rapport à des variables
auxiliaires allant de zéro à l'infini, sommer, sous leurs
autres signes $\int$, les séries devenues infiniment peu convergentes et converties en intégrales. Grâce à ces sommations,
une infinité de solutions simples se groupent en une seule,
et il ne reste plus à intégrer que par rapport aux variables
représentant les coordonnées de la région d'application,
ou dont les différentielles multipliées ensemble expriment,
en coordonnées rectilignes rectangles, l'élément même de
cette région. Le terme unique obtenu sous les signes $\int$ encore subsistants n'est donc autre que la véritable et naturelle solution simple propre au milieu indéfini, celle dont
il vient d'être parlé, et que des potentiels, relatifs à chaque
élément d'une matière fictive répandue dans la région
d'application, expriment si simplement pour les questions
étudiées dans ce mémoire ainsi que pour le problème de
l'écoulement d'un liquide par un orifice.

*8 bis. — Coup d'œil sur le sujet des notes complémentaires. —
Définition naturelle des paramètres différentiels d'une fonction de point, et, en particulier, de celui du second ordre Δ_2.*

Terminons notre résumé par quelques mots au sujet des
deux notes jointes à ce mémoire.

La première a pour but : 1°, de faire connaître un potentiel à quatre variables x, y, z, r, le *potentiel sphérique*,
qui contient en germe les potentiels ordinaires ou à trois
variables x, y, z, et dont le paramètre différentiel Δ égale
la dérivée seconde par rapport à la quatrième variable r,
propriété d'où découlent celles qui concernent les paramètres analogues des potentiels ordinaires ; 2° de montrer,
sur des exemples relatifs aux petits mouvements intérieurs de fluides et de solides indéfinis en tous sens, que
ce potentiel sphérique comporte des applications, à la
dynamique des corps élastiques, non moins importantes
que celles des autres potentiels à leur statique et à l'écoulement des liquides par des orifices.

L'utilité ou la fécondité de représentation des différentes
sortes de potentiels, dans tous ces cas, paraît tenir à ce que
les équations des problèmes dont il s'agit ne contiennent
que des dérivées d'un même ordre pair. Or d'autres questions, non moins importantes, celles, par exemple, qui
concernent les mouvements transversaux des barres droites
et des plaques planes, les ondes liquides courtes propagées
à la surface d'une eau assez profonde, etc., s'expriment,
au contraire, par des équations dans lesquelles les dérivées
relatives à certaines variables sont d'un ordre deux fois
plus élevé que celles qui s'y trouvent prises par rapport à
d'autres. La seconde note complémentaire a justement pour
but d'intégrer d'une manière très simple cette deuxième
catégorie d'équations aux dérivées partielles, du moins
dans l'hypothèse, faite constamment ici, de corps illimités

suivant les sens où s'y déroulent les phénomènes. On y parvient au moyen d'intégrales définies ayant cela de commun avec le potentiel le plus général, que leur élément contient le produit de deux fonctions arbitraires dont l'une, encore, reste telle après qu'on a satisfait aux équations indéfinies, mais en différant 1° par la manière dont s'y trouvent engagées les variables autres que celles d'intégration, 2° en ce que ce sont des intégrales simples, sauf le cas où elles se combinent avec des potentiels (comme au n° 30 de la note II), tandis que ceux-ci sont des intégrales multiples. Et leurs paramètres Δ_2 ne se calculent pas moins aisément, car on les obtient en remplaçant simplement chacune des deux fonctions arbitraires par sa dérivée, prise avec un signe convenable.

Les intégrations ainsi effectuées conduisent, soit dans la première note, soit dans la seconde, à des lois physiques simples, dont plusieurs ont une certaine importance au point de vue des applications, et qui, toutes, présentent un réel intérêt en philosophie naturelle. Afin de ne pas trop étendre cette introduction déjà assez longue, je renverrai, pour leur énoncé, au corps même du travail. Mon but serait atteint, si tous ces résultats, joints à ceux du mémoire proprement dit, donnaient au lecteur une juste idée des ressources que peut offrir au mécanicien ou au physicien géomètres l'immense et magnifique classe de fonctions qu'on appelle *les intégrales définies*, surtout quand il s'agit de représenter des phénomènes dont l'état initial comprend dans son expression une infinité de constantes arbitraires et dont, pour ce motif, les fonctions plus simples de l'analyse, avec leur définition trop étroite et leur continuité trop compréhensive, sont impuissantes à saisir les nuances ou à reproduire, en quelque sorte, l'allure plus libre.

Concluons par cette remarque, que les fonctions de trois coordonnées rectangulaires x, y, z, ou d'un nombre moindre, qui rendent le plus de services en physique mathématique, sont celles dont le paramètre différentiel Δ_2 s'exprime de la manière la plus simple au moyen de certains de leurs éléments, ou de certaines de leurs dérivées relatives à des variables autres que x, y, z. Mais pourquoi les paramètres différentiels Δ_2 se présentent-ils sans cesse dans les applications de l'analyse aux phénomènes physiques ? C'est ce que fait comprendre, je crois, surtout sous la forme géométrique qui en sera donnée tout-à-l'heure, une définition très naturelle de ces paramètres, dont les géomètres ne s'étaient peut-être pas avisés encore, malgré sa simplicité. Elle consiste à dire que *le paramètre différentiel* Δ_2 *d'une fonction est, au facteur numérique près* $\frac{1}{2}$, *la valeur moyenne des dérivées secondes de la fonction, prises, pour le point considéré* (x, y, z), *suivant toutes les directions possibles, c'est-à-dire dans le sens de toutes les droites qui s'y croisent.*

En effet, soient a, b, c les trois cosinus directeurs de l'une de ces droites et $\rho = f(x, y, z)$ une *fonction* quelconque *de point* (ou fonction ayant une valeur en chaque point de l'espace). Le long d'un chemin infiniment petit ds, compté sur cette droite à partir de (x, y, z), les coordonnées croissent de ses trois projections $dx = ads$, $dy = bds$, $dz = cds$; de sorte que l'accroissement correspondant $d\rho$ de la fonction est

$$d\rho = \frac{d\rho}{dx}\,dx + \frac{d\rho}{dy}\,dy + \frac{d\rho}{dz}\,dz = \left(a\,\frac{d\rho}{dx} + b\,\frac{d\rho}{dy} + c\,\frac{d\rho}{dz} \right)ds.$$

La dérivée première de ρ suivant la direction considérée vaudra donc, comme on le sait d'ailleurs,

$$\frac{d\rho}{ds} = a\,\frac{d\rho}{dx} + b\,\frac{d\rho}{dy} + c\,\frac{d\rho}{dz};$$

et cette relation, étant applicable à toutes les fonctions de point, équivaut à la règle générale de différentiation qu'exprime la formule symbolique

$$\frac{d}{ds} = a\,\frac{d}{dx} + b\,\frac{d}{dy} + c\,\frac{d}{dz}.$$

Par suite, la dérivée seconde de ρ suivant la même direction sera

$$\frac{d^2\rho}{ds^2} = \left(a\,\frac{d}{dx} + b\,\frac{d}{dy} + c\,\frac{d}{dz} \right) \left(a\,\frac{d\rho}{dx} + b\,\frac{d\rho}{dy} + c\,\frac{d\rho}{dz} \right),$$

ou, en développant et ordonnant,

$$\frac{d^2\rho}{ds^2} = a^2\,\frac{d^2\rho}{dx^2} + b^2\,\frac{d^2\rho}{dy^2} + c^2\,\frac{d^2\rho}{dz^2}$$
$$+ 2\,bc\,\frac{d^2\rho}{dy\,dz} + 2\,ca\,\frac{d^2\rho}{dz\,dx} + 2\,ab\,\frac{d^2\rho}{dx\,dy}.$$

Supposons maintenant que la droite ds tourne autour du point $(x,\ y,\ z)$, de manière à prendre successivement toutes les orientations, et cherchons la moyenne des valeurs qu'aura la dérivée seconde $\frac{d^2\rho}{ds^2}$. Comme les cosinus directeurs a, b, c, et même leurs produits deux à deux bc, ca, ab, seront aussi souvent et autant négatifs que positifs, les trois derniers termes disparaîtront du résultat. Quant aux trois précédents, les carrés a^2, b^2, c^2 y recevront leur valeur moyenne, évidemment égale pour tous les trois, et qui est $\frac{1}{3}$, à cause de la relation $a^2 + b^2 + c^2 = 1$. Il viendra donc

$$\text{Moyenne de } \frac{d^2\rho}{ds^2} = \frac{1}{3}\left(\frac{d^2\rho}{dx^2} + \frac{d^2\rho}{dy^2} + \frac{d^2\rho}{dz^2} \right) = \frac{\Delta_2\rho}{3}.$$

Ainsi, le paramètre différentiel Δ_2 d'une fonction est bien, au facteur numérique près $\frac{1}{3}$, ce qu'on pourrait

appeler sa *dérivée seconde moyenne* dans l'espace au point
considéré : il constitue, pour les figures à trois dimensions,
telles que, par exemple, une masse hétérogène ayant la
densité ρ, ou pour les affections d'un espace triplement
étendu, l'équivalent de ce qu'est, dans les surfaces, la
courbure moyenne, avec laquelle il se confond d'ailleurs,
sauf encore un facteur numérique, quand il s'agit d'une
fonction ρ indépendante de la coordonnée z, et des sur-
faces exprimées soit par l'équation $z = \varepsilon\rho$, où ε désigne une
constante infiniment petite, soit par l'équation $z = \rho$,
mais en se bornant alors aux points où le plan tangent est
parallèle au plan des xy. Il est bon d'observer, à l'occasion
de cette analogie, que le théorème d'Euler, sur la somme
des courbures de deux sections normales rectangulaires
d'une surface, n'est qu'un cas particulier du principe
évident de l'invariabilité du trinôme $\Delta_2\rho$ quand le système
des axes coordonnés tourne arbitrairement.

L'expression

$$\Delta_1 \rho = \sqrt{\frac{d\rho^2}{dx^2} + \frac{d\rho^2}{dy^2} + \frac{d\rho^2}{dz^2}},$$

à laquelle Lamé a donné le nom de *paramètre différentiel
du premier ordre* de la fonction ρ, comporte une définition
analogue ; car son carré, divisé par 3, n'est autre chose
que la valeur moyenne du carré de la dérivée première
$\frac{d\rho}{ds}$ au point considéré, c'est-à-dire de la somme

$$\left\{\begin{aligned}
\frac{d\rho^2}{ds^2} = a^2\,\frac{d\rho^2}{dx^2} &+ b^2\,\frac{d\rho^2}{dy^2} + c^2\,\frac{d\rho^2}{dz^2} \\
&+ 2\,bc\,\frac{d\rho}{dy}\,\frac{d\rho}{dz} + 2\,ca\,\frac{d\rho}{dz}\,\frac{d\rho}{dx} + 2\,ab\,\frac{d\rho}{dx}\,\frac{d\rho}{dy}.
\end{aligned}\right.$$

Comme cette valeur moyenne est évidemment la même
quel que soit le système des axes rectangulaires choisis,
il suffit de prendre un des axes parallèle à une normale

infiniment petite dn, menée, en partant du point (x, y, z), à la surface $\rho(x, y, z) = \mathrm{const.}$ qui y passe, et du côté vers lequel ρ grandit, pour que les trois dérivées $\dfrac{d\rho}{d(x, y, z)}$ deviennent, l'une, $\dfrac{d\rho}{dn}$, les deux autres, zéro, et qu'on ait, par suite, vu que le rapport $\dfrac{d\rho}{dn}$ est d'ailleurs positif, $\Delta_1\rho = \dfrac{d\rho}{dn}$: relation exprimant, comme on sait, la définition géométrique ordinaire du paramètre différentiel Δ_1. Et si, lorsqu'il s'agit d'une fonction ρ de deux coordonnées x et y seulement, le paramètre $\Delta_2\rho$ trouve une application immédiate dans la théorie des surfaces représentées par l'équation $z = \rho(x, y)$, du moins aux endroits où le plan tangent est parallèle à celui des xy, puisqu'il y exprime la courbure moyenne et que son indépendance d'avec les axes rectangulaires des x et des y choisis y a pour traduction géométrique le théorème d'Euler, le paramètre différentiel $\Delta_1\rho$ joue, de son côté, dans le même cas d'une fonction ρ de x et de y représentant l'ordonnée z d'une surface, un rôle peut-être plus naturel encore : car, le plan des xy étant supposé, par exemple, horizontal, le rapport, $\dfrac{d\rho}{dn} = \Delta_1\rho$, de la *différence de niveau* $d\rho$ de deux coupes horizontales voisines de la surface à la distance dn de leurs projections sur le plan des xy, égale la *pente* de la surface en (x, y, z), pente qui, d'après l'expression même de $\Delta_1\rho$, a pour carré la somme des carrés des pentes, $\dfrac{d\rho}{dx}$, $\dfrac{d\rho}{dy}$, des deux coupes faites dans la surface, aux mêmes points, par les deux plans verticaux des zx et des zy. On a donc, au lieu du théorème d'Euler sur l'invariabilité de la somme des courbures de deux sections normales rectangulaires, celui de l'invariabilité de la somme des carrés des pentes des deux sections faites dans la surface, au point considéré, par deux plans verticaux rectangulaires quelconques.

Mais revenons au paramètre Δ_2. La définition que nous en avons donnée admet une forme encore plus géométrique, expliquant le rôle immense de ce paramètre dans l'étude des phénomènes naturels. Imaginons qu'on décrive, autour du point (x, y, z) comme centre, une sphère d'un rayon infiniment petit r, et, ρ désignant la valeur de la fonction en ce centre, appelons ρ' et ρ'' ses valeurs aux deux extrémités du diamètre dont la direction est (a, b, c). La dérivée seconde $\dfrac{d}{ds}\dfrac{d\rho}{ds}$, égale, par définition, à la valeur limite du rapport $\dfrac{1}{r}\left(\dfrac{\rho' - \rho}{r} - \dfrac{\rho - \rho''}{r}\right)$, qui n'est autre que $\dfrac{2}{r^2}\left(\dfrac{\rho' + \rho''}{2} - \rho\right)$, sera très sensiblement le produit de $\dfrac{2}{r^2}$ par l'excédent, sur la valeur de ρ au centre, de la moyenne de ses deux valeurs aux extrémités du diamètre $2\,r$. Par suite, si l'on appelle ρ_1, la moyenne générale des valeurs de la fonction sur toute la surface de la petite sphère, ou aux extrémités de tous les diamètres possibles, il viendra

$$\text{Moyenne de } \frac{d^2\rho}{ds^2} = \frac{2}{r^2}\,(\rho_1 - \rho);$$

d'où

$$\Delta_2\,\rho = 3 \text{ moyenne de } \frac{d^2\rho}{ds^2} = \frac{6}{r^2}\,(\rho_1 - \rho).$$

Donc, *le paramètre différentiel du second ordre d'une fonction, en un point donné, égale le produit de l'accroissement moyen qu'elle éprouve autour de ce point, quand on s'en éloigne à une distance infiniment petite, par six fois l'inverse du carré de cette distance. Ce paramètre mesure ainsi l'accroissement moyen de la fonction autour du point, et voilà pourquoi il en est la dérivée la plus naturelle.* Aussi conçoit-on que, par exemple, dans la théorie de la chaleur, où les échanges calorifiques se règlent d'après les différences de température, il exprime, à un facteur spécifique près, le gain total de chaleur effectué par la molécule (x, y, z) sur ses voisines pendant un instant infiniment petit.

La formule $\Delta_2 \rho = \dfrac{6}{r^2} (\rho_1 - \rho)$, résolue par rapport à ρ_1, donne les deux premiers termes du développement de cette fonction de x, y, z, r suivant les puissances de r. On verra, au n° 2 de la première note complémentaire, une méthode facile pour obtenir le même développement, mais complet, et pour en déduire une expression simple, au moyen du symbole Δ_2, de la valeur moyenne des dérivées d'un ordre quelconque m de la fonction ρ, prises, à partir du point (x, y, z), le long des droites qui en émanent. Cette expression, qui comprend la précédente, $\frac{1}{3} \Delta_2 \rho$, relative au cas $m = 2$, est

$$\text{Moyenne de } \frac{d^m \rho}{ds^m} = 0 \text{ (pour } m \text{ impair)}, \quad \frac{1}{m+1} (\Delta_2)^{\frac{m}{2}} \rho \text{ (pour } m \text{ pair)},$$

$(\Delta_2)^{\frac{m}{2}}$ désignant la répétition, effectuée $\dfrac{m}{2}$ fois, de l'opération $\dfrac{d^2}{dx^2} + \dfrac{d^2}{dy^2} + \dfrac{d^2}{dz^2}$ qu'indique le symbole Δ_2.

On verra aussi, à la fin du même numéro, que, dans le cas d'une fonction indépendante de z et considérée seulement dans le plan des xy, la formule de la valeur moyenne de la dérivée $m^{ème}$ de ρ devient

$$\text{Moy. de } \frac{d^m \rho}{ds^m} = 0 \text{ (pour } m \text{ impair)}, \quad \frac{1}{2} \frac{3}{4} \cdots \frac{m-1}{m} (\Delta_2)^{\frac{m}{2}} \rho \text{ (pour } m \text{ pair)}.$$

§ 1ᵉʳ. — ÉQUATIONS DIFFÉRENTIELLES DE L'ÉQUILIBRE D'UN SOL ÉLAS-
TIQUE HORIZONTAL, HOMOGÈNE ET ISOTROPE, DONT LA SURFACE
SUPPORTE DES PRESSIONS DONNÉES OU ÉPROUVE DES
DÉPLACEMENTS CONNUS.

____

9. — *Exposé du problème.*

Je me propose d'étudier en premier lieu l'équilibre d'un
solide élastique, homogène et isotrope, limité d'un côté par
un plan, indéfini dans tous les autres sens, et soumis sur
sa surface à diverses pressions, tandis que son intérieur
reste libre de toute action extérieure.

Ce corps ne sera autre, par exemple, qu'un sol horizontal
supportant diverses charges. Un tel sol, il est vrai, n'est
pas sans pesanteur : mais son propre poids n'a pour effet
que d'imprimer à sa matière de petites compressions, exactement pareilles sur toute l'étendue d'une même couche
horizontale, en rapprochant un peu de la surface, le long
de chaque verticale, les particules du milieu qui s'y trouvent situées aux diverses profondeurs. Il suffit donc de
rapporter à la surface même, prise pour lieu de repère, les
déplacements produits par le poids du sol, pour que ces
déplacements soient très petits depuis la surface jusqu'à
une certaine distance à l'intérieur, c'est-à-dire dans tout
l'espace que nous aurons à considérer, et pour que, dès lors,
le principe de la superposition des petits effets puisse leur
être appliqué. Il sera donc permis de faire abstraction de
ces premiers déplacements, ainsi que de leur cause, dans
le calcul des déplacements nouveaux que diverses charges
déposées ultérieurement sur le sol feront naître et qui,
seuls, nous occuperont.

Le corps considéré pourrait être aussi un solide élastique, de forme quelconque, touché par un autre sur une très petite partie seulement d'une de ses faces, et se comportant par suite, à fort peu près, dans toute la région directement atteinte et autour, c'est-à-dire là où ont lieu des déformations sensibles, comme s'il y était limité d'un côté par son plan tangent, mais indéfini dans tous les autres sens.

Il est évident d'ailleurs que les parties du corps situées à l'infini ou, plutôt, au-delà d'une certaine distance de l'endroit touché, conserveront leur forme et leurs dimensions. C'est naturellement à celles-là, c'est-à-dire à des axes qui leur seront liés, que nous rapporterons les déplacements des autres parties, de manière à n'avoir à considérer que des déplacements qui s'annuleront en tous les points infiniment distants de la région d'application des pressions données.

10. — *Équations indéfinies et conditions spéciales aux surfaces limites.*

Je prendrai la surface du corps ou du sol indéfini pour plan des xy d'un système de coordonnées rectangles et un axe des z dirigé vers l'intérieur. Conformément aux notations ordinaires (employées par Lamé), x, y, z désigneront les coordonnées primitives de chaque molécule, u, v, w les accroissements qu'elles reçoivent lors des déformations éprouvées, enfin λ et μ les deux coefficients constants d'élasticité du milieu. Les équations indéfinies de l'équilibre seront, comme on sait,

$$(1) \quad \begin{cases} (\lambda + \mu)\dfrac{d\theta}{dx} + \mu\,\Delta_2\,u = 0, \\[2ex] (\lambda + \mu)\dfrac{d\theta}{dy} + \mu\,\Delta_2\,v = 0, \\[2ex] (\lambda + \mu)\dfrac{d\theta}{dz} + \mu\,\Delta_2\,w = 0, \end{cases}$$

en désignant par θ la dilatation cubique

$$(1 \ bis) \qquad \theta = \frac{du}{dx} + \frac{dv}{dy} + \frac{dw}{dz},$$

et par Δ_2 l'expression symbolique $\frac{d^2}{dx^2} + \frac{d^2}{dy^2} + \frac{d^2}{dz^2}$, qui désigne le paramètre différentiel du second ordre de la fonction écrite à la suite de ce symbole.

Il y aura, en outre, des conditions d'équilibre spéciales aux surfaces limites.

Les composantes p_x, p_y, p_z, suivant les trois axes, de la pression exercée du côté des z négatifs (par unité d'aire) sur tout élément plan parallèle aux xy et notamment, pour $z = o$, sur un élément quelconque de la surface, c'est-à-dire du plan des xy, auront les expressions connues

$$(2) \quad \left\{ \begin{aligned} p_x &= - \mu \left(\frac{dw}{dx} + \frac{du}{dz} \right), \\ p_y &= - \mu \left(\frac{dv}{dz} + \frac{dw}{dy} \right), \\ p_z &= - \lambda\,\theta - 2\,\mu\,\frac{dw}{dz}. \end{aligned} \right.$$

Ces valeurs de p_x, p_y, p_z égaleront des fonctions données de x et de y, aux divers points de la surface pour lesquels on connaîtra les pressions extérieures exercées ; et elles y seront même nulles, si ce n'est dans les régions où nous supposerons appliquées les actions extérieures. Quant à celles d'entre ces régions pour lesquelles on ne connaîtrait pas p_x, p_y, p_z, il faudra s'y donner, à la place, soit les composantes correspondantes, u, v ou w, du déplacement, soit, tout au moins, des relations en même nombre entre les pressions extérieures et les déplacements produits. Afin de simplifier, nous supposerons d'abord qu'on se donne en fonction de x et de y, pour chaque partie du plan des xy, p_x ou u, p_y ou v, p_z ou w.

Enfin, si l'on conçoit décrite, de l'origine des coordonnées comme centre, une sphère d'un très grand rayon ι, laquelle découpera le corps suivant une calotte demi-sphérique, cette calotte deviendra aussi une véritable surface-limite, quand on fera croître indéfiniment son rayon et qu'elle entourera de la sorte toute la partie du corps déformée. Or, il s'exerce évidemment, sur la surface $2\pi\iota^2$ de cette calotte, des pressions dues à la matière qui l'entoure et chargées de tenir en équilibre celles que l'on a directement appliquées à la surface supérieure. D'ailleurs, celles-ci ayant, par hypothèse, leurs composantes totales, suivant les trois axes, finies, il en est de même dés pressions appliquées à la calotte : en conséquence, ces pressions, rapportées à l'unité de son aire $2\pi\iota^2$, seront comparables à $\dfrac{1}{2\pi\iota^2}$, et les déformations qui les produiront, ou qu'aura éprouvées la matière du corps à cette distance ι de l'origine, c'est-à-dire de la région d'application, seront aussi de l'ordre de $\dfrac{1}{\iota^2}$. Mais ces déformations s'expriment par des dérivées premières, en x, y, z, de u, v, w ; en sorte que u, v, w, nuls pour ι infini, comme on a vu à la fin du numéro précédent, et devant avoir leurs dérivées premières de l'ordre de $\dfrac{1}{\iota^2}$, ne peuvent manquer d'être eux-mêmes comparables à $\dfrac{1}{\iota}$.

Si k, k_1, k_2 désignent trois fonctions de x, y, z, inconnues, mais qui ne grandissent pas indéfiniment avec ι, on aura donc encore les trois conditions

$$(3) \qquad (\text{pour } \iota = \infty) \quad u = \frac{k}{\iota}, \quad v = \frac{k_1}{\iota}, \quad w = \frac{k_2}{\iota} ;$$

11. — *Unité de la solution.*

Grâce à ces diverses équations ou conditions, le problème de l'équilibre est entièrement déterminé. En d'autres termes, si l'on a pu trouver trois fonctions u, v, w, de x, y, z, qui les vérifient, et si l'on remplace, dans toutes ces équations, u, v, w par $u + u'$, $v + v'$, $w + w'$, on sera forcé de poser $u' = 0$, $v' = 0$, $w' = 0$.

Effectivement, substituons $u + u'$, $v + v'$, $w + w'$ à u, v, w, et appelons θ' l'expression $\dfrac{du'}{dx} + \dfrac{dv'}{dy} + \dfrac{dw'}{dz}$.

Les équations (1) prendront la forme

$$(4) \qquad \left\{ \begin{aligned} (\lambda + \mu)\, \frac{d\theta'}{dx} + \mu \Delta_2 u' &= 0, \\[2mm] (\lambda + \mu)\, \frac{d\theta'}{dy} + \mu \Delta_2 v' &= 0, \\[2mm] (\lambda + \mu)\, \frac{d\theta'}{dz} + \mu \Delta_2 w' &= 0. \end{aligned} \right.$$

D'autre part, les conditions spéciales à la surface $z = 0$ deviendront :

$$(5) \qquad (\text{pour } z = 0) \left\{ \begin{aligned} \mu \left(\frac{dw'}{dx} + \frac{du'}{dz} \right) &= 0 \quad \text{ou} \quad u' = 0, \\[2mm] \mu \left(\frac{dv'}{dz} + \frac{dw'}{dy} \right) &= 0 \quad \text{ou} \quad v' = 0, \\[2mm] \lambda \theta' + 2\mu\, \frac{dw'}{dz} &= 0 \quad \text{ou} \quad w' = 0. \end{aligned} \right.$$

Enfin, les relations (3), où il faudra supposer que k, k_1, k_2 puissent éprouver des changements finis, d'ailleurs inconnus, k', k'_1, k'_2, prendront les formes :

$$(6) \qquad (\text{pour } \iota \text{ infini}) \quad u' = \frac{k'}{\iota}, \quad v' = \frac{k'_1}{\iota}, \quad w' = \frac{k'_2}{\iota}.$$

Cela posé, appelons $d\varpi = dx\,dy\,dz$ un élément quelconque du volume ϖ contenu dans la sphère de rayon ι décrite autour de l'origine comme centre, et ajoutons les équations (4) respectivement multipliées par $u'd\varpi$, $v'd\varpi$, $w'd\varpi$. Puis, intégrons le résultat dans toute la partie du corps qu'entoure la sphère, après avoir remplacé les termes

$$\lambda u' \frac{dv'}{dx}, \; \mu w' \left(\frac{dv'}{dx} + \Delta_2 v' \right), \; \text{etc.,}$$

respectivement, par les expressions équivalentes

$$\lambda \frac{du'v'}{dx} - \lambda v' \frac{du'}{dx},$$

$$\mu \left[2 \frac{d.u'\frac{du'}{dx}}{dx} + \frac{d.u'\left(\frac{du'}{dy} + \frac{dv'}{dx} \right)}{dy} + \frac{d.v'\left(\frac{du'}{dx} + \frac{dv'}{dz} \right)}{dz} \right]$$

$$- \mu \left[2 \frac{du'^2}{dx^2} + \frac{du'}{dy} \left(\frac{du'}{dy} + \frac{dv'}{dx} \right) + \frac{dv'}{dz} \left(\frac{du'}{dx} + \frac{du'}{dz} \right) \right], \; \text{etc.}$$

On pourra appliquer aux termes exactement intégrables une fois la méthode dite de Green, bien connue, qui les réduit à des intégrales prises sur la surface enveloppe du volume considéré. D'ailleurs, ces termes s'annuleront sur chaque élément de la surface du corps, c'est-à-dire sur le plan des xy, à cause même des conditions (5) qui s'y trouvent vérifiées. D'autre part, les termes relatifs à la superficie de la sphère de rayon ι contiendront en facteur le produit de u', v' ou w' par quelqu'une des dérivées de u', v', w' et se trouveront, par suite, de l'ordre de petitesse de $\frac{1}{\iota^3}$ pour l'unité d'aire ; en sorte que leur somme, sur toute la surface convexe $2\pi\iota^2$ de la demi-sphère qui est à considérer, sera très petite de l'ordre de $\frac{1}{\iota}$ et nulle pour ι infini. Les termes aux limites disparaîtront donc tous, pour ι infini, et il viendra, en étendant les intégrales qui restent, changées de signe, à tous les éléments de volume $d\varpi$ du corps,

$$(7) \quad \int \left[\lambda \theta'^2 + 2\,\mu \left(\frac{du'^2}{dx^2} + \frac{dv'^2}{dy^2} + \frac{dw'^2}{dz^2} \right) + \mu \left(\frac{dv'}{dz} + \frac{dw'}{dy} \right)^2 + \mu \left(\frac{dw'}{dx} + \frac{du'}{dz} \right)^2 + \mu \left(\frac{du'}{dy} + \frac{dv'}{dx} \right)^2 \right] d\varpi = 0.$$

Comme les coefficients d'élasticité λ, μ sont essentiellement positifs, cette relation ne peut être satisfaite qu'en posant à la fois, pour toutes les valeurs de x, y, z,

$$(8) \quad \begin{cases} \dfrac{du'}{dx} = 0 \,, \quad \dfrac{dv'}{dy} = 0 \,, \quad \dfrac{dw'}{dz} = 0 \,, \\[2ex] \dfrac{dv'}{dz} + \dfrac{dw'}{dy} = 0 \,, \quad \dfrac{dw'}{dx} + \dfrac{du'}{dz} = 0 \,, \quad \dfrac{du'}{dy} + \dfrac{dv'}{dx} = 0. \end{cases}$$

Celles-ci expriment, comme on sait, que u', v', w' correspondent à de simples déplacements d'ensemble du corps, sans aucune déformation intérieure. Les formules (6) obligeant d'ailleurs à faire u', v', w' nuls aux points infiniment éloignés de l'origine, un tel mouvement d'ensemble doit lui-même être supposé nul ; et l'on est bien réduit à poser

$$u' = 0 \,, \quad v' = 0 \,, \quad w' = 0.$$

§ II. — INTÉGRATION DE CES ÉQUATIONS , PAR LE MOYEN DE CERTAINS
POTENTIELS LOGARITHMIQUES SE RAPPORTANT A DES COUCHES
MINCES DE MATIÈRE ÉTALÉES SUR LA SURFACE DU SOLIDE.

———

*12. — Définition et propriétés les plus essentielles des divers
potentiels.*

On appelle, d'ordinaire, *potentiel* relatif à une certaine
masse , dm, lorsque celle-ci n'occupe qu'un volume infiniment petit en tous sens ou a des coordonnées déterminées
x_1, y_1, z_1, le quotient de dm par la droite

$$(9) \qquad r = \sqrt{(x - x_1)^2 + (y - y_1)^2 + (z - z_1)^2},$$

qui joint ce volume, c'est-à-dire le point (x_1, y_1, z_1), à un
point quelconque (x, y, z) de l'espace. C'est une fonction
de x, y, z finie et continue , du moins tant que la distance
r ne s'annule pas, comme nous l'admettrons dans ce paragraphe. Et le potentiel pour une masse *finie* et de dimensions *finies* , m, composée d'éléments contigus dm dont les
positions respectives ont des coordonnées appelées x_1, y_1, z_1,
n'est autre que l'intégrale

$$(10) \qquad U = \int \frac{dm}{r}.$$

Comme nous aurons ici à distinguer plusieurs fonctions
analogues à celle-là , nous la désignerons , avec Lamé,
par le nom de *potentiel inverse* , à cause de cette circonstance, que dm y est multiplié par l'inverse de la distance r.

Nous appellerons, au contraire, *potentiel direct*, à la suite
encore de Lamé, la fonction

$$(11) \qquad \mathrm{V} = \int r\,dm\,;$$

et, enfin, nous qualifierons de *potentiel logarithmique à
trois variables* l'intégrale

$$(12) \qquad \psi = \int \log\,(z - z_1 + r)\,dm.$$

Nous l'appelons *à trois variables*, pour le distinguer d'un
potentiel *cylindrique* ou logarithmique à deux variables,
bien connu, $\int \log r\,dm$, dans lequel on suppose simplement $r = \sqrt{(x - x_1)^2 + (y - y_1)^2}$.

C'est le potentiel logarithmique (12), non remarqué jusqu'à présent, qui nous sera surtout utile ici. Nous n'aurons
d'ailleurs à le considérer, dans le problème de l'équilibre
d'un sol élastique, que pour des valeurs de z plus grandes
que z_1; en sorte que l'expression $z - z_1 + r$ y sera toujours
supérieure à r, différente de zéro, et que, le facteur
$\log\,(z - z_1 + r)$ ne devenant jamais infini à une distance finie,
le potentiel aura tous ses éléments, $\log\,(z - z_1 + r)\,dm$,
comparables à dm, ainsi que leurs dérivées successives par
rapport à x, y, z.

En différentiant donc sous le signe $\int$ le second membre
de (12), soit deux fois par rapport à x, soit deux fois par
rapport à y, puis ajoutant les résultats obtenus et remplaçant la somme $(x - x_1)^2 + (y - y_1)^2$ par $r^2 - (z - z_1)^2$, il vient
aisément

$$(12\ bis) \qquad \frac{d^2\psi}{dx^2} + \frac{d^2\psi}{dy^2} = \int \frac{z - z_1}{r^3}\,dm.$$

D'autre part, la différentiation de (12) par rapport à z
donne, une première fois,

$$(13) \qquad \frac{d\psi}{dz} = \int \frac{dm}{r}$$

et, en différentiant encore,

$$(13\,bis) \qquad \frac{d^2\psi}{dz^2} = - \int \frac{z - z_1}{r^3}\, dm.$$

Si l'on ajoute les équations (12 *bis*) et (13 *bis*), il vient simplement

$$(14) \qquad \Delta_2\psi = 0 \quad \text{ou} \quad \Delta_2 \int \log\,(z - z_1 + r)\, dm = 0,$$

équation fondamentale, qui nous servira dans toute la suite de ce mémoire.

La formule (13) montre d'ailleurs que *le potentiel ordinaire ou inverse* U *est la dérivée, par rapport à z, du potentiel logarithmique* ψ.

Il en résulte que la relation (14), différentiée par rapport à z, donne immédiatement

$$(14\,bis) \qquad \Delta_2 U = 0 \quad \text{ou} \quad \Delta_2 \int \frac{dm}{r} = 0\,;$$

ce qui est une équation bien connue, due à Laplace.

Enfin, Lamé a remarqué, en différentiant deux fois sous le signe $\int$, soit par rapport à x, soit par rapport à y, soit par rapport à z, le potentiel direct (11), que l'on a

$$(15) \qquad \Delta_2 V = \int (\Delta_2\, r)\, dm = \int \frac{2\, dm}{r} = 2\,U,$$

et, par suite,

$$(15\,bis) \qquad \Delta_2 \Delta_2 V = 2\, \Delta_2\, U = 0.$$

Observons que le potentiel logarithmique ψ a pour chacune de ses dérivées premières en x, y, z une intégrale dont tous les éléments sont des fonctions homogènes, du degré — 1, des variables $x - x_1$, $y - y_1$, $z - z_1$. D'après une propriété classique des fonctions homogènes, ses dérivées partielles secondes seront encore des fonctions homogènes, mais du degré — 2; ses dérivées partielles troisièmes des fonctions homogènes du degré —3, et ainsi de suite.

Il peut être parfois utile de considérer le potentiel logarithmique ψ comme la dérivée par rapport à z d'un autre potentiel, un peu plus compliqué,

$$(16) \qquad \Psi = \int \left[- r + (z - z_1) \log (z - z_1 + r) \right] dm,$$

dont les dérivées partielles premières sont

$$(16\,bis) \quad \begin{cases} \dfrac{d\Psi}{dx} = - \displaystyle\int \dfrac{x - x_1}{z - z_1 + r}\, dm, \\[2ex] \dfrac{d\Psi}{dy} = - \displaystyle\int \dfrac{y - y_1}{z - z_1 + r}\, dm, \\[2ex] \dfrac{d\Psi}{dz} = \displaystyle\int \log (z - z_1 + r)\, dm. \end{cases}$$

On trouve aisément, par de nouvelles différentiations,

$$\frac{d^2\Psi}{dx^2} + \frac{d^2\Psi}{dy^2} = - \int \frac{dm}{r} = - \frac{d^2\Psi}{dz^2};$$

en sorte qu'on a aussi

$$(17) \qquad\qquad \Delta_2\, \Psi = 0,$$

formules d'où se déduiraient les relations (14) et (14 *bis*).

J'appellerai cette fonction Ψ le *second* potentiel logarithmique à trois variables (*), par opposition au précédent ψ.

(*) On verra au n° 40 *bis* (p. 182), qu'il joue, dans le cas d'actions tangentielles appliquées à la surface, le même rôle que le premier, ψ, dans le cas d'actions normales.

Mais exprimons celui-ci, ψ, pour une couche matérielle infiniment mince, dm, étalée sur le plan des xy, c'est-à-dire sur la surface à laquelle sont appliquées les actions extérieures qui sollicitent notre corps élastique, afin de chercher ensuite à en déduire des intégrales qui satisfassent tout à la fois aux équations indéfinies (1) et aux conditions spéciales qui y sont jointes. Les points (x_1, y_1, z_1) occupés par la couche se trouvant tous sur le plan des xy, nous aurons ici $z_1 = o$, et l'expression de ψ sera simplement

$$(18) \qquad \psi = \int \log (z + r)\, dm.$$

On voit que *le potentiel logarithmique de la couche proposée s'obtiendra, pour un point quelconque (x, y, z) de l'espace situé d'un certain côté de la couche, en multipliant chaque élément de celle-ci par le logarithme népérien de la somme des deux distances du point considéré à cet élément et au plan même de la couche, puis en ajoutant tous les produits pareils.*

D'ailleurs, $z + r$ sera bien positif en tous les points intérieurs au corps, c'est-à-dire pour $z > o$, conformément à l'hypothèse adoptée dans ce paragraphe II. Enfin, si ρ, ou $\rho(x_1, y_1)$, fonction continue de x_1 et y_1, désigne la densité superficielle de la couche, c'est-à-dire sa masse par unité d'aire en chaque point, la partie dm de couche qui recouvre un élément d'aire $dx_1 dy_1$ du plan des xy vaudra $\rho\, dx_1\, dy_1$, et la formule (18) s'écrira aussi

$$(19) \quad \begin{cases} \psi = \displaystyle\int\!\!\int_{-\infty}^{+\infty} \log (z + r).\, \rho\, dx_1\, dy_1, \\[2ex] \text{ou bien} \\[1ex] \psi = \displaystyle\int\!\!\int_{-\infty}^{+\infty} \rho\,(x_1, y_1) \log \left(z + \sqrt{(x - x_1)^2 + (y - y_1)^2 + z^2}\, \right) dx_1\, dy_1. \end{cases}$$

Les intégrations s'y étendent sans difficulté de $x_1 = -\infty$ à $x_1 = \infty$ et de $y_1 = -\infty$ à $y_1 = \infty$, car la fonction ρ est supposée nulle en dehors de certaines régions limitées.

13. — *Recherche d'une première forme d'intégrales.*

On peut, avec le potentiel (18) ou (19), former trois intégrales différentes des équations du problème. Cherchons d'abord celle qui paraît la plus importante.

La fonction ψ satisfait à la relation $\Delta_2 \psi = 0$, qui a un terme de moins que les équations (1) ; en sorte qu'elle n'est guère propre à vérifier celles-ci. Mais si, au lieu d'évaluer $\Delta_2 \psi$, nous calculons $\Delta_2 (z\psi)$, nous aurons

$$\left(\frac{d^2}{dx^2} + \frac{d^2}{dy^2} \right) (z\psi) = z \left(\frac{d^2\psi}{dx^2} + \frac{d^2\psi}{dy^2} \right), \quad \frac{d^2 z\psi}{dz^2} = z \frac{d^2\psi}{dz^2} + 2 \frac{d\psi}{dz},$$

et, par suite,

$$\Delta_2 (z\psi) = z \, \Delta_2 \psi + 2 \frac{d\psi}{dz} = 2 \frac{d\psi}{dz},$$

ou bien

$$2 \frac{d\psi}{dz} - \Delta_2 (z\psi) = 0.$$

Cette équation, différentiée par rapport à x, à y et à z, donne

$$(20) \quad \begin{cases} \dfrac{d}{dx} \left(2 \dfrac{d\psi}{dz} \right) - \Delta_2 \dfrac{dz\psi}{dx} = 0, \\[2mm] \dfrac{d}{dy} \left(2 \dfrac{d\psi}{dz} \right) - \Delta_2 \dfrac{dz\psi}{dy} = 0, \\[2mm] \dfrac{d}{dz} \left(2 \dfrac{d\psi}{dz} \right) - \Delta_2 \dfrac{dz\psi}{dz} = 0. \end{cases}$$

Or, à cause de $\Delta_3 \psi = 0$, et quel que soit un coefficient constant appelé K, ces trois relations (20) se confondront avec les trois équations indéfinies (I), divisées par μ, si l'on pose

$$(21) \quad \begin{cases} u = -\dfrac{d x \psi}{dx}, \; v = -\dfrac{d x \psi}{dy}, \; w = -\dfrac{d z \psi}{dz} + \mathrm{K}\,\psi, \\[2mm] \dfrac{\lambda + \mu}{\mu}\,\theta = 2\,\dfrac{d\psi}{dz}. \end{cases}$$

D'ailleurs, K se déterminera par la condition que les valeurs de u, v, w, θ tirées de (21) donnent identiquement

$$\theta = \frac{du}{dx} + \frac{dv}{dy} + \frac{dw}{dz},$$

c'est-à-dire

$$\frac{2\,\mu}{\lambda + \mu}\,\frac{d\psi}{dz} = -z\,\Delta_2\,\psi + (\mathrm{K} - 2)\,\frac{d\psi}{dz} = (\mathrm{K} - 2)\,\frac{d\psi}{dz}.$$

On doit donc prendre

$$(22) \qquad \mathrm{K} = 2 + \frac{2\,\mu}{\lambda + \mu} = 2\,\frac{\lambda + 2\,\mu}{\lambda + \mu}.$$

Par suite, en tenant compte de cette valeur de K et portant les expressions (21) de u, v, w dans les formules (2) [p. 52] des trois composantes, p_x, p_y, p_z, de la pression exercée sur un élément plan parallèle aux $x\,y$, on trouve :

$$(23) \quad \begin{cases} p_x = 2\,\mu\,\dfrac{d}{dx}\left(z\,\dfrac{d\psi}{dz} - \dfrac{\mu}{\lambda + \mu}\,\psi \right), \\[2mm] p_y = 2\,\mu\,\dfrac{d}{dy}\left(z\,\dfrac{d\psi}{dz} - \dfrac{\mu}{\lambda + \mu}\,\psi \right), \\[2mm] p_z = 2\,\mu\left(z\,\dfrac{d^2\psi}{dz^2} - \dfrac{\lambda + 2\,\mu}{\lambda + \mu}\,\dfrac{d\psi}{dz} \right). \end{cases}$$

Cela posé, il ne suffit pas que les valeurs (21) vérifient les équations indéfinies de l'équilibre ; il faut encore qu'elles puissent satisfaire aux conditions qui concernent la surface $z = 0$, et aux relations très simples (3) [p. 53], spéciales aux grandes valeurs de z. Or on voit de suite qu'elles ne vérifient pas ces dernières, en exceptant toutefois le cas où les valeurs de $dm = \rho\, dx_1 dy_1$ seraient, les unes, positives, les autres, négatives, et nulles en moyenne, cas où l'intégrale $\psi = \int \log\,(z + r)\, dm$ et ses dérivées reçoivent, aux points éloignés, des valeurs absolues incomparablement plus petites que celles qu'elles auraient en prenant tous les éléments avec le même signe. En effet, si les dérivées premières de l'expression (18) de ψ sont bien du degré — 1 en $x - x_1$, $y - y_1$, z, r, et s'annulent pour $r = \infty$, celles de $z\,\psi$, étant du degré zéro, deviennent alors infiniment plus grandes qu'elles et, de même que $K\psi$, ne tendent pas vers zéro, à part le cas, dont il vient d'être parlé, où l'on aurait $\int dm = 0$.

Mais toutes les dérivées de ψ ont, comme ψ, leur paramètre différentiel Δ_2 nul et peuvent lui être substituées dans les formules précédentes (20) à (23), où ψ ne figure que comme étant une fonction pour laquelle on a $\Delta_2\psi = 0$. Donc, rien n'empêche de remplacer partout, dans ces formules ci-dessus, ψ par une de ses dérivées premières : ce qui abaissera d'une unité le degré de toutes les expressions en $x - x_1$, $y - y_1$, z, r, et donnera bien à u, v, w, pour les points très éloignés de l'origine, les formes (3).

14. — Expression de ces intégrales.

Remplaçons ainsi ψ par $\dfrac{d\psi}{dz}$ dans les formules (21) et (23), en substituant à K la valeur (22) et observant que l'on a identiquement

$$(24) \qquad \frac{d\psi}{dz} = \int \frac{dm}{r}\,; \qquad z\,\frac{d\psi}{dz} = \int \frac{z}{r}\, dm = \frac{d}{dz} \int r\, dm.$$

Il viendra aisément, si l'on différentie au besoin, sous les signes $\int$, les intégrales qui se présentent :

$$(25)\quad\begin{cases} u = - \dfrac{d^2}{dx\,dz} \int r\,dm = - z\,\dfrac{d}{dx} \int \dfrac{dm}{r}, \\[2mm] v = - \dfrac{d^2}{dy\,dz} \int r\,dm = - z\,\dfrac{d}{dy} \int \dfrac{dm}{r}, \\[2mm] w = - \dfrac{d^2}{dz^2} \int r\,dm \; + 2\cdot\dfrac{\lambda + 2\,\mu}{\lambda + \mu} \int \dfrac{dm}{r} \\[4mm] \qquad = \dfrac{\lambda + 3\,\mu}{\lambda + \mu} \int \dfrac{dm}{r} + z \int \dfrac{z\,dm}{r^3} \end{cases}$$

$$(26)\quad \theta = \dfrac{2\,\mu}{\lambda + \mu}\,\dfrac{d}{dz} \int \dfrac{dm}{r} = \dfrac{-2\,\mu}{\lambda + \mu} \int \dfrac{z\,dm}{r^3} \,;$$

$$(27)\quad\begin{cases} p_x = -2\,\mu\,\dfrac{d}{dx}\left(\dfrac{\mu}{\lambda + \mu} \int \dfrac{dm}{r} + z \int \dfrac{z\,dm}{r^3} \right), \\[4mm] p_y = -2\,\mu\,\dfrac{d}{dy}\left(\dfrac{\mu}{\lambda + \mu} \int \dfrac{dm}{r} + z \int \dfrac{z\,dm}{r^3} \right), \\[4mm] p_z = 2\,\mu \int \left(\dfrac{\mu}{\lambda + \mu}\,\dfrac{z}{r^3} + \dfrac{3z^3}{r^5} \right) dm. \end{cases}$$

Cherchons actuellement ce que deviennent les intégrales $\int \dfrac{dm}{r}$, $\int \dfrac{z\,dm}{r^3}$, $\int \dfrac{z^3 dm}{r^5}$, quand on s'approche de la surface ou qu'on fait tendre z vers zéro. A cet effet, nous souvenant des formules (19), nous remplacerons dm par $\rho(x_1, y_1)\,dx_1 dy_1$; puis nous poserons

$$(27\ bis)\quad x_1 = x + \mathrm{R}\cos\omega, \quad y_1 = y + \mathrm{R}\sin\omega, \quad r^2 = z^2 + \mathrm{R}^2,$$

R, ω désignant ainsi deux coordonnées polaires, qu'il est avantageux de substituer aux coordonnées rectangles x_1, y_1 et qui sont comptées, dans le plan des xy, en prenant pour pôle le pied de l'ordonnée z abaissée du point (x, y, z) sur ce plan. Ces coordonnées varieront d'ailleurs, évidemment, ω, de zéro à 2π, R, de zéro à ∞. Les rectangles élémentaires $dx_1 dy_1$ devant être, par suite, remplacés par les rectangles mixtilignes, $\mathrm{R}\,d\omega\,d\mathrm{R}$, que des cercles concentriques et des rayons vecteurs successifs découpent dans la couche, nous aurons :

$$(28)\ \left\{\begin{array}{l} \displaystyle\int \frac{dm}{r} = \int_0^{2\pi} d\omega \int_0^\infty \frac{\rho\,(x + \mathrm{R}\cos\omega,\, y + \mathrm{R}\sin\omega)\,\mathrm{R}\,d\mathrm{R}}{(z^2 + \mathrm{R}^2)^{\frac{1}{2}}}, \\[3ex] \displaystyle\int \frac{z\,dm}{r^3} = \int_0^{2\pi} d\omega \int_0^\infty \frac{\rho\,(x + \mathrm{R}\cos\omega,\, y + \mathrm{R}\sin\omega)\,z\,\mathrm{R}\,d\mathrm{R}}{(z^2 + \mathrm{R}^2)^{\frac{3}{2}}}, \\[3ex] \displaystyle\int \frac{z^3\,dm}{r^5} = \int_0^{2\pi} d\omega \int_0^\infty \frac{\rho\,(x + \mathrm{R}\cos\omega,\, y + \mathrm{R}\sin\omega)\,z^3\,\mathrm{R}\,d\mathrm{R}}{(z^2 + \mathrm{R}^2)^{\frac{5}{2}}}. \end{array}\right.$$

Pour $z = 0$, la première de ces intégrales n'offre rien de particulier; car elle se réduit à l'expression

$$(29)\quad (\text{pour } z = 0)\ \int \frac{dm}{r} = \int_0^{2\pi} d\omega \int_0^\infty \rho\,(x + \mathrm{R}\cos\omega,\, y + \mathrm{R}\sin\omega)\,d\mathrm{R},$$

et celle-ci est finie, vu que ρ s'annule dès que R dépasse certaines valeurs, la couche $\int dm$ ne recouvrant, par hypothèse, qu'une étendue limitée en tous sens.

Mais il y a lieu de chercher ce que deviennent les deux dernières intégrales, dont les éléments se présentent alors, les uns, ceux qui correspondent aux valeurs finies de R, comme nuls, à cause des facteurs z qui y paraissent en numérateur, les autres, c'est-à-dire ceux pour lesquels R est infiniment petit, comme indéterminés ou même infinis, par suite de l'annulation de leurs dénominateurs quand on y fait $z = 0$ et R $= 0$. Pour voir quelles valeurs prennent ces intégrales à la limite considérée $z = 0$, il suffit d'y poser R $= zq$, dR $= z\,dq$; ce qui les change en celles-ci,

$$(30)\ \left\{\begin{array}{l} \displaystyle\int \frac{z\,dm}{r^3} = \int_0^{2\pi} d\omega \int_0^\infty \rho\,(x + zq\cos\omega,\, y + zq\sin\omega)\,\frac{q\,dq}{(1 + q^2)^{\frac{3}{2}}}, \\[3ex] \displaystyle\int \frac{z^3\,dm}{r^5} = \int_0^{2\pi} d\omega \int_0^\infty \rho\,(x + zq\cos\omega,\, y + zq\sin\omega)\,\frac{q\,dq}{(1 + q^2)^{\frac{5}{2}}}, \end{array}\right.$$

lesquelles, vu les formules évidentes

$$\int_0^\infty (1 + q^2)^{-\frac{3}{2}} q\, dq = - \left[(1 + q^2)^{-\frac{1}{2}} \right]_0^\infty = 1,$$

$$\int_0^\infty (1 + q^2)^{-\frac{5}{2}} q\, dq = - \frac{1}{3} \left[(1 + q^2)^{-\frac{3}{2}} \right]_0^\infty = \frac{1}{3},$$

deviennent, à la surface,

$$(31) \quad (\text{pour } z = 0) \quad \begin{cases} - \dfrac{d}{dz} \displaystyle\int \dfrac{dm}{r} \text{ ou } \displaystyle\int \dfrac{z\,dm}{r^3} = 2\,\pi\, \rho\,(x,\, y), \\[2ex] \displaystyle\int \dfrac{z^3 dm}{r^5} = \dfrac{2\pi}{3}\, \rho\,(x,\, y). \end{cases}$$

Les trois intégrales (29) et (31) se trouvant ainsi finies et déterminées même à la limite $z = 0$, il est clair que leurs dérivées en x et y le seront également, pourvu que la fonction ρ soit finie et bien continue.

Par suite, à la surface du corps, les formules (25), (26) et (27) se réduisent aux suivantes :

$$(32) \quad \begin{cases} (\text{pour } z = 0) \\[1ex] u = 0, \quad v = 0, \quad w = \dfrac{\lambda + 3\mu}{\lambda + \mu} \displaystyle\int \dfrac{dm}{r}, \quad \theta = \dfrac{-4\,\pi\,\mu}{\lambda + \mu}\, \rho\,(x,\, y); \\[3ex] p_x = \dfrac{-2\mu^2}{\lambda + \mu} \dfrac{d}{dx} \displaystyle\int \dfrac{dm}{r}, \quad p_y = \dfrac{-2\mu^2}{\lambda + \mu} \dfrac{d}{dy} \displaystyle\int \dfrac{dm}{r}, \\[3ex] p_z = - 2\mu \dfrac{\lambda + 2\mu}{\lambda + \mu} \dfrac{d}{dz} \displaystyle\int \dfrac{dm}{r} = 4\pi\mu \dfrac{\lambda + 2\mu}{\lambda + \mu}\, \rho\,(x,\, y). \end{cases}$$

Comme ρ est une fonction arbitraire, on pourra vérifier la dernière de ces formules toutes les fois que la composante normale p_z de la pression exercée à la surface sera directement donnée en fonction de x et y : en effet, il suffira de prendre $\rho\,(x,\, y)$ égal au produit de cette pression par le facteur constant $\dfrac{\lambda + \mu}{4\pi\mu\,(\lambda + 2\mu)}$ et de composer la couche matérielle fictive $\int dm$, étalée sur le plan des xy, de parties dm, égales, pour chaque élément superficiel $dxdy$ de ce plan, à $\rho(x, y)\,dxdy$. Les deux premières formules (32) étant d'ailleurs $u = o$, $v = o$, on voit que *la solution obtenue* (25) *s'appliquera quand les conditions spéciales à la surface consisteront à s'y donner la composante normale de la pression extérieure et à y supposer nulles les composantes tangentielles des déplacements.*

Cette solution constitue ce que nous appellerons *la première forme* ou *le premier type d'intégrales* de la question proposée d'équilibre.

Comme le problème est complètement déterminé quand on se donne, aux divers endroits de la surface, u ou p_x, v ou p_y, w ou p_z, son intégrale ne comporte plus qu'une fonction arbitraire de x_1 et y_1 dès qu'on astreint les quantités u, v, w, p_x, p_y, p_z à vérifier, sur toute l'étendue de la surface, deux certaines relations. Donc, notre premier type d'intégrales, où paraît comme fonction arbitraire la densité $\rho(x_1, y_1)$ de la couche matérielle fictive et où, de plus, les valeurs de u, v s'annulent à la surface, fournit la solution la plus générale possible pour le cas où l'on doit avoir ainsi $u = o$, $v = o$ quand $z = o$. Et l'on peut dire que *ce premier type a pour caractère distinctif de n'admettre, à la surface, aucun déplacement tangentiel u ou v.*

Il est défini, sous une forme générale et condensée, par les relations

$$(33) \qquad (u, v) = -z\,\frac{d}{d(x,y)}\,\frac{d\psi}{dz}, \quad w = -z\,\frac{d^2\psi}{dz^2} + \frac{\lambda+3\mu}{\lambda+\mu}\,\frac{d\psi}{dz}, \quad \theta = \frac{2\mu}{\lambda+\mu}\,\frac{d^2\psi}{dz^2},$$

$$(33\ bis) \quad (p_x, p_y) = 2\mu\,\frac{d}{d(x,y)}\left(z\,\frac{d^2\psi}{dz^2} - \frac{\mu}{\lambda+\mu}\,\frac{d\psi}{dz}\right), \quad p_z = 2\mu\left(z\,\frac{d^3\psi}{dz^3} - \frac{\lambda+2\mu}{\lambda+\mu}\,\frac{d^2\psi}{dz^2}\right),$$

où ψ désigne toute fonction ayant son paramètre Δ_2 nul et ses dérivées premières, partout finies, de l'ordre de l'inverse de r aux grandes distances r, fonction qu'on prendra de la forme (19) si les valeurs de p_z à la limite $z = o$ sont données.

15. — *Autres intégrales déduites du même type, mais paraissant moins utilisables. — Particularités que présentent le potentiel logarithmique d'une couche plane et ses dérivées, à la surface de cette couche.*

Rien n'empêcherait de remplacer ψ, dans les formules (21) et (23), non plus par $\dfrac{d\psi}{dz}$, mais par $\dfrac{d\psi}{dx}$ ou $\dfrac{d\psi}{dy}$. On aurait alors des intégrales de même forme que (21), avec la condition restrictive que $\int dm$ vaudrait zéro ou que la valeur moyenne de ρ serait nulle. En effet, observons qu'un petit déplacement dx, imprimé au point (x, y, z), met, par rapport à celui-ci, le point $(x_1 + dx, y_1)$ de la couche dans la situation où était d'abord le point (x_1, y_1). Donc, le potentiel

$$\psi = \iint_{-\infty}^{+\infty} \rho\,(x_1, y_1) \log\,(z + r)\, dx_1 dy_1 ,$$

ne change, dans ce mouvement, que par le fait de l'accroissement qu'éprouve la densité (supposée partout continue) de la couche quand on passe de son point (x_1, y_1) au point $(x_1 + dx, y_1)$; et l'on a

$$(34) \qquad \frac{d\psi}{dx} = \iint_{-\infty}^{+\infty} \frac{d\rho}{dx_1} \log\,(z + r)\, dx_1\, dy_1 ,$$

expression ne différant de la première (19) qu'en ce que la fonction $\rho\,(x_1, y_1)$, astreinte à s'annuler à une distance infinie de l'origine, est remplacée par une autre fonction, $\dfrac{d\rho}{dx_1}$, des mêmes variables, qui s'annule dans les régions où s'annulait déjà la première. Seulement, comme on a

$$\int_{-\infty}^{\infty} \frac{d\rho}{dx_1}\, dx_1 = [\rho]_{-\infty}^{\infty} = 0 ,$$

la valeur moyenne de cette nouvelle fonction est nulle ; en sorte que le potentiel logarithmique (34) rentre dans le cas exceptionnel, signalé aux premières lignes de la p. 64, où les valeurs (21) de u, v, w satisfont aux conditions (3).

Voyons donc ce que deviennent à la surface, pour $z = o$, les formules (21) et (23). L'adoption des variables R, ω introduites dans les relations (28) et (29) donne d'abord

$$(34\ bis)\left\{ \quad\begin{aligned} &\text{(pour } z = o)\\[2mm] \psi &= \int_0^{2\pi} d\omega \int_0^{\infty} \rho(x + \mathrm{R}\cos\omega,\, y + \mathrm{R}\sin\omega)\,(\mathrm{R}\log\mathrm{R})\,d\mathrm{R}, \end{aligned}\right.$$

expression finie et continue comme l'est la valeur (29) de $\dfrac{d\psi}{dz} = \int \dfrac{dm}{r}$, car on sait que le facteur R log R s'annule à la limite R $= o$, quoique log R y devienne infini. Et les dérivées en x et y de cette expression de ψ seront évidemment finies elles-mêmes, si celles de $\rho(x_1, y_1)$ en x_1 et y_1 le sont. On trouve, par suite, vu la valeur (22) de K et en se servant au besoin de la première formule (31) :

$$(35)\left\{\begin{aligned} &\text{(pour } z = o)\\[2mm] &u = o, \quad v = o, \quad w = (\mathrm{K}-1)\psi = \frac{\lambda + 3\mu}{\lambda + \mu}\,\psi, \quad \theta = \frac{2\ \mu}{\lambda + \mu}\int\frac{dm}{r}\,;\\[3mm] &p_x = \frac{-2\mu^2}{\lambda + \mu}\frac{d\psi}{dx}, \quad p_y = \frac{-2\mu^2}{\lambda + \mu}\frac{d\psi}{dy}, \quad p_z = -\,2\mu\,\frac{\lambda + 2\mu}{\lambda + \mu}\int\frac{dm}{r}. \end{aligned}\right.$$

Ici, aucune des composantes p_x, p_y, p_z n'est reliée simplement à la fonction arbitraire ρ, que contient l'expression $\rho\,dx_1 dy_1$ de dm. On ne voit donc pas dans quel cas simple les intégrales (21) pourraient être utilisées : aussi je n'en ferai pas usage dans ce qui suit.

Il résulte des détails précédents quelques particularités, relatives au potentiel logarithmique ψ, qui ne manquent pas d'intérêt, et qu'il aurait même été préférable d'établir

directement à la fin du n° 12, quand il n'y aurait eu à
cela que l'avantage de rendre ensuite plus rapides ou plus
immédiates les applications qui en ont été faites dans le n° 14
et dans celui-ci.

En rapprochant l'expression (34 *bis*) de ψ, de la formule (29),
où $\int \frac{dm}{r}$ n'est autre que $\frac{d\psi}{dz}$, et de la première (31), on voit
que ψ et ses deux dérivées première et seconde en z ne
cessent pas d'être finies et bien déterminées à la limite
$z = 0$. Et, si l'on retranche la première (31) de trois fois la
seconde (31), en observant que

$$\int \left(3\, \frac{z^3}{r^5} - \frac{z}{r^3} \right) dm = z\, \frac{d^2}{dz^2} \int \frac{dm}{r} = z\, \frac{d^3\psi}{dz^3},$$

on voit aussi que le produit $z\, \frac{d^3\psi}{dz^3}$ s'annule à la même
limite. Donc, le *potentiel logarithmique d'une couche plane
reste fini et déterminé, ainsi que ses dérivées première et
seconde dans le sens z normal à la couche, quand le point
(x, y, z), d'abord situé du côté des z positifs, atteint la
couche même; cette dérivée seconde, notamment, y vaut le
produit de — 2π par la densité ρ de la couche et, de plus, sa
propre dérivée en z, multipliée par z, s'y annule.*

Quand la densité ρ varie graduellement d'un point à
l'autre du plan des xy, *toutes les dérivées en z du potentiel ψ
sont même finies et déterminées à la limite $z = 0$*, comme les
deux premières. Car il suit de la relation $\Delta_2 \psi = 0$ que la
$m^{ème}$, en général, de ces dérivées a son paramètre Δ_2 nul; ce
qui exprime que la dérivée $m + 2^{ème}$ en z, changée de signe,
égale la somme des deux dérivées secondes, dans les sens
x ou y parallèles à la couche, de la dérivée $m^{ième}$. Ainsi, toutes
les dérivées par rapport à z s'évaluent au moyen des dérivées paires successives, en x et y, des deux premières seulement, et elles restent, comme celles-ci, finies à la limite $z = 0$.

16. — *Seconde et troisième formes d'intégrales.*

Le potentiel logarithmique ψ, ou même toute fonction ψ ayant son paramètre Δ_2 nul et ses dérivées premières comparables à l'inverse de r aux grandes distances r, conduit aisément à deux autres formes d'intégrales, différant de celle qui précède en ce que la dilatation cubique θ s'y annule.

Voici la première de ces deux formes ou types:

$$(36) \qquad u = \frac{d\psi}{dx}, \quad v = \frac{d\psi}{dy}, \quad w = \frac{d\psi}{dz}.$$

A cause de $\Delta_2 \psi = 0$, la dilatation cubique $\theta = \dfrac{du}{dx} + \dfrac{dv}{dy} + \dfrac{dw}{dz}$ y est bien nulle, et les équations indéfinies (1) se trouvent identiquement vérifiées. De plus, les dérivées de ψ étant du degré -1 en $x - x_1$, $y - y_1$, z, r, ou, du moins, comparables à l'inverse de r pour r très grand, les conditions définies (3) sont aussi satisfaites. Enfin, les valeurs (36) donnent aux composantes p_x, p_y, p_z, représentées par les formules (2), les expressions sous forme condensée

$$(37) \qquad (p_x, p_y) = -2\mu \frac{d}{d(x, y)} \frac{d\psi}{dz}, \quad p_z = -2\mu \frac{d^2\psi}{dz^2},$$

ou bien, quand ψ est le potentiel logarithmique (18),

$$(37\,bis) \quad (p_x, p_y) = -2\mu \frac{d}{d(x, y)} \int \frac{dm}{r}, \quad p_z = -2\mu \frac{d}{dz} \int \frac{dm}{r};$$

et celles-ci, spécifiées pour la surface du corps, deviennent, en tenant compte de la première formule (31):

$$(38) \quad \left\{ \begin{aligned} &\text{(pour } z = 0) \\ &p_x = -2\mu \frac{d}{dx} \int \frac{dm}{r}, \quad p_y = -2\mu \frac{d}{dy} \int \frac{dm}{r}, \\ &p_z = 4\pi\mu\, p\,(x, y). \end{aligned} \right.$$

Ainsi, la fonction arbitraire φ égale, en chaque point de la surface, le quotient, par $4\,\pi\,\mu$, de la composante normale p_z de la pression extérieure. *La solution obtenue (36) convient donc au cas où la surface supporte en chaque point une pression normale p_z donnée, et des pressions tangentielles p_x, p_y dépendant, d'après les lois qu'expriment les formules (38), des valeurs que prend cette pression normale sur les divers éléments de la surface.*

La seconde des formes annoncées d'intégrales pour lesquelles $\vartheta = 0$ est celle-ci :

$$(39) \qquad u = -\frac{d\psi}{dy}, \qquad v = \frac{d\psi}{dx}, \qquad w = 0.$$

Elle donne bien identiquement ϑ ou $\dfrac{du}{dx} + \dfrac{dv}{dy} + \dfrac{dw}{dz} = 0$ et, vu la relation $\Delta_2\,\psi = 0$, elle satisfait aux équations indéfinies (1). D'ailleurs, comme $-u$, v y sont deux dérivées premières de ψ, elle vérifie également les conditions (3). Enfin, ϑ et w se trouvant nuls, p_z égale zéro partout, comme w, et p_x, p_y, donnés, d'après (2), par les formules

$$(39 \, bis) \qquad p_x = \mu\,\frac{d^2\psi}{dy\,dz}, \qquad p_y = -\mu\,\frac{d^2\psi}{dx\,dz},$$

vérifient la relation

$$\frac{dp_x}{dx} + \frac{dp_y}{dy} = 0.$$

Par conséquent, *cette troisième solution ou ce troisième type d'intégrales convient au cas où la pression extérieure exercée sur la surface a partout sa composante normale égale à zéro, et ses composantes tangentielles variables de telle manière, d'un point à l'autre, que la dérivée de l'une, prise suivant sa propre direction, soit égale et contraire à la dérivée analogue de l'autre.*

Les déplacements s'y font, même à l'intérieur, parallèlement à la surface. On y a donc, sur toute l'étendue de celle-ci, $w = o$, et aussi, d'après les formules (39), $\frac{du}{dx} + \frac{dv}{dy} = o$, relation exprimant que l'accroissement $\frac{du}{dx} + \frac{dv}{dy}$ de l'unité d'aire de la surface y est égal à zéro.

Le troisième type d'intégrales contient, comme les deux autres, une fonction arbitraire des coordonnées de la surface, fonction qui est $\rho\,(x_1, y_1)$ quand on prend ψ de la forme (19); et deux relations distinctes entre u, v, w, p_x, p_y et p_z à la surface suffisent, par suite, à le faire reconnaître, pourvu qu'il les vérifie constamment. Il peut donc être caractérisé, de même que le premier type, au moyen de deux conditions où n'entrent que les déplacements éprouvés à la surface : ces deux conditions sont, non plus $u=o$, $v=o$, mais $w=o$, $\frac{du}{dx} + \frac{dv}{dy} = o$. Ainsi, *le troisième type répond au cas où les diverses parties de la surface n'éprouvent, ni déplacement dans le sens normal, ni augmentation ou diminution d'aire.*

Le second type seul, (36) et (37), ne paraît pas susceptible d'être ainsi défini au moyen de deux conditions simples ne se rapportant qu'aux déplacements u, v, w des divers points de la surface. Mais u et v, d'une part, p_x et p_y, d'autre part, y vérifient les deux conditions d'intégrabilité

$$\frac{du}{dy} = \frac{dv}{dx}, \quad \frac{dp_x}{dy} = \frac{dp_y}{dx},$$

lesquelles deviennent, à la surface $z = o$, deux relations en x_1 et y_1 bien distinctes, caractéristiques du mode d'équilibre qui les présente. On pourra donc, du moins, dire que *le second type correspond au cas où les deux composantes tangentielles, tant du déplacement éprouvé à la surface, que de la pression extérieure qui s'y trouve exercée, égalent les dérivées respectives en x et y de deux fonctions des coordonnées x et y des divers points de la surface.*

17. — *Types d'intégrales définis uniquement par des circonstances relatives aux pressions extérieures, et dont le principal
concerne le cas où ces pressions sont exclusivement normales.*

Les trois formes d'intégrales (33), (36), (39) présentent
ce caractère commun, que la composante normale p_z de la
pression extérieure y est, sur toute la surface $z = o$ du
corps, ou nulle, ou simplement proportionnelle à la dérivée seconde de la fonction ψ par rapport à z, c'est-à-dire
à $- 2\pi \rho (x, y)$ quand on prend pour ψ le potentiel logarithmique (19). En superposant d'ailleurs, de deux manières
différentes, les solutions (33) et (36), on en déduit deux
nouveaux types d'intégrales, un peu plus complexes quant
aux expressions de u, v, w, mais plus simples quant à celles
de p_x, p_y, p_z, où p_z continue à présenter le même caractère,
et dans le premier desquels p_x et p_y s'annulent à la limite
$z = o$, tandis que, dans le second, p_z y égale zéro comme
dans le troisième type déjà trouvé (39). La possibilité de les
déduire des solutions (33) et (36) tient à ce que celles-ci
impliquent des valeurs, (33 *bis*) et (37), des pressions p_x, p_y,
p_z, dont les secondes, (37), ne diffèrent, pour $z = o$, des premières, (33 *bis*), que par des coefficients numériques,
égaux dans p_x et p_y.

Le premier des types cherchés s'obtient en ajoutant respectivement, aux expressions (33) ou (25) de u, v, w préalablement multipliées par $\dfrac{1}{4\pi\mu}$, les expressions (36), multipliées elles-mêmes par le facteur également constant
$\dfrac{-1}{4\pi(\lambda + \mu)}$. A cause du principe de la superposition des
effets, applicable ici vu la forme linéaire des équations, les
valeurs (33 *bis*) et (37), (32) et (38), de p_x, p_y, p_z, propres à
chacun de ces deux systèmes, s'ajouteront de même, et il
viendra aisément :

1° à l'intérieur, ou pour z quelconque,

$$(40) \qquad (p_x, p_y, p_z) = \frac{z^2}{2\pi} \frac{d}{d(x, y, z)} \left(\frac{1}{z} \frac{d^2\psi}{dz^2} \right),$$

c'est-à-dire, si l'on prend pour ψ le potentiel (19) et qu'on ait, par suite, $\dfrac{1}{z} \dfrac{d^2\psi}{dz^2} = -\displaystyle\int \dfrac{dm}{r^3}$,

$$(41) \qquad (p_x, p_y, p_z) = \frac{3z^3}{2\pi} \int \frac{dm}{r^5} \frac{dr}{d(x, y, z)} ;$$

$2°$ à la surface,

$$(41\ bis) \quad (\text{pour } z = 0) \quad p_x = 0,\ p_y = 0,\ p_z = -\frac{1}{2\pi} \frac{d^2\psi}{dz^2} \ \text{ou} \ \rho(x, y).$$

On peut remarquer, en passant, que les valeurs (40) de p_x et p_y acquièrent, tout près de la surface, à cause de la troisième formule (41 *bis*), les expressions approchées très simples

$$(41\ ter) \quad \left\{ \begin{aligned} & p_x \ \text{ou} \ -\mu \left(\frac{dw}{dx} + \frac{du}{dz} \right) = -z \frac{dp_z}{dx} = -z \frac{d\rho(x, y)}{dx}, \\[2ex] & p_y \ \text{ou} \ -\mu \left(\frac{dv}{dz} + \frac{dw}{dy} \right) = -z \frac{dp_z}{dy} = -z \frac{d\rho(x, y)}{dy}. \end{aligned} \right.$$

Appelons $d\mathrm{P}$ la pression normale, infiniment petite, exercée sur un élément $dx_1 dy_1$ de la surface ou du plan des xy. On aura, à cause de la troisième formule (41 *bis*), $d\mathrm{P} = p_z\, dx_1\, dy_1 = \rho(x_1, y_1)\, dx_1\, dy_1 = dm$, et, par conséquent,

$$(42) \qquad\qquad dm = d\mathrm{P}.$$

Ainsi, *les petits déplacements, u, v, w, produits dans le cas où la surface n'éprouve sur chacun de ses éléments qu'une pression normale $d\mathrm{P}$, s'obtiennent en ajoutant les expressions (33) et (36), ou (25) et (36), respectivement multipliées par $\dfrac{1}{4\pi\mu}$ et par $\dfrac{-1}{4\pi(\lambda + \mu)}$, puis en attribuant à chaque partie dm de la couche matérielle fictive étalée sur la surface une valeur, (42), égale à la pression exercée au même endroit.*

Si le corps ou milieu élastique considéré n'est autre qu'un sol horizontal soumis à des actions verticales, il y aura avantage à concevoir celles-ci comme produites par le poids d'un sable très lourd, distribué sur la surface du sol en couche mince d'une épaisseur variable, et dont chaque partie, *évidemment indépendante de ses voisines ou portée exclusivement par le sol sous-jacent*, constituera la charge exacte de la portion de surface qu'elle recouvrira. En effet, *nous pourrons, alors, prendre justement pour la fonction φ le potentiel logarithmique de cette couche de sable, c'est-à-dire de la charge totale réelle, sauf à y introduire le poids de chaque grain de sable à la place de sa masse.*

On trouvera, de la sorte :

$$(43) \begin{cases} u = -\dfrac{1}{4\pi\mu} \dfrac{d^2 \int r\, dP}{dx\, dz} - \dfrac{1}{4\pi(\lambda+\mu)} \dfrac{d}{dx} \int \log(z+r)\, dP, \\[2ex] v = -\dfrac{1}{4\pi\mu} \dfrac{d^2 \int r\, dP}{dy\, dz} - \dfrac{1}{4\pi(\lambda+\mu)} \dfrac{d}{dy} \int \log(z+r)\, dP, \\[2ex] w = -\dfrac{1}{4\pi\mu} \dfrac{d^2 \int r\, dP}{dz^2} + \dfrac{2\lambda+3\mu}{4\pi\mu(\lambda+\mu)} \int \dfrac{dP}{r}; \\[2ex] \theta = \dfrac{1}{2\pi(\lambda+\mu)} \dfrac{d}{dz} \int \dfrac{dP}{r}. \end{cases}$$

Observons que les valeurs de θ pour $z=0$ seront celles que donne la dernière formule (33) divisée par $4\pi\mu$, et qu'elles égaleront, d'après la troisième (41 *bis*), le quotient de $-p_z$ par $\lambda+\mu$. Ainsi, *la condensation, $-\theta$, éprouvée par la matière en chaque endroit de la surface est le rapport, à la constante $\lambda+\mu$, de la pression extérieure qui s'y trouve exercée par unité d'aire.* Lamé avait déjà reconnu cette loi. Une proportionnalité analogue, entre p_z et $-\theta$ à la surface, se vérifie également, à cause des dernières relations (33) et (33 *bis*), quand les déplacements à la surface sont exclusivement verticaux : alors le rapport de p_z à $-\theta$ est $\lambda+2\mu$ et non plus $\lambda+\mu$. Et, en vertu de la formule $p_z = -\lambda\theta - 2\mu\dfrac{dw}{dz}$, cette proportionnalité, à la surface, de $-\theta$ à p_z, dans chacun de ces deux types d'intégrales et même dans les autres que nous avons considérés (où $\theta = 0$), y entraîne évidemment celle de p_z à la *contraction* $-\dfrac{dw}{dz}$ éprouvée par de petites lignes matérielles verticales.

Le deuxième type d'intégrales cherché ici, celui dans lequel on a $p_z = 0$ à la surface, s'obtient en ajoutant les expressions (33) et (36) de u, v, w, respectivement multipliées par $\dfrac{1}{4\pi\mu}$ et par $-\dfrac{\lambda + 2\mu}{4\pi\mu(\lambda + \mu)}$. Les valeurs (33 *bis*) et (37) de p_x, p_y, p_z se superposent de la même manière et donnent :

$$(44) \quad (p_x, p_y) = \frac{1}{2\pi} \frac{d}{d(x,y)} \frac{d}{dz}\left(z \frac{d\psi}{dz} \right), \quad p_z = \frac{1}{2\pi} z \frac{d^2\psi}{dz^3}.$$

On voit que cette deuxième forme peut être caractérisée, comme la précédente, par deux conditions où ne paraissent que les composantes de la pression extérieure : ce sont, non plus les deux relations $p_x = 0$ et $p_y = 0$ (pour $z = 0$), mais $p_z = 0$ et $\dfrac{dp_x}{dy} = \dfrac{dp_y}{dx}$ (pour $z = 0$). La seconde exprime que les deux composantes tangentielles p_x, p_y de l'action exercée par unité d'aire sur la surface admettent un potentiel, ou sont les deux dérivées respectives en x et y d'une même fonction de ces deux coordonnées de leurs points d'application. Elle distingue nettement ce type du troisième, précédemment obtenu, (39) et (39 *bis*), où l'on a bien, également, $p_z = 0$, mais où p_x et p_y vérifient la relation $\dfrac{dp_x}{dx} + \dfrac{dp_y}{dy} = 0$, au lieu de la condition d'intégrabilité $\dfrac{dp_x}{dy} = \dfrac{dp_y}{dx}$.

En résumé, les types considérés ici sont susceptibles d'être définis, tous les trois, au moyen de relations simples, au nombre de deux pour chacun, ne concernant que les composantes p_x, p_y, p_z de l'action extérieure, sans qu'il y soit question des déplacements u, v, w.

18. — *Formation de l'intégrale générale, soit au moyen de ces trois types, soit au moyen des trois types considérés en premier lieu.*

Si l'on superpose un système d'intégrales du deuxième, (44), de ces types à un autre du troisième (39 *bis*), multiplié par $\dfrac{1}{2\pi\mu}$, en introduisant dans celui-ci une fonction ψ_1 différente de ψ, et en remplaçant d'ailleurs ψ et ψ_1 par φ et φ_1, afin d'éviter la confusion avec la fonction analogue employée dans le cas du premier type (40), les valeurs de u, v, w seront, d'après (33), (36) et (39),

$$(45)\quad\begin{cases} u = -\dfrac{1}{2\pi\mu}\left[\dfrac{1}{2}\dfrac{d}{dx}\left(z\dfrac{d\varphi}{dz}+\dfrac{\lambda+2\mu}{\lambda+\mu}\varphi\right)+\dfrac{d\varphi_1}{dy}\right], \\[2ex] v = -\dfrac{1}{2\pi\mu}\left[\dfrac{1}{2}\dfrac{d}{dy}\left(z\dfrac{d\varphi}{dz}+\dfrac{\lambda+2\mu}{\lambda+\mu}\varphi\right)-\dfrac{d\varphi_1}{dx}\right], \\[2ex] w = -\dfrac{1}{4\pi\mu}\left(z\dfrac{d^2\varphi}{dz^2}-\dfrac{\mu}{\lambda+\mu}\dfrac{d\varphi}{dz}\right); \end{cases}$$

et elles correspondront aux expressions suivantes de p_x, p_y, p_z :

$$(45\ bis)\quad\begin{cases} p_x = \dfrac{1}{2\pi}\dfrac{d}{dz}\left(z\dfrac{d^2\varphi}{dx\,dz}+\dfrac{d\varphi_1}{dy}\right),\quad p_y = \dfrac{1}{2\pi}\dfrac{d}{dz}\left(z\dfrac{d^2\varphi}{dy\,dz}-\dfrac{d\varphi_1}{dx}\right), \\[2ex] p_z = \dfrac{1}{2\pi}z\dfrac{d^3\varphi}{dz^3}. \end{cases}$$

On tire de celles-ci, par des différentiations immédiates, et en observant que les équations $\Delta_2\varphi=0$, $\Delta_2\varphi_1=0$ permettent de remplacer la somme des deux dérivées secondes en x et en y de φ ou de φ_1 par la dérivée seconde en z, changée de signe, de la même fonction,

$$\dfrac{dp_x}{dx}+\dfrac{dp_y}{dy}=-\dfrac{1}{2\pi}\dfrac{d}{dz}\left(z\dfrac{d^3\varphi}{dz^3}\right),\quad \dfrac{dp_x}{dy}-\dfrac{dp_y}{dx}=-\dfrac{1}{2\pi}\dfrac{d^3\varphi_1}{dz^3},$$

relations où φ et φ_1 sont séparées. A la surface, elles deviennent

$$(45\ ter) \quad (\text{pour } z = 0) \quad \frac{dp_x}{dx} + \frac{dp_y}{dy} = -\frac{1}{2\pi}\frac{d^3\varphi}{dz^3}, \quad \frac{dp_x}{dy} - \frac{dp_y}{dx} = -\frac{1}{2\pi}\frac{d^3\varphi_1}{dz^3}.$$

Vu les deux fonctions arbitraires distinctes ρ, des coordonnées x_1, y_1 de la surface, que contiennent φ et φ_1 supposées prises de la forme (19), on doit pouvoir, dans les formules (45 *bis*), donner à p_x et à p_y, pour $z = 0$, des valeurs quelconques en x_1 et y_1, tandis que p_z s'annule à la même limite, en vertu de la troisième de ces formules. Donc, sauf le choix convenable de φ et de φ_1, qui reste encore en suspens et qui paraît difficile (*), la solution (45) répond au cas où les pressions exercées sur la surface ont leurs composantes tangentielles arbitraires, mais leur composante normale partout nulle. Et il suffira évidemment de la joindre à la première dont il vient d'être parlé (form. 43), ou qui convient quand la pression extérieure se réduit à une composante normale donnée en chaque point, pour avoir l'intégrale générale du problème traité, c'est-à-dire celle où les composantes p_x, p_y, p_z de l'action extérieure sont trois fonctions arbitraires des coordonnées x_1 et y_1 de la surface du corps.

Nos deux nouveaux types, savoir, le premier et le second des trois employés ici, n'étant que des combinaisons linéaires des deux premiers trouvés plus haut (n°s 14 et 16), il va sans dire que nous aurions également l'intégrale générale, en nous contentant de superposer trois solutions particulières empruntées respectivement aux trois types simples (33), (36), (39), obtenus en premier lieu.

(*) On verra au n° 40 *bis* (p. 182) qu'il est, au contraire, très simple, quand on y emploie les seconds potentiels logarithmiques Ψ à la place des premiers φ : la difficulté que j'y avais trouvée, lors de la rédaction du mémoire, tenait à ce que je demandais la solution à ceux-ci φ, qui me l'avaient donnée dans le cas de pressions normales, mais qui se trouvent ne plus convenir pour des pressions obliques.

19. — *Déplacements élémentaires dans le cas où il s'agit du premier type simple d'intégrales.*

Supposons maintenant que la couche matérielle $f dm$ ne s'étende que sur une très petite partie, $d\tau$, du plan des xy, dans laquelle nous admettrons qu'on ait choisi l'origine des coordonnées. Cherchons ce que deviennent alors les expressions des déplacements u, v, w, pour les trois types simples d'intégrales (25), (36), (39), et pour le plus important des types composés, c'est-à-dire pour celui, auquel répondent les formules (43), où des pressions exclusivement normales sont exercées sur la surface. La distance r d'un point quelconque du corps aux diverses régions (x_1, y_1) de la couche ne différera pas sensiblement de la droite qui joint l'origine à ce point ; en sorte qu'on pourra prendre

$$ r = \sqrt{x^2 + y^2 + z^2} $$

et appeler d'ailleurs dm la couche entière, infiniment petite par hypothèse. Pour fixer les idées, nous supposerons horizontal le plan des xy, qui limite le corps, et nous admettrons que l'axe des z soit dirigé vers le bas.

Considérons d'abord les valeurs (25), *qui correspondent au cas de déplacements exclusivement verticaux à la surface.* D'après la dernière formule (32), dans laquelle on aura $\rho(x,y) = 0$ partout, excepté sur l'élément $d\sigma$ où $\rho = \dfrac{dm}{d\sigma}$, *ces déplacements se réaliseraient en effet, si la surface était astreinte à ne se déplacer que verticalement et supportait, sur son élé-*

ment plan dz comprenant l'origine des coordonnées, une pression verticale $dP = p_z dz$ exprimée par la formule

$$(46) \qquad dP = 4\pi\mu \, \frac{\lambda + 2\mu}{\lambda + \mu} \, dm.$$

Les relations (25) se réduiront à

$$(47) \quad \begin{cases} u = -\dfrac{d^2 r}{dx\,dz}\,dm = \dfrac{zx}{r^3}\,dm, \quad v = -\dfrac{d^2 r}{dy\,dz}\,dm = \dfrac{zy}{r^3}\,dm, \\[2ex] w = -\dfrac{d^2 r}{dz^2}\,dm + 2\,\dfrac{\lambda + 2\mu}{\lambda + \mu}\,\dfrac{dm}{r} = \dfrac{z^2}{r^3}\,dm + \dfrac{\lambda + 3\mu}{\lambda + \mu}\,\dfrac{dm}{r}. \end{cases}$$

Le rayon r mené de l'origine au point considéré faisant avec les trois axes des angles dans les cosinus sont $\frac{x}{r}, \frac{y}{r}, \frac{z}{r}$, on voit que le changement de position effectué par chaque molécule se compose : 1° du *mouvement divergent* $\frac{z}{r^2}\,dm$, le long du prolongement de la droite r qui joint le point d'application de la pression extérieure dP à la molécule même ; 2° du *mouvement descendant* $\frac{\lambda + 3\mu}{\lambda + \mu}\,\frac{dm}{r}$.

Les déplacements sont donc symétriques tout autour de la droite suivant laquelle est appliquée la force déformatrice dP, comme il était évident ; et il suffit de considérer ce qui se passe dans un plan méridien, par exemple, dans le plan des zx, où l'on a $y = o$, $v = o$. Nous bornant même au côté de ce plan pour lequel x est positif, appelons α l'angle, compris entre zéro et $\frac{\pi}{2}$, que fait le rayon r avec l'axe des z, de manière à avoir

$$x = r \sin \alpha, \quad y = o, \quad z = r \cos \alpha.$$

Les troisièmes membres des formules (47) de u et w donneront aisément, pour les valeurs du *déplacement horizontal* U, compté positivement en s'éloignant de l'axe de symétrie (c'est-à-dire de la force dP), et du *déplacement vertical* w,

$$(48) \quad \begin{cases} U = \dfrac{dm}{r} \sin \alpha \cos^2 \alpha = \dfrac{dm}{2r} \sin 2\alpha, \\[2ex] w = -\dfrac{dm}{r} \sin^2 \alpha + 2 \dfrac{\lambda + 2\mu}{\lambda + \mu} \dfrac{dm}{r} = \dfrac{dm}{2r} \cos 2\alpha + \dfrac{3\lambda + 7\mu}{2(\lambda + \mu)} \dfrac{dm}{r} \end{cases}$$

Les seconds membres de celles-ci montrent que, pour les diverses molécules réparties sur la sphère de rayon r décrite autour de l'origine comme centre, les déplacements éprouvés se composent : 1° d'une translation commune $2 \dfrac{\lambda + 2\mu}{\lambda + \mu} \dfrac{dm}{r}$, dans le sens de la force ; 2° d'un déplacement $\dfrac{dm}{r} \sin \alpha$, effectué suivant la droite définie par les cosinus directeurs $\cos \alpha$, $- \sin \alpha$, ou qui fait l'angle α avec les x positifs, du côté des z négatifs, et coïncide, par conséquent, avec la tangente au cercle représenté par l'équation $x^2 + z^2 = r^2$.

Donc, *chaque couche demi-sphérique d'un rayon donné r, ayant pour centre le point d'application de la pression élémentaire dP exercée sur le corps, avance dans le sens de celle-ci, sans cesser de faire partie d'une sphère de même rayon, de la quantité* $2 \dfrac{\lambda + 2\mu}{\lambda + \mu} \dfrac{dm}{r}$ *qui*, d'après la formule (46), *égale* $\dfrac{dP}{2\pi\mu r}$.

Seulement, comme on a

$$(49) \quad \frac{dm}{r} \sin \alpha \cos \alpha = \frac{dm}{2r} \sin 2\alpha, \qquad -\frac{dm}{r} \sin^2 \alpha = -\frac{dm}{2r} + \frac{dm}{2r} \cos 2\alpha$$

les particules qui constituent la couche éprouvent, sur la surface de la sphère dont elle garde la figure, un léger recul, composé de la translation $\dfrac{dm}{2r} = \dfrac{\lambda + \mu}{4(\lambda + 2\mu)} \dfrac{dP}{2\pi\mu r}$, *en sens contraire de la force dP, et d'un déplacement, égal à celle* *translation, effectué suivant la direction qui fait avec celle de la force l'angle 2α dont la bissectrice est le propre rayon r aboutissant à la particule.*

Ce dernier mouvement seul, propre aux diverses molécules de la couche demi-sphérique, aurait pour effet de les éparpiller sur toute la surface d'une petite sphère de rayon $\frac{dm}{2r}$, si on les supposait d'abord réunies en un même point, à l'origine des coordonnées par exemple. D'ailleurs, l'éparpillement, uniforme dans le sens des cercles méridiens de la petite sphère, accumulerait, à son pôle situé du côté des z négatifs, toutes les molécules effectivement placées à l'équateur ou circonférence de base de la couche demi-sphérique et, aux environs de ce pôle, les zones à grand rayon et à grande surface (ou équatoriales) de la même couche ; de manière à relever en moyenne sa matière ou à faire monter son centre de gravité, car il n'y aurait que les molécules de la calotte comprise entre $\alpha = 0$ et $\alpha = \frac{\pi}{4}$ qui s'y abaissassent. Comme le mouvement dont il s'agit relève chaque molécule de $- \frac{dm}{2r} \cos 2\alpha$, et que le nombre des molécules pour lesquelles α a une certaine valeur est proportionnel à $\sin\alpha$, c'est-à-dire au rayon $r \sin \alpha$ du petit cercle de la couche le long duquel ces molécules sont rangées, le relèvement éprouvé par le centre de gravité général égalera la valeur moyenne du produit $- \frac{dm}{2r} \cos 2\alpha \sin \alpha$, quand α y varie de 0 à $\frac{\pi}{2}$, divisé par la valeur moyenne du facteur $\sin\alpha$. Or on a

$$- \frac{dm}{2r} \int_0^{\frac{\pi}{2}} \cos 2\alpha \sin \alpha \, d\alpha = \frac{dm}{2r} \left(- \cos \alpha + \frac{2}{3} \cos^3 \alpha \right)_0^{\frac{\pi}{2}} = \frac{dm}{6r}$$

$$\int_0^{\frac{\pi}{2}} \sin \alpha \, d\alpha = 1.$$

Le quotient des deux intégrales vaut donc $\dfrac{dm}{6\,r}$: et l'on peut observer qu'il serait le même si, le corps étant supposé exister aussi du côté des z négatifs, ou la couche étant supposée couvrir une sphère entière et non une demi-sphère seulement, α variait dans l'intervalle double compris de o à π ; ce qui ne ferait que multiplier par 2 la valeur de chaque intégrale. En ajoutant le quotient obtenu, $\dfrac{dm}{6\,r}$, à la translation, $\dfrac{dm}{2\,r}$, qu'éprouve de bas en haut toute la matière de la couche dans son mouvement de recul sur sa surface, on trouve que ce mouvement de recul produit en tout, sur la couche, un relèvement moyen égal à

$$(50) \qquad \frac{2}{3}\,\frac{dm}{r} = \frac{\lambda+\mu}{3\,(\lambda+2\mu)}\,\frac{dP}{2\pi\mu r}.$$

Ce relèvement, retranché de la translation

$$2\,\frac{\lambda+2\,\mu}{\lambda+\mu}\,\frac{dm}{r} = \frac{dP}{2\pi\mu r}$$

qu'a éprouvée de haut en bas la sphère sur laquelle la couche reste située, donne enfin

$$(51) \qquad \frac{2\,(2\lambda+5\mu)}{3\,(\lambda+\mu)}\,\frac{dm}{r} = \frac{2\lambda+5\mu}{3\,(\lambda+2\mu)}\,\frac{dP}{2\pi\mu r}$$

pour le déplacement moyen imprimé à la couche par la pression extérieure dP.

Enfin, si dr désigne l'épaisseur d'une couche, on obtiendra le déplacement moyen imprimé à toute la matière qu'entoure la couche de rayon r, en multipliant l'expression (51) par le facteur $r^2 dr$, proportionnel au volume d'une couche, puis en intégrant le produit de o à r et divisant le résultat par $\int^r r^2\, d\,r = \frac{1}{3}\,r^3$. On trouve ainsi que *le déplacement moyen de toute la partie du corps qu'entoure une sphère de rayon r, ayant son centre au point d'application de la pression dP, vaut la quantité*

$$(52) \qquad \frac{2\lambda + 5\mu}{2(\lambda + 2\mu)} \, \frac{dP}{2\pi\mu r},$$

un peu supérieure au déplacement même $\dfrac{dP}{2\pi\mu r}$ *du centre de la sphère dont ne cesse pas de faire partie sa surface convexe.*

20. — *Déformations qui s'y trouvent produites.*

Cherchons actuellement à nous rendre compte des déformations produites aux divers points. À cet effet, nous occupant d'abord de ce qui se passe dans un plan méridien, par exemple, celui des zx considéré du côté des x positifs, nous chercherons ce que deviennent, après les déplacements, deux éléments rectilignes menés, à partir d'un point quelconque (x,z) ou (r,z), l'un, dr, dans la direction du prolongement du rayon r qui y aboutit, l'autre, ds, dans le sens perpendiculaire suivant lequel r ne varie pas et z grandit.

Le premier, dr, défini en direction par les cosinus directeurs $\sin z$, $\cos z$, a pour projections primitives sur les axes $dx = dr \sin z$, $dz = dr \cos z$. Par suite, les déplacements respectifs, horizontal et vertical, de sa seconde extrémité, dépassent les déplacements analogues de la première, des quantités

$$\left(\frac{du}{dx} \sin z + \frac{du}{dz} \cos z \right) dr \quad \text{et} \quad \left(\frac{dw}{dx} \sin z + \frac{dw}{dz} \cos z \right) dr.$$

Portons dans celles-ci les valeurs des dérivées de u, w en x, z déduites de la première et de la troisième (47), avec substitution de $r \sin z$ et $r \cos z$ à x et à z dans les résultats;

puis ajoutons ces accroissements aux projections primitives de l'élément matériel dr, qui étaient $\sin\alpha\, dr$ et $\cos\alpha\, dr$. Nous trouverons que ces projections deviennent, après les déplacements,

$$(53)\qquad \sin\alpha\left(1-\frac{dm}{r^2}\cos\alpha\right)dr,\quad \left[\cos\alpha\left(1-\frac{dm}{r^2}\cos\alpha\right)-\frac{\lambda+3\mu}{\lambda+\mu}\frac{dm}{r^2}\right]dr.$$

En faisant la somme des carrés de ces expressions (avec suppression des termes en dm^2, évidemment négligeables), puis extrayant la racine carrée du résultat, nous obtenons simplement, pour la nouvelle longueur de l'élément rectiligne,

$$(54)\qquad \left[1-2\frac{\lambda+2\mu}{\lambda+\mu}\frac{dm}{r^2}\cos\alpha\right]dr.$$

La dilatation linéaire de cet élément, rapport de son accroissement à sa longueur primitive, est donc

$$(55)\qquad \delta_r=-2\frac{\lambda+2\mu}{\lambda+\mu}\frac{dm}{r^2}\cos\alpha.$$

Le quotient de la première expression (53) par (54) nous donnera d'ailleurs, pour le sinus du nouvel angle que fait avec les x positifs l'élément dr déplacé,

$$\sin\alpha\left(1+\frac{\lambda+3\mu}{\lambda+\mu}\frac{dm}{r^2}\cos\alpha\right)=\sin\left[\alpha+\frac{\lambda+3\mu}{\lambda+\mu}\frac{dm}{r^2}\sin\alpha\right].$$

Pendant que les déplacements s'effectuent, l'élément matériel dr tourne donc un peu, de manière que son angle α avec les x positifs croisse de

$$(56)\qquad \frac{\lambda+3\mu}{\lambda+\mu}\frac{dm}{r^2}\sin\alpha.$$

Occupons-nous maintenant du second élément matériel rectiligne, ds, dont les projections primitives sur les axes sont $dx = \cos \alpha\, ds$, $dz = -\sin \alpha\, ds$. Après les déformations, ces projections vaudront

$$\left(\cos \alpha + \frac{du}{dx} \cos \alpha - \frac{du}{dz} \sin\alpha\right) ds, \quad \left(-\sin\alpha + \frac{dw}{dx} \cos\alpha - \frac{dw}{dz} \sin\alpha\right) ds.$$

Portons-y les valeurs déjà calculées des dérivées de u, w. et elles deviendront

$$(57) \qquad \left(\cos \alpha + \frac{dm}{r^2} \cos 2\,\alpha\right) ds, \quad -\left(\sin \alpha + \frac{dm}{r^2} \sin 2\,\alpha\right) ds.$$

On en déduit, comme tout-à-l'heure pour (54), la nouvelle longueur de l'élément matériel ds,

$$(58) \qquad \left(1 + \frac{dm}{r^2} \cos \alpha\right) ds,$$

et, par suite, la dilatation qu'il a éprouvée

$$(59) \qquad \partial_s = \frac{dm}{r^2} \cos \alpha.$$

Le quotient de la première expression (57) par (58) donne d'ailleurs le cosinus du nouvel angle qu'il fait avec les x positifs, du côté des z négatifs,

$$\cos \alpha - \frac{dm}{r^2} \sin^2 \alpha = \cos \left[\alpha + \frac{dm}{r^2} \sin \alpha\right];$$

en sorte que cet angle s'est accru, ou que l'élément ds a tourné, de la quantité

$$(60) \qquad \frac{dm}{r^2} \sin \alpha,$$

comme on aurait pu, du reste, le déduire du fait, impliqué dans les formules (48), que l'élément ds reste tangent à un cercle de rayon r le long duquel il avance de $\dfrac{dm}{r} \sin \alpha$.

L'excédent, sur cet angle (60), de celui, (56), dont a tourné dans le même sens l'élément matériel dr, mesure la diminution éprouvée par l'angle, primitivement droit, de ces deux éléments l'un par rapport à l'autre, ou ce qu'on appelle leur glissement mutuel. Ce glissement vaudra donc

$$(61) \qquad g = \frac{2\mu}{\lambda + \mu} \; \frac{dm}{r^2} \sin \nu.$$

Pour achever de définir les déformations éprouvées par la matière au point (x,z) du plan méridien des zx, il ne reste plus qu'à calculer la dilatation δ_n éprouvée par un élément matériel rectiligne dn normal à ce plan et qui, par raison de symétrie, ne cesse pas de lui être perpendiculaire. Cet élément appartient à un cercle *parallèle*, ayant son centre sur l'axe de révolution ou de symétrie, et dont le rayon x devient $x + u$ ou $r \sin z + U$. Son allongement par unité de longueur est donc $\dfrac{U}{r \sin \alpha}$. En y remplaçant U par la valeur (48), il vient

$$(62) \qquad \delta_n = \frac{dm}{r^2} \cos \alpha.$$

La dilatation cubique θ sera la somme des dilatations linéaires, (55), (59), (62), de trois petites droites matérielles rectangulaires. Sa valeur ainsi calculée,

$$(63) \qquad \theta = -\frac{2\mu}{\lambda + \mu} \; \frac{dm}{r^2} \cos \alpha,$$

concorde bien avec celle que donne immédiatement la formule (26) [p. 65].

En résumé, *il se produit, en un point quelconque de la couche de rayon r, d'égales dilatations suivant l'arc de méridien et suivant un cercle parallèle de la même couche; ces dilatations ont pour valeur*

$$(64) \qquad \frac{dm}{r^2} \cos \alpha = \frac{\lambda + \mu}{2 (\lambda + 2\mu)} \; \frac{dP}{2\pi\mu r^2} \cos \alpha.$$

La contraction qui a lieu en même temps dans le sens de l'épaisseur de la couche, et la condensation θ de la matière, sont respectivement les produits de la somme de ces deux dilatations linéaires par les nombres constants $\dfrac{\lambda + 2\mu}{\lambda + \mu}$ et $\dfrac{\mu}{\lambda + \mu}$.

Enfin, le prolongement matériel du rayon r, primitivement normal à la couche, s'incline un peu vers le haut de celle-ci, de manière à tourner par rapport à elle d'un angle variable, égal au produit de la condensation $-\theta$ par tangα.

21. — *Pressions intérieures mises en jeu par ces déformations.*

Au moyen des quatre déformations δ_r, δ_s, δ_n, g, on évalue aisément les composantes normales et tangentielle, N_s, N_r, T, des pressions exercées sur les éléments plans perpendiculaires aux petites droites dr, ds, et la pression N_n qui sollicite un élément superficiel situé dans le plan méridien, force évidemment dirigée suivant la petite droite dn perpendiculaire à ce plan. On sait, en effet, que

$$(65) \quad N_r = \lambda\theta + 2\mu\,\delta_r \,, \quad N_s = \lambda\theta + 2\mu\,\delta_s \,, \quad N_n = \lambda\theta + 2\mu\,\delta_n \,, \quad T = \mu g.$$

D'ailleurs, ces quatre composantes N, T permettront, comme on le sait aussi, de déterminer toutes les pressions intérieures que supporte le corps suivant les divers sens.

Si l'on substitue dans les formules (65), à θ, δ_r, δ_s, δ_n, g, leurs valeurs (63), (55), (59), (62), (61), il vient :

$$(65\ bis)\quad \begin{cases} N_r = -6\mu\,\dfrac{dm}{r^2}\cos\alpha - \dfrac{2\mu^3}{\lambda+\mu}\,\dfrac{dm}{r^2}\cos\alpha,\ T = \dfrac{2\mu^2}{\lambda+\mu}\,\dfrac{dm}{r^3}\sin\alpha, \\[3ex] N_s = N_n = \dfrac{2\mu^2}{\lambda+\mu}\,\dfrac{dm}{r^2}\cos\alpha. \end{cases}$$

Les deux composantes, l'une, normale (dirigée suivant le prolongement du rayon r), l'autre, tangentielle (suivant l'arc ds), de la pression exercée par la couche demi-sphérique de rayon r sur celle de rayon $r + dr$, sont $-N$, et $-T$. On voit que *cette action d'une couche demi-sphérique sur la suivante se compose, par unité d'aire : 1° d'une compression normale,* $6\mu \dfrac{dm}{r^2} \cos\alpha$, *inversement proportionnelle au carré du rayon r de la couche et en raison directe du cosinus de l'angle α que fait ce rayon avec la verticale ou la normale à la surface du corps; 2° d'une force,* $\dfrac{2\,\mu^2}{\lambda + \mu} \dfrac{dm}{r^2}$, *dirigée verticalement de haut en bas ou vers l'intérieur du corps (c'est-à-dire faisant avec le rayon r prolongé et avec l'arc ds les angles qui ont respectivement pour cosinus $\cos\alpha$ et $-\sin\alpha$), force constante sur toute l'étendue de la couche et inversement proportionnelle au carré de son rayon.*

Observons que cette dernière pression verticale équivaut, pour toute l'aire $2\pi r^2$ de la couche demi-sphérique, à une poussée de haut en bas égale à $\dfrac{4\,\pi\,\mu^2}{\lambda + \mu}\, dm$. La précédente, $6\mu \dfrac{dm}{r^2} \cos\alpha$, devenue $6\,\mu \dfrac{dm}{r^2} \cos^2\alpha$ en projection sur l'axe des z, donne une poussée analogue, $\left(6\,\mu \dfrac{dm}{r^2} \cos^2\alpha\right) (2\pi r^2 \sin\alpha\, d\alpha)$, sur une zone élémentaire de rayon $r\sin\alpha$ et de largeur $r\,d\alpha$, et, par suite, une poussée totale égale à

$$12\,\pi\,\mu\, dm \int_0^{\frac{\pi}{2}} \cos^2\alpha\,\sin\alpha\, d\alpha = 4\,\pi\,\mu\, dm,$$

sur un calotte demi-sphérique. La couche considérée exerce donc en tout une pression ayant pour valeur $\dfrac{4\pi\mu^2}{\lambda + \mu}\,dm + 4\pi\mu\,dm$, pression égale, d'après (46), à celle, dP, que supporte la surface supérieure, comme il le fallait bien pour l'équilibre de la demi-sphère terminée à la couche.

Observons encore que, si l'on découpe dans la même couche, en menant une surface conique normale à ses deux faces, une calotte ou un ménisque dont le rayon de base soit $r \sin \alpha$, les deux composantes, suivant l'arc ds et suivant le prolongement dr du rayon r, de la pression exercée sur la tranche ou contour de cette calotte vaudront par unité d'aire N, et T, forces dont la résultante, d'après (65 *bis*), a pour valeur $\dfrac{2\,\mu^2}{\lambda + \mu}\dfrac{dm}{r^2}$ et se trouve dirigée suivant une horizontale issue de l'axe des z. On voit donc que *les sections normales faites, dans une couche demi-sphérique, perpendiculairement à ses plans méridiens, sont soumises à des tractions horizontales, constantes par unité d'aire et précisément égales à la pression verticale uniforme,* $\dfrac{2\,\mu^2}{\lambda + \mu}\dfrac{dm}{r^2}$, *qu'exerce chaque couche sur celle qui la supporte en outre de la pression normale, variable,* $6\,\mu\,\dfrac{dm}{r^3}\cos\alpha$. Enfin, *les sections méridiennes de la couche sont soumises à des tractions* N_u, *qui égalent, en chaque endroit, la composante normale,* N_t, *des tensions horizontales dont il vient d'être parlé.*

22 — *Déplacements élémentaires pour le second et le troisième des types simples d'intégrales.*

Passons actuellement à l'étude du second type simple d'intégrales, toujours pour le cas où le potentiel ψ ne conserve qu'un seul de ses éléments, $\log (z + r).\,dm$, relatif à une masse dm recouvrant une portion infiniment petite $d\sigma$ du plan des xy. Les déplacements u,v,w ont alors, d'après (36) [p. 72], les valeurs

$$(66)\quad \begin{cases} u = \dfrac{d \log (z + r)}{dx}\,dm = \dfrac{x\,dm}{r\,(z + r)}, \quad v = \dfrac{d \log (z + r)}{dy}\,dm = \dfrac{y\,dm}{r\,(z + r)}, \\[2ex] \qquad w = \dfrac{d \log (z + r)}{dz}\,dm = \dfrac{dm}{r}, \end{cases}$$

où r désigne la distance du point quelconque (x, y, z) du corps à l'élément $d\sigma$, sur lequel est supposée prise l'origine

des coordonnées. D'après la dernière formule (38) [p. 72],
les actions extérieures exercées sur la surface n'ont pas
d'autre composante normale qu'une pression $d\mathrm{P}$, appliquée
à l'origine suivant l'axe des z et égale à

$$(67) \qquad d\mathrm{P} = 4\pi\mu\, dm.$$

Les relations (66) montrent que w dépend seulement de
r, et que u, v sont les produits respectifs d'une même fonction de r et z par les cosinus des angles que fait, avec les
x et les y, le plan qui contient le rayon r et l'axe des z.
Donc, *comme pour le premier type simple d'intégrales, les
déplacements se font symétriquement tout autour de l'axe
des z, c'est-à-dire tout autour de la droite d'application de
la pression normale $d\mathrm{P}$.*
Il suffira de considérer encore la matière comprise dans
le plan des zx, du côté des x positifs. En continuant à poser
$x = r \sin \alpha$, $z = r \cos \alpha$, où α est l'angle, compris entre o et
$\dfrac{\pi}{2}$, que fait le rayon r avec les z positifs, les relations (66)
donneront, pour le déplacement horizontal U et pour le
déplacement vertical w,

$$(68) \qquad \mathrm{U} = \frac{\sin \alpha}{1 + \cos \alpha}\frac{dm}{r} = \frac{dm}{r}\tang\frac{\alpha}{2}, \qquad w = \frac{dm}{r}.$$

D'après les formules (66), en vertu desquelles u et w égalent
les dérivées en x et z d'une même fonction $dm \log(r+z)$, le
déplacement total se fait, dans le plan méridien des zx,
normalement aux courbes dont l'équation est

$$r + z = \text{une constante positive } c.$$

Or ces courbes, à cause de la propriété même, $r = c - z$,
qui les caractérise, sont les paraboles ayant pour foyer
l'origine et pour directrices les diverses horizontales $z = c$
menées au-dessous. Leur concavité est tournée vers le
haut, et leur tangente en chaque point, bissectrice de l'an-

gle que fait, avec une verticale dirigée vers en haut, le prolongement dr du rayon r aboutissant à ce point, a pour perpendiculaire la bissectrice de l'angle adjacent fait avec dr par le prolongement vers en bas de la même verticale, c'est-à-dire la tangente aux paraboles $r=\text{const}+z$, dont le foyer est l'origine et l'axe celui des z, mais dont la concavité est tournée vers le bas. Ces dernières paraboles sont donc les trajectoires orthogonales des premières et c'est, en chaque point, suivant leur direction que se font les déplacements. Ainsi, *des couches minces, découpées suivant des paraboloïdes de révolution à axe vertical ayant pour foyer l'origine et concaves vers le bas, conservent leur forme et leur position : la matière qui les compose glisse seulement sur leur superficie, en s'abaissant d'une quantité qui, à cause des formules (67) et (68), a pour valeur*

$$(69) \qquad \varpi = \frac{dP}{4\,\pi\,\mu\,r}.$$

En chaque point d'un méridien, la tangente aux couches paraboliques est évidemment inclinée sur l'axe de révolution ou des z d'un angle moitié de celui, α, que fait avec une parallèle à cet axe le prolongement du rayon r. Le déplacement total s'y effectue par conséquent suivant une direction dont l'angle avec l'axe des z est $\dfrac{\alpha}{2}$, comme le montrent d'ailleurs les relations (68).

A la surface, les deux composantes horizontale et verticale des déplacements sont égales : car, l'angle α y étant évidemment de 90°, le déplacement total se fait en chaque point dans une direction inclinée de 45° sous l'horizon. *Cette circonstance distingue essentiellement le type d'intégrales considéré ici d'avec le premier, où les mouvements étaient exclusivement verticaux à la surface, et d'avec le troisième, où ils se font partout horizontalement.*

Occupons-nous enfin de ce troisième type, correspondant

à certains modes de sollicitation de la surface par des actions uniquement tangentielles. Dans le cas où la couche fictive m se réduit à un seul élément dm placé à l'origine, on y a, d'après (39) [p. 73], des déplacements représentés par les formules

$$(70) \qquad u = - \frac{d \log (z + r)}{dy}\, dm, \quad v = \frac{d \log (z + r)}{dx}\, dm, \quad w = 0.$$

Les composantes horizontales du déplacement subsistent seules : la seconde, v, n'est autre que la première u du cas précédent, qui aurait ainsi tourné de 90° dans le sens de ox vers oy ; et la première, u, n'est autre que celle v du même cas changée de signe, c'est-à-dire ayant tourné également, dans le même sens, de 90°. Donc le déplacement total a la valeur du déplacement horizontal qu'exprime la première formule (68), et il s'effectue perpendiculairement à celui-là, c'est-à-dire suivant les *parallèles*, qui sont les cercles horizontaux ayant leur centre sur l'axe vertical de révolution ou des z. Chacun de ces cercles, supposé matériel, éprouve un simple mouvement de rotation autour de son centre, dans le sens de ox vers oy : son rayon égalant $r \sin\alpha$, l'angle de la rotation vaut le quotient du second membre de la première (68) par $r \sin\alpha$, c'est-à-dire le quotient de dm par $r^2 (1 + \cos\alpha)$ ou par $r (z + r)$.

23. — *Déformations et pressions intérieures dans le cas du second type.*

Considérons, dans les modes de déplacement représentés par les formules (66), deux petites droites matérielles primitivement rectangulaires, ds, ds', menées, dans le plan méridien des zx et à partir d'un même point (x, z) ou (r, α), l'une, ds, tangente à la parabole $r - z =$ const. qui passe par ce point, l'autre, ds', tangente à la parabole $r + z =$ const. qui y passe également, et, toutes les deux, dans les directions suivant lesquelles le rayon vecteur r grandit. La première, ds, de même sens que les déplacements produits au même endroit, fait avec les x et les z des angles ayant pour cosinus $\sin \frac{\alpha}{2}$, $\cos \frac{\alpha}{2}$. Les cosinus analogues pour la seconde, ds', sont $\cos \frac{\alpha}{2}$, $- \sin \frac{\alpha}{2}$.

On trouve, par le mode de raisonnement employé au n° 20, que les projections de la première sont devenues, après les déplacements,

$$\left(\sin \frac{\alpha}{2} + \frac{du}{dx} \sin \frac{\alpha}{2} + \frac{du}{dz} \cos \frac{\alpha}{2} \right) ds,$$

$$\left(\cos \frac{\alpha}{2} + \frac{du}{dx} \sin \frac{\alpha}{2} + \frac{dw}{dz} \cos \frac{\alpha}{2} \right) ds,$$

c'est-à-dire, en y calculant les dérivées de u et w au moyen des formules (66) et posant $x = r \sin \alpha$, $z = r \cos \alpha$ dans les résultats,

$$(71) \quad \left(\sin \frac{\alpha}{2} \right) \left(1 - \frac{dm}{r^2} \frac{2 + \cos \alpha}{1 + \cos \alpha} \right) ds, \quad \left(\cos \frac{\alpha}{2} \right) \left(1 - \frac{dm}{r^2} \right) ds.$$

Il en résulte, en procédant comme on l'a fait au n° 20 (p. 87), la nouvelle longueur de l'élément

$$(72) \qquad \left(1 - \frac{dm}{2\,r^2} \frac{3 + \cos \alpha}{1 + \cos \alpha} \right) ds,$$

la dilatation qu'il a éprouvée

$$(73) \quad \delta_s = - \frac{dm}{2\,r^2} \left(2 + \frac{1 - \cos \alpha}{1 + \cos \alpha} \right) = - \frac{dm}{r^2} \left(1 + \frac{1}{2} \tan^2 \frac{\alpha}{2} \right),$$

et, vu le rapport de la première (71) à (72), le nouveau sinus de l'angle que fait l'élément matériel ds avec l'axe des z,

$$\left(1 - \frac{dm}{2\,r^2} \right) \sin \frac{\alpha}{2} = \sin \left[\frac{\alpha}{2} - \frac{dm}{2\,r^2} \tan \frac{\alpha}{2} \right].$$

L'élément ds a donc tourné, dans le sens des ox vers oz, du petit angle

$$(74) \qquad \frac{dm}{2\,r^2}\ \text{tang}\ \frac{\alpha}{2}$$

De même, les projections de l'élément ds' deviennent

$$\left(\cos\frac{\alpha}{2} + \frac{du}{dx}\cos\frac{\alpha}{2} - \frac{du}{dz}\sin\frac{\alpha}{2}\right)ds',$$

$$\left(-\sin\frac{\alpha}{2} + \frac{dw}{dx}\cos\frac{\alpha}{2} - \frac{dw}{dz}\sin\frac{\alpha}{2}\right)ds',$$

ou bien, après l'effectuation des calculs et la réduction des résultats,

$$(75) \quad \left(\cos\frac{\alpha}{2}\right)\left(1 + \frac{dm}{r^2}\ \frac{\cos\alpha}{1+\cos\alpha}\right)ds', \quad \left(-\sin\frac{\alpha}{2}\right)\left(1 + \frac{dm}{r^2}\right)ds'.$$

On en déduit, pour la nouvelle longueur de la petite ligne ds',

$$(76) \qquad \left(1 + \frac{dm}{2\,r^2}\right)ds',$$

pour sa dilatation,

$$(77) \qquad \partial_{,} = \frac{dm}{2\,r^2},$$

et, pour le cosinus du nouvel angle qu'elle fait avec l'axe des x,

$$\left(\cos\frac{\alpha}{2}\right)\left(1 - \frac{dm}{2\,r^2}\text{tang}^2\frac{\alpha}{2}\right) = \cos\left[\frac{\alpha}{2} + \frac{dm}{2\,r^2}\text{tang}\frac{\alpha}{2}\right].$$

L'élément ds' a donc tourné, dans le sens de oz vers ox, du petit angle

$$(78) \qquad \frac{dm}{2\,r^2}\ \text{tang}\ \frac{\alpha}{2},$$

égal à celui, (74), dont a tourné, en sens contraire, l'élément ds. Par suite, le glissement relatif des deux éléments ds, ds' est le double, changé de signe, de chacun de ces angles ; en sorte qu'on a

$$(79) \qquad g = - \frac{dm}{r^2} \operatorname{tang} \frac{\alpha}{2} = - 2\, \partial_{s'} \operatorname{tang} \frac{\alpha}{2}.$$

Enfin, la dilatation ∂_n d'une petite droite dn normale au plan méridien est celle qu'éprouve la circonférence matérielle horizontale décrite autour de l'axe des z avec le rayon $r \sin\alpha$, et qui grandit dans le rapport de $r \sin\alpha$ à $r \sin\alpha + U$. On a donc, d'après la valeur (68) de U,

$$(80) \qquad \partial_n = \frac{U}{r \sin\alpha} = \frac{dm}{2\,r^2} \left(1 + \operatorname{tang}^2 \frac{\alpha}{2} \right).$$

La dilatation cubique $\theta = \partial_s + \partial_{s'} + \partial_n$ est bien nulle, comme il le fallait, quand on y porte les valeurs (73), (77) et (80) de ∂_s, $\partial_{s'}$, ∂_n.

Quant aux composantes N_s, $N_{s'}$, N_n, T, normales et tangentielle, des pressions exercées sur les éléments plans respectivement perpendiculaires aux petites lignes ds, ds', dn, elles ont pour expressions

$$N_s = 2\,\mu\,\partial_s, \quad N_{s'} = 2\,\mu\,\partial_{s'}, \quad N_n = 2\,\mu\,\partial_n, \quad T = \mu\,g.$$

Sans nous arrêter plus longtemps à ces formules, nous remarquerons qu'elles donnent, pour l'action exercée, sur chaque couche parabolique ($r - z = $const.) de forme et de position invariables, par la couche analogue qui l'entoure, une traction perpendiculaire au rayon r, traction dont les composantes normale et tangentielle sont respectivement,

d'après (77) et (79), $N_{s'} = \mu \dfrac{dm}{r^2}$, $T = - \mu \dfrac{dm}{r^2} \operatorname{tang} \dfrac{\alpha}{2}$, et

dont l'intensité par unité d'aire a pour valeur $\dfrac{\mu\, dm}{r^2 \cos \frac{\alpha}{2}}$.

*24. — Déplacements que produit une simple pression normale,
exercée sur un élément de la surface.*

Cherchons enfin les expressions des déplacements pour
le type d'intégrales composé, particulièrement important,
qui correspond au cas où la surface ne supporte que des
pressions normales, et où la couche fictive m dont on
prend le potentiel logarithmique, couche étalée sur la surface, n'en couvre qu'un élément $d\sigma$ ou se réduit à une quantité infiniment petite dm.

D'après les lois énoncées dans la première partie du n° 17
(p. 76), ce cas est celui où les pressions exercées sur la surface se réduisent à une seule, $d\mathrm{P}$, égale à dm et appliquée
au centre de l'élément $d\sigma$, que nous choisissons pour origine des coordonnées : de plus, les valeurs des déplacements
u, v, w s'y obtiennent, en ajoutant les expressions de u, v, w
relatives au premier et au deuxième type, c'est-à-dire (47)
et (66) [p. 82 et 92], respectivement multipliées par $\dfrac{1}{4\pi\mu}$ et
par $\dfrac{-1}{4\pi(\lambda+\mu)}$. La droite suivant laquelle s'exerce la pression $d\mathrm{P}$
étant évidemment un axe de symétrie ou de révolution, on
peut se borner à considérer les déplacements produits dans
le plan méridien des zx et substituer, par suite, aux relations (47) et (66) les formules plus simples (48) et (68)
[p. 83 et 93].

Donc, si l'on appelle toujours

r la droite qui joint le point d'application de la pression
$d\mathrm{P}$ au point quelconque (x, y, z) du corps,

α l'angle, variable de zéro à $\dfrac{\pi}{2}$, que fait cette droite avec
la direction de la pression $d\mathrm{P}$,

et si l'on remplace dm par $d\mathrm{P}$, les expressions du *déplacement horizontal* U et du *déplacement vertical* w fournies

par les troisièmes membres de (48) et de (68) seront, en mettant finalement pour sin2α l'expression

$$4\cos^2 \frac{\alpha}{2} \tang \frac{\alpha}{2} \cos\alpha = 2(1 + \cos\alpha) \cos\alpha \tang \frac{\alpha}{2}$$

et, de même, $2\cos^2\alpha - 1$ pour cos2α :

$$(81) \quad \begin{cases} \mathrm{U} = \dfrac{d\mathrm{P}}{8\pi\mu r} \left(\sin 2\,\alpha - \dfrac{2\,\mu}{\lambda + \mu} \tang \dfrac{\alpha}{2} \right) \\[2ex] \qquad = \dfrac{d\mathrm{P}}{4\pi\mu r} \left(\cos^2 \alpha + \cos \alpha - \dfrac{\mu}{\lambda + \mu} \right) \tang \dfrac{\alpha}{2}, \\[2ex] w = \dfrac{d\mathrm{P}}{8\pi\mu r} \left(\dfrac{3\lambda + 5\mu}{\lambda + \mu} + \cos 2\,\alpha \right) = \dfrac{d\mathrm{P}}{4\pi\mu r} \left(\dfrac{\lambda + 2\mu}{\lambda + \mu} + \cos^2 \alpha \right). \end{cases}$$

L'enfoncement w et le retrait $-\,\mathrm{U}$, qu'éprouvent des cercles concentriques ou conaxiques, tracés, les uns, à la surface, autour du point pressé, les autres, à l'intérieur, sur des cônes de révolution ayant pour sommet ce point et pour axe la pression exercée, sont donc régis par des lois très simples, dont la première consiste dans leur proportionnalité inverse à la distance r au sommet.

Le déplacement vertical w, partout de même sens que la force déformatrice $d\mathrm{P}$, est d'autant plus petit, à égales distances r du point d'application de cette force, que l'angle α est plus grand, ou qu'on est plus loin de la droite suivant laquelle elle s'exerce.

Quant au déplacement horizontal U, il est nul pour α=o, par raison de symétrie, mais positif (quand la pression $d\mathrm{P}$ l'est elle-même) pour les valeurs assez peu grandes de α, c'est-à-dire dans la partie du corps sous-jacente, directement comprimée et qui, par suite, se dilate ou se détend dans les sens latéraux, comme on pouvait le prévoir. Cette partie est limitée par le cône qui a son sommet au point d'application de la pression $d\mathrm{P}$, et dont les génératrices font avec celle-ci l'angle α pour lequel s'annule le facteur

$$\cos^2\alpha + \cos \alpha - \frac{\mu}{\lambda + \mu}.$$

Le cosinus de l'angle dont il s'agit vaut donc

$$(82) \qquad \cos \alpha = -\tfrac{1}{2} + \sqrt{\tfrac{1}{4} + \frac{\mu}{\lambda + \mu}} = \frac{\mu}{\lambda + \mu}\; \frac{1}{\tfrac{1}{2} + \sqrt{\tfrac{1}{4} + \frac{\mu}{\lambda + \mu}}}.$$

Il est évidemment inférieur à $\dfrac{\mu}{\lambda + \mu}$, c'est-à-dire à un nombre qui doit atteindre tout au plus $\tfrac{1}{2}$; car, dans tous les solides, λ paraît être au moins égal à μ. L'angle considéré dépasserait donc toujours 60° (*).

Pour les valeurs de α plus grandes que la racine de l'équation (82), le déplacement horizontal U devient négatif. Ainsi la pression dP a pour effet de rapprocher de sa droite d'application la matière extérieure au cône dont il vient d'être parlé, matière qui semble comme attirée vers l'axe du cône.

C'est ce qui arrive en particulier à la surface du corps ou du sol, c'est-à-dire pour $\alpha = 90°$. Les circonférences concentriques qu'on y décrit, d'un rayon quelconque r, autour du point d'application de la force dP comme centre, se contractent ; leur rayon diminue, d'après la première (81), de la quantité

$$(82\,bis) \qquad (\text{pour } z = 0) \quad -U = \frac{\mu}{\lambda + \mu}\; \frac{d\text{P}}{4\,\pi\,\mu\,r}.$$

(*) La formule même $\cos^2 \alpha + \cos \alpha = \dfrac{\mu}{\lambda + \mu}$ montre que, lorsque le rapport de λ à μ grandit de zéro à 1 et puis de 1 à l'infini, ou que $\dfrac{\mu}{\lambda + \mu}$ décroît de 1 à $\tfrac{1}{2}$, puis de $\tfrac{1}{2}$ à zéro, l'angle α grandit lui-même de arc cos $\dfrac{\sqrt{5}-1}{2} = 51° \, 50'$ environ à arc cos $\dfrac{\sqrt{3}-1}{2} = 68° \, 32'$ environ, puis de cette dernière valeur à 90°. Dans les corps plastiques où λ serait incomparablement plus grand que μ, on aurait donc $\alpha = 90°$: le cône sur lequel le déplacement horizontal U s'annule y coïnciderait avec la surface même du corps.

En même temps, ces cercles s'abaissent d'une quantité proportionnelle, qui, vu la deuxième (81), a pour expression

$$(83) \qquad (\text{pour } z = o) \qquad w = \frac{\lambda + 2\mu}{\lambda + \mu} \; \frac{d\mathrm{P}}{4\,\pi\,\mu r}.$$

L'enfoncement w est plus considérable que le retrait $-\,\mathrm{U}$; car son rapport à celui-ci égale le quotient de $\lambda + 2\mu$ par μ, c'est-à-dire au moins 3, d'après ce qu'on vient de dire.

La formule (83) exprime une loi importante que nous utiliserons dans les deux §§ suivants, et qu'on peut énoncer ainsi :

Une pression $d\mathrm{P}$, exercée normalement sur une partie infiniment petite de la surface d'un corps élastique plan, d'une largeur et d'une profondeur indéfinies, produit, en tout point de cette surface situé à une distance quelconque r de la partie pressée, un enfoncement égal au facteur constant $\dfrac{\lambda + 2\mu}{\lambda + \mu}\,\dfrac{1}{4\,\pi\,\mu}$*, multiplié par le potentiel* $\dfrac{d\mathrm{P}}{r}$ *obtenu en assimilant la pression $d\mathrm{P}$ à une matière qui occuperait son point d'application.*

On remarquera que les déplacements w décroissent, autour du point d'application de la pression $d\mathrm{P}$ qui les produit, comme grandissent les circonférences $2\pi r$ sur lesquelles on les observe. *Il y a donc*, en quelque sorte, *conservation des effets de la pression $d\mathrm{P}$ à toute distance r sur la surface*, puisque ces effets (qui sont les déplacements w), multipliés par les étendues $2\pi r$ sur lesquelles ils se répandent, donnent des produits constants.

Il est à peine nécessaire d'ajouter ici que les formules de ce numéro ne s'appliqueraient plus, si la distance r du point (x, y, z) à l'origine devenait comparable à $\sqrt{d\sigma}$, c'est-à-dire aux dimensions de la très petite surface $d\sigma$ sur laquelle s'exerce la pression considérée $d\mathrm{P}$. En effet, dans ces formules, les intégrales $\int r\,d\mathrm{P}$, $\int \log(z+r)\,d\mathrm{P}$, $\displaystyle\int \frac{d\mathrm{P}}{r}$, que contenaient les relations plus générales (43) [p. 77], ont été réduites à un seul de leurs éléments ; de sorte que dP et $d\tau$ sont censés y tendre vers zéro avant que r ne s'annule lui-même. Quand donc r est de l'ordre de $\sqrt{d\tau}$, il faut décomposer $d\tau$ en éléments infiniment plus petits encore et calculer u. v, w par les formules (43) : les termes y étant comparables au quotient des diverses aires en lesquelles on aura décomposé $d\tau$ par une distance de l'ordre de r ou de $\sqrt{d\tau}$, les valeurs intégrales de u, v, w seront elles-mêmes comparables à l'aire totale, $d\tau$, divisée par $\sqrt{d\tau}$, ou comparables aux dimensions de l'élément de surface $d\tau$. Donc, les déplacements u, v, w produits par la force dP ne deviennent pas infiniment grands pour $r = 0$, malgré le dénominateur r qui s'annule alors dans les formules (81) : c'est, au contraire, l'influence du numérateur dP qui l'emporte dans ces expressions, et qui les rend infiniment petites même en ce point.

Si les formules (81) à (83) doivent être remplacées par d'autres plus complexes, (43), quand le point (x, y, z) n'est distant de la région d'application $d\tau$ que de quantités comparables aux dimensions de cette région, il est clair, à l'inverse, que, dans le cas où la région d'application τ des actions extérieures sera finie, mais où l'on ne considérera que des points du corps assez éloignés de cette région, les formules simples (81) à (83) pourront être substituées, sans erreur sensible, aux expressions (43), sauf à changer dP en $\int d$P ou P ; en d'autres termes, on pourra supposer tous les éléments dP de la *charge* réunis en un même point, lorsque cela reviendra à ne les déplacer que très peu par rapport à la distance où ils sont des parties du sol dont on étudie les déplacements.

25. — *Lois de la transmission de cette pression normale à l'intérieur, sur les couches de matière parallèles à la surface :
comparaison avec les lois analogues pour les types simples
d'intégrales.*

Arrêtons-nous encore un instant à l'étude des effets
d'une pression normale élémentaire dP, pour chercher
comment elle se transmet, dans l'intérieur du corps, sur
les diverses couches de matière parallèles à la surface. Il
nous suffira, pour cela, de considérer les formules (41)
[p. 76], qui, en réduisant $\int dm$ à $dm = d$P et r à $\sqrt{x^2 + y^2 + z^2}$,
donneront les composantes de l'action exercée par chacune
de ces couches sur celle qui la supporte, ou qui est contiguë et plus profonde. Il vient ainsi :

$$(83\ bis) \quad \begin{cases} p_x = \dfrac{3\,d\mathrm{P}}{2\,\pi}\ \dfrac{z^2}{r^4}\ \dfrac{x}{r}, \\[2ex] p_y = \dfrac{3\,d\mathrm{P}}{2\,\pi}\ \dfrac{z^2}{r^4}\ \dfrac{y}{r}, \\[2ex] p_z = \dfrac{3\,d\mathrm{P}}{2\,\pi}\ \dfrac{z^2}{r^4}\ \dfrac{z}{r}. \end{cases}$$

On voit que la pression élémentaire dP, exercée sur la
surface à l'origine des coordonnées, fait naître, sur toute
l'étendue des couches parallèles à cette surface, des pressions obliques, dirigées suivant le prolongement des rayons
r issus de l'origine, et égales en chaque endroit, par unité
de superficie, à $\dfrac{3 d\mathrm{P}}{2\,\pi}\dfrac{z^2}{r^4} = \dfrac{3 d\mathrm{P}}{2\pi r^2}\cos^2\alpha$. *Il émane donc, en ligne
droite, du point d'application de la pression donnée, comme
des répulsions, s'exerçant sur toutes les couches parallèles à
la surface : ces répulsions ou, pour mieux dire, ces pressions
intérieures, proportionnelles à celle qu'on exerce au dehors,
varient en raison composée inverse du carré r^2 de la distance*

et du carré $\dfrac{r^2}{z^2}$ du rapport de cette distance à la profon-
deur de la couche qui les supporte (*).

Observons que, si l'on mène, par le point considéré (x, y, z) et dans le plan méridien de ce point, c'est-à-dire dans le plan de l'axe des z, une perpendiculaire au rayon r émané de l'origine, cette perpendiculaire ira couper l'axe des z à une certaine distance D de l'origine et formera, avec le rayon r et l'axe des z, un triangle rectangle dans lequel la droite D sera l'hypoténuse, r, un côté de l'angle droit, et, z, la projection de ce côté sur l'hypoténuse. On aura donc $r^2 = Dz$, ou $\dfrac{z^2}{r^4} = \dfrac{1}{D^2}$; et la pression exercée sur la couche passant par le point (x, y, z) se trouvera être inversement proportionnelle au carré de la droite D. Or, cette droite est évidemment la même pour tous les points d'une sphère passant par l'origine o et ayant son centre sur oz ; car l'hypoténuse D n'est autre alors que le diamètre de la sphère normal au plan xoy. Donc, en résumé, *dans toute l'étendue d'une couche sphérique infiniment mince, tangente à la surface du corps au point d'application de la force normale donnée dP, la pression que supporte l'unité d'aire des éléments plans parallèles à cette surface est constante, en raison directe de la force dP, dirigée suivant les cordes émanant du point de contact et, pour différentes couches sphériques, inversement proportionnelle à leur surface.*

Il faut, pour l'équilibre d'un cylindre d'un très grand rayon et d'une hauteur z quelconque, décrit dans le corps autour de la force extérieure dP comme axe, que cette pression dP, en se transmettant de couche en couche, garde son intensité totale ; car les pressions appliquées aux deux bases du cylindre doivent à elles seules se neutraliser, celles qui le sont à sa surface convexe étant, par

---

(*) Je démontrerai au n° 40 *bis* (p. 187) que cette loi est comprise dans une autre non moins simple, concernant le cas d'une pression oblique quelconque exercée en un point de la surface du solide.

unité d'aire, comparables à l'inverse du carré de son rayon, c'est-à-dire, comme partout, à l'inverse du carré de la distance à l'origine, et n'ayant, par suite, sur toute la surface convexe, qui est seulement de l'ordre de la première puissance du même rayon, qu'une résultante négligeable. Et, en effet, sur la couche située à la profondeur z, l'intensité totale de la pression exercée est $2\pi \int_z^\infty p_z\, r\, dr$, vu que celle que supporte, en tout, une couronne élémentaire, ayant pour rayon intérieur $\sqrt{r^2 - z^2}$ et pour largeur $d\sqrt{r^2 - z^2}$, égale le produit de p_z par l'aire

$$2\pi \sqrt{r^2 - z^2}\; d\sqrt{r^2 - z^2} = \pi\, d\,(r^2 - z^2) = 2\pi\, r\, dr$$

de la couronne ; produit qui n'est autre que $2\pi p_z r dr$, où le rayon $\sqrt{r^2 - z^2}$ peut varier de zéro à l'infini et, par suite, r, de z à ∞. Or, en substituant à p_z sa valeur (83 *bis*), l'intégration donne bien

$$2\pi \int_z^\infty p_z\, r\, dr = 3\, dP\, z^3 \int_z^\infty \frac{dr}{r^4} = dP\, z^3 \left(-\frac{1}{r^3}\right)_z^\infty = dP.$$

On remarquera que les formules (83 *bis*) ne contiennent aucun coefficient d'élasticité ; en sorte que *la transmission des pressions, à partir de la surface, sur les couches de matière qui lui sont parallèles, se fait de la même manière dans tous les solides isotropes.*

Il n'en est pas tout-à-fait ainsi sur des couches ayant d'autres directions ; car la manière dont s'y distribuent les efforts supportés dépend du rapport $\dfrac{\mu}{\lambda + \mu}$. On trouve, par exemple, au moyen des formules (81) ou (43), que les cylindres circulaires conaxiques décrits autour de l'axe des z ou de la force dP subissent, par unité d'aire, des *compressions* (positives ou négatives) dont la composante normale est

$$\left\{ \frac{d\mathrm{P}}{2\pi r^2}\left[3\,\frac{z}{r}\left(1 - \frac{z^2}{r^2}\right) - \frac{\mu}{\lambda+\mu}\,\frac{r}{r+z}\right]\right.$$

$$= \frac{d\mathrm{P}}{2\pi r^2}\left(3\cos\alpha\,\sin^2\alpha - \frac{\mu}{\lambda+\mu}\,\frac{1}{1+\cos\alpha}\right)$$

$$= \frac{d\mathrm{P}}{2\pi r^2}\,\frac{d}{d\alpha}\left(\sin^3\alpha - \frac{\mu}{\lambda+\mu}\,\tang\frac{\alpha}{2}\right);$$

et que les plans méridiens menés suivant le même axe éprouvent des *tractions* exprimées de même par

$$\left\{ \frac{\mu}{\lambda+\mu}\,\frac{d\mathrm{P}}{2\pi r^2}\left(\frac{z}{r} - \frac{r}{r+z}\right) = \frac{\mu}{\lambda+\mu}\,\frac{d\mathrm{P}}{2\pi r^2}\left(\cos\alpha - \frac{1}{1+\cos\alpha}\right)\right.$$

$$= \frac{\mu}{\lambda+\mu}\,\frac{d\mathrm{P}}{2\pi r^2}\,\frac{d}{d\alpha}\left(\sin\alpha - \tang\frac{\alpha}{2}\right),$$

tractions positives pour $\alpha <$ arc $\cos\frac{\sqrt{5}-1}{2} = 51° 50'$ et négatives pour $\alpha > 51° 50'$, c'est-à-dire près de la surface.

Il va sans dire que les relations (83 *bis*), tout comme celles du numéro précédent, ne conviennent plus dans le voisinage de la région d'application, et que, là, il faut décomposer cette région en une infinité d'éléments et recourir, soit aux formules générales (41) [p. 76], soit, pour les valeurs de z bien moindres que les dimensions de la même région d'application, aux formules plus simples (41 *bis*) et (41 *ter*).

Observons que les pressions exercées sur des couches parallèles à la surface sont également régies par des lois intuitives dans les deux de nos trois types simples d'intégrales où ces pressions admettent des composantes normales, savoir, dans ceux que nous appelons le premier et le deuxième.

Commençons d'abord par ce deuxième type. Les formules (37 *bis*) [p. 72] y donnent, en réduisant r à $\sqrt{x^2+y^2+z^2}$ et $\int dm$ à dm ou, d'après la troisième (38), à $\dfrac{d\mathrm{P}}{4\pi\mu}$:

$$(83\ \textit{ter})\quad \begin{cases} p_x = -\dfrac{d\mathrm{P}}{2\pi}\dfrac{d\frac{1}{r}}{dx} = \dfrac{d\mathrm{P}}{2\pi r^2}\dfrac{x}{r}, \\[2ex] p_y = -\dfrac{d\mathrm{P}}{2\pi}\dfrac{d\frac{1}{r}}{dy} = \dfrac{d\mathrm{P}}{2\pi r^2}\dfrac{y}{r}, \\[2ex] p_z = -\dfrac{d\mathrm{P}}{2\pi}\dfrac{d\frac{1}{r}}{dz} = \dfrac{d\mathrm{P}}{2\pi r^2}\dfrac{z}{r} \end{cases}$$

On voit que chaque couche se trouve encore comme repoussée par le point d'application de la composante normale $d\mathrm{P}$ de la pression extérieure, et, toujours, en raison inverse du carré de la distance r. Mais, ici, ces pressions intérieures, au lieu de dépendre du rapport de la distance à la profondeur de la couche, ont la même intensité dans toutes les directions ; d'où il résulte que la surface même est soumise à des actions tangentielles. La poussée totale vers l'intérieur, $2\pi\displaystyle\int_z^\infty p_z\,r\,dr = z\,d\mathrm{P}\int_z^\infty \dfrac{dr}{r^2}$, que supporte chaque couche, a la valeur $z\,d\mathrm{P}\left(-\dfrac{1}{r}\right)_z^\infty = d\mathrm{P}$, comme il le faut.

Enfin, le premier type simple d'intégrales étudié au numéro 14 (p. 65) pouvant évidemment être considéré comme une combinaison linéaire du second, dont on vient de parler, et de celui où la surface ne supporte que des pressions normales, les actions exercées sur les couches parallèles à la surface y seront encore assimilables à des répulsions, inverses du carré des distances r, mais dont une partie ne dépendra pas de la direction, tandis que l'autre variera en raison inverse du carré du rapport de la distance r à la profondeur z de la couche.

§ IV. — CALCUL DES DÉPRESSIONS QUE PRODUISENT, A LA SURFACE D'UN
SOL HORIZONTAL OU D'UN CORPS ÉLASTIQUE PLAN D'UNE LARGEUR ET
D'UNE PROFONDEUR INDÉFINIES, DES PRESSIONS EXTÉRIEURES
NORMALES, RÉPARTIES DIVERSEMENT. — RETOUR A LA
THÉORIE GÉNÉRALE DE L'ÉQUILIBRE D'UN TEL
CORPS, POUR LES CAS OÙ LES PRESSIONS
EXERCÉES SONT OBLIQUES.

---

26. — *Forme que prend la surface à d'assez grandes distances de la partie directement comprimée.*

A cause de la superposition des petits effets, l'enfoncement, w, éprouvé par chaque partie de la surface du sol ou du corps élastique sous l'action de pressions normales finies, s'exerçant dans une région déterminée σ de cette surface, égalera simplement la somme des enfoncements partiels (83) [p. 102] que produiraient, au même endroit, les pressions élémentaires dP réellement appliquées aux divers éléments de σ. Si donc $d\sigma$ désigne l'élément superficiel sur lequel s'exerce une des pressions élémentaires données dP, r sa distance à un point déterminé quelconque (x, y) de la surface, p la pression que supporte $d\sigma$ par unité d'aire, c'est-à-dire le rapport fini de dP à $d\sigma$, enfin $\int$ une intégrale s'étendant à toutes les composantes élémentaires dP ou à tous les éléments $d\sigma$ de la surface directement comprimée, il viendra, pour l'enfoncement w produit au point que l'on considère,

$$(84) \qquad w = \frac{\lambda + 2\mu}{4\pi\mu(\lambda+\mu)} \int \frac{d\mathrm{P}}{r} = \frac{\lambda + 2\mu}{4\pi\mu(\lambda+\mu)} \int \frac{p\,d\sigma}{r}.$$

Cherchons d'abord une expression approchée des valeurs que reçoit w à d'assez grandes distances de la région σ d'application des forces extérieures.

Je prendrai deux axes des x et des y dirigés suivant les deux axes d'inertie principaux de la couche matérielle fictive $fd\mathrm{P}$, relatifs à son centre de gravité ou centre des forces parallèles $fd\mathrm{P}$. Si x_1 et y_1 désignent les deux coordonnées de l'élément superficiel $d\tau$, on aura donc

$$(85) \qquad \int x_1\, d\mathrm{P} = 0, \quad \int y_1\, d\mathrm{P} = 0, \quad \int x_1 y_1\, d\mathrm{P} = 0.$$

De plus, j'appellerai P la résultante $fd\mathrm{P}$ des pressions extérieures et PA^2, PB^2 les deux moments d'inertie principaux

$$(86) \qquad \mathrm{PA}^2 = \int x_1{}^2 d\mathrm{P}, \quad \mathrm{PB}^2 = \int y_1{}^2 d\mathrm{P}$$

de la couche fictive $fd\mathrm{P}$ par rapport aux axes respectifs des y et des x.

Cela posé, x et y désignant les deux coordonnées du point quelconque de la surface dont on veut calculer l'enfoncement, ι la droite $\sqrt{x^2 + y^2}$ qui le joint au point d'application de la pression résultante P, et ω l'angle que fait cette droite avec les x positifs, on a $x = \iota \cos\omega$, $y = \iota \sin\omega$ et, par suite,

$$\left\{ \begin{aligned} \frac{1}{r} \ &\text{ou} \ \left[(x - x_1)^2 + (y - y_1)^2 \right]^{-\frac{1}{2}} \\ &= \frac{1}{\iota} \left[1 - 2\, \frac{x_1 \cos\omega + y_1 \sin\omega}{\iota} + \frac{x_1{}^2 + y_1{}^2}{\iota^2} \right]^{-\frac{1}{2}}. \end{aligned} \right.$$

Comme la distance ι est supposée ici d'une certaine grandeur par rapport à x_1 et à y_1, nous pouvons développer le radical par la formule du binôme, jusqu'aux termes de l'ordre des carrés des petits rapports de x_1 et y_1 à ι, inclusivement. Il vient ainsi :

$$\left\{ \begin{aligned} \frac{1}{r} = \frac{1}{\iota} \Bigg[1 &+ \frac{x_1 \cos\omega + y_1 \sin\omega}{\iota} - \frac{x_1{}^2 + y_1{}^2}{2\iota^2} \\ &+ \frac{3}{2}\, \frac{x_1{}^2 \cos^2\omega + 2\, x_1 y_1 \cos\omega \sin\omega + y_1{}^2 \sin^2\omega}{\iota^2} \Bigg]. \end{aligned} \right.$$

En portant cette valeur de l'inverse de r dans le second membre de (84), puis en tenant compte des formules (85) et (86), on trouve aisément :

$$(87) \qquad w = \frac{\lambda + 2\mu}{4\pi\mu(\lambda + \mu)}\frac{P}{r}\left[1 + \frac{A^2 + B^2}{4r^2} + \frac{3}{4}\frac{A^2 - B^2}{r^2}\cos 2\omega\right].$$

Pour de mêmes valeurs de r, c'est-à-dire à égale distance du centre des forces parallèles appliquées à la surface, l'abaissement produit w est le plus grand possible aux points situés suivant deux certaines directions opposées (celles des x positifs et des x négatifs si A est $>$ B), dans le sens desquelles la région d'application τ présente les plus grandes dimensions ou a du moins ses parties les plus fortement pressées : il est, au contraire, le plus petit possible aux points situés sur les deux directions perpendiculaires. Ces différences, toutefois, ne paraissent que dans le dernier terme de la formule (87), terme de deuxième approximation, inversement proportionnel au cube de la distance r. A une première approximation, obtenue au contraire en réduisant le second membre de (87) à son premier terme, inversement proportionnel à r, le déplacement w est le même que si toutes les pressions élémentaires dP s'exerçaient au point d'application de leur résultante.

Dans une infinité de cas, tels que ceux où la région τ est circulaire, carrée, triangulaire équilatérale, etc., et où elle est sollicitée de la même manière de part et d'autre de tous ses axes de symétrie, les deux moments d'inertie PA^2, PB^2 sont égaux. Alors le dernier terme de (87) s'annule. D'autre part, on peut poser

$$(88) \qquad A^2 + B^2 = \int (x_1^2 + y_1^2)\frac{dP}{P} = K^2,$$

en appelant K une certaine droite qui, dans l'hypothèse où toutes les pressions élémentaires dP sont de même signe, est évidemment inférieure au plus grand des rayons $\sqrt{x_1^2 + y_1^2}$, menés à partir du centre de la région d'application jusqu'à son contour. La formule (87) devient par conséquent, dans les cas dont il s'agit,

$$(89) \qquad \varpi = \frac{\lambda + 2\mu}{4\pi\mu(\lambda + \mu)} \frac{P}{\tau} \left(1 + \frac{K^2}{4\tau^2}\right)$$

Les divers modes possibles, considérés ici, de répartition d'une même charge totale P, entre les diverses parties d'une région donnée d'application, n'influent, dans cette formule, que sur la constante K, inférieure au plus grand rayon de τ, et ne font varier, par suite, que le dernier terme, inversement proportionnel au cube de la distance. Dès que τ égale ou dépasse une fois et demie ce plus grand rayon, le rapport $\frac{K^2}{4\tau^2}$ est moindre que $\frac{1}{9}$ et l'expression de ϖ ne diffère plus guère de ce qu'elle serait si toutes les forces parallèles dP étaient transportées au centre.

Pour des modes de répartition non-symétriques, les termes de deuxième approximation auraient leurs valeurs maxima un peu plus grandes ; car, dans la parenthèse de (89), la partie $\frac{K^2}{4\tau^2}$ serait, d'après la formule (87), remplacée par celle-ci,

$$(90) \qquad \frac{K^2}{4\tau^2} \left(1 + 3\frac{A^2 - B^2}{A^2 + B^2} \cos 2\omega\right),$$

dont la valeur la plus grande possible, correspondant au cas extrême $\frac{A^2 - B^2}{A^2 + B^2} \cos 2\omega = 1$, est $\frac{K^2}{\tau^2}$. Mais, même alors, il suffirait de supposer la distance τ égale à trois fois le plus grand rayon de la région σ, pour rendre cette partie peu sensible devant le terme principal 1 de la parenthèse considérée. Donc, *le mode de répartition d'une charge, à l'intérieur d'un certain contour tracé sur la surface, n'influe pas d'une manière appréciable sur les abaissements produits à quelque distance hors de ce contour.*

27. — *Calcul général de la forme de la surface, quand les pressions sont disposées pareillement tout autour d'un point central.*

Cherchons actuellement ce que devient, pour un point quelconque (x,y), la formule générale (84) du petit enfoncement w, quand les pressions exercées, p par unité d'aire, ont la même valeur sur tous les éléments égaux $d\sigma$ situés à une même distance R d'un point central, que nous prendrons pour origine.

Je décomposerai la région d'application, qui sera un cercle d'un rayon donné R_1, en bandes annulaires, dont R désignera le rayon intérieur et dR la largeur : sur chacune de ces bandes s'exercera par unité d'aire une certaine pression, dépendant seulement de R, et que je pourrai représenter par

$$(91) \qquad\qquad p = f(R^2).$$

Appelons :

ι la droite fixe menée du point (x, y) à l'origine,

r une autre droite, inclinée sur la précédente d'un angle variable ω, et joignant le même point (x, y) à un point quelconque du cercle de rayon R dont le centre est à l'origine.

Les droites que j'appelle r, et qui font entr'elles des angles $d\omega$ infiniment petits, divisent la bande annulaire en parallélogrammes élémentaires. L'un quelconque de ceux-ci a pour hauteur $rd\omega$ et pour base la variation absolue, δr, qu'éprouve chaque droite r quand, sans faire varier ω, on fait croître R de dR. La surface d'un élément est donc $rd\omega\delta r$, la couche matérielle fictive qu'il supporte vaut par suite $\rho r d\omega \delta r$, et le potentiel qui lui est relatif égale $\rho d\omega \delta r$. Pour calculer δr, observons que le triangle dont les trois côtés sont ι, r, R donne

$$\mathrm{R}^2 = r^2 + \iota^2 - 2r\iota \cos\omega, \quad \text{ou bien,} \quad (r - \iota \cos\omega)^2 = \mathrm{R}^2 - \iota^2 \sin^2\omega,$$

et, par suite,

$$(92) \qquad r = \iota \cos\omega \pm \sqrt{\mathrm{R}^2 - \iota^2 \sin^2\omega}.$$

Si, dans le second membre, nous faisons varier R de $d\mathrm{R}$, sans que ι ni ω changent, il vient

$$(92\,bis) \qquad \delta r = \frac{\mathrm{R}\,d\mathrm{R}}{\sqrt{\mathrm{R}^2 - \iota^2 \sin^2\omega}} \quad \text{(en valeur absolue)}.$$

Le potentiel élémentaire $\rho d\omega \delta r$ devient donc

$$(93) \qquad \frac{d\mathrm{P}}{r} = \rho\,\mathrm{R}\,d\mathrm{R}\,\frac{d\omega}{\sqrt{\mathrm{R}^2 - \iota^2 \sin^2\omega}}.$$

Pour avoir le potentiel relatif à la *charge* totale que supporte la bande annulaire, il faut intégrer le second membre de (93) dans toute l'étendue de celle-ci. A cet effet, distinguons le cas où le point (x, y) est intérieur à la bande, c'est-à-dire où l'on a $\iota < \mathrm{R}$ [et où une seule des deux valeurs (92) de r est, par suite, positive], du cas contraire où le point est extérieur et où R est moindre que ι.

Dans le premier cas, la bande annulaire entoure complètement le point : l'expression (93) doit être intégrée depuis $\omega = -\pi$ jusqu'à $\omega = \pi$; ce qui donne en tout le produit de la pression totale $2\pi\mathrm{R}\rho d\mathrm{R}$, exercée sur la bande, par la valeur moyenne, $\dfrac{1}{2\pi}\displaystyle\int_{-\pi}^{\pi}\dfrac{d\omega}{\sqrt{\mathrm{R}^2 - \iota^2 \sin^2\omega}}$, de la fonction

$(R^2 — \iota^2 \sin^2 \omega)^{-\frac{1}{2}}$. Or, cette fonction ne dépendant de ω que par le carré de $\sin \omega$, sa moyenne est la même, soit qu'on y fasse varier ω de $—\pi$ à π, soit qu'on y fasse croître seulement ω de o à $\dfrac{\pi}{2}$. Le résultat obtenu peut donc s'écrire encore

$$(94) \qquad 4 \rho \, R \, d R \int_0^{\frac{\pi}{2}} (R^2 — \iota^2 \sin^2 \omega)^{-\frac{1}{2}} \, d\omega.$$

Dans le cas contraire $\iota > R$, les deux expressions (92) de r sont positives, c'est-à-dire qu'à une même valeur de ω il correspond deux éléments de l'intégrale calculée, ou que l'expression (93) doit être doublée. En outre, ω y variant entre les deux limites $\mp \operatorname{arc\,sin} \dfrac{R}{\iota}$ qui annulent le radical de (93) et qui correspondent aux deux positions où la droite r est tangente au cercle de rayon R, il faut intégrer entre ces deux limites. Il vient donc, au lieu de (94) :

$$(95) \qquad 2 \rho \, R \, d R \int_{-\operatorname{arc\,sin} \frac{R}{\iota}}^{\operatorname{arc\,sin} \frac{R}{\iota}} \frac{d\omega}{\sqrt{R^2 — \iota^2 \sin^2 \omega}}.$$

Adoptons une nouvelle variable ω' d'intégration, telle, que

$$(96) \qquad \sin \omega = \frac{R}{\iota} \sin \omega',$$

ou que, par suite,

$$d\omega = \frac{R}{\iota} \frac{\cos \omega'}{\cos \omega} d\omega' = \frac{R}{\iota} \frac{\cos \omega' \, d\omega'}{\sqrt{1 — \dfrac{R^2}{\iota^2} \sin^2 \omega'}} = \frac{R \cos \omega' \, d\omega}{\sqrt{\iota^2 — R^2 \sin^2 \omega'}}.$$

L'expression (95) deviendra

$$(97) \quad \left\{ \begin{aligned} & 2\,\rho\,\mathrm{R}\,d\,\mathrm{R} \int_{-\frac{\pi}{2}}^{\frac{\pi}{2}} \frac{d\,\omega'}{\sqrt{\iota^2 - \mathrm{R}^2 \sin^2 \omega'}} \\ & = 4\,\rho\,\mathrm{R}\,d\,\mathrm{R} \int_0^{\frac{\pi}{2}} \left(\iota^2 - \mathrm{R}^2 \sin^2 \omega\right)^{-\frac{1}{2}} d\,\omega. \end{aligned} \right.$$

Celle-ci ne diffère de (94) qu'en ce que R et ι ont échangé leurs rôles sous le radical. Donc, en observant que la pression totale supportée par la bande est $2\pi \mathrm{R}\rho\, d\mathrm{R}$ et que le potentiel $\int \frac{d\mathrm{P}}{s}$ se trouve multiplié dans la formule (84) par $\frac{\lambda + 2\,\mu}{4\,\pi\mu\,(\lambda + \mu)}$, on pourra énoncer comme il suit la loi qu'expriment les formules (94) et (97) :

Une pression extérieure, répartie uniformément le long d'une circonférence d'un rayon donné, entraîne, aux divers points d'une autre circonférence concentrique quelconque tracée sur la surface, un abaissement égal au produit de cette pression par le facteur constant $\frac{\lambda + 2\,\mu}{4\,\pi\mu\,(\lambda + \mu)}$ et par la moyenne des valeurs que prend le radical $\left(\iota^2 - \mathrm{R}^2 \sin^2 \omega\right)^{-\frac{1}{2}}$ quand ω y varie de 0 à $\frac{\pi}{2}$, ι et R désignant les rayons respectifs de la plus grande et de la plus petite de ces deux circonférences.

La formule du binôme donne

$$\left(\iota^2 - \mathrm{R}^2 \sin^2 \omega\right)^{-\frac{1}{2}} = \frac{1}{\iota}\left[1 + \frac{1}{2}\,\frac{\mathrm{R}^2}{\iota^2}\sin^2 \omega + \frac{1}{2}\,\frac{3}{4}\,\frac{\mathrm{R}^4}{\iota^4}\sin^4 \omega + \dots\right],$$

et l'on sait d'ailleurs que la valeur moyenne de $\sin^{2n} \omega$ est $\frac{1}{2}\,\frac{3}{4}\,\dots\,\frac{2n-1}{2n}$. La moyenne des valeurs du radical considéré $\left(\iota^2 - \mathrm{R}^2 \sin^2 \omega\right)^{-\frac{1}{2}}$ sera donc exprimée par la série convergente

$$(98) \qquad \frac{1}{\iota} \left[1 + \left(\tfrac{1}{2}\right)^2 \frac{R^2}{\iota^2} + \left(\tfrac{1}{2}\,\tfrac{3}{4}\right)^2 \frac{R^4}{\iota^4} + \left(\tfrac{1}{2}\,\tfrac{3}{4}\,\tfrac{5}{6}\right)^2 \frac{R^6}{\iota^6} + \ldots \right].$$

Nous aurons enfin le potentiel relatif à toutes les pressions données dP, en intégrant l'expression convenable, (97) ou (94), depuis $R = o$ jusqu'à $R = $ le rayon R_1 de la région d'application, c'est-à-dire de la bande annulaire comprimée la plus éloignée du centre.

Quand le point (x,y) est extérieur à toutes les bandes, ou qu'on a $\iota > R_1$, il suffit d'intégrer le dernier membre de (97) de $R = o$ à $R = R_1$, après y avoir remplacé ρ par sa valeur (91). Cette intégration pourra d'ailleurs se faire avant celle qui est relative à ω et dont les limites sont constantes. Et si l'on porte enfin dans la formule (84) l'expression obtenue, il vient :

$$(99) \quad \left\{ \begin{array}{c} \text{(pour les points extérieurs, ou pour } \iota > R_1) \\[2ex] x = \dfrac{\lambda + 2\mu}{\pi\mu\,(\lambda + \mu)} \displaystyle\int_{\varepsilon}^{\frac{\pi}{2}} \frac{d\omega}{\sin^2\omega} \int_{R = R_1}^{R = o} \rho\, d\sqrt{\iota^2 - R^2 \sin^2\omega}. \end{array} \right.$$

Quand, au contraire, le point (x,y) fait partie de la région comprimée, ou que ι est plus petit que R_1, il faut ne se servir du dernier membre de (97) que pour les bandes en dehors desquelles le point se trouve, c'est-à-dire entre les limites $R = o$ et $R = \iota$, tandis que l'expression (94) convient pour les autres bandes, ou de $R = \iota$ à $R = R_1$. On a donc alors la formule un peu plus compliquée :

$$(100) \quad \left\{ \begin{array}{c} \text{(pour les points intérieurs, ou pour } \iota < R_1) \\[2ex] x = \dfrac{\lambda + 2\mu}{\pi\mu\,(\lambda + \mu)} \displaystyle\int_{o}^{\frac{\pi}{2}} d\omega \left[\int_{R = \iota}^{R = o} \frac{\rho}{\sin^2\omega}\, d\sqrt{\iota^2 - R^2 \sin^2\omega} \right. \\[3ex] \left. + \displaystyle\int_{R = \iota}^{R = R_1} \rho\, d\sqrt{R^2 - \iota^2 \sin^2\omega} \right]. \end{array} \right.$$

Dans les cas où l'expression $f(R^2)$ de ρ est une fonction entière de R^2, chaque intégration par rapport à R se fait de suite, en y adoptant le radical, $\sqrt{\iota^2 - R^2 \sin^2 \omega}$ ou $\sqrt{R^2 - \iota^2 \sin^2 \omega}$, comme variable.

Puis les intégrations par rapport à ω s'effectuent en séries convergentes, après développement des radicaux par la formule du binôme. Mais on pourra obtenir aussi, et plus directement, ces séries, en multipliant l'expression (98), ou celle qu'on en déduit quand on y permute ι et R, par le facteur $\dfrac{\lambda + 2\mu}{2\mu(\lambda + \mu)} \rho\, R\, dR$, et en intégrant ensuite les divers termes, soit entre les limites $R = o$ et $R = R_1$, soit de $R = o$ à $R = \iota$ ou de $R = \iota$ à $R = R_1$.

28. — *Profondeurs de la dépression aux points éloignés et au centre.*

Pour $\iota > R_1$, on trouve ainsi :

$$(101) \quad \left\{ \begin{aligned} w = {}& \frac{\lambda + 2\mu}{2\mu(\lambda + \mu)} \left[\frac{1}{\iota} \int_0^{R_1} \rho\, R\, dR \right. \\ & \left. + \left(\tfrac{1}{2}\right)^2 \frac{1}{\iota^3} \int_0^{R_1} \rho\, R^3\, dR + \left(\tfrac{1}{2}\,\tfrac{3}{4}\right)^2 \frac{1}{\iota^5} \int_0^{R_1} \rho\, R^5\, dR + \ldots \right]. \end{aligned} \right.$$

Cette formule, spécifiée pour les distances ι sensiblement plus grandes que R_1 et réduite par suite à ses deux premiers termes, peut évidemment s'écrire :

$$(102) \qquad w = \frac{\lambda + 2\mu}{4\pi\mu(\lambda + \mu)} \left[\frac{P}{\iota} + \frac{\int R^2\, dP}{4\,\iota^3} \right].$$

Elle est bien d'accord avec la relation plus générale (89), ou K^2 a la valeur (88).

Dans le cas particulier $P = o$, c'est-à-dire quand les pressions exercées sur les diverses bandes annulaires sont de signes contraires et se neutralisent, la valeur (102) de w se réduit au second terme. Donc, *un peu loin d'un cercle où sont appliquées des pressions se faisant statiquement équilibre et pareillement distribuées tout autour de son centre, les abaissements produits décroissent, à fort peu près, en raison inverse du cube de la distance à ce centre, et ils deviennent bientôt insensibles.*

Si l'expression de w est fort simple à d'assez grandes distances du cercle d'application πR_1^2 des pressions, elle se calcule aisément aussi pour le centre même de ce cercle. En effet, le potentiel relatif à une bande annulaire $2\pi\rho R dR$ y vaut $2\pi\rho dR$, et l'on a, par suite,

$$(103) \qquad (\text{pour } r = o) \qquad w = \frac{\lambda + 2\mu}{2\mu(\lambda + \mu)} \int_0^{R_1} \rho\, dR.$$

On remarquera que les charges, $(2\pi R dR)\rho$, de diverses bandes annulaires infiniment étroites $2\pi R dR$ produisent, au centre, des abaissements w pareils, pourvu qu'elles soient proportionnelles aux longueurs $2\pi R$ de ces bandes, ou qu'elles soient constantes par unité de longueur. Et, en effet, si un éloignement plus grand R du centre tend à y réduire la valeur de w, cette diminution est exactement compensée par l'augmentation qui résulte d'une plus grande longueur de la bande et, conséquemment, du poids plus fort qu'elle supporte.

Supposons, par exemple, ρ proportionnel à une certaine puissance, R^{n-1}, de R. Admettons de plus, comme nous le ferons dans tout ce qui suit, que la pression totale $2\pi \int_o^{R_1} \rho\, R\, dR$ égale l'unité; ce qui oblige à prendre

$$\rho = \frac{(n+1) R^{n-1}}{2\pi R_1^{n+1}}.$$

La formule (103) donnera

$$\text{(103 bis)} \qquad \text{(pour } z = 0) \qquad w = \left(1 + \frac{1}{n}\right) \frac{\lambda + 2\mu}{4\pi\mu(\lambda + \mu)} \frac{1}{R_1}$$

L'enfoncement au centre égale donc celui qu'y produirait la pression effective, augmentée de sa $n^{ème}$ partie, si elle s'exerçait tout entière sur le contour de son cercle d'application.

Quand n croît de zéro à 1 et de 1 à l'infini, c'est-à-dire quand la pression, qui d'abord s'exerçait surtout au centre, devient également répartie, et puis se porte principalement sur le contour, cette valeur de l'enfoncement diminue, dans le rapport de ∞ à 2 et de 2 à 1. Cela devait être ; car il est naturel que le centre se relève à mesure qu'on en écarte les pressions.

Concevons en second lieu que ρ, au lieu d'être proportionnel à R^{n-1}, varie d'après une loi analogue mais contraire, en s'annulant au bord $R = R_1$, c'est-à-dire en étant proportionnel à $R_1^{n-1} - R^{n-1}$. On trouve qu'il faut poser alors

$$\rho = \frac{n+1}{n-1} \frac{1}{\pi R_1^2} \left(1 - \frac{R^{n-1}}{R_1^{n-1}}\right)$$

pour que la pression totale égale 1 ; et la valeur (103) de w se trouve être juste le double de celle, (103 bis), qu'on a obtenue dans le cas précédent.

Il est clair que l'expression (103) de w se calculerait encore de suite dans une infinité d'hypothèses différentes faites sur ρ. Comme dernier exemple, prenons

$$\rho = \frac{1}{2\pi R_1 \sqrt{R_1^2 - R^2}},$$

et nous trouverons immédiatement, en observant que

$$\frac{dR}{\sqrt{R_1^2 - R^2}} = d \arcsin \frac{R}{R_1},$$

$$\text{(103 ter)} \qquad \text{(pour } z = 0) \qquad w = \frac{\lambda + 2\mu}{8\mu(\lambda + \mu)} \frac{1}{R_1}.$$

29. — *Profondeur de la dépression au bord de la région d'application et valeur moyenne de l'abaissement éprouvé par cette région.*

L'abaissement w éprouvé par le bord de la région d'application, ou correspondant à $\iota = R_1$, peut encore, quoique il soit d'une expression plus compliquée que celui du centre, se calculer sous forme finie, du moins quand la fonction $\rho = f(R^2)$ est rationnelle et entière par rapport à R^2. En effet, les formules (99) ou (100) donnent

$$\left\{ \quad w = \frac{\lambda + 2\mu}{\pi\mu(\lambda + \mu)} \int_0^{\frac{\pi}{2}} \frac{d\omega}{1 - \cos^2\omega} \int_{R = R_1}^{R = 0} f(R^2)\, d\sqrt{R_1^2 - R^2\sin^2\omega} \right. \qquad (\text{pour } \iota = R_1)$$

Prenons dans celle-ci le radical comme variable d'intégration ou, plutôt, posons

$$\alpha = \frac{1}{R_1}\sqrt{R_1^2 - R^2\sin^2\omega} = \sqrt{1 - \frac{R^2}{R_1^2}\sin^2\omega}$$

et, par suite,

$$R^2 = R_1^2 \frac{1 - \alpha^2}{1 - \cos^2\omega},$$

α étant une nouvelle variable, qui grandira depuis $\cos\omega$ jusqu'à 1 quand R décroîtra de R_1 à zéro. Il vient :

$$(104) \left\{ \quad w = \frac{(\lambda + 2\mu)R_1}{\pi\mu(\lambda + \mu)} \int_0^{\frac{\pi}{2}} \frac{d\omega}{1 - \cos^2\omega} \int_{\cos\omega}^1 f\left(R_1^2 \frac{1 - \alpha^2}{1 - \cos^2\omega}\right) d\alpha. \right. \qquad (\text{pour } \iota = R_1)$$

On voit que, si $f(R^2)$ est une fonction rationnelle et entière de R^2, l'intégration par rapport à α donnera, dans cette formule, une fonction rationnelle de $\cos\omega$, et que l'intégration suivante par rapport à ω, se faisant dès lors sur une fonction également rationnelle de $\cos\omega$, s'effectuera sous forme finie, en y prenant $\operatorname{tang}\frac{\omega}{2}$ pour variable, et aura même, entre les limites $\operatorname{tg}\frac{\omega}{2}=\operatorname{tg}0=0$ et $\operatorname{tg}\frac{\omega}{2}=\operatorname{tg}\frac{\pi}{4}=1$, des résultats simples.

Nous n'insisterons pas davantage sur cette formule (104), vu que, dans les cas particuliers les plus intéressants, nous déduirons aisément la valeur exacte de w, pour $\iota=R_1$, d'expressions donnant w en tous les points de la région d'application sous la forme d'une intégrale définie simple, expressions dont l'établissement n'est guère plus compliqué que le calcul direct du second membre de (104).

Je ne pense pas qu'aucune valeur individuelle de w autre que celles qui correspondent à $\iota=0$ et à $\iota=R_1$ puisse s'exprimer en termes finis (au moyen des transcendantes accoutumées), dans les cas où $\rho=f(R^2)$ est une fonction rationnelle et entière de R^2. Mais on peut encore évaluer exactement, par une formule analogue à (104), le volume, $\int w\,d\tau$, qu'engendre en s'abaissant la surface $\sigma=\pi R_1^2$ directement comprimée, ou, ce qui revient au même, l'abaissement moyen, $\frac{1}{\sigma}\int w\,d\tau$, éprouvé par cette surface.

Pour cela, calculons d'abord la capacité du creux qu'un élément de pression

$$d\mathrm{P} = 2\pi\rho\,\mathrm{R}\,d\mathrm{R} = 2\pi f(\mathrm{R}^2)\,\mathrm{R}\,d\mathrm{R},$$

s'exerçant sur une bande annulaire de rayon R et de largeur $d\mathrm{R}$, produit à la surface du corps, depuis le centre de la bande jusqu'à une distance quelconque ι.

Cette capacité a évidemment pour expression $2\pi\int_0^\iota w\iota\,d\iota$, où w égale, abstraction faite du facteur $\dfrac{(\lambda+2\mu)\,d\mathrm{P}}{4\pi\mu(\lambda+\mu)}$, la valeur moyenne de $(R^2 - v^2 \sin^2 \omega)^{-\frac{1}{2}}$ quand, ω y variant de zéro à $\frac{\pi}{2}$, v est compris entre zéro et R, et la valeur moyenne analogue de $(v^2 - R^2 \sin^2 \omega)^{-\frac{1}{2}}$ pour $v > R$. A l'intérieur de la bande annulaire, la capacité totale est donc

$$\left\{ \begin{aligned}
&\frac{(\lambda + 2\mu)\, dP}{\pi\mu(\lambda + \mu)} \int_0^{\frac{\pi}{2}} d\omega \int_0^R \frac{v\, dv}{\sqrt{R^2 - v^2 \sin^2 \omega}} \\[2mm]
&\qquad = \frac{(\lambda + 2\mu)\, R\, dP}{\pi\mu(\lambda + \mu)} \int_0^{\frac{\pi}{2}} \frac{1 - \cos\omega}{\sin^2 \omega}\, d\omega \\[2mm]
&\qquad = \frac{(\lambda + 2\mu)\, R\, dP}{\pi\mu(\lambda + \mu)} \left(\operatorname{tang} \frac{\omega}{2} \right)_0^{\frac{\pi}{2}} = \frac{(\lambda + 2\mu)\, R\, dP}{\pi\mu(\lambda + \mu)}.
\end{aligned} \right.$$

Remarquons, en passant, que la profondeur moyenne de cette dépression, quotient de son volume par sa surface πR^2, vaut $\dfrac{\lambda + 2\mu}{\pi^2 \mu(\lambda + \mu)} \dfrac{dP}{R}$, ou le produit par $\dfrac{4}{\pi}$ de la profondeur sur l'axe, qui est la valeur de w pour $v = 0$.

Pour $v > R$, la dépression considérée égale

$$\frac{(\lambda + 2\mu)\, R\, dP}{\pi\mu(\lambda + \mu)} + 2\pi \int_R^v w\, v\, dv,$$

et, vu la relation évidente

$$\int_R^v \frac{v\, dv}{\sqrt{v^2 - R^2 \sin^2 \omega}} = \sqrt{v^2 - R^2 \sin^2 \omega} - R\, \frac{d \sin \omega}{d\omega},$$

on trouve aisément que sa valeur est

$$\left\{ \begin{aligned}
&\frac{(\lambda + 2\mu)\, dP}{\pi\mu(\lambda + \mu)} \int_0^{\frac{\pi}{2}} \sqrt{v^2 - R^2 \sin^2 \omega}\, d\omega \\[2mm]
&\qquad = \frac{\lambda + 2\mu}{\mu(\lambda + \mu)} \int_{\omega = 0}^{\omega = \frac{\pi}{2}} d\omega \left[\sqrt{v^2 - R^2 \sin^2 \omega}\ f(R^2)\, d.R^2 \right].
\end{aligned} \right.$$

Il suffit maintenant, pour avoir le volume cherché, $\int w\,d\tau$, que décrit en s'abaissant la région d'application πR_1^2 de la pression totale donnée P, de faire, dans cette formule, $\tau = R_1$, puis d'intégrer le second membre par rapport à R, sous le signe $\int$, depuis $R = o$ jusqu'à $R = R_1$, c'est-à-dire, de recourir au principe de la superposition des petits effets, qui s'applique à w et, par suite, à $\int w\,d\tau$. Si enfin, pour éliminer le radical, on pose, comme ci-dessus,

$$\sqrt{1 - \frac{R^2}{R_1^2}\sin^2\omega} = \alpha,$$

et que l'on divise le résultat par πR_1^2 afin d'obtenir, au lieu de $\int w\,d\tau$, l'abaissement moyen éprouvé par la région d'application, il vient

$$(105)\quad \left\{ \begin{array}{l} \text{Moyenne de } w \ (\text{sur toute l'aire } \sigma \text{ ou } \pi R_1^2) \\[2mm] = \dfrac{2(\lambda + 2\mu)R_1}{\pi\mu(\lambda + \mu)} \displaystyle\int_0^{\frac{\pi}{2}} \frac{d\omega}{1 - \cos^3\omega} \int_{\cos\omega}^1 f\left(R_1^2\,\frac{1 - \alpha^2}{1 - \cos^2\omega}\right)\alpha^2\,d\alpha. \end{array} \right.$$

Toutes les fois que f est une fonction entière, l'intégration par rapport à α donne évidemment, dans cette formule comme dans (104), une fonction rationnelle de $\cos\omega$, et l'intégration par rapport à ω s'effectue ensuite sous forme finie, en prenant $\operatorname{tang}\dfrac{\omega}{2}$ pour variable.

Par exemple, si l'on a $\rho = f(R^2) = \dfrac{1}{\pi R_1^2}$, c'est-à-dire si la pression $\int dP$, égale à 1 en tout, est distribuée d'une manière uniforme dans tout le cercle πR_1^2, en observant que

$$\frac{1 - \cos^3\omega}{1 - \cos^2\omega} = \cos\omega + \frac{1}{1 + \cos\omega} = \frac{d}{d\omega}\left(\sin\omega + \operatorname{tang}\frac{\omega}{2}\right),$$

on trouve de suite :

$$(106) \left\{ \begin{array}{l} \text{(Pour une distribution uniforme de la pression)} \\[4pt] \text{Moyenne de } w \text{ dans le cercle } \pi R_1{}^2 = \dfrac{\lambda + 2\mu}{\pi^2 \mu(\lambda + \mu)} \dfrac{4}{3 R_1}. \end{array} \right.$$

Quand la pression, égale à 1, est répartie *paraboliquement* le long des rayons, en s'annulant sur le contour ou pour $R = R_1$, on a

$$\rho = f(R^2) = \frac{2}{\pi R_1{}^2}\left(1 - \frac{R^2}{R_1{}^2} \right) = \frac{2}{\pi R_1{}^4}\left(1 - \frac{1 - \varkappa^2}{1 - \cos^2 \omega} \right),$$

et, si l'on observe que

$$\left\{ \begin{aligned} \frac{\frac{1}{4}(1 - \cos^3 \omega) - \frac{1}{5}(1 - \cos^5 \omega)}{(1 - \cos^2 \omega)^2} &= \frac{1}{5}\cos \omega + \frac{1}{15}\frac{2 + \cos \omega}{(1 + \cos \omega)^2} \\[6pt] &= \frac{d}{d\omega}\left(\frac{1}{5}\sin \omega + \frac{1}{10}\tan \frac{\omega}{2} + \frac{1}{90}\tan^3 \frac{\omega}{2} \right), \end{aligned} \right.$$

il vient aisément :

$$(106 \; bis) \left\{ \begin{array}{c} \text{(Pour une distribution parabolique de la pression, avec} \\ \text{annulation au bord)} \\[4pt] \text{Moyenne de } w \text{ dans le cercle } \pi R_1{}^2 = \dfrac{16}{15} \dfrac{\lambda + 2\mu}{\pi^2 \mu(\lambda + \mu)} \dfrac{4}{3 R_1}, \end{array} \right.$$

résultat qui dépasse de $\frac{1}{15}$ le précédent (106).

En ajoutant les expressions (106) et (106 *bis*), multipliées respectivement par deux nombres, $1 - k$ et k, qui aient pour somme l'unité, on obtiendra l'abaissement moyen w d'une région d'application dont la charge totale, 1, se composerait d'une première partie, $1 - k$, distribuée uniformément et d'une seconde partie, k, distribuée paraboliquement avec décroissance du centre au bord. Cette expression est

$$(106 \; ter) \quad \text{Moyenne de } w \text{ dans le cercle } \pi R_1{}^2 = \frac{\lambda + 2\mu}{\pi^2 \mu(\lambda + \mu)}\left(1 + \frac{k}{15} \right)\frac{4}{3 R_1}.$$

Elle se réduit, pour $k = -1$ ou pour $\rho = \dfrac{2\,R^2}{\pi\,R_1{}^4}$ (ce qui est le cas d'une répartition parabolique avec annulation au centre), à

$$(106\ quater) \left\{ \begin{array}{l} \text{(Pour une distribution parabolique avec annulation au} \\ \qquad \text{centre)} \\[2mm] \text{Moyenne de } w \text{ dans le cercle } \pi R_1{}^2 = \dfrac{\lambda + 2\mu}{\pi^2\,\mu\,(\lambda + \mu)}\,\dfrac{56}{45\,R_1} \\[4mm] \qquad\qquad\qquad\qquad\qquad\qquad = \dfrac{\lambda + 2\mu}{\pi^2\,\mu\,(\lambda + \mu)}\,\dfrac{1,2444}{R_1}. \end{array} \right.$$

30. — *Egalité des abaissements moyens que deux charges égales, arbitrairement distribuées le long de deux circonférences concentriques, produisent, chacune, aux points où est déposée l'autre.*

Avant d'appliquer les formules des numéros précédents aux modes les plus simples de distribution d'une certaine pression totale, signalons une curieuse loi, relative aux abaissements w causés, sur le sol élastique dont il s'agit, par des charges n'occupant à sa surface que des couronnes circulaires infiniment étroites. Cette loi consiste en ce que, *étant données deux charges égales, réparties* ainsi, mais d'ailleurs *arbitrairement, le long de deux circonférences concentriques, chacune d'elles produit, aux points qu'occupe l'autre, un égal abaissement moyen :* autrement dit, si l'on divise en éléments d'égale longueur la circonférence d'application de l'une des deux charges, la moyenne arithmétique des abaissements qu'ils éprouvent, sous l'action de l'autre charge, égale l'abaissement moyen analogue qu'éprouve la circonférence d'application de celle-ci sous l'action de la première. Par suite, *quand les deux charges cessent d'êtres égales,* chacune ayant pour conséquence des déplacements qui lui sont partout proportionnels, *les abaissements moyens considérés (ou partiels et réciproques) des deux circonférences se trouvent être en raison inverse des poids qu'elles supportent ;* en sorte que, si chaque charge est uniformément répartie le long de sa circonférence d'application, ou que le déplacement de son centre de gravité se confonde avec l'abaissement moyen de cette circonférence, le travail de la pesanteur, dans le déplacement subi par chaque charge, sous l'action de l'autre, est égal pour toutes les deux.

En effet, supposons d'abord que nos deux charges égales soient uniformément distribuées le long de leurs circonférences respectives, et appelons R le rayon de la plus petite de celles-ci, r celui de la plus grande. Il résulte de la loi énoncée après la formule (97) [p. 116] que l'abaissement, alors commun, de tous les points de l'une des ciconférences, par l'effet de la charge que supporte l'autre, aura la même expression, quelle que soit celle des deux charges dont on étudie l'action. Le théorème est donc démontré pour ce cas d'une répartition uniforme; et il suffit de faire voir que, dans chaque circonférence, l'abaissement moyen dû à l'action de la charge supportée par l'autre ne changerait pas, si l'on modifiait à volonté la répartition de cette charge le long de sa ligne d'application. Or, c'est ce qui a lieu ; car, si nous décomposons les abaissements dont il s'agit en parties qui soient les déplacements verticaux w dus à chaque élément, pris à part, de la charge considérée, et si, ne portant d'abord notre attention que sur ces déplacements partiels w, nous imaginons que l'élément de charge qui les produit change de place le long de la circonférence dont il occupe un point, il est clair que ces mêmes déplacements ne cesseront pas d'avoir lieu, en des points qui se transporteront, il est vrai, sur la circonférence où on les a pris, de manière à conserver leurs situations relatives entr'eux et par rapport à l'élément de charge. Donc, la moyenne des déplacements partiels w ne changera pas, ni, par suite, la moyenne des abaissements considérés, si l'uniformité primitive de répartition de la charge qui les fait naître est altérée arbitrairement.

*31. — Analogie que présente, sous le rapport de cette loi de
réciprocité, un sol indéfini en longueur, largeur et profondeur, avec une plaque circulaire mince, appuyée ou encastrée
sur tout son contour.*

Il est remarquable que *la même loi de réciprocité s'observe à la surface d'une plaque circulaire mince, homogène
et horizontale, appuyée ou encastrée sur tout son contour,
et supportant deux charges égales, distribuées respectivement
le long de deux circonférences concentriques au contour :
l'abaissement moyen de l'une de ces circonférences, sous
l'action de la charge déposée sur l'autre, égale l'abaissement
analogue produit sur celle-ci par l'effet de la charge de la
première.*

Il suffit encore de prouver que cette loi s'observe lors
d'une distribution uniforme de chaque charge le long de
la circonférence qui la supporte. En effet, dans de telles
plaques, comme dans un sol élastique, les déplacements
effectifs se forment par la superposition de ceux que produiraient séparément les divers éléments de la charge
considérée ; et il est clair que, tout le long d'une circonférence quelconque concentrique au contour, ces déplacements partiels et, par suite, leur moyenne, ne cesseront
pas d'être les mêmes, à cela près d'un transport commun,
autour du centre de la plaque, des points où on les obser-
vera, si le poids élémentaire qui les fait naître se déplace
le long d'une ligne également concentrique au contour,
c'est-à-dire, sans cesser d'occuper une situation analogue
tant par rapport aux limites du corps élastique, que par
rapport à la circonférence dont on examine les déplacements.

Bornons-nous donc à établir la loi énoncée pour le cas
où tout est pareil autour du centre. On nous pardonnera
cette courte digression, à raison de l'intérêt que présente

un rapprochement aussi inattendu entre une plaque mince, limitée latéralement, et un sol qui est, au contraire, indéfini soit en épaisseur, soit dans les sens horizontaux.

Rappelons d'abord les formules générales, qui nous seront nécessaires, de la théorie des plaques planes élastiques. Je les extrairai de mon étude sur ces corps, insérée en octobre 1879 dans le *Journal de mathématiques pures et appliquées*, et faisant suite à un autre mémoire, relatif au même sujet, qui avait paru dans ce journal en 1871.

Notre plaque, horizontale et sollicitée verticalement ou transversalement, étant supposée rapportée à un système d'axes horizontaux rectangulaires des x et des y, si l'on y considère, au point (x, y), deux coupes (fictives), normales respectivement aux x et aux y, la matière située au-delà de chacune de ces coupes exercera, sur celle qui est en deçà, des actions réductibles à une force verticale (*effort tranchant*) et à deux couples verticaux composés de forces horizontales, l'un (*couple de flexion*), normal à la coupe, et l'autre (*couple de torsion*) qui lui est tangent. Rapportons ces forces et ces couples à l'unité de longueur des deux coupes et appelons, respectivement, Z_x, Z_y les deux efforts tranchants, positifs quand ils sont dirigés vers les z positifs, ν_x, ν_y les deux couples de flexion et τ les deux couples de torsion (dont la valeur est très sensiblement la même), tous ces couples étant comptés positivement lorsqu'ils tendent à produire des rotations dans les sens qui vont des x ou des y positifs vers les z positifs. Avec ces notations, si Z, force dirigée vers les z positifs, désigne la charge de l'unité d'aire de la plaque, on aura : 1° pour l'équation indéfinie de l'équilibre,

$$(a) \qquad \frac{dZ_x}{dx} + \frac{dZ_y}{dy} + Z = 0 \, ;$$

2° pour les valeurs des efforts tranchants,

$$(b) \qquad Z_x = -\left(\frac{d\nu_x}{dx} + \frac{d\tau}{dy} \right), \quad Z_y = -\left(\frac{d\tau}{dx} + \frac{d\nu_y}{dy} \right) \, ;$$

3° enfin, pour les valeurs des couples de flexion et de torsion, des expressions, linéaires par rapport aux dérivées secondes en x et y du déplacement w et fonctions de la contexture de la plaque, qui, dans le cas, auquel nous nous bornons ici, d'une matière homogène et pareillement constituée dans tous les sens transversaux, seront

$$(c) \quad v_x = \frac{\mu\, h^3}{6}\left(\frac{d^2 w}{dx^2} + \eta\, \Delta_2\, w\right), \quad v_y = \frac{\mu\, h^3}{6}\left(\frac{d^2 w}{dy^2} + \eta\, \Delta_2\, w\right), \quad \tau = \frac{\mu\, h^3}{6}\frac{d^2 w}{dx\, dy},$$

h désignant l'épaisseur de la plaque, μ le coefficient de l'élasticité de glissement de couches verticales qui s'y déplacent dans les sens horizontaux, η un rapport, dépendant de la contexture, égal à $\dfrac{\lambda}{\lambda + 2\,\mu}$ pour une matière complètement isotrope, enfin, Δ_2 l'expression symbolique $\dfrac{d^2}{dx^2} + \dfrac{d^2}{dy^2}$ (*).

Ces valeurs de v_x, v_y, τ, portées dans celles, (b), de Z_x et de

---

(*) Les valeurs (c) de v_x, v_y, τ sont les dérivées, par rapport aux variables $\dfrac{d^2 w}{dx^2}, \dfrac{d^2 w}{dy^2}, 2\,\dfrac{d^2 w}{dx\, dy}$, de la fonction

$$\frac{\mu h^3}{12}\left[\left(\frac{d^2 w}{dx^2}\right)^2 + \left(\frac{d^2 w}{dy^2}\right)^2 + \frac{1}{2}\left(2\,\frac{d^2 w}{dx\, dy}\right)^2 + \eta\left(\Delta_2 w\right)^2\right]$$

Quand la contexture est quelconque, ces couples v_x, v_y, τ cessent d'avoir des expressions aussi simples, mais ils continuent néanmoins à égaler les dérivées, par rapport aux trois mêmes variables, d'une fonction homogène et entière du second degré, comparable encore à h^3. Considérons, en effet, le potentiel d'élasticité ψ par unité de volume, fonction homogène et du second degré soit des six déformations élémentaires ∂, g produites en chaque point, soit des six composantes correspondantes de pression, et dont les dérivées partielles premières sont ces six composantes de pression quand on la prend sous sa première forme, tandis que ce sont les six déformations élémentaires quand on la prend sous la seconde forme. Rappelons de plus que trois des composantes, celles qui expriment l'action réciproque de deux feuillets contigus de la plaque, sont ici négligeables en comparaison des trois autres composantes N_x, N_y, T, exprimant les pressions horizontales exercées sur des coupes normales aux x et aux y. Nous aurons donc, pour les trois déformations correspondantes ∂_x, ∂_y, g, les formules

$$(\partial_x, \partial_y, g) = \frac{d\psi}{d(N_x,\ N_y,\ T)},$$

Z_y, donnent, en supposant constante l'épaisseur, h, de la plaque,

$$(d) \qquad Z_x = -(1+\eta)\,\frac{\mu\,h^3}{6}\,\frac{d\,\Delta_2\,w}{dx}\,,\quad Z_y = -(1+\eta)\,\frac{\mu\,h^3}{6}\,\frac{d\,\Delta_2\,w}{dy}$$

et l'équation indéfinie (a), divisée par $(1+\eta)\dfrac{\mu\,h^3}{6}$, devient à son tour

$$(e) \qquad \Delta_2\,\Delta_2\,w = \frac{6\,Z}{(1+\eta)\,\mu\,h^3}\cdot$$

Cela posé, notre plaque circulaire, d'un rayon donné a

où Φ se trouvera réduit à ses termes en N_x, N_y, T ; et l'on déduira aisément de là, si cette valeur de Φ est exprimée, à l'inverse, en fonction de ∂_x, ∂_y, g,

$$(N_x,\ N_y,\ T) = \frac{d\Phi}{d\,(\partial_x,\ \partial_y,\ g)}\,,$$

Or on sait aussi que, lorsque la situation primitive du feuillet moyen est choisie pour plan des xy, ∂_x, ∂_y, g ont les expressions

$$(\partial_x,\ \partial_y,\ g) = -\,z\left(\frac{d^2w}{dx^2},\ \frac{d^2w}{dy^2},\ 2\,\frac{d^2w}{dxdy}\right),$$

où w désigne le déplacement transversal du feuillet moyen ; en sorte que, d'une part, Φ contient le facteur z^2 et que, d'autre part, les dérivées de Φ en ∂_x, ∂_y, g égalent le quotient, par $-z$, de ses dérivées relatives aux trois nouvelles variables $\dfrac{d^2w}{dx^2}$, $\dfrac{d^2w}{dy^2}$, $2\,\dfrac{d^2w}{dxdy}$, indépendantes de z. Donc, en multipliant N_x, N_y, T par $z\,dz$, intégrant sur toute l'épaisseur de la plaque et observant que $-\int(N_x,\ N_y,\ T)z\,dz$ ne sont autre chose que les couples $\varkappa$, $\varkappa_y$, τ, on aura les trois formules cherchées :

$$(e') \qquad (\varkappa_x,\ \varkappa_y,\ \tau) = \frac{d\int\Phi\,dz}{d\left(\dfrac{d^2w}{dx^2},\ \dfrac{d^2w}{dy^2},\ 2\,\dfrac{d^2w}{dxdy}\right)}\cdot$$

On voit que la fonction, $\int\Phi\,dz$, dont les trois dérivées par rapport aux variables $\dfrac{d^2w}{dx^2}$, $\dfrac{d^2w}{dy^2}$, $2\,\dfrac{d^2w}{dxdy}$ expriment les couples de flexion et de torsion, représente le potentiel d'élasticité de la plaque fléchie rapporté à l'unité de surface de son feuillet moyen, c'est-à-dire, le travail que produirait la plaque par unité d'aire si elle revenait à sa forme plane primitive. On pourrait donc appeler cette expression, $\int\Phi\,dz$, le *potentiel de flexion* de la plaque. Poisson et surtout M. Kirchhoff l'avaient considérée dans le cas d'une plaque isotrope.

et appuyée ou encastrée sur tout son bord, étant sollicitée pareillement tout autour de son centre (pris pour origine des coordonnées), Z et w n'y sont fonction que de la distance, $\iota = \sqrt{x^2 + y^2}$, à ce centre. On pourra donc, dans le calcul des dérivées partielles de w, se servir des formules

$$\frac{d}{dx} = \frac{x}{\iota} \frac{d}{d\iota}, \ \frac{d}{dy} = \frac{y}{\iota} \frac{d}{d\iota}, \ \frac{d^2}{dx^2} = \frac{x^2}{\iota^2} \frac{d^2}{d\iota^2} + \left(\frac{1}{\iota} - \frac{x^2}{\iota^3} \right) \frac{d}{d\iota}, \ \text{etc.,}$$

qui donnent, par exemple,

$$(f) \qquad \Delta_2 = \frac{d^2}{d\iota^2} + \frac{1}{\iota} \frac{d}{d\iota} = \frac{1}{\iota} \frac{d}{d\iota} \left(\iota \frac{d}{d\iota} \right).$$

De plus, si l'on fait, dans la plaque, à la distance ι de son centre, une section cylindrique verticale, la partie centrale ainsi détachée par la pensée supportera évidemment, sur l'unité de longueur de son contour, un couple de flexion et un effort tranchant susceptibles d'être déduits des expressions (c) et (d) de ν_x et de Z_x par les simples changements de $\frac{d^2}{dx^2}$ en $\frac{d^2}{d\iota^2}$ et de $\frac{d}{dx}$ en $\frac{d}{d\iota}$. En effet, ce couple de flexion et cet effort tranchant, que nous appellerons, l'un, M, l'autre, F, se confondent respectivement avec ν_x et Z_x sur l'élément de la section normal à l'axe des x, élément pour lequel des dérivées par rapport à ι, ou prises dans le sens qui lui est perpendiculaire, se trouvent justement être des dérivées en x, c'est-à-dire obtenues sans que y varie. Nous aurons donc, pour le moment ou couple M et pour l'effort tranchant F, par unité de longueur de la section circulaire,

$$(g) \qquad M = \frac{\mu h^3}{6} \left(\frac{d^2 w}{d\iota^2} + \eta \, \Delta_2 \, w \right), \ F = -(1 + \eta) \frac{\mu h^3}{6} \frac{d \Delta_2 w}{d\iota}.$$

Sur le bord, c'est-à-dire pour $\iota = a$, l'effort tranchant F recevra une valeur telle, que l'on y ait $w = 0$, puisque ce bord, appuyé ou encastré, reste fixe. De plus, dans le cas de l'encastrement, le couple de flexion y est juste ce qu'il faut pour que le plan tangent à la plaque conserve sa direction première, c'est-à-dire pour que $\frac{dw}{dr}$ s'y annule; au contraire, dans le cas où le bord se trouve simplement appuyé, ce couple est nul et, d'après la première formule (g), on y a $\frac{d^2 w}{dr^2} + \eta\, \Delta_2\, w = 0$. Donc, les conditions spéciales au contour seront :

$$(h) \quad (\text{pour } r = a) \quad w = 0 \text{ et}
\begin{cases}
\dfrac{dw}{dr} = 0 \ (\text{bord encastré}), \\[2ex]
\dfrac{d^2 w}{dr^2} + \eta\, \Delta_2\, w = 0 \ (\text{bord appuyé}).
\end{cases}$$

Cela posé, et après avoir remplacé, dans le premier membre de l'équation indéfinie (c), $\Delta_2\, \Delta_2\, w$ par $\frac{1}{r} \frac{d}{dr} \left(r \frac{d \Delta_2\, w}{dr} \right)$, multiplions cette équation par $r\,dr$, puis intégrons de $r = 0$ à $r = r$; et observons qu'il ne se produit pour $r = 0$, au centre de la plaque, aucune discontinuité capable d'y rendre infinies des dérivées de w, ni, par suite, la somme $\Delta_2\, w$, non plus que $\frac{d \Delta_2\, w}{dr}$, en sorte que l'expression $r \frac{d \Delta_2\, w}{dr}$ s'y annule. Il viendra

$$(i) \qquad r \frac{d \Delta_2\, w}{dr} = \frac{6}{(1+\eta)\, \mu\, h^3} \int_0^r Z\, r\, dr.$$

On obtiendrait, d'ailleurs, directement cette équation, en remarquant qu'elle exprime, d'après la seconde formule (g), l'égalité évidente de la charge $\int_0^r Z\, (2\pi\, r\, dr)$, supportée par la partie de la plaque comprise de $r = 0$ à $r = r$, et de l'effort tranchant total $2\pi r\, F$, pris en signe contraire, qui lui fait équilibre et qu'exerce sur cette partie centrale le reste de la plaque.

L'équation (i), multipliée par $\dfrac{dr}{r}$ et intégrée à partir de $r = 0$, donne, en appelant $-2c$ la valeur finie de $\Delta_2 w$ pour $r = 0$ et en observant que $\int_0^r Z\, r\, dr$ est généralement, pour r très petit, de l'ordre de $\int_0^r r\, dr$ ou de r^2, ainsi que, par suite,

$$\int_0^r \frac{dr}{r} \int_0^r Z\, r\, dr:$$

$$(j) \qquad \Delta_2 w \ \text{ou} \ \frac{1}{r}\frac{d}{dr}\left(r\frac{dw}{dr}\right) = -2c + \frac{6}{(1+\eta)\mu h^3} \int_0^r \frac{dr}{r} \int_0^r Z\, r\, dr.$$

Celle-ci, multipliée à son tour par $r\, dr$ et intégrée de manière à annuler pour $r = 0$, comme il le faut évidemment, le produit $r\dfrac{dw}{dr}$, devient, après qu'on l'a divisée ensuite par r,

$$(k) \qquad \frac{dw}{dr} = -cr + \frac{6}{(1+\eta)\mu h^3}\frac{1}{r} \int_0^r r\, dr \int_0^r \frac{dr}{r} \int_0^r Z\, r\, dr.$$

Appelons enfin f la flèche centrale, c'est-à-dire la valeur de w pour $r = 0$, et l'équation (k), multipliée par dr, puis intégrée à partir de $r = 0$, donnera

$$(l) \qquad w = f - c\frac{r^2}{2} + \frac{6}{(1+\eta)\mu h^3} \int_0^r \frac{dr}{r} \int_0^r r\, dr \int_0^r \frac{dr}{r} \int_0^r Z\, r\, dr.$$

Dans cette relation, où Z est connu en fonction de r, il ne reste à déterminer que les deux constantes arbitraires c et f; on le fera au moyen des deux conditions (h) spéciales au bord de la plaque.

Achevons les calculs pour le cas, que nous avons en vue, où une charge donnée P se trouve distribuée tout entière le long d'une bande étroite, à une certaine distance R du centre. Alors la fonction Z est nulle dès que r diffère sensiblement de R; en sorte que l'intégrale $\int_0^r Z\,(2\pi\, r\, dr)$, nulle pour $r < R$, garde la valeur constante P dès que r dépasse sensiblement R. Ainsi, l'expression $\int_0^r Z\, r\, dr$ égale ou zéro, ou $\dfrac{P}{2\pi}$, suivant que ι y est inférieur ou supérieur à R. En la multipliant par $\dfrac{d\iota}{\iota}$ et intégrant, il viendra

$$(m)\qquad \int_0^\iota \frac{d\iota}{\iota} \int_0^\iota Z\,\iota\,d\iota = \begin{cases} \text{zéro} \ \ (\text{pour } \iota < R), \\[1.5ex] \dfrac{P}{2\pi}\,\log\dfrac{\iota}{R} \ \ (\text{pour } \iota > R). \end{cases}$$

On trouve de même, ensuite,

$$\int_0^\iota \iota\,d\iota \int_0^\iota \frac{d\iota}{\iota} \int_0^\iota Z\,\iota\,d\iota$$
$$= \begin{cases} \text{zéro} \ (\text{pour } \iota < R), \\[1.5ex] \dfrac{PR^2}{4\pi}\left[\dfrac{\iota^2}{R^2}\log\dfrac{\iota}{R} - \tfrac{1}{2}\left(\dfrac{\iota^2}{R^2}-1\right)\right] \ (\text{pour } \iota > R). \end{cases}$$

Enfin, cette intégrale, multipliée elle-même par $\dfrac{d\iota}{\iota}$, puis intégrée à partir de $\iota = o$, donnera la valeur de celle qui paraît dans l'expression (l) de x, et qui égalera :

1° zéro, pour $\iota < R$,

2° $\dfrac{PR^2}{8\pi}\left[-\left(\dfrac{\iota^2}{R^2}-1\right)+\left(\dfrac{\iota^2}{R^2}+1\right)\log\dfrac{\iota}{R}\right]$ (pour $\iota > R$).

L'expression générale (l) de x, se dédoublera donc, en quelque sorte, et deviendra :

$$(n)\quad \begin{cases} (\text{pour } \iota < R) \qquad x = f - \dfrac{c}{2}\,\iota^2, \\[2ex] (\text{pour } \iota > R) \\[1ex] x = f - \dfrac{c}{2}\,\iota^2 + \dfrac{3P}{4\pi(1+\eta)\mu h^3}\left[R^2 - \iota^2 + (R^2 + \iota^2)\log\dfrac{\iota}{R}\right]. \end{cases}$$

Il ne reste plus, maintenant, qu'à y déterminer les deux constantes c et f au moyen des conditions (h) spéciales au contour ou à la valeur a de ι.

Supposons d'abord la plaque encastrée sur tout son bord. Alors, en déduisant de la seconde (n), différentiée, l'expression de $\frac{dw}{dv}$, puis annulant cette expression pour $v = a$, il viendra la valeur de c; après quoi l'annulation de w dans la seconde (n), pour $v = a$, donnera f. On trouve ainsi :

$$(p) \quad \begin{cases} c = \dfrac{3P}{4\pi(1+\eta)\mu h^3}\left(-\dfrac{a^2 - R^2}{a^2} + 2\log\dfrac{a}{R}\right), \\[3mm] f = \dfrac{3P}{8\pi(1+\eta)\mu h^3}\left(a^2 - R^2 - R^2\log\dfrac{a^2}{R^2}\right); \end{cases}$$

et les formules (n) deviennent :

$$(q) \quad \begin{cases} \text{(bord encastré)} \\[2mm] (\text{pour } v < R) \quad w = \dfrac{3P}{8\pi(1+\eta)\mu h^3}\left[(a^2 - R^2)\dfrac{a^2 + v^2}{a^2} - (R^2 + v^2)\log\dfrac{a^2}{R^2}\right] \\[3mm] (\text{pour } v > R) \quad w = \dfrac{3P}{8\pi(1+\eta)\mu h^3}\left[(a^2 - v^2)\dfrac{a^2 + R^2}{a^2} - (v^2 + R^2)\log\dfrac{a^2}{v^2}\right]. \end{cases}$$

Quand la plaque a, au contraire, son bord simplement appuyé ou soutenu, la valeur de c se trouve en annulant, pour $v = a$, l'expression de $\frac{d^2 w}{dv^2} + \eta\,\Delta_2 w$, ou de

$$\frac{d^2 w}{dv^2} + \frac{\eta}{v}\,\frac{d}{dv}\left(v\,\frac{dw}{dv}\right),$$

qu'on déduit de la seconde (n). Puis, cette seconde valeur (n) de w, égalée à zéro pour $v = a$, fait connaître f. Il vient :

$$(p') \quad \begin{cases} c = \dfrac{3P}{4\pi(1+\eta)\mu h^3}\left(\dfrac{1}{1+2\eta}\dfrac{a^2 - R^2}{a^2} + 2\log\dfrac{a}{R}\right), \\[3mm] f = \dfrac{3P}{8\pi(1+\eta)\mu h^3}\left[\left(2 + \dfrac{1}{1+2\eta}\right)(a^2 - R^2) - R^2\log\dfrac{a^2}{R^2}\right]. \end{cases}$$

Par suite, les formules (n) donnent, pour les déplacements w des divers points de la plaque :

(bord simplement appuyé)

$$(q') \quad \begin{cases} \text{(pour } \iota < \mathrm{R}) \\[1mm] w = \dfrac{3\mathrm{P}}{8\pi(1+\eta)\mu h^3}\left[2(a^2-\mathrm{R}^2)+\dfrac{a^2-\mathrm{R}^2}{1+2\eta}\dfrac{a^2-\iota^2}{a^2}-(\mathrm{R}^2+\iota^2)\log\dfrac{a^2}{\mathrm{R}^2}\right], \\[3mm] \text{(pour } \iota > \mathrm{R}) \\[1mm] w = \dfrac{3\mathrm{P}}{8\pi(1+\eta)\mu h^3}\left[2(a^2-\iota^2)+\dfrac{a^2-\iota^2}{1+2\eta}\dfrac{a^2-\mathrm{R}^2}{a^2}-(\iota^2+\mathrm{R}^2)\log\dfrac{a^2}{\iota^2}\right]. \end{cases}$$

Les relations qui résolvent le problème étant ainsi obtenues, la loi à démontrer résulte de ce que les premières expressions (q) ou (q') de w, relatives aux points intérieurs à la circonférence d'application de la charge P, et les secondes expressions (q) ou (q') de w, concernant les points extérieurs à la même circonférence, ne diffèrent les unes des autres qu'en ce que ι et R y échangent leurs rôles. Donc la formule qui exprime, par exemple, le déplacement w d'un point intérieur à la charge P, ou situé à une distance ι du centre moindre que R, deviendra, sans y rien changer, l'expression du déplacement w imprimé, par l'action d'une autre charge égale, à un point situé en dehors de la circonférence d'application de celle-ci, pourvu que ι soit le rayon de cette circonférence et que le point extérieur dont on parle se trouve à la distance R du centre ou appartienne à la circonférence d'application de la première charge. Ainsi. il y a bien égalité entre les abaissements que s'impriment l'une à l'autre deux telles charges. Et l'on voit que ce fait est dû, dans le cas de la plaque circulaire, à la même circonstance que dans le cas du sol élastique, savoir, à ce que, malgré la différence extrême des formules, (94) et (97) d'une part [p. 115 et 116], (q) ou (q') d'autre part, propres aux deux questions, les déplacements éprouvés par les points extérieurs à la circonférence d'application de la charge qui les produit reçoivent. dans les deux cas, les mêmes expressions que ceux des points intérieurs, à condition qu'on y prenne pour la distance (au centre) des points considérés le rayon de la circonférence d'application, et *vice-versa*.

Quand l'une des deux charges égales est appliquée au centre, ou, ce qui revient au même, quand le rayon de l'une des deux circonférences qui les supportent est négligeable en comparaison du rayon de la plaque, si l'on vient à changer arbitrairement le mode de distribution des deux charges le long de leurs lignes respectives d'application (par exemple, en ramassant chacune en un seul endroit), celle qui n'entoure qu'une partie infiniment petite de la plaque ne cessera évidemment pas, à cause de la petitesse même (en tous sens) de cette partie, d'éprouver, sous l'action de la charge de l'autre, les mêmes abaissements dans toute son étendue, et, vu encore cette petitesse, la charge centrale, n'ayant subi que des déplacements insignifiants, ne cessera pas non plus de produire, sur la circonférence d'application de l'autre, des abaissements partout pareils. Ainsi les déplacements mutuels considérés, x, des deux circonférences ne différeront pas de leurs moyennes respectives, qu'on sait être restées les mêmes, et ils seront, par conséquent, encore égaux. La loi de réciprocité que nous venons d'établir comprend donc la suivante :

Une plaque horizontale, appuyée ou encastrée sur tout son contour et portant un poids isolé à une distance quelconque de son centre, éprouve, en ce centre, un abaissement égal à celui qui aurait lieu à l'endroit où est le poids, si on l'en ôtait pour le déposer au centre.

Les mêmes considérations et la même loi particulière s'appliqueraient au cas d'un sol élastique, latéralement indéfini et supportant deux charges égales, arbitrairement réparties le long de deux circonférences concentriques, si l'une de celles-ci était infiniment plus petite que l'autre. Mais, comme tout point de la surface d'un tel sol élastique peut être pris pour le centre de cette surface, on ne serait ainsi conduit qu'à une proposition évidente et, dès lors, sans intérêt, consistant en ce que deux poids isolés égaux, déposés à la surface d'un sol élastique horizontal, subissent, chacun sous l'action de l'autre, le même abaissement.

32. — *Cas d'une distribution uniforme des pressions dans tout l'intérieur d'un cercle, à la surface d'un sol élastique.*

Revenons maintenant à l'étude des formes que prend la surface d'un sol élastique, sous l'action de charges qu'on y répartit diversement. Appliquons, dans ce but, les formules (99) et (100) [p. 117] aux modes de distribution les plus simples des pressions dP, et, d'abord, au cas où la région d'application πR_1^2 supporte par unité d'aire une pression constante dans toute son étendue.

En supposant, pour fixer les idées, que la pression totale vaille 1, il faudra donc faire

$$(107) \qquad p = \frac{1}{\pi R_1^2}$$

dans les relations (99) et (100). Celles-ci, en observant que l'on a

$$(108) \qquad \int_0^{\frac{\pi}{2}} \left(\frac{1 - \cos \omega}{\sin^2 \omega} - \cos \omega \right) d\omega = \left(\operatorname{tang} \frac{\omega}{2} - \sin \omega \right)_0^{\frac{\pi}{2}} = 0,$$

deviendront :

$$(109) \quad
\begin{cases}
(\text{pour } \varepsilon < R_1) \\[1ex]
w = \dfrac{\lambda + 2\mu}{\pi^2 \mu (\lambda + \mu)} \dfrac{1}{R_1} \int_0^{\frac{\pi}{2}} \left(1 - \dfrac{\varepsilon^2}{R_1^2} \sin^2 \omega \right)^{\frac{1}{2}} d\omega, \\[2ex]
(\text{pour } \varepsilon > R_1) \\[1ex]
w = \dfrac{\lambda + 2\mu}{\pi^2 \mu (\lambda + \mu)} \dfrac{1}{\varepsilon} \int_0^{\frac{\pi}{2}} \left[1 - \left(1 - \dfrac{R_1^2 \sin^2 \omega}{\varepsilon^2} \right)^{\frac{1}{2}} \right] \dfrac{\varepsilon^2 \, d\omega}{R_1^2 \sin^2 \omega}.
\end{cases}$$

Au centre et au bord de la région d'application, la première (109) donne :

$$(110) \begin{cases} (\text{pour } v = 0) & w = \dfrac{\lambda + 2\,\mu}{\pi^2\,\mu\,(\lambda + \mu)}\;\dfrac{\pi}{2\,R_1}, \\[2ex] (\text{pour } v = R_1) & w = \dfrac{\lambda + 2\,\mu}{\pi^2\,\mu\,(\lambda + \mu)}\;\dfrac{1}{R_1}. \end{cases}$$

Donc, *une distribution uniforme des pressions sur toute l'étendue d'un cercle fait prendre à la partie comprimée une forme concave, dans laquelle la flèche, c'est-à-dire l'excès de l'enfoncement du centre sur l'abaissement du bord, est la fraction* $1 - \dfrac{2}{\pi}$ *(ou environ* $\dfrac{9}{25}$*) de l'abaissement même du centre et la fraction* $\dfrac{\pi}{2} - 1$ *(ou environ* $\dfrac{3}{5}$*) de l'abaissement du bord.*

Quant à *l'abaissement moyen*, donné par (106) [p. 125], *de toute la région d'application*, il est les $\dfrac{4}{3}$ de l'abaissement w *sur le bord* et il dépasse, d'une fraction de sa valeur égale à $\dfrac{\dfrac{4}{3} - \dfrac{1}{2}\left(\dfrac{\pi}{2} + 1\right)}{\dfrac{4}{3}}$ ou environ $\dfrac{1}{28}$, la moyenne des deux enfoncements w au centre et sur le bord, moyenne qui l'exprimerait si on assimilait à la forme d'un paraboloïde celle que prend, en se creusant, la région d'application des forces.

Pour obtenir en série les valeurs (109) de w, il suffit de développer les radicaux par la formule du binôme, puis de réduire, et d'intégrer chaque terme des résultats. Pour la seconde (109), il est plus simple de faire $\rho = \dfrac{1}{\pi\,R_1{}^2}$ dans la relation (101). On trouve, en définitive :

$$(111)\begin{cases}
(\text{pour } \iota < R_1) \\[4pt]
w = \dfrac{\lambda + 2\mu}{2\pi\mu(\lambda+\mu)}\,\dfrac{1}{R_1}\left[1 - \dfrac{1}{1}\left(\dfrac{1}{2}\right)^2\dfrac{\iota^2}{R_1{}^2} - \dfrac{1}{3}\left(\dfrac{1}{2}\;\dfrac{3}{4}\right)^2\dfrac{\iota^4}{R_1{}^4} - \cdots \right.\\[10pt]
\qquad\qquad \left. - \dfrac{1}{2n-1}\left(\dfrac{1}{2}\;\dfrac{3}{4}\cdots\dfrac{2n-1}{2n}\right)^2\dfrac{\iota^{2n}}{R_1{}^{2n}} - \cdots\right]; \\[16pt]
(\text{pour } \iota > R_1) \\[4pt]
w = \dfrac{\lambda + 2\mu}{4\pi\mu(\lambda+\mu)}\,\dfrac{1}{\iota}\left[1 + \dfrac{1}{2}\left(\dfrac{1}{2}\right)^2\dfrac{R_1{}^2}{\iota^2} + \dfrac{1}{3}\left(\dfrac{1}{2}\;\dfrac{3}{4}\right)^2\dfrac{R_1{}^4}{\iota^4} + \cdots \right.\\[10pt]
\qquad\qquad \left. + \dfrac{1}{n+1}\left(\dfrac{1}{2}\;\dfrac{3}{4}\cdots\dfrac{2n-1}{2n}\right)^2\dfrac{R_1{}^{2n}}{\iota^{2n}} + \cdots\right].
\end{cases}$$

La série qui exprime w pour $\iota < R_1$, lorsqu'on la calcule par la formule (98) et son analogue (où ι et R échangent leurs rôles), n'est trouvée d'accord avec la première expression (111) de w, que si l'on pose l'égalité numérique

$$1 = \sum_{n=1}^{n=\infty} \frac{4n+1}{(n+1)(2n-1)}\left(\frac{1}{2}\;\frac{3}{4}\cdots\frac{2n-1}{2n}\right)^2.$$

Or cette égalité est bien exacte; car on y arrive en remplaçant sous le signe $\int$, dans le premier membre de (108), $\cos\omega$ par $(1-\sin^2\omega)^{\frac{1}{2}}$, puis en développant ce radical par la formule du binôme, groupant ensemble les termes affectés de la même puissance de $\sin\omega$, intégrant chaque terme et supprimant enfin des résultats le facteur commun $\dfrac{\pi}{4}$.

On voit, sur les deux formules (111) et même sur la première (109), que w décroît sans cesse pour ι grandissant de zéro à l'infini. C'est ce qui devait arriver. Car si, d'une part, on considère un point (x,y) pris hors de la région d'application des pressions $d\mathrm{P}$ et s'éloignant de plus en plus le long d'un rayon ι, la droite r qui le joint au point d'application fixe d'une pression élémentaire $d\mathrm{P}$ quelconque fait un angle aigu avec ce rayon ι et devient une oblique de plus en plus écartée du pied de la perpendiculaire, c'est-à-dire de plus en plus longue ; en sorte que le potentiel $\frac{d\mathrm{P}}{r}$ et l'élément correspondant de w deviennent de plus en plus petits. D'autre part, à l'intérieur de la région d'application, w doit être le plus grand aux points dans le voisinage desquels s'exercent le plus de pressions élémentaires $d\mathrm{P}$, ou pour lesquels il y a le plus de potentiels $\frac{d\mathrm{P}}{r}$ d'une grandeur relative notable : or le plus favorisé de ces points est évidemment le centre, quand les pressions sont distribuées uniformément sur tout un cercle $\pi \mathrm{R}_1{}^2$.

33. — *Remarques concernant, en général, la continuité des phénomènes sur le contour des régions d'application, et les formes que prend la surface.*

Observons à ce propos que, *lorsqu'on arrive de l'intérieur au bord d'une région d'application ayant une forme convexe quelconque, le potentiel total* $\int \frac{d\mathrm{P}}{r}$ *de la couche matérielle fictive* $\int d\mathrm{P}$ *et, par suite, l'abaissement proportionnel* w *vont en diminuant, quelle que soit la manière continue dont varie la pression par unité d'aire, ou densité fictive ρ de la couche, aux divers points de la région d'application, pourvu du moins que cette densité fictive ρ ne devienne pas infinie sur le bord même.*

J'entrerai, pour le démontrer, dans quelques détails, nécessaires d'ailleurs à d'autres points de vue, et concernant le calcul de la dérivée du potentiel le long d'une ligne tracée sur la couche même $\int d\mathrm{P}$.

Appelons dn un chemin infiniment petit, parcouru, dans un sens parallèle au plan des xy, c'est-à-dire parallèle à la surface, à partir d'un point intérieur (x, y, z) voisin de celui, (x, y), de la région d'application, que l'on veut considérer. Comme r ne s'annule jamais dans le corps, on peut y différentier le potentiel sous le signe f, et l'on sait que sa dérivée le long de la ligne dn vaut la composante totale, suivant le sens de cette ligne, des attractions newtoniennes qu'exercerait au point considéré la couche $f d\mathrm{P}$, distribuée sur la surface de la même manière que le sont en effet les pressions $d\mathrm{P}$. Or, quelque petit que soit z, si l'on considère les attractions exercées, dans cette hypothèse, par deux éléments matériels $d\mathrm{P}$ situés symétriquement de part et d'autre de l'ordonnée z du point, à des distances de celle-ci variables de q à $q + dq$, et dans l'intérieur des deux angles $d\omega$ formés par deux droites se croisant au pied de l'ordonnée, l'attraction fictive de l'un de ces éléments $\rho q\, d\omega\, dq$ sera

$$\frac{\rho q\, d\omega\, dq}{r^2} = d\omega\, \frac{\rho q\, dq}{z^2 + q^2};$$

et sa composante parallèle au plan des xy vaudra le produit de cette expression par $\dfrac{q}{r}$, c'est-à-dire $d\omega\, \rho\, \dfrac{q^2 dq}{(z^2 + q^2)^{\frac{3}{2}}}$.

Appelons ρ_1 ce que devient ρ pour l'autre élément symétrique : la résultante de leurs actions, projetée sur le plan des xy, égalera

$$(111\ bis) \quad d\omega\, (\rho_1 - \rho)\, \frac{q^2 dq}{(z^2 + q^2)^{\frac{3}{2}}} = 2\, d\omega\, \frac{\rho_1 - \rho}{2\,q} \left(1 + \frac{z^2}{q^2}\right)^{-\frac{3}{2}} dq.$$

Faisons tendre maintenant z vers zéro et admettons que q soit très petit. Comme la fonction ρ est supposée finie et continue dans tout l'intérieur de la région d'application, le facteur $\dfrac{\rho_1 - \rho}{2\,q}$ diffère très peu de la dérivée finie de ρ prise le long de la droite $2q$ qui joint les deux éléments considérés de la couche matérielle fictive, et, d'autre part, le radical $\left(1 + \dfrac{z^2}{q^2}\right)^{-\frac{3}{2}}$ tend vers l'unité. L'expression $(111\ bis)$ étant ainsi comparable à $2\, d\omega\, dq$, même quand le point (x, y, z) devient le point (x, y) de la surface, l'attraction totale exercée, dans le sens de dn, par les deux éléments considérés dP est évidemment du même ordre, et les attractions analogues que donneront, toujours suivant dn, une infinité de pareils groupes d'éléments dP, couvrant ensemble un espace de dimensions très petites symétrique par rapport au point (x, y), auront, par suite, une somme insensible, comparable à $\int_0^\pi d\omega \int_0^q dq = \pi q$, où q est très petit.

Il est clair, d'après cela, que, lorsque z tend vers zéro, l'attraction exercée dans le sens de dn par la couche $\int dP$ ne cesse pas d'être finie, continue et parfaitement déterminée, pourvu qu'on fasse abstraction des éléments dP compris dans l'intérieur d'une figure infiniment petite en tous sens, symétrique par rapport au pied (x,y) de l'ordonnée z, mais ayant, sauf cette condition, telle forme qu'on voudra. Et, par raison de continuité, cette attraction valuée ainsi exprime encore la dérivée correspondante du potentiel.

Donc, *la dérivée du potentiel* $\int \dfrac{dP}{r}$, *le long d'une petite ligne quelconque tracée sur la surface à partir d'un point (x,y), égale la composante totale, suivant la même ligne, de l'attraction newtonienne qui y serait exercée, sur l'unité de masse, par la matière de la couche fictive $\int dP$, si on calculait cette attraction en négligeant les éléments de la couche très voisins du point (x,y) et intérieurs à une petite figure, circulaire ou non, décrite autour de ce point comme centre de symétrie. Il n'y a d'exception que pour les endroits où la densité ρ de la couche fictive varie brusquement d'un point à un autre ou a, du moins, sa dérivée infinie : alors, le facteur* $\dfrac{\rho_1 - \rho}{2q}$ *devenant infini, la dérivée du potentiel peut l'être elle-même.*

Observons encore, à ce propos, que *les éléments de couche situés à de très petites distances q du point (x, y), et dont on néglige l'attraction dans le calcul de la dérivée* $\dfrac{d}{dn} \displaystyle\int \dfrac{dP}{r}$, *peuvent n'être pas exactement symétriques deux à deux par rapport à ce point, pourvu qu'ils tendent à le devenir (ou que leur rapport tende vers l'unité) à la limite $q = 0$:* car une bande étroite en plus ou en moins, sur le contour de la zône négligée, est insignifiante ; vu que la partie de cette bande comprise, par exemple, dans l'espace angulaire $d\omega$ a son aire négligeable devant $q^2 d\omega$ et n'exerce par suite, à la distance q, qu'une attraction infiniment petite en comparaison de $\dfrac{q^2 d\omega}{q^3}$ ou $d\omega$.

Tout cela posé, si la densité ρ reste finie sur le contour (supposé convexe) de la région d'application, la dérivée $\dfrac{d}{dn} \displaystyle\int \dfrac{dP}{r}$, pour un point intérieur voisin (x, y) et le long de la normale dn tirée au contour, pourra s'évaluer en menant par ce point, perpendiculairement à dn, une sécante, qui détachera un petit segment de la couche $\int dP$, et en négligeant dans le calcul de l'attraction de la couche ce segment, presque circulaire, ainsi qu'une autre petite portion, sa symétrique par rapport à la sécante ou, sensiblement, par rapport au point (x, y). Or, dans ces conditions, la couche donnera évidemment une composante d'attraction (ou une dérivée) négative quand on marchera vers l'extérieur, vu qu'elle sera formée d'attractions élémentaires dirigées toutes vers l'intérieur ; et c'est ce qu'on voulait démontrer.

Remarquons même que cette composante, si on n'y compte d'abord que les parties de la couche un peu éloignées, est continue à l'approche du bord ; en sorte que *la dérivée du potentiel total $\displaystyle\int \dfrac{dP}{r}$, c'est-à-dire $\dfrac{d}{dn} \displaystyle\int \dfrac{dP}{r}$, restera elle-même continue sur le bord, à la traversée du contour de la région d'application, toutes les fois que les parties adjacentes de la couche fictive $\int dP$ n'y donneront qu'une attraction insignifiante. C'est ce qui arrive quand la fonction ρ s'annule sur le bord et qu'elle est, dans le voisinage, à l'intérieur de la région d'application, proportionnelle à une puissance*

de la distance au bord dont l'exposant, n, soit positif. Alors,
en effet, pour un point de ce bord, la différence $p_1 - p$, qui
entre dans l'expression (111 *bis*), a l'un de ses termes, p_1 ou
$- p$, relatif à un point extérieur et, par conséquent, nul,
tandis que l'autre est de l'ordre de q^n : l'expression (111 *bis*)
se trouve donc comparable, pour $z = 0$, à $q^{n-1} dq\, d\omega$, quantité dont l'intégrale par rapport à q, entre les limites très
voisines zéro et q, est elle-même de l'ordre de $q^n d\omega$, c'est-
à-dire négligeable en comparaison de $d\omega$, comme dans le
cas où le rapport $\dfrac{p_1 - p}{q}$ égalait une dérivée finie. Et l'on
en déduira de même que les attractions dues aux parties
de la couche voisines du point considéré ne donnent, suivant une direction quelconque prise dans le plan des xy,
qu'une composante totale insensible.

En réalité, p doit toujours s'annuler ainsi, sur le bord de
la région d'application. Car, d'une part, il est peu naturel
que cette pression passe brusquement d'une valeur finie
à une autre toute différente, comme il arriverait si elle
ne décroissait pas jusqu'à zéro, à l'approche du contour
limite en dehors duquel elle est nulle. D'autre part, une
expression de p qui ne s'annulerait pas sur ce contour-
limite y rendrait discontinue et même infinie, comme on
voit d'après (111 *bis*), la dérivée de z par rapport à n, et
obligerait la surface primitivement plane du corps à présenter, le long du même contour, une arête, une ligne
anguleuse, circonstance encore moins admissible. Enfin,
la supposition d'une variation brusque de p, en quelque
endroit que ce soit du plan des xy, serait contraire à l'hypothèse fondamentale, que nous avons faite ici, de pressions extérieures purement normales à la surface du corps,
ou, du moins, elle rendrait nos équations inapplicables en
un tel endroit. C'est ce que nous allons démontrer.

Les formules (41 *ter*) [p. 76], d'où nous avons déduit
$p_x = 0$ et $p_y = 0$, à la limite $z = 0$, pour les points où la fonction
p a ses dérivées finies, prennent la forme indéterminée $0 \times \infty$
dans le cas contraire. Il nous faut donc recourir aux for-

mules plus générales (41) [même p. 76], qui, vu les relations $r = \sqrt{(x_1 - x)^2 + (y_1 - y)^2 + z^2}$ et $dm = d\mathrm{P}$, donnent, par exemple,

$$p_y = - \frac{3}{2\pi} \int \frac{z^2 (y_1 - y)\, d\mathrm{P}}{\left[(x_1 - x)^2 + (y_1 - y)^2 + z^2 \right]^{\frac{5}{2}}}.$$

En traitant cette expression de p_y comme on a fait au numéro 14 (p. 66) pour les expressions (28) de $\int \frac{z\,dm}{r^3}$ et de $\int \frac{z^3\,dm}{r^5}$, il vient

$$p_y = - \frac{3}{2\pi} \int_0^{2\pi} \sin \omega \, d\omega \int_0^\infty \frac{\rho\,(x + zq \cos \omega,\ y + zq \sin \omega)\, q^2\, dq}{(1 + q^2)^{\frac{5}{2}}}.$$

Or, à la limite $z = 0$, le facteur $\rho\,(x + z\,q \cos\omega,\ y + z\,q \sin\omega)$ reçoit, dans l'intégration à effectuer par rapport à q, la valeur constante, $\rho\,(x + z \cos\omega,\ y + z \sin\omega)$, que prend la fonction ρ en un point situé, sur la surface, à une distance infiniment petite z du point considéré (x, y) et suivant la direction dont l'angle avec les x positifs est ω. Si donc on observe que

$$\int_0^\infty (1 + q^2)^{-\frac{5}{2}}\, q^2\, dq = \frac{1}{3} \left[\left(1 + \frac{1}{q^2} \right)^{-\frac{3}{2}} \right]_0^\infty = \frac{1}{3},$$

la valeur de p_y devient

$$(112) \quad (\text{pour } z = 0) \quad p_y = - \frac{1}{2\pi} \int_0^{2\pi} \rho\,(x + z \cos \omega,\ y + z \sin \omega) \sin \omega \, d\omega :$$

et elle n'est généralement plus nulle, quand la fonction ρ éprouve des variations sensibles le long de la circonférence infiniment petite de rayon z décrite autour du point (x, y) comme centre.

Si, par exemple, ce point (x, y) est sur la ligne de séparation de deux régions, dans chacune desquelles ρ prenne des valeurs continues, appelées $\rho\,(x_1, y_1)$ pour l'une, $\rho_1\,(x_1, y_1)$ pour l'autre, et si l'on a choisi la direction de l'axe des y

suivant celle de la normale à cette ligne en (x, y), menée dans la région où se produisent les valeurs ρ, celles-ci figureront évidemment, dans (112), depuis $\omega = 0$ jusqu'à $\omega = \pi$, tandis que ce seront les valeurs ρ_1 qui figureront pour la seconde moitié de la circonférence, savoir, de $\omega = \pi$ à $\omega = 2\pi$, où $\sin\omega$ retrouve les mêmes valeurs que dans la première moitié, mais avec signe contraire. Il viendra donc, en observant que $\int_0^\pi \sin\omega\, d\omega = 2$,

$$(112\ bis)\qquad (\text{pour } c = 0)\qquad p_y = \frac{\rho_1(x, y) - \rho(x, y)}{\pi},$$

valeur finie toutes les fois que $\rho_1(x, y)$ diffère de $\rho(x, y)$. D'ailleurs, dans le même cas, l'expression de p_x serait analogue à celle (112) de p_y, mais avec le facteur $\cos\omega\, d\omega$ à la place du facteur $\sin\omega\, d\omega$, et, comme on a $\int_0^\pi \cos\omega\, d\omega = 0$, elle s'annulerait. Ainsi, *toute discontinuité dans le mode de variation, d'un point à l'autre, de la pression normale $p_z = \rho(x, y)$ que supporte la surface, entraîne inévitablement, le long de la ligne où elle se produit, l'existence de perturbations spéciales non exprimées par les formules précédentes, et qu'on ne fait disparaître qu'en appliquant à cette ligne du corps certaines actions tangentielles, suivant la direction perpendiculaire qui va de la région des plus grandes pressions vers celle des plus petites.*

Pour éviter de telles actions tangentielles, que l'énoncé de la question ne suppose pas quelque petites qu'elles soient en somme, et, aussi, les brusques changements de direction du plan tangent dans la surface déformée, nous admettrons donc que *la surface prend partout, même sur le bord de sa partie directement comprimée, une courbure finie, et que la pression exercée par unité d'aire, après avoir varié d'après des lois quelconques dans l'intérieur de cette partie, décroit plus ou moins rapidement jusqu'à zéro, près de son contour.*

L'effet d'un tel décroissement, supposé purement local, sur les abaissements w produits ailleurs que très près du bord, est d'ailleurs totalement insignifiant ; vu qu'il n'introduit ou ne supprime qu'une pression totale insensible, ne fournissant qu'un potentiel $\int \frac{dP}{r}$ négligeable aux distances finies. En d'autres termes, *ce décroissement supprime les discontinuités qui, sans son existence, se produiraient sur le bord ; mais il n'a aucune influence générale, ou n'oblige à modifier aucune conclusion concernant les déplacements produits à des distances sensibles du contour de la région d'application.*

Je terminerai ces réflexions générales par une remarque concernant en particulier le cas de pressions, positives, pareillement distribuées tout autour d'un point central. Elle consiste en ce que la forme de révolution prise alors par la surface a son méridien convexe vers l'extérieur du corps, en tous les points situés hors du cercle πR_1^2 d'application des pressions données. Autrement dit, pour $r > R_1$, la dérivée, alors négative, $\frac{dw}{dr}$ s'approche sans cesse de zéro à mesure que r grandit. En effet, dans ce cas, l'expression de w se compose, comme on a vu, d'éléments tous positifs, proportionnels à des séries de la forme (98) [p. 117]. Or la dérivée en r de ces séries a bien tous ses termes négatifs et d'autant plus voisins de zéro que r est plus grand.

31. — Mode de distribution parabolique de la pression, avec décroissance du centre au bord.

Revenons maintenant à l'étude des modes les plus simples de répartition d'une charge donnée, et passons au cas d'une *distribution parabolique des pressions décroissante jusqu'à zéro du centre au bord,* ou supposons p proportionnel à $R_1^2 - R^2$. On reconnaît aisément que, pour une force totale $2\pi \int_0^{R_1} p R\, d R$ égale à l'unité, on doit poser alors

$$(113) \qquad \rho = \frac{2}{\pi \, R_1^4} \left(R_1^2 - R^2 \right),$$

ou prendre, dans les formules (99) et (100) [p. 117],

$$\left\{ \begin{aligned} &\text{soit} \quad \rho = \frac{2}{\pi \, R_1^4 \sin^2 \omega} \left[R_1^2 \sin^2 \omega - \iota^2 + \left(\sqrt{\iota^2 - R^2 \sin^2 \omega} \right)^2 \right], \\ &\text{soit} \quad \rho = \frac{2}{\pi \, R_1^4} \left[R_1^2 - \iota^2 \sin^2 \omega - \left(\sqrt{R^2 - \iota^2 \sin^2 \omega} \right)^2 \right]. \end{aligned} \right.$$

Si l'on tient compte de la relation (108) et si l'on observe en outre que

$$(113 \; bis) \left\{ \begin{aligned} &\int_0^{\frac{\pi}{2}} \left[\frac{(1-\cos^3 \omega) - 3(1-\cos \omega)}{\sin^4 \omega} + (3 \sin^2 \omega + \cos^2 \omega) \cos \omega \right] d\omega \\ &= \left(-\frac{3}{2} \tan g \frac{\omega}{2} - \frac{1}{6} \tan g^3 \frac{\omega}{2} + \frac{2}{3} \sin^3 \omega + \sin \omega \right)_0^{\frac{\pi}{2}} = 0. \end{aligned} \right.$$

les formules (100) et (99) deviendront :

$$(114) \left\{ \begin{aligned} &\text{(pour } \iota < R_1) \\ &\varpi = \frac{4(\lambda + 2\mu)}{3\pi^2 \mu (\lambda + \mu)} \frac{1}{R_1} \int_0^{\frac{\pi}{2}} \left(1 - \frac{\iota^2 \sin^2 \omega}{R_1^2} \right)^{\frac{3}{2}} d\omega, \\ &\text{(pour } \iota > R_1) \\ &\varpi = \frac{4(\lambda + 2\mu)}{3\pi^2 \mu (\lambda + \mu)} \frac{1}{\iota} \int_0^{\frac{\pi}{2}} \left[\frac{3}{2} \frac{R_1^2 \sin^2 \omega}{\iota^2} - 1 + \left(1 - \frac{R_1^2 \sin^2 \omega}{\iota^2} \right)^{\frac{3}{2}} \right] \frac{\iota^4 \, d\omega}{R_1^4 \sin^4 \omega} \end{aligned} \right.$$

Au centre et au bord du cercle dans lequel s'exercent les pressions, la première de ces formules se réduit à

$$(115) \left\{ \begin{aligned} &\text{(pour } \iota = 0) \quad \varpi = \frac{\lambda + 2\mu}{\pi^2 \mu (\lambda + \mu)} \frac{2\pi}{3 R_1}, \\ &\text{(pour } \iota = R_1) \quad \varpi = \frac{\lambda + 2\mu}{\pi^2 \mu (\lambda + \mu)} \frac{8}{9 R_1}. \end{aligned} \right.$$

Donc, *quand les pressions varient paraboliquement du centre au bord, de manière à s'annuler sur le contour de la région d'application, la forme prise par cette région devient encore plus concave que dans le cas d'une distribution uniforme,* ainsi qu'on pouvait le prévoir. *La flèche de la concavité est, à celle qui se serait produite pour une distribution uniforme,*

dans le rapport $\dfrac{\frac{2}{3}\pi - \frac{8}{9}}{\frac{\pi}{2} - 1} = 2, 112$, comme on le voit en com-

parant les formules (110) et (115). *La profondeur w du creux égale, au centre, les $\frac{4}{5}$ de ce qu'elle était lors d'une distribution uniforme ; elle se trouve, au contraire, sur le bord, un peu moindre que dans ce cas, savoir les $\frac{8}{9}$*. Aussi, d'après les formules (106) et (106 *bis*) comparées, *l'abaissement moyen de la région comprimée* ne dépasse-t-il que *d'un quinzième sa valeur relative au cas d'une répartition uniforme.*

Du bord au centre, w grandit respectivement, pour la distribution uniforme et pour la distribution parabolique, dans les rapports de 4 à 2π et de 4 à 3π.

Les développements en série des formules (114) se calculent de la même manière que ceux des formules (109). Les voici :

(pour $\iota < R_1$)

$$w = \frac{2(\lambda + 2\mu)}{\pi\mu(\lambda+\mu)}\frac{1}{R_1}\left[\frac{1}{3} - \frac{1}{4}\frac{\iota^2}{R_1^2} + \frac{1}{1.3}\left(\frac{1}{2}\frac{3}{4}\right)^2\frac{\iota^4}{R_1^4} + \frac{1}{3.5}\left(\frac{1}{2}\frac{3}{4}\frac{5}{6}\right)^2\frac{\iota^6}{R_1^6} + \cdots \right.$$

$$\left. + \frac{1}{(2n-3)(2n-1)}\left(\frac{1}{2}\frac{3}{4}\cdots\frac{2n-1}{2n}\right)^2\frac{\iota^{2n}}{R_1^{2n}} + \cdots \right],$$

(116)

(pour $\iota > R_1$)

$$w = \frac{\lambda + 2\mu}{2\pi\mu(\lambda+\mu)}\frac{1}{\iota}\left[\frac{1}{1.2} + \frac{1}{2.3}\left(\frac{1}{2}\right)^2\frac{R_1^2}{\iota^2} + \frac{1}{3.4}\left(\frac{1}{2}\frac{3}{4}\right)^2\frac{R_1^4}{\iota^4} + \cdots \right.$$

$$\left. + \frac{1}{(n+1)(n+2)}\left(\frac{1}{2}\frac{3}{4}\cdots\frac{2n-1}{2n}\right)\frac{R_1^{2n}}{\iota^{2n}} + \cdots \right].$$

La première (114) et la deuxième (116) montrent que w décroît sans cesse quand ι grandit.

35. — *Mode de distribution parabolique avec augmentation du centre au bord, et autres modes composés.*

En ajoutant les expressions (107) et (113) de ρ, ainsi que les valeurs (109) et (114), (110) et (115) de w, après les avoir respectivement multipliées par deux constantes $1-k, k$ dont la somme vaille l'unité, on obtient de nouveaux modes de distribution, composés des précédents, et dans lesquels, la charge totale étant toujours 1, sa fraction $1-k$ est distribuée uniformément, tandis que le reste, k, l'est paraboliquement avec décroissance du centre au bord. Les formules (107) et (113), (110) et (115) donnent notamment, pour ces modes composés :

$$(117) \qquad \rho = \frac{1+k}{\pi R_1{}^2} - \frac{2\,k\,R^2}{\pi R_1{}^4},$$

$$(118) \begin{cases} \text{(pour } r = 0) & w = \dfrac{\lambda + 2\mu}{\pi^2 \mu\,(\lambda + \mu)}\,\dfrac{3+k}{6}\,\dfrac{\pi}{R_1}, \\[2ex] \text{(pour } r = R_1) & w = \dfrac{\lambda + 2\mu}{\pi^2 \mu\,(\lambda + \mu)}\,\dfrac{9-k}{9}\,\dfrac{1}{R_1}. \end{cases}$$

Les plus intéressants de ces modes sont celui pour lequel la pression croît paraboliquement du centre au bord, en s'annulant au centre, et celui où l'on détermine k de manière que l'enfoncement soit le même au centre qu'au bord.

Pour obtenir le premier, il faut annuler le terme constant du second membre de (117) ou poser $k=-1$. Il vient alors :

$$(119) \qquad \rho = \frac{2\,R^2}{\pi R_1{}^4};$$

$$(120) \begin{cases} (\text{pour } \iota = 0) \qquad w = \dfrac{\lambda + 2\mu}{\pi^2 \mu (\lambda + \mu)} \dfrac{\pi}{3 R_1}, \\[2ex] (\text{pour } \iota = R_1) \qquad w = \dfrac{\lambda + 2\mu}{\pi^2 \mu (\lambda + \mu)} \dfrac{10}{9 R_1}. \end{cases}$$

Les expressions de w, sous forme de série par exemple, se calculeront, de même, en ajoutant respectivement les formules (111) et (116), multipliées, les premières, par $1 - k = 2$, les secondes par $k = -1$. Il vient :

$$(121) \begin{cases} (\text{pour } \iota < R_1) \\[2ex] w = \dfrac{\lambda + 2\mu}{\pi \mu (\lambda + \mu)} \dfrac{1}{R_1} \left[\dfrac{1}{3} + \dfrac{1}{4} \dfrac{\iota^2}{R_1^2} - \dfrac{1}{1} \left(\dfrac{1}{2} \dfrac{3}{4} \right)^2 \dfrac{\iota^4}{R_1^4} - \dfrac{1}{3} \left(\dfrac{1}{2} \dfrac{3}{4} \dfrac{5}{6} \right)^2 \dfrac{\iota^6}{R_1^6} - \cdots \right. \\[3ex] \qquad\qquad \left. - \dfrac{1}{2n - 3} \left(\dfrac{1}{2} \dfrac{3}{4} \cdots \dfrac{2n - 1}{2n} \right)^2 \dfrac{\iota^{2n}}{R_1^{2n}} - \cdots \right], \\[3ex] (\text{pour } \iota > R_1) \\[2ex] w = \dfrac{\lambda + 2\mu}{2 \pi \mu (\lambda + \mu)} \dfrac{1}{\iota} \left[\dfrac{1}{2} + \dfrac{1}{3} \left(\dfrac{1}{2} \right)^2 \dfrac{R_1^2}{\iota^2} + \dfrac{1}{4} \left(\dfrac{1}{2} \dfrac{3}{4} \right)^2 \dfrac{R_1^4}{\iota^4} + \cdots \right. \\[3ex] \qquad\qquad \left. + \dfrac{1}{n + 2} \left(\dfrac{1}{2} \dfrac{3}{4} \cdots \dfrac{2n - 1}{2n} \right)^2 \dfrac{R_1^{2n}}{\iota^{2n}} + \cdots \right]. \end{cases}$$

Examinons en particulier les formules (120). Comme $\frac{\pi}{3} = 1{,}0472$ et que $\frac{10}{9} = 1{,}1111$, la profondeur de la dépression est, au centre, un peu plus faible qu'au bord de la région d'application ; donc l'influence du plus grand nombre des pressions $d\mathrm{P}$, qui agissent de près sur le centre pour l'abaisser, ne compense pas l'effet de leurs faibles valeurs. La différence entre ces deux profondeurs n'égale que la

fraction $\dfrac{\frac{10}{9} - \frac{\pi}{3}}{\frac{\pi}{3} - 1} = 0{,}1119$, ou $\frac{1}{9}$ environ, de ce qu'elle serait

pour un mode de distribution uniforme. La surface comprimée s'écarte donc beaucoup moins de la forme plane, lors d'une répartition parabolique croissante du centre au bord, que lors d'une répartition égale.

Il faut observer toutefois que, d'après la loi générale démontrée au commencement du numéro 33 (p. 142), w est plus grand un peu à l'intérieur de la région d'application que sur son contour : en sorte que la surface comprimée ressemble à une rigole entourant une légère proéminence, non à une simple convexité de peu de hauteur pour laquelle w croîtrait, du centre au bord, dans le rapport de $\frac{\pi}{3}$ à $\frac{10}{9}$; et elle est même plus creuse sur le pourtour que bombée au milieu. Effectivement, d'après la formule (106 *quater*), qui termine le numéro 29 [p. 126], la valeur moyenne de w est, aux valeurs de w sur le contour et au centre, dans les rapports de 1,2444 à 1,1111 et à 1,0472. L'excès de cette moyenne sur l'abaissement du centre vaut la fraction $\dfrac{1,2444 - 1,0472}{1,2444}$, ou environ $\dfrac{1}{6}$, de l'abaissement moyen lui-même ; ce qui prouve bien qu'on est, encore, assez loin de la forme plane.

On s'éloigne un peu moins de cette forme plane dans le second des modes que nous voulons considérer ici, celui où l'on détermine h de manière à égaler les deux valeurs (118) de w. Alors il vient

$$h = -\frac{9(\pi - 2)}{3\pi + 2} = -1 + \frac{2(10 - 3\pi)}{3\pi + 2} = -0,8993,$$

et, par suite :

$$(122) \quad \left\{ \begin{aligned} p &= \frac{1}{\pi R_1{}^2} \left[\frac{2(10 - 3\pi)}{3\pi + 2} + \frac{18(\pi - 2)}{3\pi + 2} \frac{R^2}{R_1{}^2} \right] \\[2mm] &= \text{environ } \frac{1}{\pi R_1{}^2} \left(\frac{1}{10} + \frac{9}{5} \frac{R^2}{R_1{}^2} \right), \end{aligned} \right.$$

$$(123) \quad \left\{ \begin{aligned} &\text{(pour } r = 0 \text{ et } r = R_1) \\[1mm] w &= \frac{\lambda + 2\mu}{\pi^2 \mu (\lambda + \mu)} \frac{4\pi}{3\pi + 2} \frac{1}{R_1} = \text{environ } \frac{\lambda + 2\mu}{\pi^2 \mu (\lambda + \mu)} \frac{1,1}{R_1}. \end{aligned} \right.$$

Dans ce mode de répartition, le dixième environ de la pression totale est distribué uniformément, et les neuf autres dixièmes paraboliquement avec accroissement du centre au bord. La profondeur w, sur l'axe et sur le contour de la région d'application, se trouve supérieure d'un dixième à ce qu'elle serait sur le bord si toute la pression était distribuée uniformément; mais elle dépasse à peine les 21 trentièmes de ce qu'elle serait au centre dans ce dernier cas.

La valeur moyenne de w, calculée par la formule (106 *ter*) [p. 125], égale $\dfrac{\lambda + 2\mu}{\pi^2 \mu (\lambda + \mu)} \dfrac{1,2534}{R_1}$; son excès sur l'abaissement w au centre vaut donc la fraction $\dfrac{1,253 - 1,1}{1,253}$, ou presque $\dfrac{1}{8}$, de l'abaissement moyen lui-même; ce qui prouve que la courbure de la surface est encore très sensible.

36. — *Mode de répartition pour lequel la surface comprimée reste plane et horizontale.*

Il est intéressant de chercher quel mode de répartition des pressions extérieures $d\mathrm{P}$ laisserait à la surface comprimée sa forme plane et horizontale, c'est-à-dire donnerait à l'enfoncement w la même valeur, non seulement au centre et au bord du cercle d'application πR_1^2 de ces pressions, mais aussi dans toute son étendue. Alors la dérivée de w en ι serait nulle de $\iota = 0$ à $\iota = R_1$: ce qui, d'après un théorème démontré au numéro 33 (p. 144), reviendrait à dire que la couche matérielle fictive $fd\mathrm{P}$, recouvrant le cercle πR_1^2, n'exercerait aucune attraction sur un point (x, y) intérieur au cercle, abstraction faite du moins des éléments matériels $d\mathrm{P}$ les plus voisins du point (x, y) et situés symétriquement, ou à fort peu près, de part et d'autre de celui-ci.

Pour découvrir un tel mode de répartition, imaginons que la matière fictive $fd\mathrm{P}$ soit distribuée, en couche homogène d'une épaisseur constante très petite, sur toute la surface $S = 4\pi R_1^2$ d'une sphère de rayon R_1, ayant même centre que le cercle πR_1^2 ; chaque élément dS en recevra la part $\dfrac{dS}{4\pi R_1^2}$. On sait que, si, par le point (x,y) comme sommet, on mène des plans découpant l'espace en angles polyédres infiniment petits et, par suite, la couche sphérique en éléments correspondants, opposés deux à deux, dont dS, dS' désigneront les bases, ceux-ci auront même épaisseur dans le sens de la corde, issue du point (x, y), qui les joindra ; car les deux parties d'une droite qu'interceptent deux sphères concentriques sont égales. Ces deux éléments, à bases dS ou dS', se trouveront donc proportionnels à leurs sections par des plans normaux à la corde, c'est-à-dire proportionnels aux carrés des deux segments, $\Re$, $\Re'$, de cette corde, comptés à partir du point (x, y). Par suite, les attractions qu'exerceront au point (x, y) les éléments considérés $\dfrac{dS}{4\pi R_1^2}$, $\dfrac{dS'}{4\pi R_1^2}$ se neutraliseront exactement, comme tout le monde sait. Cela posé, appelons z, z' les ordonnées des bases dS et dS', r et r' les droites qui joindront les pieds de ces ordonnées au point (x, y). Les côtés $\Re$, r et z, $\Re'$, r' et z' formant deux triangles semblables, les deux attractions considérées varieront dans un même rapport, et ne cesseront pas de se détruire exactement, si l'on conçoit que les parties de couche $\dfrac{dS}{4\pi R_1^2}$, $\dfrac{dS'}{4\pi R_1^2}$ soient transportées, le long des droites z, z', sur le cercle même πR_1^2, où viennent couvrir, au lieu des éléments dS, dS' de la surface sphérique, leurs projections, $d\sigma = \dfrac{z}{R_1}\, dS$, $d\sigma' = \dfrac{z'}{R_1}\, dS'$, sur le plan de la véritable région d'application des pressions, en échangeant ainsi les distances $\Re$, $\Re'$ qui les séparaient du point (x, y) contre les distances proportionnelles r, r'.

D'ailleurs, si l'on considère, en particulier, les éléments de la couche qui se projetteront sur le plan des xy dans le voisinage du point considéré (x,y), deux d'entr'eux correspondants, ou ayant des bases comme dS, dS', se trouveront aux extrémités d'une corde sensiblement perpendiculaire au plan des xy, plan de symétrie de la sphère ; et les deux projections, $d\sigma$, $d\sigma'$, de leurs bases seront symétriques par rapport à ce point (x,y), à des infiniment petits négligeables près.

Donc, lorsque chaque partie, $\dfrac{dS}{4\pi R_1{}^2}$, de la couche d'abord étalée sur la sphère sera venue occuper l'élément $d\sigma$ du plan des xy sur lequel se projetait sa base, l'attraction totale de la couche sur le point intérieur quelconque (x,y) se trouvera nulle, abstraction faite des éléments $d\sigma$ très voisins du point (x,y) et compris dans un petit contour sensiblement symétrique de part et d'autre de ce point. Par suite, le potentiel $\displaystyle\int \frac{dP}{r}$ et l'abaissement w auront les mêmes valeurs sur toute l'étendue du cercle πR_1^2. Et le résultat serait évidemment le même, si l'on avait d'abord étalé toute la matière fictive $\int dP$ sur une seule demi-sphère, ayant pour base le cercle πR_1^2 ; car la projection, sur ce cercle, de la couche relative à l'autre demi-sphère, ne fait que doubler ce qui provient de la première.

Ainsi, *le mode de répartition pour lequel la surface comprimée reste plane et horizontale s'obtient en concevant la pression totale distribuée uniformément, comme une charge matérielle, sur toute la surface convexe d'une demi-sphère décrite au dessus du cercle d'application comme base, puis en imaginant que la charge de chaque élément de la demi-sphère soit transportée en réalité à la projection de cet élément sur le cercle même de base.*

La part de la pression totale que supporte un élément $d\sigma$ de la région d'application vaut donc, avec les notations ci-dessus,

$$\frac{dS}{2\pi R_1{}^2} = \frac{d\sigma}{2\pi R_1{}^2}\,\frac{R_1}{z} = \frac{d\sigma}{2\pi R_1\sqrt{R_1{}^2 - R^2}}.$$

Et la pression p par unité d'aire est

$$(124) \qquad p = \frac{1}{2\pi R_1 \sqrt{R_1{}^2 - R^2}}.$$

Elle décroît du bord au centre, où elle est juste deux fois moindre que dans le cas d'une répartition uniforme.

Par suite de la relation (124), l'enfoncement w, le même sur toute la surface comprimée depuis le centre jusqu'au contour, se trouve être précisément celui que nous avons calculé à la fin du n° 28 (formule 103 *ter*, p. 120),

$$(125) \quad (\text{pour } r < R_1) \qquad w = \frac{\lambda + 2\mu}{8\mu(\lambda+\mu)}\frac{1}{R_1} = \frac{\lambda + 2\mu}{\pi^2\mu(\lambda+\mu)}\frac{\pi^2}{8R_1}.$$

Comme $\dfrac{\pi^2}{8} = 1{,}2337$ et que $\dfrac{4}{3} = 1{,}3333$, *l'enfoncement w commun à toute la région comprimée est légèrement inférieur, du douzième environ de sa valeur, à la moyenne (106) [p. 125] des abaissements qu'on aurait observés dans toute cette région pour une distribution uniforme de la charge.*

Ce même enfoncement, exprimé par (125), dépasse sensiblement celui qui se produit au centre et au bord dans le mode de répartition auquel répondent les formules (122) et (123), puisque son rapport à ce dernier égale celui des deux coefficients numériques $1{,}2337$ et $1{,}1$. Mais il est à peine plus faible, du $\dfrac{1}{63}$ environ de sa valeur, que l'enfoncement moyen éprouvé par la surface comprimée dans le même mode complexe de répartition de la charge. En effet, d'après la formule (106 *ter*) [p. 125], cet abaissement moyen est à l'abaissement commun (125) comme $1{,}2534$ est à $1{,}2337$.

37. — Extension de ce mode à une région comprimée elliptique.

La même méthode de recherche s'applique au cas où la surface comprimée est une ellipse et non un cercle. Imaginons que l'on construise, sur cette ellipse comme section diamétrale, un ellipsoïde quelconque, et que la matière fictive $\int d\mathrm{P}$ soit étalée à la surface de celui-ci, en couche homogène mais d'une épaisseur variable, de manière à remplir l'espace compris entre cet ellipsoïde et un autre infiniment voisin, concentrique, semblable et semblablement placé. Comme les deux parties d'une même droite qu'interceptent entr'eux deux ellipsoïdes pareils sont égales, une surface conique infiniment petite, ayant pour sommet un point (x, y) intérieur à l'ellipse donnée, détachera de la couche deux éléments, dont j'appellerai $d\mathrm{S}$, $d\mathrm{S}'$ les bases, et dont l'épaisseur sera la même dans le sens d'une génératrice du cône; leurs volumes seront, par suite, comme pour une couche sphérique, directement proportionnels aux carrés de leurs distances $\Re$, $\Re'$ au point (x, y). Donc, les attractions exercées en (x, y) par ces deux éléments se neutraliseront; et elles ne cesseront pas de se neutraliser, si on transporte les deux éléments sur le plan des xy, le long des deux ordonnées z et z' de $d\mathrm{S}$ et $d\mathrm{S}'$ conjuguées à ce plan diamétral des xy, en faisant ainsi varier proportionnellement leurs distances au point (x, y). D'ailleurs, deux éléments de couche, à bases $d\mathrm{S}$, $d\mathrm{S}'$, qui, dans ce mouvement, viendraient se placer très près de (x, y), sont situés aux deux extrémités d'une corde presque conjuguée au plan de l'ellipse donnée; en sorte que les deux parties $\Re$, $\Re'$ d'une telle corde sont presque égales, et les projections obliques, dz, dz', de $d\mathrm{S}$, $d\mathrm{S}'$ sensiblement symétriques de part et d'autre du point (x, y). Ainsi, l'attraction totale à considérer, exercée en tout point intérieur à l'ellipse d'application, restera nulle, si l'on transporte la partie de couche recouvrant l'élément quelconque dS de l'ellipsoïde sur la projection dz de cet élément dS, projection obtenue en menant de chaque point de dS des cordes conjuguées au plan diamétral des xy. Par suite, dans toute l'étendue de l'ellipse, le potentiel $\int \frac{dP}{r}$ sera invariable, et w y aura la même valeur.

On pourrait supposer encore toute la matière fictive $\int dP$ placée sur une seule moitié de l'ellipsoïde, sur celle qui est, par exemple, au-dessus du plan des xy. Car les deux éléments correspondants que détachera de la couche totale, sur les deux moitiés respectives de l'ellipsoïde, un cylindre infiniment petit ayant ses génératrices conjuguées au plan des xy, ont évidemment même section normale, et épaisseur égale dans le sens des génératrices : le transport oblique, sur le plan des xy, de la couche recouvrant le demi-ellipsoïde inférieur, ne fait donc que doubler l'effet de la couche provenant du premier demi-ellipsoïde.

En résumé, *pour avoir un mode de répartition dans lequel la région elliptique d'application des pressions extérieures reste plane et parallèle à sa situation naturelle, il suffit de construire un demi-ellipsoïde, sur cette ellipse comme section diamétrale, de distribuer, sur la surface convexe de ce demi-ellipsoïde, la pression totale donnée, assimilée à une charge matérielle, proportionnellement, en chaque point, à la distance de cet ellipsoïde à un ellipsoïde infiniment voisin, concentrique, semblable et semblablement placé, puis de transporter, sur l'ellipse d'application, chaque élément de la charge ainsi répartie, en lui faisant suivre pour trajectoire une droite, conjuguée, dans l'ellipsoïde, au plan même de l'ellipse.*

Prenons les deux demi-axes a, b de l'ellipse comme axes des x et des y, et le demi-diamètre conjugué, c, de l'ellipsoïde comme axe des z. Si l'on décompose l'ellipse en éléments superficiels dz égaux, des cylindres menés suivant leurs contours, avec des génératrices parallèles aux z, découperont la couche fictive, étalée sur le demi-ellipsoïde, en éléments ayant leurs sections droites évidemment égales. Ces éléments de couche, charges destinées aux parties correspondantes dz de la surface d'application, seront donc entr'eux comme leur épaisseur suivant le sens des z, c'est-à-dire comme la différence des ordonnées,

$$z = \sqrt{c^2 - \frac{c^2}{a^2}x^2 - \frac{c^2}{b^2}y^2} \quad \text{et} \quad z' = \sqrt{c'^2 - \frac{c'^2}{a'^2}x^2 - \frac{c'^2}{b'^2}y^2},$$

des deux ellipsoïdes qui limitent la couche. A cause de la similitude admise, on a $\frac{c'}{a'} = \frac{c}{a}$ et $\frac{c'}{b'} = \frac{c}{b}$. D'ailleurs, c' ne diffère de c que par un accroissement infiniment petit dc. Ainsi, l'excès $z' - z$ s'obtient en différentiant $\sqrt{c^2 - \frac{c^2}{a^2}x^2 - \frac{c^2}{b^2}y^2}$ sans faire varier, sous le radical, aucun autre terme que le premier c^2, et il est proportionnel à la dérivée du radical par rapport à la racine carrée de ce terme, dérivée qui égale

$$(126) \qquad \left(1 - \frac{x^2}{a^2} - \frac{y^2}{b^2}\right)^{-\frac{1}{2}}.$$

La charge ou pression supportée par l'unité d'aire de chaque élément dz se trouvera donc partout en raison directe de l'expression (126).

Les lignes d'égale pression, ou le long desquelles p reçoit la même valeur, *sont les ellipses ayant pour équation*

$$(127) \qquad \frac{x^2}{a^2} + \frac{y^2}{b^2} = \text{une constante } \gamma,$$

ellipses semblables et concentriques au contour. L'une d'elles a pour demi-axes $a\sqrt{\gamma}$, $b\sqrt{\gamma}$: l'aire qu'elle entoure vaut $\pi ab\gamma$;

et la bande comprise entre deux ellipses consécutives, caractérisées par les valeurs γ, $\gamma + d\gamma$ du paramètre, égale $\pi ab\, d\gamma$. La pression ρ par unité d'aire y étant proportionnelle, d'après (126), à $(1-\gamma)^{-\frac{1}{2}}$, la charge de la bande l'est elle-même à $\pi ab\,(1-\gamma)^{-\frac{1}{2}}\,d\gamma = -2\,\pi ab\,d\sqrt{1-\gamma}$, et la pression totale exercée sur l'ellipse l'est également à

$$\pi ab \int_0^1 (1-\gamma)^{-\frac{1}{2}}\,d\gamma = 2\,\pi ab.$$

Comme on convient de prendre une charge totale égale à 1, la pression ρ par unité d'aire vaudra évidemment le quotient de l'expression (126) par ce résultat $2\pi ab$, c'est-à-dire

$$(128) \qquad \rho = \frac{1}{2\,\pi a b}\left(1 - \frac{x^2}{a^2} - \frac{y^2}{b^2}\right)^{-\frac{1}{2}}.$$

La part de pression totale afférente à l'unité d'aire, en chaque point (x,y) de l'ellipse d'application, égale donc l'inverse du produit de 2π par la racine carrée du trinôme $a^2b^2 - a^2y^2 - b^2x^2$, où a et b désignent les deux demi-axes de l'ellipse.

38. — *Calcul des abaissements produits, dans le cas où la région comprimée est un cercle et reste horizontale.*

Nous expliquerons au § suivant (n° 47) une difficulté qui se présente sur le contour de la surface comprimée quand on admet qu'elle reste plane jusqu'au bord même, difficulté résoluble en remplaçant l'arête vive de la surface par une petite partie arrondie, conformément à la réalité : nous y obtiendrons aussi (n° 51) l'expression des abaissements w pour le cas d'une région d'application elliptique, et nous démontrerons (n° 53) une propriété remarquable qu'y présente le mode de répartition des pressions. Contentons-nous ici d'appliquer les formules (99) et (100) [p. 117] au calcul de w pour le cas où la surface comprimée est un cercle et où ρ est exprimé par la formule (124). Nous vérifierons ainsi, notamment, que l'enfoncement w a bien, dans toute l'étendue du cercle πR_1^2, la valeur constante (125).

Nous aurons à y utiliser les deux formules de calcul intégral

$$(129) \quad \begin{cases} \displaystyle\int_0^{\frac{\pi}{2}} \left[\frac{1}{\sin \omega} \log \frac{\sin \alpha + \sin \omega}{\sin (\alpha + \omega)} - \operatorname{arctg} (\cos \omega \,\operatorname{tg} \alpha) \right] d\omega = 0, \\[2em] \displaystyle\int_0^{\frac{\pi}{2}} \left(\log \frac{1 + \sin \alpha \sin \omega}{1 - \sin \alpha \sin \omega} \right) \frac{d\omega}{\sin \omega} = \pi \alpha, \end{cases}$$

où α désigne un angle quelconque, inférieur toutefois à $\frac{\pi}{2}$ en valeur absolue. Ces formules peuvent se démontrer en partant de celles-ci,

$$(130) \quad \begin{cases} \displaystyle\frac{1}{\sin \omega} \log \frac{\sin \alpha + \sin \omega}{\sin (\alpha + \omega)} = \int_0^{\alpha} \frac{d\alpha}{\cos \alpha + \cos \omega}, \\[2em] \displaystyle\int_0^{\omega} \frac{\cos \omega \, d\omega}{1 - \sin^2 \alpha \sin^2 \omega} = \frac{1}{2 \sin \alpha} \log \frac{1 + \sin \alpha \sin \omega}{1 - \sin \alpha \sin \omega}, \\[2em] \displaystyle\int_0^{\omega} \frac{2 \cos \alpha \, d\omega}{1 - \sin^2 \alpha \sin^2 \omega} = 2 \operatorname{arctg} (\cos \alpha \,\operatorname{tg} \omega), \end{cases}$$

dont les membres s'annulent, dans la première, pour $\alpha = 0$, dans les deux autres, pour $\omega = 0$, et qui se vérifient par la différentiation, en remplaçant à la fin, s'il s'agit de la première,

$$1 - \cos (\alpha + \omega), \quad \sin (\alpha + \omega), \quad \sin \alpha + \sin \omega$$

par leurs expressions connues en $\sin \frac{\alpha + \omega}{2}$, $\cos \frac{\alpha \pm \omega}{2}$, et puis $2 \cos \frac{\alpha + \omega}{2} \cos \frac{\alpha - \omega}{2}$ par $\cos \alpha + \cos \omega$. Multiplions ces trois relations (130), respectivement, par $d\omega$, $d\alpha$, $d\alpha$, et intégrons, dans toutes, de $\omega = 0$ à $\omega = \dfrac{\pi}{2}$ et de $\alpha = 0$ à $\alpha = \alpha$, en ayant d'ailleurs recours au procédé de l'intégration sous le signe $\int$ pour réduire les intégrales doubles. Si nous observons que la première et la troisième des formules (130), prises en y permutant α et ω, puis en choisissant, dans la première, $\dfrac{\pi}{2}$ comme limite supérieure de l'intégration, donnent les deux égalités

$$(131) \quad \begin{cases} \displaystyle\int_0^{\frac{\pi}{2}} \frac{d\omega}{\cos\omega + \cos\alpha} = \frac{1}{\sin\alpha} \log \frac{1+\sin\alpha}{\cos\alpha} = \frac{1}{2\sin\alpha} \log \frac{1+\sin\alpha}{1-\sin\alpha}, \\[2ex] \displaystyle\int_0^{\alpha} \frac{\cos\omega\, d\alpha}{1-\sin^2\alpha \sin^2\omega} = \operatorname{arctg}\left(\cos\omega\, \operatorname{tg}\alpha\right), \end{cases}$$

et que l'on a aussi, évidemment,

$$\int_0^{\alpha} \frac{2\cos\alpha\, d\alpha}{1-\sin^2\alpha \sin^2\omega} = \frac{1}{\sin\omega} \log \frac{1+\sin\alpha \sin\omega}{1-\sin\alpha \sin\omega},$$

le troisième des résultats obtenus ne sera autre que la seconde formule (129), tandis que les deux premiers s'écriront

$$(132) \quad \begin{cases} \displaystyle\int_0^{\frac{\pi}{2}} \frac{d\omega}{\sin\omega} \log \frac{\sin\alpha + \sin\omega}{\sin(\alpha+\omega)} = \int_0^{\alpha} \frac{d\alpha}{2\sin\alpha} \log \frac{1+\sin\alpha}{1-\sin\alpha}, \\[2ex] \displaystyle\int_0^{\frac{\pi}{2}} \operatorname{arctg}\left(\cos\omega\, \operatorname{tg}\alpha\right) d\omega = \int_0^{\alpha} \frac{d\alpha}{2\sin\alpha} \log \frac{1+\sin\alpha}{1-\sin\alpha}, \end{cases}$$

et donneront, par soustraction, la première relation cherchée (129).

Cela posé, considérons d'abord la formule (99), relative au cas $\iota > R_1$. Portons-y la valeur (124) de ρ, écrite ainsi

$$(133) \quad \frac{\sin\omega}{2\pi R_1} \left[\left(\sqrt{\iota^2 - R^2 \sin^2\omega} \right)^2 - \left(\iota^2 - R_1^2 \sin^2\omega\right) \right]^{-\frac{1}{2}},$$

et effectuons l'intégration par rapport à R au moyen de la
formule classique

$$(134) \qquad \int \frac{dx}{\sqrt{x^2 + a}} = \log \left(x + \sqrt{x^2 + a} \right) + \text{const.}$$

Cette intégration donnera

$$\frac{\sin \omega}{2 \pi R_1} \log \frac{\iota + R_1 \sin \omega}{\sqrt{\iota^2 - R_1^2 \sin^2 \omega}} = \frac{\sin \omega}{4 \pi R_1} \log \frac{\iota + R_1 \sin \omega}{\iota - R_1 \sin \omega}.$$

Alors, si l'on pose, pour abréger, $R_1 = \iota \sin \alpha$, en appelant
ainsi α l'angle aigu dont le sinus vaut le rapport de R_1 à ι,
l'intégration par rapport à ω s'effectuera également, grâce
à la deuxième (129), et l'on aura

$$(135) \quad (\text{pour } \iota > R_1) \qquad w = \frac{\lambda + 2 \mu}{4 \pi \mu (\lambda + \mu)} \frac{1}{R_1} \arcsin \frac{R_1}{\iota}.$$

A mesure que ι grandit, cette valeur de w, comme il le
fallait, décroît graduellement et tend à devenir proportionnelle à l'inverse de ι; car l'arc sinus qui y paraît tend
vers le sinus, rapport de R_1 à ι. Pour $\iota = R_1$, c'est-à-dire au
sortir de la région d'application, elle se réduit bien à l'expression (125) trouvée plus haut.

Passons à la formule (100), spéciale aux points où ι est
plus petit que R_1. Portons-y, dans la première des deux
intégrales affectées de dR sous le signe $\int$, l'expression (133)
de ρ, et, dans la seconde, l'expression équivalente

$$\frac{1}{2 \pi R_1} \left[\left(\sqrt{R_1^2 - \iota^2 \sin^2 \omega} \right)^2 - \left(\sqrt{R^2 - \iota^2 \sin^2 \omega} \right)^2 \right]^{-\frac{1}{2}}.$$

La première, en y effectuant l'intégration au moyen de la
formule (134), deviendra

$$\frac{1}{2 \pi R_1 \sin \omega} \log \frac{\iota + R_1 \sin \omega}{\iota \cos \omega + \sqrt{R_1^2 - \iota^2 \sin \omega}},$$

c'est-à-dire

$$\frac{1}{2\pi\,\mathrm{R}_1\,\sin\omega}\,\log\frac{\sin\alpha + \sin\omega}{\sin(\alpha + \omega)},$$

si l'on appelle α l'angle dont le sinus vaut $\dfrac{\iota}{\mathrm{R}_1}$. La deuxième intégrale, en se souvenant que

$$\left(a^2 - x^2\right)^{-\frac{1}{2}} dx = d\,\mathrm{arc}\,\sin\frac{x}{a},$$

donnera de même

$$\left\{\begin{aligned}
&\frac{1}{2\pi\mathrm{R}_1}\left[\frac{\pi}{2} - \mathrm{arc}\,\sin\frac{\iota\cos\omega}{\sqrt{\mathrm{R}_1{}^2 - \iota^2\sin^2\omega}}\right]\\
&= \frac{1}{4\,\mathrm{R}_1} - \frac{1}{2\pi\mathrm{R}_1}\,\mathrm{arc}\,\sin\frac{\sin\alpha\cos\omega}{\sqrt{1 - \sin^2\alpha\sin^2\omega}}\\
&= \frac{1}{4\,\mathrm{R}_1} - \frac{1}{2\pi\mathrm{R}_1}\,\mathrm{arc}\,\mathrm{tg}\,(\cos\omega\,\mathrm{tg}\,\alpha).
\end{aligned}\right.$$

Enfin, la somme de ces deux intégrales, multipliée par $\dfrac{\lambda + 2\mu}{\pi\mu(\lambda + \mu)}\,d\omega$, puis intégrée de $\omega = 0$ à $\omega = \dfrac{\pi}{2}$, conduit bien, en tenant compte de la première formule (129), à une valeur de w constante et identique à (125).

Le mode de répartition des pressions représenté par l'expression (124) de p présente donc, au point de vue analytique, cette particularité remarquable, que les expressions de w s'y calculent sous forme finie, sans exiger des intégrales ineffectuées, contrairement à ce qui arrivait dans les cas de distribution uniforme et de distribution parabolique (*).

(*) On verra, à la note de la p. 206, que la même particularité se produit lorsque la région circulaire directement comprimée prend la forme d'un paraboloïde de révolution.

*38 bis. — Démonstration, par les mêmes formules, d'une rela-
tion, due à M. Beltrami, qui permet de déduire les pressions
des abaissements de la région comprimée, quand il y a parité
tout autour d'un point central (*).*

Les deux formules de calcul intégral (129), dont nous
avons eu besoin dans la question précédente, conduisent à
une démonstration assez simple d'une importante relation,
découverte par M. E. Beltrami, entre les valeurs que le po-
tentiel d'une couche plane circulaire $\int dm = \int_0^{R_1} 2\pi\rho(R^2)R\,dR$,
symétrique tout autour de son centre, reçoit aux
divers points de cette couche, et la masse $\int_R^{R_1} 2\pi\rho(R^2)R\,dR$
de la partie de la couche qui est extérieure à un quel-
conque, πR^2, de ses cercles concentriques : relation d'où
se déduira immédiatement, en différentiant par rapport à
R, la densité $\rho(R^2)$ de la couche, et qui, par suite, dans le
cas considéré de symétrie tout autour d'un point, permet
de se donner les abaissements w d'une région comprimée
σ au lieu des pressions élémentaires $d\mathrm{P} = \rho d\sigma$ (**).

On conçoit que, en général, la détermination de la
densité ρ d'une masse ou, ce qui revient au même, l'évaluation de ses divers éléments dm, au moyen des valeurs
que prend son potentiel $\int \dfrac{dm}{r}$ aux points occupés par ces
éléments, constitue un problème déterminé; car, égaler à .

(*) Numéro inséré au moment de l'impression (Novembre 1882), c'est-à-dire
plus de trois ans après la rédaction de l'ensemble du mémoire.

(**) On peut voir dans divers mémoires de M. Beltrami, notamment dans celui
que contient le tome II (IVe série) du Recueil de l'Académie des Sciences de
Bologne (*Sulla teoria delle funzioni potenziali simmetriche*; 1881), les démonstrations que cet éminent analyste a données de sa formule. Aucune n'étant ni brève,
ni intuitive, je crois préférable d'exposer ici celle que j'ai déduite des relations
(129) et qui est beaucoup plus élémentaire.

des quantités connues un nombre de valeurs de $\int \frac{dm}{r}$ égal au nombre même des éléments cherchés dm, c'est poser, entre ceux-ci, précisément autant d'équations du premier degré qu'il y a d'inconnues. Ce problème se résout même de suite dans le cas d'une masse à trois dimensions, puisque la formule classique de Poisson y donne $4\pi\rho = -\Delta_{2} \int \frac{dm}{r}$. S'il s'agit, comme ici, d'une mince couche plane, la détermination de ρ est encore immédiate quand les valeurs données sont, non pas celles du potentiel inverse $\int \frac{dm}{r}$, mais celles du potentiel logarithmique $\psi = \int \log(z+r)\,dm$, qui se réduit, dans le plan $z=o$ de la couche, à $\psi = \int \log r\,dm$: car, en tenant compte de la première relation (31) [p. 67], qu'on peut écrire $\frac{d^2\psi}{dz^2} = -2\pi\rho$ (pour $z=o$), la formule $\Delta_2\psi = o$ devient, à cette limite, $2\pi\rho = \frac{d^2\psi}{dx^2} + \frac{d^2\psi}{dy^2}$, équation aux dérivées partielles analogue à celle de Poisson et qui, pour le dire en passant, faciliterait beaucoup, dans le cas de symétrie tout autour d'un point, le calcul de cette fonction $\psi = \int \log r\,dm$, ρ étant donné (*). Mais le problème se complique, au contraire, quand il est question du poten-

---

(*) En effet, ρ et, par suite, ψ ne dépendant alors que de r, l'équation

$$\frac{d^2\psi}{dx^2} + \frac{d^2\psi}{dy^2} = 2\pi\rho$$

deviendrait $\frac{1}{r} \frac{d}{dr}\left(r \frac{d\psi}{dr}\right) = 2\pi\rho$ et son intégration, effectuée en observant que l'on a évidemment

$$\text{(pour } r = o)\quad r \frac{d\psi}{dr} = o, \quad \psi = \psi_0 = 2\pi \int_o^{\infty} \rho\,(R^2)\,R \log R.\,dR,$$

donnerait

$$\psi = \psi_0 + 2\pi \int_o^{r} \frac{dr}{r} \int_o^{r} \rho\,(R^2)\,R\,dR,$$

ou bien, en remplaçant $\frac{dr}{r}$ par $d \log r$, intégrant ensuite par parties et substituant finalement à ψ_0 sa valeur,

tiel ordinaire $\int \frac{dm}{r}$ d'une couche mince. En effet, la formule de M. Beltrami, bien que se rapportant au cas relativement simple d'une couche circulaire et symétrique de rayon R_1, est, si $U(\varepsilon)$ désigne l'expression du potentiel, donnée de $\varepsilon = 0$ à $\varepsilon = R_1$,

$$(a) \qquad \int_R^{R_1} 2\pi \rho(R^2)\, R\, dR = \frac{2}{\pi} \int_R^{R_1} \frac{\varepsilon\, d\varepsilon}{\sqrt{\varepsilon^2 - R^2}} \frac{d}{d\varepsilon} \int_0^\varepsilon \frac{U(\gamma)\gamma\, d\gamma}{\sqrt{\varepsilon^2 - \gamma^2}} ;$$

et l'on en déduit, en différentiant par rapport à R, puis divisant le résultat par $-2\pi R$, l'expression, assez compliquée, de $\rho(R^2)$,

$$(a') \qquad \rho(R^2) = -\frac{1}{\pi^2 R} \frac{d}{dR} \int_R^{R_1} \frac{\varepsilon\, d\varepsilon}{\sqrt{\varepsilon^2 - R^2}} \frac{d}{d\varepsilon} \int_0^\varepsilon \frac{U(\gamma)\gamma\, d\gamma}{\sqrt{\varepsilon^2 - \gamma^2}} .$$

Il suffit de démontrer cette formule (a) pour le cas où la densité $\rho(R^2)$ s'annule partout excepté dans un très petit intervalle, dR_0, compris entre deux valeurs consécutives R_0, $R_0 + dR_0$ de la distance au centre. Si, en effet, elle est vraie alors, il suffira d'ajouter ensemble les formules

$$\left\{ \begin{aligned}
\psi &= \psi_0 + 2\pi \left[(\log \varepsilon) \int_0^\varepsilon \rho(R^2)\, R\, dR - \int_0^\varepsilon \rho(R^2)\, R \log R\, dR \right] \\
&= 2\pi \left[\int_0^\varepsilon \rho(R^2)\, R \log \varepsilon\, dR + \int_\varepsilon^\infty \rho(R^2)\, R \log R\, dR \right].
\end{aligned} \right.$$

L'identification de ce résultat, spécifié pour le cas où $\rho(R^2)$ ne diffère de zéro que lorsque R est compris dans un intervalle dR infiniment petit, à l'expression de ψ obtenue par un calcul direct,

$$\left\{ \begin{aligned}
\psi &= \int \log r\, dm = \int_0^{2\pi} \log r . \left[\rho(R^2)\, R\, dR \right] d\omega \\
&= \rho(R^2)\, R\, dR \int_0^{2\pi} \log \sqrt{\varepsilon^2 + R^2 - 2\varepsilon R \cos\omega}\; d\omega,
\end{aligned} \right.$$

conduit, d'une manière assez curieuse, à la valeur de l'intégrale classique $\int_0^{2\pi} \log \sqrt{\varepsilon^2 - 2\varepsilon R \cos\omega + R^2}\; d\omega$, valeur qui est $2\pi \log R$ ou $2\pi \log \varepsilon$, suivant que R est plus grand ou plus petit que ε.

relatives à une infinité de cas pareils, concernant de simples couronnes élémentaires $dm = 2\pi\rho(\mathrm{R_o}^2)\,\mathrm{R_o}\,d\mathrm{R_o}$, pour que, d'une part, la relation obtenue contienne, à son second membre, l'expression vraie de U, c'est-à-dire l'expression du potentiel relatif à la masse totale m composée de ces couronnes, et, d'autre part, dans son premier membre, la somme même des couronnes extérieures à celle de rayon R.

Bornons-nous donc au cas d'une couronne élémentaire d'un rayon $\mathrm{R_o} < \mathrm{R_1}$, ayant la masse $dm = 2\pi\rho(\mathrm{R_o}^2)\,\mathrm{R_o}\,d\mathrm{R_o}$. Le potentiel $\mathrm{U}(\iota)$ sera, d'après les expressions (94) et (97) qu'on lui a trouvées [p. 115 et 116],

$$(\delta)\quad\begin{cases} \mathrm{U}(\iota) = \dfrac{2dm}{\pi}\displaystyle\int_0^{\frac{\pi}{2}} (\mathrm{R_o}^2 - \iota^2\sin^2\omega)^{-\frac{1}{2}}\,d\omega \quad (\text{pour } \iota < \mathrm{R_o}),\\[3mm] \mathrm{U}(\iota) = \dfrac{2dm}{\pi}\displaystyle\int_0^{\frac{\pi}{2}} (\iota^2 - \mathrm{R_o}^2\sin^2\omega)^{-\frac{1}{2}}\,d\omega \quad (\text{pour } \iota > \mathrm{R_o}). \end{cases}$$

Nous aurons, en conséquence,

$$(\text{pour } \iota < \mathrm{R_o})$$

$$\begin{cases} \displaystyle\int_0^{\iota} \frac{\mathrm{U}(\gamma)\gamma\,d\gamma}{\sqrt{\iota^2 - \gamma^2}} = \frac{dm}{\pi}\int_0^{\frac{\pi}{2}}\frac{d\omega}{\sin\omega}\int_0^{\iota}\frac{2\gamma\,d\gamma}{\sqrt{\left(\iota^2 - \gamma^2\right)\left(\dfrac{\mathrm{R_o}^2}{\sin^2\omega} - \gamma^2\right)}}\\[6mm] = \dfrac{dm}{\pi}\displaystyle\int_0^{\frac{\pi}{2}}\frac{d\omega}{\sin\omega}\left[\log\left(\gamma^2 - \frac{\iota^2}{2} - \frac{\mathrm{R_o}^2}{2\sin^2\omega} + \sqrt{\left(\iota^2 - \gamma^2\right)\left(\frac{\mathrm{R_o}^2}{\sin^2\omega} - \gamma^2\right)}\right)\right]_{\gamma\,=\,0}^{\gamma\,=\,\iota}\\[6mm] = \dfrac{dm}{\pi}\displaystyle\int_0^{\frac{\pi}{2}}\frac{d\omega}{\sin\omega}\log\frac{\mathrm{R_o}^2 - \iota^2\sin^2\omega}{(\mathrm{R_o} - \iota\sin\omega)^2} = \frac{dm}{\pi}\int_0^{\frac{\pi}{2}}\frac{d\omega}{\sin\omega}\log\frac{1 + \dfrac{\iota}{\mathrm{R_o}}\sin\omega}{1 - \dfrac{\iota}{\mathrm{R_o}}\sin\omega}, \end{cases}$$

égalité dont le dernier membre vaudra, d'après la seconde formule (129), le produit de dm par l'arc, compris entre zéro et $\dfrac{\pi}{2}$, qui a pour sinus $\dfrac{\iota}{\mathrm{R_o}}$. Il viendra ainsi :

$$(c) \qquad (\text{pour } \mathfrak{r} < R_0) \qquad \int_0^{\mathfrak{r}} \frac{U(\gamma)\gamma\, d\gamma}{\sqrt{\mathfrak{r}^2 - \gamma^2}} = dm \text{ arc sin } \frac{\mathfrak{r}}{R_0}.$$

On trouvera de même, pour le cas $\mathfrak{r} > R_0$, mais en n'intégrant d'abord que de $\gamma = 0$ à $\gamma = R_0$, et en se servant toujours, par conséquent, de la première expression (b) de U, puis en appelant, pour abréger, α l'angle, compris entre zéro et $\frac{\pi}{2}$, dont le sinus vaut $\frac{R_0}{\mathfrak{r}}$ et, le cosinus, $\frac{\sqrt{\mathfrak{r}^2 - R_0^2}}{\mathfrak{r}}$:

$$
\begin{aligned}
&(\text{pour } \mathfrak{r} > R_0) \qquad \int_0^{R_0} \frac{U(\gamma)\gamma\, d\gamma}{\sqrt{\mathfrak{r}^2 - \gamma^2}} \\
&= \frac{dm}{\pi} \int_0^{\frac{\pi}{2}} \frac{d\omega}{\sin\omega} \left[\log\left(\gamma^2 - \frac{\mathfrak{r}^2}{2} - \frac{R_0^2}{2\sin^2\omega} + \sqrt{\left(\mathfrak{r}^2 - \gamma^2\right)\left(\frac{R_0^2}{\sin^2\omega} - \gamma^2\right)} \right) \right]_{\gamma = 0}^{\gamma = R_0} \\
&= \frac{dm}{\pi} \int_0^{\frac{\pi}{2}} \frac{d\omega}{\sin\omega} \log \left(\frac{\sqrt{\mathfrak{r}^2 - R_0^2}\,\sin\omega - R_0 \cos\omega}{\mathfrak{r}\sin\omega - R_0} \right)^2 \\
&= \frac{2dm}{\pi} \int_0^{\frac{\pi}{2}} \frac{d\omega}{\sin\omega} \log \frac{\sin(\omega - \alpha)}{\sin\omega - \sin\alpha}.
\end{aligned}
$$

Et comme, d'ailleurs, la seconde expression (b) de U donnera

$$
\begin{aligned}
&(\text{pour } \mathfrak{r} > R_0) \\
&\int_{R_0}^{\mathfrak{r}} \frac{U(\gamma)\gamma\, d\gamma}{\sqrt{\mathfrak{r}^2 - \gamma^2}} = \frac{dm}{\pi} \int_0^{\frac{\pi}{2}} d\omega \int_{R_0}^{\mathfrak{r}} \frac{2\gamma\, d\gamma}{\sqrt{(\mathfrak{r}^2 - \gamma^2)(\gamma^2 - R_0^2 \sin^2\omega)}} \\
&= \frac{2dm}{\pi} \int_0^{\frac{\pi}{2}} d\omega \left[\operatorname{arctg} \sqrt{\frac{\gamma^2 - R_0^2 \sin^2\omega}{\mathfrak{r}^2 - \gamma^2}} \right]_{\gamma = R_0}^{\gamma = \mathfrak{r}} \\
&= \frac{2dm}{\pi} \int_0^{\frac{\pi}{2}} \left(\frac{\pi}{2} - \operatorname{arctg} \frac{R_0 \cos\omega}{\sqrt{\mathfrak{r}^2 - R_0^2}} \right) d\omega \\
&= \frac{\pi}{2} dm - \frac{2dm}{\pi} \int_0^{\frac{\pi}{2}} \operatorname{arctg}(\operatorname{tg}\alpha \cos\omega)\, d\omega,
\end{aligned}
$$

on aura en tout

$$\left\{ \begin{aligned} &\text{(pour } \iota > R_0) \quad \int_0^\iota \frac{U(\gamma)\gamma\,d\gamma}{\sqrt{\iota^2 - \gamma^2}} \\[2mm] &= \frac{\pi}{2}\,dm - \frac{2\,dm}{\pi} \int_0^{\frac{\pi}{2}} \left[\frac{-1}{\sin\omega} \log \frac{\sin(\omega - \alpha)}{\sin\omega - \sin\alpha} + \operatorname{arctg}(\operatorname{tg}\alpha \cos\omega) \right] d\omega. \end{aligned} \right.$$

Or, dans celle-ci, le dernier terme est nul, d'après la première formule (129) prise en y changeant α en $-\alpha$. On trouve donc, en résumé,

$$(c') \qquad \int_0^\iota \frac{U(\gamma)\gamma\,d\gamma}{\sqrt{\iota^2 - \gamma^2}} = \left\{ \begin{aligned} &dm \arcsin \frac{\iota}{R_0} \quad (\text{pour } \iota < R_0); \\[2mm] &\frac{\pi}{2}\,dm \qquad (\text{pour } \iota > R_0); \end{aligned} \right.$$

et la fonction $\displaystyle\int_0^\iota \frac{U(\gamma)\gamma\,d\gamma}{\sqrt{\iota^2 - \gamma^2}}$, continue pour toutes les valeurs de ι, a pour dérivée par rapport à ι, $\dfrac{dm}{\sqrt{R_0^2 - \iota^2}}$ ou zéro, suivant que ι est plus petit que R_0 ou plus grand que R_0. Or cette dérivée, portée dans le second membre de (a), le réduit évidemment à zéro si R est supérieur à R_0, puisque alors la variable ι, croissante de R à R_1, ne cesse pas d'y dépasser R_0; et, dans le cas contraire de $R < R_0$, elle le réduit à

$$\frac{2\,dm}{\pi} \int_R^{R_0} \frac{\iota\,d\iota}{\sqrt{(\iota^2 - R^2)(R_0^2 - \iota^2)}} = \frac{2\,dm}{\pi} \left[\operatorname{arctg} \sqrt{\frac{\iota^2 - R^2}{R_0^2 - \iota^2}} \right]_{\iota = R}^{\iota = R_0} = dm.$$

On voit que, dans les deux cas, la valeur obtenue pour le second membre de (a) représente bien la masse extérieure au cercle de rayon R, masse qui est la couche annulaire dm elle-même quand le rayon R se trouve moindre que le sien, et zéro, quand, au contraire, la circonférence $2\pi R$ lui est extérieure.

Ainsi, les formules (a) et (a') sont démontrées pour toute couche circulaire dont la densité ne dépend que de la distance R au centre.

Et il importe d'observer, à cet égard, que, quelle que soit la fonction $U(\iota)$, donnée de $\iota = o$ à $\iota = R_1$, si une couche de rayon R_1 a la densité (a'), son potentiel, entre les limites $\iota = o$ et $\iota = R_1$, sera bien $U(\iota)$. Car, supposé qu'il pût être une autre fonction $U(\iota) + U_1(\iota)$, celle-ci, portée dans (a') après substitution de γ à ι, donnerait au second membre, d'après la démonstration faite, la valeur $\rho(R^2)$, comme quand le terme $U(\gamma)$ était seul. En posant, pour abréger,

$$\chi(\iota) = \int_o^\iota \frac{U_1(\gamma)\gamma\, d\gamma}{\sqrt{\iota^2 - \gamma^2}}, \text{ on aurait donc } \frac{d}{dR} \int_R^{R_1} \frac{\chi'(\iota)\iota\, d\iota}{\sqrt{\iota^2 - R^2}} = o;$$

ce qui, vu l'identité $\displaystyle\int_R^{R_1} \frac{\chi'(\iota)\iota\, d\iota}{\sqrt{\iota^2 - R^2}} = o$ (pour $R = R_1$),

entraîne l'annulation de l'intégrale $\displaystyle\int_R^{R_1} \frac{\chi'(\iota)\iota\, d\iota}{\sqrt{\iota^2 - R^2}}$. Or tous

les éléments de celle-ci sont de même signe et, par suite, nuls, tant que, R décroissant avec continuité à partir de R_1, la fonction $\chi'(R)$ ne change pas de signe. Dire que l'intégrale en question est constamment nulle, c'est donc dire que la dérivée $\chi'(\iota)$ ne peut, à aucun instant, cesser

elle-même de l'être, et que la fonction $\chi(\iota)$ ou $\displaystyle\int_o^\iota \frac{U_1(\gamma)\gamma\, d\gamma}{\sqrt{\iota^2 - \gamma^2}}$,

d'ailleurs égale à zéro pour $\iota = o$, s'annule aussi continuellement. Enfin, comme, pour ι croissant à partir de zéro, tous les éléments de $\chi(\iota)$ sont encore de même signe, et nuls, tant que $U_1(\iota)$ n'en change pas, il faudra nécessairement poser $U_1(\iota) = o$: ce qu'on voulait démontrer.

Remarquons encore que la seconde expression (b) de $U(\iota)$ devient, si l'on y remplace ι par ι' et si, posant ensuite

$$R_0 \sin\omega = \iota \left[\text{d'où } d\omega = \frac{d\iota}{R_0 \cos\omega} = \frac{d\iota}{\sqrt{R_0{}^2 - \iota^2}} \right], \text{ on adopte } \iota \text{ au}$$

lieu de ω comme variable d'intégration :

$$\frac{2\,dm}{\pi} \int_0^{R_0} \frac{d\iota}{\sqrt{\iota'^2 - \iota^2}\,\sqrt{R_0{}^2 - \iota^2}},$$

valeur de $U(\iota')$ qui, pour $\iota' > R_1$, peut s'écrire, à cause de (c'),

$$(c'') \, (\text{pour } \iota' > R_1) \; U(\iota') = \frac{2}{\pi} \int_0^{R_1} \frac{d\iota}{\sqrt{\iota'^2 - \iota^2}} \frac{d}{d\iota} \int_0^{\iota} \frac{U(\gamma)\gamma\,d\gamma}{\sqrt{\iota^2 - \gamma^2}}.$$

Or cette égalité, ainsi démontrée dans le cas de couronnes élémentaires $dm = 2\pi\,\rho\,(R_0{}^2)\,R_0\,dR_0$, subsiste évidemment quand on y remplace les fonctions correspondantes $U(\gamma)$, $U(\iota')$ par des sommes de fonctions pareilles représentant le potentiel d'une masse de rayon R_1 composée de telles couronnes : elle constitue une autre formule remarquable du même travail de M. Beltrami; et l'on s'en servira pour déduire, des valeurs données du potentiel aux divers points de la masse circulaire, ses valeurs sur tout le reste du plan de cette masse.

39. — Autres modes d'application, déduits des précédents au moyen de la transformation par rayons vecteurs réciproques.

On connaît le principe de la transformation par rayons vecteurs réciproques et son emploi dans la théorie du potentiel. Soient :

a une longueur constante donnée ;

dm un élément de masse, situé en un point (x_1, y_1, z_1) dont $R = \sqrt{x_1{}^2 + y_1{}^2 + z_1{}^2}$ désigne la distance à l'origine ;

Enfin (x, y, z) tout autre point, dont le rayon vecteur

$\iota = \sqrt{x^2 + y^2 + z^2}$, émané de l'origine, fait un certain angle V avec le rayon vecteur précédent R.

La distance r des deux points (x_1, y_1, z_1), (x, y, z) sera donnée par la formule

$$r^2 = R^2 + \iota^2 - 2\,R\,\iota\,\cos V,$$

et le potentiel de dm au point (x, y, z) vaudra $\dfrac{dm}{r}$.

Cela posé, concevons qu'après avoir multiplié la masse dm par $\dfrac{a}{R}$, ou lui avoir donné la valeur $\dfrac{a}{R}\,dm$, on la transporte, le long de son rayon vecteur R, à la distance $R' = \dfrac{a^2}{R}$ de l'origine ; puis, qu'on évalue le potentiel qui lui est relatif, non plus pour le point (x, y, z), mais pour le transformé (x', y', z') de celui-ci, obtenu en portant de même le point (x, y, z), le long de son rayon vecteur ι, à une distance $\iota' = \dfrac{a^2}{\iota}$ de l'origine. La nouvelle distance, r', de la masse, à ce point (x', y', z'), aura pour carré

$$\left\{ \begin{aligned} r'^2 &= R'^2 + \iota'^2 - 2\,R'\,\iota'\,\cos V = \frac{a^4}{R^2\iota^2}\left(\iota^2 + R^2 - 2\,\iota\,R\cos V\right) \\[2mm] &= \frac{a^4}{R^2\iota^2}\,r^2 = \frac{a^2}{R^2}\,\frac{\iota'^2}{a^2}\,r^2. \end{aligned} \right.$$

L'extraction des racines donne, par suite,

$$\frac{a}{R}\,\frac{1}{r'} = \frac{a}{\iota'}\,\frac{1}{r}.$$

Multiplions les deux membres par dm et intégrons-les pour une somme quelconque d'éléments dm. Il vient

$$(136)\qquad \int \frac{\dfrac{a}{R}\,dm}{r'} = \frac{a}{\iota'} \int \frac{dm}{r},$$

Donc, *le potentiel de la masse transformée est égal, pour le point (x', y', z'), au produit de $\frac{a}{r'}$ par le potentiel de la masse primitive au point (x, y, z).*

On peut, par ce principe, déduire simplement, de chaque mode de distribution de pressions considéré précédemment, des modes nouveaux, pour lesquels on connaîtra de suite les abaissements w correspondants. Il suffira, après avoir pris sur la surface du corps une origine quelconque, de concevoir que chaque pression partielle, $dP = \varrho\, d\sigma$, exer-·ée sur un petit élément $d\sigma$ d'une région donnée du plan des xy, soit réduite à $\frac{a}{R} \varrho\, d\sigma$ (c'est-à-dire à $z\, \varrho\, d\omega dR$, pour $d\sigma = R\, d\omega dR$ évalué en coordonnées polaires) et qu'on la transporte ensuite, le long de son rayon vecteur R, sur l'élément $d\sigma'$ transformé de $d\sigma$ par rayons vecteurs réciproques, élément qui sera d'autant plus grand et d'autant plus éloigné de l'origine que $d\sigma$ en est plus proche. Le nouvel abaissement w' égalera, en chaque point (x', y') du plan des xy, le produit de $\frac{a}{r'}$ par l'abaissement primitif w, supposé connu, du point (x, y).

Dans les cas où la région d'application primitive comprend l'origine, la nouvelle région d'application σ' s'étend jusqu'à l'infini au-delà du nouveau contour, transformé de l'ancien, et l'espace compris à l'intérieur du nouveau contour reste seul libre de toute pression. Mais, si la fonction donnée ϱ est finie à l'origine $R = o$, les nouvelles pressions exercées aux points éloignés, depuis une certaine distance très grande R' jusqu'à $R' = \infty$, ne donnent

en tout que la somme $a \int_0^{2\pi} d\omega \int_0^{\frac{a^2}{R'}} \varrho\, d R$, entièrement insignifiante; en sorte que la nouvelle pression est finie comme la première, et la nouvelle région d'application réductible aussi, avec autant d'approximation qu'on voudra, à une surface finie, savoir à une bande annulaire, dont le bord extérieur reste seulement indéterminé. Les raisonnements des §§ précédents, où nous supposions des régions d'application restreintes, ne cessent donc pas d'être applicables; et, en effet, les conditions spéciales (3) [p. 53], qu'on aurait pu craindre de ne pas voir réalisées, le sont par le fait même que le nouveau potentiel se trouve égal au potentiel primitif, fini partout, multiplié par le rapport $\frac{a}{v'}$.

Si la région d'application primitive a pour contour un cercle, la nouvelle région d'application sera également limitée intérieurement par un contour circulaire; car on sait que les transformées, par rayons vecteurs réciproques, d'un cercle ou d'une sphère, sont aussi un cercle ou une sphère, qui dégénèrent en une droite ou un plan quand ces figures ont des points situés à l'infini, c'est-à-dire quand la sphère ou le cercle donnés passent par l'origine.

La nouvelle région d'application serait, au contraire, limitée extérieurement, comme la proposée, si l'origine était prise en dehors de celle-ci; et le nouveau contour serait circulaire toutes les fois que le contour donné aurait cette forme. Seulement, la nouvelle charge ne se trouverait plus disposée symétriquement à son intérieur si la première l'était.

Appliquons en particulier la transformation au cas où, tout étant pareil autour de l'origine, la surface comprimée primitive πR_1^2 éprouve dans toute son étendue un enfoncement constant, et prenons $a = R_1$, afin que le contour de cette surface se transforme en lui-même ou ne change pas. La pression primitive pour l'unité d'aire, ρ, est représentée par la formule (124) [p. 158]. En conséquence, *la nouvelle pression totale* vaudra

$$\int \frac{R_1}{R} \rho \, d\sigma = \int_0^{R_1} \left(\frac{R_1}{R} \rho \right) (2\pi R \, dR) = \int_0^{R_1} \frac{dR}{\sqrt{R_1^2 - R^2}} = \frac{\pi}{2}.$$

Elle *égale* donc *le produit de la pression totale primitive par*

$\frac{\pi}{2}$. Quant aux abaissements w', ils se déduisent, conformément à (136), des relations (125) et (135) [p. 158 et 165]; divisés par $\frac{\pi}{2}$ afin de les rapporter à l'unité de pression totale, ils acquièrent les valeurs :

$$(137) \quad \begin{cases} (\text{pour } v' < \mathrm{R_1}) \quad w' = \dfrac{\lambda + 2\mu}{2\pi^2\mu(\lambda + \mu)}\,\dfrac{1}{v'}\,\text{arc sin}\,\dfrac{v'}{\mathrm{R_1}}, \\[2ex] (\text{pour } v' > \mathrm{R_1}) \quad w' = \dfrac{\lambda + 2\mu}{4\pi\mu(\lambda + \mu)}\,\dfrac{1}{v'}. \end{cases}$$

Au centre, ou pour $v' = 0$, l'abaissement est $\dfrac{\lambda + 2\mu}{2\pi^2\mu(\lambda + \mu)}\,\dfrac{1}{\mathrm{R_1}}$. Il grandit à partir de là, car le rapport de l'arc $\left(\text{arc sin}\,\dfrac{v'}{\mathrm{R_1}}\right)$ à son sinus augmente; et il se trouve multiplié par $\frac{\pi}{2}$ au moment où $v' = \mathrm{R_1}$. *L'abaissement w' décroît ensuite jusqu'à $v' = \infty$, en prenant, sur le reste du plan, c'est-à-dire sur toute la surface directement comprimée, les valeurs qu'il aurait si les pressions appliquées à la surface étaient remplacées par leur résultante statique, c'est-à-dire transportées au centre.*

L'abaissement moyen qu'éprouve la partie libre de la surface, quotient par $\pi\mathrm{R_1}^2$ de l'intégrale $2\pi\displaystyle\int_0^{\mathrm{R_1}} w'v'\,dv'$, se calcule aisément en observant, après avoir pris comme variable d'intégration le rapport $\dfrac{v'}{\mathrm{R_1}} = \alpha$, que

$$\text{arc sin}\,\alpha\,d\alpha = d\left(\sqrt{1 - \alpha^2} + \alpha\,\text{arc sin}\,\alpha\right);$$

et il vaut $\dfrac{\lambda + 2\mu}{\pi^2\mu(\lambda + \mu)}\left(\dfrac{\pi}{2} - 1\right)\dfrac{1}{\mathrm{R_1}}$, nombre qui se rapproche beaucoup plus de la valeur minima de w', celle qui correspond à $v' = 0$, que de la valeur sur le bord, relative à $v' = \mathrm{R_1}$.

40. — De certains potentiels, qui, dans des étendues infinies, sont inverses de la distance à un point donné ou sont même nuls, et de l'emploi de ces derniers pour exprimer divers cas d'équilibre de corps soumis, sur une partie restreinte de leur surface, à des actions tangentielles.

En général, si le potentiel relatif à une certaine masse est constant dans tout un espace à deux ou à trois dimensions entourant l'origine et limité par une certaine ligne ou surface, son transformé par rayons vecteurs réciproques sera, d'après (136), simplement proportionnel à $\frac{1}{\iota'}$ pour tout l'espace extérieur à la transformée de cette ligne ou de cette surface ; et, comme, à d'assez grandes distances ι', il tend vers l'expression qu'il aurait si toute la masse était concentrée à l'origine, expression qui a précisément la forme $\frac{M}{\iota'}$, *sa vraie valeur, en tous les points de la région extérieure considérée*, pourra se calculer dans cette hypothèse, c'est-à-dire, *égalera exactement le quotient, par la distance ι', de la masse transformée.*

Une couche sphérique homogène de rayon R_1, décrite autour de l'origine comme centre, est évidemment à elle-même sa propre transformée, pourvu qu'on prenne la ligne a égale à R_1 : voilà pourquoi la constance, à l'intérieur, de son potentiel, et la proportionnalité de ce potentiel à l'inverse de la distance ι, à l'extérieur, sont deux faits corrélatifs, dont l'un entraine l'autre. Il en est autrement pour une couche plane, répartie sur le cercle πR_1^2 d'après la loi qu'exprime la formule (124) [p. 158] : cette couche ne se confondant nullement avec sa transformée, ce sont deux couches différentes qui jouissent, l'une, de la propriété d'avoir, dans son plan, un potentiel constant à l'intérieur du cercle πR_1^2, et, l'autre, de la propriété, transformée de la précédente, qui consiste en ce que le potentiel varie, hors du même cercle, en raison inverse de la distance au centre (*).

Une masse dont la forme est celle d'un anneau étroit, décrit autour de l'origine comme centre avec un rayon $R = a$, se transforme en elle-même par rayons vecteurs réciproques. C'est ce qui explique l'analogie des deux formules (94) et (97) trouvées au n° 27 [p. 115 et 116] : chacune des deux n'est que la transformée de l'autre par rayons vecteurs réciproques.

Mais revenons à la considération de masses dont le potentiel, aux points qu'elles occupent, soit en raison inverse de la distance r' à l'origine. La superposition de deux d'entr'elles, de même valeur absolue M, mais de signes contraires et de dimensions ou de formes différentes, donnera, pour tout l'espace extérieur à la fois aux deux contours respectifs qui les limiteront intérieurement, le potentiel total $\dfrac{M}{r'} - \dfrac{M}{r'}$ ou zéro. A une pareille couche matérielle fictive, étalée sur un sol élastique, et d'une

---

(*) Les transformées par rayons vecteurs réciproques d'une couche matérielle étalée sur un cercle sont, généralement, d'autres couches minces en forme de calotte sphérique. Si la couche proposée est symétrique, ou que la densité par unité d'aire y dépende uniquement de la distance au centre, et si l'on prend successivement pour origine les différents points de la perpendiculaire menée par ce centre à son plan, en attribuant d'ailleurs à la ligne a diverses valeurs, les transformées seront évidemment des calottes, présentant tous les degrés d'ouverture et toutes les dimensions, dans lesquelles la densité par unité d'aire ne dépendra que de la distance au pôle. On pourra, par exemple, supposé que le potentiel sur toute la surface de la calotte soit donné, en déduire, par la formule (136), le potentiel $\int \dfrac{d\omega}{r}$ aux différents points de la couche circulaire, et puis tirer, de la formule (a'') de M. Beltrami [p. 169], l'expression de la densité de cette couche ; d'où l'on passera aisément à celle même de la densité aux différents points de la calotte : on aura donc traité, pour celle-ci, le même problème que la formule (a'') résout pour le cercle. M. Beltrami vient d'indiquer et de développer cette extension intéressante de sa formule dans un Mémoire intitulé *Sulle funzioni associate et specialmente su quelle della calotta sferica (Académie des Sciences de l'Institut de Bologne,* série IV, t. IV; 1883) ; il y considère, dans un plan méridien, non seulement les lignes d'égal potentiel, ou *lignes de niveau,* mais aussi leurs trajectoires orthogonales *(lignes de force),* qu'une ingénieuse analyse lui fait également obtenir.

masse totale nulle, il correspond, par conséquent, des modes d'application de pressions normales dP pour lesquels l'abaissement w de la surface s'annule exactement en dehors d'un contour donné, quoique leur région d'application s'étende bien au-delà.

Cette couche fictive est également propre, par son potentiel logarithmique $\int \log (z + r)\, dm$ ou par les dérivées de celui-ci, à représenter les déplacements u, v, w dus à certaines forces p_x, p_y, simplement tangentielles, exercées sur la surface $z = o$ à l'intérieur du même contour, et ayant les expressions $(45\ bis)$ [p. 79]. Si l'on pose, en effet, dans $(45\ bis)$, φ ou $\varphi_t = \int \log (z + r)\, dm$ et $z = o$, en se bornant d'ailleurs aux termes qui contiennent soit φ, soit φ_t, il vient $p_z = o$ et p_x, p_y égaux aux produits de $\pm \dfrac{1}{2\pi}$ par une déri-

vée première, en x ou en y, de la fonction $\displaystyle\int \dfrac{dm}{r}$, laquelle s'annule, ici, hors du contour considéré. On pourrait donc être conduit, de la sorte, à des applications simples des seconds et troisièmes types d'intégrales dont il a été parlé soit au numéro 16 [p. 73], soit aux numéros 17 et 18 [p. 78 et 79]. D'après la troisième (45) [p. 79], l'abaissement w de la surface, proportionnel à la dérivée $\dfrac{d\varphi}{dz}$ qui y vaudrait ou zéro ou $\displaystyle\int \dfrac{dm}{r}$, serait encore constamment nul à l'extérieur du contour donné, c'est-à-dire, ici, en dehors de la région d'application des actions déformatrices.

40 bis (*). — Calcul général de l'équilibre, dans le cas d'actions tangentielles données et dans celui de pressions obliques quelconques : transmission de ces pressions de la surface à l'intérieur.

Les considérations précédentes nous ramènent naturellement au problème général de l'équilibre de notre corps élastique limité par le plan des xy et soumis sur ce plan à des actions données. Or il y a lieu d'y revenir, pour compléter la solution, laissée inachevée au n° 18 [p. 80], du cas où les forces dont il s'agit sont des actions tangentielles quelconques p_x, p_y. Cette solution, que contiennent en germe les formules (45), (45 *bis*) et (45 *ter*) [p. 79 et 80], aboutit immédiatement, dès qu'on y exprime les deux fonctions φ et φ_1 au moyen des *seconds* potentiels logarithmiques, $\Psi = f\left[-r + z \log (z + r) \right] dm$, de certaines couches fictives $f dm$ étalées sur la région d'application des forces données, de même que le *premier* potentiel logarithmique, $f \log (z + r)\, dm$, d'une telle couche, a représenté [p. 76 et 77] la fonction ψ relative au cas de pressions normales p_z.

En effet, d'une part, un second potentiel logarithmique Ψ, tout comme un premier ψ, a son paramètre Δ_2 nul [p. 60] et n'est pas moins propre, sous ce rapport, à exprimer φ ou φ_1. D'autre part, sa dérivée première en z étant le premier potentiel logarithmique $f \log (z + r)\, dm$ et, par suite, sa dérivée suivante, $\dfrac{d^2\Psi}{dz^2}$, le potentiel ordinaire $\displaystyle\int \dfrac{dm}{r}$, la dérivée troisième $\dfrac{d^3\Psi}{dz^3}$ a pour valeur, sur la couche même $f dm$ ou à la limite $z = o$, le produit de $- 2\pi$ par la densité superficielle $\rho\,(x, y)$ de cette couche. On satisfera donc,

---

(*) Numéro composé en novembre 1882, et inséré dans le mémoire au moment de l'impression.

identiquement, aux équations (45 *ter*) [p. 80], en prenant respectivement, pour φ et φ_1, les potentiels logarithmiques Ψ de deux couches matérielles fictives étalées sur le plan des xy et ayant comme densités superficielles $\rho\,(x\,,\,y)$ les valeurs connues (pour $z = o$) des deux fonctions $\dfrac{dp_x}{dx} + \dfrac{dp_y}{dy}$, $\dfrac{dp_x}{dy} - \dfrac{dp_y}{dx}$. Or le premier de ces potentiels est évidemment la somme de deux, relatifs à des couches dont les densités seraient $\dfrac{dp_x}{dx}$ et $\dfrac{dp_y}{dy}$. De plus, celui des deux où la densité est $\dfrac{dp_x}{dx}$ égale la dérivée en x du potentiel analogue τ d'une couche qui aurait la densité p_x; car il est presque évident, comme on l'a reconnu en démontrant la relation (34) [p. 69], que tout potentiel, on même toute intégrale de la forme $\int f(r, z)\, dm$, se rapportant à une matière $\int dm$ étalée sur le plan des xy, se différentie par rapport à x ou à y en différentiant simplement, sous le signe $\int$, la densité $\rho\,(x_1, y_1)$ de la couche par rapport à la coordonnée correspondante x_1 ou y_1. De même, le potentiel de la couche de densité $\dfrac{dp_y}{dy}$ sera la dérivée en y du potentiel Ψ d'une autre couche ayant la densité p_y. Et l'on décomposera pareillement le potentiel Ψ de la couche de densité $\dfrac{dp_x}{dy} - \dfrac{dp_y}{dx}$.

En résumé, si dm' et dm'' sont les deux composantes données $p_x d\tau$, $p_y d\tau$, suivant les x et suivant les y, de la force tangentielle extérieure s'exerçant sur chaque élément $d\tau$ de la surface $z = o$ du corps, et si Ψ_x, Ψ_y sont les deux potentiels

$$(\alpha) \quad \Psi_x = \int\left[-r + z\log(z + r)\right] dm', \quad \Psi_y = \int\left[-r + z\log(z + r)\right] dm'',$$

où r désigne la distance du point quelconque (x, y, z) à un point (x_1, y_1) de l'élément $d\tau$, les équations (45 *ter*) conduiront à poser

$$(\alpha') \qquad \varphi = \frac{d\Psi_x}{dx} + \frac{d\Psi_y}{dy}, \quad \varphi_1 = \frac{d\Psi_x}{dy} - \frac{d\Psi_y}{dx}.$$

Portons ces valeurs de φ et de φ_1 dans les formules (15 *bis*), et, en effectuant les différentiations, puis remplaçant $\left(\frac{d^2}{dx^2} + \frac{d^2}{dy^2}\right) (\Psi_x$ ou $\Psi_y)$ par $- \frac{d^2}{dz^2} (\Psi_x$ ou $\Psi_y)$, il viendra la formule triple

$$(5) \;\; (p_x, p_y, p_z) = - \frac{1}{2\pi} \frac{d^3 (\Psi_x, \Psi_y, 0)}{dz^3} + \frac{z}{2\pi} \frac{d}{d(x, y, z)} \left(\frac{d^3\Psi_x}{dx\,dz^2} + \frac{d^3\Psi_y}{dy\,dz^2}\right).$$

A la limite $z = 0$, elle donne bien pour p_x, p_y, p_z les trois expressions désirées $- \frac{1}{2\pi} \frac{d^3}{dz^3} (\Psi_x, \Psi_y, 0)$.

Enfin, les conditions spéciales (3) [p. 53], concernant les points situés aux grandes distances ι de l'origine, et en vertu desquelles les déplacements u, v, w doivent y être comparables à l'inverse de ι, se trouvent également vérifiées, quand on porte dans les formules (45) de u, v, w les valeurs (α') de φ et de φ_1. Car Ψ_x et Ψ_y sont, d'après (α), des intégrales dont l'élément a ses dérivées premières en x et en y algébriques et du degré zéro par rapport à $x - x_1$, $y - y_1$, z, r. Donc, les expressions (α') de φ et de φ_1 sont, sous les signes $\int$, homogènes et de ce degré zéro, par rapport aux mêmes variables ; d'où il suit que les expressions (45) de u, v, w présentent encore une homogénéité analogue, mais du degré $- 1$, tout comme leurs expressions (43) relatives au cas de pressions normales $\int dm$ ou $\int dP$ exercées sur la surface. Elles deviennent donc, pareillement, de l'ordre de $\frac{1}{\iota}$ aux grandes distances ι, pourvu que la région d'application des forces s'exerçant sur la surface soit limitée, comme on le suppose.

On remarquera même que ces valeurs (45) de u, v, w ne contiendront, sous le signe $\int$, aucune fonction transcendante, pas plus que les valeurs encore moins complexes (43).

Ainsi, la solution de la question posée, relative au cas d'actions tangentielles dm', dm'' appliquées suivant les x et les y à la surface du corps, est donnée par les formules (45) et (3), où φ et φ_1, Ψ_x et Ψ_y ont les expressions (z') et (α). Il suffira, comme on a vu [p. 80], de superposer cette solution à celle que contiennent les relations (40) à (43) [p. 76], pour avoir les formules qui résolvent le problème général de l'équilibre d'un corps se terminant à une surface plane indéfinie et sollicité sur cette surface par des actions quelconques (*).

La formule triple (40) [p. 75], un peu plus simple que (β), lui devient analogue quand on l'écrit ainsi

$$(\beta') \qquad (p_x, p_y, p_z) = - \frac{1}{2\pi} \frac{d^2(o, o, \psi)}{dz^2} + \frac{z}{2\pi} \frac{d}{d(x, y, z)} \frac{d^2\psi}{dz^2},$$

(*) Ce problème, dont j'avais, en 1878 et 1879, amené la solution au point indiqué dans le § II ci-dessus, comme il résulte de mes notes insérées à cette époque dans les *Comptes-Rendus* de l'Académie des Sciences, vient d'être traité par M. Valentino Cerruti, professeur de mécanique rationnelle à l'Université de Rome, dans un mémoire intitulé *Ricerche intorno all' equilibrio de' corpi elastici isotropi* (*Reale Accademia dei Lincei*, vol. XIII ; anno 1881-1882). Ce savant analyste l'a résolu par une voie beaucoup plus longue que celle que j'ai suivie, savoir, en appliquant une méthode d'intégration des équations de l'équilibre d'élasticité indiquée par le professeur Betti (*teoria dell' elasticità*, dans les tomes VII, VIII et IX, 2ᵉ série, du *Nuovo Cimento*), et qui consiste à déterminer d'abord, en fonction de x, y, z, la dilatation cubique θ et les trois *rotations moyennes* $\frac{1}{2}\left(\frac{dv}{dz} - \frac{dw}{dy}\right)$, $\frac{1}{2}\left(\frac{dw}{dx} - \frac{du}{dz}\right)$, $\frac{1}{2}\left(\frac{du}{dy} - \frac{dv}{dx}\right)$, pour en déduire ensuite les déplacements u, v, w. L'idée de compléter, par l'emploi des seconds potentiels logarithmiques, ma solution, restée inachevée jusque là, du cas où des forces tangentielles quelconques agissent sur la surface, m'est venue justement en voyant paraître, dans certaines formules de M. Cerruti (p. 32 de son mémoire), des fonctions de la nature de ces potentiels, dont j'avais reconnu l'existence dès 1879, et dont j'avais même, dans ma note, publiée en 1881, de l'édition française du *Traité de l'élasticité de Clebsch* (p. 401, form. 38 *bis*), fait l'usage qu'on verra au nᵒ 62 ci-après. Les relations (43), d'une part, (45), (α) et (α'), d'autre part, contiennent d'ailleurs, groupés de la manière la plus naturelle, tous les éléments des formules générales (58) et (63) de M. Cerruti, qui expriment avec des notations différentes le résultat de la superposition des miennes (43) et (45).

et surtout quand on y remplace ψ par $\dfrac{d\Psi_z}{dz}$, en posant,
pareillement à (α),

$$(\beta'') \qquad \Psi_z = \int \left[-r + z \log (z + r) \right] dm.$$

Alors la superposition des valeurs (β) et (β') de p_x, p_y, p_z
donne, pour le cas où chaque élément $d\sigma$ de la surface supporte une pression oblique ayant, comme composantes
suivant les x, les y et les z, dm', dm'' et dm, les trois
formules très symétriques,

$$(\gamma) \quad (p_x, p_y, p_z) = -\frac{1}{2\pi} \frac{d^3(\Psi_x, \Psi_y, \Psi_z)}{dz^3} + \frac{z}{2\pi} \frac{d}{d(x,y,z)} \left(\frac{d^3\Psi_x}{dx\,dz^2} + \frac{d^3\Psi_y}{dy\,dz^2} + \frac{d^3\Psi_z}{dz^3} \right) :$$

elles expriment les pressions transmises, à partir de la
surface, sur l'unité d'aire des couches qui lui sont parallèles.

Supposons, comme nous l'avons fait au n° 25 (p. 104)
dans le cas d'une simple pression normale, que les potentiels se réduisent à un seul de leurs éléments, ou les forces
extérieures sollicitant la surface à celle que supporte l'élément, $d\sigma$, de celle-ci, situé à l'origine des coordonnées.
Nous aurons évidemment

$$r = \sqrt{x^2 + y^2 + z^2}, \quad \frac{d^2(\Psi_x, \Psi_y, \Psi_z)}{dz^2} = \frac{(dm', dm'', dm)}{r},$$

$$\frac{d^3(\Psi_x, \Psi_y, \Psi_z)}{dz^3} = -z \frac{(dm', dm'', dm)}{r^3},$$

$$\frac{d^3\Psi_x}{dx\,dz^2} + \frac{d^3\Psi_y}{dy\,dz^2} + \frac{d^3\Psi_z}{dz^3} = -\frac{x\,dm' + y\,dm'' + z\,dm}{r^3};$$

et il viendra d'abord

$$(p_x, p_y, p_z) = \frac{z}{2\pi} \frac{(dm', dm'', dm)}{r^3} - \frac{z}{2\pi} \frac{d}{d(x,y,z)} \left(\frac{x\,dm' + y\,dm'' + z\,dm}{r^3} \right).$$

Enfin, une différentiation de plus donnera

$$(\gamma) \quad \begin{cases} (p_x,\ p_y,\ p_z) = -\dfrac{z}{2\pi}\dfrac{d}{dr}\left(\dfrac{x\,dm' + y\,dm'' + z\,dm}{r^3}\right)\dfrac{dr}{d(x,\ y,\ z)} \\[2ex] \qquad\qquad = \dfrac{3z}{2\pi r^3}\left(\dfrac{x}{r}\,dm' + \dfrac{y}{r}\,dm'' + \dfrac{z}{r}\,dm\right)\dfrac{(x,\ y,\ z)}{r}. \end{cases}$$

Comme $\dfrac{(x,\ y,\ z)}{r}$ sont les trois cosinus directeurs du rayon r émané de l'origine, on voit que la pression exercée par unité d'aire, en $(x,\ y,\ z)$, sur un élément plan parallèle à la surface, pression dont p_x, p_y, p_z désignent les trois composantes suivant les axes, est dirigée précisément dans le sens de ce rayon, et qu'elle a pour valeur

$$\frac{3z}{2\pi r^3}\left(\frac{x}{r}\,dm' + \frac{y}{r}\,dm'' + \frac{z}{r}\,dm\right),$$

où le trinôme entre parenthèses exprime évidemment la projection, sur ce même rayon r, de la force donnée, définie par ses trois composantes dm', dm'', dm. On peut donc énoncer la loi suivante : *Toute action extérieure exercée en un point de la surface d'un solide se transmet à l'intérieur, sur les couches matérielles parallèles à la surface, sous la forme de pressions dirigées exactement à l'opposé de ce point, et qui égalent, pour l'unité d'aire, le produit du coefficient $\frac{3}{2\pi}$ par la composante, suivant leur propre sens, de la force extérieure donnée, par l'inverse du carré de la distance r au même point d'application et par le rapport de la profondeur z de la couche à cette distance r.*

Telle est la loi générale dans laquelle se trouve comprise celle qu'expriment les formules 83 *bis* du n° 25 [p. 104] et qui concerne le cas où l'on a $dm' = 0$, $dm'' = 0$, $dm = dP$.

Il est aisé de vérifier que la pression extérieure donnée se transmet intégralement d'une couche à la suivante, ou, autrement dit, que les trois composantes totales, $\int (p_x,\ p_y,\ p_z)\,d\tau$, de l'action supportée par toute la surface τ d'une couche quelconque, ont respectivement les valeurs dm', dm'', dm. Substituons, en effet, dans ces intégrales, à p_x, p_y, p_z leurs valeurs (γ'), et observons que les termes contenant x ou y au premier degré donnent des éléments de signes contraires qui s'entre-détruisent. Il vient, pour les trois composantes, les produits respectifs de dm', dm'', dm par les trois intégrales $\dfrac{3z}{2\pi}\displaystyle\int\dfrac{x^2 d\sigma}{r^5}$, $\dfrac{3z}{2\pi}\displaystyle\int\dfrac{y^2 d\sigma}{r^5}$, $\dfrac{3z}{2\pi}\displaystyle\int\dfrac{z^2 d\sigma}{r^5}$. Or les deux premières de celles-ci sont évidemment égales entre elles, et moitié de leur somme

$$\frac{3z}{2\pi}\int\frac{x^2+y^2}{r^5}\,d\sigma = \frac{3z}{2\pi}\int\frac{r^2-z^2}{r^5}\,d\sigma = \frac{3z}{2\pi}\int\left(\frac{d\sigma}{r^3}-z^2\frac{d\sigma}{r^5}\right);$$

en sorte qu'il suffit de vérifier si les deux intégrales $\dfrac{3z}{4\pi}\displaystyle\int\left(\dfrac{d\sigma}{r^3}-z^2\dfrac{d\sigma}{r^5}\right)$ et $\dfrac{3z^3}{2\pi}\displaystyle\int\dfrac{d\sigma}{r^5}$ ont pour valeur l'unité. C'est ce qu'on fait sans difficulté, en prenant comme élément de la surface σ une couronne élémentaire $2\pi R dR = 2\pi r dr$, où le rayon intérieur R égale $\sqrt{r^2-z^2}$, puis en intégrant de $r=z$ à $r=\infty$; ce qui revient bien à faire varier R de zéro à l'infini.

Parmi les conséquences qu'on peut tirer des formules (45) de u, v, w, je me contenterai de signaler la suivante. Imaginons qu'on n'ait appliqué à la surface de notre corps, supposé être, pour fixer les idées, un sol élastique, qu'une action tangentielle dT, s'exerçant suivant l'axe des x sur un élément $d\sigma$ situé à l'origine ; et proposons-nous d'étudier la forme prise par la surface du corps, alors qu'elle a acquis de petites ordonnées w. Les données de la question seront

$$\left\{\begin{aligned}
&\Psi_x = d\mathrm{T}\left[-r+z\log(z+r)\right], \quad \Psi_y = 0, \quad r=\sqrt{x^2+y^2+z^2},\\
&\qquad\qquad \varphi = \frac{d\Psi_x}{dx} = -\,d\mathrm{T}\,\frac{x}{z+r};
\end{aligned}\right.$$

et l'expression (45) de w, spécifiée pour $z=0$, deviendra

$$w = \frac{1}{4\pi(\lambda+\mu)}\frac{d\varphi}{dz} = \frac{d\mathrm{T}}{4\pi(\lambda+\mu)}\frac{x}{(z+r)^2}\left(1+\frac{z}{r}\right) = \frac{d\mathrm{T}}{4\pi(\lambda+\mu)}\frac{x}{r^2}.$$

Ainsi, la surface libre déformée aura sensiblement pour équation

$$(\delta) \qquad z = \frac{d\mathrm{T}}{4\pi\,(\lambda + \mu)}\,\frac{x}{r^3} = \frac{d\mathrm{T}}{4\pi\,(\lambda + \mu)}\,\frac{x}{x^2 + y^2}.$$

On remarquera : 1° que chaque circonférence, de rayon r, décrite sur la surface autour du point d'application de la force $d\mathrm{T}$ comme centre, reste tout entière, après les déformations, dans un même plan, qui a seulement tourné, autour du diamètre perpendiculaire à la force $d\mathrm{T}$, d'un petit angle $\dfrac{z}{x} = \dfrac{d\mathrm{T}}{4\pi\,(\lambda + \mu)}\,\dfrac{1}{r^3}$ inversement proportionnel au carré du rayon r ; 2° que les lignes de niveau, $z = \mathrm{const.}$, de la surface déformée ont pour équation $\dfrac{x^2 + y^2}{x} = \mathrm{const.}$, et qu'elles sont, en projection sur leur plan primitif, des cercles menés par l'origine et ayant leurs centres sur la droite d'application de la force ou droite le long de laquelle la force est dirigée ; 3° que, par suite, les lignes de plus grande pente de cette même surface sont, toujours en projection sur son plan primitif, les cercles analogues $\dfrac{x^2 + y^2}{y} = \mathrm{const.}$, mais dont les centres se trouvent sur l'axe des y perpendiculaire à la force. La ligne même d'application de la force joue, du côté des x positifs, le rôle de ligne de *thalweg*, et, du côté des x négatifs, celui de ligne de *faîte* (*) ; car toutes celles de plus grande pente, parties du *sommet* dont les coordonnées sont $x =$ un infiniment petit négatif $- \epsilon$, $y = o$, se détachent asymptotiquement, en descendant, du plan des zx, du côté des x négatifs, pour tourner ensuite de 360° (en projection horizontale) et venir se raccorder asymptotiquement au plan des zx du côté des x positifs, en se terminant dans le *fond* $x = z$, $y = o$.

(*) Il faut se souvenir que l'axe des z est dirigé vers le bas, de sorte que les parties de la surface à ordonnées z positives sont des creux et les parties à ordonnées négatives des renflements.

41. — *Défaut de proportionnalité de la pression à l'enfoncement, aux divers points de toute région d'application limitée.*

Plaçons ici une remarque générale, à laquelle conduisent tous les résultats des n[os] précédents.

Dans aucun des modes de répartition de pressions extérieures normales que nous avons considérés, la pression exercée par unité d'aire aux divers points de la surface n'a été trouvée proportionnelle, même d'une manière approximative, à l'abaissement w produit au même endroit. Par exemple, pour une répartition uniforme des pressions, nous avons eu (p. 140) des abaissements décroissant, du centre au bord, dans le rapport de 8 à 5 environ. Pour le cas (réciproque), d'un enfoncement uniforme, la pression exercée sur l'unité de surface, représentée par la formule (124) [p. 158], a grandi du centre au contour dans la proportion de $\frac{1}{2\pi R_1{}^2}$ à ∞, bien plus grande encore. Et quand on admet que la pression décroît paraboliquement depuis le centre jusqu'au bord, où elle s'annule, l'abaissement w décroît aussi, mais seulement dans le rapport de 3π à 4 (p. 151), ou de 12 à 5 environ, non jusqu'à zéro.

Le défaut de proportionnalité, entre la pression exercée en chaque endroit et l'abaissement w que la surface y éprouve, se présente nécessairement toutes les fois que la région d'application est limitée, comme nous l'avons admis; car la proportionnalité exigerait que w s'annulât hors de cette région, de même que s'y annule la pression extérieure p_z, tandis que la formule (84) [p. 109], fait décroître, au contraire, w graduellement et assez lentement, à mesure qu'on s'éloigne de la région d'application.

Ainsi, *des pressions (ou tractions) données, s'exerçant sur un sol ou sur la surface d'un corps à l'intérieur d'une aire définie, sont loin d'imprimer à leurs points d'application des déplacements ayant entr'eux, aux divers endroits, les mêmes rapports que ces pressions (ou tractions)*, contrairement à une hypothèse que l'on fait quelquefois.

Même avec les modes d'application, indiqués aux n°s 39 et 40, où la région directement comprimée s'étend jusqu'à l'infini, une proportionnalité approximative entre p_z et w n'existe, ni sur cette région (vu qu'on y a généralement $\int w\, d\tau = \infty$ tandis que $\int p_z\, d\tau$ y est finie), ni sur la partie restée libre, où $p_z = 0$ alors que w y prend des valeurs très notables.

42. — *Recherche de cas où les pressions extérieures, nulles en moyenne et appliquées à toute la surface, produisent des abaissements qui leur soient partout proportionnels.*

Les abaissements w ne sauraient donc être proportionnels aux pressions p_z ou ρ, que dans certains des cas où celles-ci s'exerceraient sur tout le plan des xy, c'est-à-dire sur toute la surface du corps, indéfinie par hypothèse. D'ailleurs, notre analyse, où les déplacements sont supposés nuls pour z infini, ne s'étend à de pareils cas que lorsqu'on y admet que les pressions p_z, positives en certains points, négatives en d'autres, ont leur valeur moyenne nulle. Sans cela, le corps ou le sol considéré, soumis à des pressions p_z sensibles dans toutes ses couches parallèles au plan des xy, éprouverait en tous ses points des contractions $-\delta_z$ finies, aussi grandes en moyenne pour les couches profondes que pour les couches superficielles; et les enfoncements w à la surface seraient infinis, comme la profondeur que nous attribuons au corps. La formule (84) [p. 109] montre même que w croît sans limite, quand on suppose qu'une pression p_z ou ρ, constante et finie par unité d'aire, s'exerce sur une simple bande, de largeur donnée, comprise entre deux parallèles aux x, et dont on fait grandir indéfiniment la longueur : en effet, le potentiel relatif à une droite homogène s'exprime par un logarithme, qui devient infini en même temps que la droite elle-même.

Pour trouver les modes les plus simples de répartition, sur le plan des xy, de pressions p_z nulles en moyenne et aptes à produire des abaissements w qui leur soient partout proportionnels, revenons aux trois types généraux d'intégrales que nous avons obtenus dans les numéros 14 et 16. En appelant ψ une fonction continue de x, y, z, dont le paramètre différentiel, $\Delta_2 \psi$, soit identiquement nul, ou tel qu'on ait $\Delta_2 (z\,\psi) = 2\,\dfrac{d\psi}{dz}$, et en désignant par ψ' sa dérivée $\dfrac{d\psi}{dz}$, nous avons reconnu que les équations indéfinies de l'équilibre du corps sont vérifiées par les trois expressions suivantes de u, v, w, θ :

$$(138)\quad \begin{cases} u = -\dfrac{dz\psi'}{dx}, & v = -\dfrac{dz\psi'}{dy}, & w = -\dfrac{dz\psi'}{dz} + 2\,\dfrac{\lambda+2\mu}{\lambda+\mu}\,\psi', & \theta = \dfrac{2\,\mu}{\lambda+\mu}\,\dfrac{d\psi'}{dz}\,; \\[3mm] u = \dfrac{d\psi}{dx}, & v = \dfrac{d\psi}{dy}, & w = \dfrac{d\psi}{dz} = \psi', & \theta = 0\,; \\[3mm] u = -\dfrac{d\psi}{dy}, & v = \dfrac{d\psi}{dx}, & w = 0\,, & \theta = 0. \end{cases}$$

D'ailleurs, les valeurs (2) [p. 52] de p_x, p_y, p_z, spécifiées pour ces trois sortes d'expressions, deviennent respectivement :

$$(138\ bis)\quad \begin{cases} p_x = -2\,\mu\,\dfrac{d}{dx}\left(\dfrac{\mu}{\lambda+\mu}\,\psi' - z\,\dfrac{d\psi'}{dz}\right), \quad p_y = -2\,\mu\,\dfrac{d}{dy}\left(\dfrac{\mu}{\lambda+\mu}\,\psi' - z\,\dfrac{d\psi'}{dz}\right), \\[3mm] \qquad\qquad p_z = -2\,\mu\left(\dfrac{\lambda+2\mu}{\lambda+\mu}\,\dfrac{d\psi'}{dz} - z\,\dfrac{d^2\psi'}{dz^2}\right)\,; \\[3mm] p_x = -2\,\mu\,\dfrac{d\psi'}{dx}, \quad p_y = -2\,\mu\,\dfrac{d\psi'}{dy}, \quad p_z = -2\,\mu\,\dfrac{d\psi'}{dz}\,; \\[3mm] p_x = \mu\,\dfrac{d\psi'}{dy}, \quad p_y = -\mu\,\dfrac{d\psi'}{dx}, \quad p_z = 0. \end{cases}$$

Toutes les fois qu'on donne à ψ des valeurs qui, pour

$z = \mathrm{o}$, restent finies ainsi que leurs deux premières dérivées en z, et dont la dérivée troisième en z, multipliée par z, tend vers zéro à cette limite, les premières formules (138 *bis*) se réduisent, pour $z = \mathrm{o}$, à celles-ci,

$$(138\ ter) \quad (\text{pour } z = \mathrm{o}) \quad \left\{ \begin{aligned} & p_x = \frac{-2\,\mu^2}{\lambda + \mu} \frac{d\psi'}{dx}, \quad p_y = \frac{-2\,\mu^2}{\lambda + \mu} \frac{d\psi'}{dy}, \\ & \qquad\qquad p_z = -2\,\mu \frac{\lambda + 2\,\mu}{\lambda + \mu} \frac{d\psi'}{dz}. \end{aligned} \right.$$

Et l'on obtient : 1° des intégrales propres au cas où la surface ne supporte que des pressions normales p_z, en ajoutant ensemble les premières et les secondes expressions (138) de u, v, w, respectivement multipliées par 1 et par $\dfrac{-\mu}{\lambda + \mu}$; 2° des intégrales propres, au contraire, au cas où la surface ne supporte que des actions tangentielles p_x, p_y, en ajoutant encore ces premières et secondes expressions (138) de u, v, w, mais respectivement multipliées par 1 et par $-\dfrac{\lambda + 2\mu}{\lambda + \mu}$, puis en superposant aux résultats une intégrale de la troisième forme (138). Dans le premier de ces cas, où p_x et p_y s'annulent pour $z = \mathrm{o}$, les expressions de w et de p_z deviennent, à la surface :

$$(139) \quad (\text{pour } z = \mathrm{o}) \quad p_z = -2\,\mu \frac{d\psi'}{dz}, \quad w = \frac{\lambda + 2\mu}{\lambda + \mu} \psi'.$$

Observons que, dans ce même cas, la dilatation cubique ϑ, exprimée, d'après (138), par $\dfrac{2\,\mu}{\lambda + \mu} \dfrac{d\psi'}{dz}$, est toujours proportionnelle, en chaque point de la surface, à la valeur (139) de la pression extérieure p_z. Une proportionnalité analogue, de p_z à ϑ pour $z = \mathrm{o}$, subsiste aussi dans le type simple d'intégrales auquel correspondent les premières formules (138) et (138 *bis*) ; et les valeurs de u, v s'y annulent pour $z = \mathrm{o}$, en sorte que les déplacements produits à la surface lui sont perpendiculaires. Ces divers faits, signalés plus haut [p. 77 et 68], s'étendent, comme il était évident, à toutes les formes possibles de la fonction ψ.

43 — *Valeurs de w et de p_z dans ces cas.* — *Rapidité avec laquelle les effets des pressions s'y évanouissent à quelque distance de la surface.*

Rappelons que notre but actuel est de former des expressions de ψ pour lesquelles p_z et w, à la surface $z = 0$, soient partout proportionnels. Or il suffit, pour cela, de poser, dans les formules (139),

$$(140) \qquad \psi = -\frac{1}{\alpha} e^{-\alpha z} \chi(x, y), \quad \psi' = e^{-\alpha z} \chi(x, y),$$

α désignant une constante positive et χ une fonction de x et y telle, qu'on ait $\Delta_2 \psi = 0$ ou

$$(141) \qquad \frac{d^2 \chi}{dx^2} + \frac{d^2 \chi}{dy^2} + \alpha^2 \chi = 0.$$

En effet, l'expression (140) de ψ', portée dans (139), donnera

$$(141 \; bis) \quad (\text{pour } z = 0) \quad p_z = 2 \mu \alpha \chi(x, y), \quad w = \frac{\lambda + 2\mu}{\lambda + \mu} \chi(x, y);$$

de sorte que, sur toute l'étendue de la surface, le rapport de w à p_z aura la valeur constante $\dfrac{\lambda + 2\mu}{2\mu(\lambda + \mu)} \dfrac{1}{\alpha}$, inversement proportionnelle à la quantité α.

On prendra, par exemple,

$$(142) \qquad \chi = c \cos(mx + m_1) \cos(ny + n_1),$$

c, m_1, n_1 étant trois constantes arbitraires, et m, n deux constantes liées à α par la relation

$$(143) \qquad \alpha^2 = m^2 + n^2.$$

La valeur de p_z et l'équation de la surface devenue légèrement courbe sont alors, d'après (141 *bis*) :

$$(144) \quad \begin{cases} p_z = 2\,\mu\,\alpha\ c\ \cos(mx + m_1)\ \cos(ny + n_1), \\[2mm] w = \dfrac{\lambda + 2\mu}{\lambda + \mu}\ c\ \cos(mx + m_1)\ \cos(ny + n_1). \end{cases}$$

On voit que p_z et w changent simplement de signe quand mx ou ny croissent de π : ainsi ces deux fonctions de x et de y sont périodiques et ont bien leurs valeurs moyennes nulles.

Les tractions exercées sur les parties convexes de la surface et les pressions exercées sur les parties concaves se neutralisent très sensiblement, quant aux effets qu'elles produisent à une certaine profondeur z ; car les expressions générales de u, v, w, formées avec les dérivées premières de ψ et de $z\psi'$, se composent de termes contenant en facteur, les uns, l'exponentielle $e^{-\alpha z}$, d'autant plus rapidement décroissante que les concamérations de la surface ont moins de longueur et de largeur ou que le paramètre $\alpha = \sqrt{m^2 + n^2}$ est plus grand, les autres, l'expression $\alpha z e^{-\alpha z}$, qui, maxima pour $\alpha z = 1$, décroît ensuite presque aussi rapidement que $e^{-\alpha z}$.

Par exemple, dans le cas le plus simple, alors qu'on a

$$n = 0,\ n_1 = 0,\ \alpha = m = \frac{\pi}{L}$$

ou que la surface se couvre de convexités et de sillons parallèles d'une longueur infinie, à coupe sinusoïdale et d'une largeur donnée L (mesurée de crête en creux), l'exponentielle $e^{-\alpha z}$ devient $e^{-\pi \frac{z}{L}}$. A une profondeur z valant seulement la largeur L d'un sillon simple, elle se réduit à la fraction $e^{-\pi} = 0,04321$ de la valeur qu'elle présente à la surface. A une profondeur double, ou égale à la largeur 2L d'un sillon complet, mesurée de crête en crête, cette exponentielle se réduit à $e^{-2\pi} = 0,001867$, c'est-à-dire qu'elle est, dès lors, à peu près insensible. L'expression $\alpha z e^{-\alpha z}$, ou $\pi \frac{z}{L} e^{-\pi \frac{z}{L}}$, le devient à son tour pour $z = 3\,L$, car elle n'est plus alors que la fraction $3\,\pi\,e^{1-3\pi} = 0,002068$ de sa valeur maxima e^{-1}. Par suite, tous les effets des pressions exercées à la surface peuvent être censés nuls aux profondeurs plus grandes que 3 L.

C'est donc avec une extrême rapidité que s'évanouissent, dans les cas considérés ici, les déformations et les déplacements causés par des forces se faisant statiquement équilibre, dès qu'on s'éloigne de leur région d'application.

43 bis (*). — Autre cas où les pressions extérieures, généralement obliques, sont encore nulles en moyenne, mais dans lequel les déplacements à la surface ne diffèrent de zéro qu'à l'intérieur de régions limitées. — Type général d'intégrales qui comprend tous ceux qu'on a considérés plus haut, et d'où se déduisent immédiatement des formules remarquables de M. Cerruti.

Il existe évidemment une infinité de cas où des pressions, généralement obliques, sollicitant la surface $z = o$ du corps se font équilibre à elles seules ; et , si l'on n'y astreint pas les abaissements w à varier, comme tout à l'heure, proportionnellement aux composantes normales p_z, la région

(*) Numéro composé en novembre 1882 et inséré dans le mémoire au moment de l'impression.

d'application de ces pressions peut être limitée en tous sens, soit d'une manière rigoureuse, quand toutes ces forces s'exercent à l'intérieur d'un contour donné, soit d'une manière aussi approchée qu'on le veut, quand leur ensemble, en quelque sorte, occupe une étendue finie, et qu'une fraction infiniment petite d'entre elles, seule, agit en des points infiniment éloignés.

Le dernier cas comprend celui où la surface est maintenue fixe, à l'exception d'une partie, bornée en tous sens, à laquelle on suppose imprimés des déplacements u, v, w connus. Autrement dit, l'on se donne en x et y, sur toute la surface $z = 0$, non plus les pressions p_x, p_y, p_z, mais les déplacements u, v, w, sous la forme de trois fonctions, arbitraires pour certains endroits, nulles pour tous les autres. C'est un des problèmes d'équilibre posés au n° 10 (p. 52), et où sont encore vérifiées les conditions spéciales (3) [p. 53], qui expriment l'évanouissement asymptotique des phénomènes aux très grandes distances ι de l'origine. On peut même affirmer d'avance que les u, v, w y seront, par rapport à $\dfrac{1}{\iota}$, d'un ordre de petitesse supérieur au premier. En effet, les actions extérieures inconnues p_x, p_y, p_z qui produiront, sur les parties *mobiles* de la surface $z = 0$, les déplacements donnés u, v, w, tendront à entraîner bien plus tôt et bien plus les parties adjacentes, maintenues fixes, où l'on a $u = 0$, $v = 0$, $w = 0$, que la surface convexe de la demi-sphère d'un rayon très grand ι décrite dans le corps autour de l'origine comme centre; d'où il suit que ces forces seront tenues en équilibre, non par des résistances immobilisant les régions du corps infiniment éloignées, où leur action n'arrivera même pas, mais par celles qui s'opposeront à tout déplacement des points de la surface $z = 0$ situés dans le voisinage et jusqu'à des distances plus ou moins grandes de ses parties mobiles. L'action totale exercée sur la surface convexe de la demi-sphère de rayon ι tendra donc vers zéro pour ι très grand :

et les raisonnements [p. 53] qui ont conduit aux relations
(3), montreront que ces relations, non seulement subsistent, mais sont même vérifiées avec des valeurs infiniment
petites de h, k_1 et k_2. Par suite, la démonstration donnée au
n° 11 [p. 54] ne cessera pas de s'appliquer et prouvera que
la question est complètement déterminée.

Les expressions générales de u, v, w qui résolvent ce
problème d'équilibre ont été trouvées par M. Valent.
Cerruti (*). Mais on y arrive beaucoup plus simplement par
le procédé du n° 13 ci-dessus [p. 62]. Il suffit d'observer,
d'après les relations (20) de ce n° 13 (où ψ peut être remplacé par une autre lettre Φ), que, si Φ et α, β, γ désignent
quatre fonctions de x, y, z ayant leurs paramètres Δ_2 nuls,
les trois équations indéfinies (1) de l'équilibre [p. 51]
seront identiquement satisfaites en posant

$$(\varepsilon)\quad u = -\frac{d\,.z\Phi}{dx} + \alpha,\quad v = -\frac{d\,.z\Phi}{dy} + \beta,\quad w = -\frac{d\,.z\Phi}{dz} + \gamma,\quad \theta = \frac{2\mu}{\lambda+\mu}\frac{d\Phi}{dz},$$

pourvu que la condition

$$\theta = \frac{du}{dx} + \frac{dv}{dy} + \frac{dw}{dz},$$

qui définit la dilatation cubique θ, soit vérifiée. Or, avec
les valeurs (ε) de u, v, w, θ, cette condition devient, vu
l'égalité $\Delta_2\,(z\Phi) = 2\,\dfrac{d\Phi}{dz}$,

$$(\varepsilon')\qquad 2\,\frac{\lambda+2\mu}{\lambda+\mu}\frac{d\Phi}{dz} = \frac{d\alpha}{dx} + \frac{d\beta}{dy} + \frac{d\gamma}{dz}.$$

Observons, en passant, que la solution ainsi obtenue, (ε),
des équations (1), comprend toutes celles dont nous nous
sommes servi. En effet, nous en avons tiré notre premier

(*) Dans le mémoire (p. 19 à 27) cité à la p. 185 ci-dessus, et par la méthode
du Professeur Betti indiquée.

type [p. 63 à 68], en prenant $\alpha = 0$, $\beta = 0$, $\gamma = 2\dfrac{\lambda + 2\mu}{\lambda + \mu}\Phi$ et en choisissant pour Φ la dérivée par rapport à z d'une fonction ψ dont le Δ_2 soit nul. Or, nos second et troisième types [p. 72 et 73] s'en déduisent tout aussi aisément, savoir, en posant $\Phi = 0$, puis en prenant, dans le deuxième type, α, β, γ égaux aux trois dérivées en x, y, z d'une fonction qui ait son paramètre Δ_2 égal à zéro et, dans le troisième type, $\alpha = -\dfrac{d\varphi_1}{dy}$, $\beta = \dfrac{d\varphi_1}{dx}$, $\gamma = 0$, où φ_1 désigne encore une fonction dont le Δ_2 s'annule. Par suite, toute superposition d'intégrales empruntées aux trois types donne encore une solution rentrant dans les formules (ε) et (ε').

Pour en tirer également les valeurs de u, v, w qui conviennent au problème actuel, effectuons, dans (ε), les trois différentiations de $z\,\Phi$ par rapport à x, y, z. Remplaçons ensuite, tant dans la troisième (ε) que dans (ε'), la différence $\gamma - \Phi$ par une nouvelle fonction γ, qui ne sera évidemment tenue, comme la précédente γ, que d'avoir son Δ_2 nul et de satisfaire à la condition transformée de (ε'). Il viendra

$$(\zeta) \quad \begin{cases} u = -z\dfrac{d\Phi}{dx} + \alpha, \quad v = -z\dfrac{d\Phi}{dy} + \beta, \quad w = -z\dfrac{d\Phi}{dz} + \gamma, \\[2mm] \dfrac{\lambda + 3\mu}{\lambda + \mu}\dfrac{d\Phi}{dz} = \dfrac{d\alpha}{dx} + \dfrac{d\beta}{dy} + \dfrac{d\gamma}{dz}. \end{cases}$$

Enfin, prenons pour α, β, γ les dérivées premières, par rapport à z, de trois fonctions U, V, W dont les Δ_2 soient nuls; ce qui, vu la quatrième (ζ), conduira à poser

$$\Phi = \frac{\lambda + \mu}{\lambda + 3\mu}\left(\frac{dU}{dx} + \frac{dV}{dy} + \frac{dW}{dz}\right);$$

et nous aurons la formule triple

$$(\zeta') \quad (u, v, w) = \frac{d(U, V, W)}{dz} - \frac{\lambda + \mu}{\lambda + 3\mu}\,z\,\frac{d\left(\dfrac{dU}{dx} + \dfrac{dV}{dy} + \dfrac{dW}{dz}\right)}{d(x, y, z)}.$$

A la limite $z = o$, et supposé que les fonctions U, V, W aient alors leurs dérivées finies, cette solution des équations indéfinies (1) de l'équilibre devient

$$(\zeta'') \qquad (\text{pour } z = o) \quad (u, v, w) = \frac{d(\text{U}, \text{V}, \text{W})}{dz}.$$

Ainsi, les valeurs de u, v, w à la surface ne diffèrent pas des dérivées premières, par rapport à z, des trois fonctions U, V, W.

Or, si l'on conçoit étalées, sur la surface $z = o$, trois couches matérielles fictives, $\int dm'$, $\int dm''$, $\int dm$, qui aient leurs densités superficielles respectivement égales aux quotients, par -2π, des trois fonctions données exprimant les valeurs de u, v, w à la surface, et si l'on prend leurs potentiels ordinaires $\int \frac{dm'}{r}$, $\int \frac{dm''}{r}$, $\int \frac{dm}{r}$, on sait que la dérivée en z de ces trois potentiels vaudra, à la limite $z = o$, les produits de -2π par leurs densités, c'est-à-dire justement les trois fonctions connues de x, y. Et comme ces potentiels ont bien, d'ailleurs, leurs paramètres Δ, nuls dans tout l'intérieur du corps, on se trouvera satisfaire aux équations indéfinies, ainsi qu'aux conditions spéciales à la surface $z = o$, en posant, dans (ζ''),

$$(\eta) \qquad \text{U} = \int \frac{dm'}{r}, \quad \text{V} = \int \frac{dm''}{r}, \quad \text{W} = \int \frac{dm}{r}.$$

De plus, les expressions de u, v, w ainsi formées seront, sous les signes $\int$, homogènes, du degré -2, par rapport au rayon r ou à ses trois projections $x - x_1$, $y - y_1$, z sur les axes; et par suite, aux très grandes distances v de l'origine, elles deviendront de l'ordre de $\frac{1}{v^2}$. Ainsi, les conditions (3) [p. 53] seront vérifiées comme les autres, et même avec k, h_1 et h_2 infiniment petits, ainsi qu'il devait arriver.

Donc, les formules (ζ'), si l'on y attribue à U, V, W les valeurs (τ), constituent bien la solution cherchée (*).

Ce résultat, rapproché de ceux des nᵒˢ 17, 18 et (40 *bis*), nous permet de conclure par la loi suivante :

Lorsqu'un solide élastique, homogène et isotrope, limité d'un côté par un plan et indéfini dans tous les autres sens, est soumis sur ce plan à différentes actions ou y éprouve des déplacements connus, tandis que ses parties infiniment éloignées restent fixes, ses petits déplacements d'équilibre u, v, w sont représentés par les formules (z), dans lesquelles les quatre fonctions α, β, γ, Φ s'expriment au moyen de potentiels, soit ordinaires, soit logarithmiques, de couches minces $f\,dm$ étalées sur le plan et ayant pour densités superficielles, à un facteur numérique près, les composantes de déplacement ou de pression aux mêmes endroits, données dans chaque cas. Les potentiels dont il s'agit sont : 1° ordinaires, c'est-à-dire de la forme $\int \frac{dm}{r}$, quand on connaît les déplacements produits à la surface; 2° logarithmiques de la forme $f \log (z + r)\, dm$, quand ce sont des pressions extérieures normales p_z que l'on s'y donne; 3° logarithmiques de la forme $f\,[\,-r + z \log (z + r)\,]\, dm$, quand les actions connues, exercées à la surface, se réduisent, au contraire, à leurs composantes tangentielles p_x, p_y.

(*) Ce sont, sauf la différence des notations, celles qui portent le nᵒ 41 dans le mémoire cité de M. Cerruti (p. 23).

§ V. — SUR LA MANIÈRE DONT SE DISTRIBUE, ENTRE LES DIVERSES PARTIES
DE LA SURFACE DE CONTACT, LA PRESSION D'UN SOLIDE, QUI
PÈSE SUR UN SOL HORIZONTAL, OU QU'UNE FORCE CONNUE
POUSSE NORMALEMENT CONTRE UN CORPS ÉLASTIQUE
DE DIMENSIONS BEAUCOUP PLUS GRANDES
QUE CELLES DE LA ZONE TOUCHÉE

*44. — Coup d'œil général sur le problème consistant à déterminer
le mode de distribution des charges d'après la position ainsi
que la grandeur de leur résultante, et d'après la forme que
prend la surface comprimée.*

Nous avons vu au § précédent comment se calculent la
forme et la position que reçoit une partie, primitivement
plane, de la surface d'un corps élastique tel qu'un sol horizontal, quand on exerce sur cette partie de surface des pressions ou tractions normales dont on connaît la somme et le
mode de distribution. Cette position et cette forme sont parfaitement définies au moyen des nouvelles ordonnées w de
la surface. Le problème inverse consisterait à se donner,
au contraire, les abaissements w produits aux divers points
de la région d'application, *supposée connue*, où doivent
s'exercer des pressions normales, et à évaluer celles-ci.
Il a été démontré au n° 11 (p. 54) que cette nouvelle question
est complètement déterminée comme la première, vu qu'on
est libre de se donner, *sur des parties définies quelconques de
la surface*, u au lieu de p_x, v au lieu de p_y, w au lieu de p_z.

On peut en conclure, par exemple, que la surface comprimée, primitivement plane, du corps ou sol élastique,
n'éprouve dans toute son étendue les abaissements représentés par l'une quelconque des expressions de w obtenues
au § précédent, que pour la valeur totale et la distribution
particulière des pressions extérieures qui y ont été admises.

D'ailleurs, se donner les valeurs de w sur toute la surface
comprimée, c'est se donner à la fois : 1° le déplacement
vertical de l'un de ses points, comme, par exemple, l'enfoncement w_0 éprouvé par son centre de gravité ; 2° et, de plus,
l'excédent $w_0 - w$, lequel définit la forme, ainsi que l'orientation (ou mieux les deux inclinaisons suivant les x et les y),
prises par la surface.

Imaginons actuellement que l'on connaisse, d'une part,
la grandeur P de la pression totale, d'autre part, la forme et
les inclinaisons que doit recevoir la surface comprimée,
c'est-à-dire l'excès (positif ou négatif), $w_0 - w$, de l'abaissement du centre sur celui de tout autre point, et que l'on
demande le mode de distribution de la pression P, ainsi
que l'enfoncement w du centre.

On cherchera d'abord quelles pressions p_z, positives ou
négatives, produiraient, aux divers points de la région
d'application donnée, des abaissements égaux à $w - w_0$, ou
donneraient à toute la surface comprimée la forme et les
pentes voulues, sans en déplacer le centre ; problème
déterminé, comme on vient de voir. Soit P_0 la somme des
pressions ainsi définies. En retranchant de la force totale
donnée P cette somme P_0, on sera évidemment ramené,
vu la forme linéaire des équations, à chercher quel est
l'enfoncement w_0, *supposé constant sur toute la région
d'application*, que produit une pression $P - P_0$ connue en
grandeur, ou, en d'autres termes, comment doit se distribuer
cette force en excédent $P - P_0$, pour que l'enfoncement w_0 qui en résulte soit constant dans toute l'étendue de
la région d'application. Or, ce nouveau problème, plus
simple que le proposé, se trouve également déterminé par

le fait même qu'il l'est dans le cas inverse où l'on connaît
l'enfoncement constant $w = w_0$ et où l'on cherche $P — P_0$.
En effet, vu encore la forme linéaire des équations, les
déplacements u, v, w en tous les points du corps élastique,
ainsi que leurs dérivées et, par suite, les valeurs de p_x,
p_y, p_z, varieront partout dans un même rapport quelconque,
si l'on fait grandir ou décroître dans ce rapport l'expression
de w sur la partie de la surface où on se la donne, c'est-à-
dire, si l'on fait varier arbitrairement w_0. Donc, la pression
totale exercée est simplement proportionnelle à w_0, et il
n'y a qu'une valeur de w_0, pour laquelle cette pression
égale $P — P_0$. On peut même remarquer qu'elle est toujours
appliquée en un même point de la surface, puisqu'elle
résulte de forces parallèles, p_z par unité d'aire, qui conservent sans cesse leurs rapports.

En résumé, *quand on connaît la forme et les inclinaisons
que doit prendre la surface comprimée, avec la grandeur de
la pression totale exercée, le problème n'admet toujours
qu'une solution ; et il se dédouble en deux plus simples, dans
chacun desquels on se donnerait les abaissements éprouvés
par chaque point de la région d'application.*

Enfin, compliquant encore le problème, donnons-nous la
forme que doit prendre la surface comprimée, mais supposons son orientation inconnue comme le déplacement w_0 de
son centre de gravité, et, par contre, admettons que l'on
connaisse, en position autant qu'en grandeur, la pression
résultante P exercée sur la surface. Alors, les petites ordonnées, w, prises par la surface, se composeront : 1° d'une partie
définissant sa forme et connue en fonction de x et y ; 2° de
l'abaissement inconnu w_0 imprimé à son centre de gravité ;
3° et 4°, de deux termes, ayant respectivement les formes
ay, bx quand on choisit pour origine la situation primitive
de ce centre, et qui correspondent à deux petites rotations a et b, également inconnues, éprouvées par la surface
autour des deux axes des x et des y. Quant à la rotation
pareille qui peut aussi se produire autour de l'axe primitive-

ment normal des z, comme elle ne fait que transporter les
ordonnées w un peu à côté de leurs positions premières, par
un mouvement perpendiculaire à leur direction, elle ne
modifie que dans un rapport négligeable la grandeur de
celle qui se trouve, avant et après, correspondre à un même
point du plan des xy : par suite, elle n'influe pas d'une
manière sensible sur l'équation de la surface.

Cela posé, la première partie de w, celle qui est toute connue ou ne dépend que de la nouvelle forme prise par la surface comprimée, exigerait comme précédemment, pour se
produire, c'est-à-dire dans le cas où w s'y réduirait, les pressions p_z dont il a été parlé tout à l'heure, et qui ont une
résultante, P_0, complètement déterminée, tant en position
qu'en grandeur. Si donc on défalque cette résultante de la
pression donnée P, ou, autrement dit, si l'on cherche quelle
pression normale $P — P_0$, définie aussi en grandeur et en
position, il faut composer avec P_0 pour avoir la force totale
donnée P, le problème se réduira, vu le principe de la
superposition des petits effets, à disposer de cette pression
en excédent $P — P_0$ de manière à produire sur la région
comprimée, supposée plane, des déplacements w de la
forme linéaire $w_0 + ay + bx$.

Or, nous venons de voir que des déplacements égaux au
terme w_0 exigent, pour avoir lieu sur toute l'étendue de la
région d'application, une pression normale *appliquée en un
certain point constant de la surface* et proportionnelle au
coefficient w_0 de ce terme. Pour la même raison, ay et bx
étant simplement proportionnels aux coefficients a et b,
des déplacements w qui seraient soit de la forme ay, soit
de la forme bx, ne pourraient se produire que pour des
pressions p_z partout proportionnelles soit à a, soit à b et
ayant, par suite, des résultantes en raison directe aussi de a
ou de b et *appliquées à deux certains points fixes de la
surface*. Et puisque la superposition des trois systèmes de
déformations qui correspondent respectivement à $w = w_0$,
$w = ay$, $w = bx$ (sur toute la surface comprimée), doit con-

duire à des pressions p_0 ayant la résultante connue $P — P_0$, il faudra décomposer celle-ci en trois forces de même direction qu'elle et passant par les trois points fixes (de la surface) qu'on vient de définir respectivement pour les trois systèmes, problème de la statique classique qui comporte, comme on sait, une solution et une seule. Enfin, chacune des constantes w_0, a, b, astreinte à être dans un certain rapport avec celle des trois composantes obtenues de $P — P_0$ qui lui correspond, sera également susceptible d'une valeur et d'une seule.

Si donc on réussit, étant donnés des déplacements w des trois formes $w = w_0$, $w = ay$, $w = bx$ sur toute la région d'application des pressions (normales) extérieures, à déterminer les expressions correspondantes de p_0, on saura disposer des trois constantes w_0, a, b de manière que la superposition de ces déplacements produise une pression totale d'une grandeur $P — P_0$ quelconque et appliquée en un point de la surface dont les deux coordonnées x et y soient également quelconques ; résultat qu'on pouvait prévoir, puisque le nombre des conditions à remplir, concernant, comme on voit, ces deux coordonnées et la grandeur $P — P_0$, est égal à celui des constantes à déterminer w_0, a, b.

En définitive, *le problème posé, dont les données sont la forme que reçoit la surface comprimée et la pression totale qu'on y exerce, définie tant en position qu'en grandeur, et où l'on cherche la position que prend cette surface, ainsi que les lois d'après lesquelles la pression s'y répartit, est à la fois possible et déterminé ; en outre, il se ramène à plusieurs problèmes plus simples, dans chacun desquels l'abaissement w de chaque point de la surface comprimée peut être supposé connu* (*).

(*) La formule (a') de M. Beltrami (p. 160) contient, comme on a dit, la solution de ce problème plus simple, pour les cas de parité tout autour d'un point central, c'est-à-dire quand la surface comprimée prend une forme de révolution autour d'une normale à sa situation primitive. Le plus simple de ces cas, après celui,

45. — Identité de ce problème avec celui de la répartition des poids ou des pressions sur la surface de contact d'un corps dur et d'un corps ou d'un sol élastique. — Condition qui détermine la surface de contact elle-même.

Demandons-nous enfin à quelle question réelle correspond le problème théorique que nous venons d'aborder.

Il suffit, pour le voir, d'imaginer qu'on pose sur un sol élastique, horizontal et poli, un solide d'un poids donné P, beaucoup plus dur que ce sol, ou encore qu'on presse, avec une force connue et assez modérée, un tel solide contre une face polie d'un corps élastique ayant ses dimensions notablement supérieures aux dimensions de la surface de contact ; et de se demander comment se répartira, à cette surface, le poids ou la pression P. Dans l'un et l'autre cas, la base du corps dur conservera sensiblement sa forme donnée, et il est naturel d'admettre que la région directement comprimée du corps ou du sol élastique, bien plus flexible, se moulera sur cette base. D'ailleurs, à cause du poli supposé ou de l'absence de frottements, les pressions supportées par le sol ou corps élastique lui seront normales, c'est-à-dire se réduiront à la composante p_z ; et l'on connaîtra, en somme, la pression totale exercée P, tant en grandeur qu'en position, ainsi que la forme prise par la surface de contact.

Or telles sont précisément les données de notre question, en admettant du moins que le corps dur ait sa *base*, ou,

qu'on a étudié au n° 35, d'une région d'application restée plane, est celui où la surface directement comprimée reçoit la forme d'un paraboloïde de révolution. Les intégrations qu'indiquent les formules (α') et (α'') [p. 174] s'y effectuent sans difficulté et donnent des résultats démontrés dans les deux dernières pages (43 et 44) du mémoire, cité plus haut (p. 185), de M. Valentino Cerruti, *Ricerche intorno all' equilibrio de' corpi elastici isotropi*. Je ne m'y arrêterai pas, devant traiter au n° 51 *bis* le cas plus général où le paraboloïde n'est pas de révolution.

plus exactement, la partie de sa surface qui est *tout entière* en contact avec le corps élastique, bien distincte des parties contiguës et latérales de la même surface ; de sorte que la région d'application des pressions exercées puisse être censée connue à l'avance. Cela arrive quand la partie inférieure du corps ne présente que d'assez petites courbures, et d'assez faibles inclinaisons par rapport à la direction générale de la surface du sol élastique, pour qu'on soit conduit à admettre qu'elle s'y appliquera tout entière, eu égard du moins à la grandeur de la pression P, et quand, en outre, cette base ou partie inférieure est limitée par des faces latérales, perpendiculaires par exemple, se dérobant au contact du sol élastique quelque sensibles que soient devenues sur le contour les pentes de ce dernier.

Mais s'il s'agit, au contraire, d'un corps arrondi inférieurement et latéralement, où la surface de contact est variable dans de très grands rapports, d'une manière continue, en fonction de la pression P, le problème se complique ; puisque non seulement la distribution des pressions à l'intérieur d'un certain contour, mais ce contour lui-même sont inconnus. La condition supplémentaire qui détermine alors celui-ci consiste à exprimer que la pression par unité d'aire, p_z ou ρ, s'y annule, sans cesser d'être continue, quand on y arrive en venant de l'intérieur de la région d'application. En effet, d'une part, cette condition est nécessaire ; car, sur le bord de la région d'application, la fonction p_z ou ρ ne saurait être ni négative, puisque le corps dur est supposé dépourvu de toute adhérence au sol élastique, ni positive et finie, ce qui, d'après la formule (111 *bis*) et une remarque du n° 33 (p. 143 et 146), entraînerait inévitablement, tout autour de la surface de contact, une brusque surélévation du sol élastique au-dessus du prolongement de cette surface, surélévation impossible à cause de l'impénétrabilité du corps dur qui s'y étend. Et l'on conçoit, d'autre part, que la même condition soit suffisante, ou que, en exprimant la nullité de ρ sur tout le contour, on détermine au moins implicitement ce dernier. Quelle que soit, en effet, sa position, autour du point d'application de la force P, qu'on peut prendre comme pôle d'un système de coordonnées polaires R et ω, les rayons vecteurs R qui y correspondent à un nombre très grand n de valeurs de ω équidistantes entre o et 2π le définissent parfaitement, et p est, par suite, pour chaque point (x_1, y_1) de la surface, une certaine fonction de ces n rayons vecteurs R : donc, exprimer que p s'annule quand on y met pour x_1 et y_1 les coordonnées, telles que R cos ω, R sin ω, des n points considérés du contour, c'est poser, entre toutes les inconnues R, un nombre de relations précisément égal au leur, ou qui doit suffire pour former l'équation de la courbe.

S'il s'agit, par exemple, d'un sol horizontal et d'un corps convexe arrondi, ayant une forme de révolution à axe vertical, il est clair que, à chaque valeur du rayon R_1 du cercle de contact πR_1^2, il ne correspondra qu'une seule valeur possible de l'abaissement w_0 du centre, pour laquelle la fonction p s'annule dans le cercle à la limite $R = R_1$. Car, une telle valeur de w_0 étant supposée obtenue, toute variation qu'on lui fera subir, et qu'on imposera par suite à l'abaissement w des divers points de la surface comprimée πR_1^2, nécessitera la répartition, sur celle-ci, d'une certaine charge supplémentaire (positive ou négative), d'après la loi (124) [p. 158], et aura ainsi pour effet de rendre la valeur de p, au bord $R = R_1$, non plus nulle, mais infinie. Donc, pour chaque valeur de R_1, il n'y aura qu'une seule valeur possible de la pression P, et celle-ci, nulle quand $R_1 = o_1$ croîtra naturellement avec R_1 ; de sorte que, à chaque pression P, il correspondra bien une seule surface de contact πR_1^2 admissible.

L'annulation de p, ou ρ, sur tout le contour de la surface de contact d'un corps à forme arrondie et d'un sol élastique, revient encore à dire que la partie directement comprimée de ce dernier se raccorde à sa partie restée libre, sans aucune discontinuité du plan tangent ; car il a

été démontré, au n° 33 (p. 145 et 146), que c'est seulement
dans l'hypothèse d'une variation continue de φ à la sortie
de la région d'application que se produit un tel raccordement des deux portions de la surface. Lorsqu'il s'agit d'un
corps convexe en tous ses points et de révolution autour
d'une normale au sol élastique, le méridien de la partie
libre de la surface de ce sol devient concave vers le bas,
comme on a vu à la fin du n° 33 (p. 149) : ainsi les deux
méridiens du sol élastique et du corps dur s'opposent
mutuellement leurs convexités et s'éloignent de plus en
plus l'un de l'autre, hors du cercle de contact πR_1^2.

Les considérations précédentes, quoique d'une application parfois difficile, permettent de traiter aisément la
question posée, dans les cas où soit la figure formée par la
la base du corps et par la force résultante P, soit la répartition
effective de celle-ci, sont les moins compliquées possibles.
On se trouvera donc, pour ces cas, les plus simples et,
par conséquent, les plus intéressants, avoir résolu le célèbre
problème de philosophie naturelle relatif aux pressions
qu'exercent l'un sur l'autre deux corps en contact, ou relatif, notamment, à la manière dont le poids d'un corps,
supporté par un sol horizontal, se distribue entre les divers
éléments de sa base d'appui : problème posé depuis un siècle
par d'Alembert et Euler, mais qui, à ma connaissance,
avait résisté jusqu'à ce jour aux efforts des géomètres.

Sans doute, Navier a montré comment se répartit le poids
d'une barre, entre un nombre donné de points d'appui
échelonnés sur sa longueur de distance en distance (*). Mais
il assimile une barre à une ligne matérielle et chaque appui
à un point isolé : ce qui revient à éluder la question traitée
ici, c'est-à-dire la question de savoir comment la pression
s'exerçant en particulier sur chaque appui est décomposée
entre les parties élémentaires de sa petite surface de contact
avec la barre. Le vrai et difficile problème, qui consiste à

(*) *Bulletin de la Société philomathique de Paris*, année 1825, p. 35.

trouver la répartition effective d'une charge sur une base continue de support, restait donc absolument en dehors de ses recherches, intéressantes d'ailleurs pour l'ingénieur et le savant.

46. — *Résolution du problème pour certaines formes de la base du corps dur et pour certaines positions de la pression résultante, notamment quand la base est plane, limitée par un contour circulaire ou elliptique, et que la pression normale exercée passe par son centre.*

La question se simplifie quand il y a, dans la figure que composent la base du corps dur et la force donnée P, une symétrie suffisante pour que l'orientation prise par ce corps soit parfaitement connue. Alors les deux petites rotations a, b s'annulent et l'expression de l'excès, $w_o - w$, de l'abaissement du centre de la surface de contact sur celui de ses autres points est parfaitement définie par la forme seule de cette surface. On retombe donc sur l'avant-dernier problème posé au n° 44 (p. 204), où l'on se donnait $w_o - w$ en tous les points de la région d'application, ainsi que la grandeur de la résultante P, et où l'on cherchait, avec w_o, le mode de répartition de cette résultante. Il faudra seulement, quand les limites de la base d'appui ne seront pas connues, lui attribuer successivement divers contours, jusqu'à ce qu'on obtienne celui pour lequel la fonction p_z ou ρ s'annulera sur toute sa longueur.

Si, en particulier, la pression totale P vaut 1 (ou est choisie pour unité) et que la formule donnée de $w - w_o$, définissant la forme que reçoit sa surface d'application primitivement plane, se trouve être une de celles que nous avons calculées au § précédent, le mode cherché de distribution de la pression ne pourra pas différer du mode représenté par l'expression correspondante ρ prise comme point de départ du calcul. La pression sera donc distribuée ou uniformément, ou paraboliquement, etc.

Le problème se trouverait encore résolu, si les valeurs données de $w - w_0$ s'obtenaient, en ajoutant plusieurs des expressions de $w - w_0$ calculées dans le § précédent, après les avoir multipliées respectivement par des coefficients positifs ou négatifs dont la somme vaille l'unité ; car on n'aurait qu'à diviser la pression totale en parties proportionnelles à ces coefficients, puis à répartir chaque fraction conformément au mode représenté par la formule correspondante de ρ.

Le cas le plus simple est celui où la région d'application, limitée par une ellipse ou un cercle, reste plane et parallèle à sa situation primitive de repos. Alors la pression se distribue d'après la loi énoncée au n° 37 (p. 162) et qu'exprime la formule (128). Si l'on suppose, par exemple, les abaissements w produits par un disque à base elliptique, chargé de poids ayant leur centre de gravité général sur la verticale du centre du disque, on pourra énoncer la loi suivante :

Quand un disque elliptique solide, posé sur un sol horizontal élastique, reçoit des poids dont la résultante (y compris le sien propre) passe par son centre, et quand, au-dessous de ce disque, le sol reste plan, la charge supportée par chaque élément de la surface de contact est celle qui se trouverait directement au-dessus de l'élément considéré, si l'on distribuait préalablement la charge totale sur la surface convexe d'un demi-ellipsoïde ayant pour base le disque même et pour axe vertical une droite de longueur quelconque, en la répartissant, aux divers points, proportionnellement à la distance qui y sépare ce demi-ellipsoïde d'un autre demi-ellipsoïde infiniment voisin, concentrique, semblable et semblablement placé.

Dans le cas particulier où le disque est circulaire, on peut prendre pour demi-ellipsoïde la calotte demi-sphérique construite sur sa base, et distribuer uniformément la charge sur toute la surface de cette calotte, puis projeter chacune de ses parties sur le plan du disque, comme on fait, pour les divers détails d'un hémisphère terrestre, dans les cartes géographiques où un tel hémisphère est vu orthographiquement.

47. — *Des circonstances qui se présentent sur le contour de la surface comprimée*

On voit que la pression exercée par l'unité d'aire de la base du disque va en croissant du centre au bord, et qu'elle devient même infinie sur le bord. Il devait en être ainsi, à cause de l'hypothèse, introduite dans les calculs, d'une forme absolument plane du sol élastique en tous les points de la surface de contact. Nous avons trouvé en effet (n° 33, p. 142) que, à l'intérieur d'une région d'application ayant son contour convexe, l'abaissement w décroît, à l'approche de ce contour, toutes les fois que la pression p par unité d'aire n'y grandit pas indéfiniment. La forme plane exige donc, pour être maintenue jusqu'au bord même de la région d'application, une pression, exercée sur le bord, supérieure à toutes celles que peuvent comporter les degrés de résistance du sol élastique et du disque placé au-dessus, si dur qu'il soit.

En réalité, d'une part, il n'est pas possible que la base du disque se termine par une arête assez vive pour y limiter brusquement la surface de contact ; d'autre part, cette base, pressée sur son contour plus qu'au centre, devient très légèrement convexe. Pour ces deux raisons, la véritable surface d'application des pressions p_z ne peut rester tout à fait plane et prend une forme un peu creuse, même en continuant à supposer, comme il est naturel de le faire, que le sol ne cesse pas de toucher le milieu de la base du disque. Dans ces conditions, la région d'application des pressions p_z présente, à l'intérieur, des courbures insensibles, mais, sur le bord, des courbures très notables, suffisantes pour établir le raccordement avec la partie libre de la surface et sauvegarder ainsi, comme on a vu au n° 33 (p. 146), la continuité de p_z, par son annulation à la limite des deux parties. En conséquence, l'hypothèse d'une forme absolument plane du sol sous le disque, et le mode corrélatif, (128), de distribution des pressions p ou p_2, correspondent à un cas limite, purement idéal, dont la réalité peut s'approcher, en quelque sorte, autant qu'on le veut, sans l'atteindre jamais. D'ailleurs, les écarts qui existent entre la relation (128) et les véritables formules de distribution, écarts comparables, en chaque endroit, à ceux qui y distinguent la vraie surface de contact d'avec une surface plane, et n'entraînant en tout que le déplacement de minimes fractions de la pression totale P, dépendent, d'après des lois inconnues, du degré de dureté du disque et de la courbure plus ou moins adoucie de l'arête qui limite sa base. S'il arrivait que l'arête fût trop vive, elle entaillerait le sol. Mais la surface comprimée, plutôt que d'acquérir sur le contour une courbure infinie, s'infléchirait jusqu'à son centre et fuirait ainsi le disque, dont une zone étroite, contiguë au bord et courbée par l'excès de la compression, serait alors seule en contact avec elle, et lui transmettrait toute la charge.

A en juger par des expériences de M. Tresca faites, il est vrai, sur des plaques libres de fléchir à leur face inférieure, et trop peu épaisses pour être assimilables à un sol de profondeur indéfinie (*), les choses se passeraient justement de cette manière, sous les très fortes pressions qui altèrent la contexture du corps élastique et laissent à sa surface des empreintes durables, comme, par exemple, quand un poinçon à base plate, poussé fortement et normalement contre un bloc de fer, y produit un creux persistant. En effet, dans les observations dont il s'agit, la partie centrale des empreintes est restée définitivement concave, après l'enlèvement du poinçon cylindrique qui les avait creusées. On y a constaté aussi que, par exemple, des traits de différentes formes, comme de légères stries, qui existaient sur cette partie centrale antérieurement à l'action du poin-

(*) *Mémoire sur le poinçonnage des métaux* (p. 66) au *Recueil des Savants étrangers de l'Académie des Sciences de Paris*, t. XX, 1872.

çon, continuaient à subsister après ou n'étaient nullement
effacées par cette action : fait qui s'explique tout naturellement dans l'hypothèse d'une forme concave de la surface.
Il est bon toutefois de remarquer qu'il ne suffirait pas
complètement, par lui-même, à la faire admettre ; car, la
région périphérique étant incontestablement, d'après la loi
de répartition obtenue, beaucoup plus pressée que le centre,
rien ne dit qu'un écrasement doive se produire, à aucun
moment, dans la région centrale, supposée même être
restée plane, ni, par suite, que les caractères de structure
qu'elle présente doivent disparaître, alors que le contour
éprouve, au contraire, des altérations profondes. Mais ce
phénomène curieux, de la parfaite conservation de légères
stries à la partie centrale d'une surface poinçonnée, n'en
démontre pas moins, bien entendu, comme l'a fait voir
M. Tresca, l'existence, sous tout poinçon à base plate qui
s'enfonce dans une plaque ductile, d'une proue qu'il pousse
presque sans la toucher, si ce n'est sur le contour, et dont
la couche superficielle reste comme libre, pendant que toute
la matière contiguë est transformée profondément.

Quoi qu'il en soit de cette assimilation, nullement
certaine, entre des plaques d'une assez forte épaisseur mais
susceptibles encore de fléchir et un sol d'une épaisseur
indéfinie, quant à leur manière de subir l'action d'un poinçon à base plate et à contour anguleux, les considérations,
données tout à l'heure, sur les modes de répartition des
pressions p ou p_z voisins de celui qu'exprime la formule
(128), mais avec annulation de p_z sur le contour, démontrent
que cette formule (128), en tant qu'approchée, trouvera son
application dans le cas des disques à bases elliptiques
planes ou très peu courbes, limitées par une arête suffisamment usée ou arrondie ; puisque de tels modes de distribution donnent justement à la surface comprimée des
formes comme la leur. La relation (128) n'y sera notablement en défaut qu'aux divers points d'une bande étroite
contiguë au contour, là où se produira le décroissement

rapide de p_z à l'approche du bord. Mais il est clair que ce décroissement ne supprime qu'une pression totale insensible (laquelle se trouve portée ou mieux dispersée sur tout l'intérieur de la région d'application); et qu'il est sans influence appréciable sur les déplacements u, v, w ainsi que sur les déformations du sol élastique, abstraction faite de la zone même où il a lieu. Il constitue donc, comme on a dit vers la fin du n° 33 (p. 149), une perturbation purement locale, n'empêchant pas les lois obtenues, qui découlent du mode de distribution (128), de s'appliquer partout ailleurs qu'au bord du disque.

On a vu, au même endroit du n° 33, qu'une telle perturbation se produit inévitablement sur le contour d'une surface comprimée, quelle que soit la forme de ce contour, toutes les fois que la pression p_z se trouverait y passer brusquement, sans cette perturbation, d'une valeur plus ou moins considérable à la valeur nulle qu'elle a hors du contour. L'ingénieur et le physicien en observent, du reste, d'analogues dans une infinité de cas, par exemple, aux extrémités des tiges et sur le bord des plaques, là où l'état physique varie aussi rapidement dans le sens des grandes dimensions que dans le sens des petites (contrairement à ce que suppose, au fond, la théorie classique de ces corps). Ces extrémités des solides allongés ou aplatis constituent donc, comme les bords de nos régions d'application, des zones exceptionnelles, sièges d'un état spécial, plus complexe que celui de l'ensemble, et qui reste inabordable à notre analyse même quand nous pouvons exprimer très bien l'état général du corps.

*18. — Réflexions sur l'emploi de la discontinuité en Physique
mathématique.*

Un passage par l'infini, comme celui que nous venons de
rencontrer , et d'autres discontinuités non moins inat-
tendues en général , telles que des changements brusques
dans les lois des phénomènes quand on traverse la surface
de séparation de deux certaines régions d'un même milieu ,
se présentent parfois en Physique mathémathique, comme
conséquence d'hypothèses simplificatrices trop absolues
introduites dans les calculs ; et elles ne surprennent pas ou,
du moins, ne surprennent plus les géomètres.

Par exemple, quand on étudie l'écoulement bien continu
d'un liquide, dans un tube droit mouillé par ce liquide et
dont la section est un secteur de cercle de plus de 180°,
c'est-à-dire affecté d'un angle rentrant, le frottement,
rapporté à l'unité d'aire, que le fluide exerce sur la paroi,
devient infini le long de l'arête vive projetée par celle-ci vers
l'intérieur. Et cela se conçoit : car une arête infiniment étroite
est censée se trouver alors en conflit avec tout le fluide voisin,
compris dans l'angle dièdre des deux plans menés suivant
sa longueur perpendiculairement aux faces planes de la
paroi , et elle est, en quelque sorte, chargée de retenir à
elle seule tout ce *front fini* de fluide ; force lui est bien , en
de telles circonstances, de déployer par unité d'aire une
résistance infinie , ou de se désagréger si elle n'en est pas
capable. Donc, dans ce cas , la nature repousse absolument
l'hypothèse des arêtes vives et exige qu'on les remplace par
des parties à très grandes courbures.

De fait, les arêtes et les angles, pris en toute rigueur, ne
sont que des constructions idéales , dont la réalité peut approcher sans être tenue de les reproduire d'une manière
adéquate. On ne les emploie dans les applications que
pour rendre plus faciles certains problèmes ; car , si la

continuité simplifie les choses quand elle en relie plusieurs
qui suivent une même loi, elle les complique, au contraire,
le plus souvent, lorsqu'elle établit la transition entre deux
catégories d'objets ou de faits régies par deux lois simples
différentes; et c'est alors une discontinuité fictive, un
passage brusque de la première catégorie à la seconde,
qui rend les questions abordables. Cette circonstance se
produit justement dans le problème du disque plat et dur
posé sur un sol élastique : la supposition d'un brusque
passage de la forme plane, qu'a la surface au-dedans de la
région d'application, à une forme d'une courbure notable
au dehors, avec changement immédiat de la direction et
disparition instantanée de toute pression extérieure, nous a
seule permis de le résoudre : car le détail des vrais phénomènes locaux qui se présentent le long du contour nous
restera peut-être toujours inabordable.

Une difficulté pareille à celle de la question précédente
de l'écoulement d'un liquide se présente dans le problème,
qui n'en diffère pas analytiquement, de la torsion d'un
cylindre dont la section est encore un secteur circulaire
de plus de 180° : problème intéressant, résolu en premier
lieu par MM. W. Thomson et Tait, au n° 710 de leur *Traité
de philosophie naturelle*, et repris récemment, avec des
détails analytiques et numériques importants, par M. de
St-Venant (*). Quand on y suppose l'angle rentrant taillé
à arête vive, la fibre longitudinale placée à cette arête est
soumise à un effort tranchant infini par unité d'aire ; en
sorte que cette fibre devrait être rompue par la plus faible
torsion, même imperceptible.

Ces divers cas de discontinuité sont accompagnés du
passage par l'infini de certaines quantités qui, dans la
réalité physique, ne le comportent pas. Mais on peut citer
aussi des exemples remarquables, où une discontinuité,

____

(*) *Comptes-Rendus de l'Académie des Sciences* : 2 et 9 décembre 1878, tome
LXXXVII, p. 849 et 893; 27 janvier 1879, t. LXXXVIII, p. 142.

soit inhérente à la nature des choses, soit introduite par les
conditions de notre science et des points de vue imposés à
notre esprit, se présente même à l'intérieur d'un milieu
homogène, c'est-à-dire ailleurs que sur la surface de séparation de deux matières différentes, sans qu'on y observe
nécessairement un semblable passage par l'infini.

Tel est, dans la théorie du régime permanent des cours
d'eau, le phénomène du *ressaut*, rapide exhaussement
(suivant le sens d'amont en aval) de la surface liquide, qui
rompt la continuité en arrêtant la propagation, vers l'amont,
des influences régulatrices de l'écoulement en aval; au
point que les deux parties du cours d'eau reliées par le
ressaut présentent deux régimes très distincts, *torrentueux*
à l'amont, *tranquille* à l'aval (*). Telle est encore, dans
l'étude de l'état ébouleux d'un massif pulvérulent soutenu
par un mur qui commence à se renverser, la division fré-
quente du massif en deux parties, dont la plus petite est
contiguë au mur, régies par des lois très différentes (**).
Cette division peut bien, il est vrai, être rendue plus sensible, dans la moitié des cas, par une légère hétérogénéité,
continuement variable, que la théorie suppose alors dans
la petite partie; mais elle y existerait sans cela. Et, quant
aux autres cas, savoir, ceux où la face du mur en contact
avec le massif plonge sous celui-ci en s'éloignant de la
verticale au-delà d'une certaine limite, la petite partie,
supposée parfaitement homogène et de même constitution
que la grande, n'y passe pourtant pas, comme elle, à l'état
ébouleux : elle s'en distingue ainsi d'une manière essentielle.

On pourrait citer encore, dans l'écoulement d'une masse
fluide, la division spontanée de cette masse, à l'entrée de
tout élargissement brusque de son lit, en une portion prin-

(*) Voir, par exemple, mon *Essai sur la théorie des eaux courantes*, p. 147,
291, etc.

(**) Voir mon *Essai théorique sur l'équilibre des massifs pulvérulents*, etc., n° 47,
p. 121 et suivantes.

cipale, qui continue son trajet avec une vitesse plus ou moins ralentie, et une autre dont le mouvement se réduit presque à des tourbillonnements sur place.

Et je ne parle pas de diverses discontinuités, moins naturelles peut-être, mais non moins précieuses comme moyen d'étude, que fait introduire, dans des théories difficiles, encore à leur début, l'ignorance où l'on se trouve des transitions reliant certaines phases ou variétés simples des phénomènes, connues longtemps avant les autres.

Par exemple, Macquorn-Rankine, pour évaluer la poussée qu'exerce de bas en haut un sol sablonneux, sur un prisme solide droit qu'on y enfonce verticalement, admet que le sable sous-jacent, compris entre les prolongements inférieurs des faces latérales du prisme, est soumis à un écrasement vertical uniforme, avec détente dans les sens latéraux, et que le sable extérieur contigu éprouve, au contraire, jusqu'à quelque distance, un écrasement uniforme dans les sens latéraux, avec détente dans le sens vertical. Il suppose donc que, dans la masse sablonneuse supportant le prisme immergé, l'orientation de l'élément plan soumis, en chaque point, à la pression la plus grande, change brusquement de 90° quand on traverse la surface formée par le prolongement, vers le bas, des faces latérales de ce prisme. M. Tresca, en édifiant sa théorie du poinçonnage et de l'écoulement des corps plastiques, a, de même, distingué, soit dans le bloc qu'on poinçonne, soit dans celui qu'un piston force à s'écouler hors d'un vase cylindrique par un orifice ouvert en son fond, un cylindre central, situé au-dessous du poinçon ou en face de l'orifice, et un anneau entourant ce cylindre, parties dont la première ou la seconde, suivant les cas, éprouve encore un écrasement, et l'autre, une détente, dans le sens vertical.

Cette théorie du poinçonnage offre encore un exemple remarquable d'une autre sorte de discontinuité, relative aux deux manières très différentes dont se comporte successivement une même masse ductile, ou dont se compor-

tent simultanément deux masses sensiblement pareilles,
suivant que l'épaisseur y est un peu au-dessus ou un peu
au-dessous d'une certaine limite. Elle se produit quand un
bloc, assez épais, poinçonné à sa surface supérieure, repose
sur un plan rigide, percé, vis-à-vis du poinçon, d'un orifice
de même diamètre que celui-ci. Alors le cylindre central,
comprenant la matière située juste au-dessous du poinçon
et au-dessus de l'orifice, est d'abord écrasé jusqu'à ce qu'il
n'ait plus qu'une certaine épaisseur, puis séparé par glissement ou cisaillement de l'anneau qui l'entoure et chassé
par l'orifice. Or c'est en admettant que le cisaillement fait
suite à l'écrasement, sans qu'il survienne entre ces deux
modes simples de déformation d'autres modes intermédiaires plus compliqués, et en exprimant que l'un succède
à l'autre dès qu'il cesse d'exiger plus d'efforts que lui mais
commence, au contraire, à en exiger moins, que M. Tresca
a pu évaluer la hauteur de la débouchure finalement
expulsée (*).

49. — *Mise en équation générale du problème.*

Mais revenons au problème général consistant à se donner
la pression totale P, avec le contour de la surface comprimée et la forme qu'elle doit prendre, pour en déduire la
position d'équilibre de cette surface et le mode de répartition de la pression. Nous l'avons ramené (n° 44) à d'autres
plus simples et également déterminés, dans chacun desquels on suppose connus les abaissements w aux divers
points de la surface comprimée, et où l'on demande les
pressions p, ou ρ qui s'y trouvent appliquées par unité d'aire.

D'après la formule générale (84) de w [p. 109], il suffira,
pour résoudre ces derniers problèmes, de déterminer la den-

(*) On peut voir, pour toutes ces questions, mon *Essai théorique sur l'équilibre
des massifs pulvérulents, comparés aux massifs solides, etc.* (n°ˢ 50 et 51, p. 137
à 145 et p. 174).

sité ρ, par unité d'aire, d'une couche matérielle étalée sur une partie connue σ du plan des xy, de telle manière que son potentiel, $U = \int \frac{\rho\,d\sigma}{r}$, ait la valeur donnée

$$(145) \quad \begin{cases} \text{(pour } z = 0 \text{, en chaque point de la surface comprimée)} \\ U = \dfrac{4\pi\mu\,(\lambda + \mu)}{\lambda + 2\mu}\,w. \end{cases}$$

D'ailleurs, ce potentiel vérifie dans tout l'espace l'équation indéfinie $\Delta_2 U = 0$, ou

$$(146) \qquad \frac{d^2 U}{dx^2} + \frac{d^2 U}{dy^2} + \frac{d^2 U}{dz^2} = 0.$$

Il prend de plus, évidemment, deux valeurs égales quand on change z en $-z$, c'est-à-dire pour deux points symétriquement placés par rapport à la couche; et, comme, en dehors de celle-ci, il varie avec continuité, ainsi que ses dérivées, même sur le plan des xy, sa dérivée première est nulle le long du chemin dz joignant un point infiniment voisin de ce plan, et sensiblement distant de la région d'application, à un autre symétrique. On a ainsi

$$(147) \qquad (\text{pour } z = 0 \text{, hors de la surface comprimée}) \qquad \frac{dU}{dz} = 0.$$

Enfin, pour tout point dont la distance ζ à l'origine est très grande en comparaison des dimensions de la surface comprimée, le potentiel vaut à fort peu près $\int \frac{dP}{\zeta}$, c'est-à-dire qu'il est de la forme $\frac{K}{\zeta}$, où K désigne un nombre fini; et sa dérivée par rapport à ζ égale par suite, sensiblement, $- \frac{K}{\zeta^2}$, ou est de la forme $- \frac{K_1}{\zeta^2}$, K_1 étant également un nombre qui reste fini. On peut donc écrire :

$$(148) \qquad (\text{pour } \tau \text{ très grand}) \qquad U = \frac{K}{\tau}, \qquad \frac{dU}{d\tau} = -\frac{K_1}{\tau^2}.$$

Telles sont les formules qui doivent conduire, le plus simplement possible, au potentiel U. Elles déterminent complètement cette fonction, comme nous allons le démontrer ; et il importe d'observer qu'elles la détermineraient également, si, au lieu de la première condition, (145), on en avait une autre, de la forme

$$(145 \ bis) \quad \left\{ \begin{array}{l} (\text{pour } z = 0, \ \text{sur toute la surface comprimée}) \\[2mm] \dfrac{dU}{dz} = \text{une fonction connue}, \ -2\pi \rho \,(x, y), \text{ de } x \text{ et } y. \end{array} \right.$$

On le voit en remplaçant, dans les formules (145) et (145 *bis*) à (148), U par U + U′ ; ce qui donne, en U′, des équations de même forme, mais où le second membre de la condition spéciale transformée de (145) ou de (145 *bis*) est nul. Alors, multipliant par U′ $d\varpi$, ou par U′ $dx dy dz$, l'équation $\Delta_2 U' = 0$, puis intégrant dans tout l'espace ϖ compris, du côté des z positifs, entre le plan des xy et une sphère d'un très grand rayon τ décrite autour de l'origine comme centre, appliquant à chaque terme le procédé de l'intégration par parties, comme au n° 11 (p. 55), et tenant compte des conditions (145) ou (145 *bis*), (147) et (148), spéciales aux surfaces limites, on trouve finalement, pour τ infini.

$$\int \left(\frac{dU'^2}{dx^2} + \frac{dU'^2}{dy^2} + \frac{dU'^2}{dz^2} \right) d\varpi = 0.$$

Donc les dérivées de U′ en x, y, z sont nulles partout, et U′, devant tendre vers zéro quand τ grandit, s'annule également.

Cela posé, admettons qu'on ait obtenu la fonction unique U qui satisfait aux équations (145), (146), (147) et (148). La dérivée $\dfrac{dU}{dz}$ de cette fonction acquerra certaines valeurs,

— 226 —

que je représenterai par $- 2\pi\rho(x, y)$, quand, pour des
valeurs de x et de y égales aux deux coordonnées d'un
point de la région d'application, on fera décroître z
jusqu'à zéro. On serait donc également tombé sur cette
fonction U déjà trouvée, si l'on avait connu ces valeurs
$- 2\pi\rho(x, y)$, et si l'on s'était donné pour point de départ la
condition spéciale (145 *bis*) à la place de (145). Or, dans
ce second cas, on aurait eu pour U le potentiel

$$(149) \qquad U = \iint \frac{\rho(x_1, y_1)\, dx_1\, dy_1}{\sqrt{(x - x_1)^2 + (y - y_1)^2 + z^2}} = \int \frac{dm}{r};$$

car celui-ci satisfait évidemment aux équations (146), (147),
(148) et de plus, vu la première formule (31) [p. 67], il
vérifie la condition spéciale (145 *bis*). Donc, *une fois l'intégrale U des équations* (145), (146), (147) *et* (148) *déterminée*,
comme la relation (149) montre que cette intégrale U
égalera toujours, quelles que soient les valeurs données de
w sur la région d'application, le potentiel d'une certaine
couche étalée sur cette région et ayant sa densité superficielle $\rho(x, y)$ astreinte à vérifier la condition (145 *bis*), *on
aura la pression demandée* ρ, *qui s'exerce sur l'unité d'aire
aux divers points* (x, y) *de la surface, au moyen de la formule*

$$(150) \qquad \rho = - \frac{1}{2\pi} \frac{dU}{dz} \quad (\text{pour } z = o);$$

cette formule, à cause de la condition (147), *s'applique même
aux parties libres de la surface* $z = o$ *du corps élastique.*

50. — *Cas d'un disque plat et horizontal posé sur un sol élastique : la pression se distribue, à la surface de ce disque, comme le ferait, s'il était isolé et conducteur, une charge électrique qui s'y trouverait en équilibre.*

Admettons en particulier que le solide compresseur ait sa base plane et parallèle à la surface générale du sol ou du corps élastique. Alors, dans le second membre de (145), l'enfoncement w recevra partout la valeur constante w_0 relative au centre. L'équation (145) signifiera donc que la surface comprimée est une de celles qu'on appelle *de niveau*, c'est-à-dire *d'égal potentiel* U : condition caractéristique, comme on sait, de l'équilibre d'une charge d'électricité, à l'intérieur d'une plaque mince conductrice et isolée qui coïnciderait avec la surface comprimée elle-même. Donc, *quand un disque solide, découpé suivant une forme plane quelconque, est posé sur un sol élastique horizontal, et chargé de poids avec assez de symétrie pour qu'il conserve l'horizontalité, la charge totale se distribue entre les diverses parties de sa base, supposée partout en contact avec le sol, comme le ferait une charge électrique sur le même disque, s'il était isolé et conducteur.*

Remarquons toutefois que la conservation de l'horizontalité de la surface jusqu'au bord de la région comprimée exigerait, d'après ce qui a été démontré au n° 33 (p. 142), une pression p ou p_e (par unité d'aire) infinie sur le bord, du moins aux parties convexes de ce contour ou, plus exactement à celles dont la tangente ne le coupe nulle part. Il se produira donc forcément, en ces endroits, les perturbations locales dont il a été longuement question, au n° 47 (p. 216), pour les cas particuliers d'un contour circulaire ou elliptique.

51. — *Exemple du disque elliptique : calcul des abaissements qu'il produit à la surface du sol.*

Empruntons, en vertu de ce qui précède, à la théorie de l'électricité statique, l'expression du potentiel pour une plaque elliptique dont la charge égale 1 et qui a son contour représenté par l'équation

$$(151) \qquad \frac{x^2}{a^2} + \frac{y^2}{b^2} = 1.$$

Cette expression est

$$(152) \qquad U = \int_{\nu}^{\infty} \frac{d\nu}{\sqrt{(a^2 + \nu^2)(b^2 + \nu^2)}}.$$

intégrale où la limite inférieure ν, fonction de x, y, z, désigne le demi-axe vertical de l'ellipsoïde

$$(153) \qquad \frac{x^2}{a^2 + \nu^2} + \frac{y^2}{b^2 + \nu^2} + \frac{z^2}{\nu^2} = 1,$$

qui passe par le point quelconque (x, y, z) de l'espace. En calculant préalablement, par la différentiation de (153), les expressions $\dfrac{d\nu^2}{dx^2} + \dfrac{d\nu^2}{dy^2} + \dfrac{d\nu^2}{dz^2}$ et $\Delta_2\nu$, on vérifie assez aisément que cette fonction U de x, y, z satisfait à l'équation indéfinie (146). D'ailleurs, comme ν est très grand devant a et b pour tous les points (x, y, z) situés à des distances considérables de l'origine, les formules (153) et (152) deviennent sensiblement, pour ces points :

$$\frac{x^2 + y^2 + z^2}{\nu^2} = 1 \quad \text{ou} \quad \nu = r, \quad \text{et} \quad U = \int_{r}^{\infty} \frac{d\nu}{\nu^2} = \frac{1}{r};$$

de sorte que les conditions (148) sont également satisfaites.

De plus, quand $z = 0$, l'équation (153) donne $\nu = 0$ aux points intérieurs à l'ellipse (151), points où il faut qu'on ait $\frac{z^2}{\nu^2} > 0$, puisque la somme $\frac{x^2}{a^2 + \nu^2} + \frac{y^2}{b^2 + \nu^2}$ y est nécessairement plus petite que 1. Donc, pour tous ces points, l'expression (152) de U se réduit à la constante

$$(154) \qquad U_0 = \int_0^\infty \frac{d\nu}{\sqrt{(a^2 + \nu^2)(b^2 + \nu^2)}} \, ;$$

et la condition (145) est encore satisfaite, si l'on admet que la valeur connue de w, relative à la région d'application, soit

$$(155) \quad \left\{ \begin{array}{c} \text{(à l'intérieur de la surface elliptique comprimée)} \\[4pt] w = \frac{\lambda + 2\mu}{4\pi\mu(\lambda + \mu)} \int_0^\infty \frac{d\nu}{\sqrt{(a^2 + \nu^2)(b^2 + \nu^2)}} \end{array} \right.$$

Enfin, la différentiation de (153) par rapport à z donnant

$$\left[\frac{x^2}{(a^2 + \nu^2)^2} + \frac{y^2}{(b^2 + \nu^2)^2} + \frac{z^2}{\nu^4} \right] \nu \frac{d\nu}{dz} = \frac{z}{\nu^2} \, ,$$

ou bien

$$(155\ bis) \qquad \frac{d\nu}{dz} = \frac{z}{\nu} \left[\frac{z^2}{\nu^2} + \frac{x^2 \nu^2}{(a^2 + \nu^2)^2} + \frac{y^2 \nu^2}{(b^2 + \nu^2)^2} \right]^{-1} ,$$

la dérivée $\frac{d\nu}{dz}$ s'annule pour $z = 0$ et $\nu > 0$, c'est-à-dire sur le plan des xy mais en dehors de l'ellipse que représente (151). Par suite, la dérivée $\frac{dU}{dz}$, qui vaut, d'après (152),

$$(155\ ter) \qquad \frac{dU}{dz} = - \frac{1}{\sqrt{(a^2 + \nu^2)(b^2 + \nu^2)}} \frac{d\nu}{dz} ,$$

s'y annule aussi, et la condition spéciale (147) est satisfaite

— 228 —

comme l'étaient déjà toutes les autres équations du problème posé.

Puisque l'expression (152) de U convient, il reste à lui
demander la valeur $\wp$ de la charge que supporte, par unité
d'aire, chaque élément de la base elliptique d'appui. A cet
effet, observons que l'équation (153), spécifiée pour les
coordonnées x, y des points intérieurs à l'ellipse et pour z
infiniment petit, donne tout à la fois, dans la parenthèse
de (155 *bis*), $\nu = 0$, $\dfrac{z^2}{\nu^2} > 0$. Donc cette parenthèse s'y réduit
à $\dfrac{z^2}{\nu^2}$, et il vient pour tous les points de la base d'appui, en
tenant finalement compte de (153),

$$\frac{d\nu}{dz} = \frac{\nu}{z} = \left(1 - \frac{x^2}{a^2} - \frac{y^2}{b^2}\right)^{-\frac{1}{2}}.$$

Portons cette valeur de $\dfrac{d\nu}{dz}$ dans (155 *ter*), où nous aurons
posé en outre $\nu = 0$, et la formule (150) fournira bien
l'expression (128) de $\wp$ [p. 162], à laquelle nous avait déjà
conduit une méthode purement géométrique.

L'analyse actuelle nous fait connaître de plus, pour le
cas général d'une surface comprimée elliptique, l'expression
des abaissements w produits sur tout le plan des xy. La
formule (84) [p. 109], dans laquelle $\displaystyle\int \frac{d\mathrm{P}}{r}$ n'est autre chose
que U, devient, en effet, vu la relation (152),

$$(156) \qquad x = \frac{\lambda + 2\mu}{4\pi\mu(\lambda + \mu)} \int_\nu^\infty \frac{d\nu}{\sqrt{(a^2 + \nu^2)(b^2 + \nu^2)}},$$

où, d'après l'équation (153) prise avec $z = 0$, la limite
inférieure ν de l'intégrale s'annule, pour les points (x, y)
de la surface intérieurs au contour elliptique donné (151),
et désigne la racine positive de l'équation

$$(156\ bis) \qquad \frac{x^2}{a^2 + \nu^2} + \frac{y^2}{b^2 + \nu^2} = 1,$$

pour les points (x, y) de la surface qui sont extérieurs au même contour, c'est-à-dire pour la partie libre de la surface.

Quand l'ellipse (151) se réduit à un cercle, ou que $a^2 = b^2 = R_1^2$, la formule (153), appliquée aux points du plan des xy dont la distance à l'origine est ρ, devient :

$$(\text{pour } \rho < R_1)\ \nu = 0, \quad (\text{pour } \rho > R_1)\ \nu = \sqrt{\rho^2 - R_1^2}.$$

D'ailleurs, l'intégrale $\displaystyle\int_{\nu}^{\infty} \frac{d\nu}{\sqrt{(a^2 + \nu^2)(b^2 + \nu^2)}}$ vaut alors $\dfrac{1}{a}\left(\dfrac{\pi}{2} - \text{arc tang } \dfrac{\nu}{a}\right)$, c'est-à-dire

$$\frac{\pi}{2R_1},\ \text{pour } \rho < R_1,$$

et

$$\frac{1}{a}\,\text{arc tang }\frac{a}{\nu} = \frac{1}{R_1}\,\text{arc tang }\frac{R_1}{\sqrt{\rho^2 - R_1^2}} = \frac{1}{R_1}\,\text{arc sin }\frac{R_1}{\rho},\ \text{pour } \rho > R_1.$$

Donc, l'expression (156) de w se dédouble bien en deux, respectivement identiques à celles, (125) et (135) [p. 158 et 165], qu'un calcul direct nous avait données pour ce cas particulier.

51 bis. — *Cas d'un corps à surface convexe quelconque : sa petite base d'appui est une ellipse, et les pressions varient, à son intérieur, comme les ordonnées d'un demi-ellipsoïde à axe vertical ayant cette ellipse pour base. — Cas d'un poinçon à section elliptique et à tête courbe* (*).

Ce n'est pas seulement dans la question de l'équilibre du disque elliptique horizontal que les formules précédentes (128), (156) et (156 *bis*) trouvent leur emploi. Leur utilité n'est pas moindre, comme on va voir, quand il s'agit d'un corps à base convexe et non plus plane.

Soit donc un solide à surface convexe et d'un poids donné P, reposant sans frottement sur un sol horizontal élastique. Sa base d'appui, de dimensions en général très petites par rapport aux siennes, peut être évidemment confondue avec une portion du paraboloïde elliptique qui a pour axe la normale verticale menée à son point le plus bas, et pour demi-paramètres ses deux rayons de courbure principaux R, R' en ce point, rayons dont j'appelle R le plus grand. Comme toutes les circonstances concernant le rapprochement du corps et du sol élastique sont pareilles de part et d'autre des deux plans normaux principaux correspondants (en admettant du moins que le corps soit descendu peu à peu, verticalement, jusqu'à sa situation actuelle), la base d'appui et les pressions $dP = pd\tau$ exercées seront symétriques par rapport aux mêmes plans, dans lesquels nous supposerons qu'on ait pris respectivement, sur la surface primitive du sol, les deux axes des x et des y. La résultante, P, des efforts subis par le sol sera donc dirigée suivant la normale verticale; et celle-ci contiendra le centre de gravité du corps, puisqu'on suppose l'équilibre établi. Ainsi, pour que le corps puisse être à l'état de repos, il est d'abord nécessaire que son orientation

(*) Numéro rédigé en janvier 1883 et inséré au moment de l'impression.

ne soit pas quelconque, mais que, de toutes les droites allant de son centre de gravité à sa surface, ce soit une de celles qui la rencontrent normalement (par exemple, la ligne de longueur minimum) qui reçoive la direction verticale.

De plus, si, pour faire image, nous concevons encore les pressions $d\mathrm{P}$ produites par une couche d'un sable lourd, étalé sur la base d'appui ou surface de contact, et constituant en chaque endroit la *charge* du sol sous-jacent, la couche totale P devra être distribuée de telle manière : 1° que, sous son action, le sol épouve, aux divers points (x, y) de la surface de contact, des abaissements w plus petits que celui, w_0, de son centre, de la quantité $\dfrac{x^2}{2\mathrm{R}} + \dfrac{y^2}{2\mathrm{R}'}$; 2° et que, en vertu de la condition spéciale au contour démontrée dans le n° 45 (p. 209), la densité superficielle ρ de la couche, pression par unité d'aire, s'annule tout le long de ce contour, ou que la surface déformée du sol n'y présente pas de discontinuité dans la direction de ses plans tangents.

Pour trouver un pareil mode de répartition, admettons (sauf à reconnaître plus tard l'exactitude de cette hypothese) que la surface de contact soit une ellipse, ayant a et b pour demi-axes. Menons à son intérieur une infinité d'autres ellipses homothétiques, concentriques, dont ζa, ζb soient les demi-axes, et que caractérisera ainsi le paramètre ζ, supposé variable, de zéro à 1, par accroissements égaux $d\zeta$. Enfin, imaginons qu'on étende sur chacune de ces ellipses, dont l'aire est $\pi ab\zeta^2$, la partie $3\mathrm{P}\zeta^2 d\zeta$ de la charge totale $3\mathrm{P}\int_0^1 \zeta^2 d\zeta = \mathrm{P}$, c'est-à-dire une charge partielle de même densité moyenne pour toutes les ellipses, mais en la répartissant comme une couche électrique qui serait en équilibre sur l'ellipse considérée. Remplaçons donc, dans les formules (128) [p. 162], (156) et (156 *bis*), a et b par les demi-axes actuels ζa, ζb et multiplions d'ailleurs les expressions (128) et (156) de ρ et w, lesquelles ont été établies pour le cas d'une charge égale à 1, par la charge actuelle considérée $3P\zeta^2 d\zeta$. En mettant ζ pour ν, puis posant, afin d'abréger,

$$(a) \qquad \gamma^2 = \frac{x^2}{a^2} + \frac{y^2}{b^2}; \quad D = \sqrt{(a^2 + \nu^2)(b^2 + \nu^2)},$$

la densité superficielle en un point (x, y) de la couche, son potentiel au même point, et le potentiel en un point (x, y) extérieur, ou pour $\gamma > \zeta$, recevront les trois expressions respectives

$$(a') \quad \begin{cases} \dfrac{3P\zeta^2 d\zeta}{2\pi ab \sqrt{\zeta^2 - \gamma^2}}, \\[2em] \dfrac{(\lambda + 2\mu)\, 3P\zeta^2 d\zeta}{4\pi\mu\,(\lambda + \mu)} \displaystyle\int_0^\infty \dfrac{d\nu}{D}, \quad \dfrac{(\lambda + 2\mu)\, 3P\zeta^2 d\zeta}{4\pi\mu\,(\lambda + \mu)} \displaystyle\int_\gamma^\infty \dfrac{d\nu}{D}, \end{cases}$$

dans la dernière desquelles la nouvelle limite inférieure γ, fonction de ζ, est la racine positive de l'équation, transformée de (156 *bis*),

$$(a'') \qquad \zeta^2 = \frac{x^2}{a^2 + \nu^2} + \frac{y^2}{b^2 + \nu^2}.$$

Et la charge totale résultera de la superposition de toutes ces couches. La densité ρ_2 ou ρ y égalera évidemment l'intégrale de la première expression (a'), prise depuis $\zeta = \gamma$ jusqu'à $\zeta = 1$; ce qui donne de suite

$$\rho = \frac{3P}{2\pi ab}\left(\sqrt{\zeta^2 - \gamma^2}\right)_{\zeta = \gamma}^{\zeta = 1} = \frac{3P}{2\pi ab}\sqrt{1 - \gamma^2},$$

ou, en substituant à γ^2 sa valeur (a),

$$(b) \qquad \rho = \frac{3P}{2\pi ab}\sqrt{1 - \frac{x^2}{a^2} - \frac{y^2}{b^2}}.$$

expression de ς qui s'annule bien, comme on le désire, sur tout le contour $\gamma = 1$.

De même, l'abaissement correspondant w en un point intérieur se composera de la deuxième (a'), intégrée de $\zeta = \gamma$ à $\zeta = 1$, et de la troisième (a'), intégrée de $\zeta = o$ à $\zeta = \gamma$, intervalle où la limite inférieure ν décroîtra, d'après (a''), de ∞ à zéro. Enfin, l'expression de w pour un point extérieur, ou pour $\gamma > 1$, sera fournie par la troisième (a'), intégrée de $\zeta = o$ à $\zeta = 1$, intervalle où la limite ν décroîtra de l'infini à la valeur positive qui annule le trinôme $\frac{x^2}{a^2 + \nu^2} + \frac{y^2}{b^2 + \nu^2} - 1$. Or, dans les intégrales doubles [provenant de la troisième (a')] ainsi obtenues, une des deux intégrations se fait de suite quand on change leur ordre, c'est-à-dire quand on somme d'abord tous les éléments où la variable d'intégration ν et sa différentielle $d\nu$ sont les mêmes tandis que ζ y croît, vu (a''), de $\frac{x^2}{a^2 + \nu^2} + \frac{y^2}{b^2 + \nu^2}$ à γ^2 ou à 1 : ν y varie d'ailleurs, ou depuis zéro, ou depuis la valeur positive qui annule le trinôme $\frac{x^2}{a^2 + \nu^2} + \frac{y^2}{b^2 + \nu^2} - 1$, jusqu'à l'infini. Il vient, de la sorte,

$$(b') \qquad w = \frac{3(\lambda + 2\mu)\,P}{8\pi\mu(\lambda + \mu)} \int_{\nu}^{\infty} \left(1 - \frac{x^2}{a^2 + \nu^2} - \frac{y^2}{b^2 + \nu^2}\right) \frac{d\nu}{D},$$

l'intégration s'étendant à toutes les valeurs positives de ν qui ne rendent pas négatif le trinôme $1 - \frac{x^2}{a^2 + \nu^2} - \frac{y^2}{b^2 + \nu^2}$, et se faisant, par conséquent, depuis $\nu = o$ pour tous les points (x, y) intérieurs à l'ellipse de contact. On voit donc que, en tous ces points, l'expression (b') de w, décomposée en trois intégrales, aura bien sa partie variable de la forme $- \frac{x^2}{2R} - \frac{y^2}{2R'}$, pourvu que l'on puisse poser

$$(b'') \qquad \frac{1}{R} = \frac{3(\lambda + 2\mu)P}{4\pi\mu(\lambda + \mu)} \int_{\nu}^{\infty} \frac{d\nu}{(a^2 + \nu^2)D}, \qquad \frac{1}{R'} = \frac{3(\lambda + 2\mu)P}{4\pi\mu(\lambda + \mu)} \int_{o}^{\infty} \frac{d\nu}{(b^2 + \nu^2)D}$$

Or c'est ce qui aura lieu si l'on choisit convenablement a et b. Considérons, en effet, les deux intégrales, essentiellement positives,

$$(b''') \quad \frac{1}{\alpha} = \int_0^\infty \frac{d\nu}{(a^2 + \nu^2)\,\mathrm{D}}, \quad \frac{1}{\beta} = \int_0^\infty \frac{d\nu}{(b^2 + \nu^2)\,\mathrm{D}},$$

dont la première a tous ses éléments évidemment inférieurs aux éléments correspondants de la seconde, quand on suppose b plus petit que a. Leur rapport $\dfrac{\beta}{\alpha}$ ne dépend que du rapport $\dfrac{b}{a}$; car il ne change pas quand on remplace a, b, ν, $d\nu$ par ka, kb, $k\nu$, $kd\nu$, ce qui revient à remplacer D par k^3D et à multiplier par k^3 les valeurs de α et de β. Or si, a étant, par exemple, égal à l'unité, on donne d'abord à b une valeur infiniment petite ε, les deux intégrales seront rendues très grandes par leurs éléments correspondant aux très petites valeurs de ν, éléments qui, vu l'expression (a) de D, vaudront respectivement, dans la première,

$$(z^2 + \nu^2)^{-\frac{1}{2}}\, d\nu = d \log\left(\nu + \sqrt{z^2 + \nu^2}\right),$$

et, dans la seconde,

$$(z^2 + \nu^2)^{-\frac{3}{2}}\, d\nu = d\,\frac{\nu}{z^2\sqrt{z^2 + \nu^2}}.$$

Ces éléments, si on y fait varier ν depuis zéro jusqu'à une valeur très petite encore devant l'unité, mais beaucoup plus grande que ε, donneront les valeurs totales de $\dfrac{1}{\alpha}$ et de $\dfrac{1}{\beta}$, sauf erreurs relatives négligeables; car tous les éléments suivants, jusqu'à $\nu = \infty$, n'auraient en tout, dans (b'''), que des sommes finies quelque petit que fût ε. Ainsi, la partie principale de $\dfrac{1}{\alpha}$ égalera $\log\left(\nu + \sqrt{\varepsilon^2 + \nu^2}\right) - \log \varepsilon$, ou même simplement $- \log \varepsilon$, vu que $\log\left(\nu + \sqrt{\varepsilon^2 + \nu^2}\right)$ disparaît en comparaison; et, de même, la partie principale de $\dfrac{1}{\beta}$ sera $\dfrac{\nu}{\varepsilon^2 \sqrt{\nu^2 + \varepsilon^2}}$ ou $\dfrac{1}{\varepsilon^2}$. Il vient donc alors

$$\frac{\beta}{\alpha} = - \varepsilon^2 \log \varepsilon = \varepsilon^2 \log \frac{1}{\varepsilon} = \frac{b^2}{a^2} \log \frac{a}{b}.$$

Ainsi l'on a

$$c, \qquad \left(\text{pour } \frac{b}{a} \text{ infiniment petit}\right) \qquad \frac{\beta}{\alpha} = \frac{b^2}{a^2} \log \frac{a}{b},$$

expression qui est infiniment petite comme $\dfrac{b}{a}$ et presque de l'ordre de petitesse de $\dfrac{b^2}{a^2}$, car on sait que, si l'on pose $\log \dfrac{a}{b} = \left(\dfrac{a}{b}\right)^m$, m tend vers zéro en même temps que $\dfrac{b}{a}$. Or, à l'autre limite $\dfrac{b}{a} = 1$, il est évident que $\dfrac{\beta}{\alpha} = 1$. Donc, le rapport $\dfrac{\beta}{\alpha}$, qui est évidemment une fonction continue de a et b, prend toutes les valeurs comprises entre zéro et 1 quand le rapport $\dfrac{b}{a}$ grandit de zéro à 1; et il existe toujours une valeur de ce dernier qui rend $\dfrac{\beta}{\alpha}$ égal au rapport donné $\dfrac{R'}{R}$, ou qui rend, par suite, les seconds membres de (b'') proportionnels aux premiers membres. Une fois cette valeur de $\dfrac{b}{a}$ obtenue, on pourra, sans la modifier, faire varier a et b dans un même rapport k; ce qui multipliera, comme on a vu, les seconds membres de (b'') par $\dfrac{1}{k^3}$: et il suffira de choisir convenablement k pour que les deux équations (b'') soient satisfaites. On voit même que, pour une valeur donnée du rapport $\dfrac{\mathrm{R}'}{\mathrm{R}}$, k sera proportionnel à

$$\sqrt[3]{\mathrm{PR}}.$$

D'après (b'), le déplacement w_0 du centre de la surface de contact sera

$$(c') \qquad w_0 = \frac{3\,(\lambda + 2\mu)\,\mathrm{P}}{8\pi\mu\,(\lambda + \mu)} \int_0^\infty \frac{d\nu}{\mathrm{D}}.$$

Or l'intégrale qui y paraît s'évalue aisément en fonction des deux précédentes (b'''). Celles-ci, en effet, si l'on observe que l'on a identiquement

$$\frac{d}{d\nu}\,\frac{\nu}{\mathrm{D}} = \frac{a^2 b^2 - \nu^4}{\mathrm{D}^3},$$

donnent de suite, par une réduction évidente opérée sous le signe $\int$,

$$\frac{a^2}{\alpha} + \frac{b^2}{\beta} - \int_0^\infty \frac{d\nu}{\mathrm{D}} = \int_0^\infty \frac{a^2 b^2 - \nu^4}{\mathrm{D}^3}\,d\nu = \left(\frac{\nu}{\mathrm{D}}\right)_{\nu\,=\,0}^{\nu\,=\,\infty} = 0,$$

ou bien

$$(c'') \qquad \int_0^\infty \frac{d\nu}{\mathrm{D}} = \frac{a^2}{\alpha} + \frac{b^2}{\beta}.$$

Portons cette valeur dans (c') et, en tenant compte de (b''), il viendra

$$(c''') \qquad w_0 = \frac{a^2}{2\mathrm{R}} + \frac{b^2}{2\mathrm{R}'}.$$

L'expression (b') de w, spécifiée pour les points intérieurs à l'ellipse de contact, devient donc, en définitive,

$$(d) \begin{cases} \left(\text{pour } \dfrac{x^2}{a^2} + \dfrac{y^2}{b^2} < 1\right) \\[2ex] w = \dfrac{a^2 - x^2}{2R} + \dfrac{b^2 - y^2}{2R'}. \end{cases}$$

Quand il s'agit, au contraire, d'un point (x, y) extérieur, cas où la limite inférieure ν, dans (b'), n'est plus zéro, mais la valeur positive annulant l'expression $\dfrac{x^2}{a^2 + \nu^2} + \dfrac{y^2}{b^2 + \nu^2} - 1$, on peut toujours prendre zéro pour cette limite, pourvu qu'on retranche ensuite les éléments ajoutés en trop.

On aura donc

$$(d') \begin{cases} \left(\text{pour } \dfrac{x^2}{a^2} + \dfrac{y^2}{b^2} > 1\right) \\[2ex] w = \dfrac{a^2 - x^2}{2R} + \dfrac{b^2 - y^2}{2R'} \\[2ex] \quad + \dfrac{3(\lambda + 2\mu)\,\mathrm{P}}{8\pi\mu\,(\lambda + \mu)} \int_0^\nu \left(\dfrac{x^2}{a^2 + \nu^2} + \dfrac{y^2}{b^2 + \nu^2} - 1 \right) \dfrac{d\nu}{\mathrm{D}}, \end{cases}$$

l'intégration s'étendant à toutes les valeurs de ν, supérieures à zéro, qui rendent positif le trinôme $\dfrac{x^2}{a^2 + \nu^2} + \dfrac{y^2}{b^2 + \nu^2} - 1$.

On voit que la formule (d), si on l'appliquait aux points (x, y) situés hors de l'ellipse de contact, donnerait à l'abaissement w des valeurs moindres que les valeurs effectives exprimées par (d'). Donc la partie libre de la surface du sol reste bien, d'elle-même, comme il le fallait, en dessous du paraboloïde limitant le corps et avec lequel se confond la partie comprimée.

Il n'y a plus qu'à vérifier si les deux parties se raccordent, sans aucune discontinuité du plan tangent, tout le long de la courbe (ayant pour projection horizontale l'ellipse $\dfrac{x^2}{a} + \dfrac{y^2}{b^2} = 1$) qui est leur limite commune. On pourrait le déduire d'un théorème démontré dans le n° 33 (au haut de la page 146) et de ce que la formule (b) donne, à une très petite distance δ de cette courbe, des valeurs de ρ qui sont de l'ordre de $\delta^{\frac{1}{2}}$. Si, en effet, l'on appelle x, y les deux coordonnées d'un point de l'ellipse et K l'expression $\left(\dfrac{x^2}{a^4} + \dfrac{y^2}{b^4}\right)^{-\frac{1}{2}}$, de sorte que les deux cosinus directeurs de la normale à l'ellipse, menée vers le dehors, y soient $\dfrac{Kx}{a^2}$, $\dfrac{Ky}{b^2}$, les deux coordonnées horizontales d'un point intérieur situé, sur le prolongement de cette normale, à la distance δ, égaleront $x\left(1 - \dfrac{K\delta}{a^2}\right)$, $y\left(1 - \dfrac{K\delta}{b^2}\right)$, et l'expression ($b$) de ρ y deviendra aisément $\dfrac{3P}{2\pi a b}\sqrt{\dfrac{2\delta}{K}}$. Mais on le reconnaît aussi en évaluant le dernier terme de (d'), pour un point situé à la très petite distance δ hors de l'ellipse, et ayant les coordonnées horizontales $x\left(1 + \dfrac{K\delta}{a^2}\right)$, $y\left(1 + \dfrac{K\delta}{b^2}\right)$. Le trinôme

$$\frac{x^2}{a^2 + v^2} + \frac{y^2}{b^2 + v^2} - 1 \text{ ou, sensiblement,}$$

$$\frac{x^2}{a^2}\left(1 - \frac{v^2}{a^2}\right) + \frac{y^2}{b^2}\left(1 - \frac{v^2}{b^2}\right) - 1,$$

y vaut, par suite,

$$\frac{x^2}{a^2}\left(1 + \frac{2K\delta}{a^2} - \frac{v^2}{a^2}\right) + \frac{y^2}{b^2}\left(1 + \frac{2K\delta}{b^2} - \frac{v^2}{b^2}\right) - 1 = \frac{1}{K^2}\left(2K\delta - v^2\right),$$

expression positive entre les limites $v = o$, $v = \sqrt{2K\delta}$, et qui est la dérivée de $\dfrac{1}{K^2}\left(2Kv\delta - \dfrac{v^3}{3}\right)$. Le dernier terme de ($d'$), différence entre les deux ordonnées correspondantes de la surface libre du sol et de celle du solide considéré, y prend ainsi (vu d'ailleurs $D = ab$) la valeur $\dfrac{(\lambda + 2\mu)P}{2\pi\mu(\lambda + \mu)ab}\sqrt{\dfrac{2}{K}}\,\delta\sqrt{\delta}$, laquelle est d'un ordre de petitesse en δ supérieur au premier. Donc, ces deux surfaces ont bien, en tous les points de leur courbe de jonction $\frac{x^2}{a^2} + \frac{y^2}{b^2} = 1$, un contact du premier ordre.

En résumé, toutes les conditions du problème seront satisfaites par le mode de distribution (b) du poids P du corps à l'intérieur de l'ellipse $\frac{x^2}{a^2} + \frac{y^2}{b^2} = 1$, pourvu que les demi-axes a, b de celle-ci soient ceux que donnera la résolution des deux équations transcendantes (b''), où $D = \sqrt{(a^2 + v^2)(b^2 + v^2)}$. Et l'on peut, vu les formules (b), (b''), (d), (d'), énoncer les lois suivantes :

1° *La surface de contact est limitée par une ellipse, ayant son grand axe et son petit axe tangents aux deux sections normales principales du corps, menées en son point le plus bas, dont les rayons de courbure sont, respectivement, le plus grand, R, et, le plus petit, R' ; de plus, la forme de l'ellipse ne dépend que du rapport des deux rayons de courbure R, R', et, pour une valeur donnée de ce rapport, ses axes sont proportionnels à la racine cubique du produit de l'un des deux rayons de courbure par le poids P du corps;*

2° *Une couche d'un sable homogène, répandue à l'intérieur de l'ellipse de contact de manière à y figurer la répartition effective de la charge totale P, a la forme d'un demi-ellipsoïde à axe vertical, son épaisseur décroissant graduellement depuis le centre jusqu'au bord où elle s'annule;*

3° *L'abaissement w, au centre de l'ellipse, ou pour $x = 0$ et $y = 0$, est la somme des deux abaissements, $\frac{b^2}{2R'}$ et $\frac{a^2}{2R}$, produits respectivement à une extrémité $(x = \pm a, y = 0)$ du grand axe et à une extrémité $(x = 0, y = \pm b)$ du petit axe : il est donc proportionnel, pour une valeur donnée du rapport $\frac{R'}{R}$, à la puissance $\frac{2}{3}$ du poids P et à la racine cubique de l'une des deux courbures principales $\frac{1}{R}$ ou $\frac{1}{R'}$.*

L'espace total décrit par l'ellipse de contact πab dans son déplacement vertical descendant a pour expression

$$\iint w\,dx\,dy = \iint \left(w_0 - \frac{x^2}{2\mathrm{R}} - \frac{y^2}{2\mathrm{R}'} \right) dx\,dy,$$

les intégrations s'étendant à toutes les valeurs de x et de y qui vérifient l'inégalité $\frac{x^2}{a^2} + \frac{y^2}{b^2} < 1$. Si l'on pose $x = ax'$, $y = by'$, cette intégrale double devient

$$ab \iint \left(w_0 - \frac{a^2}{2\mathrm{R}} x'^2 - \frac{b^2}{2\mathrm{R}'} y'^2 \right) dx'\,dy',$$

avec la condition que la somme positive $x'^2 + y'^2$ reçoive toutes les valeurs inférieures à l'unité; et l'introduction de coordonnées polaires ι et θ telles, que $x' = \iota\cos\theta$, $y' = \iota\sin\theta$, la change en

$$ab \int_0^1 \iota\,d\iota \int_0^{2\pi} \left(w_0 - \frac{a^2\iota^2}{2\mathrm{R}}\cos^2\theta - \frac{b^2\iota^2}{2\mathrm{R}'}\sin^2\theta \right) d\theta = \pi ab \left(w_0 - \frac{a^2}{8\mathrm{R}} - \frac{b^2}{8\mathrm{R}'} \right),$$

valeur équivalente, d'après (c'''), à $\tfrac{3}{4}\pi ab w_0$. Divisée par l'aire πab, elle donnera, pour l'abaissement moyen de toute la surface de contact, $\frac{3}{4} w_0$, c'est-à-dire les trois quarts de l'abaissement du centre, ou, vu les formules (c') et (155) [multipliée par P], les $\frac{9}{\pi}$ de l'abaissement constant qu'aurait éprouvé cette surface, supposée limitée au même contour elliptique, si le corps avait eu sa base plane et horizontale. Ainsi, *l'abaissement moyen de la surface de contact est les trois quarts de l'abaissement de son centre et il dépasse de un huitième celui qui aurait lieu si le corps devenait un disque plat la recouvrant exactement.*

Imaginons que l'on ajoute au poids P, distribué d'après la formule (b), un excédent quelconque de charge réparti, sur la même surface elliptique de contact, d'après la formule (128) [p. 162], ou ne produisant qu'un abaissement constant des divers points de celle-ci : la surface du sol aura sa partie directement comprimée de même forme que précédemment, mais avec un relèvement brusque, tout autour, de sa partie libre. Donc le mode complexe de répartition ainsi obtenu sera celui des pressions qui s'exercent sous un poinçon cylindrique, pressé assez fortement contre le corps élastique pour le toucher par toute sa base inférieure, dans les cas où la section droite du poinçon est une ellipse et, sa base considérée, un paraboloïde tel, que le rapport $\frac{\beta}{\alpha}$ de ses deux paramètres R', R, fonction de celui des demi-axes b et a de l'ellipse, égale le quotient des deux intégrales (b'''). Quand l'ellipse se réduit à un cercle, la base du poinçon devient ainsi un paraboloïde quelconque de révolution conaxique à la surface latérale.

Mais, revenant à notre problème d'un corps à surface inférieure continue, il nous reste à résoudre, au moins d'une manière approchée, les équations transcendantes (b''), où les deux inconnues sont a et b. Pour cela, exprimons d'abord les deux quantités $\frac{1}{\alpha}$, $\frac{1}{\beta}$ définies par (b'''), au moyen des deux intégrales elliptiques usuelles, dites *complètes*,

$$(d'') \begin{cases} E = \dfrac{b^2}{a} \displaystyle\int_0^\infty \dfrac{a^2+v^2}{b^2+v^2}\dfrac{dv}{D} = \displaystyle\int_a^{\frac{\pi}{2}} \sqrt{1-e^2\sin^2\varphi}\,d\varphi, \\[4mm] F = a \displaystyle\int_0^\infty \dfrac{dv}{D} = \displaystyle\int_0^{\frac{\pi}{2}} \dfrac{d\varphi}{\sqrt{1-e^2\sin^2\varphi}}, \end{cases}$$

dont les secondes formes, où e désigne l'excentricité $\sqrt{1-\dfrac{b^2}{a^2}}$, se déduisent des premières en posant $v = b\,\mathrm{tang}\,\varphi$, et dont les développements en série, obtenus par le procédé qui a donné l'expression (98) [p. 117], sont

$$(d''')\begin{cases} E = \dfrac{\pi}{2}\left[1 - \dfrac{1}{1}\left(\dfrac{1}{2}e\right)^2 - \dfrac{1}{3}\left(\dfrac{1}{2}\,\dfrac{3}{4}\,e^2\right)^2 - \ldots \right. \\ \qquad\qquad\qquad \left. - \dfrac{1}{2n-1}\left(\dfrac{1}{2}\,\dfrac{3}{4}\ldots\dfrac{2n-1}{2n}\,e^n\right)^2 - \ldots\right], \\[2em] F = \dfrac{\pi}{2}\left[1 + \left(\dfrac{1}{2}e\right)^2 + \left(\dfrac{1}{2}\,\dfrac{3}{4}\,e^2\right)^2 + \ldots \right. \\ \qquad\qquad\qquad \left. + \left(\dfrac{1}{2}\,\dfrac{3}{4}\ldots\dfrac{2n-1}{2n}\,e^n\right)^2 + \ldots\right]. \end{cases}$$

Il suffit d'observer, d'une part, qu'en multipliant la seconde (b''') par $a^2 - b^2$, il vient identiquement

$$\frac{a^2 - b^2}{\beta} = \int_0^\infty \frac{a^2 + v^2}{b^2 + v^2}\,\frac{dv}{D} - \int_0^\infty \frac{dv}{D} = \frac{aE}{b^2} - \frac{F}{a},$$

et que, d'autre part, la relation (c'') équivaut à

$$\frac{a^2}{\alpha} + \frac{b^2}{\beta} = \frac{F}{a},$$

et, ajoutée à la précédente, donne

$$\frac{1}{\alpha} + \frac{1}{\beta} = \frac{E}{ab^2}.$$

On déduit de là, vu d'ailleurs les formules (d'''),

$$(e)\begin{cases} \dfrac{1}{\alpha} = \dfrac{F - E}{a^3 e^2} \\[1em] \quad = \dfrac{\pi}{4a^3}\left[1 + \dfrac{3}{2}\left(\dfrac{1}{2}e\right)^2 + \dfrac{5}{3}\left(\dfrac{1}{2}\,\dfrac{3}{4}\,e^2\right)^2 + \ldots + \dfrac{2n+1}{n+1}\left(\dfrac{1}{2}\,\dfrac{3}{4}\ldots\dfrac{2n-1}{2n}\,e^n\right)^2 + \ldots\right], \\[1.5em] \dfrac{1}{\beta} = \dfrac{e^2 F - (F - E)}{a^3 e^2\,(1 - e^2)} \\[1em] \quad = \dfrac{\pi}{4a^3(1 - e^2)}\left[1 + \dfrac{1}{2}\left(\dfrac{1}{2}e\right)^2 + \dfrac{1}{3}\left(\dfrac{1}{2}\,\dfrac{3}{4}\,e^2\right)^2 + \ldots + \dfrac{1}{n+1}\left(\dfrac{1}{2}\,\dfrac{3}{4}\ldots\dfrac{2n-1}{2n}\,e^n\right)^2 + \ldots\right] \\[1.5em] \quad = \dfrac{\pi}{4a^3}\left[1 + \dfrac{3^2}{2}\left(\dfrac{1}{2}e\right)^2 + \dfrac{5^2}{3}\left(\dfrac{1}{2}\,\dfrac{3}{4}\,e^2\right)^2 + \ldots + \dfrac{(2n+1)^2}{n+1}\left(\dfrac{1}{2}\,\dfrac{3}{4}\ldots\dfrac{2n-1}{2n}\,e^n\right)^2 + \ldots\right]; \end{cases}$$

et, par suite, en divisant finalement la première de ces
séries (e) par la dernière jusqu'au terme en e^6,

$$(e')\quad\begin{cases}\dfrac{\beta}{\alpha}=\dfrac{(1-e^2)\left(1-\dfrac{E}{F}\right)}{e^2-\left(1-\dfrac{E}{F}\right)}\\[2em]=1-3\left(\dfrac{1}{2}\,e\right)^2-\dfrac{2}{3}\left(\dfrac{1}{2}\,\dfrac{3}{4}\,e^2\right)^2-\dfrac{21}{50}\left(\dfrac{1}{2}\,\dfrac{3}{4}\,\dfrac{5}{6}\,e^3\right)^2-\ldots\end{cases}$$

Or $\dfrac{\beta}{\alpha}$ exprime, d'après (b'') et (b'''), le rapport $\dfrac{R'}{R}$; d'autre
part, le troisième membre de (e') n'est inférieur au radical
$\left(\dfrac{b}{a}\right)^{\frac{3}{2}}=(1-e^2)^{\frac{3}{4}}$, développé par la formule du binôme, que
d'une quantité,

$$\frac{1}{50}\left(\frac{1}{2}\,\frac{3}{4}\,\frac{5}{6}\,e^3\right)^2+\ldots$$

généralement comparable à son premier terme, très petit,
$\dfrac{e^6}{512}$. En mettant cette quantité sous la forme $(1-e^2)^{\frac{3}{4}}\left(\dfrac{e^6}{512}+\ldots\right)$,
l'expression de $\dfrac{R'}{R}$ deviendra $\left(\dfrac{b}{a}\right)^{\frac{3}{2}}\left(1-\dfrac{e^6}{512}-\ldots\right)$ et
pourra s'écrire encore

$$\left(\frac{b}{a}\right)^{\frac{3}{2}}\left(1-e^2\right)^{\frac{e^6}{512}+\ldots}=\left(\frac{b}{a}\right)^{\frac{1}{2}\left(3+\frac{e^6}{128}+\ldots\right)}.$$

Si donc on appelle ε le nombre $\dfrac{e^6}{128}+\ldots$, très voisin de
zéro excepté pour les valeurs les plus grandes de l'excen-
tricité e, on aura

$$(e'')\qquad\frac{\beta}{\alpha}\ \text{ou}\ \frac{R'}{R}=\left(\frac{b}{a}\right)^{\frac{3+\varepsilon}{2}}.$$

et, par suite,

$$(e''') \qquad \frac{b}{a} = \left(\frac{R'}{R}\right)^{\frac{2}{3+\varepsilon}}.$$

D'ailleurs, la formule (c) montre que ε s'approchera de l'unité, sans l'atteindre, quand l'excentricité tendra vers sa limite supérieure 1.

En faisant, dans (e'''), $\varepsilon = 0$, on a pour $\frac{b}{a}$ la valeur approchée $\left(\frac{R'}{R}\right)^{\frac{2}{3}}$, dont l'erreur relative, par défaut, est peu sensible, excepté dans les cas où $\frac{R'}{R}$ n'atteint pas 0,1. On le reconnaît en employant les tables elliptiques de Legendre. Par exemple, la valeur 0,1272 de $\frac{R'}{R}$, ou de $\frac{b}{a}$, correspond à $e = \sin 75°$ ou à $\frac{b}{a} = \cos 75° = 0,2588$, cas où les tables de Legendre donnent, pour les logarithmes décimaux de E et F, 0,03198, 0,44218, qui, utilisés dans le calcul du second membre de (e'), permettent d'évaluer le rapport $\frac{b}{a} = 0,1272$. Or l'expression $\left(\frac{R'}{R}\right)^{\frac{2}{3}}$, ou $(0,1272)^{\frac{2}{3}}$, vaut alors 0,2529, résultat qui n'est en erreur relative sur 0,2588 que de $\frac{1}{44}$ environ. Pour $e = \sin 80°$ ou $\frac{b}{a} = \cos 80° = 0,1736$, les logarithmes de E et F sont 0,01708, 0,49878, et l'on en déduit $\frac{b}{a}$ ou $\frac{R'}{R} = 0,06743$; d'où $\left(\frac{R'}{R}\right)^{\frac{2}{3}} = 0,1657$, valeur de $\frac{b}{a}$ approchée à $\frac{1}{22}$ près environ. Pour $e = \sin 85°$ ou $\frac{b}{a} = \cos 85° = 0,08716$, les logarithmes de E et F sont 0,00547, 0,58340, et l'on trouve $\frac{R'}{R} = 0,02177$, $\left(\frac{R'}{R}\right)^{\frac{2}{3}}$

$= 0,07798$, nombre en erreur relative sur $0,08716$ de $\dfrac{1}{9,5}$ environ. Ainsi, la formule (e'''), prise avec $\varepsilon = 0$, est encore un peu approchée même quand le rapport $\dfrac{R'}{R}$ n'atteint que $\dfrac{1}{50}$.

On voit aussi que, dans (e''), l'exposant $\dfrac{3+\varepsilon}{2}$ grandit depuis $\dfrac{3}{2}$ jusqu'à 2, à mesure que $\dfrac{b}{a}$ décroît de 1 à zéro : par suite, $\dfrac{R'}{R}$ décroît de 1 à zéro en même temps que $\dfrac{b}{a}$. A chaque valeur de $\dfrac{R'}{R}$ il n'en correspond donc qu'une seule de $\dfrac{b}{a}$, et les deux équations (b'') déterminent sans aucune ambiguïté l'ellipse de contact. Il suffirait de faire croître graduellement $\dfrac{b}{a}$ depuis zéro jusqu'à 1, et de calculer chaque fois comme on vient de le montrer, à l'aide des tables de Legendre et par la formule (e'), le rapport $\dfrac{R'}{R}$ correspondant, pour former un tableau complet des valeurs de celui-ci : on aurait alors immédiatement $\dfrac{b}{a}$ pour toute valeur donnée de $\dfrac{R'}{R}$. Les formules (e), où les intégrales $\dfrac{1}{\alpha}$, $\dfrac{1}{\beta}$, définies par (b'''), sont connues grâce aux équations (b''), se résolvent ensuite immédiatement par rapport à l'inconnue unique, a^3, qu'elles contiennent, et l'on obtient ainsi, non plus seulement la forme de l'ellipse de contact, mais ses dimensions.

Cherchons dans ce but quelque formule analogue à (e''') et qui, de même, se prête à un calcul approché de a. Si l'on multiplie la première (e) par $\dfrac{8a^3}{\pi}$, on trouve identiquement

$$\left\{ \frac{8a^3}{\pi\alpha} = -1 + 3\left[1 + \left(\frac{1}{2}e\right)^2 + \frac{10}{9}\left(\frac{1}{2}\frac{3}{4}e^2\right)^2 + \frac{181}{150}\left(\frac{1}{2}\frac{3}{4}\frac{5}{6}e^3\right)^2 + \dots\right] \right.$$
$$\left. - \frac{3e^6}{2.128} - \dots \right.$$

Or, dans celle-ci, l'expression entre parenthèses, au second membre, n'est autre chose que le développement, par la formule du binôme, de $\left(\frac{\beta}{\alpha}\right)^{-\frac{1}{3}}$ tel qu'on le déduit du troisième membre de (e'), et, d'autre part, les termes $-\frac{3e^6}{2.128} - \dots$ peuvent s'écrire évidemment

$$\left[1 - 3\left(\frac{\beta}{\alpha}\right)^{-\frac{1}{3}}\right]\left[\frac{3e^6}{4.128} + \dots\right],$$

vu que le développement de $1 - 3\left(\frac{\beta}{\alpha}\right)^{-\frac{1}{3}}$ suivant les puissances de e est $-2 - \dots$. Il vient ainsi :

$$\frac{8a^3}{\pi\alpha} = \left[3\left(\frac{\alpha}{\beta}\right)^{\frac{1}{3}} - 1\right]\left[1 - \frac{3e^6}{4.128} - \dots\right] = \left[3\left(\frac{\alpha}{\beta}\right)^{\frac{1}{3}} - 1\right]\left(\frac{\beta}{\alpha}\right)^{\frac{e^6}{128} + \dots}$$

Si donc on désigne par ε' l'exposant $\frac{e^6}{128} + \dots$, sensiblement égal, sauf peut-être pour les valeurs les plus grandes de e, à celui qu'on a appelé plus haut ε [p. 243], on aura

$$(f) \qquad \frac{8a^3}{\pi\alpha} = \left[3\left(\frac{\alpha}{\beta}\right)^{\frac{1}{3}} - 1\right]\left(\frac{\beta}{\alpha}\right)^{\varepsilon'}.$$

Remplaçons-y $\frac{\alpha}{\beta}$ par $\frac{R}{R'}$, α par sa valeur, $\frac{3(\lambda + 2\mu)}{4\pi\mu(\lambda + \mu)}$ PR, tirée des premières (b'') et (b''') comparées, et il viendra finalement

$$(f') \qquad a = \left[\frac{3(\lambda + 2\mu)}{3\,2\mu(\lambda + \mu)}\,\text{PR}\left(3\sqrt[3]{\frac{R}{R'}} - 1\right)\right]^{\frac{1}{3}}\left(\frac{R'}{R}\right)^{\frac{\varepsilon'}{3}}.$$

Si l'on fait, dans le second membre, $\varepsilon' = 0$, il est clair qu'on aura une valeur de a approchée par excès, et comportant une erreur relative, $\left(\frac{R}{R'}\right)^{\frac{z}{3}} - 1$, légèrement supérieure, sauf peut-être pour les plus grandes valeurs de c, à l'erreur relative par défaut, $1 - \left(\frac{R'}{R}\right)^{\frac{2}{3}\frac{z}{3+z}}$, commise sur la valeur (c''') de $\frac{b}{a}$ en y posant $z = o$. Dans les cas, traités ci-dessus avec l'aide des tables elliptiques de Legendre, où $\frac{R'}{R} = 0{,}1272,\ 0{,}06743,\ 0{,}02177$, on trouve ainsi respectivement, pour le rapport de a à $\sqrt[3]{\dfrac{3\,(\lambda + 2\mu)\,PR}{4\pi\mu\,(\lambda + \mu)}}$, $1{,}2493$, $1{,}3575$, $1{,}5641$, tandis que les valeurs exactes, $\sqrt[3]{\dfrac{F}{e^2}\left(1 - \dfrac{E}{F}\right)}$, [données par la première (c)] de ce rapport sont $1{,}2194$, $1{,}2964$, $1{,}4163$. Les résultats par excès obtenus comportent donc les erreurs relatives $\frac{1}{41}$, $\frac{1}{21}$ et $\frac{1}{9{,}6}$ environ, alors que celles des valeurs de $\frac{b}{a}$ approchées par défaut étaient $\frac{1}{44}$, $\frac{1}{22}$ et $\frac{1}{9{,}5}$ environ. L'inégalité des erreurs relatives des deux formules approchées de $\frac{b}{a}$ et a comparées l'une à l'autre paraît donc s'atténuer quand le rapport $\frac{R'}{R}$ diminue ; en sorte que ces formules seront, autant l'une que l'autre, passablement admissibles même pour des valeurs de $\frac{R'}{R}$ assez voisines de zéro. Leur emploi dispensera, comme on voit, de former le tableau, dont il a été parlé tout à l'heure, des valeurs de $\frac{R'}{R}$ correspondant à toutes celles de $\frac{b}{a}$ et, ensuite, une fois $\frac{b}{a}$ connu, de recourir de nouveau aux tables de Legendre pour obtenir a.

Remarquons enfin que le rayon, $\sqrt{ab}$ ou $a\sqrt{\dfrac{b}{a}}$, d'un cercle équivalent à l'ellipse de contact vaudra, d'après (e''') et (f'),

$$(f''') \qquad \sqrt{ab} = \text{(sensiblement)} \left[\frac{3(\lambda + 2\mu)}{32\,\mu(\lambda + \mu)}\,PR'\left(3\sqrt[3]{\frac{R}{R'}} - 1\right)\right]^{\frac{1}{3}}.$$

Comme l'expression $R'\left(3\sqrt[3]{\dfrac{R}{R'}} - 1\right)$, ou $3R^{\frac{1}{3}}R'^{\frac{2}{3}} - R'$, a ses deux dérivées par rapport à R et à R', savoir $\left(\dfrac{R'}{R}\right)^{\frac{2}{3}}$ et $2\left(\dfrac{R}{R'}\right)^{\frac{1}{3}} - 1$, essentiellement positives, la surface πab de contact sera d'autant plus petite et, par suite, la pression en ses divers points d'autant plus forte, que les rayons de courbure R, R' se trouveront eux-mêmes plus faibles, surtout le second, par rapport auquel la dérivée obtenue est supérieure à l'unité et peut devenir très grande. Le solide déposé sur le sol le rompra donc inévitablement, si ses deux courbures $\dfrac{1}{R'}$, $\dfrac{1}{R}$ dépassent certaines limites (*).

(*) On remarquera que, dans le problème traité ici, non seulement des conditions spéciales ou définies devaient être vérifiées aux deux surfaces limites, soit de contact, soit libre, mais que, de plus, ces deux surfaces elles-mêmes étaient d'abord inconnues; car la détermination de leur contour commun a constitué la partie la plus difficile de la solution. Je ne connais aucun problème de physique mathématique, parmi ceux qu'avaient abordés jusqu'à présent les géomètres, où cette difficulté se présentât. Le seul qui me paraisse avoir, sous ce rapport, une lointaine analogie avec le précédent, est la détermination, sur un cours d'eau à l'état permanent, de l'emplacement d'un *ressaut*, reliant deux parties du cours d'eau dont l'une est à régime torrentueux et, l'autre, à régime tranquille. Dans la question de la charge qui roule, avec une vitesse constante, sur une poutre élastique horizontale appuyée ou encastrée à ses deux bouts, les points de séparation des deux parties libres de la poutre et de sa partie pressée ne sont pas inconnus, mais seulement variables. On sait que, jusqu'ici, cette variabilité a été justement un obstacle à la résolution complète du problème, dont M. Phillips, M. Renaudot et M. de Saint-Venant ont bien donné une intégrale particulière (où les déplacements varient d'une manière très graduelle, sans oscillations), mais dont l'intégrale, plus complexe, qui vérifierait la condition de repos initial de la poutre, reste encore ignorée.

52. — Rapprochement entre le potentiel d'une couche elliptique qui est aussi une couche de niveau et les potentiels soit ordinaire, soit logarithmique à trois variables, relatifs à un seul point.

J'observerai que le potentiel (152) [p. 226] aurait pu conduire aux deux potentiels, ordinaire, $\int \dfrac{dm}{r}$, et logarithmique, $\int \log (x — x_1 + r)\, dm$, réduits du moins à un seul élément. A cet effet, supposons, dans (152), $b = \mathrm{o}$. Il vient

$$(157) \qquad \mathrm{U} = \int_{\nu}^{\infty} \frac{d\nu}{\nu \sqrt{a^2 + \nu^2}} = \frac{1}{a} \log \frac{\nu + a + \sqrt{a^2 + \nu^2}}{\nu — a + \sqrt{a^2 + \nu^2}},$$

comme on le reconnaît par la différentiation. Faisant maintenant tendre a soit vers zéro, soit vers l'infini, concevons que les ellipsoïdes homofocaux (153) dégénèrent soit en sphères, soit en paraboloïdes de révolution.

Dans le premier cas, $\dfrac{a^2}{\nu^2}$ disparaît, au troisième membre de (157), en comparaison de $\dfrac{a}{\nu}$, et l'on trouve, à la limite,

$$\mathrm{U} = \frac{1}{a} \log \frac{2\nu + a}{2\nu — a} = \frac{1}{a} \log \frac{1 + \dfrac{a}{2\nu}}{1 — \dfrac{a}{2\nu}} = \frac{1}{\nu},$$

c'est-à-dire $\mathrm{U} = \dfrac{1}{\nu}$, vu que (153) donne alors $\nu^2 = x^2 + y^2 + z^2$ ou $\nu = r$, r désignant la distance du point (x, y, z) à l'origine, où est alors concentrée la masse, égale à 1, que l'on considère. C'est bien la forme élémentaire du potentiel ordinaire.

Dans le second cas, pour a infini, on trouve, en observant que $\dfrac{v^2}{a^2}$ disparait devant $\dfrac{v}{a}$ et $\dfrac{v}{a}$ devant l'unité, puis en posant $\dfrac{v^2}{a} = p$,

$$U = \frac{1}{a} \log \frac{2 + \dfrac{v}{a}}{\dfrac{v}{a}} = \frac{1}{2a} \log \frac{4a^2}{v^2} = \frac{1}{2a} \log \frac{4a}{p}.$$

D'ailleurs, si nous transportons l'origine à un foyer ou que nous remplacions x par $a + x$, l'équation (153), devenue

$$\frac{\left(1 + \dfrac{x}{a}\right)^2}{1 + \dfrac{p}{a}} + \frac{y^2 + z^2}{ap} = 1,$$

ou, sensiblement,

$$1 + \frac{2x - p}{a} + \frac{v^2 - x^2}{ap} = 1,$$

donne $v^2 = (p - x)^2$ ou $p = v + x$. D'où

$$U = \frac{1}{2a} \log \frac{4a}{v + x} = \frac{1}{2a} \log (4a) - \frac{1}{2a} \log (x + v).$$

La partie variable de U est bien proportionnelle à $\log (x + v)$, qu'on peut regarder comme un potentiel logarithmique à trois variables $\int \log (x - x_1 + v)\, dm$, réduit à un seul élément et à sa forme la plus simple.

53. — *Propriété remarquable que présente le mode de distribution à la surface d'un disque elliptique.*

Reprenons l'étude de la répartition d'une charge donnée, à la base d'un disque elliptique solide posé sur un sol horizontal, pour démontrer une propriété intéressante qui caractérise ce mode de distribution. Elle s'énonce ainsi :

Des parallèles équidistantes infiniment voisines, menées suivant une direction quelconque dans le plan de l'ellipse de contact, divisent cette ellipse en bandes d'aire inégale, mais toutes également chargées.

On le voit en prenant un axe des y' parallèle aux droites considérées, un axe des x' suivant la direction qui leur est conjuguée dans l'ellipse, et en observant que toutes les bandes, ayant même largeur, sont divisées par des parallèles aux x' en parallélogrammes élémentaires dont l'aire est proportionnelle à dy' et la charge à $\rho\, dy'$. D'ailleurs, si a', b' désignent, dans l'ellipse, les demi-diamètres conjugués pris pour axes des x' et des y', l'expression $\frac{x^2}{a^2} + \frac{y^2}{b^2}$, en un point quelconque, deviendra évidemment $\frac{x'^2}{a'^2} + \frac{y'^2}{b'^2}$, et la pression ρ par unité d'aire sera, d'après (128) [p. 162], proportionnelle à $\left(1 - \frac{x'^2}{a'^2} - \frac{y'^2}{b'^2}\right)^{-\frac{1}{2}}$. Par suite, y' variant, le long d'une bande, entre les limites $\mp b'\sqrt{1 - \frac{x'^2}{a'^2}}$, la charge d'une bande se trouvera proportionnelle à

$$(158) \qquad \int_{-b'\sqrt{1-\frac{x'^2}{a'^2}}}^{b'\sqrt{1-\frac{x'^2}{a'^2}}} \left(1 - \frac{x'^2}{a'^2} - \frac{y'^2}{b'^2}\right)^{-\frac{1}{2}} dy'.$$

Si nous adoptons sous le signe $\int$ une nouvelle variable, u, définie par la relation

$$\frac{y'}{b'} = u\sqrt{1 - \frac{x'^2}{a'^2}}, \quad \text{d'où} \quad dy' = b'\left(1 - \frac{x'^2}{a'^2}\right)^{\frac{1}{2}} du,$$

l'expression (158) deviendra

$$k' \int_{-1}^{1} \frac{du}{\sqrt{1 - u^2}} = \pi k',$$

quantité qui est bien indépendante de l'abscisse x' de la bande.

Cette propriété est tout à fait caractéristique du mode de répartition de la charge: car, *pour toute base d'appui à contour convexe, il ne peut jamais y avoir deux modes distincts de répartition, dans chacun desquels des parallèles équidistantes ayant une orientation quelconque découpent la surface en bandes également chargées.*

Supposons, en effet, deux modes de répartition jouissant de cette propriété. Chaque bande infiniment étroite portera évidemment, dans les deux, la même fraction de la charge totale. Par suite, si l'on prend la différence, $f(x, y)$, des deux expressions de ρ qui leur correspondent, la valeur moyenne de cette différence aux divers points d'une bande égalera zéro: ce qui revient à dire que la fonction $f(x, y)$ est nulle en moyenne le long de toute corde joignant deux points du contour de la base considérée. Or concevons qu'on trace, à l'intérieur du contour donné, un autre contour très voisin, également convexe, mais d'ailleurs quelconque. La fonction $f(x, y)$, pour s'annuler en moyenne le long de toute corde très petite tangente à la courbe fermée intérieure, devra ou être nulle identiquement, ou changer de signe sur toutes les cordes, c'est-à-dire partout dans l'espace annulaire extérieur à cette courbe. Le second cas étant impossible, vu la continuité admise des valeurs de ρ, la fonction $f(x, y)$ s'annule sur toute l'étendue comprise entre les deux contours dont il s'agit; et elle reste, par suite, nulle en moyenne le long de toute corde joignant deux points du contour intérieur. On raisonnera donc sur celui-ci comme on l'a fait sur le proposé, et, de proche en proche, on prouvera que $f(x, y)$ s'annule partout, ou que les deux modes de répartition considérés ne peuvent être distincts.

Les parallèles équidistantes ainsi menées dans le plan de la base d'appui peuvent d'ailleurs être regardées comme les intersections de cette base par un système de plans parallèles, équidistants aussi; en sorte que tout système de tels plans coupe l'ellipse de contact en bandes également chargées.

54. — *Extension de cette propriété au cas d'un ellipsoïde électrisé : des plans parallèles équidistants le divisent en zones électriques équivalentes.*

La propriété que présentent des charges, soit électriques, soit pondérables, réparties à la surface d'un disque elliptique, d'être divisées en parties équivalentes par tout système de plans parallèles et équidistants, s'étend à une couche matérielle homogène, distribuée sur toute la surface d'un ellipsoïde proportionnellement à la distance qui sépare, en chaque endroit, cette surface de celle d'un ellipsoïde concentrique et semblable infiniment voisin; mode de distribution qu'on sait être celui d'une charge électrique en équilibre sur un conducteur ellipsoïdal. En effet, d'après ce qu'on a vu au n° 37 (p. 160), la charge d'un ellipsoïde, supposée réglée ainsi, devient celle d'une plaque, quand on projette obliquement chacune de ses parties sur le plan diamétral d'un système de cordes parallèles aux plans sécants proposés, les transports ou déplacements se faisant le long de ces cordes. Or, avec un tel mode de projection, les charges des zones ellipsoïdales donnent justement, sur le plan diamétral, les charges, que l'on sait être toutes égales, d'un système de bandes parallèles et d'égale largeur. Donc, *des plans équidistants, parallèles à une*

*direction quelconque, divisent un conducteur ellipsoïdal
en zones électriques équivalentes.*

L'épaisseur de la couche comprise entre l'ellipsoïde proposé et un autre, concentrique et semblable, infiniment
voisin, devient constante dans le cas particulier de la sphère:
alors l'équivalence des tranches faites par les plans parallèles revient à celle, connue depuis Archimède, des zones
sphériques de même hauteur.

Dans le cas général d'un ellipsoïde à trois axes inégaux,
le théorème démontré comporte encore un énoncé qu'il
est bon de connaître. On sait que la distance d'un
ellipsoïde à un autre concentrique et semblable, infiniment
voisin, est proportionnelle, en un point quelconque, à la
perpendiculaire abaissée du centre sur le plan tangent
correspondant. Donc la charge électrique d'un élément de
la surface est proportionnelle au produit de cet élément par
la perpendiculaire dont il s'agit, c'est-à-dire au volume
d'une pyramide ayant pour base l'élément et pour sommet le centre. En remplaçant ainsi les charges par des
volumes, on verra que *des surfaces coniques, menées à
partir du centre d'un ellipsoïde comme sommet et s'appuyant
sur les ellipses d'intersection de l'ellipsoïde par des plans
parallèles équidistants, divisent le volume de l'ellipsoïde en
parties équivalentes.*

On reconnaît aisément qu'il existe au plus un mode de
distribution d'une charge électrique, à la surface d'un conducteur convexe, qui jouisse de la propriété démontrée ici.
En effet, si deux modes distincts pouvaient la présenter,
une même zone devrait évidemment contenir la même
fraction de la charge totale, dans ces deux modes ; et, en
appelant f la différence, par unité d'aire, des charges correspondantes en un point quelconque de la surface, cette différence devrait avoir sa valeur moyenne, sur les divers éléments d'une même zone, égale à zéro. Or, toute calotte détachée de la surface par un plan sécant est composée de pareilles zones ; en sorte que la fonction f s'y trouverait également

nulle en moyenne. Par suite, cette fonction ne pourrait recevoir une valeur finie en aucun point, quel qu'il soit, car tout point de la surface pourrait être considéré comme faisant partie d'une très petite calotte. On aurait donc $f = 0$ partout, et les deux modes considérés de distribution ne seraient pas distincts.

Observons enfin que, si l'on mène sur une plaque elliptique des lignes semblables et concentriques au contour (ou par suite d'égale pression), à des distances telles, qu'elles divisent la plaque en bandes annulaires toutes également chargées, ces bandes seront les projections de zones, également ment chargées aussi, que découperaient, dans tout ellipsoïde ayant la plaque pour section diamétrale, des plans parallèles à celle-ci et équidistants.

§ VI. — ÉTUDE DES POTENTIELS, POUR LES POINTS INTÉRIEURS AUX
MASSES CORRESPONDANTES OU POTENTIANTES [*].

<hr>

**55. — *Existence des potentiels, en tant que fonctions finies e
continues, à l'intérieur des masses par rapport auxquelles on
les prend.***

Nous n'avons eu à mettre en œuvre, dans les recherches
précédentes, que des potentiels de couches minces ; en sorte
que nous pouvions supposer tous les points de l'espace
situés hors de ces couches, sauf à nous approcher indéfiniment de celles-ci, dans l'occasion, et à obtenir par la
méthode ordinaire des limites les résultats désirés relatifs à
leurs propres points. Nous n'avons même employé le potentiel logarithmique à trois variables, $\int \log (z - z_1 + r)\, dm$,
que pour des valeurs de $z - z_1$ positives, de manière à nous
dispenser de voir ce que deviendrait ce potentiel aux
points (x, y, z) où la fonction sous le signe $\int$ serait susceptible
de prendre des valeurs infinies (pour $x_1 = x,\ y_1 = y,\ z_1 > z$).
Mais d'autres applications des potentiels à la théorie de
l'équilibre d'élasticité peuvent exiger leur étude pour des
masses continues à trois dimensions et en des points intérieurs à ces masses. Il y a donc lieu de faire ici cette étude.

Cherchons d'abord à reconnaître si le potentiel inverse
et le potentiel logarithmique restent finis et déterminés en

<hr>

(*) M. Beltrami désigne très heureusement les masses dont on prend le potentiel en un point donné (x, y, z) par le terme de *masses potentiantes* (*masse
potenzianti*), et il appelle *point potentié* (*punto potenziato*) le point (x, y, z) lui-
même.

des points quelconques, quoique la fonction sous le signe $\int$ puisse y prendre, soit une valeur infinie, s'il s'agit du potentiel inverse, soit une infinité de valeurs infinies, s'il s'agit du potentiel logarithmique.

Considérons le premier,

$$(159) \qquad U = \int \frac{dm}{r} = \int \frac{\rho \, d\varpi}{r},$$

où r désigne la distance de l'élément fixe de volume, $d\varpi$, qu'occupe chaque élément dm de la masse, au point quelconque (x, y, z) pour lequel on évalue le potentiel, et où ρ est la densité, en un point (x_1, y_1, z_1) du volume élémentaire $d\varpi$. Pour simplifier, nous supposerons cette densité, que nous représenterons par $\rho(x_1, y_1, z_1)$, fonction continue de x_1, y_1, z_1; même à la surface des masses d'étendue totale finie $\int dm$, où nous admettrons ainsi qu'elle s'annule. Cette hypothèse facilite plusieurs calculs; et elle revient, dans les applications que nous aborderons, à admettre que les forces appliquées à un solide élastique varient graduellement d'un point à l'autre, en décroissant plus ou moins rapidement avant de s'annuler; supposition évidemment permise.

Pour définir le potentiel U quand le point (x, y, z) fait partie de la masse, on convient de n'étendre d'abord la somme $\int$ qu'aux éléments $d\varpi$ extérieurs à une sphère décrite d'un très petit rayon R autour du point (x, y, z) comme centre, puis de faire tendre R vers zéro et de considérer comme étant le potentiel U la limite, s'il en existe une, vers laquelle tend la somme. Or, on sait que cette limite existe en effet; car, à mesure que R décroît, les couches sphériques qui s'ajoutent ont pour volume $-4\pi R^2 dR$ et, leur densité ρ étant finie, leur potentiel est de l'ordre de $-4\pi R \, dR$, c'est-à-dire, en somme ou après intégration, comparable à la quantité $2\pi R^2$, aussi petite que l'on veut. Donc la fonction U existe. De plus, on peut, sauf erreur inférieure à toute quantité donnée, lui substituer l'intégrale

$\int \frac{\rho\,d\varpi}{r}$, étendue seulement aux éléments $d\varpi$ qui se trouvent en dehors d'une sphère très petite, décrite, avec un rayon convenable R, autour du point (x, y, z) comme centre.

On verra aux numéros suivants combien est féconde cette substitution, si naturelle, de l'intégrale $\int \frac{d\varpi}{r}$ ainsi restreinte, à sa valeur limite U. Il est aisé de prévoir, dès à présent, qu'on évite de la sorte les valeurs infinies de la fonction sous le signe f, ou de ses dérivées. Et cette substitution est parfaitement légitime, même pour le calcul des dérivées de U : car, lorsque deux fonctions, supposées graduellement variables, diffèrent constamment très peu l'une de l'autre, elles présentent dans leurs cours les mêmes affections : en d'autres termes, il est autant permis de négliger les dérivées de leur petite différence que cette différence elle-même.

Passons actuellement au potentiel logarithmique à trois variables,

$$(160) \qquad \psi = \int \log (z - z_1 + r)\, dm = \int \rho \log (z - z_1 + r)\, d\varpi,$$

dont nous avons à nous occuper pour les points (x, y, z) de l'espace qui ont leur ordonnée z moindre que celles, z_1, de certains éléments $\rho\, d\varpi$ de la masse, et, en particulier, pour les points intérieurs à cette masse. Comme la fonction $\log (z - z_1 + r)$ devient infinie (égale à $\log 0$) en tous les points où l'on a $x_1 = x$, $y_1 = y$, $z_1 > z$, c'est-à-dire sur toute une partie de la parallèle aux z dont les coordonnées sont x et y, il y a lieu de construire, autour de cette parallèle comme axe, un cylindre d'un très petit rayon R, de n'étendre d'abord le signe de sommation f qu'aux éléments $d\varpi$ extérieurs à ce cylindre et puis, faisant tendre R vers zéro, de chercher si l'intégrale s'approche indéfiniment d'une limite déterminée, qui sera par définition le potentiel ψ.

Or, quand on fait diminuer R de $-\,d$R, la masse à considérer augmente d'une couche cylindrique ayant pour

volume $-2\pi R\,dR \int_{-\infty}^{\infty} dz_1$: comme ρ reçoit très sensiblement,
en un point quelconque (x_1, y_1, z_1) de cette couche, la même
valeur qu'au point très voisin (x, y, z_1) de l'axe, et que
d'ailleurs r y égale $\sqrt{R^2 + (z-z_1)^2}$, le potentiel s'accroît en
même temps, sauf erreur relative négligeable, de la
quantité

$$-2\pi R\,dR \int_{-\infty}^{\infty} \rho\,(x, y, z_1) \log \left(z - z_1 + \sqrt{R^2 + (z - z_1)^2}\right) dz_1.$$

Par suite, si l'on fait diminuer en tout R depuis une
petite valeur R jusqu'à une autre incomparablement plus
faible ε, l'augmentation éprouvée par le potentiel vaudra

$$2\pi \int_{-\infty}^{\infty} \rho\,(x, y, z_1)\,dz_1 \int_{\varepsilon}^{R} \log \left(z - z_1 + \sqrt{R^2 + (z - z_1)^2}\right) R\,dR.$$

Cette augmentation totale est insensible, même quand
on y fait abstraction, sous un signe f, du petit facteur R.
En effet, les seuls éléments de l'intégrale qui pourraient
donner une somme notable sont ceux pour lesquels
l'expression $z - z_1 + \sqrt{R^2 + (z - z_1)^2}$ est voisine de zéro et a un
logarithme d'une très grande valeur absolue, c'est-à-dire
ceux pour lesquels l'ordonnée z_1 est plus grande que z.
Mais l'expression dont il s'agit est identiquement le quotient
de R^2 par la quantité $z_1 - z + \sqrt{R^2 + (z - z_1)^2}$, laquelle a son
logarithme croissant de $\log R$ à $\log 2\,(z_1 - z)$, quand $z_1 - z$ y
grandit de zéro à une valeur quelconque sensible. Donc les
plus grandes valeurs absolues du logarithme à considérer
varient de $\log R$ à $\log R^2$ ou $2 \log R$; les éléments correspondants de l'intégrale prise par rapport à R sont seulement
comparables, même en faisant abstraction du petit
facteur R, à $\log R\,dR = d\,(R \log R - R)$; et leur somme, de

l'ordre de R log R , est bien insensible, car on sait que le produit R log R tend vers zéro en même temps que R.

Ainsi, l'intégrale $\int \varphi \log (z - z_1 + r)\, d\varpi$, étendue à tous les éléments de volume $d\varpi$ qui sont en dehors d'un cylindre de très petit rayon R décrit autour de la droite $(x_1 = x, y_1 = y)$ comme axe, tend bien vers une limite déterminée à mesure qu'on fait décroître R. Par suite, dans l'étude de cette limite ψ et de ses dérivées en x, y, z, on pourra, sauf erreur négligeable, substituer à ψ l'intégrale même, $\int \varphi \log (z - z_1 + r)\, d\varpi$, étendue seulement aux éléments $d\varpi$ extérieurs au petit cylindre. Ce procédé, tout comme la méthode analogue concernant le potentiel inverse, aura l'avantage d'écarter les difficultés qui se présenteraient si la fonction sous le signe $\int$ devenait infinie pour certains éléments de l'intégrale.

56. — *Différentiation des intégrales triples dépendant de trois paramètres, et où la fonction sous les signes $\int$ peut devenir infinie pour l'élément dont les coordonnées égalent ces paramètres.*

Avant de calculer les dérivées, par rapport à x, y, z, du potentiel ordinaire $\int \dfrac{d\varpi}{r}$, considérons en général une intégrale de la forme $\int f\, d\varpi$, où le signe $\int$ s'étend à tous les éléments de volume $d\varpi$ de l'espace, et où la fonction f, dépendant des coordonnées x_1, y_1, z_1 de l'élément $d\varpi$, varie, de plus, en fonction de trois paramètres x, y, z, coordonnées d'un point déterminé de l'espace, et s'annule pour toutes les valeurs de x_1, y_1, z_1 qui correspondent à des éléments $d\varpi$ extérieurs à certaines régions finies en tous sens. Comme nous aurons à considérer des cas où la fonction f, finie partout ailleurs, pourra devenir infinie pour l'élément $d\varpi$ qui comprend le point (x, y, z), c'est-à-dire pour $x_1 = x, y_1 = y, z_1 = z$, nous conviendrons de n'étendre l'intégration $\int$ qu'aux éléments $d\varpi$ extérieurs à une très petite sphère, d'un rayon constant R, décrite autour du centre (x, y, z) : supposition permise, comme on a vu, car, même dans le cas où f devient infini à ce centre, elle n'altère l'intégrale, supposée essentiellement finie à la limite $R = 0$, que d'une quantité inférieure à tout nombre donné, aussi petit qu'on voudra, pourvu qu'on prenne la constante R assez petite elle-même.

Cela posé, cherchons à différentier par rapport à x, y ou z l'intégrale $\int f d\varpi$, ainsi entendue. A cet effet, imaginons que le point (x, y, z) vienne se placer, par exemple, en $(x + dx, y, z)$. La petite sphère dont il est le centre éprouvera également la translation dx. Si l'on divise sa surface en deux hémisphères, par un grand cercle normal aux x, chaque élément de l'hémisphère situé du côté des x positifs, et ayant une certaine projection, $d\tau$, sur le plan de ce cercle, engendrera un prisme oblique, $d\tau\,dx$, que la sphère viendra occuper ; tandis que, dans l'autre demi-sphère, l'élément qui a même projection $d\tau$ sur le plan du grand cercle décrira un prisme pareil, qui sera délaissé par la sphère. Ce dernier volume $d\tau\,dx$ donnera donc, dans l'intégrale $\int f d\varpi$ prise pour le point $(x + dx, y, z)$, un élément $f d\varpi$, ou $f d\tau\,dx$, qu'on n'avait pas à compter au point (x, y, z) : sa valeur sera

$$f_0\, d\varpi = f_0\, d\tau\, dx,$$

si nous appelons f_0 la valeur qu'y reçoit la fonction f, et qui s'obtient en mettant pour x, y, z les coordonnées $x + dx, y, z$ du centre de la seconde sphère, ou, sensiblement, celles, x, y, z, du centre de la première, pour y_1, z_1 les coordonnées de la projection $d\tau$ située sur la base de la demi-sphère, enfin pour x_1 la valeur

$$x - \sqrt{R^2 - (y_1 - y)^2 - (z_1 - z)^2}$$

que prend cette coordonnée sur la demi-sphère dont il

s'agit. Au contraire, l'autre prisme, $d\tau\,dx$, envahi par la sphère, correspond à un élément

$$f_1\,d\varpi = f_1\,d\tau\,dx$$

que perd l'intégrale, et où f_1 désigne une valeur de f obtenue en mettant pour x, y, z, y_1, z_1 les mêmes valeurs que précédemment, mais pour x_1 la valeur

$$x + \sqrt{R^2 - (y_1 - y)^2 - (z_1 - z)^2}$$

relative à l'autre hémisphère. Comme il correspondra à chaque élément $d\tau$ de la base commune des hémisphères deux éléments analogues, l'un gagné, l'autre perdu par l'intégrale, l'excès total des éléments qu'elle gagne sur ceux qu'elle perd vaudra $dx\,f\,(f_0 - f_1)\,d\tau$. On l'évaluera plus aisément en prenant des coordonnées polaires v et ω telles, que l'on ait

$$(161) \qquad y_1 - y = v \cos\omega, \quad z_1 - z = v \sin\omega.$$

Alors $d\tau$ égale $v\,d\omega\,dv$ et l'excès considéré devient

$$(162) \qquad dx \int_0^{2\pi} d\omega \int_0^{R} (f_0 - f_1)\,v\,dv.$$

Il reste à voir quelle variation éprouve l'intégrale $\int f\,d\varpi$, du fait des éléments qui lui sont communs dans ses deux états successifs, c'est-à-dire qui correspondent à des volumes $d\varpi$ extérieurs aux deux sphères. Comme x seul y varie, chacun de ces éléments croît de $\left(\dfrac{df}{dx}\,dx\right)d\varpi$; et l'augmentation qui en provient est en tout

$$(163) \qquad dx \int \frac{df}{dx}\,d\varpi,$$

où le signe $\int$ s'étend, comme pour l'intégrale même $\int f\,d\varpi$, sauf erreur négligeable, à tous les éléments $d\varpi$ extérieurs à la sphère de rayon R décrite autour du centre $(x,\,y,\,z)$.

La dérivée en x de $\int f\,d\varpi$ étant le quotient par $d\,x$ de la somme des deux expressions (162) et (163), on aura la formule cherchée de différentiation :

$$(164) \qquad \frac{d}{dx} \int f\,d\varpi = \int \frac{df}{dx}\,d\varpi + \int_0^{2\pi} d\omega \int_0^R (f_0 - f_1)\,v\,dv.$$

Dans tous les exemples que nous aurons à examiner, la fonction f sera le produit d'un facteur $\rho\,(x_1,\,y_1,\,z_1)$, partout fini ou nul, et ne dépendant que des coordonnées $(x_1,\,y_1,\,z_1)$ de l'élément de volume $d\varpi$, par un autre facteur de la forme $\varphi\,(x_1 - x,\,y_1 - y,\,z_1 - z)$ fonction seulement des trois différences $x_1 - x,\,y_1 - y,\,z_1 - z$. Alors, pour tout point $(x,\,y,\,z)$ aux environs duquel la fonction ρ se trouvera continue, ce facteur ρ sera sensiblement le même, sur les divers éléments de la petite sphère de rayon R, qu'au centre $(x,\,y,\,z)$, et l'on pourra, dans le dernier terme de (164), le remplacer par la constante $\rho\,(x,\,y,\,z)$. La formule (164) deviendra

$$(165) \quad \left\{ \begin{array}{l} \dfrac{d}{dx} \displaystyle\int \rho\varphi\,d\varpi = \int \rho\,\dfrac{d\varphi}{dx}\,d\varpi \\[2em] + \rho\,(x,\,y,\,z) \displaystyle\int_0^{2\pi} d\omega \int_0^R \left[\varphi\left(-\sqrt{R^2 - v^2},\,v\cos\omega,\,v\sin\omega\right) \right. \\[2em] \left. \qquad\qquad - \varphi\left(\sqrt{R^2 - v^2},\,v\cos\omega,\,v\sin\omega\right) \right] v\,dv. \end{array} \right.$$

Il importe de remarquer dans quels cas le dernier terme de cette relation (165) est négligeable, c'est-à-dire nul à la limite $R = o$, et où, par conséquent, la différentiation de l'intégrale $\int \rho\varphi\,d\varpi$ peut se faire simplement sous le signe $\int$. Si la fonction φ est homogène, du degré n, en $x_1 - x,\,y_1 - y,\,z_1 - z$, ou que par suite, dans le dernier terme de (165), la différence, qui y paraît, de deux valeurs de φ, se trouve d'un ordre de petitesse ou de grandeur généralement égal à celui de ι^n, l'expression à intégrer par rapport à ι y sera comparable à $\iota^{n+1}\,d\iota$; ce qui donnera une intégrale de l'ordre de R^{n+2}, insensible pourvu que n soit plus grand que —2. Donc, *l'intégrale $\int \rho\,\varphi\,d\varpi$ peut, en général, se différentier sous le signe $\int$, quand la fonction φ est d'un degré supérieur à* — 2 *par rapport à $x_1 — x, y_1 — y, z_1 — z$.*

La dérivée $\dfrac{d}{d\varpi}\int \rho\varphi\,d\varpi$ comporte une autre forme, très simple, lorsque la fonction ρ varie partout avec continuité, même à la limite des espaces où elle s'annule. Pour l'obtenir, il suffit d'observer que, si l'on passe du point (x, y, z) au point $(x + dx, y, z)$, un élément de volume ayant pour coordonnées $x_1 + dx$, y_1, z_1 prend exactement, dans l'intégrale et dans la fonction φ, la place et le rôle de celui qui avait les coordonnées x_1, y_1, z_1. Seulement, ρ s'y trouve changé en $\rho + \dfrac{d\rho}{dx_1}\,dx$, puisque la variable x_1 y dépasse de dx sa valeur pour l'élément de volume précédent. Donc l'intégrale croît en tout de $dx\displaystyle\int \dfrac{d\rho}{dx_1}\,\varphi d\varpi$, et sa dérivée cherchée vaut $\displaystyle\int \dfrac{d\rho}{dx_1}\,\varphi d\varpi$ (*).

(*) Il est clair que la formule de différentiation ainsi démontrée, presque évidente d'ailleurs,

$$(165\,bis) \qquad \frac{d}{d\,(x, y, z)}\int \rho\,\varphi\,d\varpi = \int \frac{d\rho}{d\,(x_1, y_1, z_1)}\,\varphi\,d\varpi,$$

s'applique au cas où l'étendue ϖ dans laquelle doit se faire l'intégration, au lieu d'embrasser tout l'espace sauf une petite sphère, se réduirait au volume compris entre deux surfaces fermées quelconques, intérieures l'une à l'autre, qui, conservant toujours la même orientation et les mêmes situations respectives par rapport au point (x, y, z), suivraient celui-ci dans ses déplacements dx, dy ou dz. Alors l'intégrale $\int \rho\,\varphi\,d\varpi$, où ρ est une fonction continue quelconque de x_1, y_1, z_1, φ une fonction quelconque de $x_1 — x, y_1 — y, z_1 — z$, et où $d\varpi = dx_1\,dy_1\,dz_1$, constitue un type s'étendant à toutes les fonctions appelées potentiels : elle est, en quelque sorte, le *potentiel* le plus général possible. Donc, la relation (165 *bis*) exprime une règle générale pour différentier en x, y, z un potentiel quelconque.

Une intégration par parties en déduit aisément des formules comme la précé-

La relation (165) pourrait donc aussi s'écrire :

$$(166) \quad \left\{ \begin{aligned} & \int \frac{d\rho}{dx_1}\, \varphi\, d\varpi = \int \rho\, \frac{d\varphi}{dx}\, d\varpi \\ & + \rho(x, y, z) \int_0^{2\pi} d\omega \int_0^{R} \left[\varphi\left(-\sqrt{R^2 - v^2},\, v\cos\omega,\, v\sin\omega \right) \right. \\ & \qquad\qquad \left. - \varphi\left(\sqrt{R^2 - v^2},\, v\cos\omega,\, v\sin\omega \right) \right] v\,dv. \end{aligned} \right.$$

Cette formule nous sera surtout utile quand son dernier terme se trouvera négligeable, c'est-à-dire nul à la limite $R = o$; car elle reviendra à une sorte d'intégration par parties ne donnant que des termes nuls aux limites des intégrales, et *elle nous permettra de débarrasser le facteur ρ de différentiations que nous préférerions faire porter sur le facteur φ.*

dente (165). Il suffit, pour cela, de dédoubler $\dfrac{d\,z}{d(x_1, y_1, z_1)}\,\varphi$ en $\dfrac{d\,z\,\varphi}{d(x_1, y_1, z_1)}$ et en $- \rho \dfrac{d\varphi}{d(x_1, y_1, z_1)}$ ou $\rho \dfrac{d\varphi}{d(x, y, z)}$, puis de transformer, par la méthode, familière à tous les géomètres, qui a été suivie au n° 11 (p. 55), l'intégrale triple immédiatement intégrable une fois en une intégrale double se rapportant à toute la surface limite du volume ϖ. Si $d\tau$ désigne un élément de cette surface et α, β, γ les angles que fait avec les axes des x, y, z sa normale menée hors du volume ϖ, la formule (165 *bis*) deviendra de la sorte

$$(165\ ter) \quad \frac{d}{d(x, y, z)} \int \rho\,\varphi\, d\varpi = \int \rho\, \frac{d\varphi}{d(x, y, z)}\, d\varpi + \int \rho\,\varphi \cos(\alpha, \beta, \gamma)\, d\tau.$$

Or, quand la surface z se réduit à sa nappe intérieure et que celle-ci est une sphère d'un très petit rayon R, décrite autour de (x, y, z) comme centre, le dernier terme de (165 *ter*), en y substituant, par exemple, $\mp\,dy\,dz$ à $(\cos \alpha)\,d\tau$, ne diffère évidemment pas du dernier terme de (165). La formule (165) résulte donc, comme on voit, d'une simple application de l'intégration par parties à la relation évidente (165 *bis*).

On opèrera de même pour les dérivées secondes, troisièmes, etc. du potentiel quelconque $\int \rho\,\varphi\, d\varpi$. Par exemple, la règle de différentiation exprimée par (165 *bis*) donnant $\dfrac{d^2}{dt^2} \int \rho\,\varphi\, d\varpi = \int \dfrac{d^2\rho}{dx_1^2}\,\varphi\, d\varpi$, ou remplacera $\dfrac{d^2\rho}{dx_1^2}\,\varphi$ par

$$\frac{d}{dx_1}\left(\varphi\, \frac{d\rho}{dx_1} - \rho\, \frac{d\varphi}{dx_1} \right) + \rho\, \frac{d^2\varphi}{dx_1^2} = \frac{d}{dx_1}\left(\varphi^2\, \frac{d\frac{\rho}{\varphi}}{dx_1} \right) + \rho\, \frac{d^2\varphi}{dx^2},$$

57. — *Application à la différentiation du potentiel inverse et du potentiel direct ; équation de Poisson pour le premier et sa transformée quand on y introduit le second.*

Appliquons d'abord la formule (165) au potentiel inverse $U = \int \frac{\rho \, d\varpi}{r}$, et cherchons en premier lieu sa dérivée en x. Nous aurons ici

$$\varphi = \frac{1}{r} = \left[(x_1 - x)^2 + (y_1 - y)^2 + (z_1 - z)^2 \right]^{-\frac{1}{2}}.$$

et cette dérivée seconde en x du potentiel deviendra

$$\frac{d^2}{dx^2} \int \rho \, \varphi \, d\varpi = \int \rho \, \frac{d^2 \varphi}{dx^2} \, d\varpi + \int r^2 \frac{d\frac{\rho}{r}}{dx_1} \cos \alpha \, . \, d\tau.$$

En y ajoutant les valeurs analogues des dérivées secondes $\frac{d^2 \varphi}{dy^2}$, $\frac{d^2 \varphi}{dz^2}$, et observant que l'expression

$$\frac{d\frac{\rho}{\varphi}}{dx_1} \cos \alpha + \frac{d\frac{\rho}{\varphi}}{dy_1} \cos \beta + \frac{d\frac{\rho}{\varphi}}{dz_1} \cos \gamma,$$

prise sur un élément $d\tau$ de la surface limite, représente la dérivée de $\frac{\rho}{\varphi}$ le long d'un chemin infiniment petit dn normal à cet élément, on aura le paramètre Δ_2 du potentiel :

$$\text{(165 *quater*)} \qquad \Delta_2 \int \rho \, \varphi \, d\varpi = \int \rho \, (\Delta_2 \varphi) \, d\varpi + \int \varphi^2 \frac{d\frac{\rho}{\varphi}}{dn} \, d\tau.$$

Dans le cas, particulièrement intéressant, où la fonction φ a son propre paramètre différentiel Δ_2 nul, l'expression de $\Delta_2 \int \rho \, \varphi \, d\varpi$ ne contient donc que le terme aux limites, $\int \varphi^2 \frac{d\frac{\rho}{\varphi}}{dn} \, d\tau$; et si, par exemple, d'une part, τ se réduit à une limite intérieure sphérique $4 \pi R^2$, décrite d'un très petit rayon R autour de (x, y, z) comme centre, que, d'autre part, $\varphi = \frac{1}{r}$, r désignant la distance du point quelconque (x_1, y_1, z_1) à ce centre, et devenant R sur la sphère τ (d'où $dn = - dR$), il viendra

$$\Delta_2 \int \frac{\rho \, d\varpi}{r} = - \int \frac{d \cdot \rho R}{dR} \, \frac{d\tau}{R^2} = \text{(sensiblement)} \; \rho \, (x, y, z) \frac{- \int d\tau}{R^2} = - 4 \pi \rho \, (x, y, z).$$

Telle est, ce me semble, la démonstration la plus simple possible de la formule de Poisson sur le potentiel ordinaire ou inverse.

Le dernier terme de (165), ou mieux, de (164), deviendra

$$\int_0^{2\pi} d\omega \int_0^R \left[\frac{\rho_0}{R} - \frac{\rho_1}{R} \right] \iota\, d\iota = \text{sensiblement } \pi\rho R - \pi\rho R,$$

c'est-à-dire la différence de deux quantités à fort peu près égales et qui se trouvent toutes les deux de l'ordre de petitesse de R. Ce terme est donc négligeable, comme auraient pu, du reste, le faire prévoir les considérations présentées à la suite de la formule (165). Ainsi, *les dérivées premières, en x, y, z, du potentiel inverse peuvent se calculer simplement par la différentiation sous le signe f*; et l'on a, notamment,

$$(167) \qquad \frac{d}{dx} \int \frac{\rho\, d\varpi}{r} = \int \frac{x_1 - x}{r^3}\, \rho\, d\varpi.$$

Occupons-nous encore des dérivées secondes, par exemple de $\dfrac{d^2 U}{dx^2}$. Nous aurons à différentier par rapport à x le second membre de (167). Il faudra donc poser, dans (165),

$$\varphi = \frac{x_1 - x}{r^3} = (x_1 - x)\left[(x_1 - x)^2 + (y_1 - y)^2 + (z_1 - z)^2 \right]^{-\frac{3}{2}}.$$

Le dernier terme de (165) devient alors

$$\left\{ \begin{aligned} &-\frac{2\rho\,(x, y, z)}{R^3} \int_0^{2\pi} d\omega \int_0^R \sqrt{R^2 - \iota^2}\; \iota\, d\iota \\ &\qquad = \frac{4\pi\rho\,(x, y, z)}{3R^3}\left[(R^2 - \iota^2)^{\frac{3}{2}} \right]_0^R = -\frac{4\pi\rho\,(x, y, z)}{3}. \end{aligned} \right.$$

En ajoutant celui que donne la différentiation sous le signe f, nous aurons

$$(168) \quad \left\{ \begin{aligned} \frac{d^2}{dx^2}\int \frac{\rho\, d\varpi}{r} = &-\frac{4\pi\rho\,(x, y, z)}{3} \\ &+ \int \left[3\frac{(x_1 - x)^2}{r^5} - \frac{1}{r^3} \right] \rho\, d\varpi. \end{aligned} \right.$$

Les deux dérivées $\dfrac{d^2U}{dy^2}$, $\dfrac{d^2U}{dz^2}$ recevront des valeurs analogues. Et si on les ajoute à la précédente (168), en vue de calculer le paramètre différentiel Δ_2 du potentiel inverse, on aura la formule classique de Poisson,

$$(169) \qquad \Delta_2 \int \frac{\rho d\varpi}{r} = -4\pi\rho(x, y, z) \quad \text{ou} \quad \Delta_2 \int \frac{dm}{r} = -4\pi\rho.$$

Considérons actuellement le potentiel direct $V = \int \varphi\, r\, d\varpi$. Ici, la fonction φ n'est autre que r et son degré en $x_1 - x, y_1 - y, z_1 - z$ est 1. Les dérivées partielles premières de φ en x, y, z, savoir $-\dfrac{x_1 - x}{r}$, $-\dfrac{y_1 - y}{r}$, $-\dfrac{z_1 - z}{r}$, sont, par suite, du degré zéro, et les dérivées partielles secondes, du degré -1, avec r ou r^3 pour dénominateurs. Leurs plus grandes valeurs, dans le dernier terme de la formule (165), se trouveront seulement comparables à $\dfrac{1}{R}$, si l'on applique cette formule (165) en prenant pour φ soit la fonction r, soit ses dérivées partielles premières ou secondes en x, y, z (ou en $x - x_1, y - y_1, z - z_1$). Donc, le dernier terme de (165) sera négligeable dans tous ces cas. Autrement dit, *le potentiel direct peut se différentier trois fois de suite sous le signe $\int$.*

Or, en le différentiant soit deux fois par rapport à x, soit deux fois par rapport à y, soit deux fois par rapport à z, puis ajoutant les trois résultats, on trouve

$$\frac{d^2}{dx^2} \int \rho r d\varpi = \int \left[\frac{1}{r} - \frac{(x - x_1)^2}{r^3} \right] \rho d\varpi, \text{ etc.},$$

et par suite, comme on sait,

$$(170) \qquad \Delta_2 \int \rho r d\varpi = 2 \int \frac{\rho d\varpi}{r}, \quad \text{ou} \quad \Delta_2 \int r dm = 2 \int \frac{dm}{r}.$$

Prenons le paramètre différentiel Δ_2 des deux membres de

cette égalité. Si nous tenons compte de la formule (169), il
viendra

$$(171) \qquad \Delta_2 \, \Delta_2 \, \int r\,dm = -\,8\,\pi\rho\,(x,\,y,\,z).$$

Cette relation exprime une propriété importante du
potentiel direct. La formule (15 *bis*) [p. 59] n'en était que la
spécification pour le cas où $\rho\,(x,\,y,\,z) = 0$.

*58. — Différentiation de certaines intégrales triples où la fonction
sous les signes ∫ devient infinie pour une infinité d'éléments.*

Quand, dans l'intégrale $\int \rho\,\varphi\,d\varpi$, la fonction φ devient
infinie, non seulement pour $x_1 = x$, $y_1 = y$, $z_1 = z$, mais sur
toute une partie, finie ou infinie, de la droite dont les équations sont $x_1 = x$, $y_1 = y$, ce n'est évidemment plus une
sphère, qu'il faut décrire autour du point critique $(x,\,y,\,z)$
comme centre pour écarter ces valeurs infinies, mais bien
un cylindre, d'un très petit rayon R, ayant pour
axe la droite $x_1 = x$, $y_1 = y$. Nous admettrons donc que
l'intégration ne s'étende, dans $\int \rho\,\varphi\,d\varpi$, qu'aux éléments de
volume $d\varpi$ extérieurs à ce cylindre, supposition qui n'altère
qu'extrêmement peu la somme, puisque celle-ci est une
limite obtenue en posant $R = 0$.

La différentiation par rapport à z se fera évidemment sous
le signe $\int$, car le passage du point $(x,\,y,\,z)$ au point
$(x,\,y,\,z + dz)$ n'entraîne aucun déplacement du cylindre.
Mais il n'en sera généralement pas de même de la différentiation en x ou en y.

Par exemple, quand on fait croître x de dx, le cylindre
éprouve la petite translation dx. Si l'on divise sa surface en
deux parties, par un plan normal aux x mené suivant son
axe, chaque élément de la partie située du côté des x positifs, et ayant une certaine projection $d\,y_1\,d\,z_1$ sur ce plan

ainsi qu'une certaine abscisse $x_1 = x + \sqrt{R^2 - (y_1 - y)^2}$, décrit un petit volume $dy_1\, dz_1\, dx$, envahi par le cylindre. A ce volume correspondait un élément d'intégrale,

$$\rho\, \varphi\left(\sqrt{R^2 - (y_1 - y)^2},\ y_1 - y,\ z_1 - z\right) dy_1\, dz_1\, dx,$$

qui est perdu par $\int \rho\, \varphi\, d\varpi$. Au contraire, l'élément symétrique de surface, appartenant à la partie située du côté des x négatifs, engendre un volume égal, devenu extérieur au cylindre, et auquel correspond un élément nouveau de l'intégrale,

$$\rho\, \varphi\left(-\sqrt{R^2 - (y_1 - y)^2},\ y_1 - y,\ z_1 - z\right) dy_1\, dz_1\, dx.$$

Comme la fonction $\rho\,(x_1, y_1, z_1)$ varie avec continuité, sa valeur est sensiblement la même sur toute une section normale du cylindre, et on peut la remplacer par $\rho\,(x, y, z_1)$. Posons, d'autre part, pour abréger, $y_1 - y = \eta$, et, faisant la somme de l'excès des éléments gagnés sur les éléments perdus, intégrons de $\eta = -R$ à $\eta = R$, de $z_1 = -\infty$ à $z_1 = \infty$. Il vient :

$$\left\{ dx \int_{-\infty}^{\infty} \rho\,(x, y, z_1)\, dz_1 \int_{-R}^{R} \left[\varphi\left(-\sqrt{R^2 - \eta^2},\ \eta,\ z_1 - z\right) \right.\right.$$
$$\left.\left. - \varphi\left(\sqrt{R^2 - \eta^2},\ \eta,\ z_1 - z\right) \right] d\eta. \right.$$

Il faut joindre ce terme aux limites à l'accroissement total, $dx \int \rho\, \dfrac{d\varphi}{dx}\, d\varpi$, éprouvé par les éléments qui correspondent aux volumes $d\varpi$ extérieurs aux deux cylindres, pour avoir la différentielle complète de $\int \rho\, \varphi\, d\varpi$. La formule cherchée de différentiation par rapport à x est donc

$$(172) \begin{cases} \dfrac{d}{dx} \displaystyle\int \rho\varphi\, d\varpi = \int \rho\, \dfrac{d\varphi}{dx}\, d\varpi \\[2ex] + \displaystyle\int_{-\infty}^{\infty} \rho(x, y, z_1)\, dz_1 \int_{-R}^{R} \left[\varphi\left(-\sqrt{R^2 - \eta^2},\ \eta,\ z_1 - z \right) \right. \\[2ex] \left. \qquad\qquad - \varphi\left(\sqrt{R^2 - \eta^2},\ \eta,\ z_1 - z \right) \right] d\eta. \end{cases}$$

Le raisonnement qui a conduit à la relation (166) permettrait de représenter encore la dérivée en x de $\displaystyle\int \rho\varphi\, d\varpi$ par $\displaystyle\int \dfrac{d\rho}{dx_1}\, \varphi\, d\varpi$.

<hr>

59. — *Application au potentiel logarithmique à trois variables.*

Appliquons actuellement cette formule (172) au potentiel logarithmique $\psi = \int \rho \log (z - z_1 + r)\, d\varpi$. Il faudra donc poser

$$\varphi = \log \left[-(z_1 - z) + \sqrt{(x_1 - x)^2 + (y_1 - y)^2 + (z_1 - z)^2} \right].$$

Le dernier terme de (172) deviendra la différence de deux expressions, dont chacune, en y effectuant l'intégration par rapport à η, qui est immédiate, vaudra sensiblement

$$2\,R \int_{-\infty}^{\infty} \rho \log \left(z - z_1 + \sqrt{R^2 + (z - z_1)^2} \right) dz_1.$$

Or, le facteur $\log \left(z - z_1 + \sqrt{R^2 + (z - z_1)^2} \right)$ n'a de grandes valeurs absolues à considérer que pour $z < z_1$, et comme alors il égale $\log R^2$ diminué du logarithme de $z_1 - z + \sqrt{R^2 + (z_1 - z)^2}$, c'est-à-dire diminué d'un logarithme qui grandit de $\log R$ à $\log 2 (z_1 - z)$ pour $z_1 - z$ croissant de zéro à une valeur finie notable, les plus grandes valeurs absolues de ce facteur sont $2 \log R$. Les deux expressions dont il s'agit, inférieures par suite, en valeur absolue, à $4 (R \log R) \int \rho \, d z_1$, sont négligeables, c'est-à-dire nulles à la limite $R = 0$.

Ainsi, *le potentiel logarithmique à trois variables peut être différentié une fois sous le signe $\int$ par rapport à l'une quelconque des variables.* Sa dérivée en x est donc

$$(173) \qquad \frac{d\psi}{dx} = \int \frac{(x - x_1)\, \rho\, d\varpi}{(z - z_1 + r)\, r}.$$

Pour obtenir la dérivée seconde $\frac{d^2\psi}{dx^2}$, ou, plus simplement, le terme aux limites que comprend l'expression de cette dérivée, il suffira de poser, dans (172),

$$\rho = \frac{-(x_1 - x)}{r \left[r - (z_1 - z) \right]}, \quad \text{où} \quad r = \sqrt{(x_1 - x)^2 + (y_1 - y)^2 + (z_1 - z)^2}.$$

Le terme aux limites qu'on se propose d'obtenir, c'est-à-dire le dernier terme de la formule (172), vaudra, par suite,

$$2 \int_{-\infty}^{\infty} \frac{\rho\, (x, y, z_1)\, dz_1}{\sqrt{R^2 + (z_1 - z)^2} \left[z - z_1 + \sqrt{R^2 + (z_1 - z)^2} \right]} \int_{-R}^{R} \sqrt{R^2 - \eta^2}\, d\eta,$$

ou bien,

$$\pi \int_{-\infty}^{\infty} \left[1 + \frac{z_1 - z}{\sqrt{R^2 + (z_1 - z)^2}} \right] \rho\, (x, y, z_1)\, dz_1,$$

en observant que $\int_{-R}^{R} \sqrt{R^2 - \eta^2}\, d\eta$ est l'aire $\frac{\pi}{2} R^2$ d'un demi-cercle de rayon R et a pour expression

$$\frac{\pi}{2} \left[z_1 - z + \sqrt{R^2 + (z_1 - z)^2} \right] \left[z - z_1 + \sqrt{R^2 + (z_1 - z)^2} \right].$$

Or, à cause de la petitesse de R, le facteur $1 + \dfrac{z_1 - z}{\sqrt{R^2 + (z_1 - z)^2}}$ vaut à fort peu près zéro pour $z_1 < z$, 2 pour $z_1 > z$, et il passe très rapidement de zéro à 2 aux moments où z_1 se trouve voisin de z. L'intégrale peut donc n'être prise que de $z_1 = z$ à $z_1 = \infty$; en sorte que le terme aux limites de l'expression de $\dfrac{d^2 \psi}{dx^2}$ devient en définitive $2\pi \displaystyle\int_z^\infty \rho\,(x, y, z)\, dz$.

On obtiendrait un terme pareil dans la valeur de $\dfrac{d^2 \psi}{dy^2}$. Par suite, le paramètre différentiel Δ_2 de la fonction ψ ne sera plus nul comme dans le cas de la formule (14) [p. 59], mais égal à $4\pi \displaystyle\int_z^\infty \rho\,(x, y, z)\, dz$. On aura donc, pour tenir lieu de cette formule (14), la relation générale, qui la comprend d'ailleurs,

$$(174) \qquad \Delta_2 \int \log (z - z_1 + r)\, dm = 4\pi \int_z^\infty \rho\, dz.$$

La différentiation de cette relation par rapport à z fait retrouver l'équation de Poisson, (169) [p. 268].

60. — Emploi des mêmes méthodes de différentiation pour des intégrales doubles, telles que les potentiels cylindriques.

Il est clair que les méthodes exposées dans ce §, en vue de différentier des intégrales triples dont la fonction sous les signes $\int$ devient infinie pour un élément de l'intégrale ou pour une infinité d'éléments pareils, s'étendraient aisément à des intégrales doubles. Un cercle d'un très petit rayon constant R, et une bande rectiligne d'une très petite largeur 2 R, y remplaceraient respectivement la sphère et le cylindre que nous avons considérés.

Par exemple, dans l'étude du potentiel logarithmique à deux variables, $\int \rho\,(x_1,\,y_1)\,(\log r)\,d\sigma$, où $d\sigma$ désigne un élément superficiel quelconque du plan des $x\,y$, ayant les coordonnées x_1 et y_1, ρ la masse, par unité d'aire, d'une couche qu'on y suppose étalée, et r le radical $\sqrt{(x_1-x)^2+(y_1-y)^2}$, l'emploi du petit cercle de rayon R, décrit autour du point mobile $(x,\,y)$ comme centre, donnerait la formule générale de différentiation :

$$\left\{\begin{aligned} &\frac{d}{dx}\int \rho\,(x_1,\,y_1)\,\varphi\,(x_1-x,\,y_1-y)\,d\sigma = \int \rho\,\frac{d\varphi}{dx}\,d\sigma \\ &+\rho\,(x,\,y)\int_{-R}^{R}\left[\varphi\left(-\sqrt{R^2-\eta^2},\,\eta\right)-\varphi\left(\sqrt{R^2-\eta^2},\,\eta\right)\right]d\eta. \end{aligned}\right.$$

On voit de suite, en posant $\varphi = \log\sqrt{(x_1-x)^2+(y_1-y)^2}$, que ce potentiel peut se différentier une fois sous le signe $\int$. Mais si l'on prend ensuite, par exemple,

$$\varphi = -\,(x_1-x)\,\left[\,(x_1-x)^2+(y_1-y)^2\,\right]^{-1},$$

on reconnaît qu'une deuxième différentiation par rapport à la même variable donne pour terme aux limites $\pi\,\rho\,(x,\,y)$. On en déduit

$$\left(\frac{d^2}{dx^2}+\frac{d^2}{dy^2}\right)\int \rho\,\log r\,d\sigma = 2\,\pi\,\rho\,(x,\,y),$$

formule qui, pour ces potentiels, tient lieu de celle de Poisson (*).

En appliquant la même méthode à l'intégrale $\int \rho\, r^2 \log r\, d\sigma$, qui est, dans le cas de deux variables, l'analogue du potentiel direct, tout comme la précédente est celui du potentiel inverse, on reconnaîtrait qu'elle peut se différentier trois fois sous le signe $\int$, et l'on trouverait en outre que son paramètre $\Delta_2 = \dfrac{d^2}{dx^2} + \dfrac{d^2}{dy^2}$ vaut $4 \int \rho\, (1 + \log r)\, d\tau$. Par suite on aurait

$$\Delta_2 \Delta_2 \int \rho\, r^2 \log r\, d\sigma = 4 \Delta_2 \int \rho \log r\, d\sigma = 8 \pi \rho\, (x, y)$$

(*) On a pu remarquer au n° 38 *bis* (p. 168), comment elle résulte de la propriété $\Delta_2 \varepsilon = 0$, dont jouit le potentiel logarithmique à trois variables d'une couche mince étalée sur le plan des xy, lorsqu'on observe que ce potentiel à trois variables se réduit, sur le plan de la couche, à un potentiel logarithmique ordinaire ou cylindrique, et que sa dérivée en z y devient $- 2 \pi \rho\, (x, y)$.

§ VII. — ÉQUILIBRE D'ÉLASTICITÉ D'UN SOLIDE INDÉFINI, SOLLICITÉ
DANS UNE ÉTENDUE FINIE PAR DES FORCES EXTÉRIEURES
QUELCONQUES.

61. — *Généralisation des trois types d'intégrales trouvés au § II,
et, d'abord, du premier.*

Maintenant que nous avons reconnu l'existence ou la parfaite détermination des divers potentiels en tous les points de l'espace, et que nous savons les différentier même pour les points intérieurs aux masses par rapport auxquelles on les prend, nous pouvons essayer de voir ce que deviennent en général les trois types d'intégrales des équations de l'équilibre d'élasticité que nous avons déduits, au § II, d'un potentiel logarithmique.

Considérons donc le potentiel logarithmique,

$$\psi = \int \log (z - z_1 + r)\, dm,$$

d'une masse continue quelconque $\int dm$, répandue dans une région finie de l'espace et ayant, en chaque point (x_1, y_1, z_1), une densité donnée ρ. Dans le cas particulier où la masse se réduisait à une couche mince étalée sur le plan des xy, ce potentiel nous a conduit à un premier type d'intégrales où il ne paraît plus explicitement, mais où s'introduit, à sa place, le potentiel direct $\int r\, dm$. Les valeurs (25) de u, v, w [p. 65] peuvent s'y écrire, en tenant compte de (170) [p. 268],

$$(175) \quad \begin{cases} u = -\dfrac{d^2}{dx\,dz} \displaystyle\int r\, dm, \quad v = -\dfrac{d^2}{dy\,dz} \displaystyle\int r\, dm, \\[2ex] w = -\dfrac{d^2}{dz^2} \displaystyle\int r\, dm + \dfrac{\lambda + 2\mu}{\lambda + \mu}\, \Delta_2 \displaystyle\int r\, dm; \end{cases}$$

et la dilatation cubique θ y vaut, par suite,

$$(176) \qquad \frac{du}{dx} + \frac{dv}{dy} + \frac{dw}{dz} \quad \text{ou} \quad \theta = \frac{\mu}{\lambda + \mu} \frac{d}{dz} \Delta_2 \int r\,dm.$$

Admettant actuellement que, dans ces expressions de u, v, w, θ, le potentiel $\int r\,dm$ soit relatif à une masse finie quelconque, portons-les dans les trois relations suivantes, qui sont les équations indéfinies générales de l'équilibre d'un solide élastique, homogène et isotrope, quand il est soumis dans son intérieur à des forces extérieures ayant par unité de volume les trois composantes X, Y, Z, fonctions données de x, y, z :

$$(177) \quad \left\{ \begin{aligned} (\lambda + \mu) \, \frac{d\theta}{dx} + \mu \, \Delta_2 \, u + X &= 0, \\[1ex] (\lambda + \mu) \, \frac{d\theta}{dy} + \mu \, \Delta_2 \, v + Y &= 0, \\[1ex] (\lambda + \mu) \, \frac{d\theta}{dz} + \mu \, \Delta_2 \, w + Z &= 0. \end{aligned} \right.$$

Il viendra de suite, en tenant compte, dans la troisième équation, de la formule (171) [p. 269] :

$$(178) \quad \left\{ \begin{aligned} &X = 0, \quad Y = 0, \\[1ex] &Z = 8 \pi \mu \, \frac{\lambda + 2\mu}{\lambda + \mu} \, \rho \quad \text{ou} \quad \rho = \frac{\lambda + \mu}{8 \pi \mu \, (\lambda + 2\mu)} \, Z. \end{aligned} \right.$$

Ainsi, le premier type, (175) et (176), de valeurs obtenues pour les déplacements u, v, w et pour la dilatation θ, satisfait aux équations indéfinies de l'équilibre quand le corps élastique est soumis dans sa masse à des actions extérieures dirigées suivant l'axe des z, pourvu qu'on prenne la densité ρ de la matière fictive $\int dm$ égale partout au produit de ces actions, rapportées à l'unité de volume, par le facteur constant $\dfrac{\lambda + \mu}{8 \pi \mu \, (\lambda + 2\mu)}$.

Il est de plus évident que ces expressions (175) de u, v, w deviennent, comme dans le cas où la masse fictive $\int dm$ se réduisait à une couche mince, de l'ordre de petitesse de $\dfrac{1}{\mathrm{r}}$ à de très grandes distances r de l'origine.

62. — *Forme encore plus générale d'intégrales des équations de l'équilibre d'élasticité, à laquelle ce premier type généralisé conduit, et qui comprend même le deuxième type non généralisé.*

Les intégrales (175) n'auront pas besoin d'être généralisées davantage pour l'usage que nous en ferons ici. Mais il n'est peut-être pas inutile, en vue d'autres recherches à tenter ultérieurement, de savoir ce qui arrive quand on y remplace le potentiel direct $\int r\, dm$ par une fonction quelconque φ de x, y, z, c'est-à-dire quand on pose

$$(175\ bis)\qquad u = -\frac{d^2\varphi}{dx\,dz}, \quad v = -\frac{d^2\varphi}{dy\,dz}, \quad w = -\frac{d^2\varphi}{dz^2} + \frac{\lambda + 2\mu}{\lambda + \mu}\,\Delta_2\,\varphi.$$

et, par suite,

$$(176\ bis)\qquad \theta = \frac{\mu}{\lambda + \mu}\,\frac{d\Delta_2\varphi}{dz}.$$

Alors les deux premières relations (177) se réduisent à $X = 0$, $Y = 0$, tandis que la troisième devient

$$(178\ bis)\qquad Z = -\frac{\mu\,(\lambda + 2\mu)}{\lambda + \mu}\,\Delta_2\,\Delta_2\,\varphi.$$

On satisfait donc aux équations indéfinies de l'équilibre par les valeurs (175 bis) de u, v, w, pourvu que les actions extérieures s'exerçant sur l'unité de volume du corps soient parallèles à une même direction, prise pour celle des z, et qu'elles aient l'expression (178 bis).

On y satisferait aussi, dans des cas de forces extérieures de direction variable, en superposant à ces valeurs de u, v, w deux autres solutions analogues, mais où le rôle de la coordonnée z serait rempli soit par x, soit par y.

Il est aisé de reconnaître que les deux premiers types d'intégrales étudiés au § II et au nº 42 [formules (33), p. 68, (36), p. 72, et (138), sauf la dernière ligne, p. 192] rentrent dans la forme plus générale (175 *bis*), (178 *bis*), prise avec $Z = o$ et, respectivement, avec

$$\varphi = z\,\frac{d\Psi}{dz} - \Psi\,, \quad \varphi = -\,\Psi\,,$$

Ψ étant une fonction (définie à la fin du nº 12, p. 60, pour le cas où il s'agit de potentiels logarithmiques ψ), telle, que l'on ait $\Delta_2\Psi = o$. Par suite, toute combinaison linéaire des deux premiers types non généralisés, celle qui représente, par exemple, l'effet de pressions normales quelconques exercées à la surface d'un sol élastique, est aussi comprise dans la même forme (175 *bis*), avec $\varphi = z\,\dfrac{d\Psi}{dz} + \Psi_1$, où Ψ et Ψ_1 désignent deux fonctions ayant leurs paramètres Δ_2 nuls.

Quand on connaît Z, la formule (178 *bis*) devient une équation aux dérivées partielles que doit vérifier la fonction φ. Comme cette équation est du quatrième ordre, φ pourra satisfaire en outre, sur toute la surface du corps, à deux conditions définies distinctes. S'il s'agit, par exemple, d'une plaque indéfinie, ayant pour faces les deux plans

$$z = \text{une constante } a\,, \quad z = -\,a\,,$$

et sollicitée uniquement sur ces faces, on pourra demander : 1º que les composantes tangentielles des pressions extérieures qui s'y exercent,

$$(178\ \textit{ter})\ \left\{ \begin{aligned} p_x &= \pm\,\mu\left(\frac{dw}{dx} + \frac{du}{dz}\right) = \pm\,\mu\,\frac{d}{dx}\left(\frac{\lambda + 2\mu}{\lambda + \mu}\,\Delta_2\varphi - 2\,\frac{d^2\varphi}{dz^2}\right), \\[2ex] p_y &= \pm\,\mu\left(\frac{dv}{dz} + \frac{dw}{dy}\right) = \pm\,\mu\,\frac{d}{dy}\left(\frac{\lambda + 2\mu}{\lambda + \mu}\,\Delta_2\varphi - 2\,\frac{d^2\varphi}{dz^2}\right), \end{aligned} \right.$$

soient nulles, c'est-à-dire qu'on ait, en se bornant du moins
aux cas où les dérivées secondes de φ doivent s'annuler
pour x et y infinis,

$$\Delta_2 \varphi = \frac{2(\lambda + \mu)}{\lambda + 2\mu} \frac{d^2\varphi}{dz^2} \quad (\text{pour } z = \pm a),$$

2° et que, de plus, les composantes normales des mêmes
pressions (évaluées positivement quand elles sont dirigées
vers l'intérieur de la plaque)

$$(178 \; quater) \quad p_z = -\left(\lambda\,\theta + 2\mu\frac{dw}{dz}\right) = \mu\left(2\frac{d^3\varphi}{dz^3} - \frac{3\lambda + 4\mu}{\lambda + \mu}\frac{d\Delta_2\varphi}{dz}\right),$$

vaillent respectivement deux fonctions données de x et de y.
En faisant $Z = 0$, posant $\varphi = \psi z + \int \psi_1 \, dz$, où ψ et ψ_1 désigne-
raient deux fonctions ayant leur Δ_2 nul, et décomposant la
solution générale en deux autres plus simples, dans l'une
desquelles ψ, ψ_1 seraient des fonctions impaires de z et les
valeurs de p_z pour $z = \pm a$ égales et de signes contraires,
tandis que, dans l'autre, ψ, ψ_1 seraient des fonctions paires de
z et les valeurs de p_z pour $z = \pm a$ égales et de même signe,
on parviendrait peut-être à résoudre cette question, de la
plaque indéfinie sollicitée normalement sur ses faces, de
manière à y dégager quelques lois saisissables. Lamé et
Clapeyron l'ont traitée, à la suite du problème concernant
l'équilibre d'un solide limité par un seul plan indéfini (*).
Mais ils y ont employé des solutions simples analogues
à celles qui leur avaient servi pour ce problème ; de sorte
que, obligés d'en superposer une quadruple infinité, c'est-
à-dire de les engager sous quatre signes d'intégrations
définies en déterminant leurs coefficients infiniment petits
par la formule de Fourier, ils n'ont pu déduire rien d'intéressant de leurs intégrales.

(*) *Sur l'équilibre intérieur des solides homogènes* (*Savants étrangers de
l'Académie des Sciences de Paris*), t. IV, p. 548 à 552.

Peut-être, quoiqu'il s'agisse seulement d'effets locaux, c'est-à-dire s'évanouissant aux distances infinies de l'origine, l'influence simultanée des deux faces complique-t-elle la question au point de la rendre esssentiellement rebelle à toute simplification importante, du moins dans le cas général où, pour x et y finis, l'état physique est censé varier aussi rapidement suivant les x et les y que suivant le sens normal des z et où, par suite, l'on ne peut pas employer les équations ordinaires de l'équilibre des plaques dites *minces* (*).

(*) *Sur un type presque évident d'intégrales des équations indéfinies de l'équilibre d'Élasticité, qui comprend tous ceux dont il est tiré parti dans cette Étude.* — Je m'aperçois au moment de l'impression de cette feuille (12 juillet 1883) qu'en superposant trois solutions analogues à (175 *bis*), de manière à en composer une nouvelle symétrique en x, y, z, les valeurs trouvées alors pour u, v, w donnent l'idée du type très général

$$(a) \qquad (u, v, w) = -\frac{d\,H}{d\,(x, y, z)} + \Delta_2\,(A, B, C),$$

où A, B, C désignent trois fonctions de x, y, z satisfaisant respectivement aux trois relations

$$(a') \qquad \Delta_2\,\Delta_2\,(A, B, C) = -\frac{(X, Y, Z)}{\mu},$$

et où H est une fonction auxiliaire, vérifiant l'équation

$$(a'') \qquad \frac{\lambda + 2\mu}{\lambda + \mu}\,\Delta_2 H = \frac{d\,\Delta_2 A}{dx} + \frac{d\,\Delta_2 B}{dy} + \frac{d\,\Delta_2 C}{dz}.$$

Or, on serait arrivé de suite à ces formules (a), (a'), (a''), si, partant des équations (177) [p. 277], on s'était proposé de les vérifier par des valeurs, (a), de u, v, w, formées, au moyen de quatre fonctions A, B, C, H, comme le sont, dans (177), X, Y, Z au moyen des quatre fonctions $- \mu u$, $- \mu v$, $- \mu w$, $(\lambda + \mu)\theta$, et où la quatrième fonction H serait liée aux trois premières A, B, C par une relation analogue à celle qui existe entre θ et u, v, w. Par conséquent, dans un cours sur la théorie de l'élasticité, on pourrait donner le système d'intégrales (a), (a'), (a''), dont la vérification est immédiate, aussitôt après avoir démontré les équations indéfinies d'équilibre (177). On en déduirait : 1° le type (175 *bis*), en prenant

$$A = o, \ B = o, \ C = \frac{\lambda + 2\mu}{\lambda + \mu}\,z, \ H = \frac{d}{dz}; \ 2° \text{ le type } (\epsilon) \text{ [p. 198], qui comprend tous}$$

ceux que nous avons utilisés dans les §§ précédents de ce mémoire, en posant $\Delta_2\,(A, B, C) = (\alpha, \beta, \gamma)$, et $H = z\,\Phi$, où Φ désignerait une fonction telle, que l'on

eût $\Delta_2 \Phi = o$, c'est-à-dire $\Delta_2 H = 2\,\dfrac{d\Phi}{dz}.$

63. — *Généralisation des deuxième et troisième types.*

Après cette digression sur un problème étranger au sujet du mémoire, passons au second type d'intégrales :

$$(179) \quad \begin{cases} u = \dfrac{d\psi}{dx}, \quad v = \dfrac{d\psi}{dy}, \quad w = \dfrac{d\psi}{dz} = \displaystyle\int \frac{dm}{r}, \\[2mm] \text{où} \quad \psi = \displaystyle\int \log\,(z - z_1 + r)\,dm. \end{cases}$$

On en déduit, vu la formule (174) [p. 273],

$$(180) \qquad \theta = \Delta_2 \psi = 4\pi \int_z^\infty \rho\,dz.$$

Or, ces valeurs de u, v, w, θ, portées dans les équations (177) [p. 277], les réduisent à

$$(181) \quad \begin{cases} X = -\,4\pi\,(\lambda + 2\mu)\,\dfrac{d}{dx}\displaystyle\int_z^\infty \rho\,dz, \\[3mm] Y = -\,4\pi\,(\lambda + 2\mu)\,\dfrac{d}{dy}\displaystyle\int_z^\infty \rho\,dz, \\[3mm] Z = 4\pi\,(\lambda + 2\mu)\,\rho. \end{cases}$$

Donc, *le second type satisfait aux équations indéfinies de l'équilibre, quand les composantes* X, Y, Z *de l'action extérieure sont les dérivées partielles respectives d'une même fonction,* $-\,4\pi\,(\lambda + 2\mu)\displaystyle\int_z^\infty \rho\,dz,$ *nulle en dehors d'un certain cylindre ayant ses génératrices parallèles aux z, et qui, à l'intérieur de ce cylindre, s'annule également pour les valeurs positives assez grandes de z, tandis qu'elle tend vers certaines limites, ou ne dépend plus que de x et y, pour les valeurs négatives très grandes de z.*

Ce type se distingue du premier, surtout en ce que les composantes X, Y de l'action extérieure subsistent en général, du côté des z négatifs, jusqu'aux plus grandes distances du plan des xy, où elles sont proportionnelles aux dérivées en x et en y de $\int_{-\infty}^{\infty} ?\, dz$ ou à celles de $\int_{-\infty}^{\infty} Z\, dz$. Ce n'est que dans le cas où toutes les forces Z appliquées le long d'une même parallèle aux z se neutraliseraient exactement, ou auraient du moins une somme invariable d'une parallèle à l'autre, que X et Y s'annuleraient pour $z = -\infty$.

Les expressions (179) de u et v restent également finies quand, pour x et y constants, on y fait tendre z vers $-\infty$; et elles ne s'annulent même pas, comme X et Y, en dehors du cylindre circonscrit à la masse fictive, $\int d\,m$, avec des génératrices parallèles aux z. Pour le reconnaître, il suffit d'observer que le produit de $z - z_1 + r$ par $z_1 - z + r$ égale $r^2 - (z_1 - z)^2$, c'est-à-dire $(x - x_1)^2 + (y - y_1)^2$, et de remplacer en conséquence, dans (173) [p. 272], le facteur $\dfrac{1}{z - z_1 + r}$ par $\dfrac{z_1 - z + r}{(x - x_1)^2 + (y - y_1)^2}$. Il vient

$$u = \frac{d\psi}{dx} = \int \left(1 + \frac{z_1 - z}{r} \right) \frac{(x - x_1)\, dm}{(x - x_1)^2 + (y - y_1)^2},$$

ou à fort peu près, pour $z_1 - z$ très grand et par suite sensiblement égal à r,

$$(182) \qquad u = 2 \int \frac{(x - x_1)\, dm}{(x - x_1)^2 + (y - y_1)^2}.$$

Cette quantité est indépendante de z et, si l'on suppose x et y assez grands eux-mêmes, vaut sensiblement $\dfrac{2x}{x^2 + y^2} \int dm$. La composante $w = \int \dfrac{dm}{r}$ se trouvant d'ailleurs négligeable en ces points, on voit que le déplacement total y est, à peu près, en raison inverse de la distance à l'axe des z et de même sens que les rayons émanés perpendiculairement de cet axe.

Observons encore que la dilatation cubique, $\theta = 4\pi \int_z^\infty \rho\, dz$, ne s'annule, à l'intérieur du cylindre circonscrit à la masse fictive $\int dm$, que dans l'espace compris, du côté des z positifs, au-delà de cette masse, espace auquel nous nous bornions dans l'étude d'un milieu limité par un plan.

Enfin, *le troisième type*, le seul où la dilatation cubique reste identiquement nulle,

$$(183) \qquad u = -\frac{d\psi}{dy}, \quad v = \frac{d\psi}{dx}, \quad w = 0, \quad \theta = 0,$$

transforme *les équations indéfinies* (177) *de l'équilibre* en celles-ci :

$$(183\ bis) \quad X = 4\pi\mu \frac{d}{dy}\int_z^\infty \rho\, dz, \quad Y = -4\pi\mu \frac{d}{dx}\int_z^\infty \rho\, dz, \quad Z = 0.$$

Il les vérifie donc quand les actions extérieures appliquées au solide sont partout parallèles au plan des xy et que leurs composantes X, Y *satisfont à la condition* $\dfrac{dX}{dx} + \dfrac{dY}{dy} = 0$. Comme pour le type précédent, les valeurs de X, Y, u, v ne s'annulent généralement pas à l'infini, du côté des z négatifs.

64. — Application du premier type au problème de l'équilibre d'un solide indéfini, sollicité dans une étendue finie par des forces extérieures quelconques et maintenu fixe en ses points très éloignés.

Proposons-nous seulement d'étudier l'équilibre d'un solide indéfini, sollicité, dans des espaces restreints, par des forces extérieures quelconques X, Y, Z s'exerçant sur sa masse, et maintenu fixe en ses points infiniment éloignés des régions d'application de ces forces extérieures.

Il est clair, pour les mêmes raisons (exposées à la fin du numéro 10, p. 53) que dans le cas d'un milieu limité par une surface plane sur laquelle s'exerçaient des pressions d'une valeur totale finie, que les forces élastiques et les déformations corrélatives seront de l'ordre de $\dfrac{1}{\iota^2}$, à de très grandes distances ι de l'origine, et aussi que, par suite, les déplacements u, v, w s'y trouveront comparables à $\dfrac{1}{\iota}$. Il y aura donc lieu de joindre aux équations indéfinies (177) [p. 277] les conditions (3) [p. 53], spéciales aux valeurs très grandes de ι.

D'ailleurs, grâce à ces conditions (3), les valeurs de u, v, w seront entièrement déterminées. On le reconnaîtrait par la méthode suivie au n° 11 (p. 54); et, cela, sans même avoir besoin d'y dédoubler les termes tels que $(\lambda + \mu)\dfrac{d\theta'}{dx}$ en deux parties, $\lambda\dfrac{d\theta'}{dx}$ et $\mu\dfrac{d\theta'}{dx}$, et puis de traiter de deux manières différentes ces deux parties, comme on y était obligé à raison des conditions spéciales concernant la surface $z = 0$, qui remplaçaient, du côté des z négatifs, les conditions bien plus simples (3).

Or, les expressions (175) et (176) [p. 276] de u, v, w, θ satisfont justement à ces conditions (3), ainsi qu'aux équations indéfinies, du moins quand les forces extérieures données se réduisent à leur composante Z et qu'on attribue à la densité ϱ de la masse fictive $\int dm$ la valeur résultant de la dernière formule (178).

Donc, elles constitueront pour ce cas la solution unique du problème; et l'on aura l'intégrale générale demandée, en leur superposant les valeurs qui correspondent à deux autres solutions pareilles, déduites de celle-là par la permutation de l'axe des z contre l'un ou l'autre des axes des x ou des y et par la substitution de X ou de Y à Z.

A cet effet, appelons X_1, Y_1, Z_1 ce que deviennent X, Y, Z pour l'élément de volume $d\varpi$ dont les coordonnées sont x_1, y_1, z_1. De plus, souvenons-nous que l'on a d'après (178) [p. 277], dans la solution partielle (175) et (176),

$$dm = \rho \, d\varpi = \frac{\lambda + \mu}{8\,\pi\,\mu\,(\lambda + 2\,\mu)}\, Z_1 \, d\varpi,$$

et aussi, que, $\Delta_2 \int r\,d\,m$ égalant $2\displaystyle\int \frac{dm}{r}$, ces formules (175) et (176) peuvent s'écrire :

$$(184)\begin{cases} u = \dfrac{1}{4\,\pi\,\mu} \displaystyle\int \left(-\, \dfrac{\lambda + \mu}{2\,(\lambda + 2\,\mu)}\, Z_1\, \dfrac{d^2 r}{dx\,dz} \right) d\varpi, \\[2ex] v = \dfrac{1}{4\,\pi\,\mu} \displaystyle\int \left(-\, \dfrac{\lambda + \mu}{2\,(\lambda + 2\,\mu)}\, Z_1\, \dfrac{d^2 r}{dy\,dz} \right) d\varpi, \\[2ex] w = \dfrac{1}{4\,\pi\,\mu} \displaystyle\int \left(\dfrac{Z_1}{r} - \dfrac{\lambda + \mu}{2\,(\lambda + 2\,\mu)}\, Z_1\, \dfrac{d^2 r}{dz^2} \right) d\varpi, \\[3ex] \theta = \dfrac{1}{4\,\pi\,(\lambda + 2\,\mu)} \displaystyle\int Z_1\, \dfrac{d\,\frac{1}{r}}{dz}\, d\varpi. \end{cases}$$

La solution générale sera :

$$(185)\begin{cases} u = \dfrac{1}{4\,\pi\,\mu} \displaystyle\int \left[\dfrac{X_1}{r} - \dfrac{\lambda + \mu}{2\,(\lambda + 2\,\mu)}\, \dfrac{d}{dx} \left(X_1\, \dfrac{dr}{dx} + Y_1\, \dfrac{dr}{dy} + Z_1\, \dfrac{dr}{dz} \right) \right] d\varpi, \\[2ex] v = \dfrac{1}{4\,\pi\,\mu} \displaystyle\int \left[\dfrac{Y_1}{r} - \dfrac{\lambda + \mu}{2\,(\lambda + 2\,\mu)}\, \dfrac{d}{dy} \left(X_1\, \dfrac{dr}{dx} + Y_1\, \dfrac{dr}{dy} + Z_1\, \dfrac{dr}{dz} \right) \right] d\varpi, \\[2ex] w = \dfrac{1}{4\,\pi\,\mu} \displaystyle\int \left[\dfrac{Z_1}{r} - \dfrac{\lambda + \mu}{2\,(\lambda + 2\,\mu)}\, \dfrac{d}{dz} \left(X_1\, \dfrac{dr}{dx} + Y_1\, \dfrac{dr}{dy} + Z_1\, \dfrac{dr}{dz} \right) \right] d\varpi, \\[3ex] \theta = \dfrac{1}{4\,\pi\,(\lambda + 2\,\mu)} \displaystyle\int \left(X_1\, \dfrac{d\,\frac{1}{r}}{dx} + Y_1\, \dfrac{d\,\frac{1}{r}}{dy} + Z_1\, \dfrac{d\,\frac{1}{r}}{dz} \right) d\varpi. \end{cases}$$

Mais bornons-nous, pour plus de simplicité, au cas où toutes les forces extérieures sont parallèles à une même direction, prise pour celle des z, et appelons F la résultante de ces forces, $dF = Z_1\, d\varpi$ celle d'entre elles qui s'exerce sur l'élément de volume, $d\varpi$, dont r désigne la distance au point quelconque (x, y, z) pour lequel on évalue les déplacements u, v, w. Les formules (184) suffiront évidemment, et elles donneront

$$(186)\quad\begin{cases} u = \dfrac{-1}{8\,\pi\mu}\,\dfrac{\lambda+\mu}{\lambda+2\,\mu}\,\dfrac{d^2\!\int r\,dF}{dx\,dz}, \quad v = \dfrac{-1}{8\,\pi\mu}\,\dfrac{\lambda+\mu}{\lambda+2\,\mu}\,\dfrac{d^2\!\int r\,dF}{dy\,dz}, \\[2ex] w = \dfrac{-1}{8\,\pi\mu}\,\dfrac{\lambda+\mu}{\lambda+2\,\mu}\,\dfrac{d^2\!\int r\,dF}{dz^2} + \dfrac{1}{4\,\pi\mu}\int\dfrac{dF}{r}. \end{cases}$$

MM. William Thomson et Tait, aux numéros 730 et 731 de leur beau *Traité de philosophie naturelle*, étaient parvenus par une autre voie, beaucoup plus pénible, à la solution du même problème. Ils avaient obtenu, par exemple, au lieu des formules (186), celles-ci,

$$(187)\quad\begin{cases} u = \dfrac{\lambda+\mu}{24\,\pi\,\mu\,(\lambda+2\,\mu)}\int r^2\,\dfrac{d^2\dfrac{1}{r}}{dx\,dz}\,dF, \\[3ex] v = \dfrac{\lambda+\mu}{24\,\pi\,\mu\,(\lambda+2\,\mu)}\int r^2\,\dfrac{d^2\dfrac{1}{r}}{dy\,dz}\,dF, \\[3ex] w = \dfrac{1}{24\,\pi\,\mu\,(\lambda+2\,\mu)}\int\left[(\lambda+\mu)\,r^2\,\dfrac{d^2\dfrac{1}{r}}{dz^2} + 2\,\dfrac{2\,\lambda+5\,\mu}{r}\right]dF, \end{cases}$$

qui sont bien moins simples, mais qui reviennent au même lorsqu'on y exprime les dérivées de $\dfrac{1}{r}$ en fonction des dérivées de r, en observant aussi, par exemple, que

$$\frac{1}{r}\,\frac{dr}{dx}\,\frac{dr}{dz} = \frac{(x-x_1)\,(z-z_1)}{r^3} = -\,\frac{d^2 r}{dx\,dz}$$

et que

$$\frac{1}{r}\left(\frac{dr}{dz}\right)^2 = \frac{(z-z_1)^2}{r^3} = \frac{1}{r} - \frac{d^2 r}{dz^2}.$$

65. — *Autre manière d'arriver aux mêmes résultats, par l'emploi immédiat de potentiels directs et inverses.*

C'est une méthode différente de celle que je viens d'exposer qui m'a fait découvrir les expressions générales et simples (185) de u, v, w, θ. Voici en quoi elle consiste.

J'avais remarqué d'abord que les équations indéfinies (177) [p. 277] se simplifient en posant

$$(188) \quad \begin{cases} u = \dfrac{1}{4\pi\mu} \displaystyle\int X_1 \dfrac{d\varpi}{r} + \alpha, \quad v = \dfrac{1}{4\pi\mu} \displaystyle\int Y_1 \dfrac{d\varpi}{r} + \beta, \\[2ex] \qquad\qquad w = \dfrac{1}{4\pi\mu} \displaystyle\int Z_1 \dfrac{d\varpi}{r} + \gamma, \end{cases}$$

où X_1, Y_1, Z_1 désignent ce que deviennent X, Y, Z quand on y met pour x, y, z les coordonnées x_1, y_1, z_1 de l'élément de volume quelconque $d\varpi$. En effet, l'équation de Poisson, (169) [p. 268], donne, par exemple, $\Delta_2 \displaystyle\int X_1 \dfrac{d\varpi}{r} = -4\pi X$; en sorte que la première (177) devient $(\lambda + \mu) \dfrac{d\theta}{dx} + \mu \Delta_2 \alpha = 0$, ou

$$(189) \qquad \Delta_2 \alpha = -\frac{\lambda + \mu}{\mu} \frac{d\theta}{dx}.$$

Le paramètre Δ_2 des deux membres est, par suite,

$$\Delta_2 \Delta_2 \alpha = -\frac{\lambda + \mu}{\mu} \frac{d\Delta_2 \theta}{dx}.$$

Or, une valeur de $\Delta_2 \theta$, bien connue,

$$(190) \qquad \Delta_2 \theta = -\frac{1}{\lambda + 2\mu} \left(\frac{dX}{dx} + \frac{dY}{dy} + \frac{dZ}{dz} \right),$$

se déduit de l'addition des trois équations (177), préalablement différentiées en x, y, z. Il vient donc l'équation indéfinie en α :

$$(191) \qquad \Delta_2 \Delta_2 \alpha = \frac{\lambda + \mu}{\mu(\lambda + 2\mu)} \frac{d}{dx} \left(\frac{dX}{dx} + \frac{dY}{dy} + \frac{dZ}{dz} \right).$$

En outre, u devant être de l'ordre de $\dfrac{1}{\imath}$ à de grandes distances $\imath$ de l'origine et le potentiel $\displaystyle\int X_1 \dfrac{d\varpi}{r}$ se trouvant aussi, dans le même cas, comparable à $\dfrac{1}{\imath}$, la première relation (188) montre que z est, de même, de l'ordre de $\dfrac{1}{\imath}$ pour $\imath$ très grand.

Cette condition, jointe à l'équation indéfinie (191), détermine complètement α. En effet, l'on reconnaît aisément, toujours par la méthode suivie au n° 11 (p. 54), que lorsqu'une fonction continue de $x,\ y,\ z$ doit devenir, pour $\imath$ très grand, incomparablement plus petite que $\imath^{-\frac{1}{2}}$, il suffit de connaître son paramètre Δ_2 en tous les points $(x,\ y,\ z)$ pour qu'elle soit déterminée (*). Donc, la formule (191), qui définit en $x,\ y,\ z$ le paramètre Δ_2 d'une fonction, $\Delta_2\,\alpha$, dont l'ordre de petitesse est celui de $\dfrac{1}{\imath^3}$ pour $\imath$ très grand, détermine parfaitement $\Delta_2\,\alpha$ en tous les points de l'espace; et celle-ci, $\Delta_2\,\alpha$, détermine ensuite de même α.

Or, la propriété (171) du potentiel direct [p. 269] montre qu'on satisfait à l'équation (191) en prenant $\alpha = \int \rho\, r\, d\varpi$, si l'on a soin de poser

$$\rho\,(x_1, y_1, z_1) = - \frac{\lambda + \mu}{8\,\pi\,\mu\,(\lambda + 2\,\mu)}\, \frac{d}{dx_1}\left(\frac{dX_1}{dx_1} + \frac{dY_1}{dy_1} + \frac{dZ_1}{dz_1}\right);$$

ce qui donne

$$(192) \qquad \alpha = - \frac{\lambda + \mu}{8\,\pi\,\mu\,(\lambda + 2\,\mu)} \int \frac{d}{dx_1}\left(\frac{dX_1}{dx_1} + \frac{dY_1}{dy_1} + \frac{dZ_1}{dz_1}\right) r\, d\varpi.$$

D'ailleurs, comme un potentiel direct peut se différentier trois fois sous le signe $\int$, la formule de réduction (166) [p. 265] montre qu'il sera permis de débarrasser le facteur X_1, Y_1 ou Z_1, dans chacune des trois intégrales en lesquelles

---

(*) On verra au n° 24 de la Note II, après la formule (164), qu'il en est ainsi dès que la fonction dont on donne le paramètre Δ_2 s'annule aux distances infinies.

le second membre de (192) se dédouble, des deux différentiations qui l'affectent, pour différentier, à la place, l'autre facteur, r, en x, y ou z. Alors l'expression de α devient

$$(193) \qquad \alpha = - \frac{\lambda + \mu}{8 \pi \mu (\lambda + 2 \mu)} \int \frac{d}{dx} \left(X_1 \frac{dr}{dx} + Y_1 \frac{dr}{dy} + Z_1 \frac{dr}{dz} \right) d\varpi ;$$

et elle est bien de l'ordre de $\dfrac{1}{\iota}$ quand ι grandit indéfiniment ; car les dérivées secondes de r qui y paraissent sont du degré — 1 par rapport à $x_1 — x$, $y_1 — y$, $z_1 — z$, r.

En portant l'expression (193) de α et les expressions analogues de β, γ dans les relations (188), on obtient bien les formules générales cherchées (185) de u, v, w.

Quant à l'expression de θ, on la déduit des valeurs de u, v, w en observant que celles-ci, formées au moyen de deux différentiations effectuées sur des potentiels directs, peuvent être encore différentiées une troisième fois sous le signe f. Il vient, de cette manière,

$$\left\{ \begin{aligned} &\frac{du}{dx} + \frac{dv}{dy} + \frac{dw}{dz} = \frac{1}{4 \pi \mu} \int \left[\left(X_1 \frac{d\frac{1}{r}}{dx} + Y_1 \frac{d\frac{1}{r}}{dy} + Z_1 \frac{d\frac{1}{r}}{dz} \right) \right. \\ &\qquad \left. - \frac{\lambda + \mu}{2 \lambda + 2 \mu} \left(X_1 \frac{d\Delta_2 r}{dx} + Y_1 \frac{d\Delta_2 r}{dy} + Z_1 \frac{d\Delta_2 r}{dz} \right) \right] d\varpi, \end{aligned} \right.$$

où le second membre se réduit bien à l'expression (185) de θ, si l'on substitue à $\Delta_2 r$ sa valeur connue $\dfrac{2}{r}$.

On pourrait aussi, dans cette expression (185) de θ, remplacer les différentiations du facteur $\dfrac{1}{r}$ par des différentiations en x_1, y_1, z_1 portant sur les facteurs X_1, Y_1, Z_1, qui ne dépendent que de ces variables. Il viendrait

$$(194) \qquad \theta = \frac{1}{4 \pi (\lambda + 2 \mu)} \int \left(\frac{dX_1}{dx_1} + \frac{dY_1}{dy_1} + \frac{dZ_1}{dz_1} \right) \frac{d\varpi}{r}.$$

On vérifie aisément que cette valeur de θ, différentiée de même par rapport à x en n'y faisant varier sous le signe $\int$ que le facteur entre parenthèses fonction de x_1, est bien ce qu'il faut pour que l'expression (192) de u rende identique l'équation (189). La formule (192) donne en effet, si l'on se rappelle que $\Delta_2\, r = \dfrac{2}{r}$:

$$\Delta_2\, u = -\,\frac{\lambda + \mu}{4\,\pi\,\mu\,(\lambda + 2\,\mu)} \int \frac{d}{dx_1}\left(\frac{dX_1}{dx_1} + \frac{dY_1}{dy_1} + \frac{dZ_1}{dz_1}\right)\frac{d\varpi}{r}\,;$$

ce qui est bien le produit de la dérivée en x de (194) par

$$-\,\frac{\lambda + \mu}{\mu}\,.$$

66. — *Déplacements, déformations et pressions intérieures que fait naître une force, appliquée à un solide en un point très éloigné de sa surface, quand cette surface est maintenue fixe.*

Supposons que l'action extérieure, dont les composantes sont X, Y, Z par unité de volume, s'annule partout, excepté dans une très petite étendue $d\varpi$ autour de l'origine, et qu'on ait choisi l'axe des x suivant le sens de cette force. Les formules (186) [p. 287] seront donc applicables ; et l'on pourra même y réduire les intégrales $\int r\, dF$, $\displaystyle\int \frac{dF}{r}$ à un seul de leurs éléments, savoir, à celui pour lequel $x_1 = 0$, $y_1 = 0$, $z_1 = 0$. Par conséquent, dF désignant la force totale donnée, on aura

$$(195)\ \left\{\begin{aligned}
&u = -\,\frac{dF}{4\,\pi\,\mu}\,\frac{\lambda + \mu}{2\,(\lambda + 2\,\mu)}\,\frac{d^2 r}{dx\,dz}\,, \qquad
v = -\,\frac{dF}{4\,\pi\,\mu}\,\frac{\lambda + \mu}{2\,(\lambda + 2\,\mu)}\,\frac{d^2 r}{dy\,dz}\,,\\[2mm]
&\qquad w = -\,\frac{dF}{4\,\pi\,\mu}\,\frac{\lambda + \mu}{2\,(\lambda + 2\,\mu)}\,\frac{d^2 r}{dz^2} + \frac{dF}{4\,\pi\,\mu}\,\frac{1}{r}\,,\\[2mm]
&\text{où } r = \sqrt{x^2 + y^2 + z^2}\,.
\end{aligned}\right.$$

Il suffit d'appeler dm la constante $\dfrac{\lambda + \mu}{\lambda + 2\mu}\dfrac{dF}{8\pi\mu}$, pour que ces expressions de u, v, w deviennent identiques à celles, (47), que nous avons étudiées aux numéros 19, 20 et 21 (p. 82 à 92). On aura donc, tant pour les déplacements, que pour les déformations et les pressions intérieures correspondantes ∂, g, N, T, aux divers points du corps, les lois qui ont été exposées dans cette partie du mémoire. Seulement, si α continue à mesurer, sur tout un demi-plan méridien mené suivant l'axe des z et limité à cet axe, l'angle d'un rayon vecteur r avec les z positifs, cet angle variera ici de zéro à π et non plus seulement de zéro à $\dfrac{\pi}{2}$. Mais rien ne sera changé, ni aux raisonnements, ni aux calculs. Il est donc inutile de revenir sur les lois simples que nous avons démontrées à cet endroit pour des couches demi-sphériques, et où il suffit de substituer, dans les énoncés, des sphères entières à des demi-sphères, comme nous l'avions, du reste, déjà remarqué, sous une forme analytique, quelques lignes avant la formule (50) [p. 85]. Rappelons seulement, parmi ces lois, les suivantes, en les appliquant au cas actuel :

1° *Toute couche sphérique matérielle, décrite avec un rayon quelconque r autour du point d'application de la force d F comme centre, se transporte dans le sens de cette force, tout en conservant sa forme et sa grandeur, d'une quantité,* $2\dfrac{\lambda + 2\mu}{\lambda + \mu}\dfrac{dm}{r} = \dfrac{1}{4\pi\mu}\dfrac{dF}{r}$, *proportionnelle à l'inverse de son rayon et à la force d F : son centre de gravité avance dans le même sens, mais seulement* (form. 51) *de la fraction* $\dfrac{2\lambda + 5\mu}{3\lambda + 6\mu}$ *de la quantité précédente dont se déplace son centre de figure, vu que la matière de la couche glisse un peu vers l'arrière;*

2° *Mais, si le centre de gravité de cette couche reste ainsi en arrière du centre de figure, d'une quantité égale à la fraction*

$\dfrac{\lambda + \mu}{3(\lambda + 2\mu)}$ du déplacement $\dfrac{d\mathrm{F}}{4\pi\mu r}$ de ce dernier, par contre, le centre de gravité de la sphère massive qu'entoure la couche se porte un peu en avant du même centre de figure, savoir, d'une quantité égale à la fraction $\dfrac{2\lambda + 5\mu}{2\lambda + 4\mu} - 1 = \dfrac{\mu}{2(\lambda + 2\mu)}$ de ce déplacement $\dfrac{d\mathrm{F}}{4\pi\mu r}$;

3° L'effort extérieur dF se transmet, de chaque couche sphérique, dont r désigne le rayon, à la couche sphérique suivante, de rayon $r + dr$, sous la forme d'actions se composant, par unité d'aire, 1° d'une pression normale, $\dfrac{\lambda + \mu}{\lambda + 2\mu}\dfrac{3\,d\mathrm{F}\cos\alpha}{4\pi r^2}$, qui est en raison inverse du carré de la distance r au point d'application de l'effort extérieur et en raison directe de la projection, $d\mathrm{F}\cos\alpha$, de cet effort sur la normale à l'élément considéré de couche sphérique, 2° d'une force, $\dfrac{\mu}{\lambda + 2\mu}\dfrac{d\mathrm{F}}{4\pi r^2}$, partout de même sens que l'effort extérieur $d\,\mathrm{F}$, proportionnelle à cet effort, et inversement proportionnelle, comme la première, au carré de la distance, mais constante sur toute l'étendue d'une même couche.

Lorsqu'on cherche la pression totale qu'exerce la couche de rayon r (et dont la surface est $4\pi r^2$) sur sa voisine, cette seconde force donne d'abord, pour sa part, une somme égale à $\dfrac{\mu}{\lambda + 2\mu}\,d\mathrm{F}$. Quant à la première, elle équivaut évidemment, sur une zone élémentaire de rayon $r\sin\alpha$ et de largeur $r\,d\alpha$, à une force dirigée suivant l'effort $d\,\mathrm{F}$ et exprimée par

$$\left(\frac{\lambda + \mu}{\lambda + 2\mu}\frac{3\,d\mathrm{F}\cos\alpha}{4\pi r^2}\right)(\cos\alpha)\,(2\pi r\sin\alpha)\,(r\,d\alpha) = -\frac{\lambda + \mu}{\lambda + 2\mu}\frac{d\mathrm{F}}{2}\frac{d\cos^3\alpha}{d\alpha}.$$

Il ne reste donc plus qu'à intégrer ce résultat entre les limites $\alpha = 0$ et $\alpha = \pi$, ce qui donne $\dfrac{\lambda + \mu}{\lambda + 2\mu}\,d\mathrm{F}$, puis à ajouter le total obtenu au précédent $\dfrac{\mu}{\lambda + 2\mu}\, d\mathrm{F}$. Il vient bien, de la sorte, pour la pression transmise en tout par chaque couche à sa voisine, une valeur égale à celle, $d\mathrm{F}$, de l'effort extérieur exercé au centre, comme l'exigeait évidemment l'équilibre de la sphère matérielle qu'entoure la couche considérée.

Terminons par cette remarque : pour obtenir les mêmes déplacements u, v, w que dans le cas, étudié aux numéros 19, 20 et 21, d'un corps limité au plan des xy et indéfini seulement du côté des z positifs, il faut appliquer une force,

$$d\mathrm{F} = 8\pi\mu\, \frac{\lambda + 2\mu}{\lambda + \mu}\, dm,$$

double de la pression $d\mathrm{P}$, donnée par (46) [p. 82], qu'il suffisait d'exercer sur la surface du milieu limité. Cette circonstance est due à ce que la matière située du côté des z négatifs résiste aux déformations précisément autant que celle qui est du côté des z positifs. En effet, les formules (195) [p. 291], où $r = \sqrt{x^2 + y^2 + z^2}$ est une fonction paire de z, montrent que u et v changent simplement de signe quand on y met $-z$ pour z, tandis que w reste le même. Donc, les déplacements produits d'un côté du plan des xy sont, par rapport à ce plan, les symétriques, changés de signe, de ceux qu'on observe de l'autre côté ; d'où il suit que, si l'on considère les deux faces, $z = \pm\,\varepsilon$, d'une couche mince taillée dans le milieu suivant le plan des xy, l'une d'elles supporte des pressions précisément égales et contraires aux symétriques de celles qui s'exercent sur l'autre. C'est dire que la composante toute entière, $-d\mathrm{P}$, suivant les z positifs, des pressions exercées sur la face $z = \varepsilon$ aux environs de l'origine, est égale à celle des pressions qui s'exercent sur l'autre face $z = -\varepsilon$. Or, l'équilibre de la couche mince exige que leur somme, $-2\,d\mathrm{P}$, jointe à la force extérieure $d\mathrm{F}$ appliquée à la couche, donne un total nul. Il vient donc $d\mathrm{P} = \dfrac{d\mathrm{F}}{2}$; en sorte que, si l'on anéantissait la couche sans changer l'état de la matière qui est du côté des z positifs, il faudrait appliquer à celle-ci, dans le sens des z, une pression. $d\,\mathrm{P} = \dfrac{d\,\mathrm{F}}{2}$, égale à la réaction qu'exerce la couche mince, et moitié de la force extérieure donnée $d\,\mathrm{F}$.

§ VIII. — SUR LES PERTURBATIONS LOCALES DANS LA THÉORIE DE
L'ÉLASTICITÉ, ET SUR LA POSSIBILITÉ, POUR LE GÉOMÈTRE, DE
REMPLACER DES FORCES DONNÉES, S'EXERÇANT SUR UNE
PETITE PARTIE D'UN SOLIDE, PAR D'AUTRES FORCES
STATIQUEMENT ÉQUIVALENTES, APPLIQUÉES
A LA MÊME RÉGION TRÈS PETITE
EN TOUS SENS.

67. — Des perturbations locales dans la théorie de l'élasticité.

Dans les applications les plus usuelles et les plus intéressantes de la théorie de l'élasticité, telles que celles qui se
rapportent à l'extension, à la flexion ou à la torsion des
tiges et des plaques, les forces extérieures les plus considérables s'exercent sur des parties restreintes des corps,
généralement vers leurs extrémités ou près de leur contour;
et, cependant, leurs effets les plus importants pour le
géomètre, le physicien et l'ingénieur sont ceux qu'elles
produisent à des distances notables de ces parties, c'est-à-
dire sur l'ensemble des corps qu'elles déforment.

Pour plus de précision, considérons une tige élastique,
fixée par une de ses extrémités, tandis que l'autre supporte
diverses actions extérieures. Ces actions, aux endroits
mêmes où elles sont appliquées, produisent des déformations
très complexes, variables suivant que la tige est sollicitée
au moyen de tenailles, ou d'autres tiges soudées à la première, ou de liens de différente nature, etc. Leurs effets,
dans cette région même d'application, se trouvent donc sous
la dépendance de trop de circonstances accidentelles, pour

obéir à des lois simples et pour qu'on ait senti le besoin de
leur donner des noms spéciaux : ce ne sont, à proprement
parler, ni des extensions, ni des flexions, ni des torsions,
ni même des déformations réductibles à celles-là. Mais
l'expérience prouve que les phénomènes se simplifient, se
régularisent, à quelque distance de l'extrémité considérée;
et qu'ils cessent d'y varier avec le mode de distribution ou
d'application, à cette extrémité, des forces extérieures qui
les causent, pour ne plus dépendre que de la résultante et
du couple auxquels elles équivalent au point de vue des
quantités totales de mouvement et des moments. Ce sont
les effets généraux dont il s'agit, s'étendant à la plus grande
partie de la tige, c'est-à-dire là où l'état physique est
presque le même pour deux tronçons consécutifs d'une longueur comparable aux dimensions transversales, que tout
le monde qualifie d'*extensions*, de *flexions* ou de *torsions*,
et qui obéissent à des lois accessibles, démontrables par la
science. Au contraire, les déformations exceptionnelles,
non débrouillées jusqu'à présent et dont l'ensemble nous
échappera peut-être toujours, qui se produisent dans une
petite étendue comprenant la région d'application, peuvent
être appelées très justement des *perturbations locales*,
comme nous l'avons déjà fait au numéro 47 (p. 216).

On conçoit que de pareilles perturbations locales doivent
naître dans une infinité de cas, par exemple, sur le
contour d'une plaque mince, où chaque petite partie du
bord, de dimensions en tout sens comparables à l'épaisseur,
est généralement la région d'application d'un groupe de
forces extérieures. En attendant qu'on parvienne à les
calculer (si cela doit arriver jamais), les physiciens et les
ingénieurs, faisant abstraction des parties où elles se produisent, admettent, implicitement ou explicitement, qu'il est
permis de remplacer chaque groupe de forces extérieures,
dans sa propre région d'application, par un autre, ayant
même résultante et même moment total, choisi de manière
à annuler les perturbations, c'est-à-dire de manière à faire

que le mode simple de déformation qui est produit à quelque distance s'étende jusqu'à la région même d'application. D'ailleurs, un mode de distribution des actions extérieures tel, ou n'entraînant aucune perturbation locale, existe toujours dans les tiges et les plaques: car il s'y produit à quelque distance de leurs extrémités ou de leur contour, là où les déformations et les pressions varient, d'un point à l'autre, beaucoup plus lentement suivant les sens de leurs grandes dimensions que suivant les sens des petites; et il suffit, pour le voir réalisé jusqu'aux limites mêmes du corps, de détacher, par la pensée, un court tronçon à chaque bout de la tige ou une bande annulaire étroite sur le bord de la plaque, puis de remplacer les bouts ou le bord réels par les bouts ou le contour fictifs contigus aux parties ainsi soustraites. Et les ingénieurs ou physiciens se croient d'autant plus autorisés à modifier de la sorte, dans leurs calculs, les divers groupes de forces extérieures, que chaque groupe ne leur est d'ordinaire connu que comme une force unique ou un couple unique, c'est-à-dire par sa résultante et son moment total, à quelques vagues notions près sur son mode de répartition.

Or, changer ainsi un groupe donné de forces en un autre, statiquement équivalent, s'exerçant sur la même partie d'un corps, c'est superposer à ce groupe, comme on sait, de nouvelles forces appliquées à la région considérée et qui s'y fassent équilibre à elles seules. La légitimité d'un tel procédé, dans les limites où on l'emploie, suppose donc le principe suivant, dont l'exactitude est nécessaire et suffisante pour le justifier :

Des forces extérieures, qui se font équilibre sur un solide élastique et dont les points d'application se trouvent tous à l'intérieur d'une sphère donnée, ne produisent pas de déformations sensibles à des distances de cette sphère qui sont d'une certaine grandeur par rapport à son rayon.

Ce principe est aussi évident que les autres sur lesquels s'appuie la théorie mathématique de l'élasticité ; car, par le fait même que les forces dont il s'agit ne tendent à imprimer aucun mouvement d'ensemble, ni de translation, ni même de rotation, à la matière comprise dans la sphère où elles s'exercent, mais seulement des tiraillements en sens opposés, les diverses parties de cette matière transmettront dans d'égales mesures à celle qui les entoure des déformations contraires, et qui seront égales ou se neutraliseront si elles peuvent être censées provenir du même point, c'est-à-dire si la distance où l'on est de la sphère donnée se trouve notablement plus grande que le rayon de cette sphère.

L'observation ne peut donc manquer de confirmer une loi aussi naturelle, sans laquelle les corps élastiques n'offriraient à l'étude que des phénomènes d'une complication infinie. M. de Saint-Venant, qui en a signalé l'importance dans la théorie des tiges ou barres, l'a justifiée par une expérience aussi simple que concluante. Il lui a suffi de pincer entre les doigts une bande de caoutchouc, en tirant en sens contraires, et normalement à l'axe longitudinal de la bande, deux parties correspondantes de celle-ci, situées respectivement sur l'un et l'autre bord, l'une en face de l'autre, ou symétriquement par rapport à l'axe longitudinal. C'est à peine s'il en résulte des déformations visibles à une distance des points d'application égale à la largeur de la bande, même quand la traction va presque jusqu'à la rupture.

Toutefois, quelque incontestable que soit ce principe, et quelque nécessaire qu'il doive rester toujours pour permettre d'arriver à des lois approchées simples dans les problèmes usuels, il serait à désirer, non seulement qu'on le démontrât analytiquement en le déduisant des équations générales de la théorie de l'élasticité, ce que je n'ai fait que pour les tiges longues dans mes *Études* insérées en 1871 et 1879 au *Journal de Mathématiques pures et appliquées* (*), mais

(*) Ma démonstration a été reproduite par M. de Saint-Venant dans une des notes de son édition de la *Théorie de l'Élasticité*, de Clebsch (Note finale du § 28, p. 182 à 188).

encore qu'on pût soumettre au calcul les perturbations locales et reconnaître avec quelle rapidité elles décroissent lorsqu'on s'éloigne des régions où elles siègent. Or, telle est justement la question à laquelle les formules obtenues dans ce mémoire permettent de répondre, au moins pour certains cas, dont nous avons rencontré des exemples aux numéros 26, 28 et 43 (p. 112, 119 et 196). Je me propose de traiter ici le plus intéressant de ces cas, dont il n'a pas encore été question, d'en rappeler quelques autres, et de rapprocher les résultats auxquels nous parviendrons de ceux qu'avaient déjà obtenus en 1867, aux n°⁸ 724 à 729 de leur *Traité de philosophie naturelle*, MM. William Thomson et Tait, à propos des couples de torsion s'exerçant sur le contour des plaques.

68. — *Perturbations causées par deux forces égales et contraires s'exerçant à l'intérieur d'un milieu solide indéfini.*

Le cas intéressant de perturbations locales dont il s'agit est celui qui se présente quand on suppose appliquées, en deux points voisins pris à l'intérieur d'un solide élastique indéfini, deux forces égales et directement contraires. On sait que toutes les transformations usitées dans la statique classique des solides reviennent à admettre que deux forces pareilles n'ont aucun effet ; car le principe de réduction qu'on y emploie consiste à déplacer les forces le long de leurs droites d'application, ou à diviser ces droites en petites parties et à appliquer à chaque point de division deux forces égales et contraires, dont l'une est censée détruite par la force opposée appliquée au point de division précédent ou à la première extrémité de la droite. Ainsi, le problème abordé ici est l'étude, pour le cas d'un solide élastique indéfini, des perturbations que néglige la mécanique classique dans chacune des réductions qu'elle effectue.

On le résout simplement, en superposant aux déplacements u, v, w que représentent les formules (195) [p. 291], et qui sont dus à une force dF s'exerçant à l'origine dans le sens des z, les déplacements pareils que produirait une force égale et contraire, — $d\,F$, appliquée le long de l'axe des z négatifs à une distance très petite dc de l'origine. Pour faciliter le calcul, on peut concevoir que la force — dF s'exerce la première sur le solide au point dont les coordonnées sont o, o, c; en sorte que les déplacements correspondants u, v, w soient représentés par les seconds membres de (195), pris en signes contraires et avec $r = \sqrt{x^2 + y^2 + (z - c)^2}$.

Ensuite, l'on appliquera la force $d\,F$ au point (o, o, $c + d\,c$), ce qui donnera pour déplacements les seconds membres de (195), augmentés de leurs différentielles par rapport à c, ou du produit de leurs dérivées en z, changées de signe, par $d\,c$. La somme algébrique de ces déplacements et des précédents égalant précisément les déplacements définitifs cherchés u, v, w, on aura :

$$(196) \quad \begin{cases} u = \dfrac{dF\,dc}{4\pi\mu} \dfrac{\lambda + \mu}{2(\lambda + 2\mu)} \dfrac{d^3 r}{dx\,dz^2}, \quad v = \dfrac{dF\,dc}{4\pi\mu} \dfrac{\lambda + \mu}{2(\lambda + 2\mu)} \dfrac{d^3 r}{dy\,dz^2}, \\[3ex] \qquad\qquad w = \dfrac{dF\,dc}{4\pi\mu} \left(\dfrac{\lambda + \mu}{2(\lambda + 2\mu)} \dfrac{d^3 r}{dz^3} - \dfrac{d\,\frac{1}{r}}{dz} \right). \end{cases}$$

Ces valeurs, différentiées respectivement par rapport à x, y, z, puis ajoutées en observant que $\Delta_2 r = \dfrac{2}{r}$, donnent l'expression de la dilatation cubique

$$(196\ bis) \quad \theta = - \frac{dF\,dc}{4\pi(\lambda + 2\mu)} \frac{d^2 \frac{1}{r}}{dz^2}.$$

Enfin, rien n'empêche maintenant de supposer $c = $ o, c'est-à-dire $r = \sqrt{x^2 + y^2 + z^2}$.

Les formules (196) et (196 *bis*) représentent donc les effets produits dans le milieu par l'application des deux forces dF, — dF s'exerçant respectivement aux points (o, o, dc) et (o, o, o), ou, ce qui revient au même, par une petite translation dc de la force dF le long de sa direction, savoir, de (o, o, o) à (o, o, dc).

Effectuons les différentiations indiquées dans ces formules, pour les points que contient le plan méridien des zx, et posons finalement $z = r \cos \alpha$, $x = r \sin \alpha$, α désignant l'angle, variable de o à π, que fait avec les z positifs le rayon r mené de l'origine au point (x, z). Il viendra :

$$(197) \begin{cases} \theta = \dfrac{d\mathrm{F}\,dc}{4\pi(\lambda + 2\mu)}\,\dfrac{1 - 3\cos^2\alpha}{r^3}, \quad u = -\dfrac{\lambda + \mu}{2\mu}\,\theta\, r \sin\alpha, \\[2ex] w = -\dfrac{\lambda + \mu}{2\mu}\,\theta\, r \cos\alpha + \dfrac{d\mathrm{F}\,dc}{4\pi(\lambda + 2\mu)}\,\dfrac{\cos\alpha}{r^2}. \end{cases}$$

Les déplacements matériels produits par une petite translation dc de la force dF, le long de sa direction, se composent donc : 1° d'un transport de même sens, ayant pour expression $\dfrac{d\mathrm{F}\,dc}{4\pi(\lambda + 2\mu)}\,\dfrac{\cos\alpha}{r^2}$, c'est-à-dire positif en avant de la force, négatif en arrière ; 2° d'un mouvement, vers le point d'application de la force, qui vaut

$$\frac{\lambda + \mu}{2\mu}\,\theta\, r = \frac{(\lambda + \mu)\,d\mathrm{F}\,dc}{8\pi\mu(\lambda + 2\mu)\,r^2}\,(1 - 3\cos^2\alpha).$$

Ce mouvement est négatif ou divergent à l'intérieur de la surface conique dont toutes les génératrices sont inclinées sur la force d'un angle (54° 44′ environ) ayant pour cosinus $\dfrac{1}{\sqrt{3}}$ et pour tangente $\sqrt{2}$, tandis qu'il est positif ou convergent à l'extérieur de cette surface.

Le long d'un même rayon r émané du point d'application de la force, les déplacements varient en raison inverse du carré de ce rayon. Par suite, leurs dérivées premières sont en raison inverse de r^3; de sorte que *les déformations et pressions intérieures*, qui dépendent de ces dérivées, et *qui mesurent les perturbations introduites par la translation de la force, décroissent en raison inverse du cube de la distance.*

69. — *Perturbations qui accompagnent l'action d'un couple, appliqué de même à l'intérieur d'un solide indéfini.*

De même que nous avons obtenu les déplacements u, v, w, dus à deux forces $d\,\mathrm{F}$, — $d\,\mathrm{F}$ égales et contraires, en différentiant par rapport à z les seconds membres, changés de signe, des formules (195) [p. 291], de même, la différentiation en x de ces seconds membres, ainsi changés de signe, donnera les déplacements produits par les deux mêmes forces $d\,\mathrm{F}$, — $d\,\mathrm{F}$, mais supposées appliquées en deux points de l'axe des x voisins, ou formant un couple $d\,\mathrm{F}\,dc$; autrement dit, la différentiation par rapport à x fera connaître les effets introduits par un petit transport latéral dc, dans le sens des x, de la force $d\,\mathrm{F}$ parallèle aux z. Ces déplacements se trouveront donc inversement proportionnels à r^2, et les pressions intérieures correspondantes le seront à r^4. Ainsi, *les effets locaux ou déformateurs d'un couple, appliqué à un solide indéfini, sont aussi peu sensibles, à quelque distance de la région d'application, que ceux de deux forces égales et exactement opposées.*

Quant à l'effet d'ensemble du couple, qui consisterait en une rotation imprimée au solide, il est annulé par la résistance des obstacles immobilisant, d'après l'hypothèse faite, les parties du corps très éloignées de la région que l'on considère. Et il continuerait même à être sensiblement neutralisé par l'inertie du corps, supposé de grande étendue en comparaison de cette région, si les parties éloignées n'étaient pas maintenues fixes; car il est clair que leurs déplacements effectifs resteraient négligeables, à côté de ceux de la partie directement sollicitée, durant tout le temps nécessaire pour l'établissement de son équilibre local.

70. — Les perturbations doivent décroître et s'évanouir bien plus rapidement, dans les solides allongés ou aplatis.

Il résulte de ce qui précède que les perturbations produites par deux forces égales et de sens contraires, s'exerçant dans un solide indéfini, sont en raison inverse du cube de la distance à la région d'application, dès que cette distance est notablement plus grande que les dimensions de la région d'application elle-même. Nous avions déjà obtenu aux numéros 26 et 28 (p. 112 et 119), une loi analogue, pour les abaissements produits à la surface d'un sol élastique par des pressions et tractions locales qui se neutralisent. Le décroissement de ces perturbations est assez rapide, comme on l'a vu sur l'exemple du numéro 26 [après la formule (89), p. 112]. Mais il le serait sans doute bien plus, si les molécules immédiatement soumises à l'action des forces extérieures se trouvaient moins gênées dans leurs mouvements, par les molécules voisines, qu'elles ne le sont dans un corps massif, c'est-à-dire, si elles avaient plus de jeu pour obéir librement à l'action des forces et ne pas comprimer ou entraîner la matière qui les entoure. Par conséquent, sans l'extrême solidarité qui relie toutes les parties entr'elles dans un solide dont les trois dimensions sont comparables, ou, ce qui revient au même, sans l'appui que ces parties se prêtent mutuellement pour résister aux causes déformatrices, les perturbations locales seraient beaucoup plus grandes dans les régions d'application, que cela n'a lieu, mais, par contre, elles seraient plus faibles partout ailleurs, et, pour ces deux motifs, bien plus rapidement décroissantes à la sortie des régions dont il s'agit.

C'est précisément ce que montrent les cas particuliers, étudiés au numéro 43 (p. 196), de pressions, nulles en moyenne, qu'on suppose distribuées périodiquement à la surface d'un solide plan indéfini. Si l'on y conçoit le solide divisé en prismes égaux de longueur infinie et dont les bases respectives soient les diverses divisions similaires ou périodiques de la surface, ces prismes auront chacun à supporter, pour ainsi dire à eux seuls, leurs pressions et tractions propres, vu que tous seront sollicités directement et pareillement. Leur état aura donc quelque analogie avec celui de prismes isolés, et la solidarité des parties interviendra beaucoup moins que dans le cas de pressions n'affectant immédiatement qu'une portion restreinte de la surface. Aussi avons-nous vu, dans ce numéro 43, que la loi du décroissement des perturbations à partir de la surface y est incomparablement plus rapide : au lieu d'être exprimée par une puissance de l'inverse de la distance z à la surface, elle l'est par deux sortes de termes, proportionnels, les uns, à une exponentielle de la forme $e^{-\alpha z}$, les autres, au produit $\alpha z e^{-\alpha z}$. Aussi les déformations et les déplacements sont-ils complètement insensibles dès que la distance z atteint deux fois environ la largeur des divisions de la surface.

Il est donc probable que les perturbations locales décroissent avec un degré pareil de rapidité, c'est-à-dire proportionnellement à des exponentielles plutôt qu'à des puissances de la distance ayant leurs exposants négatifs, dans les tiges et les plaques, composées de tronçons accolés suivant un ou deux sens seulement. En effet, ces tronçons, se comportant individuellement comme de petits solides, massifs, mais très libres les uns par rapport aux autres dans les sens suivant lesquels ils ne sont pas contigus entr'eux, se prêtent à d'énormes déformations de leur ensemble pour de minimes déformations de chacun en particulier.

71. — C'est ce que MM. William Thomson et Tait ont directe-
ment démontré pour une plaque sollicitée par des couples de
torsion s'exerçant sur son cylindre contournant; complément
de leur démonstration.

Effectivement, MM. Thomson et Tait ont calculé, au
numéro 728 de leur *Traité de philosophie naturelle*, les effets,
localisés près du cylindre contournant, que produisent dans
une plaque mince certaines tractions *sensiblement* tangentielles, s'exerçant, aux divers points de chaque génératrice
du cylindre, dans des directions à peu près perpendiculaires
à cette génératrice ou parallèles au contour, et ne donnant
guère en tout, par leurs composantes normales à la génératrice, qu'un *couple de torsion*, d'une grandeur et d'une
composition d'ailleurs arbitraires. Or, ils ont reconnu que
ces effets s'expriment par des termes qui décroissent, avec
une extrême rapidité, proportionnellement à des exponentielles comme celles dont il a été question vers la fin du
numéro 43 (p. 196). A une distance du bord valant deux
fois seulement l'épaisseur de la plaque, tous les termes
dont il s'agit se réduisent à des fractions insensibles (pas
même 0,002) de leur valeur sur le bord.

La solution de ce problème se déduit des troisièmes intégrales (138) ci-dessus (p. 192),

$$u = -\frac{d\psi}{dy}, \quad v = \frac{d\psi}{dx}, \quad w = 0, \quad \theta = 0,$$

quand on y appelle ψ une somme de fonctions, de la forme
$\varphi(x, y) \cos \alpha z$, ayant leur paramètre Δ_2 nul et qui même, à
une première approximation, sont réductibles à la forme
encore plus simple $k\, e^{-\alpha x} \cos \alpha z$, avec k constant
comme α.

Prenons la génératrice qu'on veut considérer, du cylindre
contournant, comptée à partir d'une des bases de la plaque,
pour axe des z, une tangente au bord du cylindre pour axe

des y, enfin, une normale à ce bord, dans une des bases de la plaque, pour axe des x. Si a désigne l'épaisseur de la plaque, les deux bases auront pour équations $z = 0$ et $z = a$. De plus, le cylindre contournant, supposé d'un rayon de courbure beaucoup plus grand que cette épaisseur a, se confondra sensiblement avec le plan des yz sur une étendue, dans le sens des y, très supérieure à a, et son équation approchée sera $x = 0$. Enfin, l'état du contour variant graduellement d'une génératrice à l'autre, les déplacements u, v, w et les forces élastiques N, T dépendront incomparablement moins de la coordonnée longitudinale y, que de la coordonnée transversale z, et que de la coordonnée x, le long de laquelle l'état de la matière varie très vite près du bord.

Ainsi, dans une première solution approchée, qui est précisément celle de MM. Thomson et Tait, les déplacements u, v, w, tenus, par hypothèse, de devenir insensibles quand x grandit, ne seront fonction que des deux variables x, z; et ils devront, pour $z = 0$ et $z = a$, annuler les composantes T_z, T_1, N_3 des forces exercées sur les faces $z = 0$, $z = a$ de la plaque, tandis que, pour $x = 0$, c'est-à-dire sur le cylindre contournant, ils annuleront, du moins à fort peu près, les pressions N_1, T_2 dirigées suivant la normale et suivant la génératrice, mais donneront, dans le sens des y, des pressions T_3 égales à une fonction donnée de z, astreinte seulement à avoir sa valeur moyenne nulle. Les expressions approchées de u, v, w, ϑ qui satisfont à toutes ces relations et aux équations indéfinies (1) de l'équilibre [p. 51], sont

$$(198) \qquad v = \sum \frac{a\,h_i}{i\pi}\, e^{-\frac{i\pi x}{a}} \cos\frac{i\pi z}{a}, \quad u = 0, \quad w = 0, \quad \vartheta = 0,$$

où Σ désigne une somme s'étendant à toutes les valeurs, supérieures à zéro, du nombre entier i et où les facteurs k_i sont des coefficients à déterminer. En effet, les valeurs (198) vérifient évidemment les équations (1); et, de plus, portées dans les expressions générales des forces élastiques N, T, expressions bien connues qui sont

$$(198\ bis)\quad \begin{cases} N_1 = \lambda\,\theta + 2\,\mu\,\dfrac{du}{dx}, & T_1 = \mu\left(\dfrac{dv}{dz} + \dfrac{dw}{dy}\right), \\[2mm] N_2 = \lambda\,\theta + 2\,\mu\,\dfrac{dv}{dy}, & T_2 = \mu\left(\dfrac{dw}{dx} + \dfrac{du}{dz}\right), \\[2mm] N_3 = \lambda\,\theta + 2\,\mu\,\dfrac{dw}{dz}, & T_3 = \mu\left(\dfrac{du}{dy} + \dfrac{dv}{dx}\right), \end{cases}$$

elles donnent de suite

$$(199)\quad \begin{cases} N_1 = 0,\ \ N_2 = 0,\ \ N_3 = 0,\ \ T_2 = 0, \\[2mm] T_1 = -\mu\sum k_i\,e^{-\frac{i\pi x}{a}}\sin\dfrac{i\pi z}{a},\quad T_3 = -\mu\sum k_i\,e^{-\frac{i\pi x}{a}}\cos\dfrac{i\pi z}{a}. \end{cases}$$

Or, ces valeurs de T_2, T_1, N_2 s'annulent bien sur les bases de la plaque, pour $z = 0$ et pour $z = a$. En outre, sur le cylindre contournant $x = 0$, N_1 et T_2 sont nulles aussi, tandis que la traction $— T_3$, exercée du dehors dans le sens des y, égale bien, comme il le faut, de $x = 0$ à $x = a$, une fonction donnée $\mu\,f(z)$ nulle en moyenne, si l'on pose

$$(200)\qquad k_i = \frac{2}{a}\int_0^a f(\xi)\cos\frac{i\pi\xi}{a}\,d\xi.$$

On sait, en effet, que, d'après une formule classique,

$$f(z) = \frac{1}{a}\int_0^a f(\xi)\,d\xi + \frac{2}{a}\sum\cos\frac{i\pi z}{a}\int_0^a f(\xi)\cos\frac{i\pi\xi}{a}\,d\xi,$$

relation d'où disparaît même ici le premier terme du second membre, à cause de l'annulation supposée de la valeur moyenne de $f(\xi)$ entre les limites $\xi = 0$, $\xi = a$.

J'ai observé que les expressions de première approximation (198) rentrent dans le type

$$(201)\qquad u = -\frac{d\psi}{dy},\quad v = \frac{d\psi}{dx},\quad w = 0,\quad \theta = 0:$$

il suffit effectivement, pour le voir, de prendre,

$$\psi = - \sum \frac{a^2 k_i}{i^2 \pi^2} c^{-\frac{i\pi x}{a}} \cos \frac{i\pi z}{a},$$

valeur de ψ dont le paramètre différentiel Δ_2 s'annule identiquement, comme il le faut.

A une approximation plus grande, u n'égale plus zéro dans (201), même quand on suppose nulle la courbure du cylindre contournant aux environs ds la génératrice considérée, parce que le couple de torsion change graduellement d'une génératrice à l'autre, et qu'ainsi les coefficients k_i donnés par la formule (200) dépendent un peu de y. Mais on peut toujours continuer à poser dans les formules (201), comme a fait M. Maurice Levy (*),

$$(202) \qquad \psi = - \sum \varphi_i (x, y) \cos \frac{i\pi z}{a},$$

φ_i désignant des fonctions de x et de y telles, que ψ vérifie, terme à terme, l'équation $\Delta_2 \psi = 0$; ce qui revient à écrire

$$(203) \qquad \frac{d^2 \varphi_i}{dx^2} + \frac{d^2 \varphi_i}{dy^2} \quad \text{ou} \quad \Delta^2 \varphi_i = \frac{i^2 \pi^2}{a^2} \varphi_i.$$

En effet, les expressions (201) de u, v, w satisferont bien aux trois équations indéfinies (1) de l'équilibre et, vu les formules (198 *bis*), aux conditions spéciales aux bases, c'est-à-dire aux relations $T_2 = 0$, $T_1 = 0$, $N_3 = 0$, pour $z = 0$ et $z = a$. Et l'on pourra également leur faire vérifier la condition, spéciale au cylindre contournant et *caractéristique du problème posé*, d'après laquelle, sur chaque génératrice, les forces dont se compose le couple de torsion peuvent être choisies à volonté en fonction de z : car chaque fonction φ_i, tout en satisfaisant dans l'intérieur du contour donné à l'équation aux dérivées partielles du

(*) Dans un mémoire, sur la théorie des plaques, inséré au tome de 1877 du *Journal de Mathématiques pures et appliquées*, par MM. Liouville et Resal.

second ordre (203), reste assez indéterminée pour être susceptible de recevoir une valeur arbitraire sur toute génératrice du cylindre contournant; or il y a une infinité de fonctions pareilles, permettant d'introduire ainsi, dans l'intégrale, une infinité de constantes arbitraires propres à chaque génératrice, ou qui équivalent en tout, sur chacune, à une fonction arbitraire de z.

Nous venons de reconnaître que les fonctions φ_i, à une première approximation, se réduisent aux exponentielles $\dfrac{a^2 k_i}{i^2 \pi^2} e^{-\frac{i \pi z}{a}}$, dans le voisinage de la génératrice prise pour axe des z et, spécialement, aux divers points du plan mené suivant cette génératrice normalement au contour. Or les formules (201) expriment évidemment, pour les divers points (x, y) de chaque feuillet $z = $ const. de la plaque, des déplacements tangents, dans ces plans, aux courbes $\psi = $ const., et égaux au paramètre différentiel $\Delta_1 \psi$ relatif à ces courbes; de sorte que la solution dépend uniquement des fonctions de point ψ ou φ_i trouvées, non des axes des x et des y choisis, et qu'il est permis, en gardant toujours les mêmes fonctions de point φ_i, de faire passer successivement le plan des zx suivant toutes les génératrices. On aura donc, à fort peu près,

$$(203 \; bis) \qquad \varphi_i = \frac{a^2 k_i}{i^2 \pi^2} e^{-\frac{i \pi n}{a}},$$

n désignant la distance (qui était x dans le plan $y = 0$) du point donné (x, y, z) à la génératrice la plus voisine, et k_i une fonction connue [donnée par (200)], lentement variable, d'une abscisse courbe s mesurée le long du contour ou caractéristique de cette génératrice.

Avec les valeurs exactes (201) et (202) de u, v, w, ϑ, ψ, les composantes $- N_1$, $- T_a$, $- T_2$ de la pression extérieure exercée aux divers points de la génératrice prise pour axe des z deviennent :

$$(204)\quad \begin{cases} -\mathrm{N}_1 = 2\,\mu\,\dfrac{d^2\psi}{dx\,dy} = -2\,\mu\sum \dfrac{d^2\varphi_i}{dx\,dy}\cos\dfrac{i\pi z}{a}, \\[2ex] -\mathrm{T}_3 = -\mu\left(\dfrac{d^2\psi}{dx^2} - \dfrac{d^2\psi}{dy^2}\right) = \mu\sum\left(\dfrac{d^2\varphi_i}{dx^2} - \dfrac{d^2\varphi_i}{dy^2}\right)\cos\dfrac{i\pi z}{a}, \\[2ex] -\mathrm{T}_2 = \mu\,\dfrac{d^2\psi}{dy\,dz} = \mu\sum \dfrac{i\pi}{a}\dfrac{d\varphi_i}{dy}\sin\dfrac{i\pi z}{a}. \end{cases}$$

Les valeurs moyennes de $-\mathrm{N}_1$ et $-\mathrm{T}_3$ sont identiquement nulles entre les limites $z = 0$, $z = a$; en sorte que les forces $-\mathrm{N}_1\,dz$, $-\mathrm{T}_3\,dz$, exercées par unité d'aire le long de la génératrice, équivalent respectivement à deux simples couples. Le second est précisément le couple de torsion, supposé donné en fonction de y ou s, et le premier s'appelle *couple de flexion*. Celui-ci, dépendant des forces $-\mathrm{N}_1$, dont l'expression (204) contient en facteur une dérivée prise par rapport à y et dès lors très petite, est insignifiant en comparaison du couple de torsion, composé des forces $-\mathrm{T}_3$, dont l'expression contient, à la place, le facteur $\dfrac{d^2\varphi_i}{dx^2} - \dfrac{d^2\varphi_i}{dy^2}$ ou, sensiblement, $\dfrac{d^2\varphi_i}{dx^2}$. En remplaçant la dérivée seconde $\dfrac{d^2\varphi_i}{dx^2}$ par la valeur $\dfrac{i^2\pi^2}{a^2}\,\varphi_i$, que donne la formule approchée $\varphi_i = \dfrac{a^2 k_i}{i^2\pi^2}\,e^{-\frac{i\pi z}{a}}$, les forces $-\mathrm{N}_1$ et $-\mathrm{T}_3$ peuvent donc, au point de vue de leur *résultante* et de leur *moment total* en tous les points d'une génératrice, s'écrire

$$(205)\qquad -\mathrm{N}_1 = 0, \quad -\mathrm{T}_3 = \mu\sum \dfrac{i^2\pi^2}{a^2}\,\varphi_i\cos\dfrac{i\pi z}{a}.$$

Le moment M du couple de torsion, évalué positivement quand il tend à faire tourner dans le sens de oz vers oy, est d'ailleurs $\displaystyle\int_0^a (-\mathrm{T}_3)\,z\,dz$. Il vaudra donc

$$(206) \quad \begin{cases} M = \mu \sum \varphi_i \displaystyle\int_0^a \left(\cos \frac{i\pi z}{a} \right) \frac{i\pi z}{a} \frac{i\pi dz}{a} \\[2mm] = \mu \sum \varphi_i \left[\frac{i\pi z}{a} \sin \frac{i\pi z}{a} + \cos \frac{i\pi z}{a} \right]_{z=0}^{z=a} = - \mu \sum (1 - \cos i\pi) \varphi_i, \end{cases}$$

expression évidemment générale, ou applicable sans que y soit nul, car il n'y entre que les fonctions de point φ_i, indépendantes de l'axe des y choisi.

D'autre part, l'*effort tranchant* $\mathfrak{F} = \displaystyle\int_0^a (- T_2) \, dz$, exercé du dehors le long de la même génératrice, s'exprime, d'après la dernière formule (204), par

$$(207) \quad \mathfrak{F} = \mu \sum \frac{d\varphi_i}{dy} \int_0^a \sin \frac{i\pi z}{a} \frac{i\pi dz}{a} = \frac{d}{dy} \left[\mu \sum (1 - \cos i\pi) \varphi_i \right].$$

Comparons cette relation à (206), et observons que, aux environs de la génératrice considérée, les variations de la coordonnée y se confondent avec celles de l'abscisse courbe s. Nous aurons la formule, très importante ici, et générale comme (206),

$$(208) \qquad \mathfrak{F} = - \frac{dM}{ds}.$$

Il est bon de remarquer, à ce propos, que les seconds membres des deux dernières relations (204), si l'on remplace $- \dfrac{d^2\psi}{dx^2}$ par $\dfrac{d^2\psi}{dy^2} + \dfrac{d^2\psi}{dz^2}$ et si l'on réduit ensuite $2 \dfrac{d^2\psi}{dy^2} + \dfrac{d^2\psi}{dz^2}$ à $\dfrac{d^2\psi}{d^2z}$, donnent $\dfrac{dT_3}{dy} = \dfrac{dT_2}{ds}$, et que celle-ci, en y joignant la condition spéciale $T_2 = o$ à la limite $z = a$, aurait suffi pour arriver à la formule (208). En effet, l'identité

$$\int_0^z T_2 \, dz = T_2 z - \int_0^z z \frac{dT_2}{dz} \, dz$$

peut alors s'écrire

$$\int_0^z T_2\, dz = T_2 z - \frac{d}{dy} \int_0^z T_3\, z\,dz,$$

et, pour $z = a$, elle devient

$$\int_0^a T_2\, dz = - \frac{d}{dy} \int_0^a T_3\, z\,dz;$$

ce qui, vu les expressions définissant M et $\mathcal{F}$, ne diffère pas de la formule (208).

En résumé, *les perturbations très rapidement décroissantes représentées à une première approximation, dans chaque petite partie du contour d'une plaque, par les formules (198), se produisent quand la plaque supporte sur son cylindre contournant des couples de torsion quelconques, appelés* M *par unité de longueur, graduellement variables le long du contour, en même temps que des couples de flexion négligeables à côté d'eux, et des efforts tranchants égaux par unité de longueur à la dérivée, changée de signe, du couple* M *de torsion le long du contour. Ainsi, les efforts tranchants* $- \dfrac{d\mathrm{M}}{ds}$ *neutralisent, à quelque distance du contour, les couples de torsion* M, *et, par suite, ceux-ci équivalent à des efforts tranchants égaux et contraires* $\dfrac{d\mathrm{M}}{ds}$. En effet, de pareils efforts tranchants $\dfrac{d\mathrm{M}}{ds}$, supposés appliqués conjointement avec les forces précédentes, ne feront, à cause d'un principe connu de simple superposition, qu'ajouter leurs effets propres, ceux qu'ils obtiendraient s'ils étaient seuls, aux effets insignifiants, purement perturbateurs, exprimés à fort peu près par les formules (198); et, comme il ne subsistera, dans ces conditions, que les couples de torsion M, ceux-ci, quant aux déformations d'ensemble produites, reviendront bien au même que les efforts tranchants $\dfrac{d\mathrm{M}}{ds}$.

Il résulte de là qu'une réduction consistant à transformer des couples de torsion donnés M en des efforts tranchants $\frac{d\mathrm{M}}{ds}$, pour obtenir, par leur réunion à d'autres efforts tranchants également donnés, ce qu'on peut appeler les *efforts tranchants totaux*, est parfaitement légitime dans la théorie des plaques. Elle équivaut, il est vrai, à négliger les perturbations locales (198) : mais ces perturbations ne sont sans doute pas plus sensibles que d'autres dont on ne s'inquiète guère ordinairement, telles que celles qui se produisent aux extrémités des tiges, ou celles que causent, au bord d'une plaque sollicité par des forces extérieures, les modes divers suivant lesquels s'y distribuent les tractions parallèles au feuillet moyen, les efforts tranchants et les couples de flexion, dans chaque plan mené, normalement au contour, le long d'une génératrice, ou plutôt entre deux pareils plans consécutifs.

72. — *Réduction, opérée par M. Kirchhoff, de deux des conditions aux limites que Poisson avait données dans la théorie des plaques, à une seule condition distincte.*

On ne peut donc se refuser à admettre, dans la théorie des plaques, la condition unique aux limites par laquelle M. Kirchhoff en a remplacé deux de Poisson, et qui revient justement à ne pas distinguer, quant à leurs effets généraux, entre des couples de torsion M et des efforts tranchants $\frac{d\mathrm{M}}{ds}$. Cela permet de faire croître, sur chaque génératrice, l'effort tranchant aux dépens des couples de torsion, ou, *vice-versâ*, les couples de torsion aux dépens de l'effort tranchant, jusqu'à ce que leur rapport soit justement celui qui s'observe, pour même effort tranchant total, quand il n'y a pas de perturbations locales, c'est-à-dire quand les modes simples de déformation qui se produisent à quelque distance du bord existent jusqu'au bord même. Or, on sait que la fusion des deux conditions de Poisson dont il s'agit en une seule est nécessaire et suffisante pour que la détermination de ces modes simples devienne un problème à la fois possible et déterminé.

Il était aisé, du reste, de se rendre compte, par le principe général énoncé au numéro 67 (p. 298), de la possibilité de remplacer les couples de torsion M par des efforts tranchants $\frac{dM}{ds}$, à des perturbations locales près ; et c'est ce que j'avais fait en 1871 (*), sans me douter que MM. William Thomson et Tait m'avaient précédé de quatre ans, dans les numéros 645 à 648 de leur *Traité de philosophie naturelle*, publié en 1867. Divisons, par la pensée, en menant des génératrices équidistantes, le cylindre contournant d'une plaque mince en un nombre pair de bandes rectangulaires, ayant leur longueur, que j'appellerai $\frac{ds}{2}$, comparable à leur largeur, ou épaisseur a de la plaque. Une bande double de longueur ds, formée de deux bandes contiguës, supportera le couple de torsion donné $M\,ds$, qu'on peut se représenter comme formé de deux forces perpendiculaires aux génératrices et comparables à M, si l'on admet que l'unité de longueur soit prise de l'ordre de l'épaisseur a. Une rotation de 90 degrés imprimée à ce couple, dans son plan, permettra de le remplacer, sans changer son moment, par un couple de deux autres forces, M, parallèles aux génératrices, distantes de ds, et appliquées aux deux bords de la bande double : l'une, appliquée au premier bord, dont $s - ds$ désignera l'abscisse courbe, est dirigée du côté des z positifs et peut être censée composée de tractions distribuées d'après une loi continue sur les deux bandes simples que sépare ce bord ; l'autre force M, s'exerçant le long du bord d'abscisse s, suivant les z négatifs, peut être de même composée de

(*) *Comptes-Rendus de l'Académie des Sciences de Paris*, 10 avril 1871 ; t. LXXII, p. 449.

tractions distribuées suivant une loi continue sur les deux bandes contiguës à ce deuxième bord. Quoique les nouvelles forces dont il s'agit ne soient plus appliquées tout entières à l'intérieur de la bande double considérée, elles ne cessent pas de l'être dans une même région du corps, *très petite en tous sens*, que les premières ; en sorte que le principe général sur lequel nous nous appuyons est sauvegardé. Or, le couple appliqué à la bande double suivante donnera de même, sur les deux bandes simples contiguës à son premier bord, d'abscisse s, une traction totale dirigée vers les z positifs, mais égale à $M + \dfrac{dM}{ds}\, ds$. L'excès de cette force sur celle, M, de sens contraire, que supportent déjà les deux mêmes bandes, est donc un effort tranchant $\dfrac{dM}{ds}\, ds$, c'est-à-dire $\dfrac{dM}{ds}$ par unité de longueur : ce qu'il fallait démontrer.

On voit par là que les couples de torsion ne produisent, *sur l'ensemble d'une plaque*, que des flexions, tout comme le feraient les efforts tranchants auxquels nous les avons réduits, et que même ils n'obtiennent ces effets que lorsqu'ils sont variables d'un point à l'autre du contour, ou en raison de leur dérivée par rapport à s. L'analyse ci-dessus démontre que leurs effets *propres*, c'est-à-dire irréductibles à ceux d'efforts tranchants, et constitués par ces sortes de *torsions* qu'expriment les formules (198), se trouvent confinés dans une zone étroite contiguë au contour, zone où se produisent également les perturbations locales, *non moins grandes* sans doute, dues aux modes d'application divers de ces efforts tranchants, des couples de flexion et des tractions ou pressions tendant à étendre ou à comprimer la plaque.

73. — *Réflexion sur la cause probable qui a rendu accessibles les questions traitées dans cette étude.*

Les formules (198) de MM. Thomson et Tait ont été un premier pas dans le calcul des perturbations locales. Mais il ne semble guère probable que ce premier pas doive conduire un jour à évaluer également les autres classes de perturbations locales que présentent les tiges et les plaques, comme il le faudrait pour se rendre réellement compte des phénomènes qui se passent près du contour ou des extrémités de ces corps.

En effet, les formules (198) conviennent, à proprement parler, au cas d'une plaque indéfinie, à bord rectiligne (ou curviligne d'un rayon de courbure infini), soumise par unité de longueur de son bord à un couple de torsion constant; et de pareils couples ne produisent aucune déformation générale, puisque les formules (198) représentent tous leurs effets, qui s'évanouissent pour x un peu grand. C'est d'ailleurs ce que démontre le raisonnement synthétique ci-dessus (p. 315) qui, permet, à des déformations locales près, de convertir de tels couples, constants par unité de longueur, en une série d'efforts tranchants égaux et contraires, s'entre-détruisant exactement. De même, les autres problèmes traités dans ce mémoire, soit à propos de la résistance d'un sol indéfini chargé de poids, soit à propos d'un corps de dimensions infinies sollicité en certains points de sa masse par des forces extérieures, correspondent à des cas où les causes déformatrices n'ont que des effets locaux, à des cas où les déplacements s'annulent à l'infini. Or, il est naturel de penser que les phénomènes se simplifient alors beaucoup, par suite de la disparition des influences propres aux surfaces-limites et qui, autrement, compliqueraient les problèmes, ou, ce qui revient au même, par suite de l'évanouissement des déformations d'ensemble.

Je serais donc porté à penser que c'est uniquement à cette circonstance simplificatrice, à cette absence de mélanges d'effets généraux et d'effets locaux, que nous devons d'avoir pu intégrer les équations différentielles et d'avoir rencontré des lois abordables. Or elle ne se présenterait plus dans les cas d'efforts tranchants, de couples de flexion, etc.

NOTES COMPLÉMENTAIRES.

NOTE I, se rapportant au n° 8 et au § VI, relative a un potentiel a quatre variables, ou potentiel sphérique, plus simple que les autres, et dont l'emploi, outre qu'il rend presque intuitive l'étude de leurs propriétés, permet d'intégrer sous une forme concrète les équations de mouvement d'un milieu élastique et isotrope indéfini.

1. — *Définition et propriétés du potentiel sphérique.*

Le potentiel logarithmique à trois variables ψ peut se déduire du potentiel ordinaire ou inverse en multipliant celui-ci par la différentielle, dz, de l'une des coordonnées, et en intégrant alors sans faire varier les autres coordonnées. Mais le potentiel inverse et le potentiel direct ne pourraient-ils pas, eux-mêmes, se déduire d'un potentiel encore plus simple, dont le paramètre différentiel Δ_2 jouirait d'une propriété facile à démontrer et qui serait comme la source de celles que présentent les paramètres Δ_2 de ces fonctions? C'est, en effet, ce qui a lieu, comme on va voir par l'étude *du potentiel à quatre variables* auquel sera consacrée la note actuelle (*).

Soient: m une masse quelconque fixe, dans un espace rapporté à trois axes de coordonnées rectangles x, y, z; et ρ, ou $\rho\,(x_1, y_1, z_1)$, la densité de la partie $dm = \rho\,d\varpi$ de cette masse qui remplit l'élément de volume $d\varpi$ occupant la situation (x_1, y_1, z_1). Imaginons qu'on décrive, d'un point donné (x, y, z) comme centre et avec un rayon donné r, une sphère dont $\sigma = 4\,\pi\,r^2$ désignera la surface, puis qu'on évalue, pour chacun des éléments $d\sigma$ de cette surface, ayant les coordonnées x_1, y_1, z_1, l'expression $\frac{\rho\,d\sigma}{r}$, et qu'on fasse la somme des valeurs qu'elle prend sur tous les éléments de σ. On obtiendra ainsi l'intégrale double $\varphi = \int \frac{\rho\,d\sigma}{r}$, fonction des quatre paramètres x, y, z, r définissant la sphère. C'est cette fonction que j'appellerai le *potentiel à quatre variables*, ou le *potentiel sphérique* (**). On peut encore, en désignant par ρ_1 la densité moyenne $\int \rho\,\frac{d\sigma}{\sigma}$ de la masse en tous les points de la surface de la sphère, lui donner pour expression $\varphi = \frac{\rho_1\,\sigma}{r} = 4\pi\,r\,\rho_1$.

Évaluons son paramètre différentiel du second ordre $\Delta_2 \int \frac{\rho\,d\sigma}{r}$, où Δ_2 désigne l'expression symbolique $\frac{d^2}{dx^2} + \frac{d^2}{dy^2} + \frac{d^2}{dz^2}$. On l'obtiendra sans faire varier ni r, ni la

---

(*) Cette note a été résumée dans les *Comptes-Rendus de l'Académie des Sciences* (t. XCIV, p. 1465 et 1648; 29 mai et 19 juin 1882; t. XCV, p. 479; 11 septembre 1882).

(**) Elle rentre bien, à un facteur constant près, dans la définition générale des potentiels, que j'ai donnée à la note du n° 56 de l'Étude précédente (p. 264). En effet, si on la multiplie par une ligne infiniment petite constante ε, le produit $\varphi\,\varepsilon = \int \frac{\rho\,\varepsilon\,d\sigma}{r}$ ainsi obtenu exprimera évidemment l'intégrale $\int \frac{dm}{r}$, étendue à toute la matière que comprennent entre elles les deux sphères décrites, autour du point (x, y, z) comme centre, avec les rayons r et $r + \varepsilon$.

grandeur d'aucun des éléments $d\tau$ de la sphère, mais en déplaçant les situations $(x_1,\ y_1,\ z_1)$ de ceux-ci comme le centre même $(x,\ y,\ z)$ et le long de parallèles aux x, aux y, ou aux z. Chaque élément de φ, correspondant à un même élément $d\tau$, aura donc pour son paramètre Δ_2 l'expression

$$(\Delta_2 \rho)\,\frac{d\tau}{r}\ \text{ ou }\ \left(\frac{d^2\rho}{dx_1{}^2} + \frac{d^2\rho}{dy_1{}^2} + \frac{d^2\rho}{dz_1{}^2}\right)\frac{d\tau}{r},$$

et il viendra, par suite,

$$\Delta_2\varphi = \frac{1}{r}\int (\Delta_2\rho)\,d\tau.$$

Or, si nous considérons l'intégrale $\int(\Delta_2\rho)\,d\varpi$, pour l'espace ϖ compris entre les deux sphères τ, τ' décrites, autour de $(x,\ y,\ z)$ comme centre, avec deux rayons infiniment peu différents r et $r' = r + \varepsilon$, nous aurons, en prenant d'abord $d\varpi = \varepsilon\,d\tau$, $\int(\Delta_2\rho)\,d\varpi = \varepsilon\int(\Delta_2\rho)\,d\tau$; et la formule précédente de $\Delta_2\varphi$ pourra s'écrire

$$\Delta_2\varphi = \frac{1}{r\varepsilon}\int \Delta_2\rho\,d\varpi.$$

Il suffira donc d'évaluer $\int(\Delta_2\rho)\,d\varpi$, puis de diviser par $r\varepsilon$, pour obtenir $\Delta_2\varphi$. Mais, d'autre part, chacun des trois termes composant $(\Delta_2\rho)\,d\varpi$, c'est-à-dire $\dfrac{d^2\rho}{dx_1{}^2}\,d\varpi$, ou $\dfrac{d^2\rho}{dy_1{}^2}\,d\varpi$, ou $\dfrac{d^2\rho}{dz_1{}^2}\,d\varpi$, s'intègre une fois, quand on y pose $d\varpi = dx_1\,dy_1\,dz_1$, et donne, comme on sait, une intégrale relative à la surface limite de ϖ, c'est-à-dire ici, aux deux sphères τ et τ'. Représentons par $\dfrac{d}{dr}$ et par $\dfrac{d}{dr'}$ des dérivées prises, à partir de chacun de leurs éléments $d\tau$ ou $d\tau'$, le long des prolongements des rayons r et r' qui leur sont normaux, en appelant d'ailleurs ρ', ρ'_1 les valeurs de ρ, ρ_1 sur la sphère τ'; et il viendra, par une suite de déductions presque évidentes,

$$(\alpha) \quad \left\{ \begin{aligned} \int (\Delta_2 \rho)\, d\varpi &= \int \frac{d\rho'}{dr'} d\sigma' - \int \frac{d\rho}{dr} d\sigma = r' \int \frac{d\rho'}{dr'} \frac{d\sigma'}{r'} - r \int \frac{d\rho}{dr} \frac{d\sigma}{r} \\ &= r' \frac{d}{dr'} \int \rho' \frac{d\sigma'}{r'} - r \frac{d}{dr} \int \rho \frac{d\sigma}{r} = r' \frac{d\rho'_1}{dr'} - r \frac{d\rho_1}{dr}, \end{aligned} \right.$$

relation dont l'avant-dernier membre se déduit du précédent en observant que, lorsque r ou r' grandissent sans que x, y, z varient, les rapports $\dfrac{d\sigma}{r}$ ou $\dfrac{d\sigma'}{r'}$, considérés sur diverses sphères concentriques le long d'un même rayon r, restent constants. Or, il est évident que le dernier membre de (α), divisé par $\varepsilon = r' - r$, exprime la dérivée $\dfrac{d}{dr}\left(r \dfrac{d\rho_1}{dr}\right)$, ou $4\pi \dfrac{d}{dr}\left(r^2 \dfrac{d\rho_1}{dr}\right)$. Donc, le paramètre différentiel Δ_2 du potentiel considéré $4\pi r \rho_1$ aura la valeur

$$\Delta_2 \varphi = \frac{4\pi}{r}\frac{d}{dr}\left(r^2 \frac{d\rho_1}{dr}\right) = \frac{4\pi}{r}\frac{d}{dr}\left(r \frac{d.r\rho_1}{dr} - r\rho_1\right) = 4\pi \frac{d^2.r\rho_1}{dr^2} = \frac{d^2\varphi}{dr^2}. \quad (*)$$

Ainsi, *le paramètre différentiel Δ_2 et la dérivée seconde, par rapport au rayon r, du potentiel sphérique, sont deux expressions identiquement égales;* de sorte qu'on a

$$(\beta) \qquad \frac{d^2\varphi}{dr^2} = \frac{d^2\varphi}{dx^2} + \frac{d^2\varphi}{dy^2} + \frac{d^2\varphi}{dz^2}.$$

Observons de plus que, *pour $r = 0$, ce potentiel s'annule,*

(*) C'est bien ce qu'aurait donné la formule générale (185 *quater*) [p. 266] du paramètre Δ_2 d'un potentiel quelconque, en observant : 1° que φ doit y être remplacé ici par la fonction $\dfrac{1}{r}$, dont le Δ_2 est nul; 2° que $\int \rho\, \varphi\, d\varpi$ y désigne ce que nous appelons maintenant φr; et 3° que l'intégrale à la surface, $\int \varphi^2 \dfrac{d}{dn}\left(\dfrac{r}{\varphi}\right) d\tau$, s'écrit actuellement $\int \dfrac{d.\varphi' r'}{dr'} \dfrac{d\tau'}{r'^2} - \int \dfrac{d.\varphi r}{dr} \dfrac{d\tau}{r^2} = \dfrac{d}{dr'} \int \varphi' r' \dfrac{d\tau'}{r'^2} - \dfrac{d}{dr} \int \varphi r \dfrac{d\tau}{r^2}$, expression identique à $\dfrac{d\varphi'}{dr'} - \dfrac{d\varphi}{dr} = \dfrac{d^2\varphi}{dr^2} \varepsilon$, si φ' exprime ce que devient φ ou $\int \dfrac{\rho\, d\tau}{r}$ quand r devient r'.

ainsi que sa dérivée seconde en r, tandis que sa dérivée première en r se réduit à $4 \pi \rho (x, y, z)$. En effet, quand r est très petit, ρ prend, aux deux extrémités de chaque diamètre $2 r$ de la sphère, des valeurs dont la moyenne arithmétique ne diffère de la valeur de ρ au centre que par un terme de l'ordre de r^2. On peut donc, sauf erreur de cet ordre, réduire ρ_1 à $\rho (x, y, z)$. Il en résulte pour $\varphi = 4 \pi r \rho_1$, l'expression $4 \pi r \rho (x, y, z)$, abstraction faite d'un terme comparable à r^3 et qui n'influe, à la limite $r = o$, ni sur φ, ni sur les deux premières dérivées de φ en r. Or, cette expression donne bien zéro pour les valeurs cherchées de φ et de sa dérivée seconde en r, $4 \pi \rho (x, y, z)$ pour sa dérivée première.

Toute fonction de la forme $U = \int_\varepsilon^r f(r) \varphi \, dr$, où ε désigne une constante positive infiniment petite, aura son paramètre différentiel Δ_2 évidemment égal à $\int_\varepsilon^r f(r) (\Delta_2 \varphi) \, dr$; ce qui permet de poser

$$(\gamma) \quad \Delta_2 \int_\varepsilon^r f(r) \varphi \, dr \quad \text{ou} \quad \Delta_2 \int_\varepsilon^r f(r) \, dr \int \frac{\rho \, da}{r} = \int_\varepsilon^r f(r) \frac{d^2 \varphi}{dr^2} \, dr.$$

Quand la masse $m = \int \rho \, d\varpi$ n'occupe qu'un volume de dimensions limitées et a sa valeur totale, $\int d\,r \int \rho \, d\tau$, finie, φ s'annule évidemment pour les valeurs suffisamment grandes de r et la fonction U, en y supposant assez considérable la limite supérieure, devient l'intégrale $\int \frac{f(r) \, dm}{r}$. Elle exprimera donc l'un ou l'autre des deux potentiels ordinaires à trois variables, inverse et direct, $\int \frac{dm}{r}$ et $\int r\,dm$, si l'on y prend respectivement $f(r) = 1$ et $f(r) = r^2$. Dans le premier cas, le dernier membre de (γ) donnera pour $\Delta_2 U$ l'accroissement total qu'éprouve la dérivée $\frac{d\varphi}{dr}$, quand r y grandit depuis ε, où sa valeur est $4 \pi \rho (x, y, z)$, jusqu'à l'infini, où sa valeur est nulle. On aura donc $\Delta_2 \int \frac{dm}{r} = - 4\pi\rho$, conformément au théorème de Poisson. Dans le second cas, deux intégrations successives par parties donneront évidemment

$$\int_{\varepsilon}^{\infty} r^2 \frac{d^2\varphi}{dr^2}\,dr = -2\int_{\varepsilon}^{\infty} r\frac{d\varphi}{dr}\,dr = 2\int_{\varepsilon}^{\infty}\varphi\,dr = 2\int\frac{dm}{r},$$

et il viendra $\Delta_2\int r\,dm = 2\int\frac{dm}{r}$; d'où, par suite, $\Delta_2\,\Delta_2\int r\,dm = -8\pi\rho$, relation exprimant la propriété principale du potentiel direct (*).

Bornons-nous, comme exemple du calcul d'un potentiel sphérique φ, au cas d'une sphère massive homogène, de rayon R, ayant son centre à l'origine. Nous appellerons D la distance $\sqrt{x^2 + y^2 + z^2}$, à ce centre, du point (x, y, z) pour lequel on désire connaître la valeur du potentiel.

(*) *Extension aux cas d'espaces ayant moins de trois dimensions.* — Tous les raisonnements qui précèdent s'étendent sans difficulté aux cas où les coordonnées $x, y, \ldots$ sont en nombre moindre que 3. Si l'on donne, en général, une fonction de point $\varphi(x, y, \ldots)$ dans un espace à n dimensions (où n désigne l'un des nombres 1, 2, 3) et si, cet espace étant rapporté à des axes rectangulaires des $x, y, \ldots$, l'on décrit, autour du point $(x, y, \ldots)$ comme centre, une figure σ dont tous les éléments $d\sigma$ soient situés à une égale distance r de ce point, la valeur moyenne, $\rho_1 = \int \varphi\frac{d\sigma}{\sigma}$, de φ sur toute son étendue, sera une fonction de $x, y, \ldots$ et de r, ayant son paramètre Δ_2 ou $\frac{d^2}{dx^2} + \frac{d^2}{dy^2} + \ldots$ évidemment égal à $\frac{1}{\sigma}\int (\Delta_2\varphi)\,d\sigma$. Or cette expression peut s'écrire encore $\frac{1}{\sigma}\int (\Delta_2\varphi)\,d\varpi$, ϖ désignant l'espace compris entre la figure σ et la figure concentrique σ' d'un rayon $r' = r + \varepsilon$ infiniment peu supérieur ; et, comme on peut prendre $d\varpi = dx_1\,dy_1\ldots$, puis, au moyen d'une intégration, transformer $\int (\Delta_2\varphi)\,d\varpi$, par la formule $(\varkappa)$, en $\frac{d}{dr}\left(\sigma\frac{d\rho_1}{dr}\right)$, il viendra, si l'on observe finalement que σ est proportionnel à r^{n-1}, la formule fondamentale

$$(\varkappa') \qquad \Delta_2\rho_1 = \frac{1}{\sigma}\frac{d}{dr}\left(\sigma\frac{d\rho_1}{dr}\right) = \frac{1}{r^{n-1}}\frac{d}{dr}\left(r^{n-1}\frac{d\rho_1}{dr}\right) = \frac{d^2\rho_1}{dr^2} + \frac{n-1}{r}\frac{d\rho_1}{dr}.$$

Elle revient à l'équation aux dérivées partielles du second ordre

$$(\varkappa'') \qquad \frac{d^2\rho_1}{dr^2} + \frac{n-1}{r}\frac{d\rho_1}{dr} = \frac{d^2\varphi_1}{dx^2} + \frac{d^2\varphi_1}{dy^2} + \ldots$$

D'ailleurs, les considérations données après la formule (β) montrent que, pour

La sphère de rayon r, décrite autour de (x, y, z), fera dans la masse donnée, de rayon R : 1° une section nulle, quand elle lui sera extérieure, ou qu'on aura, soit $D > r + R$, soit $D < r - R$ (avec $r > R$); 2° une section égale à $4\pi r^2$, quand elle lui sera, au contraire, intérieure, ou qu'on aura $D < R - r$ (avec $r < R$); 3° enfin, pour D compris entre les deux limites $r - R$ et $r + R$, ou $R - r$ et $R + r$, une section en forme de calotte, dont l'aire vaudra $2\pi r^2 (1 - \cos \alpha)$ si α désigne l'angle au centre de son arc générateur, angle opposé à R, dans le triangle ayant pour côtés D, r, R, et qui a, par conséquent, le cosinus $\dfrac{r^2 + D^2 - R^2}{2rD}$. Ainsi, dans le troisième cas, la section vaut $\dfrac{\pi r}{D}[R^2 - (r - D)^2]$.

D'ailleurs, φ, ou $\displaystyle\int \rho\,\dfrac{d\sigma}{r}$, égale évidemment le produit de la

r très petit, ρ_1 diffère de $\rho(x, y, \ldots)$ par un terme de l'ordre de r^2 seulement, ou qu'on a

$$(\rho''') \qquad \text{(à la limite } r = \text{o)} \quad \rho_1 = \rho(x, y, ..), \quad \frac{d\rho_1}{dr} = \text{o}.$$

Ces conditions, en quelque sorte initiales, jointes à l'équation aux dérivées partielles (ρ''), détermineraient la fonction ρ_1; ainsi, l'intégrale de (ρ'') et (ρ''') est $\rho_1 = \displaystyle\int \rho\,\dfrac{d\sigma}{r}$.

En posant $\varphi = \rho_1 r^{\frac{n-1}{2}}$, ou $\rho_1 = r^{\frac{1-n}{2}}\varphi$, l'équation linéaire (ρ'') se transforme dans celle-ci

$$(\rho^\ast) \qquad \frac{d^2\varphi}{dr^2} + \frac{(n-1)(3-n)}{4r^2}\,\varphi = \frac{d^2\varphi}{dx^2} + \frac{d^2\varphi}{dy^2} + \ldots,$$

qui, dans les deux cas $n = 1$, $n = 3$, devient une équation à coefficients constants par la disparition de son second terme, et a ainsi pour intégrale générale la somme d'une expression de la forme $\rho_1 r^{\frac{n-1}{2}}$ et de la dérivée en r d'une autre expression analogue. C'est ce qu'on voit de suite dans le cas $n = 1$, où l'on simplement

$$\rho_1 = \tfrac{1}{2}\left[\rho(x + r) + \rho(x - r)\right], \quad \frac{d\rho_1}{dr} = \tfrac{1}{2}\left[\rho'(x + r) - \rho'(x - r)\right];$$

et c'est ce qui sera développé au n° 3 ci-après pour le cas $n = 3$.

Quel que soit n, un potentiel de la forme

$$U = \int f(r)\,dm = \int \rho f(r)\,d\varpi = \int_{\iota}^{\infty} \rho f(r) r\,dr,$$

section considérée par $\frac{1}{r}$ et par la densité uniforme ρ de la masse. Il vient donc :

$$\begin{cases}
\text{pour } D < r - R \text{ et pour } D > r + R & \varphi = 0, \\
\quad(\text{pour } D < R - r) & \varphi = 4\pi\rho r, \\
\left(\text{entre les limites } D = \sqrt{(R \mp r)^2}\right) & \\
\qquad \varphi = \frac{\pi\rho}{D}\left[R^2 - (r - D)^2\right] = \pi\rho\left(2r - D + \frac{R^2 - r^2}{D}\right).
\end{cases}$$

Ces expressions ne dépendent, comme on pouvait le prévoir, que des deux variables r et $D = \sqrt{x^2 + y^2 + z^2}$.

Quand, r étant constant, on fait croître D de zéro à l'infini, la fonction φ varie avec continuité: elle est exprimée,

ou s'étendant à toute une masse donnée $\int dm$, aura évidemment pour son paramètre différentiel Δ_2 l'expression $\int_r^\infty f(r)\,(\Delta_2 \rho_1)\,r\,dr$, ou bien, vu la formule (x''), $\int_r^\infty f(r)\frac{d}{dr}\left(r\frac{d\rho_1}{dr}\right) dr$, c'est-à-dire, en intégrant par parties,

$$\left[f(r)\,r\,\frac{d\rho_1}{dr}\right]_r^\infty - \int_r^\infty r f'(r)\frac{d\rho_1}{dr}\,dr.$$

Or le terme aux limites s'annule évidemment pour $r = \infty$, car on suppose ici $\rho = 0$ aux très grandes distances, et il s'annule aussi, vu la seconde relation (x'''), à la limite inférieure $r = \epsilon$, pourvu que le produit $f(r)\,\rho$, proportionnel à $f(r)\,r^{h-1}$ n'y devienne pas infini. Il ne reste donc que le dernier terme, et une nouvelle intégration par parties donne enfin, en appelant ρ_0 la valeur de ρ pour $r = \epsilon$,

$$(y')\qquad \Delta_2 \int f(r)\,dm = \rho_0\,f'(\epsilon)\,\epsilon\,(x, y, \dots) + \int_\epsilon^\infty \rho_1\,\frac{d}{dr}\left[\epsilon f'(r)\right] dr.$$

Telle est l'expression générale du paramètre Δ_2 d'un potentiel de la forme $\int f(r)\,dm$ se rapportant à toute une masse donnée $\int dm$. On en déduit: 1° pour $n = 3$ (d'où $\epsilon = 4\pi r^2$) et pour $f(r) =$ soit $\frac{1}{r}$, soit r, les formules $\Delta_2 \int \frac{dm}{r} = -4\pi\rho$, $\Delta_2 \int r\,dm = 2\int \frac{dm}{r}$; 2° pour $n = 2$ (d'où $\epsilon = 2\pi r$), et pour $f(r) =$ soit $\log r$, soit $r^2 \log r$, les formules du n° 60 (p. 275).

$$\Delta_2 \int \log r\,dm = 2\pi\rho, \qquad \Delta_2 \int r^2 \log r\,dm = 4\int (1 + \log r)\,dm.$$

d'abord, par la seconde ou par la première formule (δ), suivant que r est $< R$ ou $> R$, puis, par la troisième et, enfin, par la première (δ). Pour $r < R$, elle reste d'abord constante, égale à $4\pi\rho r$; ensuite elle décroît et s'annule. Pour $r > R$, elle est d'abord nulle, puis grandit, devient maximum à l'instant où $D = \sqrt{r^2 - R^2}$, pour décroître et s'annuler ensuite.

La dérivée $\frac{d\varphi}{dD}$, toujours finie (si ce n'est près de l'origine, ou pour $D = \varepsilon$, quand la différence de r à R est un infiniment petit ε), devient donc négative après avoir été nulle ou positive.

Si maintenant on considère un point déterminé (x, y, z), défini par sa distance D à l'origine, et qu'on fasse grandir r de zéro à l'infini, la fonction φ varie encore avec continuité (sauf, pour $D = o$, à l'instant où $r = R$), et elle croît, à partir de zéro, pour décroître et s'annuler ensuite. Suivant que D est $< R$ ou $> R$, elle se trouve représentée d'abord par la seconde ou par la première (δ), tant qu'on a $r \lessgtr \sqrt{(R - D)^2}$; puis elle l'est par la troisième (δ), entre les limites $r = \sqrt{(R \mp D)^2}$; enfin, pour $r > R + D$, c'est la première (δ) qui l'exprime. Son maximum, évidemment égal à $\frac{\pi\rho R^2}{D}$, se produit pour $r = D$: la dérivée $\frac{d\varphi}{dr}$, positive pour les valeurs de r plus petites que D, est donc négative pour les valeurs de r plus grandes : et elle reste d'ailleurs toujours finie, si ce n'est encore quand $D = o$ et $r = R$, cas où φ passe brusquement de la seconde forme (δ) à la première, car l'intervalle où s'emploie la troisième, chargée d'établir la transition entre les autres, s'est réduit à zéro.

On vérifie aisément : 1° Que le potentiel ordinaire $\int_0^\infty \varphi\, dr$, relatif à la totalité de la sphère massive, prend respectivement, pour $D < R$ et pour $D > R$, les deux valeurs connues

$2\pi\rho\,(R^2 - \frac{1}{3}D^2)$ et $\dfrac{4}{3}\,\dfrac{\pi\rho\,R^3}{D}$; 2° Que l'équation $\dfrac{d^2\varphi}{dr^2} = \Delta_2\,\varphi$, réductible, comme on sait, à $\dfrac{d^2.D\varphi}{dr^2} = \dfrac{d^2.D\varphi}{dD^2}$ quand φ ne dépend de x, y, z que par la variable $D = \sqrt{x^2 + y^2 + z^2}$, est bien satisfaite. Car l'intégrale de celle-ci, en tenant compte de ce que $D\varphi$ doit s'annuler pour $D = 0$, est

$$D\varphi = f(r + D) - f(r - D),$$

où il faut, pour que φ et $\dfrac{d\varphi}{dr}$ égalent respectivement zéro et $4\pi\rho\,(D^2)$ à la limite $r = 0$, prendre

$$f(-D) = f(D) = \pi \int_0^{D^2} \rho\,(D^2)\, d\,D^2,$$

abstraction faite d'une constante arbitraire qui s'élimine par soustraction dans $D\varphi$: ici où ρ est constant pour $D < R$ et nul pour $D > R$, il vient donc

$$f(D) = \pi\,\rho\,D^2 \text{ (pour } D^2 < R^2) \text{ et } f(D) = \pi\,\rho\,R^2 \text{ (pour } D^2 > R^2).$$

Or, ces valeurs de $f(D)$ conduisent précisément aux trois formules (δ), quand on y fait sur D et r les hypothèses correspondant à chacune des trois formules.

Observons encore que, si l'on ajoute à la masse sphérique une couche, de densité ρ et d'épaisseur $d\,R$, qui l'enveloppe, les accroissements simultanés, ou les différentielles par rapport à R, des expressions (δ) de φ, seront justement les valeurs, aux diverses distances D de l'origine, du potentiel sphérique relatif à cette couche sphérique $4\pi\rho\,R^2\,d\,R$. On aura donc, pour celle-ci,

$$\begin{cases} \varphi = \dfrac{2\pi\rho\,R\,dR}{D} & \left(\text{entre les limites } D = \sqrt{(R \mp r)^2} \text{ ou } r = \sqrt{(R \mp D)^2}\right), \\ \varphi = 0 & \text{(en dehors de ces limites),} \end{cases}$$

valeurs très simples, indépendantes même de r, mais qui,

malheureusement, ne se raccordent pas, ou font varier φ d'une manière discontinue. Cette circonstance doit rendre leur emploi très délicat.

2. — *Son application au calcul de la valeur moyenne, pour un point donné, de la dérivée d'un ordre quelconque d'une fonction de point, dérivée prise le long des divers éléments rectilignes se croisant en ce point, et au calcul de la valeur moyenne de la puissance de même ordre de la dérivée première de cette fonction.*

L'équation fondamentale (β), jointe aux deux conditions $\varphi = 0$ et $\dfrac{d\varphi}{dr} = 4\pi\rho$ pour $r = 0$, conduit aisément aux valeurs que prennent, à cette limite $r = 0$, toutes les dérivées de φ en r; et elle donne par suite, ces dérivées s'y trouvant finies, un développement du potentiel sphérique φ, par la formule de Mac-Laurin, convergent pour les valeurs assez peu considérables de r. Si nous différentions en effet deux fois par rapport à r l'équation (β), il viendra, vu que l'ordre des signes Δ_2 et $\dfrac{d^2}{dr^2}$ peut être interverti, et en tenant finalement compte de cette équation (β) elle-même,

$$\frac{d^4\varphi}{dr^4} = \Delta_2 \frac{d^2\varphi}{dr^2} = \Delta_2 \Delta_2 \varphi.$$

Celle-ci, différentiée encore deux fois en r, donnera $\dfrac{d^6\varphi}{dr^6} = \Delta_2 \Delta_2 \Delta_2 \varphi$, et, en continuant de même, on aura généralement

$$\frac{d^{2n}\varphi}{dr^{2n}} = (\Delta_2)^n \varphi; \quad \text{d'où} \quad \frac{d^{2n+1}\varphi}{dr^{2n+1}} = (\Delta_2)^n \frac{d\varphi}{dr}.$$

Faisons enfin, dans ces formules, $r = 0$, $\varphi = 0$, $\dfrac{d\varphi}{dr} = 4\pi\rho$; et il viendra

$$(\text{pour } r = 0) \quad \frac{d^{2n}\varphi}{dr^{2n}} = 0, \quad \frac{d^{2n+1}\varphi}{dr^{2n+1}} = 4\pi (\Delta_2)^n \rho.$$

Le développement de φ, par la série de Mac-Laurin, suivant les puissances de r est donc

$$\varphi = 4\pi\left[\rho\, r + \frac{\Delta_2 \rho}{2.3} r^3 + \frac{\Delta_2 \Delta_2 \rho}{2.3.4.5} r^5 + \dots + \frac{(\Delta_2)^n \rho}{2.3\dots(2n+1)} r^{2n+1} + \dots\right]$$

Divisé par $4\pi r$, il donnera, à cause de la formule $\varphi = 4\pi r \rho_1$, la valeur moyenne ρ_1 de la fonction ρ sur toute l'étendue de la sphère de rayon r décrite autour du point (x,y,z) comme centre. On aura donc, du moins pour les valeurs de r assez petites, quelle que soit la fonction continue ρ des trois coordonnées x, y, z,

$$(\delta') \qquad \rho_1 = \rho + \frac{\Delta_2 \rho}{2.3} r^2 + \frac{\Delta_2 \Delta_2 \rho}{2.3.4.5} r^4 + \dots + \frac{(\Delta_2)^n \rho}{2.3\dots(2n+1)} r^{2n} + \dots$$

Des différentiations successives en r, ou l'identification de cette formule (δ') avec le développement de ρ, par la série de Mac-Laurin suivant les puissances de r, permettent ensuite de poser, quel que soit le nombre entier et positif m,

$$(\delta''') \qquad \frac{d^m \rho_1}{dr^m} = \begin{cases} \text{zéro} & \text{(si } m \text{ est impair),} \\[2mm] \dfrac{1}{m+1}\,(\Delta_2)^{\frac{m}{2}} \rho & \text{(si } m \text{ est pair).} \end{cases}$$

Or il a été observé [p. 322] et il est, d'ailleurs, presque évident qu'on peut différentier sous le signe $\int$, par rapport à r, l'expression $\int \rho\, \dfrac{d\sigma}{\sigma}$ de ρ_1, où σ désigne la surface de la sphère de rayon r, décrite autour de (x, y, z) comme centre, et $d\sigma$ un de ses éléments, limité, quel que soit r, par le même cône de rayons vecteurs émanés de (x, y, z). Donc on a $\dfrac{d^m \rho_1}{dr^m} = \int \dfrac{d^m \rho}{dr^m}\, \dfrac{d\sigma}{\sigma}$. A la limite $r = 0$, $\dfrac{d^m \rho}{dr^m}$ devient évidemment la dérivée $m^{ième}$ de ρ, pour le point (x, y, z), le long d'un élément rectiligne ds ayant la direction du rayon r qui aboutit à l'élément $d\sigma$, et, par suite, l'expression $\int \dfrac{d^m \rho}{dr^m}\, \dfrac{d\sigma}{\sigma}$ n'est autre chose que la valeur moyenne de cette dérivée $m^{ème}$, $\dfrac{d^m \rho}{ds^m}$, prise suivant toutes les droites qui se croisent en (x, y, z). Donc la formule (δ'') peut s'écrire

$$(\delta''') \qquad \text{Moyenne de } \frac{d^m \rho}{ds^m} = \begin{cases} \text{zéro} & \text{(pour } m \text{ impair)}, \\[2mm] \dfrac{1}{m+1} \; (\Delta_2)^{\frac{m}{2}} \rho & \text{(pour } m \text{ pair)}. \end{cases}$$

Sous cette forme, elle comprend comme cas particulier celle qui nous a conduit [p. 45] à la définition naturelle du paramètre différentiel Δ_2; car il suffit d'y faire $m = 2$ pour qu'elle donne

$$\text{Moyenne de } \frac{d^2 \rho}{ds^2} = \frac{\Delta_2 \rho}{3}.$$

Mais elle montre de plus que la valeur moyenne de la dérivée d'un ordre pair *quelconque*, prise en un même point suivant toutes les directions, s'exprime très simplement au moyen du symbole Δ_2, et qu'elle s'obtient en répétant l'opération indiquée par Δ_2 (*).

(*) Il est aisé de voir ce que deviennent les formules (δ'), (δ'') et (δ''') dans les cas où le nombre n des coordonnées $x, y, \ldots$ diffère de 3. L'équation indéfinie (ς'') de la note du n° précédent (p. 324), jointe aux conditions, toujours subsistantes, $\rho_1 = \rho$ et $\dfrac{d\rho_1}{dr} = 0$ pour $r = 0$, permet d'y déterminer les coefficients du développement de ρ_1 suivant les puissances de r, développement évidemment possible pour les valeurs assez petites de r. On trouve ainsi, par une application immédiate de la méthode ordinaire des coefficients indéterminés,

$$\rho_1 = \rho + \frac{\Delta_2 \rho}{2n} r^2 + \frac{\Delta_2 \Delta_2 \rho}{2n.4(n+2)} r^4 + \frac{\Delta_2 \Delta_2 \Delta_2 \rho}{2n.4(n+2).6(n+4)} r^6 + \ldots;$$

et l'on en déduit, en raisonnant comme il vient d'être fait,

$$\text{Moyenne de } \frac{d^m \rho}{ds^m} = \begin{cases} \text{zéro} & \text{(pour } m \text{ impair)}, \\[2mm] \dfrac{1.3.5 \ldots (m-1)}{n(n+2)(n+4)\ldots(n+m-2)} \; (\Delta_2)^{\frac{m}{2}} \rho & \text{(pour } m \text{ pair)}. \end{cases}$$

On voit que, si $n = 3$, ces formules se réduisent bien aux précédentes (δ') et (δ'''). Dans le cas $n = 2$, la première prend la forme très simple

$$\rho_1 = \rho + \frac{\Delta_2 \rho}{2^2} r^2 + \frac{\Delta_2 \Delta_2 \rho}{2^2 . 4^2} r^4 + \ldots,$$

et la seconde donne la première (δ^v), qu'on trouvera, ci-après, démontrée autrement.

On sait que, si a, b, c désignent les cosinus directeurs de l'élément rectiligne ds, la formule symbolique de différentiation en ds est

$$\frac{d}{ds} = a \frac{d}{dx} + b \frac{d}{dy} + c \frac{d}{dz},$$

et qu'il en résulte, pour une dérivée $m^{ième}$, $\frac{d^m}{ds^m}$, le même développement symbolique que pour la puissance $m^{ième}$ d'une dérivée première $\frac{d}{ds}$. Si donc on prend, dans chaque terme de ce développement, la valeur moyenne du coefficient en a, b, c pour toutes les orientations possibles de la droite ds, l'expression obtenue représentera, à volonté, soit la valeur moyenne d'une dérivée $m^{ième}$, soit la valeur moyenne de la puissance $m^{ième}$ d'une dérivée première; et comme, dans le second cas, l'expression $\frac{d^2}{dx^2} + \frac{d^2}{dy^2} + \frac{d^2}{dz^2}$ signifiera la somme des carrés de trois dérivées premières, ou que Δ_2 devra faire place à Δ_1^2, la formule (δ''') deviendra

$$(\delta^{IV}) \qquad \text{Moyenne de } \frac{d\rho^m}{ds^m} = \begin{cases} \text{zéro} & \text{(pour } m \text{ impair)}, \\[2mm] \dfrac{1}{m+1} (\Delta_1 \rho)^m & \text{(pour } m \text{ pair)}. \end{cases}$$

Dans le cas particulier $m = 2$, cette formule redonne celle que nous avons obtenue au n° 8 bis [p. 46] pour définir le paramètre différentiel du premier ordre, savoir

$$\text{Moyenne de } \frac{d\rho^2}{ds^2} = \frac{\Delta_1^2 \rho}{3}.$$

Quand la fonction ρ ne dépend pas de z, on ne la considère généralement que dans le plan des xy, et il y a lieu de chercher les valeurs moyennes de $\frac{d^m \rho}{ds^m}$ et de $\frac{d\rho^m}{ds^m}$, pour les éléments ds qui s'y trouvent contenus. Ces valeurs moyennes se déduisent aisément des précédentes, supposées prises pour un point du plan des xy. A cet effet, considérons, dans la sphère d'un rayon infiniment petit r, le demi-fuseau compris, du côté des z positifs, entre le plan des xy et deux plans se coupant, suivant le diamètre parallèle à l'axe des x, sous un angle infiniment petit. Pour fixer les idées, supposons que l'un de ces plans soit orienté suivant les zx. Alors, pour tous les éléments rectilignes ds qui, prolongés, aboutissent aux différents points de ce demi-fuseau, on a, si γ désigne leur angle avec l'axe des z,

$$a = \sin \gamma, \quad b = o \text{ et aussi } \frac{d}{ds} = a\,\frac{d}{dx} = (\sin\gamma)\,\frac{d}{dx}, \text{ puisque,}$$

par hypothèse, $\dfrac{d}{dz} = o$. Il en résulte $\dfrac{d^m}{ds^m} = (\sin^m\gamma)\,\dfrac{d^m}{dx^m}$.

Multiplions cette expression par l'élément d'aire que découpent, dans le demi-fuseau, deux circonférences parallèles distantes de $r\,d\gamma$ et ayant les rayons respectifs $r\sin\gamma$, $r\sin(\gamma + d\gamma)$, élément proportionnel au produit $\sin\gamma\,d\gamma$; puis intégrons de $\gamma = o$ à $\gamma = \dfrac{\pi}{2}$, ou pour toute la surface du demi-fuseau, et, en divisant enfin par cette surface même, nous verrons que la valeur moyenne de $\dfrac{d^m}{ds^m}$, dans toute

l'étendue considérée, est le quotient de $\left(\displaystyle\int_0^{\frac{\pi}{2}} \sin^{m+1}\gamma\,d\gamma\right)\dfrac{d^m}{dx^m}$

par $\displaystyle\int_0^{\frac{\pi}{2}} \sin\gamma\,d\gamma = 1$. Autrement dit, et la même chose ayant lieu pour le demi-fuseau situé du côté des z négatifs, la valeur moyenne de l'expression $\dfrac{d^m}{ds^m}$, pour tous les éléments ds qui se projettent sur le plan des xy suivant un même élément rectiligne dx de ce plan, est le produit de l'expression analogue, $\dfrac{d^m}{dx^m}$, relative à ce dernier élé-

ment, par le facteur constant $\displaystyle\int_0^{\frac{\pi}{2}} \sin^{m+1}\gamma\,d\gamma$. Par suite, si l'on considère successivement tous les éléments ds et leurs projections sur le plan des xy, on verra que la moyenne générale de $\dfrac{d^m}{ds^m}$, dans l'espace, a, avec la moyenne de $\dfrac{d^m}{ds^m}$ dans le plan, le même rapport $\displaystyle\int_0^{\frac{\pi}{2}} \sin^{m+1} \gamma\, d\gamma$. La moyenne dans le plan sera donc nulle pour m impair, comme elle l'est dans l'espace; et, pour m pair, elle vaudra le produit de la moyenne pareille dans l'espace par l'inverse de l'intégrale

$$\int_0^{\frac{\pi}{2}} \sin^{m+1} \gamma\, d\gamma = \frac{2}{3}\,\frac{4}{5} \cdots \frac{m}{m+1},$$

c'est-à-dire par $\dfrac{1}{2}\,\dfrac{3}{4} \cdots \dfrac{m-1}{m}\,(m+1)$. Ainsi, les formules (δ''') et (δ^{iv}) donneront

(dans le cas de deux coordonnées seulement)

$$(\delta^{v})\quad \left\{ \begin{aligned} \text{Moyenne de } \frac{d^m \rho}{ds^m} &= \left\{ \begin{aligned} &\text{zéro} &&\text{(pour } m \text{ impair)},\\[4pt] &\frac{1}{2}\,\frac{3}{4} \cdots \frac{m-1}{m}\,(\Delta_2)^{\frac{m}{2}} \rho &&\text{(pour } m \text{ pair)};\end{aligned}\right.\\[14pt] \text{Moyenne de } \frac{d\rho^m}{ds^m} &= \left\{ \begin{aligned} &\text{zéro} &&\text{(pour } m \text{ impair)},\\[4pt] &\frac{1}{2}\,\frac{3}{4} \cdots \frac{m-1}{m}\,(\Delta_1 \rho)^m &&\text{(pour } m \text{ pair)}.\end{aligned}\right. \end{aligned}\right.$$

3.—*Intégration de l'équation du son pur des potentiels sphériques.*

Le potentiel sphérique $\displaystyle\int \frac{\rho\, d\sigma}{r}$ étant une fonction de x, y, z, r qui vérifie l'équation linéaire aux dérivées partielles et à coefficients constants

$$(\varepsilon)\qquad \frac{d^2\varphi}{dr^2} = \Delta_2\,\varphi \quad \text{ou} \quad \frac{d^2\varphi}{dr^2} = \frac{d^2\varphi}{dx^2} + \frac{d^2\varphi}{dy^2} + \frac{d^2\varphi}{dz^2},$$

il est évident que sa dérivée par rapport à r, $\dfrac{d}{dr}\displaystyle\int \frac{\rho\, ds}{r}$, la vérifie aussi et constitue une seconde intégrale de cette équation. D'ailleurs, vu (p. 323) les valeurs que prennent, pour $r = o$, le potentiel sphérique et ses deux premières dérivées en r, la première de ces deux intégrales donne $\varphi = o$, $\frac{d\varphi}{dr} = 4\pi\rho(x, y, z)$ à la limite $r = o$, tandis que la seconde y donne $\varphi = 4\pi\rho(x, y, z)$, $\frac{d\varphi}{dr} = o$. Si donc nous superposons ces deux solutions, après les avoir divisées par 4π et avoir remplacé dans la seconde la fonction arbitraire ρ, ou $\rho(x_1, y_1, z_1)$, par une autre ρ_1, ou $\rho_1(x_1, y_1, z_1)$, il viendra l'intégrale générale de l'équation (ε),

$$(\varsigma) \qquad \varphi = \frac{1}{4\pi} \int \frac{\rho\,d\sigma}{r} + \frac{1}{4\pi} \frac{d}{dr} \int \frac{\rho_1\,d\sigma}{r},$$

$\rho_1(x, y, z)$ et $\rho(x, y, z)$ étant les deux fonctions de x, y, z qui expriment les valeurs de φ et de sa dérivée première en r pour la valeur initiale, $r = o$, de la variable indépendante *principale* r.

Imaginons que, dans l'équation (ε), φ désigne un certain état physique, ayant une valeur déterminée en chaque point (x, y, z) de l'espace, et aussi à chaque instant t, dont l'intervalle au commencement du phénomène sera appelé r. On voit que, pour obtenir φ au point (x, y, z) de l'espace et à un moment donné, il faudra, après avoir assimilé les valeurs initiales de φ et de sa dérivée en r dans tout l'espace aux densités ρ_1 et ρ de deux masses fixes, décrire autour du point (x, y, z) comme centre une sphère, d'un rayon r mesuré par le temps écoulé t, et calculer les deux potentiels sphériques correspondants : la somme, divisée par 4π, du second de ces potentiels, et de la dérivée du premier par rapport au temps ou à r, sera la valeur actuelle cherchée de φ au centre (x, y, z) de la sphère. Ainsi, cette valeur dépend uniquement de ce qu'a été l'état initial dans une couche infiniment mince à la distance $r = t$ tout autour ; d'où il suit que *l'influence des modifications primitivement réalisées en un point quelconque ne se fait sentir, en tout autre point donné, qu'au bout d'un temps égal à la distance de ces deux points et durant un instant infiniment petit.* L'équation (ε) exprime donc un mode de propagation où la *célérité* est constante, égale à 1, et où la transmission aux diverses distances se fait sans aucune dissémination en avant ni en arrière.

On reconnaît en effet, dans la relation (ε), en y mettant t à la place de r, l'équation classique, dite *du son*, qui régit les petits mouvements d'un fluide homogène indéfini, écarté de son état de repos par des compressions ou des vitesses assez modérées pour qu'on puisse, d'une part, y supposer les variations de la pression proportionnelles à celles de la densité, d'autre part, négliger les vitesses effectives des molécules en comparaison de la vitesse même de propagation, choisie comme unité de longueur : φ est alors une fonction qui donne respectivement, par ses dérivées premières en x, y, z et t (ou r), les trois composantes u, v, w de la vitesse et la dilatation cubique θ, en chaque point (x, y, z) ou, sensiblement, pour la particule fluide dont x, y, z désignent les coordonnées primitives. Si, en particulier, les mouvements ne sont dus qu'à des dilatations initiales θ (positives ou négatives), la fonction $\varphi_1 (x_1, y_1, z_1)$, ayant pour dérivées en x_1, y_1, z_1 les composantes initiales de la vitesse, sera nulle dans (ζ), tandis que la fonction $\varphi (x_1, y_1, z_1)$ y aura l'expression donnée des valeurs initiales de θ.

L'intégrale (ζ) n'est que la forme concrète et immédiatement utilisable de celle que Poisson a donnée pour l'équation (ε) et qu'on trouve dans tous les traités de Mécanique, mais dont on ne possédait, à ma connaissance, aucune démonstration simple. Il suffit, pour le reconnaître, de rapporter la sphère $s = 4 \pi r^2$ à des coordonnées polaires comptées à partir de son centre (x, y, z), savoir, un azimut θ, variable de zéro à 2π, et une hauteur angulaire μ, variable de $-\dfrac{\pi}{2}$ à $\dfrac{\pi}{2}$, tels, qu'on ait

$$ds = (r \cos\mu \, d\theta)(r \, d\mu),$$
$$\text{et}\quad x_1 = x + r\cos\mu\cos\theta, \quad y_1 = y + r\cos\mu\sin\theta, \quad z_1 = z + r\sin\mu.$$

La formule (ζ) devient alors

$$(\eta) \begin{cases} \varphi = \dfrac{r}{4\pi} \int_{-\frac{\pi}{2}}^{\frac{\pi}{2}} \cos\mu\, d\mu \int_{0}^{2\pi} \rho(x + r\cos\mu\cos\theta,\; y + r\cos\mu\sin\theta,\; z + r\sin\mu)\, d\theta \\[2em] \quad + \dfrac{1}{4\pi}\dfrac{d}{dr} \int_{-\frac{\pi}{2}}^{\frac{\pi}{2}} r\cos\mu\, d\mu \int_{0}^{2\pi} \rho_1(x + r\cos\mu\cos\theta,\; y + r\cos\mu\sin\theta,\; z + r\sin\mu)\, d\theta\,; \end{cases}$$

ce qui est bien l'intégrale obtenue par Poisson.

On remarquera :

1° Que le premier terme du second membre de (η) est une fonction impaire de r (à cause de son premier facteur r) ; car le résultat des deux intégrations par rapport à θ et à μ y reste le même quand on change r en $- r$, chaque élément y devenant celui qui correspondait d'abord à des valeurs de $\cos\theta$, $\sin\theta$ et $\sin\mu$ contraires de celles que l'on considère, ou, autrement dit, qui correspondait, sur la sphère, à l'élément $d\sigma$ symétrique du premier par rapport au centre, ce qui ne change rien à la somme ;

2° Que, par suite, le dernier terme de (η) se trouve, au contraire, pair en r, comme étant la dérivée d'une fonction pareille à la précédente, ou impaire ;

3° Que chacun de ces deux termes continue d'ailleurs à vérifier l'équation (ε) quand on y donne à $r = t$ des valeurs négatives, puisque, au facteur constant près ∓ 1, elles ont les mêmes valeurs que pour r positif et, par suite, les mêmes dérivées secondes en r, égales, par hypothèse, à $\Delta_2 \varphi$, sauf encore le même facteur ∓ 1 ;

4° Enfin, que, dans le cas où φ ne dépendrait pas de z, ce qui réduirait les fonctions ρ, ρ_1 à ne contenir que leurs deux premières variables, on pourrait, à raison de la parité des éléments quand μ changerait de signe, n'effectuer les intégrations par rapport a μ que de zéro à $\dfrac{\pi}{2}$, mais doubler ensuite le résultat, en réduisant à $2\,\pi$ le dénominateur $4\,\pi$.

4. — Conséquences diverses, quant aux solutions simples naturelles de cette équation et à la persistance, qu'elle implique, des caractères de l'état initial.

Le fait qu'une transmission de mouvement aux diverses distances se fait sans dissémination en avant et en arrière, quand elle a lieu d'après l'équation (ε), entraîne une conséquence importante relativement à ce que j'appelle la solution simple naturelle, c'est-à-dire, à l'expression de φ pour le cas où les fonctions arbitraires représentant l'état initial ne diffèrent de zéro que dans un seul élément $d\varpi$ de l'espace. Alors φ s'annule lui-même constamment, tout autour de cet élément $d\varpi$ jusqu'à une distance quelconque, si ce n'est à l'intérieur d'une couche sphérique d'un rayon croissant $r = t$, mais d'une épaisseur infiniment petite. La discontinuité initiale de φ se conserve donc à toute époque; et *la solution simple naturelle n'est pas une fonction de x, y, z, t variant graduellement, comme il arriverait si, au contraire, le mouvement se disséminait dans tout l'espace dès que t diffère de zéro.*

Une telle circonstance doit, évidemment, rendre l'emploi de ces sortes de solutions plus délicat et beaucoup moins commode, dans l'étude de phénomènes régis par l'équation (ε), qu'il ne l'est dans celle d'autres phénomènes naturels, impliquant dissémination. On peut, par exemple, quand il s'agit de ces derniers, sans y modifier l'expression d'un état physique φ en ce qu'il a d'observable, supprimer ou introduire à volonté, dans l'état initial, des inégalités locales quelconques, ne changeant pas toutefois l'état *moyen* à l'intérieur de chaque petite région; car la dissémination efface en un instant ces inégalités, même énormes et discontinues. Or, c'est ce qui ne serait plus permis dans le cas de l'équation (z), vu que les inégalités initiales s'y conservent indéfiniment, ou, du moins, ne s'y atténuent, en général, que dans la mesure même où s'affaiblissent, aux grandes distances, les valeurs de φ, en entraînant l'extinction graduelle des phénomènes.

Cette conservation des caractères de l'état initial me paraît être d'une importance extrême au point de vue de la philosophie naturelle ; car elle permet d'expliquer comment il se fait que les seules sensations qui nous procurent des connaissances nettes et variées sur les objets extérieurs, les seules même qui nous fournissent un nombre de signes assez grand pour exprimer et fixer nos idées de toute nature, soient celles qui dépendent de la vue ou de l'ouïe, c'est-à-dire des deux sens par lesquels nous percevons des mouvements ondulatoires, soumis à l'équation (z) ou à d'autres analogues. Ces mouvements gardent encore, quand ils nous arrivent, les particularités que leur avaient imprimées les corps d'où ils partent, et ils restent d'ailleurs assez bien localisés suivant les directions d'où ils émanent. Nous pouvons donc, dans la manière dont ils nous affectent, établir entr'eux de nombreuses distinctions (bien que leurs détails nous échappent), et les différencier infiniment plus que ceux que perçoivent nos autres sens, comme sont, par exemple, les mouvements calorifiques transmis à toute la surface de notre corps. Ceux-ci se disséminent, au contraire, dans tous les sens, et se fondent ensemble : aussi nous apportent-ils des impressions toujours confuses et comme indistinctes, quoique souvent beaucoup plus fortes que les précédentes.

On peut même observer que les sensations de son et de lumière, si elles étaient trop intenses, perdraient de leur netteté et, par conséquent, de leur valeur représentative ou expressive. En effet, si les vitesses imprimées aux milieux ambiants (air ou éther) par les corps sonores ou lumineux devenaient comparables aux vitesses de propagation du son ou de la lumière, les équations du mouvement, dans lesquelles ont été négligés des termes du second ordre de petitesse, n'auraient plus la forme linéaire, et ne conduiraient plus à la relation (ε) dès qu'il faudrait y rétablir ces termes. On verrait donc disparaître non seulement les propriétés résultant de cette relation, mais même celles, beaucoup plus générales, qui tiennent à la forme linéaire, et qui permettent, par exemple, à divers effets, de se composer par voie de simple addition ou superposition, et de se séparer ensuite au besoin ; ce qui constitue évidemment la condition la plus indispensable d'une perception distincte des phénomènes.

5. — *Application aux mouvements d'un fluide indéfini, qu'on vient à raréfier en certains endroits : les déplacements définitifs qu'il éprouve vers ces endroits sont régis par la loi de l'attraction newtonienne.*

J'appliquerai d'abord les intégrales (ζ) au cas des petits mouvements qu'exécute un fluide indéfini, abandonné à lui-même, sans vitesse initiale, après avoir subi en certains points (x_1, y_1, z_1) des dilatations données $\theta = \rho\,(x_1, y_1, z_1)$. Comme on l'a vu (p. 336), les vitesses u, v, w, suivant les trois axes, et la dilatation variable θ de la particule ayant les coordonnées primitives (x, y, z), s'obtiennent alors en prenant les dérivées respectives en x, y, z et t (ou r) du potentiel sphérique $\varphi = \dfrac{1}{4\pi} \displaystyle\int \dfrac{\rho\,dz}{r}$. Si donc la fonction $\rho\,(x_1, y_1, z_1)$ est nulle partout à l'infini, ou, autrement dit, si les dilatations primitives n'ont été produites que dans un espace limité en tous sens, φ et u, v, w, θ s'annuleront, pour chaque particule fluide, dès que $t = r$ atteindra une certaine limite ; et le repos y sera définitivement rétabli. Il renaîtra, en premier lieu, aux endroits donnés où l'équilibre s'était trouvé d'abord rompu.

Les déplacements totaux, suivant chaque axe, éprouvés

par une même molécule (x, y, z) jusqu'à une époque quelconque t, ont évidemment pour expressions

$$\int_0^t (u, v, w)\, dt, \quad \text{ou} \quad \int_0^r \frac{d\varphi}{d(x, y, z)}\, dr = \frac{d}{d(x, y, z)} \int_0^r \varphi\, dr.$$

Et ses déplacements définitifs, mesurant les accroissements qu'il faut joindre aux coordonnées primitives x, y, z pour avoir les cordonnées de la nouvelle situation de repos de la molécule, sont, par suite, les dérivées en x, y, z du potentiel ordinaire $\int_0^\infty \varphi\, dr$. En d'autres termes, ils égalent les composantes, suivant les mêmes axes, de l'attraction newtonienne qu'exercerait, sur l'unité de masse de cette molécule, une matière dont la densité en chaque endroit (x_1, y_1, z_1) égalerait le produit, par le facteur $\frac{1}{4\pi}$, de la dilatation initiale correspondante $\rho\,(x_1, y_1, z_1)$. Ainsi, *il y a, vers les vides, comme une sorte d'appel du fluide, se traduisant par des déplacements totaux que régit la loi newtonienne.*

C'est ce qu'on aurait pu prévoir en partant des deux faits : 1° du rétablissement final de l'équilibre jusqu'à des distances quelconques, avec annulation de la dilatation cubique θ en tous ces points, et 2° de la simple superposition des déplacements dus à plusieurs vides élémentaires. Car, si l'on se borne au cas d'une raréfaction initiale infiniment petite $\rho\,d\varpi$, produite à l'intérieur d'un simple élément de volume $d\varpi$, celui-ci sera comme un point par rapport à une sphère décrite autour de son centre avec un rayon fini r, en sorte que les déplacements, δ, des particules fluides situées à la surface $4\pi r^2$ de cette sphère se trouveront dirigés, par raison de symétrie, vers son centre, et diminueront finalement son volume d'une quantité, $4\pi r^2 \delta$, égale au vide primitif $\rho\,d\varpi$. Ainsi, la valeur définitive de δ sera bien $\frac{\rho\,d\varpi}{4\pi r^2}$.

Développons maintenant la solution sur un exemple

simple, en traitant le cas où la raréfaction initiale $\theta = \rho$ du fluide est uniforme, mais n'existe qu'à l'intérieur d'une sphère de rayon R décrite autour de l'origine comme centre. La fonction $\varphi = \int \frac{\rho\, d\alpha}{4\pi r}$ y est évidemment donnée par les formules (δ) [p. 326], après substitution de $\frac{\rho}{4\pi}$ à ρ. Alors le mouvement se fait, par raison de symétrie, suivant la droite D joignant l'origine à la particule considérée (x, y, z); et la vitesse V a la valeur $\frac{d\varphi}{d\mathrm{D}}$. D'après les trois formules (δ), cette vitesse est nulle en dehors de l'intervalle des deux limites $\mathrm{D} = \sqrt{(\mathrm{R} \mp t)^2}$, lequel comprend ainsi toute l'*onde*, ou toute la partie agitée du fluide; et elle vaut, entre ces limites,

$$(\eta') \qquad \mathrm{V} = - \frac{\rho}{4} \left(1 + \frac{\mathrm{R}^2 - t^2}{\mathrm{D}^2} \right),$$

variant de $- \dfrac{\rho\mathrm{R}}{2(\mathrm{R} - t)}$ à $- \dfrac{\rho\mathrm{R}}{2(\mathrm{R} + t)}$, lorsque D croît de $\mathrm{R} - t$ à $\mathrm{R} + t$, ou de $t - \mathrm{R}$ à $t + \mathrm{R}$. Le mouvement se fait donc vers l'origine quand t est $< \mathrm{R}$, cas où l'onde formée s'étend à la distance t en avant et en arrière des points où $\mathrm{D} = \mathrm{R}$; tandis que, tout en s'effectuant encore vers l'origine à la partie antérieure de l'onde, il a lieu en sens contraire à la partie postérieure, pour $t > \mathrm{R}$, c'est-à-dire après que, l'onde s'étendant désormais à la distance R en avant et en arrière des points où $\mathrm{D} = t$, le centre $\mathrm{D} = 0$, fortement comprimé à l'époque $t = \mathrm{R}$, a réagi et envoyé tout autour des mouvements dans le sens des rayons qui en émanent. Effectivement, la dilatation θ, dérivée de φ en r ou t, est, dans toute l'étendue de l'onde, d'après la troisième (δ),

$$(\eta'') \qquad \theta = \frac{\rho}{2} \left(1 - \frac{t}{\mathrm{D}} \right):$$

Cette quantité croît de la queue à la tête, ou quand D grandit soit de $R - t$ à $R + t$, soit de $t - R$ à $t + R$; toujours positive à la tête de l'onde et même partout pour $t < \dfrac{R}{2}$, elle devient négative à la queue de l'onde (c'est-à-dire s'y change en *compression*) pour $t > \dfrac{R}{2}$, puis, à partir du moment $t = R$ (où la compression a atteint le centre), elle est désormais négative de $D = t - R$ à $D = t$, positive de $D = t$ à $D = t + R$, en prenant aux deux limites $D = t \mp R$ des valeurs égales et contraires à celles de la vitesse correspondante V aux mêmes points. L'égalité de ϑ à $- V$ ne se soutient pas aux points intermédiaires; car, la vitesse vaut, d'après (η'), $- \dfrac{\rho R^2}{4 D^2}$, aux points de l'onde où $D = t$ et où ϑ s'annule.

Enfin, dans le même cas où t est $> R$, il ne reste plus en arrière de l'onde, ou pour $D < t - R$, aucune trace de la dilatation initiale; car pour $D < t - R$ ou $D < r - R$, tout comme en avant de l'onde ou pour $D > r + R$, c'est la première formule (δ) qui convient; et l'on voit que, différentiée en r ou t, elle donne $\vartheta = 0$, contrairement à ce qui arrivait, en arrière de l'onde ou pour $D < R - t$, avant l'instant $t = R$, alors que l'expression de φ à y employer était la seconde (δ) et donnait $\vartheta = \rho$.

L'espace occupé par le fluide en sus de son volume normal, savoir $\int \vartheta \, d\varpi$ ou $4 \pi \displaystyle\int_0^\infty \vartheta \, D^2 \, dD$, qui constitue la raréfaction totale cause du phénomène, est évidemment le même à toute époque et égal à sa valeur initiale $\dfrac{4}{3} \pi R^3 \rho$, puisque les déplacements sont nuls, jusqu'à l'époque t, sur toute la surface d'une sphère d'un rayon D très grand, pleine de fluide. Mais, après l'époque $t = R$, il résulte de l'excédent de la raréfaction,

$$4 \pi \int_t^{t + R} \vartheta \, D^2 \, dD = \pi \rho \, R^2 \left(t + \tfrac{2}{3} R \right),$$

existant de $D = t$ à $D = t + R$, sur la condensation,

$$- 4\pi \int_{t-R}^{t} \varrho\, D^2 d\, D = \pi \varrho\, R^2 (t - \tfrac{3}{4} R),$$

produite au contraire de $D = t - R$ à $D = t$; et l'on voit *que ces condensations et dilatations totales, prises à part, ont un terme indéfiniment grandissant, de l'ordre de t.*

Enfin, d'après une discussion donnée à la suite des formules (ε) [p. **327**], et d'après (χ'), une même molécule, définie par sa distance primitive D à l'origine, fait partie de l'onde à toutes les époques comprises entre les deux limites $t = R \mp D$, pour $D < R$, et $t = D \mp R$, pour $D > R$. Sa vitesse, donnée par (χ'), grandit donc de $- \dfrac{\varrho R}{2D}$ à $\dfrac{\varrho R}{2D}$; et le déplacement total qu'elle éprouve,

$$\int_{0}^{\infty} V\, d\, t = - \frac{\varrho}{4 D^2} \int_{\sqrt{(R-D)^2}}^{\sqrt{(R+D)^2}} (D^2 + R^2 - t^2)\, dt,$$

a pour valeur, suivant que D est $< R$ ou $> R$, $- \dfrac{\varrho D}{3}$ ou $- \dfrac{\varrho R^3}{3 D^2}$, quantités qui expriment bien l'attraction exercée, à la distance D de son centre, par une sphère homogène, ayant le rayon R et la densité $\dfrac{\varrho}{4\pi}$. On remarquera que *ce déplacement total est la résultante d'un premier mouvement vers le centre, suivi d'un rebond en sens inverse.*

Le mouvement considéré jouit encore d'une propriété importante, qui subsisterait, du reste, pour tout mode d'ébranlement exactement pareil autour de l'origine et initialement confiné à l'intérieur d'une sphère de rayon R. Dans tous ces cas, l'expression du potentiel sphérique φ est, comme on a vu (p. **328**), le quotient de $f(r + D) - f(r - D)$ par D, f désignant une fonction paire qui se réduit à une constante quand sa variable dépasse R; et il suit de là que, pour t ou $r > R$, $f(r + D)$ étant constant, le produit $D\,\varphi$, accru même de ce qu'il devient en y remplaçant φ par la dérivée en r ou t d'un potentiel analogue, comme le dernier terme de (ζ), se réduit à une certaine fonction, F, de $D - t$, nulle en dehors des limites $D - t = \mp R$. Il en est, par suite, de même du carré $D^2\,\varphi^2$; d'où il résulte que, pour $t > R$, l'intégrale $4\pi\int_0^\infty D^2\,\varphi^2\,dD$, ou $\int \varphi^2\,d\varpi$ étendue à tous les éléments $d\varpi$ de l'espace, a sa valeur, $4\pi\int_{-R}^{-R} F(u)^2\,du$, indépendante du temps t. Or l'équation indéfinie $\dfrac{d^2\varphi}{dt^2} - \Delta_2\,\varphi = 0$, multipliée soit par $2\dfrac{d\varphi}{dt}\,d\varpi$, soit par $\varphi\,d\varpi$, et intégrée dans tout l'espace par un procédé connu, donne, en observant, 1°, que $\dfrac{d\varphi}{dt} = \theta$, 2°, que la somme $\dfrac{d\varphi^2}{dx^2} + \dfrac{d\varphi^2}{dy^2} + \dfrac{d\varphi^2}{dz^2}$ exprime le carré de la vitesse V, et, 3°, que $\varphi\dfrac{d^2\varphi}{dt^2}$ équivaut à $\tfrac{1}{2}\dfrac{d^2.\varphi^2}{dt^2} - \dfrac{d\varphi^2}{dt^2}$:

$$(\eta''') \quad \frac{d}{dt}\int (\theta^2 + V^2)\,d\varpi = 0, \quad \tfrac{1}{2}\frac{d^2}{dt^2}\int \varphi^2\,d\varpi = \int (\theta^2 - V^2)\,d\varpi.$$

D'après la première (η'''), la somme de la demi-force vive ou *énergie actuelle* de l'onde, représentée proportionnellement par $\tfrac{1}{2}\int V^2\,d\varpi$, et de l'expression $\tfrac{1}{2}\int \varphi^2\,d\varpi$, est invariable. Donc, celle-ci, $\tfrac{1}{2}\int \theta^2\,d\varpi$, peut être censée exprimer *l'énergie potentielle* de l'onde; et, comme, dès que t est $> R$, on a $\int \varphi^2\,d\varpi = \text{const.}$, la seconde (η''') montre que, désormais, $\int \theta^2\,d\varpi = \int V^2\,d\varpi$. Ainsi, *dès que l'onde s'est détachée du centre des ébranlements, son énergie totale constante se partage également entre son énergie actuelle et son énergie potentielle.* La même propriété s'observe d'ailleurs dans tous les mouvements vibratoires et ondulatoires.

Dans notre exemple, où, pour $t = 0$, V était nul, de sorte

que l'énergie totale se réduisait d'abord à $\frac{1}{2}\int 0^2\,d\varpi = \frac{2\pi\rho^2\,\mathrm{R}^3}{3}$, on aura

$$(\text{pour } l > \mathrm{R}), \quad \frac{1}{2}\int 0^2\,d\varpi = \frac{1}{2}\int \mathrm{V}^2\,d\varpi = \frac{\pi\rho^2\,\mathrm{R}^3}{3}.$$

Supposons encore que la région où l'on raréfie initialement le fluide soit un espace plan, d'une certaine étendue en superficie, mais d'une épaisseur, suivant les z, infiniment petite, divisé symétriquement par le plan des xy. Il est clair que les mouvements seront alors symétriques des deux côtés du même plan. Donc, les molécules fluides situées sur ce dernier, et étrangères à la masse primitivement raréfiée (en sorte que la continuité par rapport à la coordonnée normale z subsiste dans leur voisinage), glisseront simplement à la surface de ce plan des xy sans le quitter; et tout se passera comme s'il était une paroi indéfinie, limitant d'un côté le fluide, mais qu'on eût déterminé à certains endroits, dans son voisinage, une légère détente, en tirant très peu au dehors une portion (supposée flexible) de cette paroi, pour la remplacer aussitôt après par une paroi nouvelle créée dans le plan même des xy. Ainsi, dans ce cas, les petits déplacements définitifs égaleront, pour chaque molécule intérieure, l'attraction qu'exercerait sur l'unité de sa masse une couche mince de matière, étalée sur les deux faces du plan des xy, et qui, pour chaque élément de surface de ce plan, vaudrait le double de la somme des produits de $\frac{1}{4\pi}$ par cet élément, par les diverses parties dz d'une petite normale qu'on lui mènerait dans le fluide, et par les dilatations initiales θ produites aux divers points de celle-ci, ou représentant la proportion de fluide soustraite en ces endroits. Or la somme ainsi évaluée exprime justement, à part le facteur constant $\frac{1}{4\pi}$, la quantité de fluide perdue à travers l'élément considéré du plan des xy, par suite de l'enlèvement de la paroi primitive. Si donc nous appelons dq le volume fluide qu'a *débité* l'élément du plan des xy occupant une certaine position (x_1, y_1), et r la distance, $\sqrt{z^2 + (x - x_1)^2 + (y - y_1)^2}$, de cet élément à une molécule intérieure quelconque (x, y, z), les déplacements définitifs de celle-ci suivant les axes coordonnés vaudront les trois dérivées en x, y, z de l'intégrale $\dfrac{1}{2\pi} \displaystyle\int \dfrac{dq}{r}$, étendue à tous les éléments du plan des xy.

Imaginons actuellement que le fluide soit peu compressible, ou transmette très vite le son; ce qui est le cas d'un liquide. Alors les déplacements se feront d'une manière presque instantanée; et l'on pourra, en renouvelant un grand nombre de fois la paroi sur une même partie du plan des xy, les répéter à de courts intervalles, sans qu'ils cessent de suivre la même loi. Les vitesses avec lesquelles ils se produiront pourront d'ailleurs devenir considérables, tout en restant, comme le suppose notre analyse basée sur l'équation (ε), des fractions insignifiantes de la vitesse de propagation du son. A la limite, ils constitueront un mouvement ininterrompu, et rien n'empêchera de les rapporter à l'unité de temps, c'est-à-dire d'évaluer, par la même formule, leurs vitesses calculées dans l'hypothèse où ils se feraient graduellement, pourvu qu'on substitue pareillement à dq le débit, rapporté aussi à l'unité de temps, de chaque élément du plan des xy : cela revient, en effet, à diviser à la fois, par l'intervalle dt de deux soustractions consécutives de fluide, les déplacements définitifs et les débits dq correspondant à chacune d'elles. Alors on aura un liquide contenu par une paroi plane indéfinie percée d'un orifice, et s'écoulant vers cet orifice, supposé alternativement ouvert et fermé un très grand nombre de fois dans un instant perceptible. Les composantes de la vitesse générale d'écoulement, ou abstraction faite de l'oscillation double produite par chaque alternative d'ouverture et de fermeture, seront donc les dérivées en x, y, z de la fonction $\frac{1}{2\pi} \int \frac{dq}{r}$, dans laquelle dq exprimera le volume fluide sorti durant l'unité de temps par un élément $d\sigma$ du plan des xy. En d'autres termes, *il y aura, vers chaque élément de l'orifice, un appel de fluide intérieur proportionnel au débit actuel moyen de l'élément et inverse du carré de la distance.* Or, cette formule est précisément celle que j'ai trouvée en 1871, soit pour un écoulement continu et généralement non permanent, soit même, par suite, pour l'écoulement alternatif considéré ici, mais dans l'hypothèse d'un fluide incompressible coulant vers l'orifice du réservoir à paroi plane indéfinie qui le contient (*). M. de St-Venant en a donné récemment d'intéressantes applications (**).

On voit, en résumé: 1° que *la loi d'appel, vers les vides, régissant les fluides supposés incompressibles, s'étend aux fluides compressibles;* 2° que *ses effets ont lieu, ou se transmettent, avec la vitesse même de propagation du son dans le fluide;* 3° et que *des oscillations dépendant de l'élasticité peuvent, en certains cas, se superposer au mouvement général d'écoulement ou de translation, mais sans modifier son amplitude définitive.*

Je remarquerai enfin que la même loi d'appel vers les

(*) Voir plus haut, p. 20 et 21.

(**) *Comptes-Rendus:* 3, 10 et 24 avril 1882; t. XCIV, p. 904, 1004 et 1139. — MM. de Saint-Venant et Flamant viennent de publier dans le même Recueil (12 et 19 novembre 1883, t. XCVII, p. 1027 et 1105) un complément de ces recherches, savoir, leur extension, que j'avais indiquée (*Eaux courantes*, p. 548), au cas d'un vase prismatique, à fond rectangulaire ou hexagonal régulier percé en son centre d'un orifice: le calcul des vitesses aux divers points intérieurs y est rendu pratique par une conversion approchée très simple que j'ai faite, en intégrales définies immédiatement évaluables, des restes de séries doubles ayant leurs divers termes inscrits dans tout autant de divisions similaires d'un plan et décroissants tout autour d'une division centrale, séries peu convergentes, mais qui convergent cependant à la condition, impliquée dans le problème physique dont il s'agit, de prendre un nombre sensiblement pareil (et indéfiniment croissant) de termes ou de divisions, de chaque côté des axes de symétrie de la division centrale, laquelle a la forme du fond même du vase.

vides, dans un fluide élastique de dimensions indéfinies, s'observerait encore, s'il y avait initialement, en outre des dilatations supposées, certaines vitesses, telles, que la fonction φ, pour $t = o$, ne cessât pas d'être nulle aux points infiniment distants de l'origine; car l'expression de φ ne se compliquerait alors que d'un terme pareil au dernier de la formule (ζ) [p. 335], dont le produit par dt ou dr, intégré à partir de $r = o$, est $\dfrac{1}{4\pi} \displaystyle\int \dfrac{\rho_1 d\sigma}{r}$ et devient nul à la limite $r = \infty$, pourvu que, conformément à l'hypothèse faite, ρ_1 égale zéro aux points infiniment distants de l'origine. C'est ce qui a lieu quand, le fluide ayant été d'abord en repos, on prend pour origine $t = o$ des temps un instant postérieur, où il y a déjà certaines vitesses, mais où φ continue à s'annuler aux distances infinies. Donc, *les déplacements totaux ultérieurs à un moment quelconque t du mouvement se calculeront, en fonction des dilatations existant à ce moment, d'après la loi des attractions newtoniennes, comme si le fluide partait alors du repos.*

En retranchant les valeurs de ces déplacements (estimés suivant les axes) pour l'époque $t - dt$, de leurs valeurs pour l'époque t, puis divisant par dt, on aura évidemment les vitesses effectives des particules fluides à l'époque t. Celles-ci, changées de signe, se trouveront ainsi évaluées à la manière d'attractions newtonniennes, qui seraient produites par une matière ayant en chaque point (x, y, z) la densité $\dfrac{1}{4\pi}\dfrac{d\theta}{dt}$. C'est ce qu'on aurait pu reconnaître plus directement, c'est-à-dire sans intégrer l'équation indéfinie (s) des petits mouvements, en partant de l'équation classique, dite *de continuité* du fluide,

$$\frac{d\rho}{dt} + \frac{d\rho u}{dx} + \frac{d\rho v}{dy} + \frac{d\rho w}{dz} = o,$$

ou

$$\frac{du}{dx} + \frac{dv}{dy} + \frac{dw}{dz} + \frac{d\log\rho}{dt} + u\frac{d\log\rho}{dx} + v\frac{d\log\rho}{dy} + w\frac{d\log\rho}{dz} = o,$$

dans laquelle x, y, z désignent les coordonnées des divers points de l'espace occupé par le fluide, et ρ, fonction de x, y, z, t, la densité de celui-ci. Si l'on remplace u, v, w par les trois dérivées de φ en x, y, z, et si, représentant par $\frac{d_e}{dt}$ une dérivée complète, $\frac{d}{dt} + u \frac{d}{dx} + v \frac{d}{dy} + w \frac{d}{dz}$, prise par rapport au temps ou obtenue en suivant une même particule, on observe que le produit $\rho\,(1 + \theta)$, constant pour chaque particule, donne $d_e \log \rho = - d_e \log (1 + \theta)$, il viendra

$$\Delta_2 \varphi = \frac{d_e \log (1 + \theta)}{dt}.$$

Supposons le second membre (valeur de $\Delta_2 \varphi$) connu, et admettons, en outre, que φ doive s'annuler pour x, y, z infinis. Cette fonction φ sera, par le fait même, entièrement déterminée, comme on sait ; et elle égalera, en vertu du théorème de Poisson, le potentiel d'une masse fictive ayant, en chaque point (x, y, z) de l'espace, la densité $-\frac{1}{4\pi}\frac{d_e \log (1 + \theta)}{dt}$. Or, celle-ci est réductible à $-\frac{1}{4\pi}\frac{d\theta}{dt}$, vu que θ est très petit devant l'unité et que u, v, w sont assez faibles, en comparaison de la vitesse de propagation du son, pour qu'on puisse négliger leurs produits par $\frac{d\theta}{d(x,y,z)}$ vis-à-vis de $\frac{d\theta}{dt}$. Donc u, v, w, dérivées partielles de φ en x, y, z, égalent bien alors les trois composantes, changées de signe, de l'attraction indiquée (*).

Mais si, pour les vitesses u, v, w, ou, ce qui revient au

(*) Je m'aperçois, en parcourant le beau travail de M. Eugenio Beltrami, intitulé *Ricerche sulla cinematica dei fluidi* (1875 ; extrait des tomes I, II, III et V de la série III des *Mémoires de l'Académie des Sciences de l'Institut de Bologne*), que cette dernière loi se déduirait aisément du théorème de cinématique (dû à Roch) énoncé par M. Beltrami au haut de sa page 73 (1°) ; il suffirait d'observer que l'existence du potentiel des vitesses φ annule, dans les expressions de u, v, w (x_1', y_1', z_1' avec les notations de M. Beltrami), *supposées étendues à tout l'espace*, les parties autres que celles qui dépendent des valeurs de la dilatation cubique.

même, pour les déplacements $u\,dt$, $v\,dt$, $w\,dt$ éprouvés pendant un instant dt, la loi qui les fait dépendre des diminutions simultanées — $d\theta$ de la dilatation aux divers points se démontre sans qu'on ait besoin d'intégrer l'équation indéfinie (ε), on ne peut pas en dire autant des déplacements totaux $\int_t^{\infty}(u, v, w)\,dt$, en tant qu'ils sont fonction des seules dilatations relatives à l'époque t. En effet, l'intégration des expressions $u\,dt$, $v\,dt$, $w\,dt$ donnera, pour ces déplacements définitifs, l'excédent des attractions d'une masse ayant sa densité exprimée par la fonction $\dfrac{\theta}{4\pi}$ à l'époque t, sur celles d'une autre masse ayant pour densité en tous les points de l'espace la fonction $\dfrac{\theta}{4\pi}$ à l'époque $t = \infty$. Or, rien ne prouve que ces dernières attractions soient négligeables, tant qu'on n'a pas effectué l'intégration de l'équation (ε) ou, du moins, tant qu'on ignore certaines propriétés de la fonction φ qui s'en déduisent. Pour le démontrer, il faut recourir à des considérations assez délicates, comme on verra dans le numéro suivant [p. 355 et 356].

6. — Extension de la même loi d'appel vers les parties dilatées aux petits mouvements intérieurs des solides élastiques isotropes; intégration des équations de mouvement de ces corps, dans le cas où on les suppose indéfinis.

Terminons cette note, relative aux potentiels et à leur emploi dans l'intégration des équations de mouvement des milieux indéfinis, en montrant qu'ils permettent de traiter pour un solide homogène et isotrope, presque aussi simplement que pour un fluide, la question des mouvements qui s'y produisent à la suite de petits déplacements initiaux quelconques ou de petites vitesses initiales quelconques; et nous verrons aussi que la loi d'appel vers les vides obtenue tout à l'heure s'observe également chez ces corps, dont les

fluides ne sont qu'un cas particulier, en sorte qu'elle s'étend
à tous les milieux élastiques, homogènes et isotropes, de
dimensions indéfinies.

Les déplacements suivant les axes, u, v, w, de la particule dont x, y, z désignent les coordonnées d'état naturel
satisferont, comme on sait, à trois équations indéfinies,
qu'on peut écrire, sous une forme condensée,

$$(\iota) \qquad \left(\frac{d^2}{dt^2} - a^2 \, \Delta_3 \right) (u, v, w) = (\mathrm{A}^2 - a^2) \, \frac{d\theta}{d\,(x, y, z)},$$

où a^2 exprime le quotient du coefficient μ de l'élasticité de
glissement par la densité primitive constante du solide, A^2 le
quotient, par cette même densité, de la somme, $\lambda + 2\mu$, de
l'autre coefficient d'élasticité et du double de celui de glissement, enfin, θ, la dilatation cubique

$$(\iota') \qquad \theta = \frac{du}{dx} + \frac{dv}{dy} + \frac{dw}{dz}.$$

Les trois équations (ι), différentiées en x, y, z et puis
ajoutées, donnent d'ailleurs, comme on le sait encore,

$$(\iota'') \qquad \frac{d^2\theta}{dt^2} = \mathrm{A}^2 \, \Delta_3 \, \theta \, ;$$

et celle-ci, qui rentre dans le type de l'équation du son, fera
connaître par son intégration les dilatations θ produites à
toute époque t, dès qu'on aura évalué pour l'instant $t = 0$,
au moyen des données d'état initial concernant u, v, w,
$\frac{du}{dt}, \frac{dv}{dt}, \frac{dw}{dt}$, les valeurs de θ et de sa dérivée première par rapport à t. L'expression générale de θ aux différents endroits (x_1, y_1, z_1) de l'espace étant ainsi une certaine
fonction connue $\theta\,(x_1, y_1, z_1, t)$, imaginons, répandue en tous
ces endroits, une matière dont la densité, variable d'un
instant à l'autre, égalerait partout le produit de θ par le
facteur constant $\frac{1}{4\pi}$, et appelons Φ le potentiel ordinaire

de cette matière pour le point quelconque (x, y, z), c'est-à-dire l'expression

$$(x) \qquad \Phi = \frac{1}{4\pi} \int \theta(x_1, y_1, z_1, t) \frac{d\varpi}{r},$$

où $d\varpi$ est un élément de l'espace, situé en (x_1, y_1, z_1), et r sa distance au point considéré (x, y, z). On aura, par le théorème de Poisson, $\Delta_2 \Phi = - \theta(x, y, z, t)$; et comme un potentiel quelconque se différentie également en x, y, z par la simple substitution sous le signe f, à la densité, de sa dérivée par rapport à x_1, y_1 ou z_1 [p. 264], il viendra aussi, en appelant Δ_2, sous un signe f, l'expression symbolique $\dfrac{d^2}{dx_1^2} + \dfrac{d^2}{dy_1^2} + \dfrac{d^2}{dz_1^2}$, puis, finalement, en tenant compte de (ι'') et (x),

$$\left\{ \begin{aligned} - \theta \;\text{ou}\; \Delta_2 \Phi &= \frac{1}{4\pi} \int \Delta_2 \theta(x_1, y_1, z_1, t) \frac{d\varpi}{r} = \frac{1}{4\pi A^2} \int \frac{d^2}{dt^2} \theta(x_1, y_1, z_1, t) \frac{d\varpi}{r} \\ &= \frac{1}{4\pi A^2} \frac{d^2}{dt^2} \int \theta(x_1, y_1, z_1, t) \frac{d\varpi}{r} = \frac{1}{A^2} \frac{d^2 \Phi}{dt^2}. \end{aligned} \right.$$

Par conséquent, la fonction Φ satisfait aux deux équations (dont la première pourra faciliter beaucoup son calcul)

$$(x') \qquad \frac{d^2 \Phi}{dt^2} = A^2 \Delta_2 \Phi = - A^2 \theta(x, y, z, t), \qquad \Delta_2 \Phi = - \theta(x, y, z, t).$$

Il en résulte immédiatement, en retranchant la première de la seconde multipliée par a^2,

$$\left(\frac{d^2}{dt^2} - a^2 \Delta_2 \right) (- \Phi) = (A^2 - a^2)\, \theta,$$

relation qui, différentiée en x, y, z et jointe à la dernière (x'), montre qu'on satisfait à (ι) et (ι') en prenant

$$(x'') \qquad u = - \frac{d\Phi}{dx}, \quad v = - \frac{d\Phi}{dy}, \quad w = - \frac{d\Phi}{dz},$$

Ainsi, les dilatations effectives, produites dans les diverses parties du corps, peuvent résulter de déplacements égaux et contraires, à chaque instant et en chaque point, à l'attraction newtonienne qu'exercerait en même temps et au même point, sur l'unité de masse, une certaine matière, ayant sa densité partout proportionnelle à ces dilatations. Par suite, le déplacement opposé, qui ramènerait chaque particule dans sa situation d'état naturel, est représenté en direction et en grandeur par l'attraction dont il s'agit.

Puisque les expressions $(\varkappa'')$ de u, v, w vérifient les équations indéfinies du mouvement, elles représenteront les véritables déplacements si, pour $t = o$, leurs valeurs et leurs dérivées premières en t se confondent avec les déplacements initiaux et avec les vitesses initiales données. Dans le cas contraire, il faudra y joindre des termes, U, V, W, qui, pris seuls, exprimeront des déplacements effectués sans changement de densité, ou donnant $\theta = o$; car, déjà, les termes précédents $-\dfrac{d\Phi}{d(x,y,z)}$ font θ partout et constamment égal à ses véritables valeurs. Par suite, U, V, W, d'après (ι), s'obtiendront séparément en intégrant les équations

$$(\varkappa''') \qquad \frac{d^2 U}{dt^2} = a^2 \, \Delta_2 \, U, \quad \frac{d^2 V}{dt^2} = a^2 \, \Delta_2 \, V, \quad \frac{d^2 W}{dt^2} = a^2 \, \Delta_2 \, W,$$

comprises encore dans le type de celle du son. On voit que la vitesse de propagation, a, de ces nouveaux mouvements est différente de celle, A, avec laquelle se propagent les changements de densité.

Quand les vitesses initiales $\dfrac{du}{dt}$, $\dfrac{dv}{dt}$, $\dfrac{dw}{dt}$ sont nulles, les dérivées premières en t de la dilatation θ, du potentiel Φ et des parties correspondantes $(\varkappa'')$ de u, v, w s'annulent aussi pour $t = o$; et il en est, par suite, de même de celles de U, V, W. Si, de plus, θ ne diffère initialement de zéro qu'à l'intérieur de régions limitées, l'équation (ι''), multi-

pliée par $d\varpi = dx\,dy\,dz$ et intégrée entre des limites assez
écartées pour que ϑ ne cesse pas de s'annuler à ces limites,
montrera que la dérivée seconde en t de l'intégrale $\int \vartheta\,d\varpi$
étendue à tout l'espace est alors constamment nulle ; ce qui,
joint à la nullité initiale de la dérivée première en t de
$\int \vartheta\,d\varpi$, entraînera l'invariabilité de cette intégrale, ou de la
valeur algébrique totale de la masse fictive dont Φ est le
potentiel.

On aurait pu, du reste, le prévoir, en observant que la
raréfaction totale $\int \vartheta\,d\varpi$, produite dans l'espace *constant* où
s'étend le milieu élastique considéré, représente l'excédent
du volume qu'il occupe sur celui qu'il occuperait à l'état
naturel : elle exprime donc un certain manque total de
matière, évalué en volume à la densité d'état naturel,
et constitue une intégrale invariable.

Or, si l'on tient compte, en outre, des lois de la propagation indiquées aux n°s 3 et 5 (p. 335 et 344), il résulte de
là que la fonction Φ tend vers zéro, aux distances finies,
quand t grandit sans limites.

En effet, la masse fictive dont Φ désigne le potentiel
finira par s'éloigner indéfiniment du point quelconque
donné (x, y, z) et par avoir, en outre, toutes ses parties
à des distances r du même point sensiblement égales, en
grandeur relative, ou conservant entr'elles des différences
non grandissantes : alors les valeurs de $\dfrac{1}{r}$ ne différeront,
pour les divers éléments $\vartheta\,d\varpi$, que de quantités de l'ordre
de $\dfrac{1}{r^2}$; et la somme $\displaystyle\int \frac{\vartheta\,d\varpi}{r}$ ne pourra s'écarter du terme
évanouissant $\dfrac{\int \vartheta\,d\varpi}{r}$ que d'une quantité comparable à $\dfrac{\sqrt{\vartheta^2\,d\varpi}}{r^2}$,
laquelle tend aussi vers zéro quoique la somme,
$\displaystyle\int \sqrt{\vartheta^2\,d\varpi}$, des valeurs absolues de $\vartheta\,d\varpi$ soit incomparablement supérieure à $\int \vartheta\,d\varpi$ et de l'ordre de t ou r, comme on a
vu par l'exemple traité au numéro précédent (p. 344). Donc

le potentiel Φ devient égal à zéro pour t infini. Et il le devient même dès que θ s'est définitivement annulé dans une petite région comprenant le point (x, y, z) ; car la première équation (z') montre que sa dérivée seconde en t y est dès lors nulle, d'où il suit que sa dérivée première en t et même sa valeur propre Φ ne peuvent déjà plus y différer de ce qu'elles sont pour t infini. Ainsi, les termes (x'') des déplacements u, v, w s'annuleront simultanément avec θ, dès que t dépassera certaines valeurs.

Dans le cas particulier d'un fluide, on a $\mu = 0$, ou $a = 0$; et les équations (z''') expriment, pour chaque molécule, un simple mouvement rectiligne et uniforme, qui se réduit même au repos quand les vitesses initiales données sont nulles. Si donc l'on convient de prendre alors pour situations (x, y, z) d'état naturel celles où restent fixées les molécules lorsque l'équilibre s'est rétabli, il viendra $U = 0$, $V = 0$, $W = 0$; et les déplacements u, v, w, à toute époque, se réduiront bien à leurs parties, (x''), que régit la loi newtonienne d'attraction, conformément à ce qu'on a vu dans le numéro précédent.

Observons d'ailleurs, à un point de vue général, que les mouvements liés aux changements de densité, ou régis par les équations (t''), (x), (x') et (z''), se font de la même manière que le corps soit solide ou soit fluide ; puisqu'ils dépendent exclusivement du coefficient spécifique A^2, commun aux solides et aux fluides, et non de l'autre coefficient, a^2, spécial aux solides.

----

§ Ier. — NOUVELLE MÉTHODE POUR INTÉGRER UNE CLASSE IMPORTANTE D'ÉQUATIONS AUX DÉRIVÉES PARTIELLES.

----

1. — *Objet de cette note complémentaire.*

Parmi les exemples que l'on peut donner de la loi exposée
au n° 8 (p. 36), touchant les phénomènes naturels produits
dans des milieux illimités et que régissent des équations
aux dérivées partielles, le plus grand nombre peut-être se
rapporte à des cas où, quand les variables indépendantes
se réduisent à deux, l'équation aux dérivées partielles est
de la forme binôme

$$(1) \qquad \frac{d^{2n}\varphi}{ds^{2n}} + A\,\frac{d^n\varphi}{ds^n} = 0;$$

(*) Plusieurs extraits de ce Mémoire ont paru dans les *Comptes-Rendus* de
l'Académie des sciences de Paris (2, 9 et 16 janvier 1882; 20 février, 10 avril,
5 juin et 17 juillet 1882; 16 juillet, 15 octobre, 22 octobre et 19 novembre 1883;
t. XCIV, p. 33, 71, 127, 514, 1044, 1595; t. XCV, p. 123; t. XCVII, p. 154, 843,
897 et 1131).

φ y désigne la fonction considérée, s et σ les deux variables dont elle dépend, $2n$ et n les ordres respectifs, doubles l'un de l'autre, des deux dérivées partielles de φ qui entrent dans l'équation, enfin, A, un coefficient constant. C'est ce qui arrive, notamment :

1° Pour les problèmes relatifs au mouvement de la chaleur dans les milieux athermanes, homogènes et isotropes, puisque, si a est un certain coefficient dépendant de la nature du corps, la température φ, à l'époque t et au point du corps dont les coordonnées rectangulaires sont x, y, z, vérifie, comme on sait, l'équation aux dérivées partielles

$$(2) \qquad \frac{d^2\varphi}{dx^2} + \frac{d^2\varphi}{dy^2} + \frac{d^2\varphi}{dz^2} - \frac{1}{a^2}\frac{d\varphi}{dt} = 0,$$

réductible, par conséquent, à

$$(2\,bis) \qquad \frac{d^2\varphi}{dx^2} - \frac{1}{a^2}\frac{d\varphi}{dt} = 0,$$

dans le cas simple où φ ne dépend que d'une seule des trois coordonnées ;

2° Pour les questions qui concernent le mouvement transversal des barres homogènes droites et des plaques homogènes planes ; car, si l'on suppose l'axe de la barre, dans son état naturel, choisi comme axe des x, et le feuillet moyen de la plaque pris de même pour plan des xy, le déplacement transversal φ, à l'époque t, du tronçon élémentaire quelconque d'abscisse x ou de coordonnées x, y, sera régi, dans le cas de la barre, par une équation telle que

$$(3) \qquad \frac{d^4\varphi}{dx^4} + \frac{1}{a^2}\frac{d^2\varphi}{dt^2} = 0,$$

et, dans le cas de la plaque, par une autre,

$$(3\,bis) \qquad \frac{d^4\varphi}{dx^4} + 2\frac{d^4\varphi}{dx^2\,dy^2} + \frac{d^4\varphi}{dy^4} + \frac{1}{a^2}\frac{d^2\varphi}{dt^2} = 0,$$

qui revient bien à la précédente (3) quand φ n'y dépend pas de y;

3° Enfin, pour le problème des ondes que font naître, à la surface d'un liquide pesant et profond, l'enlèvement brusque d'un solide immergé, ou l'application momentanée d'un certain excédent de pression sur une partie de la surface, comme il arrive lors d'un coup de vent ; car la fonction φ, dont les trois dérivées en x, y, z égalent les composantes, u, v, w, de la vitesse subséquente en chaque point (x, y, z) du fluide et à l'époque t, satisfait à l'équation

$$(3\ ter) \qquad \frac{d^4\varphi}{dt^4} + g^2\left(\frac{d^2\varphi}{dx^2} + \frac{d^2\varphi}{dy^2}\right) = 0,$$

ainsi qu'il sera démontré; et cette équation rentre bien encore dans le type (1) quand φ devient indépendant de y.

Or l'équation (1), et même celle-ci, comprenant (2) et (3 bis).

$$(4) \qquad \left(\frac{d^2}{dx^2} + \frac{d^2}{dy^2} + \dots\right)^n \varphi + A\,\frac{d^n\varphi}{dz^n} = 0,$$

où la variable unique s se trouve remplacée par les variables en nombre quelconque x, y, ..., comportent deux formes très simples d'intégrales, qui donnent la solution de tous ces problèmes dans le cas d'un corps ou d'un fluide à dimensions indéfinies, et qui, de plus, établissent entr'eux un lien permettant de les embrasser d'un point de vue commun. C'est ce point de vue général que je me propose ici de montrer, avec quelques-unes des lois physiques qu'il met en évidence.

J'aurai, en premier lieu, à faire connaître les types d'intégrales dont il s'agit, en commençant par l'équation (1), à deux variables indépendantes seulement.

2. — Propriété de certaines intégrales définies, contenant sous le
signe ∫ le produit de deux fonctions arbitraires.

Pour arriver à ces solutions de l'équation (1), considérons
d'abord l'intégrale définie

$$(5) \qquad \varphi = \int_0^\infty f\left(\frac{\alpha^2}{2}\right) \psi\left(\frac{s^2}{2\alpha^2}\right) d\alpha,$$

où s est un paramètre positif et f, ψ deux fonctions arbitraires, astreintes seulement à donner à l'intégrale une
valeur finie, bien déterminée. Si nous la différentions par
rapport à s sous le signe f, il viendra

$$\frac{d\varphi}{ds} = \int_0^\infty f\left(\frac{\alpha^2}{2}\right) \psi'\left(\frac{s^2}{2\alpha^2}\right) \frac{s\,d\alpha}{\alpha^2},$$

ou bien, en remarquant que $\dfrac{s\,d\alpha}{\alpha^2}$ est, au signe près, la

différentielle de $\dfrac{s}{\alpha}$, puis posant $\dfrac{s}{\alpha} = \beta$ et observant qu'aux

valeurs zéro et ∞ de α il correspond les valeurs ∞ et zéro
de β,

$$\frac{d\varphi}{ds} = \int_0^\infty f\left(\frac{s^2}{2\beta^2}\right) \psi'\left(\frac{\beta^2}{2}\right) d\beta.$$

Or cette nouvelle intégrale, où rien n'empêcherait
d'appeler α la variable d'intégration qui s'y trouve désignée
par β, ne diffère de (5) qu'en ce que, sous le signe f, la
fonction ψ, où paraissait le paramètre s, est remplacée par
sa dérivée ψ' et cesse de dépendre de la variable $\dfrac{s^2}{2\alpha^2}$

pour dépendre de $\dfrac{\alpha^2}{2}$, tandis que, au contraire, la variable

$\dfrac{\alpha^2}{2}$ fait place, dans l'autre fonction f, à $\dfrac{s^2}{2\alpha^2}$. Ainsi, *l'inté-*

grale (5) *conserve, dans la différentiation par rapport à s, sa forme* essentielle, puisqu'elle a pour dérivée

$$(6) \qquad \frac{d\varphi}{ds} = \int_0^{\infty} f\left(\frac{s^2}{2\alpha^2}\right) \psi'\left(\frac{\alpha^2}{2}\right) d\alpha.$$

Par suite, la dérivée seconde, évaluée en différentiant de même (6), sera

$$(7) \qquad \frac{d^2\varphi}{ds^2} = \int_0^{\infty} f'\left(\frac{\alpha^2}{2}\right) \psi'\left(\frac{s^2}{2\alpha^2}\right) d\alpha.$$

Donc, *on obtient la dérivée seconde de l'intégrale* (5), grâce à la forme particulière de celle-ci, *en différentiant une seule fois, sous le signe* $\int$, *chacun des deux facteurs arbitraires* f, ψ, *par rapport à la variable,* $\frac{\alpha^2}{2}$ *ou* $\frac{s^2}{2\alpha^2}$, *dont il dépend*. Et l'on aurait de même, successivement, la dérivée d'un ordre quelconque de φ par rapport à s.

Toutefois, ces règles ne sont applicables qu'autant que chacune des intégrales différentiées comporte le procédé usuel de différentiation sous le signe $\int$; ce qui exige que l'intégrale obtenue existe, comme la proposée, en tant que quantité parfaitement définie, et que l'incomplète détermination de la limite supérieure infinie ne nécessite pas l'adjonction, dans la dérivée, d'un terme spécial. C'est ce que l'on reconnaîtra d'ordinaire, aisément, en se donnant d'abord pour limites de l'intégrale (5), au lieu de zéro et ∞, les deux quantités εs et $\frac{1}{\varepsilon_1}$, où ε et ε_1 désignent deux nombres positifs très petits, indépendants de s, et en examinant ce qui arrive lorsqu'on fait tendre ces deux nombres vers zéro. Comme le rapport $\frac{s}{\alpha}$ diminue de $\frac{1}{\varepsilon}$ à $\varepsilon_1 s$ pour α grandissant de εs à $\frac{1}{\varepsilon_1}$, les éléments de l'intégrale $\int_{\varepsilon s}^{\frac{1}{\varepsilon_1}} f\left(\frac{\alpha^2}{2}\right) \psi\left(\frac{s^2}{2\alpha^2}\right) d\alpha$ qui ne cessent pas de lui appartenir quand s croît de ds auront en tout la dérivée $\int_{\varepsilon_1 s}^{\frac{1}{\varepsilon}} f\left(\frac{s^2}{2\alpha^2}\right) \psi\left(\frac{\alpha^2}{2}\right) d\alpha$, analogue pour la forme (y compris même les limites) à l'intégrale proposée, et qui devra, comme celle-ci, rester finie et déterminée à l'instant où ε et ε_1 s'annuleront, sans quoi la règle de différentiation formulée serait en défaut. Mais la dérivée cherchée comprendra encore le terme $-\varepsilon f\left(\frac{\varepsilon^2 s^2}{2}\right) \psi\left(\frac{1}{2 \varepsilon^2}\right)$, provenant des éléments perdus par l'intégrale lors de l'accroissement εds de la limite inférieure. Il faudra donc aussi que ce terme s'annule pour $\varepsilon = 0$, ou, autrement dit, en le multipliant par $-s$ et remettant α au lieu de εs, il faudra que l'on ait

$$(8) \qquad \alpha f\left(\frac{\alpha^2}{2}\right) \psi\left(\frac{s^2}{2\alpha^2}\right) = 0 \quad (\text{pour } \alpha = 0).$$

Cela posé, et en vue de rendre l'expression (5) de φ intégrale de l'équation (I) [p. 357], faisons-la dépendre de la seconde variable τ, sans changer sa forme par rapport à s. Il nous suffira, pour cela, d'ajouter, sous le signe f, $\mp \tau$ à la variable de l'une des deux fonctions f, ψ, à celle de la première, par exemple. Au fond, cela revient à écrire, sauf tout au plus un changement de notation pour f,

$$(9) \qquad \varphi = \int_0^\infty f\left(\tau \mp \frac{\alpha^2}{2}\right) \psi\left(\frac{s^2}{2\alpha^2}\right) d\alpha.$$

Alors f continue, comme dans (5), à ne dépendre de α que par l'intermédiaire de la fraction $\frac{\alpha^2}{2}$, et sa dérivée $f^{(p)}$ par rapport à celle-ci, dérivée qui entrera, d'après ce qu'on vient de voir, dans l'expression de $\frac{d^{2p}\varphi}{ds^{2p}}$, est $(\mp 1)^p f^{(p)}\left(\tau \mp \frac{\alpha^2}{2}\right)$. On aura donc

$$(10) \qquad \frac{d^{2p}\varphi}{ds^{2p}} = (\mp 1)^p \int_0^\infty f^{(p)}\left(\tau \mp \frac{\alpha^2}{2}\right) \psi^{(p)}\left(\frac{s^2}{2\alpha^2}\right) d\alpha.$$

Et la dérivée suivante sera évidemment

$$(11) \qquad \frac{d^{2p+1}\varphi}{ds^{2p+1}} = (\mp 1)^p \int_0^\infty f^{p}\left(\tau \mp \frac{s^2}{2\alpha^2}\right) \psi^{p+1}\left(\frac{\alpha^2}{2}\right) d\alpha.$$

On suppose, toutefois, que ces expressions soient parfaitement finies et déterminées, et aussi, d'après la condition (8), que les produits

$$\left\{ \begin{aligned} & \alpha f\left(\tau \mp \frac{\alpha^2}{2}\right) \psi\left(\frac{s^2}{2\alpha^2}\right), \quad \alpha f\left(\tau \mp \frac{s^2}{2\alpha^2}\right) \psi'\left(\frac{\alpha^2}{2}\right), \\ & \qquad \alpha f'\left(\tau \mp \frac{\alpha^2}{2}\right) \psi'\left(\frac{s^2}{2\alpha^2}\right), \quad \alpha f'\left(\tau \mp \frac{s^2}{2\alpha^2}\right) \psi''\left(\frac{\alpha^2}{2}\right), \text{ etc.} \end{aligned} \right.$$

s'annulent à la limite $\alpha = 0$. C'est ce qui arrivera dans tous les exemples que nous aurons à traiter ci-après; car les fonctions placées sous le signe f dans les intégrales considérées, savoir $f\left(\tau \mp \frac{\alpha^2}{2}\right) \psi\left(\frac{s^2}{2\alpha^2}\right)$, $f\left(\tau \mp \frac{s^2}{2\alpha^2}\right) \psi'\left(\frac{\alpha^2}{2}\right)$, etc., ne cesseront d'y être finies pour aucune valeur de α. Il est vrai que, dans la dernière des questions que nous aborderons, celle des ondes liquides, les facteurs $\psi''\left(\frac{\alpha^2}{2}\right)$, $\psi'''\left(\frac{\alpha^2}{2}\right)$, etc., deviendront infinis quand α s'annulera : mais ils seront multipliés respectivement, sous les signes f, par les dérivées $f'\left(\tau \mp \frac{s^2}{2\alpha^2}\right)$, $f''\left(\tau \mp \frac{s^2}{2\alpha^2}\right)$, etc., qui, prises alors pour des valeurs infinies de leurs variables, se trouveront être, vu les données de la question, incomparablement plus petites, que les autres, $\psi''\left(\frac{\alpha^2}{2}\right)$, $\psi'''\left(\frac{\alpha^2}{2}\right)$, ..., ne seront grandes; de sorte qu'on aura des produits, non seulement finis, mais nuls.

Quant aux dérivées de φ par rapport à τ, elles ne donnent lieu à aucune difficulté spéciale, si l'on suppose les fonctions f, f', f'', ... continues pour toutes les valeurs de leurs variables; et il suffira évidemment que l'intégrale (9)

soit bien déterminée, pour que, en y faisant croître σ de $d\sigma$, elle reçoive l'accroissement, bien déterminé aussi, $d\sigma \int_0^\infty f'\left(\sigma \mp \dfrac{\alpha^2}{2}\right) \psi\left(\dfrac{s^2}{2\,\alpha^2}\right) d\alpha$. Il viendra donc généralement

$$(12) \qquad \frac{d^n \varphi}{d\sigma^n} = \int_0^\infty f^n\left(\sigma \mp \frac{\alpha^2}{2}\right) \psi\left(\frac{s^2}{2\alpha^2}\right) d\alpha.$$

3. — *Intégration générale de l'équation aux dérivées partielles proposée.*

L'expression (9) contenant, sous le signe f, deux fonctions arbitraires f et ψ, choisissons l'une d'elles, ψ par exemple, de manière que cette expression satisfasse à l'équation aux dérivées partielles proposée (1) [p. 357], et nous conserverons, de la sorte, l'autre fonction arbitraire, f, disponible pour vérifier les conditions spéciales, comme celles dites *d'état initial.*

D'après les formules générales (10) et (12), on aura

$$(13) \qquad \left\{ \begin{aligned} &\frac{d^{2n}\varphi}{ds^{2n}} + A\,\frac{d^n\varphi}{d\sigma^n} = \\ &\int_0^\infty f^n\left(\sigma \mp \frac{\alpha^2}{2}\right)\left[(\mp 1)^n \psi^n\left(\frac{s^2}{2\alpha^2}\right) + A\,\psi\left(\frac{s^2}{2\alpha^2}\right)\right] d\sigma. \end{aligned} \right.$$

Tous les éléments de l'intégrale du second membre seront nuls, si, appelant γ, pour abréger, le rapport $\dfrac{s^2}{2\,\alpha^2}$, on pose

$$(14) \qquad (\mp 1)^n \frac{d^n \psi(\gamma)}{d\gamma^n} + A\,\psi(\gamma) = 0.$$

Ainsi, l'équation proposée (1) se trouvera satisfaite par l'expression (9) de φ, toutes les fois qu'on prendra pour la fonction ψ une intégrale de l'équation différentielle (14),

qui est de l'ordre $n^{ème}$ et linéaire à coefficients constants.
Comme une telle équation admet toujours n intégrales
distinctes, on obtiendra en tout, vu le double signe $\mp$,
$2\,n$ expressions de la forme (9), ayant, chacune, leur fonction arbitraire f. Et la superposition de ces $2n$ intégrales
particulières devra bien donner l'intégrale générale de (1),
puisque celle-ci ne comporte pas plus de $2\,n$ fonctions
arbitraires. Toutefois, les fonctions dont il s'agit, f, devront
perdre en partie leur généralité, et s'annuler à l'intérieur
d'intervalles plus ou moins grands, quand il faudra, dans (9),
faire égal à zéro le facteur f à l'une des limites $\alpha = o$,
$\alpha = \infty$, ou à toutes les deux, pour rendre l'expression (9)
bien déterminée et ses dérivées calculables par la règle qui
a été suivie.

Mais la forme même de l'équation (1) montre que, si une
certaine fonction φ la vérifie, sa dérivée $\dfrac{d\varphi}{ds}$, mise à la place
de φ, la vérifiera également. Donc, la dérivée de (9) par
rapport à s, $\displaystyle\int_{0}^{\infty} f\left(\tau \mp \frac{s^2}{2\alpha^2}\right) \psi'\left(\frac{\alpha^2}{2}\right) d\alpha$, constitue elle-
même une intégrale de (1). Appelons-la, elle aussi, φ, en y
remplaçant, du même coup, ψ' par ψ; car ψ' est une valeur
de ψ, vu que l'équation différentielle (14) ne cesse pas, elle
non plus, d'être satisfaite par la substitution à une intégrale
de sa dérivée. Ainsi, l'équation (1) comportera, tout à la fois,
$2n$ solutions de la forme (9) et $2n$ autres, ayant également
leur fonction arbitraire f, de la forme

$$(15) \qquad \varphi = \int_{0}^{\infty} f\left(\tau \mp \frac{s^2}{2\alpha^2}\right) \psi\left(\frac{\alpha^2}{2}\right) d\alpha.$$

On aurait, du reste, obtenu directement celles-ci (15), en
introduisant $\mp \tau$, dans (5), non à côté de $\dfrac{\alpha^2}{2}$, mais à côté de
$\dfrac{s^2}{2\alpha^2}$, et en échangeant entr'elles f, ψ.

On voit que l'intégrale générale de (1) pourra être formée,

soit avec les $2\,n$ solutions du premier type, (9), soit avec les
$2\,n$ du second type, (15), soit, enfin, avec $2\,n$ combinaisons
des deux types, que l'on choisira, chaque fois, de manière
à satisfaire le plus simplement possible aux $2\,n$ conditions
accessoires propres à la question posée.

Observons, à cet égard, que les fonctions arbitraires, f,
contenues dans (9) et (15), s'y présentent assez avantageuse-
ment pour la vérification de conditions, analogues à celles
dites d'état initial, se rapportant à la valeur $s = o$, comme il
y en aura toujours quand s sera la *variable principale*, c'est-
à-dire quand ce sera pour certaines valeurs de s, notamment pour $s = o$, que des relations spéciales données permettront de connaître, en fonction de τ, les valeurs de φ ou de
ses premières dérivées, $\dfrac{d\varphi}{ds}$, $\dfrac{d^2\varphi}{ds^2}$, ..., prises par rapport à s.
En effet, s'il s'agit du type (9), la dérivée $\dfrac{d^{2p+1}\varphi}{ds^{2p+1}}$, d'un
ordre impair quelconque $2\,p + 1$, s'y réduit, d'après (11),
pour $s = o$, au produit de $f^{(p)}(\tau)$ par le facteur constant
$(\mp 1)^p \displaystyle\int_o^\infty \psi^{p+1}\left(\dfrac{\alpha^2}{2}\right) d\alpha$; de sorte que, donner en fonction
de τ la valeur *initiale* (ou correspondant à $s = o$) de cette
dérivée, cela équivaut à donner la dérivée $f^{(p)}(\tau)$ de la fonction arbitraire f à introduire dans (9). Et s'il s'agit du type
(15), obtenu en différentiant (9) une fois par rapport à s, ce
sera évidemment la fonction φ elle-même, ou une de ses
dérivées d'ordre pair en s, dont la valeur initiale se trouvera
exprimée, à un facteur constant près, par $f(\tau)$, ou $f'(\tau)$, ou
$f''(\tau)$, etc. ; car la relation (15), différentiée $2\,p$ fois, donne
comme valeur de $\dfrac{d^{2p}\varphi}{ds^{2p}}$, à la limite $s = o$, le produit de
$(\mp 1)^p \displaystyle\int_o^\infty \psi^{p}\left(\dfrac{\alpha^2}{2}\right) d\alpha$ par $f^{(p)}(\tau)$.

D'ailleurs, les dérivées de φ [y compris la fonction φ elle-
même s'il s'agit du type (9)] qui, à la limite $s = o$, ne se
réduisent pas ainsi au simple produit d'un facteur constant

par $f(\tau)$ ou par une de ses dérivées, y deviennent, à part encore un facteur constant, de la forme $\int_0^\infty f^{\varphi}\left(\sigma \mp \frac{\alpha^2}{2}\right) d\alpha$, où la fonction placée sous le signe f dépend toujours de la seule variable $\sigma \mp \frac{\alpha^2}{2}$, quelle que soit la fonction ψ, c'est-à-dire la solution particulière de (14), que l'on considère.

Admettons, par exemple, qu'il s'agisse de cas où, s variant de zéro à $\pm \infty$, n des conditions spéciales, relatives à la limite $s = \pm \infty$, consistent à y annuler asymptotiquement φ, pour les valeurs tant finies qu'*infinies négatives* de τ, et où les n autres conditions, spéciales à la limite $s = 0$, soient exprimées par des relations linéaires, à coefficients constants, entre φ, diverses de ses dérivées prises les unes par rapport à s, les autres par rapport à τ, et des termes tout connus en fonction de τ. On satisfera aux conditions relatives à $s = \pm \infty$ en posant $f(-\infty) = 0$ et en excluant les n solutions (9) ou (15) où seraient pris les signes inférieurs $+$. En effet, dans ces solutions, les deux variables, $\sigma + \frac{\alpha^2}{2}$ et $\sigma + \frac{s^2}{2\alpha^2}$, dont dépendent les fonctions f, reçoivent toutes les valeurs finies possibles quand, la variable $\frac{s^2}{2\alpha^2}$ ou $\frac{\alpha^2}{2}$ de la fonction ψ étant finie, on fait s^2 très grand et τ très grand négativement; de sorte qu'il faut poser identiquement $f = 0$ pour annuler alors φ quelle que soit la très grande valeur négative attribuée à τ. Au contraire, les solutions (9) ou (15) prises avec les signes supérieurs — donneront $\psi = 0$, pour s^2 infini et pour toutes les valeurs finies ou infinies négatives de τ, pourvu qu'on pose seulement $f(-\infty) = 0$.

Il restera donc, pour satisfaire aux n relations linéaires, spéciales à $s = 0$, qu'on peut qualifier de *conditions d'état initial*, ces $2n$ solutions particulières (9) ou (15), ayant, chacune, leur fonction arbitraire f, mais prises toutes avec le signe supérieur —. D'après ce qu'on vient de dire, l'expression de φ composée de toutes ces solutions, et ses dérivées

successives, ne contiendront, à la limite $s = 0$, que deux
sortes de termes, les uns, de la forme $f(\tau)$, comme les termes
tout connus des relations considérées, les autres, de la forme
$\int_0^\infty f\left(\tau - \frac{\alpha^2}{2}\right) d\alpha$. Chacune des n relations linéaires se
dédoublera donc en deux, si on y égale séparément les termes
finis, ou de la première forme, et, séparément aussi, les
termes placés sous le signe f, tous dépendants de la même
variable, $\tau - \frac{\alpha^2}{2}$, qu'on pourra, sans inconvénient, remplacer
ensuite par τ. Et l'on obtiendra bien, de cette manière, entre
les $2\,n$ fonctions f et leurs dérivées, les $2\,n$ équations (finies
ou différentielles) nécessaires pour déterminer ces fonctions
arbitraires f.

On verra plus loin (n°s 10, 16 et 22) des applications de
cette méthode.

Quand la variable principale n'est plus s, mais τ, ou que,
pour $\tau = 0$, φ et ses $n - 1$ premières dérivées en τ sont connues en fonction de s, les formes (9) et (15) cessent de convenir. Nous verrons au n° 7 comment on peut, souvent,
former alors l'intégrale générale, en superposant certaines
solutions particulières que fournit le type (9).

4. — Autres formes d'intégrales, permettant de satisfaire plus
directement à certaines conditions d'état initial.

Mais cherchons, en n'annulant pas séparément, dans (13),
tous les éléments du second membre, à trouver encore
d'autres formes d'intégrales, qui pourront être mieux appro-
priées à certains problèmes. Observons, dans ce but, que le
second membre de (13) serait exactement intégrable, si la
quantité

$$(\mp 1)^n \psi^{(n)}\left(\frac{s^2}{2\alpha^2}\right) + A\,\psi\left(\frac{s^2}{2\alpha^2}\right),$$

fonction de $\frac{s^2}{2\alpha^2}$, égalait le quotient d'un facteur constant K, quelconque, par la racine carrée de sa variable ; car, alors, le produit de cette quantité par $d\alpha$ vaudrait $\dfrac{K\sqrt{2}}{s}\,d\,\dfrac{\alpha^2}{2}$, et le second membre de (13) deviendrait

$$\left\{ \mp \frac{K\sqrt{2}}{s} \int_{\alpha=0}^{\alpha=\infty} df^{(n-1)}\left(\sigma \mp \frac{\alpha^2}{2}\right) = \pm \frac{K\sqrt{2}}{s}\left[f^{(n-1)}(\sigma) - f^{(n-1)}(\mp\infty)\right].\right.$$

Donc, si l'on détermine ψ, non plus par l'équation différentielle (14), mais par celle-ci,

$$(16) \qquad (\mp 1)^n \frac{d^n\psi(\gamma)}{d\gamma^n} + A\psi(\gamma) = \frac{K}{\sqrt{\gamma}},$$

où K désigne un nombre constant quelconque, l'expression (9) de φ donnera

$$(17) \qquad \frac{d^{2n}\varphi}{ds^{2n}} + A\frac{d^n\varphi}{d\sigma^n} = \pm \frac{K\sqrt{2}}{s}\left[f^{(n-1)}(\sigma) - f^{(n-1)}(\mp\infty)\right].$$

C'est cette dernière équation aux dérivées partielles, avec un second membre fonction de s et de σ, que la valeur (9) de φ vérifiera, et non l'équation proposée (1) [p. 357]. Mais, comme le second membre de (17) est

$$\frac{K\sqrt{2}}{s}\left[f^{(n-1)}(\sigma) - f^{(n-1)}(-\infty)\right],$$

quand on prend, dans (9), le signe supérieur, et

$$\frac{K\sqrt{2}}{s}\left[- f^{(n-1)}(\sigma) + f^{(n-1)}(\infty)\right],$$

quand on y prend, au contraire, le signe inférieur, il suffira de faire φ égal à la somme des deux fonctions ainsi représentées successivement par (9), pour que l'expression $\dfrac{d^{2n}\varphi}{ds^{2n}} + A\dfrac{d^n\varphi}{d\sigma^n}$

se forme également par l'addition des deux précédentes et soit égale à

$$\frac{K\sqrt{2}}{s}\left[f^{(n-1)}(\infty) - f^{(n-1)}(-\infty)\right].$$

Ainsi, la somme considérée vérifiera l'équation aux dérivées partielles

$$(18) \qquad \frac{d^{2n}\varphi}{ds^{2n}} + A\,\frac{d^{n}\varphi}{ds^{n}} = \frac{K\sqrt{2}}{s}\left[f^{(n-1)}(\infty) - f^{(n-1)}(-\infty)\right],$$

dont le second membre ne dépend plus de σ. Ce second membre sera même nul, et l'équation (18) ne différera pas de la proposée (1), si la fonction f, d'ailleurs arbitraire, est astreinte à ce que sa dérivée $n - 1^{ème}$ tende vers une même limite quand sa variable devient soit infinie positive, soit infinie négative. C'est ce qui arrive, en particulier, lorsque l'énoncé de la question implique que la fonction f s'annule ou, du moins, s'approche indéfiniment de zéro, pour les valeurs absolues très grandes de sa variable.

La fonction φ, somme de deux intégrales de la forme (9), aura pour dérivées successives par rapport à s des fonctions composées, de même, de deux intégrales, dont la forme sera, alternativement, (15) et (9). On voit, de plus, en différentiant l'équation (1) par rapport à s, que toutes ces dérivées constitueront, elles aussi, des intégrales de (1), affectées de fonctions arbitraires, qui seront f, ou f', ou f'', etc., mais qu'on pourra supposer toutes indépendantes, en imaginant que l'on change, de l'une à l'autre, la fonction f. D'ailleurs, on n'obtiendra, de la sorte, que $2\,n$ formes distinctes d'intégrales; car, d'après (1), la dérivée $2\,n^{ème}$ $\frac{d^{2n}\varphi}{ds^{2n}}$ égalera $-A\,\frac{d^{n}\varphi}{ds^{n}}$, dont l'expression ne diffère de celle de φ que par la substitution de $-A\,f^{(n)}$ à f. Ainsi, la forme des dérivées se reproduisant après $2\,n$ différentiations, on ne peut avoir, par ce moyen, que $2\,n$ solutions distinctes.

Si l'on se place dans l'hypothèse où on en obtiendrait effectivement $2\,n$, et où il n'y en aurait aucune, ni de celles-là, ni des $4n$ plus simples dont il a été question au numéro précédent, pour laquelle la forme (9) ou (15) de l'expression de ses diverses parties ou de celles de ses dérivées successives en s et en τ (jusqu'à un certain ordre) devint illusoire à la limite $s = 0$, il est clair que la superposition de toutes ces solutions particulières, au nombre de $6n$, en formerait une autre très générale, affectée de $6n$ fonctions arbitraires, et dont l'expression, ainsi que celle de ses dérivées en s et en τ (jusqu'à l'ordre considéré), ne contiendrait à la limite $s = 0$ que des termes rentrant dans l'un ou l'autre des trois types $f(\tau)$, $\displaystyle\int_0^\infty f\left(\tau - \frac{\alpha^2}{2}\right)\,d\alpha$, $\displaystyle\int_0^\infty f\left(\tau + \frac{\alpha^2}{2}\right)\,d\alpha$. On aurait donc alors assez de fonctions arbitraires pour satisfaire à $2\,n$ relations linéaires, où paraîtraient, pour $s = 0$, la fonction φ et les dérivées dont il s'agit, affectées de coefficients constants ; et, cela, en égalant séparément, dans chaque relation, les termes de chacun des trois types, comme on l'a fait par un dédoublement, vers la fin du numéro précédent (p. 368), quant il s'agissait de vérifier n relations où entraient des termes appartenant seulement aux deux premiers types. On pourrait essayer, par exemple, de se donner arbitrairement en fonction de τ, à la limite $s = 0$, la fonction φ et ses $2\,n - 1$ premières dérivées en s.

Mais laissons de côté ces considérations générales, et, pour nous borner à une solution particulière dont nous aurons besoin, admettons que n soit un nombre pair, ou que l'ordre $2\,n$ de l'équation proposée (1) égale un multiple de 4. Alors l'équation en ψ, (16), peut s'écrire

$$(19)\qquad \frac{d^n \psi(\tau)}{d\tau^n} + \mathrm{A}\,\psi(\tau) = \frac{\mathrm{K}}{\sqrt{\tau}},$$

et elle est la même quel que soit le signe que l'on adopte dans (9). Donc, rien n'obligera à changer la fonction $\psi(\gamma)$ quand on passera d'une des deux expressions (9) à l'autre, et la solution obtenue en formant leur somme sera

$$(20) \qquad \varphi = \int_0^{\infty} \left[f\left(\sigma - \frac{\alpha^2}{2}\right) + f\left(\sigma + \frac{\alpha^2}{2}\right) \right] \psi\left(\frac{s^2}{2\,\alpha^2}\right) d\alpha.$$

Observons que toute intégrale $\psi(\gamma)$ de (16) ou de (19) se compose, au plus : 1° d'une solution particulière, déterminée de manière à s'annuler, ainsi que ses $n-1$ premières dérivées, pour $\gamma = 0$; 2° et des n solutions simples, déjà considérées tout à l'heure, des mêmes équations linéaires privées de second membre, ou autrement dit, de (14). Donc l'expression (20) de φ, si on la réduit à sa partie essentielle, bien distincte, c'est-à-dire si on en ôte les termes qui sont séparément des intégrales de (1) comprises dans le type (9), se calculera en y mettant pour ψ l'intégrale particulière de (19) qui donne $\psi(0) = 0$, $\psi'(0) = 0$, $\psi''(0) = 0$, ..., $\psi^{(n-1)}(0) = 0$. Cette valeur de ψ, tout à fait déterminée en fonction de γ, est évidemment proportionnelle à K, d'après (16) ; de sorte que, à un facteur constant près sans importance, la solution (20) sera toujours la même quelle que soit la valeur numérique choisie pour le paramètre K. Ainsi, l'on peut attribuer à K celle qu'on jugera la plus commode.

Dans ces conditions, la solution (20) *jouit de la propriété de s'annuler, avec toutes ses dérivées d'ordre pair en s, à la limite* $s = 0$; car, d'après la règle de différentiation donnée plus haut, φ et ses dérivées seconde, quatrième,...., $2(n-1)^{ième}$ par rapport à s contiennent respectivement, sous le signe f, les facteurs $\psi\left(\frac{s^2}{2\alpha^2}\right)$, $\psi'\left(\frac{s^2}{2\alpha^2}\right)$, ..., $\psi^{(n-1)}\left(\frac{s^2}{2\alpha^2}\right)$, lesquels s'annuleront pour $s = 0$, quelque valeur finie qu'on y donne à α. Et les dérivées paires suivantes s'annuleront de même ; car l'équation (1) montre que $2n$ différentiations en s ramènent la forme primitive, puisque $\dfrac{d^{2n}\varphi}{ds^{2n}}$, ayant la valeur de $-\,\mathrm{A}\,\dfrac{d^{n}\varphi}{d\sigma^{n}}$, ne diffère de φ que par la substitution de $-\,\mathrm{A}\,f^{(n)}$ à f.

Cela n'empêchera pas de pouvoir, en outre, choisir à volonté une certaine dérivée d'ordre impair, comme, par exemple, $\dfrac{d\varphi}{ds}$, à la même limite $s = o$. En effet, la différentiation de (20) donne

$$(21) \qquad \frac{d\varphi}{ds} = \int_{o}^{\infty} \left[f\left(\sigma - \frac{s^2}{2\,\alpha^2}\right) + f\left(\sigma + \frac{s^2}{2\,\alpha^2}\right) \right] \psi'\left(\frac{\alpha^2}{2}\right) d\alpha$$

et l'on voit que cette dérivée se réduit à

$$(22) \qquad \frac{d\varphi}{ds} = 2 f(\sigma) \int_{o}^{\infty} \psi'\left(\frac{\alpha^2}{2}\right) d\alpha \quad \text{(pour } s = o\text{)}.$$

Enfin, la dérivée (21) de φ par rapport à s constituera évidemment une nouvelle solution particulière de (1), se réduisant, pour $s = o$, à une fonction donnée quelconque (22) de σ et ayant, de plus, toutes ses dérivées d'ordre impair nulles à la même limite $s = o$.

5. — *Extension de la méthode d'intégration précédente à des équations aux dérivées partielles d'un nombre quelconque de variables indépendantes : propriétés des intégrales définies qui serviront à cet effet.*

L'intégration si simple de l'équation (1), par le moyen d'expressions rentrant dans la forme (5), invite à essayer d'étendre la même méthode à des équations plus générales, obtenues en remplaçant, dans (1), chacune des deux dérivées de φ par un groupe de dérivées du même ordre, relatives à plusieurs variables destinées à tenir lieu soit de s, soit de σ. Nous verrons dans l'avant-dernier numéro de cette étude (n° 30) comment on s'y prendra si c'est la dérivée de l'ordre le moins élevé, ou se rapportant à τ, qu'on remplace ainsi par tout un groupe, comme il arrive pour l'équation (3 *ter*) [p.359]: une telle substitution ne se présentant, à ma connaissance, dans aucun autre problème physique que celui des ondes liquides dont je m'occuperai à cet endroit, il n'est pas nécessaire d'en traiter dès à présent. Nous nous bornerons donc, ici, au cas où c'est la dérivée de l'ordre le plus élevé $2\,n$, prise par rapport à s, qu'on remplace par plusieurs du même ordre, et nous considèrerons, à cet effet, l'équation (4), où le le nombre des variables indépendantes est quelconque. Nous écrirons cette équation ainsi,

$$(23)\quad \mathrm{A}\,\frac{d^n\varphi}{dt^n} + \left(\frac{d^2}{dx^2} + \frac{d^2}{dy^2} + \dots\right)^n\varphi = 0,\quad \text{ou}\quad \mathrm{A}\,\frac{d^n\varphi}{dt^n} + (\Delta_2)^n\varphi = 0,$$

en désignant, au besoin, par Δ_2 la somme symbolique ou le *paramètre différentiel du second ordre* $\dfrac{d^2}{dx^2} + \dfrac{d^2}{dy^2} + \dots$, et en substituant, pour fixer les idées, t à τ. Nous imaginerons, en effet, que cette variable t désigne le temps, que les m autres variables indépendantes, x, y,..., soient des coordonnées rectangulaires, dans un espace à m dimensions, et que, par suite, la fonction à évaluer, φ, admette, à chaque instant t, une certaine valeur en chaque point $(x, y,...)$ de l'espace dont il s'agit.

Il nous faudra, d'abord, généraliser la forme de l'intégrale définie (5) [p. 360], de manière à y faire entrer x, y, ..., au lieu de s, sans compliquer, s'il est possible, le mode de calcul de l'expression $\Delta_2\,\varphi$, qui est, actuellement, l'analogue de ce qu'était la dérivée seconde $\dfrac{d^2\varphi}{ds^2}$. A cet effet, de même que nous avons, dans (1), substitué à $\dfrac{d^2}{ds^2}$, pour en déduire (4) ou (23), la somme

$$\Delta_2 = \frac{d^2}{dx^2} + \frac{d^2}{dy^2} + \dots,$$

de même nous remplacerons, dans (5), le carré s^2 par la somme analogue

$$r^2 = x^2 + y^2 + \ldots,$$

dont la racine carrée r désignera, comme on voit, la distance de l'origine des coordonnées au point considéré quelconque $(x, y, \ldots)$ et, cela..quel que soit celui des trois nombres $m = 1$, $m = 2$, $m = 3$, qui exprimera combien il y a de coordonnées $x, y, \ldots$ ou combien l'espace considéré a de dimensions. Mais, en même temps, afin de pouvoir approprier à notre but l'expression ainsi obtenue, nous remplacerons, dans (5), l'exposant 2 de α par un exposant indéterminé p, nous réservant d'en disposer de manière que le Δ_2 de cette expression se calcule aussi simplement que le $\frac{d^2}{ds^2}$ de (5), c'est-à-dire, par la substitution, sous le signe f, aux deux fonctions f et ψ, de leurs dérivées premières f' et ψ'. Nous prendrons donc

$$(24) \qquad \varphi = \int_0^\infty f\left(\frac{\alpha^p}{2}\right) \psi\left(\frac{r^2}{2\alpha^p}\right) d\alpha, \quad \text{où } r^2 = x^2 + y^2 + \ldots (\ast).$$

Posons, pour abréger,

$$(25) \quad \begin{cases} \gamma = \dfrac{r^2}{2\alpha^p}; \\[2ex] \text{d'où } \dfrac{d\gamma}{dx} = \dfrac{x}{\alpha^p}, \ldots, \text{ et } \dfrac{d\gamma^2}{dx^2} + \dfrac{d\gamma^2}{dy^2} + \ldots = -\dfrac{2\alpha^{1-p}}{p}\dfrac{d\gamma}{d\alpha}. \end{cases}$$

Il viendra aisément

$$\begin{cases} \Delta_2 \varphi = \int_0^\infty f\left(\frac{\alpha^p}{2}\right)\left[\frac{m\,\psi'(\gamma)}{\alpha^p} - \psi''(\gamma)\frac{2\alpha^{1-p}}{p}\frac{d\gamma}{d\alpha}\right] d\alpha \\[2ex] \qquad = m\int_0^\infty f\left(\frac{\alpha^p}{2}\right)\psi'(\gamma)\frac{d\alpha}{\alpha^p} - \frac{2}{p}\int_{\alpha=0}^{\alpha=\infty} \alpha^{1-p} f\left(\frac{\alpha^p}{2}\right) d\psi'(\gamma), \end{cases}$$

ou bien, en intégrant par parties, et supposant le terme

(*) Voir à la fin du mémoire une *Addition* où sont démontrées, un peu plus simplement que ci-après, les propriétés de cette intégrale définie φ, considérée comme une transformée de la précédente (5).

intégré, $- \dfrac{2}{p} \alpha^{1-p} f\left(\dfrac{\alpha^p}{2}\right) \psi'\left(\dfrac{r^2}{2\alpha^p}\right)$, nul aux deux limites $\alpha = 0, \alpha = \infty$,

$$(26) \quad \begin{cases} \Delta_2 \varphi = \left(m - 2\dfrac{p-1}{p}\right) \displaystyle\int_0^\infty f\left(\dfrac{\alpha^p}{2}\right) \psi'\left(\dfrac{r^2}{2\alpha^p}\right) \dfrac{d\alpha}{\alpha^p} \\ \qquad\qquad + \displaystyle\int_0^\infty f'\left(\dfrac{\alpha^p}{2}\right) \psi'\left(\dfrac{r^2}{2\alpha^p}\right) d\alpha. \end{cases}$$

Il suffit donc d'annuler $m - 2\dfrac{p-1}{p}$, *ou de prendre*

$$(27) \qquad p - 1 = p\,\dfrac{m}{2}, \quad p = \dfrac{2}{2-m},$$

pour que les expressions de la forme $\displaystyle\int_0^\infty f\left(\dfrac{\alpha^p}{2}\right) \psi\left(\dfrac{r^2}{2\alpha^p}\right) d\alpha$ *aient leur paramètre différentiel* Δ_2 *calculable comme on le désire, c'est-à-dire en y remplaçant simplement, sous le signe* f, f *et* ψ *par* f', ψ'. Et cette propriété leur conférera une sorte de prédisposition à fournir, comme les potentiels dont le Δ_2 est également facile à évaluer, des intégrales aux équations de la physique mathématique, dans lesquelles les Δ_2 des fonctions inconnues jouent un rôle considérable.

Seulement, tandis que l'utilité des potentiels se montre, ainsi qu'on l'a vu, pour intégrer des équations où ne paraissent que des dérivées d'un même ordre pair des fonctions inconnues, c'est, au contraire, pour les équations du type (23), contenant une dérivée, par rapport à une certaine variable, d'un ordre deux fois moins élevé que les dérivées qui y paraissent par rapport aux autres, que ces nouvelles expressions s'emploieront naturellement.

La formule (27) donne $p = \infty$ dans le cas $m = 2$, qui est celui des corps à deux coordonnées x, y, c'est-à-dire des plaques. Alors α^p et, par suite, les deux fonctions f, ψ prendront toutes leurs valeurs finies quand α sera infiniment voisin de l'unité ; en sorte que, si l'on pose

$$\alpha = 1 + \dfrac{\beta}{p}; \quad \text{d'où} \quad d\alpha = \dfrac{1}{p}\,d\beta,$$

il suffira de donner à $\dfrac{\beta}{p}$ les valeurs, tant négatives que positives, très voisines de zéro, ce qui permettra de remplacer α^p ou $\left(1 + \dfrac{\beta}{p}\right)^p$ par e^{β}. Si, d'ailleurs, on fait abstraction du facteur constant $\dfrac{1}{p}$, l'expression (24) de φ deviendra

$$(28) \qquad \text{(pour } m = 2) \qquad \varphi = \int_{-\infty}^{\infty} f\left(\tfrac{1}{2} e^{\beta}\right) \psi\left(\frac{r^2}{2} e^{-\beta}\right) d\beta.$$

On reconnaît directement, en calculant le Δ_2 de cette expression (28) et en suivant exactement la marche qui a conduit au résultat (26), que ce paramètre Δ_2 égale bien

$$\int_{-\infty}^{\infty} f'\left(\tfrac{1}{2} e^{\beta}\right) \psi\left(\frac{r^2}{2} e^{-\beta}\right) d\beta.$$

Le cas $m = 3$ offre une particularité intéressante. La valeur (27) de p y est -2, tandis qu'elle égale 2 pour $m = 1$. Il suit de là que l'expression (24) de φ, si on la multiplie par r, donne alors identiquement

$$r\varphi = \int_{0}^{\infty} f\left(\frac{r^2}{2 r^2 \alpha^2}\right) \psi\left(\frac{r^2 \alpha^2}{2}\right) r\,d\alpha,$$

ou bien, en remplaçant $r\alpha$ par α,

$$(29) \qquad \text{(pour } m = 3) \qquad r\varphi = \int_{0}^{\infty} f\left(\frac{r^2}{2\alpha^2}\right) \psi\left(\frac{\alpha^2}{2}\right) d\alpha.$$

Ainsi, quand $m = 3$, le produit $r\varphi$ est lui-même de la forme (24), avec la valeur de p, $p = 2$, qu'on aurait pour φ dans le cas $m = 1$, mais avec permutation des deux fonctions f, ψ. Et il est évident que l'expression $r\,\Delta_2\varphi$, transformée d'une manière analogue, aurait une forme pareille, sauf la substitution de f', ψ' à f, ψ. Par suite, $r\,\Delta_2\varphi$ se confond avec ce que serait le Δ_2 de l'expression (29) de $r\varphi$ si on avait $m = 1$ ou si la somme $r^2 = x^2 + y^2 + \ldots$ s'y réduisait au terme x^2, cas où $\Delta^2 = \dfrac{d^2}{dr^2}$. On vérifie donc ainsi l'égalité $r\,\Delta_2\varphi = \dfrac{d^2.r\varphi}{dr^2}$, spéciale à toute fonction de trois variables x, y, z qui ne dépend que du radical $r = \sqrt{x^2 + y^2 + z^2}$.

Le paramètre Δ_2 de l'expression (24) de φ prise avec la valeur (27) de p et, par suite, le Δ_2 de son Δ_2, etc., ne sont pas les seules fonctions de ses dérivées qui aient des formes simples. Il en est de même de l'expression $r^{m-1}\dfrac{d\varphi}{dr}$, généralisation de celle, $\dfrac{d\varphi}{dr}$ ou $\dfrac{d\varphi}{ds}$, que représente la formule (6) dans le cas $m = 1$; et, par suite encore, il en est de même des expressions $r^{m-1}\dfrac{d\Delta_2\varphi}{dr}$, $r^{m-1}\dfrac{d\Delta_2\Delta_2\varphi}{dr}$, etc. En effet, différentions (24) par rapport à r, sous le signe f; puis multiplions par r^{m-1}, remplaçons, dans le résultat, $\dfrac{r^m}{\alpha^p}\,d\alpha$ par $\dfrac{-1}{p-1}\,d\,\dfrac{r^m}{\alpha^{p-1}}$ et, substituant à $p-1$, d'après (27), le produit $p\,\dfrac{m}{2} = \dfrac{m}{2-m}$, prenons la nouvelle variable d'intégration

$$\zeta = \frac{r^m}{\alpha^{p-1}} = \left(\frac{r^2}{\alpha^p}\right)^{\frac{m}{2}}\;;\ \text{d'où}\quad \alpha^p = r^2\,\zeta^{-\frac{2}{m}}.$$

Il viendra, si nous supposons d'abord m différent de 2,

$$(30)\quad (\text{pour } m \gtrless 2)\quad r^{m-1}\frac{d\varphi}{dr} = \sqrt{\left(\frac{2}{m}-1\right)^2}\int_0^\infty f\!\left(\frac{r^2}{2}\,\zeta^{-\frac{2}{m}}\right)\psi'\!\left(\tfrac{1}{2}\zeta^{\frac{2}{m}}\right) d\zeta,$$

et, dans le cas $m = 2$, $p = \infty$, pour lequel l'expression (28) de φ a été obtenue en multipliant par p,

$$(30\,bis)\quad (\text{pour } m = 2)\quad r\frac{d\varphi}{dr} = \int_0^\infty f\!\left(\frac{r^2}{2\zeta}\right)\psi'\!\left(\frac{\zeta}{2}\right) d\zeta,$$

comme on le déduirait, du reste, directement de (28), en posant, après la différentiation, $r^2 e^{-\beta} = \zeta$.

On remarquera que ces expressions (30) et (30 *bis*) rentrent encore dans le type (24), où l'on ferait $p = \dfrac{2}{m}$. Et l'on reconnaîtrait, en les différentiant elles-mêmes par rapport à r, puis multipliant les résultats par r^{1-m} et prenant pour variable d'intégration, sous le signe f, le produit $\alpha = r^{2-m} \zeta^{1-\frac{2}{m}}$, que

$$r^{1-m} \frac{d}{dr}\left(r^{m-1} \frac{d\varphi}{dr} \right) = \int_0^\infty f'\left(\frac{\alpha^p}{2} \right) \psi'\left(\frac{r^2}{2\alpha^p} \right) d\alpha,$$

intégrale définie identique à $\Delta_2\varphi$. Effectivement, φ ne dépendant de x, y, ... que par l'intermédiaire de r, un calcul direct et facile donne

$$\Delta_2\varphi = \frac{d^2\varphi}{dr^2} + \frac{m-1}{r} \frac{d\varphi}{dr} = r^{1-m} \frac{d}{dr}\left(r^{m-1} \frac{d\varphi}{dr} \right).$$

Pour $m = 1$ ou $p = 2$, on retrouve bien, dans (30), la formule (6), sauf les changements de s en r et de α en ζ. Pour $m = 3$ ou $p = -2$, il y a avantage à poser, dans (30), $\zeta^{\frac{1}{3}} = \alpha$, d'où il résulte $\zeta = \alpha^3$, $d\zeta = 3\,\alpha^2\,d\alpha$ et

$$(30\ \textit{ter}) \quad (\text{pour } m = 3) \quad r^2 \frac{d\varphi}{dr} = \int_0^\infty f'\left(\frac{r^2}{2\,\alpha^3} \right) \psi'\left(\frac{\alpha^2}{2} \right) \alpha^2\,d\alpha.$$

6. — *Intégration des équations proposées, pour les cas où la distance r à l'origine joue le rôle de variable principale.*

Rendons actuellement les expressions (24) et (28) de φ dépendantes de t, en ajoutant $\pm t$ à la variable de l'une des deux fonctions f, ψ: ce qui équivaut, au fond, à prendre φ, 1° de l'une des deux formes

$$(31) \quad \left\{ \begin{array}{l} \varphi = \displaystyle\int_0^\infty f\left(t \mp \frac{\alpha^p}{2} \right) \psi\left(\frac{r^2}{2\alpha^p} \right) d\alpha, \\[2ex] \varphi = \displaystyle\int_0^\infty f\left(t \mp \frac{r^2}{2\alpha^p} \right) \psi\left(\frac{\alpha^p}{2} \right) d\alpha, \end{array} \right.$$

avec $p = \dfrac{2}{2-m}$, quand le nombre m des coordonnées x, y, ... est différent de 2, et, 2°, de l'une des deux formes

$$(31\ bis)\ \left\{ \begin{aligned} \varphi &= \int_{-\infty}^{\infty} f\left(t \mp \frac{e^{\beta}}{2} \right) \psi\left(\frac{r^2}{2}\, e^{-\beta} \right) d\beta, \\ \varphi &= \int_{-\infty}^{\infty} f\left(t \mp \frac{r^2}{2}\, e^{-\beta} \right) \psi\left(\frac{e^{\beta}}{2} \right) d\beta, \end{aligned} \right.$$

quand $m = 2$.

Les expressions correspondantes de $(\Delta_2)^n\, \varphi$ n'en différeront que par les substitutions de $(\mp 1)^n f^{(n)}$ à f et de $\psi^{(n)}$ à ψ. D'autre part, la dérivée $\dfrac{d^n \varphi}{dt^n}$, qui aura encore les mêmes formes, contiendra seulement, sous le signe $\int$, $f^{(n)}$ à la place de f. Donc, l'équation aux dérivées partielles proposée (23), devenue

$$\int_{0}^{\infty} f^{(n)}\left(t \mp \frac{\alpha^p}{2} \right)\left[A\,\psi\left(\frac{r^2}{2\alpha^p} \right) + \left(\mp 1 \right)^n \psi^{(n)}\left(\frac{r^2}{2\alpha^p} \right) \right] d\alpha = 0, \text{ etc.,}$$

sera satisfaite identiquement, si l'on assujettit la fonction ψ à vérifier l'équation différentielle (14), $(\mp 1)^n \psi^{(n)} + A\,\psi = 0$, comme dans le cas où les m variables x, y, ..., dont r dépend, se réduisaient à une seule x ou s. Chacune des n formes distinctes de ψ donnant de la sorte, vu les doubles signes $\mp$, deux solutions de la première forme (31) ou (31 *bis*) et deux de la seconde, avec autant de fonctions arbitraires, la superposition, soit des premières (31) ou (31 *bis*), soit des secondes (31) ou (31 *bis*), soit d'une association de $2\,n$ groupes des unes et des autres, constituera une solution plus générale, où ne paraîtront encore, il est vrai, que les deux variables t et r, mais qui contiendra $2\,n$ fonctions arbitraires. Or ce nombre de fonctions arbitraires est précisément celui qu'indique, pour l'intégrale générale, l'ordre même (par rapport à r) de l'équation aux dérivées partielles proposée, dans les cas où la fonction φ ne dépend des coordonnées x, y, ... que par l'intermédiaire de r, ou est supposée avoir, à chaque instant t, valeur égale en tous les points situés à une même distance r de l'origine, et où cette distance r est prise pour la variable principale.

En outre, les fonctions arbitraires se trouvent engagées dans (31) et (31 *bis*), comme elles l'étaient dans (9) et (15), d'une manière assez commode pour la vérification de conditions analogues à celles d'état initial ou se rapportant à l'origine $r = 0$. Car, s'il s'agit des secondes expressions (31) et (31 *bis*), leurs valeurs pour $r = 0$, celles de leurs Δ_2, des Δ_2 de leurs Δ_2, etc., seront les produits de $f(t)$, de $f'(t)$, de $f''(t)$, etc., par certaines intégrales définies prises entre les limites 0 et ∞, ou $-\infty$ et ∞; et elles s'exprimeront ainsi simplement, en fonction de $f(t)$, ou de $f'(t)$, on de $f''(t)$, etc., pourvu que ces intégrales définies ne soient pas infinies ou indéterminées. De même, s'il s'agit des premières (31) et (31 *bis*), les produits, par r^{m-1}, de leurs dérivées du premier ordre en r, ou de celles de leurs Δ_2, des Δ_2 de leurs Δ_2, etc., se trouveront, d'après (30) et (30 *bis*), proportionnels à des expressions comme

$$\int_0^\infty f\left(t \mp \frac{r^2}{2}\,\zeta^{-\frac{2}{m}} \right) \psi'\left(\tfrac{1}{2}\,\zeta^{\frac{2}{m}} \right) d\zeta,$$

laquelle, pour $r = 0$, devient le produit d'un certain facteur constant par $f(t)$, pourvu que l'intégrale $\displaystyle\int_0^\infty \psi'\left(\tfrac{1}{2}\,\zeta^{\frac{2}{m}} \right) d\zeta$ soit finie et déterminée.

Voyons, par exemple, à quelles conditions les valeurs de φ données par les secondes expressions (31), (31 *bis*), et celles de $r^{m-1}\dfrac{d\varphi}{dr}$ déduites des premières (31), (31 *bis*), restent ainsi finies et déterminées à la limite $r = 0$.

Et, d'abord, s'il s'agit des secondes (31), (31 *bis*), φ s'y réduit, pour $r = 0$, au produit de $f(t)$ par $\displaystyle\int_0^\infty \psi\left(\frac{u^2}{2} \right) d\alpha$ ou par $\int_{-\infty}^{\infty} \psi\left(\frac{1}{2}e^{\beta}\right) d\beta$. Or, en posant soit $\alpha^p = \xi^2$, soit $e^{\beta} = \xi^2$, ou

$$u = \xi^{\frac{2}{p}} = \xi^{2-m}, \quad \beta = 2\log\xi; \quad \text{d'où } d\alpha = 2-m)\,\xi^{1-m}\,d\xi, \quad d\beta = 2\frac{d\xi}{\xi};$$

les intégrales $\int_0^{\infty} \psi\left(\frac{\alpha^p}{2}\right) d\alpha$, $\int_{-\infty}^{\infty} \psi\left(\frac{1}{2}e^{\beta}\right) d\beta$ deviennent, toutes les deux, à part un facteur numérique fini, $\int_0^{\infty} \psi\left(\frac{\xi^2}{2}\right) \xi^{1-m}\,d\xi$. On voit donc que ces valeurs de φ pour $r = 0$ seront finies et proportionnelles à $f(t)$ si l'intégrale $\int_0^{\infty} \psi\left(\frac{\xi^2}{2}\right) \xi^{1-m}\,d\xi$ est elle-même finie et déterminée, tandis qu'elles seront infinies si elle est infinie. Le second cas se présentera pour m égal ou supérieur à 2, toutes les fois qu'on n'aura pas $\psi(0) = 0$; car, alors, à la limite inférieure $\xi = 0$, le facteur infini ξ^{1-m} rendra évidemment infinie l'intégrale $\int_0^{\infty} \psi\left(\frac{\xi^2}{2}\right) \xi^{1-m}\,d\xi$. C'est ce qui arrivera, par exemple, dans les applications empruntées à la théorie analytique de la chaleur, où $\psi(\gamma)$ sera une exponentielle telle que $e^{-\gamma}$, donnant $\psi(0) = 1$. Dans tous les cas de ce genre, les secondes formules (31) et (31 *bis*) ne pourront donc pas, pour les corps de plus d'une dimension, être employées à la limite $r = 0$, où elles rendraient φ infini.

Il n'en est pas, heureusement, toujours de même des premières formules (31) ou (31 *bis*), en ce qui concerne les valeurs qu'y prend l'expression $r^{m-1}\frac{d\varphi}{dr}$ à la limite $r = 0$. Cette expression, abstraction faite du coefficient numérique $\sqrt{\left(\frac{2}{m}-1\right)^2}$ quand m diffère de 2, devient alors, d'après (30) et (30 *bis*), le produit de $f(t)$ par $\int_0^{\infty} \psi'\left(\frac{1}{2}\zeta^{\frac{2}{m}}\right) d\zeta$. Or, si nous posons

$$\zeta^{\frac{1}{m}} = \xi; \quad \text{d'où} \quad d\zeta = m\,\xi^{m-1}\,d\xi,$$

l'intégrale $\int_0^\infty \psi'\left(\frac{1}{2}\zeta^{\frac{2}{m}}\right)d\zeta$ prendra la forme $m\int_0^\infty \psi'\left(\frac{\xi^2}{2}\right)\xi^{m-1}d\xi$; et l'on voit que la fonction sous le signe $\int$ n'y deviendra pas infinie à la limite $\xi = $ o. De plus, le facteur ξ^{m-1}, en grandissant indéfiniment, pour $m > 1$, à la limite supérieure, n'empêchera pas l'intégrale d'être déterminée, du moins lorsque l'autre facteur $\psi'\left(\frac{\xi^2}{2}\right)$ sera lui-même une exponentielle décroissante, dont la petitesse, quand ξ deviendra infini, l'emportera infiniment dans le produit, comme on sait, sur la grandeur de toute puissance de ξ. On pourra donc alors, quel que soit m, déterminer φ de manière que l'expression $r^{m-1}\frac{d\varphi}{dr}$ se réduise, pour $r = $ o, à une fonction arbitraire du temps t. Nous traiterons, au n° 13, un problème intéressant où se trouvera utilisée cette propriété.

Du reste, quand, à raison des limites spéciales, zéro ou $\pm\infty$, des intégrations, une des expressions (31), (31 *bis*), ou de leurs dérivées partielles à considérer, ne sera pas finie et bien déterminée, on pourra toujours la rendre telle, aux dépens, il est vrai, de sa généralité, en y supposant la fonction f nulle dans d'assez grands intervalles pour qu'on n'ait pas besoin d'atteindre ces limites $\alpha = $ o, $\alpha = \pm\infty$.

Par exemple, si l'on adopte, dans (31) et (31 *bis*), les signes supérieurs, on admettra que la fonction continue f s'annule pour toutes les valeurs de sa variable comprises en dehors d'un certain intervalle *fini*, dont nous prendrons, pour fixer les idées, la limite supérieure égale à zéro; et l'on se contentera d'attribuer à t des valeurs positives, c'est-à-dire dépassant cette limite. Alors la variable, que j'appellerai t_1, de la fonction f, et qui égalera, soit $t - \frac{\alpha^\rho}{2}$ ou $t - \frac{r^2}{2\gamma^\rho}$, soit $t - \frac{1}{2}e^\beta$ ou $t - \frac{r^2}{2}e^{-\beta}$, n'aura évidemment à devenir, ni positive, ni inférieure à une valeur négative déterminée; et l'on voit que, pour t et r plus grands que zéro, α et β pourront ne varier que dans des intervalles finis, dont se trouvera même exclue la valeur parfois critique $\alpha = 0$. Ainsi, chacune des formules (31), (31 *bis*) conduira toujours à certaines solutions particulières non illusoires, qui comprendront même une fonction entièrement arbitraire entre des limites plus ou moins étendues.

Voyons ce que deviennent ces solutions, prises encore avec les signes supérieurs et pour $t > 0$, quand on les réduit à un seul de leurs éléments ou, autrement dit, quand la fonction $f(t_1)$ est censée ne différer de zéro que pour des valeurs négatives de t_1 infiniment voisines de l'une d'elles, zéro par exemple. Choisissons t_1, au lieu de α ou de β, pour variable d'intégration. Il viendra

$$\alpha = \begin{cases} \text{soit } (2t - 2t_1)^{\frac{1}{p}} = (2t - 2t_1)^{1 - \frac{m}{2}}, \\[2mm] \text{soit } r^{\frac{2}{p}}(2t - 2t_1)^{-\frac{1}{p}} = r^{2-m}(2t - 2t_1)^{\frac{m}{2} - 1}, \end{cases}$$

$$\beta = \begin{cases} \text{soit } \log(2t - 2t_1), \\[2mm] \text{soit } \log \dfrac{r^2}{2t - 2t_1}, \end{cases}$$

formules d'où l'on déduira $d\alpha$, $d\beta$. Finalement, t_1 devant rester, par hypothèse, infiniment voisin de zéro, on pourra supprimer partout $2t_1$ à côté de $2t$, et, si l'on appelle ε une intégrale infiniment petite constante, d'ailleurs arbitraire, les premières expressions (31), (31 *bis*) se réduiront à

$$(32) \qquad \varphi = \frac{\varepsilon}{\left(\sqrt{2t}\right)^m}\, \psi\left(\frac{r^2}{4t}\right),$$

tandis que les deuxièmes deviendront

$$(32 \; bis) \qquad \varphi = \frac{\varepsilon}{2t}\left(\frac{r^2}{2t}\right)^{1 - \frac{m}{2}} \psi\left(\frac{r^2}{4t}\right).$$

Ces deux solutions particulières peuvent s'écrire encore, respectivement,

$$(33) \quad \varphi = \varepsilon\, \psi\left(\frac{\xi^2}{2}\right) \frac{\xi^{m-1}}{r^{m-1}} \frac{d\xi}{dr}, \quad \varphi = -\,\varepsilon\, \psi\left(\frac{\xi^2}{2}\right) \xi^{1-m} \frac{d\xi}{dt}, \quad \text{où } \xi = \frac{r}{\sqrt{2t}}.$$

Sous cette forme, on voit que la deuxième donne

$$\int_0^t \varphi\, dt = \varepsilon \int_\xi^\infty \psi\left(\frac{\xi^2}{2}\right) \xi^{1-m}\, d\xi.$$

Par suite : 1°, pour t infini, l'intégrale $\int_0^t \varphi\, dt$ est alors finie et indépendante de r, quand l'expression $\int_0^\infty \psi\left(\frac{\xi^2}{2}\right) \xi^{1-m}\, d\xi$ est elle-même finie et déterminée, ou, autrement dit, d'après ce qu'on a vu ci-dessus (p. 382), quand les deuxièmes valeurs (31), (31 *bis*) de φ restent finies à la limite $r = o$; 2°, à cette limite $r = o$, l'intégrale considérée, $\int_0^t \varphi\, dt$, atteint, dans le même cas, sa valeur définitive, $\varepsilon \int_0^\infty \psi\left(\frac{\xi^2}{2}\right) \xi^{1-m}\, d\xi$, dès que t a dépassé zéro, de sorte qu'on peut alors, pour r infiniment petit, supposer la fonction φ nulle, au moins en moyenne, quand t y varie entre deux valeurs positives quelconques.

On voit, de même, que la première (33) donne

$$(34) \quad \int_0^r \varphi\, r^{m-1}\, dr = \varepsilon \int_0^\xi \psi\left(\frac{\xi^2}{2}\right) \xi^{m-1}\, d\xi.$$

Par conséquent, toutes les fois que l'expression

$$\int_0^\infty \psi\left(\frac{\xi^2}{2}\right) \xi^{m-1}\, d\xi$$

sera finie et déterminée, l'intégrale $\int_0^r \varphi\, r^{m-1}\, dr$ acquerra elle-même, pour $r = \infty$, une valeur finie constante, c'est-à-dire indépendante du temps t; et elle atteindra cette valeur sans que r soit infini, mais même quelque petit que soit r, pourvu qu'on prenne t infiniment peu supérieur à zéro ou pourvu que le rapport ξ de r à $\sqrt{2t}$ dépasse toute limite assignable. Nous verrons au n° suivant quel intérêt considérable présente, à raison de cette propriété, la solution particulière (32).

La même solution (32) jouit encore d'une autre propriété, assez analogue, mais où paraît, au lieu de φ, la dérivée $\dfrac{d\varphi}{dr}$. Cette dérivée, d'après (32), a pour valeur, en continuant à appeler ξ le rapport de r à $\sqrt{2t}$,

$$\frac{d\varphi}{dr} = \frac{\varepsilon}{(\sqrt{2t})^m}\,\psi'\!\left(\frac{r^2}{4t}\right)\frac{r}{2t} = -\frac{\varepsilon}{r^{m-1}}\,\psi'\!\left(\frac{\xi^2}{2}\right)\xi^{m-1}\frac{d\xi}{dt};$$

et il en résulte

$$(34\ bis)\qquad \int_0^t \frac{d\varphi}{dr}\,r^{m-1}\,dt = \varepsilon\int_\xi^\infty \psi'\!\left(\frac{\xi^2}{2}\right)\xi^{m-1}\,d\xi.$$

L'expression de l'intégrale $\displaystyle\int_0^t \frac{d\varphi}{dr}\,r^{m-1}\,dt$ ne diffère donc de celle, $\varepsilon\displaystyle\int_\xi^\infty \psi\!\left(\frac{\xi^2}{2}\right)\xi^{m-1}\,d\xi$, de l'intégrale $\displaystyle\int_r^\infty \varphi\,r^{m-1}\,dr$, que par le changement, sous le signe $\int$, de ψ en ψ'; et ce changement n'introduit même dans la somme aucune différence de valeur absolue, quand $\psi(\gamma) = e^{-\gamma}$ (d'où $\psi' = -\psi$). Il en est encore de même quand l'intégration se fait entre les deux limites $\xi = 0$, $\xi = \infty$ et que, m étant l'unité, $\psi(\gamma) =$ soit $\cos\gamma$, soit $\sin\gamma$ [d'où $\psi'(\gamma) =$ soit $-\sin\gamma$, soit $\cos\gamma$]; car on sait que $\displaystyle\int_0^\infty \cos\frac{\xi^2}{2}\,d\xi = \int_0^\infty \sin\frac{\xi^2}{2}\,d\xi$.

Alors, vu la formule (34), l'expression $\displaystyle\int_0^\infty \varphi\,r^{m-1}\,dr$ reçoit, quel que soit t, la même valeur absolue que l'expression $\int_0^\infty \frac{d\varphi}{dr} r^{m-1} dt$ quel que soit r.

Remarquons encore que, dans le cas $m = 2$, les deux intégrales particulières (32) et (32 *bis*) se réduisent à une seule, qui est $\varphi = \frac{1}{2t} \psi \left(\frac{r^2}{4t} \right)$.

Enfin, si nous avons pu, au moyen des expressions (31) ou (31 *bis*), étendre à l'équation aux dérivées partielles (23) les genres de solutions de l'équation (1) représentés par les formules (9) et (15), rien n'empêcherait de faire de même pour ceux qui ont été étudiés au n° 4. Il n'y aurait, dans ce but, qu'à déterminer la fonction ψ par l'équation différentielle, généralisée de (16).

$$(35) \qquad (\mp 1)^n \frac{d^n \psi(\gamma)}{d\gamma^n} + A \psi(\gamma) = K \gamma^{-\frac{m}{2}}.$$

En supposant, par exemple, le nombre n pair, on prendrait pour φ, au lieu de (20), la somme

$$(36) \qquad \varphi = \int_0^\infty \left[f \left(t - \frac{\alpha^p}{2} \right) + f \left(t + \frac{\alpha^p}{2} \right) \right] \psi \left(\frac{r^2}{2\alpha^p} \right) d\alpha,$$

où $f(t_1)$ désignerait une fonction arbitraire ayant même dérivée $n - 1^{ième}$ pour $t_1 = \infty$ que pour $t_1 = -\infty$. En effet, d'après (35), l'expression

$$A \psi \left(\frac{r^2}{2\alpha^p} \right) + (\mp 1)^n \psi^{(n)} \left(\frac{r^2}{2\alpha^p} \right)$$

pourrait être remplacée par

$$\left\{ \begin{aligned} & K \left(\frac{r^2}{2\alpha^p} \right)^{-\frac{m}{2}} = \frac{K \left(\sqrt{2} \right)^m}{r^m} \alpha^{\frac{pm}{2}} = \frac{K \left(\sqrt{2} \right)^m}{r^m} \alpha^{p-1} \\ & \qquad = \frac{2K \left(\sqrt{2} \right)^m}{p r^m} \frac{d}{d\alpha} \left(\frac{\alpha^p}{2} \right); \end{aligned} \right.$$

,et il viendrait successivement

$$
\left\{
\begin{aligned}
&\mathrm{A}\,\frac{d^{n}\varphi}{dt^{n}} + (\Delta_{2})^{n}\,\varphi = \\[2mm]
&\frac{2\mathrm{K}\left(\sqrt{2}\right)^{m}}{p r^{m}} \int_{x=0}^{x=\infty} \left[f^{(n)}\left(t - \frac{a^{p}}{2}\right) + f^{(n)}\left(t + \frac{a^{p}}{2}\right) \right] d\,\frac{a^{p}}{2} = \\[2mm]
&\frac{2\mathrm{K}\left(\sqrt{2}\right)^{m}}{p r^{m}} \left[f^{(n-1)}\left(t + \frac{a^{p}}{2}\right) - f^{(n-1)}\left(t - \frac{a^{p}}{2}\right) \right]_{x=0}^{x=\infty} = 0.
\end{aligned}
\right.
$$

Donc, la fonction (36), pourvu qu'elle eût des valeurs finies et bien déterminées, ainsi que ses dérivées en r jusqu'à celle de l'ordre $2n$, vérifierait bien l'équation proposée (23).

7. — De leur intégration, quand c'est le temps t qui est la variable principale.

La solution particulière (32) acquiert une grande importance, quand l'intégrale $\displaystyle\int_{0}^{\infty} \psi\left(\frac{\xi^{2}}{2}\right) \xi^{m-1}\, d\xi$ a une valeur déterminée et quand, par suite, comme on a vu, la somme $\displaystyle\int_{0}^{\infty} \varphi\, r^{n-1}\, dr$ est constante. En effet, dans le cas où, le temps t étant la variable indépendante principale, on donne directement les valeurs initiales de φ et de ses $n-1$ premières dérivées par rapport à t, en fonction des coordonnées x, y, ... et pour toutes les valeurs de ces coordonnées comprises entre $-\infty$ et $+\infty$, cette solution (32) devient la solution simple naturelle de l'équation aux dérivées partielles (23).

Pour le reconnaître, partageons l'espace indéfini considéré, à m dimensions, en éléments infiniment petits, que j'appellerai $d\varpi$ et qui, avec le système de coordonnées

rectangulaires x, y, …, auront l'expression $d\varpi = dx\,dy\ldots$;
puis imaginons qu'on multiplie, à une époque quelconque
t, chacun de ces éléments $d\varpi$ d'espace, ayant certaines
coordonnées x, y, …, par la valeur de φ qui s'y trouve
produite, et appelons $\int\varphi\, d\varpi$ la somme des produits pareils,
pour tout l'espace ϖ dont les éléments sont à des distances
de l'origine inférieures ou égales à une certaine valeur
donnée r. L'expression (32) de φ ne dépendant que de r, si
l'on divise cet espace, à partir de l'origine, en une infinité
de régions concentriques d'épaisseur dr, dont la limite
intérieure, de rayon r, vaudra $K r^{m-1}$, en appelant K un
certain nombre, et dont l'étendue égalera par suite
$K r^{m-1}\, dr$, il est évident que la somme considérée, $\int\varphi\, d\varpi$,
pourra s'écrire $K\int\varphi r^{m-1}\, dr$. On aura donc, d'après (34),

$$(37) \qquad \int\varphi\, d\varpi = \varepsilon K \int_{0}^{\xi} \psi\left(\frac{\xi^{2}}{2}\right) \xi^{m-1}\, d\xi, \quad \text{où} \quad \xi = \frac{r}{\sqrt{2t}}.$$

Il résulte de là : 1° que l'intégrale $\int\varphi\, d\varpi$, étendue à tout
l'espace, acquiert la valeur, finie et déterminée par hypo-
thèse, $\varepsilon K \int_{0}^{\infty} \psi\left(\frac{\xi^{2}}{2}\right) \xi^{m-1}\, d\xi$, la même à toutes les époques t ;
2° que cette intégrale $\int\varphi\, d\varpi$, étendue seulement jusqu'à
une distance limitée r, conserve encore une même valeur
à toute époque, si on prend le rayon, r, de l'espace considéré ϖ, proportionnel à la racine carrée du temps t ; 3° que,
ξ étant, pour t infiniment petit, aussi grand qu'on le veut
quelque minime qu'on fasse r, l'intégrale $\int\varphi\, d\varpi$ reçoit, à
l'époque $t = 0$, sa valeur totale, invariable, pour peu que
le rayon r de l'espace ϖ diffère de zéro ; en sorte que les
produits $\varphi\, d\varpi$, relatifs aux éléments $d\varpi$ situés aux distances
finies de l'origine, n'y ajoutent plus rien d'appréciable ;
4° et que, par suite, à cette époque $t = 0$, la fonction φ est
nulle, du moins en moyenne, à l'intérieur des éléments,
$d\varpi$, composant ensemble une zone quelconque $K\, r^{m-1}\, dr$
et autres que celui dont les coordonnées sont $x = 0$, $y = 0$, ….

Ainsi, *quand l'expression* $\int_{0}^{\infty} \psi \left(\frac{\xi^2}{2} \right) \xi^{m-1} d\xi$ *est finie et déterminée, la solution* (32) *convient aux cas où la somme* $\int \varphi \, d\varpi$, *étendue à tout l'espace, est constante, et où* φ *peut être censé s'annuler initialement, excepté à l'intérieur de l'élément particulier d'étendue à partir duquel se comptent les distances* r.

Cela étant, prenons successivement pour cet élément d'étendue, que j'appellerai $d\varpi_1$, tous ceux d'une région finie quelconque ϖ_1, dont les divers points auront certaines coordonnées $x_1, y_1, \ldots$ par rapport à un système déterminé d'axes. Il faudra remplacer, dans (32), $x, y, \ldots$ par $x - x_1, y - y_1, \ldots$, ou écrire

$$r = \sqrt{(x - x_1)^2 + (y - y_1)^2 + \ldots},$$

pour passer des axes dont l'origine est l'élément d'espace $d\varpi_1$ à ces axes déterminés communs ; d'ailleurs, si, pour abréger, l'on pose

$$(37 \; bis) \qquad K' = K \int_{0}^{\infty} \psi \left(\frac{\xi^2}{2} \right) \xi^{m-1} d\xi,$$

on pourra, dans chaque intégrale simple (32), choisir ε égal au produit de $\dfrac{d\varpi_1}{K'}$ par une fonction arbitraire $F(x_1, y_1, \ldots)$ des coordonnées de $d\varpi_1$. Et la somme de toutes les solutions particulières ainsi obtenues donnera l'intégrale plus générale

$$(38) \qquad \varphi = \frac{1}{K'} \int \psi \left(\frac{r^2}{4t} \right) F(x_1, y_1, \ldots) \frac{d\varpi_1}{(\sqrt{2t})^m}.$$

Il est facile de voir ce qu'y représente la fonction $F(x_1, y_1, \ldots)$. L'intégrale $\int \varphi \, d\varpi$, étendue à tout l'espace, égale évidemment la somme des intégrales analogues, invariables, correspondant aux diverses solutions élémentaires écrites sous le signe $\int$. Mais, calculée pour l'époque $t = o$ et pour un petit volume ϖ quelconque, elle se réduit à ce que donnent les solutions élémentaires dans lesquelles les distances r se comptent à partir d'éléments $d\varpi_{1}$ compris dans cet espace, puisque même la somme $\int \varphi \, d\varpi$, relative à un seul élément $d\varpi_{1}$, se trouve alors tout entière concentrée dans l'étendue qu'occupe celui-ci $d\varpi_{1}$. Et comme elle vaut d'ailleurs, pour cet élément, $K' \epsilon$ ou $F(x_{1}, y_{1}, \ldots) \, d\varpi_{1}$, elle égalera $F(x, y, \ldots) \, d\varpi$ à l'intérieur de chaque élément $d\varpi$ de l'espace considéré et, par suite, $\int F(x, y, \ldots) \, d\varpi$, ou $\varpi F(x, y, \ldots)$, pour cet espace ϖ, supposé assez petit en tous sens, de manière que la fonction $F(x, y, \ldots)$ y ait sensiblement la même valeur partout. Donc, avec l'expression (38) de φ, la valeur moyenne de cette fonction φ à l'époque $t = o$, dans tout espace infiniment petit entourant le point $(x, y, \ldots)$, n'est autre que $F(x, y, \ldots)$. Autrement dit, *la fonction arbitraire F entrant dans l'intégrale* (38) *représente les valeurs initiales de φ.*

Comme il correspondra, à chacune des n formes distinctes de ψ données par l'équation différentielle (14), une solution pareille à (38), la somme de ces n solutions constituera l'intégrale générale de (23), avec les n fonctions arbitraires de $x, y, ..$ qu'elle comporte; car cette équation aux dérivées partielles (23) n'est que du $n^{\text{ème}}$ ordre par rapport au temps t, pris ici pour variable principale.

Observons que, d'après les formules (34), (34 *bis*), et comme il a été reconnu à la suite de ces formules, l'expression $\int \varphi \, d\varpi$ ou $K \int \varphi r^{m-1} \, dr$, étendue à tout l'espace et calculée pour un seul élément de l'expression (38) de φ, aura sa valeur, $F(x_{1}, y_{1}, \ldots) \, d\varpi_{1}$, égale à $\pm K \int_{o}^{\infty} \frac{d\varphi}{dr} r^{m-1} \, dt$, dans les cas de $\psi(\gamma) = e^{-\gamma}$, et dans celui de $m = 1$ avec $\psi(\gamma) =$ soit $\cos \gamma$, soit $\sin \gamma$. Si l'on appelle σ l'étendue, Kr^{m-1}, de la figure qui limite intérieurement une quelconque des régions concentriques, d'épaisseur dr, en lesquelles a été divisé l'espace autour de l'élément $d\varpi_1$, cette valeur de $F(x_1, y_1, \ldots) \, d\varpi_1$ pourra s'écrire $\pm \int_0^\infty \tau \frac{dz}{dr} \, dt$. Nous verrons plus loin ce qu'elle représente, du moins dans le cas de $\psi(\gamma) = e^{-\gamma}$, quand nous appliquerons (n°s 13 et 14) la théorie générale exposée ici aux problèmes de l'échauffement et du refroidissement d'un milieu d'un nombre quelconque de dimensions.

En résumé, les intégrales de la forme (31) et (31 *bis*), grâce à la propriété qu'elles ont de transmettre cette forme simple à leurs paramètres différentiels Δ_2, sont aptes à exprimer les états variables de corps à dimensions indéfinies, quand ces états dépendent d'équations aux dérivées partielles du type (23). Non seulement elles les représentent dans les cas où ils sont exactement les mêmes à d'égales distances tout autour d'un centre de rayonnement persistant, mais, de plus, elles fournissent immédiatement les solutions simples naturelles, (32), dont se compose leur expression générale, lorsque le corps est abandonné à lui-même après avoir été disposé *initialement* d'une manière quelconque. Ces derniers problèmes, concernant le cas où le temps t joue le rôle de variable principale, auraient pu, il est vrai, se résoudre par l'emploi de la formule de Fourier, appliquée à des sommes de solutions élémentaires ayant la forme d'exponentielles, réelles ou imaginaires, à exposants du premier degré en $t, x, y, \ldots$ Mais la formule de Fourier donne toujours comme résultat une intégrale définie d'un ordre de multiplicité double du nombre des variables non principales $x, y, \ldots$; et il aurait fallu alors, pour arriver aux solutions simples naturelles dont il est question, ou, ce qui revient au même, aux intégrales générales définitives, de la forme (38), effectuer la moitié des intégrations indiquées par les signes $\int$. Or c'est là un genre de réduction pour lequel on ne possède aucun procédé général de calcul, difficile par conséquent et qui, peut-être même, n'aboutirait pas toujours, à cause du caractère parfois un peu indécis de la formule de Fourier, ou de sa convergence douteuse.

Les intégrales (31) et (31 *bis*), de la forme (24), donnent donc une seconde preuve de ce fait, déjà indiqué par l'usage des potentiels dans le mémoire précédent et dans la première note complémentaire, que tout nouveau type général de fonctions dont les paramètres différentiels Δ_2 se forment d'une manière simple constitue une découverte d'un réel intérêt en physique mathématique et peut y rendre abordables certaines catégories de questions.

Vu l'importance de la solution particulière (32), et quelque simple qu'ait été la voie suivie pour l'obtenir, il ne sera peut-être pas inutile de vérifier directement qu'elle satisfait bien à l'équation (23). A cet effet, nous ferons abstraction du facteur constant $\dfrac{\varepsilon}{\left(\sqrt{2}\right)^m}$, c'est-à-dire que nous prendrons

$$(39) \qquad \varphi = t^{-\frac{m}{2}} \psi(\gamma), \text{ où } \gamma = \frac{r^2}{4t} = \frac{x^2 + y^2 + \ldots}{4t}.$$

Il viendra aisément

$$(39\ bis) \qquad \frac{d\gamma}{dt} = -\frac{\gamma}{t}, \; \frac{d\gamma^2}{dx^2} + \frac{d\gamma^2}{dy^2} + \ldots = \frac{\gamma}{t}, \; \Delta_2\,\gamma = \frac{m}{2t};$$

et l'on trouvera de plus, pour toute fonction de γ qu'on différentiera en $x, y, \ldots$, les formules symboliques

$$\frac{d}{dx} = \frac{d\gamma}{dx}\frac{d}{d\gamma}, \; \frac{d^2}{dx^2} = \frac{d^2\gamma}{dx^2}\frac{d}{d\gamma} + \frac{d\gamma^2}{dx^2}\frac{d^2}{d\gamma^2}, \; \frac{d}{dy} = \text{etc.};$$

d'où

$$(40) \qquad \Delta_2 = t^{-1}\left(\frac{m}{2} + \gamma\frac{d}{d\gamma}\right)\frac{d}{d\gamma}.$$

D'ailleurs, toutes les fois qu'on aura à prendre la dérivée par rapport à γ du produit de γ et d'une dérivée $\dfrac{d}{d\gamma}$, on aura évidemment

$$(40\ bis) \qquad \frac{d}{d\gamma}\left(\gamma\,\frac{d}{d\gamma}\right) = \frac{d}{d\gamma} + \gamma\,\frac{d^2}{d\gamma^2} = \left(1 + \gamma\,\frac{d}{d\gamma}\right)\frac{d}{d\gamma};$$

de sorte qu'on pourra, dans $\dfrac{d}{d\gamma}\left(\gamma\,\dfrac{d}{d\gamma}\right)$, intervertir l'ordre des facteurs symboliques $\dfrac{d}{d\gamma}$, $\gamma\,\dfrac{d}{d\gamma}$, pourvu qu'on ajoute 1 à celui-ci. On trouvera d'abord, d'après (40),

$$\Delta_2\,\varphi = t^{-\left(\frac{m}{2}+1\right)}\left(\frac{m}{2} + \gamma\,\frac{d}{d\gamma}\right)\frac{d\psi}{d\gamma}.$$

La même formule (40), appliquée à celle-ci, donnera ensuite, si l'on fait passer tous les facteurs simples $\dfrac{d}{d\gamma}$ à la fin du résultat, en suivant la règle (40 bis),

$$\Delta_2\,\Delta_2\,\varphi = t^{-\left(\frac{m}{2}+2\right)}\left(\frac{m}{2} + \gamma\,\frac{d}{d\gamma}\right)\left(\frac{m}{2} + 1 + \gamma\,\frac{d}{d\gamma}\right)\frac{d^2\psi}{d\gamma^2}.$$

En continuant de même, il viendra finalement

$$(41) \quad \left\{ \begin{aligned} (\Delta_2)^n\,\varphi = t^{-\left(\frac{m}{2}+n\right)} &\left(\frac{m}{2} + \gamma\,\frac{d}{d\gamma}\right)\left(\frac{m}{2} + 1 + \gamma\,\frac{d}{d\gamma}\right)\cdots \\ &\left(\frac{m}{2} + n - 1 + \gamma\,\frac{d}{d\gamma}\right)\frac{d^n\psi}{d\gamma^n}. \end{aligned}\right.$$

D'autre part, la différentiation de (39) par rapport à t donne successivement, d'après la première (39 bis),

$$\frac{d\varphi}{dt} = -\,t^{-\left(\frac{m}{2}+1\right)}\left(\frac{m}{2} + \gamma\,\frac{d}{d\gamma}\right)\psi,$$

$$\frac{d^2\varphi}{dt^2} = t^{-\left(\frac{m}{2}+2\right)}\left(\frac{m}{2} + 1 + \gamma\,\frac{d}{d\gamma}\right)\left(\frac{m}{2} + \gamma\,\frac{d}{d\gamma}\right)\psi,\ \ldots,$$

et enfin ,

$$(42) \quad \left\{ \begin{aligned} \frac{d^n \varphi}{dr^n} &= (-1)^n \, r^{-\left(\frac{m}{2} + n\right)} \left(\frac{m}{2} + n - 1 + \gamma \frac{d}{d\gamma} \right) \cdots \\ & \left(\frac{m}{2} + 1 + \gamma \frac{d}{d\gamma} \right) \left(\frac{m}{2} + \gamma \frac{d}{d\gamma} \right) \psi. \end{aligned} \right.$$

On voit que, à part l'ordre dans lequel se présentent les facteurs symboliques, ordre évidemment indifférent ici (*), ce dernier résultat ne diffère de $(\Delta_2)^n \varphi$ qu'en ce que $(-1)^n \psi$ y remplace $\dfrac{d^n \psi}{d\gamma^n}$. Donc, quel que soit le nombre m des variables x, y, …, l'équation aux dérivées partielles (23) sera satisfaite identiquement, si l'on détermine $\psi (\gamma)$ par la relation (14), $(\mp 1)^n \psi^{(n)} \pm A \, \psi = 0$. prise avec les signes supérieurs, comme on a convenu de faire en établissant la solution (32).

8. — *Application de la même forme d'intégrales définies à l'intégration de certaines équations différentielles.*

M. de Tilly, Membre de l'Académie Royale de Belgique, a eu l'idée, en lisant l'article du 2 janvier 1882 [*Comptes-Rendus*, t. XCIV, p. 33] où j'appliquais l'expression (5) de φ à l'intégration de l'équation aux dérivées partielles (1), de faire servir la même expression, que ses deux fonctions arbitraires f, ψ rendent susceptible de prendre bien des formes différentes, à représenter des intégrales de certaines équations différentielles; et il en a déduit une méthode ingénieuse d'intégration pour celles du type $\dfrac{d^n \varphi}{dr^n} = A \, r^a \, \varphi$, où A et a sont deux constantes quelconques.

(*) Parce que leurs parties variables ou indiquant des différentiations sont toutes pareilles, de la forme $\gamma \dfrac{d}{d\gamma}$, et non des deux formes différentes $\dfrac{d}{d\gamma}$, $\gamma \dfrac{d}{d\gamma}$ comme dans (41).

Voici en quoi consiste cette méthode, dans le cas simple $n = 2$, qui est le cas de l'équation du second ordre à laquelle se ramène celle du premier ordre dite de Riccati. J'y emploierai d'ailleurs la forme (24), moins spéciale que (5) et qui, pour cette raison, pourrait comporter des applications plus nombreuses.

Démontrons d'abord une propriété importante dont jouit l'expression (24) quelque valeur qu'on y attribue à p, propriété implicitement indiquée dans le n° 5 ci-dessus. Comme le Δ, de toute fonction de r, quand on y prend r égal à la racine carrée de la somme des carrés de m variables x, y, ..., a pour valeur

$$\frac{d^2 \varphi}{dr^2} + \frac{m-1}{r} \frac{d\varphi}{dr}$$

et comme, de plus, cette expression devient

$$\frac{d^2 \varphi}{dr^2} + \left(1 - \frac{2}{p}\right) \frac{1}{r} \frac{d\varphi}{dr},$$

lorsqu'on y remplace m, en vertu de (27), par $2 - \dfrac{2}{p}$, on aura, pour toutes les valeurs de p qui rendront m entier et positif,

$$(a) \qquad \frac{d^2 \varphi}{dr^2} + \left(1 - \frac{2}{p}\right) \frac{1}{r} \frac{d\varphi}{dr} = \int_0^\infty f''\left(\frac{\alpha^p}{2}\right) \psi'\left(\frac{r^2}{2\alpha^p}\right) d\alpha.$$

Telle est la propriété dont il s'agit d'établir la généralité, en faisant voir qu'elle subsiste dans le cas de p quelconque. Posons, pour abréger

$$(b) \qquad \beta = \frac{\alpha^p}{2}, \quad \gamma = \frac{r^2}{2\alpha^p};$$

ce qui permettra d'écrire

$$(c) \qquad \varphi = \int_0^\infty f(\beta)\, \psi(\gamma)\, d\alpha.$$

Deux différentiations consécutives de φ par rapport à r donneront

$$\frac{d\varphi}{dr} = r \int_0^\infty f(\beta)\,\psi'(\gamma)\,\frac{d\alpha}{\alpha^p},$$

$$\frac{d^2\varphi}{dr^2} = \int_0^\infty f(\beta)\,\psi'(\gamma)\,\frac{d\alpha}{\alpha^p} + \int_0^\infty f(\beta)\,\psi''(\gamma)\,\frac{r^2\,d\alpha}{\alpha^{2p}}.$$

Sous le dernier signe $\int$, remplaçons $\dfrac{r^2 d\alpha}{\alpha^{2p}}$ par $-\dfrac{2}{p}\,\alpha^{1-p}\,d\gamma$, ce qui revient au même d'après la seconde (b), et, ayant mis ensuite $d\psi'(\gamma)$ au lieu de $\psi''(\gamma)\,d\gamma$, intégrons par parties comme nous l'avons fait pour arriver à (26) [p. 376], en supposant de même nul le terme aux limites,

$$\left[-\frac{2}{p}\,\alpha^{1-p}\,f\left(\frac{\alpha^\beta}{2}\right)\psi'\left(\frac{r^2}{2\alpha^\beta}\right) \right]_{\alpha=0}^{\alpha=\infty}.$$

Il viendra évidemment

$$\begin{cases} \dfrac{d^2\varphi}{dr^2} = \left(1 + 2\,\dfrac{1-p}{p}\right) \displaystyle\int_0^\infty f(\beta)\,\psi'(\gamma)\,\dfrac{d\alpha}{\alpha^p} + \int_0^\infty f'(\beta)\,\psi'(\gamma)\,d\alpha \\[2ex] \qquad = \left(\dfrac{2}{p} - 1\right)\dfrac{1}{r}\dfrac{d\varphi}{dr} + \displaystyle\int_0^\infty f'(\beta)\,\psi'(\gamma)\,d\alpha, \end{cases}$$

relation qui est bien équivalente à (a)

La formule générale (a) ainsi établie, admettons que l'équation à intégrer soit

$$(d) \qquad \frac{d^2\varphi}{dr^2} + \left(1 - \frac{2}{p}\right)\frac{1}{r}\frac{d\varphi}{dr} - A\,\varphi = 0,$$

A désignant un coefficient positif. L'expression (c) de φ la changera, vu (a), en celle-ci,

$$(e) \qquad \int_0^\infty [f'(\beta)\,\psi'(\gamma) - A\,f(\beta)\,\psi(\gamma)]\,d\alpha = 0.$$

M. de Tilly y satisfait en posant

$$(f) \qquad \frac{f'(\beta)}{f(\beta)} = \frac{A \, \psi'(\gamma)}{\psi(\gamma)} = \text{une const. arbitr. } (-c),$$

et en prenant par suite, à des facteurs constants près,

$$(g) \qquad f(\beta) = e^{-c\beta}, \quad \psi(\gamma) = e^{-\frac{A}{c}\gamma};$$

ce qui, à cause des valeurs (c) et (b) de φ, β et γ, donne

$$(h) \qquad \varphi = \int_0^\infty e^{-\frac{1}{2}\left(c\alpha^p + \frac{Ar^2}{b\alpha^p}\right)} d\alpha.$$

Du reste, et comme l'a remarqué M. de Tilly lui-même, cette intégrale de l'équation différentielle (d) [ou de l'équation (m) ci-après] avait été obtenue autrement par Poisson, qui l'a démontrée dans le XVIe cahier du *Journal de l'École Polytechnique.*

On choisira c positif, pour que l'exposant de e sous le signe $\int$ soit constamment négatif et rende finie l'intégrale. Observons d'ailleurs que le terme aux limites supposé nul dans la démonstration de la formule fondamentale (a) le sera bien en effet. La raison en est que, à chacune des limites $\alpha = 0$, $\alpha = \infty$, l'une des deux variables auxiliaires β, γ deviendra infinie et fera annuler toute fonction contenant en facteur l'exponentielle correspondante $f(\beta)$ ou $\psi(\gamma)$, comme, par exemple, l'expression $\alpha^{1-p} f(\beta) \psi'(\gamma)$.

Il est inutile de multiplier le second membre de (h) par une deuxième constante arbitraire c'; car, si on le fait, mais qu'on change ensuite, sous le signe $\int$, $c'd\alpha$ en $d\alpha$ ou $c'\alpha$ en α, on retombera sur la formule (h), avec une autre valeur de la constante c. On n'obtient donc toujours qu'une intégrale particulière; mais un procédé connu permet d'en déduire l'intégrale générale.

Quand $p = 2$, si l'on prend en outre $c = 1$ et $A = 1$, l'expression (h) de φ, réduite à $\int_0^\infty e^{-\frac{1}{2}\left(\alpha^2 + \frac{r^2}{\alpha^2}\right)}\,d\alpha$, reçoit

la valeur $\int_0^\infty e^{-\frac{\alpha^2}{2}}\,d\alpha = \sqrt{\frac{\pi}{2}}$, pour $r = 0$, et la valeur

$\int_0^\infty e^{-\infty}\,d\alpha = 0$, pour $r = \infty$. Or l'intégrale générale et

unique de l'équation (d) est alors $\varphi = Me^{-r} + Ne^{r}$; en la

déterminant de manière que $\varphi = \sqrt{\frac{\pi}{2}}$ pour $r = 0$ et que

$\varphi = 0$ pour $r = \infty$, elle donne $\varphi = \sqrt{\frac{\pi}{2}}\,e^{-r}$. Il vient donc

la formule (connue)

$$(i) \qquad \int_0^\infty e^{-\frac{1}{2}\left(\alpha^2 + \frac{r^2}{\alpha^2}\right)}\,d\alpha = \sqrt{\frac{\pi}{2}}\,e^{-r}.$$

Revenant au cas général, montrons enfin que l'équation
que l'on a ainsi intégrée, (d), équivaut bien à celle de
Riccati, comme on le sait du reste. Appelons q un exposant
quelconque, et substituons à r la nouvelle variable u que
définit la relation

$$(j) \qquad r = u^q; \text{ d'où } \frac{du}{dr} = \frac{1}{q}\,u^{1-q}.$$

Il en résulte les formules de transformation

$$\frac{d}{dr} = \frac{1}{q}\,u^{1-q}\frac{d}{du}; \quad \frac{d^2}{dr^2} = \frac{1}{q}\,u^{1-q}\frac{d}{du}\left(\frac{1}{q}\,u^{1-q}\frac{d}{du}\right) = \frac{u^{2-2q}}{q^2}\left(\frac{d^2}{du^2} + \frac{1-q}{u}\frac{d}{du}\right);$$

et l'équation (d), multipliée par $q^2\,u^{2q-2}$, devient finalement

$$(k) \qquad \frac{d^2\varphi}{du^2} + \left(1 - \frac{2q}{p}\right)\frac{1}{u}\frac{d\varphi}{du} - Aq^2\,u^{2q-2}\,\varphi = 0.$$

On peut, en choisissant convenablement q, p et A, lui faire prendre toutes les formes comprises dans celle-ci,

$$(l) \qquad \frac{d^2\varphi}{du^2} + \frac{k}{u}\frac{d\varphi}{du} - B u^m \varphi = 0,$$

où m, k et B sont trois constantes quelconques, dont la dernière cependant, B, doit être positive comme A. Ainsi, la solution trouvée (h) convient à toutes les équations du type (l). On voit de plus que celles-ci, mises sous la forme (k), ne cesseront pas, quand on y fera varier q, d'être équivalentes à (d) ou, par suite, équivalentes entr'elles, et d'admettre la même intégrale (h), pourvu que les deux constantes A, p restent les mêmes et que r reçoive l'expression u^i définie par (f).

Or, la valeur de q qui simplifie le plus possible l'équation (k) est celle, $q = \dfrac{p}{2}$, qui fait disparaître son second terme, et qui lui donne la forme de l'équation de Riccati transformée,

$$(m) \qquad \frac{d^2\varphi}{du^2} = B u^m \varphi, \text{ avec } B = \frac{A p^2}{4} \text{ et } m = p - 2.$$

Par conséquent, l'équation (d) et l'équation (k) ou (l) reviennent à celle de Riccati (m); et c'est une solution particulière de celle-ci que représente l'intégrale définie (h).

On a vu par la relation (i) qu'en mettant sous la forme d'une intégrale définie une certaine solution, directement évaluable d'ailleurs, d'une équation différentielle, on se trouvait avoir calculé de la sorte, et assez simplement, la valeur de cette intégrale. Voici un autre exemple, assez remarquable, d'une pareille détermination, où il s'agit d'intégrales définies assez analogues à (i), mais plus compliquées.

Dans l'expression

$$(n) \qquad \varphi = \int_0^\infty f\left(\frac{\alpha^2}{2}\right) \psi\left(\frac{r^2}{2\alpha^2}\right) d\alpha,$$

posons $f(\beta) = e^{-\beta}$, $\psi(\gamma) = \cos\gamma$; ce qui rend évidemment finie et déterminée cette expression, et ce qui, de plus, permet de lui appliquer, ainsi qu'à ses dérivées en r, la règle de différentiation exposée au n° 2 [p. 361], car la condition (8) est évidemment satisfaite. Nous aurons successivement :

$$(p) \quad \begin{cases} \varphi = \displaystyle\int_0^\infty e^{-\frac{\alpha^2}{2}} \cos \frac{r^2}{2\alpha^2} \, d\alpha, \quad \dfrac{d\varphi}{dr} = -\int_0^\infty e^{-\frac{r^2}{2\alpha^2}} \sin \frac{\alpha^2}{2} \, d\alpha, \\[2ex] \dfrac{d^2\varphi}{dr^2} = \displaystyle\int_0^\infty e^{-\frac{\alpha^2}{2}} \sin \frac{r^2}{2\alpha^2} \, d\alpha, \quad \dfrac{d^3\varphi}{dr^3} = \int_0^\infty e^{-\frac{r^2}{2\alpha^2}} \cos \frac{\alpha^2}{2} \, d\alpha, \\[2ex] \dfrac{d^4\varphi}{dr^4} = -\displaystyle\int_0^\infty e^{-\frac{\alpha^2}{2}} \cos \frac{r^2}{2\alpha^2} \, d\alpha. \end{cases}$$

Par conséquent, l'intégrale définie représentée par φ vérifie l'équation différentielle $\dfrac{d^4\varphi}{dr^4} + \varphi = 0$, dont la solution générale et unique, avec quatre constantes arbitraires A, B, C, D, est

$$(q) \quad \varphi = e^{-\frac{r}{\sqrt{2}}}\left(A\cos\frac{r}{\sqrt{2}} + B\sin\frac{r}{\sqrt{2}}\right) + e^{\frac{r}{\sqrt{2}}}\left(C\cos\frac{r}{\sqrt{2}} + D\sin\frac{r}{\sqrt{2}}\right).$$

Les formules (p) montrant, de plus, qu'on a

$$(q') \ \text{(pour } r = 0) \quad \begin{cases} \varphi = \displaystyle\int_0^\infty e^{-\frac{\alpha^2}{2}} \, d\alpha = \sqrt{2}\int_0^\infty e^{-m^2} \, dm = \sqrt{\frac{\pi}{2}}, \\[2ex] \dfrac{d^2\varphi}{dr^2} = 0, \end{cases}$$

et aussi

$$(q'') \qquad \text{(pour } r = \infty) \quad \frac{d\varphi}{dr} = 0, \quad \frac{d^3\varphi}{dr^3} = 0,$$

déterminons les quatre constantes A, B, C, D de manière que ces quatre conditions spéciales (q'), (q'') soient satisfaites. Il faudra, pour cela, prendre $A = \sqrt{\dfrac{\pi}{2}}$, $B = o$, $C = o$, $D = o$, ou

$$(r) \qquad \varphi = \sqrt{\frac{\pi}{2}}\, e^{-\frac{r}{\sqrt{2}}} \cos \frac{r}{\sqrt{2}}.$$

La différentiation de celle-ci donne, effectivement,

$$(r') \quad \begin{cases} \dfrac{d\varphi}{dr} = -\dfrac{\sqrt{\pi}}{2}\, e^{-\frac{r}{\sqrt{2}}}\left(\cos \dfrac{r}{\sqrt{2}} + \sin \dfrac{r}{\sqrt{2}}\right),\ \dfrac{d^2\varphi}{dr^2} = \sqrt{\dfrac{\pi}{2}}\, e^{-\frac{r}{\sqrt{2}}} \sin \dfrac{r}{\sqrt{2}}, \\[3ex] \dfrac{d^3\varphi}{dr^3} = \dfrac{\sqrt{\pi}}{2}\, e^{-\frac{r}{\sqrt{2}}}\left(\cos \dfrac{r}{\sqrt{2}} - \sin \dfrac{r}{\sqrt{2}}\right), \end{cases}$$

et les quatre conditions spéciales (q'), (q'') sont bien vérifiées.

Égalons les expressions correspondantes, (p) et (r) ou (r'), de φ et de ses trois premières dérivées, puis posons, pour simplifier, $\dfrac{r}{\sqrt{2}} = \rho$. Il viendra, d'une part,

$$(s) \quad \begin{cases} \displaystyle\int_0^\infty e^{-\frac{\alpha^2}{2}} \cos \frac{\rho^2}{\alpha^2}\, d\alpha = \sqrt{\frac{\pi}{2}}\, e^{-\rho} \cos \rho, \\[3ex] \displaystyle\int_0^\infty e^{-\frac{\alpha^2}{2}} \sin \frac{\rho^2}{\alpha^2}\, d\alpha = \sqrt{\frac{\pi}{2}}\, e^{-\rho} \sin \rho, \end{cases}$$

et, d'autre part,

$$(s') \quad \begin{cases} \displaystyle\int_0^\infty e^{-\frac{\rho^2}{\alpha^2}} \cos \frac{\alpha^2}{2}\, d\alpha = \frac{\sqrt{\pi}}{2}\, e^{-\rho}(\cos \rho - \sin \rho), \\[3ex] \displaystyle\int_0^\infty e^{-\frac{\rho^2}{\alpha^2}} \sin \frac{\alpha^2}{2}\, d\alpha = \frac{\sqrt{\pi}}{2}\, e^{-\rho}(\cos \rho + \sin \rho). \end{cases}$$

Ainsi se trouvent évaluées quatre intégrales définies assez remarquables.

On en déduit d'autres, un peu plus générales, en y remplaçant α par $m\alpha$ et ρ par mn, où m et n désignent deux nombres positifs quelconques. Cela donne :

$$(i)\quad\begin{cases}\displaystyle\int_0^\infty e^{-\frac{m^2\alpha^2}{2}}\cos\frac{n^2}{\alpha^2}\,d\alpha=\sqrt{\frac{\pi}{2}}\;e^{-mn}\frac{\cos mn}{m},\\[2ex]\displaystyle\int_0^\infty e^{-\frac{m^2\alpha^2}{2}}\sin\frac{n^2}{\alpha^2}\,d\alpha=\sqrt{\frac{\pi}{2}}\;e^{-mn}\frac{\sin mn}{m},\\[2ex]\displaystyle\int_0^\infty e^{-\frac{n^2}{\alpha^2}}\cos\frac{m^2\alpha^2}{2}\,d\alpha=\frac{\sqrt{\pi}}{2}\;e^{-mn}\frac{\cos mn-\sin mn}{m},\\[2ex]\displaystyle\int_0^\infty e^{-\frac{n^2}{\alpha^2}}\sin\frac{m^2\alpha^2}{2}\,d\alpha=\frac{\sqrt{\pi}}{2}\;e^{-mn}\frac{\cos mn+\sin mn}{m}.\end{cases}$$

Faisons, dans les deux premières, $m=0$, $n=1$ et, dans les deux dernières, $n=0$, $m=\sqrt{2}$. Il viendra

$$(i')\quad\begin{cases}\displaystyle\int_0^\infty\left(\cos\frac{1}{\alpha^2}\right)d\alpha=\infty,\quad\int_0^\infty\left(\sin\frac{1}{\alpha^2}\right)d\alpha=\sqrt{\frac{\pi}{2}},\\[2ex]\displaystyle\int_0^\infty\cos\alpha^2\,d\alpha=\tfrac{1}{2}\sqrt{\frac{\pi}{2}},\quad\int_0^\infty\sin\alpha^2\,d\alpha=\tfrac{1}{2}\sqrt{\frac{\pi}{2}},\end{cases}$$

formules dont les deux dernières sont bien connues (*).

(*) On remarquera que la deuxième des quatre intégrales (i'), en y posant $\alpha=\dfrac{1}{x}$, devient $\displaystyle\int_0^\infty\frac{\sin x^2}{x^2}\,dx$ et que, d'autre part, sa valeur $\sqrt{\dfrac{\pi}{2}}$, élevée au carré, égale l'intégrale classique $\displaystyle\int_0^\infty\frac{\sin x}{x}\,dx$. On a donc la relation, assez curieuse,

$$\int_0^\infty\frac{\sin x}{x}\,dx=\left(\int_0^\infty\frac{\sin x^2}{x^2}\,dx\right)^2.$$

§ II. — APPLICATIONS DE CETTE MÉTHODE DANS LA THÉORIE DE LA
CHALEUR ET DANS CELLE DU FROTTEMENT DES FLUIDES.

9. — *Problème de l'échauffement d'une barre et autres analogues :
équations qui les définissent.*

Les applications physiques les plus simples qu'on puisse
donner des théories précédentes sont celles qui concernent
le mouvement de la chaleur dans les corps athermanes
isotropes à une, deux ou trois dimensions [*barres*, *plaques*
et *corps massifs*] (*).

Nous commencerons par étudier l'échauffement d'une
barre homogène cylindrique ou prismatique, s'étendant,
le long d'un axe pris pour celui des abscisses positives x,
depuis l'origine jusqu'à l'infini, rendue imperméable à la

(*) D'ailleurs ces lois du mouvement de la chaleur par conductibilité paraissent
régir, comme on sait, la *diffusion* d'un corps (non gazeux) dans un dissolvant à
température uniforme, au moins tant que le dissolvant se trouve encore assez
loin d'en être saturé. Alors, en effet, le flux de matière dissoute qui traverse par
unité de temps un élément plan semble être simplement proportionnel à la dérivée,
suivant la normale à l'élément, de la densité effective ρ (ou masse par unité de
volume) de cette matière dans le milieu, tout comme les flux de chaleur le sont
à la dérivée analogue de la température ; et l'on remarquera que, pour compléter
l'analogie, la température mesure en quelque sorte (sauf un facteur constant), aux
divers points d'un corps homogène athermane, la densité de la chaleur, ou chaleur
contenue dans l'unité de volume. Par suite, la densité considérée de la matière
dissoute variera d'un instant à l'autre, dans chaque région de l'espace, d'après les
mêmes lois que la température d'un certain milieu athermane qui l'occuperait et
qui, aux points où est déposé le corps en train de se diffuser, aurait reçu ou
recevrait de la chaleur exactement comme le dissolvant y a absorbé ou y absorbe
de la matière dissoute.

Un tel mode de diffusion est précisément celui auquel on arrive en assimilant le
corps qui se diffuse à un fluide, régi par la loi de Mariotte, qui *transpirerait* ou
filtrerait à travers un milieu perméable comme du sable, à la condition, toutefois,
d'admettre que son coefficient de frottement intérieur, appelé ε par Navier, fût
proportionnel à sa densité (ce qui n'a pas lieu dans les gaz, où ε en est à peu près
indépendant). On peut voir en effet, par la formule (α) de la p. 4 de mon *Essai sur
la théorie des eaux courantes*, dans laquelle le terme sin I représentatif de l'influence de la pesanteur est ici négligeable, que la vitesse V du fluide, dirigée, en

chaleur sur ses faces latérales, et chauffée enfin, à l'origine $x = 0$, de manière qu'on y connaisse, en fonction du temps t, soit la température φ de la barre, soit le flux de chaleur qui y traverse sa surface de base, soit, du moins, la tem-

tout point (x, y, z), suivant la normale ds à la surface $\rho = $ const. qui y passe, est proportionnelle à la dérivée, changée de signe, de la pression p ou de la densité ρ, le long de cette normale ds, et à un certain coefficient, $\dfrac{1}{\mu\varepsilon}$, qui se trouve d'ailleurs, lui-même, pour un degré donné de compacité du milieu perméable, être en raison inverse du coefficient ε de frottement intérieur. Admettons que celui-ci soit proportionnel à la puissance $n^{ième}$ de la densité ρ. La vitesse V sera donc en raison directe de $-\dfrac{1}{\rho^n}\dfrac{d\rho}{dx}$, et la masse fluide *débitée* par l'unité d'aire de la surface $\rho = $ const., ou le *flux de transpiration*, évidemment proportionnel lui-même au produit de cette vitesse par la densité ρ, aura une expression de la forme $-a^2\rho^{1-n}\dfrac{d\rho}{ds}$, comme il arriverait pour les courants de chaleur dans un milieu athermane où le coefficient de conductibilité serait en raison directe de la puissance $(1-n)^{ième}$ de la température ρ. Alors l'équation aux dérivées partielles, bien connue, régissant les variations de cette dernière, deviendrait

$$\frac{d\rho}{dt} = a^2\left[\frac{d}{dx}\left(\rho^{1-n}\frac{d\rho}{dx}\right) + \frac{d}{dy}\left(\rho^{1-n}\frac{d\rho}{dy}\right) + \frac{d}{dz}\left(\rho^{1-n}\frac{d\rho}{dz}\right)\right],$$

ou bien, en multipliant par $(2-n)\rho^{1-n}$,

$$\frac{d(\rho^{2-n})}{dt} = a^2\rho^{1-n}\Delta_2(\rho^{2-n}).$$

Telle sera donc l'équation indéfinie du phénomène considéré de filtration. Or, en y faisant $n = 1$, elle coïncide, comme on voit, avec celle des phénomènes de diffusion généralement admise.

Lorsque n diffère de 1, elle est encore intégrable dans certains cas simples, notamment quand l'état est permanent ou qu'elle se réduit à $\Delta_2(\rho^{2-n}) = 0$, et quand ρ ne varie que de petites fractions de sa valeur, cas où le coefficient $a^2\rho^{1-n}$ peut être supposé constant. On sait du reste que, si les coefficients de conductibilité et les capacités calorifiques sont assimilés ainsi à des constantes, dans la théorie analytique de la chaleur, c'est, de même, parce que les variations de température que nous observons ordinairement se trouvent être très faibles en comparaison de la température absolue.

Pour un gaz se diffusant dans un solide ou dans un liquide et, probablement aussi, pour un gaz filtrant à travers un corps spongieux, la résistance qu'éprouve l'unité de masse est proportionnelle à V^2, non à la vitesse V, par suite sans doute des plus grandes valeurs de celle-ci, capables de rendre l'écoulement dans des espaces aussi irréguliers tourbillonnant comme dans les grandes sections et régi dès lors par les mêmes lois : V y est donc en raison directe, non plus de $-\dfrac{1}{\rho}\dfrac{dp}{ds}$, mais de $\sqrt{-\dfrac{1}{\rho}\dfrac{dp}{ds}}$, et l'équation indéfinie en ρ, presque aussi aisée à former, cesse d'être linéaire par rapport aux dérivées de ρ.

pérature d'une enceinte chaude, rayonnant sa chaleur vers
cette base proportionnellement à la différence de leurs températures (*). La même analyse s'appliquera du reste, sans
modification, au cas d'un milieu limité par une face plane,
mais indéfini suivant tous les autres sens, et qui serait,
à chaque instant, chauffé également sur toute l'étendue de
cette face plane ; car, si l'on considère un tel milieu comme
formé de fibres infiniment longues normales à sa surface,
chacune d'elles, adjacente à d'autres possédant les mêmes
températures, ne pourra que se comporter comme une
barre isolée, imperméable latéralement à la chaleur.

Enfin le même genre de calcul donne aussi les vitesses
qu'une masse fluide indéfinie reçoit de proche en proche, par
l'effet des frottements, d'une plaque solide et mince immergée, de dimensions également indéfinies, à laquelle on imprime dans son propre plan une translation rectiligne d'une
rapidité variable en fonction explicite du temps, lorsqu'on
suppose d'ailleurs les mouvements bien continus, ou non-
tourbillonnants, et, le frottement de la plaque, suffisant pour
produire l'adhérence à cette plaque de la couche fluide contiguë, ou, plus généralement, proportionnel à la différence
des vitesses de la même plaque et de la couche fluide contiguë. C'est ce qu'on peut voir au § II d'un *Complément* à mon
Essai sur la théorie des eaux courantes, inséré dans le volume
de 1878 du *Journal de Mathématiques pures et appliquées*.

On sait que l'équation indéfinie du mouvement de la
chaleur le long de la barre sera de la forme

$$\frac{d^2 q}{dx^2} - \frac{1}{a^2}\frac{dq}{dt} = 0,$$

(*) S'il s'agissait, non d'une propagation de chaleur, mais de la diffusion d'une
matière, remplissant un réservoir, à travers une paroi plane, supposée infiniment
épaisse, de ce réservoir, le rôle qu'avait la température de l'enceinte serait évidemment rempli par la *densité de saturation*, dans la paroi, de la matière dissoute,
densité proportionnelle à la densité effective de cette matière dans le réservoir
ainsi qu'à son coefficient de solubilité dans la paroi, et exprimant ce que devient
la densité, dans la paroi, de la matière dissoute, quand il y a équilibre avec le
réservoir ou que le flux de diffusion s'annule.

et que le flux de chaleur qui traversera, dans l'unité de temps, une quelconque des sections normales, en allant vers les x positifs, égalera le produit d'un coefficient numérique donné par $-\dfrac{d\varphi}{dx}$. Mais, pour simplifier un peu les formules, nous supposerons $a^2 t$ remplacé par t, ou a par 1, ce qui revient à choisir convenablement l'unité de temps, et nous attribuerons à la barre des dimensions transversales telles, que le flux de chaleur qui pénètre à travers une de ses sections égale simplement, par unité de temps, $-\dfrac{d\varphi}{dx}$. Ainsi, d'une part, nous aurons l'équation indéfinie en φ, aux dérivées partielles,

$$(43) \qquad \frac{d^2\varphi}{dx^2} - \frac{d\varphi}{dt} = 0.$$

D'autre part, si $F(t)$ désigne la température connue de l'enceinte, à l'époque t, et k un coefficient positif constant, proportionnel au pouvoir émissif de la base $x = 0$, la condition spéciale à cette extrémité $x = 0$ de la barre sera généralement

$$(44) \qquad (\text{pour } x = 0) \qquad -\frac{d\varphi}{dx} = k\left[F(t) - \varphi\right].$$

Elle se réduit à $\varphi = F(t)$, quand il y a contact de la barre avec le corps dont $F(t)$ désigne la température et quand, par suite, on peut supposer infini le coefficient k, ou attribuer à l'extrémité de la barre (à une différence infiniment petite près) la température même de l'enceinte, $F(t)$, connue à chaque instant; et elle se réduit à $-\dfrac{d\varphi}{dx} = k\,F(t)$, quand, au contraire, k pouvant être censé infiniment petit et la température $F(t)$ de l'enceinte beaucoup plus grande en valeur absolue que celle, φ, de la barre, c'est le flux de chaleur qui se trouve donné directement.

Si l'on joint à l'équation (43) cette relation spéciale (44), et si l'on admet, en outre, que la température φ et les flux de chaleur $-\dfrac{d\varphi}{dx}$ soient finis, sur toute l'étendue comprise de $x = 0$ à $x = \infty$ et entre les limites $t = -\infty$, $t = t$, la fonction φ sera déterminée, ou complètement, ou, du moins, à une constante près.

En effet, soit φ une fonction qui satisfasse à toutes ces conditions, et appelons $\varphi + \varphi'$ toute autre solution, supposé qu'il en existe. Il est clair que φ' devra vérifier les deux relations, transformées de (43) et (44),

$$(43\ bis) \qquad \frac{d\varphi'}{dt} = \frac{d^2\varphi'}{dx^2},$$

$$(44\ bis) \qquad (\text{pour } x = 0) \quad \frac{d\varphi'}{dx} = k\,\varphi';$$

de plus, φ', $-\dfrac{d\varphi'}{dx}$ seront, même pour $t = -\infty$, des fonctions constamment finies entre les limites $x = 0$, $x = \infty$. Or, il est aisé de reconnaître que ces conditions obligent de poser identiquement $\varphi' = 0$, sauf quand le coefficient d'émission k est nul, cas où elles donnent seulement $\varphi' = $ constante.

Pour le démontrer, multiplions (43 *bis*) par $2\,\varphi'\,dx$ et. après avoir substitué à $\varphi'\dfrac{d^2\varphi'}{dx^2}$ la différence

$$\frac{d}{dx}\left(\varphi'\,\frac{d\varphi'}{dx}\right) - \left(\frac{d\varphi'}{dx}\right)^2,$$

intégrons entre les limites constantes $x = 0$, $x = x$. En tenant compte de (44 *bis*) et appelant φ'_0 la valeur de φ' à la limite $x = 0$, il viendra

$$(45) \qquad \frac{d}{dt}\int_0^x \varphi'^2\,dx = 2\,\varphi'\,\frac{d\varphi'}{dx} - 2\,k\,\varphi_0'^2 - 2\int_0^x\left(\frac{d\varphi'}{dx}\right)^2 dx.$$

Dans le second membre, le premier terme, le seul qui n'y soit pas essentiellement négatif, reste fini, par hypothèse, quand on fait croître indéfiniment la limite supérieure x. En même temps, le dernier terme grandit jusqu'à dépasser toute quantité donnée, à moins que la dérivée $\frac{d\varphi'}{dx}$ ne tende assez vite vers zéro, pour x croissant, cas où le premier terme $2\,\varphi'\,\frac{d\varphi'}{dx}$ décroît jusqu'à zéro. Donc, de toute manière, il suffit que φ' soit variable, pour que le dernier terme, négatif, du second membre de (45) finisse par l'emporter sur le premier à mesure que x grandit. Donnons à x une valeur suffisante pour qu'il en soit ainsi à toutes les époques comprises entre $-\infty$ et t, cette dernière étant d'ailleurs choisie à volonté. La relation (45) pourra s'écrire alors, en appelant θ une fonction de t et x inconnue, mais positive et de grandeur notable,

$$(45\ bis)\qquad \frac{d}{dt}\int_0^x \varphi'^2\,dx = -\,2\,\theta\int_0^x\left(\frac{d\varphi'}{dx}\right)^2 dx.$$

Cette relation montre que l'intégrale essentiellement positive $\int_0^x \varphi'^2\,dx$, supposée finie pour $t = -\infty$, ne cesse pas, à mesure que t grandit, de diminuer, et avec une rapidité appréciable tant que les dérivées $\frac{d\varphi'}{dx}$ conservent des valeurs sensibles. Il est donc inévitable que, au bout d'un temps *fini*, c'est-à-dire déjà pour les très grandes valeurs négatives de t, on ait partout $\frac{d\varphi'}{dx}=0$, et, par suite, d'après (43 *bis*), $\frac{d\varphi'}{dt}=0$. C'est dire que la seule expression possible pour φ' est $\varphi'=$ constante, ou même, vu (44 *bis*), $\varphi'=0$ toutes les fois que k n'est pas nul.

Ainsi, quand φ et $-\frac{d\varphi}{dx}$ ne deviennent pas infinis entre les limites $x = 0$, $x = \infty$ et de $t = -\infty$ à $t = t$, les relations (43) et (44) déterminent la température φ, soit complètement, si k diffère de zéro, soit à une constante près, si k est nul. Dans ce dernier cas, on pourra, pour achever de définir φ, se donner encore la température, généralement invariable, réalisée aux points de la barre dont l'abscisse x est très grande.

Observons que, dans la formule (45), le terme $-2\,k\,\varphi_0'^2$ aurait pu être supprimé, si l'on avait considéré le cas particulier où $k = \infty$ et où, pour $x = 0$, l'on connaît directement φ en fonction de t. En effet, comme il est entendu que, pour $x = 0$, la dérivée $\dfrac{d\varphi'}{dx} = k\,\varphi'$ doit rester finie, on aurait eu $\varphi_0' = 0$ et, par suite, $(k\,\varphi_0')\,\varphi_0' = 0$.

10. — *Intégration de ces équations.*

Il nous suffira donc d'intégrer (43) de manière à pouvoir satisfaire ensuite à la condition (44). Or, l'équation (43) se déduit de (1) en posant $s = x$, $\tau = t$, $n = 1$, $A = -1$. Par suite, l'équation (14) [p. 364] devient, ici, $\mp \psi'(\gamma) = \psi(\gamma)$, et elle donne, abstraction faite d'un coefficient numérique sans importance, $\psi(\gamma) = e^{\mp \gamma}$. Mais la deuxième de ces solutions, où l'exposant de e serait respectivement, dans (9) et (15), $\gamma = \dfrac{x^2}{2\alpha^2}$ et $\gamma = \dfrac{\alpha^2}{2}$, ne peut convenir; car, pour $x = \infty$, elle rendrait visiblement infinies les deux valeurs (9) et (15) de φ, quel que fût l'intervalle dans lequel la fonction f différerait de zéro. Et le même inconvénient se présenterait pour l'expression de $\psi(\gamma)$ que donnerait l'intégration de (16) prise avec les signes inférieurs, expression proportionnelle à $e^\gamma \displaystyle\int_0^{\sqrt{\gamma}} e^{-m^2}\,dm$ et devenant sensiblement $\dfrac{\sqrt{\pi}}{2}\,e^\gamma$ pour γ très grand. Donc, il n'y a pas de solution possible dans le genre de (20), et il faut se borner à prendre (9) et

(15) avec les signes supérieurs, en y faisant d'ailleurs $\psi(\gamma) = e^{-\gamma}$. Cela donnera pour l'intégrale de (43), avec deux fonctions arbitraires que j'appellerai f et f_1,

$$(46) \qquad \varphi = \int_0^\infty f\left(t - \frac{\alpha^2}{2}\right) e^{-\frac{x^2}{2\alpha^2}} d\alpha + \int_0^\infty f_1\left(t - \frac{x^2}{2\alpha^2}\right) e^{-\frac{\alpha^2}{2}} d\alpha.$$

D'ailleurs, chacune des deux intégrales définies qui composent cette valeur de φ sera parfaitement déterminée, ainsi que ses dérivées successives en x ou t, pourvu que les deux fonctions $f(t)$ et $f_1(t)$, supposées finies pour toutes les valeurs de t comprises entre $-\infty$ et t, donnent des valeurs déterminées aux intégrales $\int_0^\infty f\left(t - \frac{\alpha^2}{2}\right) d\alpha$, $\int_0^\infty f_1'\left(t - \frac{\alpha^2}{2}\right) d\alpha$ et à leurs dérivées par rapport à t. En effet, dans ces conditions, d'une part, le dernier terme de (46) sera déterminé, malgré sa limite supérieure infinie, à cause de l'exponentielle qui s'y annule à cette limite, et le terme précédent le sera aussi, car ses éléments correspondant aux très grandes valeurs de α sont sensiblement égaux aux éléments analogues de l'intégrale $\int_0^\infty f\left(t - \frac{x^2}{2}\right) d\alpha$, bien définie par hypothèse; d'autre part, comme la fonction $e^{-\gamma}$ se reproduit (sauf le signe) par la différentiation, les dérivées en t ou x du second membre de (46) auront même forme que ce second membre, à cela près qu'il pourra s'introduire, à la place des fonctions f ou f_1, leurs dérivées successives, changées ou non de signe. Le procédé ainsi appliqué pour les différentiations par rapport à x exige, il est vrai, d'après une condition démontrée vers la fin du n° 2 (p. 363), que les produits

$$\alpha f'\left(t - \frac{\alpha^2}{2}\right) e^{-\frac{x^2}{2\alpha^2}}, \quad \alpha f_1\left(t - \frac{x^2}{2\alpha^2}\right) e^{-\frac{x^2}{2}}, \quad \alpha f'\left(t - \frac{x^2}{2\alpha^2}\right) e^{-\frac{\alpha^2}{2}}, \text{ etc.}$$

deviennent nuls à la limite $\alpha = 0$; mais c'est bien ce qui arrivera toujours, si les fonctions $f'(t)$, $f_1(t)$ et leurs dérivées restent finies pour $t = -\infty$, comme on le suppose.

Par conséquent, l'intégrale (46) et ses dérivées seront des fonctions parfaitement déterminées, et toujours finies, à condition que les intégrales $\int_0^\infty f'\left(t - \frac{\alpha^2}{2}\right) d\alpha$, $\int_0^\infty f_1'\left(t - \frac{\alpha^2}{2}\right) d\alpha$, etc., le soient elles-mêmes. Or c'est ce qui aura lieu, si, comme nous l'admettrons, la fonction $f(t)$, qui a pour dérivée $f'(t)$, reste finie, elle aussi, à la limite $t = -\infty$. Car une intégration par parties donne, par exemple,

$$
(46\ bis) \quad
\begin{cases}
\displaystyle \int_\alpha^\infty f'\left(t - \frac{\alpha^2}{2}\right) d\alpha = \int_{\alpha=\infty}^{\alpha=\alpha} \frac{1}{\alpha}\, df\left(t - \frac{\alpha^2}{2}\right) \\[2ex]
\displaystyle \qquad = \frac{1}{\alpha} f\left(t - \frac{\alpha^2}{2}\right) - \int_\alpha^\infty f\left(t - \frac{\alpha^2}{2}\right) \frac{d\alpha}{\alpha^2},
\end{cases}
$$

relation où la dernière intégrale est rendue évidemment finie par le dénominateur α^2 : ainsi, la proposée $\int_\alpha^\infty f'\left(t - \frac{\alpha^2}{2}\right) d\alpha$, où, d'ailleurs, α peut sans inconvénient décroître jusqu'à zéro, est bien finie également. Et, de même, la fonction $f_1(t)$ restant, par hypothèse, finie pour $t = -\infty$, l'expression $\int_0^\infty f_1'\left(t - \frac{\alpha^2}{2}\right) d\alpha$ sera aussi finie et déterminée.

Il suffira donc, pour que l'intégrale (46) soit la solution unique cherchée, d'y déterminer les fonctions arbitraires f', f_1 de manière que la condition spéciale (44) se trouve vérifiée à toute époque. Or, si l'on porte dans (44) l'expression (46) de φ, ainsi que sa dérivée en x

$$
(47) \quad \frac{d\varphi}{dx} = - \int_0^\infty f'\left(t - \frac{x^2}{2\alpha^2}\right) e^{-\frac{\alpha^2}{2}}\, d\alpha - \int_0^\infty f_1'\left(t - \frac{\alpha^2}{2}\right) e^{-\frac{x^2}{2\alpha^2}}\, d\alpha,
$$

et si l'on observe que l'intégrale classique de Poisson,
$\int_0^\infty e^{-u^2}\,du = \frac{\sqrt{\pi}}{2}$, donne, en y prenant $u = \frac{\alpha}{\sqrt{2}}$,

$$(48) \qquad \int_0^\infty e^{-\frac{\alpha^2}{2}}\,d\alpha = \sqrt{\frac{\pi}{2}},$$

il vient

$$(49) \quad \left\{ \begin{aligned} &\sqrt{\frac{\pi}{2}}\, f'(t) + \int_0^\infty f_1'\left(t - \frac{\alpha^2}{2}\right) d\alpha \\ &= k\left[F(t) - \sqrt{\frac{\pi}{2}}\, f_1(t) - \int_0^\infty f'\left(t - \frac{\alpha^2}{2}\right) d\alpha \right]. \end{aligned} \right.$$

On y satisfait en égalant séparément, dans les deux membres, les termes intégrés et aussi, élément par élément, ceux qui ne le sont pas, c'est-à-dire en posant, après avoir multiplié par $\sqrt{\frac{2}{\pi}}$,

$$(50) \quad \left\{ \begin{aligned} &f'(t) = k\left[\sqrt{\frac{2}{\pi}}\, F(t) - f_1(t) \right], \\ &f_1'\left(t - \frac{\alpha^2}{2}\right) = - k\, f'\left(t - \frac{\alpha^2}{2}\right) \text{ ou } f_1'(t) = - k\, f'(t). \end{aligned} \right.$$

Mais traitons d'abord et à part les deux cas simples $k = \infty$, $k = 0$, qui sont ceux où l'on connaît directement en fonction de t, pour $x = 0$, soit la température $\varphi = F(t)$, soit le flux de chaleur $- \frac{d\varphi}{dx} = k\, F(t)$, que j'appellerai $F_1(t)$ pour éviter d'y faire figurer le facteur k, alors nul, et le facteur, supposé alors infini, $F(t)$. Dans le premier cas, les deux équations (50), divisées par k, donneront, en commençant par la seconde,

$$f'(t) = 0, \quad f_1(t) = \sqrt{\frac{2}{\pi}}\, F(t).$$

Donc, l'expression (46) de φ prendra la forme, d'ailleurs connue,

$$(51) \quad \begin{cases} [\text{quand } \varphi = \mathrm{F}(t) \text{ pour } x = 0] \\ \varphi = \sqrt{\dfrac{2}{\pi}} \int_0^\infty \mathrm{F}\left(t - \dfrac{x^2}{2\alpha^2}\right) e^{-\frac{\alpha^2}{2}} \, d\alpha. \end{cases}$$

Dans le second cas, au contraire, le seul terme qui subsiste aux deuxièmes membres de (50) est le premier $\sqrt{\dfrac{2}{\pi}}\, k\, \mathrm{F}(t) = \sqrt{\dfrac{2}{\pi}}\, \mathrm{F}_1(t)$, et ces relations donnent

$$f'(t) = \sqrt{\dfrac{2}{\pi}}\, \mathrm{F}_1(t), \quad f_1'(t) = 0.$$

Par suite, $f_1(t)$ se réduit à une constante, et l'expression (46) de φ est

$$(52) \quad \begin{cases} [\text{quand} - \dfrac{d\varphi}{dx} = \mathrm{F}_1(t) \text{ pour } x = 0] \\ \varphi = \sqrt{\dfrac{2}{\pi}} \int_0^\infty \mathrm{F}_1\left(t - \dfrac{\alpha^2}{2}\right) e^{-\frac{x^2}{2\alpha^2}} \, d\alpha + \text{const.} \end{cases}$$

Pour $x = \infty$, l'intégrale qui paraît au second membre de cette relation a tous ses éléments nuls. Ainsi, la constante arbitraire introduite par l'intégration exprime la température produite à l'infini, température qu'il suffit alors de supposer donnée directement pour achever de déterminer le problème.

Passons maintenant au cas général. La première formule (50), multipliée par $-h$, devient, en y remplaçant $k f'(t)$ par sa valeur tirée de la deuxième (50),

$$(53) \quad f_1'(t) - k^2 f_1(t) = -\sqrt{\dfrac{2}{\pi}}\, k^2\, \mathrm{F}(t).$$

C'est une équation différentielle linéaire du premier ordre en $f_1(t)$. Intégrée, elle donne, si l'on appelle c une constante arbitraire destinée à disparaître des résultats définitifs,

$$(54) \qquad f_1(t) = -\sqrt{\frac{2}{\pi}}\, k^2\, e^{k^2 t} \int_0^t F(\tau)\, e^{-k^2 \tau}\, d\tau + \frac{c}{k}\, e^{k^2 t}.$$

Il en résulte par différentiation, d'après la deuxième (50),

$$(55) \qquad f'(t) = \sqrt{\frac{2}{\pi}}\, k \left[F(t) + k^2 e^{k^2 t} \int_0^t F(\tau)\, e^{-k^2 \tau}\, d\tau \right] - c\, e^{k^2 t}.$$

Telles sont les expressions de $f'(t)$ et $f_1(t)$, où il faudra remplacer t, respectivement, par $t - \dfrac{x^2}{2}$ et par $t - \dfrac{x^2}{2 x^2}$, pour les porter ensuite dans (46). Mais la formule définitive se simplifie quand on substitue $k\alpha$ à α dans l'intégrale $\displaystyle\int_0^\infty f_1\left(t - \frac{x^2}{2\alpha^2}\right) e^{-\frac{\alpha^2}{2}}\, d\alpha$, ce qui donne

$$\int_0^\infty k f_1\left(t - \frac{x^2}{2 k^2 \alpha^2}\right) e^{-\frac{k^2 \alpha^2}{2}}\, d\alpha.$$

Il vient alors, en supprimant finalement les termes ou les parties de termes qui s'entre-détruisent, et en remplaçant la variable d'intégration τ par une autre, θ, égale à $\tau - t + \dfrac{x^2}{2 k^2 \alpha^2} + \dfrac{\alpha^2}{2}$,

$$(56) \quad \left\{ \begin{aligned} \varphi = {} & \sqrt{\frac{2}{\pi}}\, k \int_0^\infty \left[F\left(t - \frac{\alpha^2}{2}\right) e^{-\frac{x^2}{2 \alpha^2}} \right. \\ & \left. + k^2 \int_{\frac{x^2}{2}}^{\frac{x^2}{2 k^2 \alpha^2}} F\left(t - \frac{x^2}{2 k^2 \alpha^2} - \frac{\alpha^2}{2} + \theta\right) e^{-k^2 \theta}\, d\theta \right] d\alpha. \end{aligned} \right.$$

— 416 —

On peut y transformer, au moyen de l'intégration par parties, l'intégrale où paraît $d\theta$, en observant que

$$k^2 e^{-k^2\theta} d\theta = - d e^{-k^2\theta}.$$

Il vient alors, si l'on réduit le résultat et qu'on mette finalement partout $\dfrac{\alpha}{k}$ au lieu de α :

$$(56\ bis) \quad \left\{ \begin{aligned} \varphi = \sqrt{\frac{2}{\pi}} \int_0^\infty &\left[F\left(t - \frac{x^2}{2\,\alpha^2}\right) e^{-\frac{\alpha^2}{2}} \right. \\ &+ \left. \int_{-\frac{x^2}{2k^2}}^{\frac{\alpha^2}{2\alpha^2}} F'\left(t - \frac{x^2}{2\,\alpha^2} - \frac{\alpha^2}{2\,k^2} + \theta\right) e^{-k^2\theta}\, d\theta \right] d\alpha. \end{aligned} \right.$$

On voit que, pour k infini, celle-ci se réduit bien à (51), tandis que, si k tend vers zéro, la précédente, (56), en y posant $k\,F(t) = F_1(t)$, donne la formule (52), du moins dans sa partie variable, la seule que déterminent alors les équations générales du problème.

11. — *Conséquences générales qui en résultent.*

Déduisons maintenant de ces formules quelques lois simples.

Et d'abord, si la température donnée, $F(t)$, du milieu avec lequel la barre se trouve en relation par son extrémité $x = 0$, est une fonction périodique du temps, redevenant la même chaque fois que t croît d'une certaine quantité T, la température φ, en tout point de la barre, admettra également la même période T. La raison en est que t n'entre, dans (56) ou (56 *bis*), que comme faisant partie des variables $t - \dfrac{\alpha^2}{2}$, ou $t - \dfrac{x^2}{2\,\alpha^2}$, etc., dont y dépendent les fonctions

F ou F′ : or, par hypothèse, celles-ci retrouveront les
mêmes valeurs quand t et, par suite, les variables dont il
s'agit, croîtront de T.

Observons de plus que F (t), F′ (t), fonctions dont la
seconde aura sa valeur moyenne égale à zéro, pourront
être ordonnées en séries procédant suivant les cosinus et
les sinus des multiples de $\frac{2\pi}{T} t$, et que, alors, dans (56 *bis*),
les intégrations par rapport à θ, portant sur des expressions
de la forme

$$e^{-k^2\theta} \cos m \left(\theta + t - \frac{x^2}{2\,\alpha^2} - \frac{u^2}{2\,k^2} \right),$$

$$e^{-k^2\theta} \sin m \left(\theta + t - \frac{x^2}{2\,\alpha^2} - \frac{u^2}{2\,k^2} \right),$$

où m ne sera jamais nul, s'effectueront exactement au
moyen de termes de la même forme, qu'il faudra prendre
entre les deux limites $\frac{x^2}{2\alpha^2}$ et $\frac{x^2}{2k^2}$: cela donnera des produits d'exponentielles, dans lesquelles e aura comme expo-
sant $-\frac{k^2 x^2}{2\alpha^2}$ ou $-\frac{\alpha^2}{2}$, par des cosinus ou sinus d'arcs qui
seront respectivement $m \left(t - \frac{\alpha^2}{2\,k^2} \right)$, $m \left(t - \frac{x^2}{2\,\alpha^2} \right)$. Et les
intégrations par rapport à α aboutiront même ensuite
dans tout le second membre de (56 *bis*); car, en y développant
les cosinus ou sinus de manière à faire sortir des signes $\int$
les facteurs $\cos mt$ et $\sin mt$, il ne restera sous ces signes
que des expressions ayant les formes $e^{-p\alpha^2} \cos \frac{q}{\alpha^2} \, d\alpha$,
$e^{-p\alpha^2} \sin \frac{q}{\alpha^2} \, d\alpha$, $e^{-\frac{q}{\alpha^2}} \cos p\alpha^2 \, d\alpha$, $e^{-\frac{q}{\alpha^2}} \sin p\alpha^2 \, d\alpha$, qui
sont de celles qu'on peut intégrer entre les limites $\alpha = 0$,
$\alpha = \infty$. Il suffit, en effet, d'y remplacer α par $\frac{x}{\sqrt{2p}}$ et $2\,pq$
par s^2, pour les ramener à celles dont les formules (s) et (s')
lu n° 8 (p. 402) donnent les valeurs.

Mais je n'insisterai pas ici sur ce point. J'observerai seulement que, pour x infini, φ se réduira à la valeur moyenne constante de F (t), que j'appellerai M. En effet, quand x deviendra très grand, les éléments affectés, sous le signe d'intégration par rapport à α, de l'exponentielle $e^{-\frac{k^2\alpha^2}{2x^2}}$ s'évanouiront dans (56 *bis*) ; et il n'y restera, à part le premier terme $M e^{-\frac{\alpha^2}{2}}$ de l'expression de F $\left(t-\frac{x^2}{2\alpha^2}\right) e^{-\frac{x^2}{v}}$, que des termes proportionnels aux produits de $e^{-\frac{\alpha^2}{2}}$ par des cosinus ou des sinus d'arcs de la forme $m\left(t-\frac{x^2}{2\alpha^2}\right)$: or, pour x très grand, ceux-ci changeront sans cesse de signe [car $m\left(t-\frac{x^2}{2\alpha^2}\right)$ y grandira de π si peu que croisse α] ; en sorte qu'ils donneront des éléments alternativement positifs et négatifs, formant un nombre restreint de groupes dans chacun desquels les termes, infiniment petits, iront sans cesse en croissant ou en décroissant de l'un à l'autre (quant à la valeur absolue) et n'auront ainsi qu'une somme comparable au plus grand d'entr'eux. Donc, quand x sera infini, il n'y aura plus à considérer dans (56 *bis*), sous le signe $\int$, que le terme $M e^{-\frac{\alpha^2}{2}}$, dont le produit par $d\alpha$, intégré de $\alpha = o$ à $\alpha = \infty$, donne $M\sqrt{\frac{\pi}{2}}$; et il viendra bien $\varphi = M$.

Si, au contraire, la température donnée F (t) n'est pas périodique, mais qu'elle n'ait commencé à différer de zéro qu'à partir d'un certain instant, la température φ de la barre sera nulle partout jusqu'à cette époque, et elle restera même toujours nulle aux points infiniment éloignés de l'extrémité chauffée (ou refroidie) $x = o$. En effet, d'une part, les fonctions F et F' ne se trouvent prises, dans (56) et (56 *bis*), que pour des valeurs de leurs variables inférieures à t et qui, par suite, annuleront constamment ces fonctions tant que t ne dépassera pas la valeur limite pour laquelle $F(t)$ commence à différer de zéro ; d'autre part, quand x est très grand, les fonctions F ou F', dans (56 *bis*) par exemple, n'ont leurs variables supérieures à la même limite, et ne cessent de s'annuler, que pour des valeurs de α ou de θ très grandes, auxquelles il ne correspond, vu la présence des exponentielles $e^{-\frac{\alpha^2}{2}}$, $e^{-k^2\theta}$, que des éléments insignifiants des intégrales.

12. — *Lois de l'échauffement de la barre par contact.*

Bornons-nous désormais aux deux cas extrêmes que représentent les formules simples (51) et (52), ou dans lesquels on se donne directement en fonction de t, pour $x = \mathrm{o}$, soit la température φ, soit le flux de chaleur $-\dfrac{d\varphi}{dx}$. Le premier cas est celui de l'échauffement de la barre par le contact d'un milieu, tel qu'un liquide, communiquant à ce qui le touche des températures, $F(t)$, sensiblement uniformes à chaque instant ; le second est celui de l'échauffement par introduction directe de quantités connues de chaleur.

Considérant d'abord la formule (51), admettons en premier lieu que la fonction $F(t)$, nulle pour $t < \mathrm{o}$, atteigne rapidement, dès que t devient positif, une certaine valeur c, désormais constante. On aura donc $F\left(t - \dfrac{x^2}{2\alpha^2}\right) = \mathrm{o}$ pour $t - \dfrac{x^2}{2\alpha^2} < \mathrm{o}$, ou pour $\alpha < \dfrac{x}{\sqrt{2t}}$, et $F\left(t - \dfrac{x^2}{2\alpha^2}\right) = c$ pour $t - \dfrac{x^2}{2\alpha^2} > \mathrm{o}$, ou pour $\alpha > \dfrac{x}{\sqrt{2t}}$. La valeur (51) de φ deviendra, abstraction faite des époques $t < \mathrm{o}$ pour lesquelles elle donne évidemment $\varphi = \mathrm{o}$,

$$(57) \qquad (\text{pour } t > 0) \quad \varphi = \sqrt{\frac{2}{\pi}}\, c \int_{\frac{x}{\sqrt{2t}}}^{\infty} e^{-\frac{u^2}{2}}\, du$$

La température φ ne dépend, comme on voit, que du rapport $\dfrac{x}{\sqrt{t}}$, et elle décroit, en valeur absolue, de c à zéro, quand ce rapport grandit de zéro à ∞. Donc, *toutes les températures intermédiaires entre la première et la dernière produites à l'extrémité chauffée de la barre se propagent, le long de celle-ci, de telle sorte que les plus voisines de la première réalisée s'observent toujours en avant des autres, et ainsi de suite, chacune se déplaçant d'ailleurs de plus en plus lentement à mesure qu'elle avance.* En effet, l'espace total, x, décrit par le point où on la constate, n'est proportionnel qu'à la racine carrée du temps écoulé t. Par suite, *la vitesse de propagation, $\dfrac{dx}{dt}$, de chaque température, est en raison inverse de $\sqrt{t}$ ou de l'espace déjà parcouru x.*

Faisons maintenant une autre hypothèse, tont aussi simple, et propre à nous donner une expression de φ telle, qu'il suffise d'en superposer de pareilles pour reproduire immédiatement l'expression générale considérée (51). Comme ce sont les températures F (t), successivement réalisées à l'extrémité $x = o$, qui jouent ici le rôle dévolu d'ordinaire aux conditions d'état initial, et comme t y prend toutes les valeurs possibles entre $-\infty$ et $+\infty$, il suffira de former ce que j'ai appelé au n° 8 du Mémoire principal (p. 38) la *solution simple naturelle* pour le cas d'un système illimité, savoir, l'expression de φ obtenue en n'attribuant à la fonction arbitraire F (t) sa valeur que pour t compris entre deux limites infiniment voisines t_1, $t_1 + dt_1$, et en supposant la fonction F (t) nulle en dehors de cet intervalle. Il est clair, en effet, que, si l'on opère de même pour tous les petits intervalles dt_1 compris de $t_1 = -\infty$ à $t_1 = \infty$, ou que l'on forme les expressions partielles de φ correspondant aux vraies valeurs $F(t_1)$ de $F(t)$ dans ces intervalles, leur somme donnera bien, à chaque instant, une expression totale de φ égale à $F(t_1)$ pour $x = o$ et identique, par conséquent, à l'expression générale (51).

Pour arriver de suite à ces solutions simples naturelles, prenons comme variable d'intégration, dans (51), la variable même dont F y dépend, en posant

$$(58) \quad t - \frac{x^2}{2\,\alpha^2} = t_1 ; \quad \text{d'où} \quad \alpha = \frac{x}{\sqrt{2(t-t_1)}} \quad \text{et } d\alpha = \frac{x}{2\sqrt{2}}(t-t_1)^{-\frac{3}{2}}dt_1.$$

Alors on trouve

$$(59) \qquad \varphi = \frac{x}{2\sqrt{\pi}} \int_{-\infty}^{t} (t-t_1)^{-\frac{3}{2}}\, e^{-\frac{x^2}{4(t-t_1)}}\, F(t_1)\, dt_1 ;$$

et, si $F(t_1)$ est nul en dehors d'un certain intervalle dt_1, par exemple en dehors de l'intervalle compris entre $t_1 = o$ et $t_1 = dt_1$, il viendra, en faisant $F(o)\,dt_1 = \varepsilon$: 1° d'une part,

$$(\text{pour } t < o) \quad \varphi = o,$$

2° d'autre part,

$$(60) \qquad (\text{pour } t > o) \quad \varphi = \frac{\varepsilon}{\sqrt{\pi}}\, \frac{x}{2t\sqrt{t}}\, e^{-\frac{x^2}{4t}},$$

Posons, pour abréger, $\dfrac{x}{\sqrt{2t}} = \xi$, et cette expression pourra s'écrire

$$\varphi = \frac{\varepsilon}{t\sqrt{\pi}}\, \frac{\xi}{\sqrt{2}}\, e^{-\frac{\xi^2}{2}}.$$

La dérivée de sa valeur absolue par rapport à x a le même signe que celle de $\xi e^{-\frac{\xi^2}{2}}$ par rapport à ξ, ou que

$1 - \xi^2$. Ainsi, à chaque instant t, φ est maximum pour $\xi = 1$, ou pour $x = \sqrt{2t}$, et ce maximum vaut $\dfrac{c}{\sqrt{2\pi e}}\,\dfrac{1}{t}$.

Cela revient à dire que *l'introduction brusque, à l'extrémité de la barre, d'une certaine quantité de chaleur, suivie aussitôt après du rétablissement d'une température nulle à cette extrémité, fait naître dans la barre une sorte d'onde calorifique, dont le sommet parcourt des espaces totaux proportionnels à la racine carrée du temps écoulé, tandis que sa température est en raison inverse de ce temps. La quantité totale de chaleur qui constitue l'onde décroît aussi, mais moins vite, car elle est proportionnelle à la racine carrée de cette température maximum.* Un calcul immédiat donne, en effet,

$$(60\ bis)\qquad \int_{0}^{\infty}\varphi\,dx = \frac{c}{\sqrt{\pi t}}\left(-e^{-\frac{x^2}{4t}}\right)_{x=0}^{x=\infty} = \frac{c}{\sqrt{\pi t}}.$$

La quantité de chaleur reçue d'abord par la barre se dissipe peu à peu, à travers la base $x = o$ où la température est maintenue constamment nulle.

On pourrait encore composer l'expression générale (51) de φ avec des éléments empruntés à la forme (57), dans laquelle on remplacerait t par $t - t_1$ et c par $F'(t_1)\,dt_1$: car la valeur (57) de φ exprime les effets produits au bout d'un temps quelconque t, sur les températures de la barre, par un changement c survenu à son extrémité $x = o$; et, par suite, chaque changement élémentaire $F'(t_1)\,dt_1$, qu'on y fait naître, vient ajouter à l'expression antérieure de φ un nouveau terme de la forme indiquée. Mais ce mode de superposition, où les éléments qu'on réunit contiennent $F'(t_1)$ en facteur, est bien moins direct que le précédent, où paraissent les valeurs mêmes de la fonction donnée $F(t_1)$. Aussi la forme (57) des termes élémentaires est-elle beaucoup plus compliquée que (60).

13. — *Échauffement d'un corps indéfini à une, deux ou trois dimensions, par l'introduction continue, en un de ses points, de quantités données de chaleur* (*).

Il nous reste à voir maintenant quelles lois résultent de la formule (52), pour l'échauffement d'une barre au moyen de quantités connues de chaleur qu'on lui communique par son extrémité. Mais nous élargirons la question, en observant que, si la barre, au lieu d'être comprise de $x = o$ à $x = \infty$, s'étendait jusqu'à l'infini de part et d'autre de l'origine, et qu'on y versât, toujours en ce dernier point, une quantité de chaleur double à chaque instant de celle qui s'y répand en effet du côté des x positifs, les deux moitiés, séparées par l'origine, de la barre indéfinie ainsi obtenue, se comporteraient exactement comme le fait la proposée; car chacune d'elles prendrait, par raison de symétrie, une moitié de la chaleur totale, au fur et à mesure de son introduction. Étant ainsi ramenés au cas d'une barre, ou d'un corps à une seule dimension, chauffé en un de ses points, nous chercherons d'une manière générale quelles températures prend tout corps homogène indéfini, d'un nombre quelconque m de dimensions, quand on y introduit successivement des quantités données de chaleur en un point choisi comme origine des coordonnées $x, y, \ldots$ Nous appellerons $F(t)$ le flux total de cette chaleur par unité de temps.

La température φ, fonction de t et de la distance r à l'origine, vérifiera, comme on sait, une équation indéfinie de la forme $-\dfrac{1}{a^2}\dfrac{d\varphi}{dt} + \Delta_2\,\varphi = o$, que nous réduirons, par un choix convenable de l'unité de temps, à celle-ci,

$$(61) \qquad\qquad -\frac{d\varphi}{dt} + \Delta_2\,\varphi = o,$$

(*) Cette question avait déjà été résolue, d'une autre manière, par Duhamel (*Journal de l'École polytechnique*, XXXIIe cahier ; 1848).

comprise dans (23) [p. 374]. En outre, cette température φ s'annulera, quel que soit t, pour r infini, quel que soit r, à l'époque $t = -\infty$, et elle satisfera, pour $r = 0$, à la condition spéciale exprimant que le flux total de la chaleur introduite est $F(t)$.

Il nous reste à former cette condition. Pour cela, décrivons autour de l'origine comme centre, avec un rayon quelconque r, une figure, qui se composera de deux points seulement dans le cas d'une barre ou simple ligne, mais qui sera une circonférence, dans celui d'une plaque, et une sphère, s'il s'agit d'un corps massif. Nous appellerons σ son étendue, à laquelle on pourra attribuer l'expression générale $K r^{m-1}$, K désignant un coefficient numérique, respectivement égal à 2, à 2π et à 4π dans les trois cas $m = 1$, $m = 2$ et $m = 3$. Si, en vue de simplifier les formules, nous supposons le coefficient de conductibilité du corps égal à un, le flux total de chaleur qui, à l'époque t, franchira durant l'unité de temps la figure de rayon r, en s'éloignant de l'origine, aura pour valeur le produit de l'étendue σ de cette figure par la dérivée $-\dfrac{d\varphi}{dr}$. Ainsi, la relation spéciale à $r = 0$ sera

$$(62) \qquad (\text{pour } r = 0) \qquad -\sigma \frac{d\varphi}{dr} \quad \text{ou} \quad -K r^{m-1} \frac{d\varphi}{dr} = F(t).$$

Ces diverses conditions déterminent complètement φ. On le prouve par une méthode dont le principe est le même que celui de la démonstration donnée au n° 9 (p. 408). Remplaçons φ par $\varphi + \varphi'$ dans l'équation indéfinie (61) et dans les autres relations désignées, en admettant toutefois que la dernière, (62), ait lieu, non pas précisément pour $r = 0$, mais pour une valeur très petite ε de r, qu'on ne supposera nulle qu'à la fin des calculs. Il viendra

$$(61 \ bis) \qquad \frac{d\varphi'}{dt} = \Delta_2 \varphi' = \frac{1}{r^{m-1}} \frac{d}{dr}\left(r^{m-1} \frac{d\varphi'}{dr} \right).$$

avec les conditions spéciales

$$\varphi' = 0 \ (\text{pour } t = -\infty),\ \varphi' = 0 \ (\text{pour } r = \infty),\ r^{m-1}\frac{d\varphi'}{dr} = 0 \ (\text{pour } r = \varepsilon).$$

Or, si l'on multiplie (61 *bis*) par $2\,r^{m-1}\,\varphi'\,dr$ et qu'on intègre de $r = \varepsilon$ à $r = r$, en substituant à $\varphi'\,\dfrac{d}{dr}\left(r^{m-1}\,\dfrac{d\varphi'}{dr}\right)$ l'expression équivalente

$$\frac{d}{dr}\left(r^{m-1}\,\frac{d\varphi'}{dr}\,\varphi'\right) - \left(\frac{d\varphi'}{dr}\right)^2 r^{m-1}$$

et tenant compte de la condition spéciale à la limite inférieure ε, on trouve

$$\frac{d}{dt}\int_{\varepsilon}^{r} \varphi'^2\,r^{m-1}\,dr = 2r^{m-1}\frac{d\varphi'}{dr}\varphi' - 2\int_{\varepsilon}^{r}\left(\frac{d\varphi'}{dr}\right)^2 r^{m-1}\,dr,$$

ou bien

$$r^{m-1}\frac{d.\varphi'^2}{dr} = \frac{d}{dt}\int_{\varepsilon}^{r}\varphi'^2\,r^{m-1}\,dr + 2\int_{\varepsilon}^{r}\left(\frac{d\varphi'}{dr}\right)^2 r^{m-1}\,dr.$$

Cette relation montre que, si, à un moment quelconque, φ' cessait d'être nul, la dérivée en r du carré φ'^2 serait alors positive; car l'intégrale $\displaystyle\int_{\varepsilon}^{r}\varphi'^2 r^{m-1}\,dr$ ne pourrait manquer de grandir et aurait sa dérivée par rapport à t de même signe que l'autre intégrale, essentiellement positive, $2\displaystyle\int_{\varepsilon}^{r}\left(\frac{d\varphi'}{dr}\right)^2 r^{m-1}\,dr$. Donc, le carré φ'^2, à ce moment, irait en augmentant avec r, et φ' ne pourrait être nul pour r infini: ce qui démontre qu'on doit poser forcément $\varphi' = 0$.

Appliquons le procédé d'intégration exposé au n° 6 (p. 380). Devant avoir une valeur de φ insensible, quel que soit r, pour les très grandes valeurs négatives de t, nous serons obligé de prendre les formules (31) ou (31 *bis*) avec les signes supérieurs —, d'après une raison qui a été développée, dans un cas analogue, au n° 3 (p. 367). De plus, nous devrons choisir les premières (31) et (31 *bis*), qui permettent de déterminer la fonction arbitraire f en se donnant, à la limite $r = o$, ou, sensiblement, pour $r = \varepsilon$, les valeurs successives de $r^{m-1} \dfrac{d\varphi}{dr}$. Ces valeurs y deviennent, comme on a vu au n° 6 (p. 382 et 383), les produits de $f(t)$ par $\displaystyle\int_0^\infty \psi'\left(\dfrac{\xi^2}{2}\right) \xi^{m-1}\, d\xi$ et par le premier ou le second des deux nombres, $\sqrt{(2-m)^2}$ et 2, suivant que m diffère de 2 ou égale 2. D'ailleurs, l'équation en ψ, la même quel que soit m, donnera toujours $\psi(\gamma) = e^{-\gamma}$; d'où $\psi'(\gamma) = -e^{-\gamma}$. L'intégrale $\displaystyle\int_0^\infty \psi'\left(\dfrac{\xi^2}{2}\right) \xi^{m-1}\, d\xi$ deviendra donc $-\displaystyle\int_0^\infty e^{-\frac{\xi^2}{2}} \xi^{m-1}\, d\xi$. Dans le cas $m = 1$, elle vaudra, comme on a vu, $-\sqrt{\dfrac{\pi}{2}}$; dans le cas $m = 2$, en observant que $\xi d\xi = d\dfrac{\xi^2}{2}$, elle deviendra $\left(e^{-\frac{\xi^2}{2}}\right)_0^\infty = -1$; enfin, dans le cas $m = 3$, la quantité sous le signe $\int$, changée de signe, y vaudra $\xi\, d\, e^{-\frac{\xi^2}{2}}$, et une intégration par parties ramènera l'expression à $-\displaystyle\int_0^\infty e^{-\frac{\xi^2}{2}}\, d\xi = -\sqrt{\dfrac{\pi}{2}}$. Donc, les trois formules correspondantes de $r^{m-1} \dfrac{d\varphi}{dr}$, à la limite $r = o$, seront $-\sqrt{\dfrac{\pi}{2}}\, f(t),\; -2 f(t),\; -\sqrt{\dfrac{\pi}{2}}\, f(t)$. En les multipliant par les valeurs respectives, -2, -2π, -4π, de $-K$, il viendra, comme expressions du flux total $F(t)$ de la chaleur introduite, $\sqrt{2\pi}\, f(t)$, $4\pi\, f(t)$, $2\pi \sqrt{2\pi}\, f(t)$. Par suite, la condition (62) revient à poser

$$(63) \qquad f(t) = \begin{cases} \dfrac{1}{\sqrt{2\pi}}\, F(t) & \text{(pour } m = 1), \\[2em] \dfrac{1}{4\pi}\, F(t) & \text{(pour } m = 2), \\[2em] \dfrac{1}{2\pi\sqrt{2\pi}}\, F(t) & \text{(pour } m = 3); \end{cases}$$

et il résulte alors des premières formules (31), (31 *bis*), pour les expressions cherchées de φ, en prenant d'ailleurs, dans la seconde, $r e^{-\frac{\beta}{2}}$ et, dans la troisième, $r\alpha$ comme variable d'intégration,

$$(64) \qquad \varphi = \begin{cases} \dfrac{1}{\sqrt{2\pi}} \displaystyle\int_0^\infty F\!\left(t - \dfrac{\alpha^2}{2}\right) e^{-\frac{r^2}{2\alpha^2}}\, d\alpha & \text{(pour } m = 1), \\[2em] \dfrac{1}{2\pi} \displaystyle\int_0^\infty F\!\left(t - \dfrac{r^2}{2\alpha^2}\right) e^{-\frac{\alpha^2}{2}}\, \dfrac{d\alpha}{\alpha} & \text{(pour } m = 2), \\[2em] \dfrac{1}{2\pi\sqrt{2\pi}}\,\dfrac{1}{r} \displaystyle\int_0^\infty F\!\left(t - \dfrac{r^2}{2\alpha^2}\right) e^{-\frac{\alpha^2}{2}}\, d\alpha & \text{(pour } m = 3). \end{cases}$$

Ces formules donneront bien, en outre, $\varphi = 0$ soit pour $t = -\infty$, soit pour $r = \infty$, car on aura $F(-\infty) = 0$.

On remarquera que, dans les cas $m = 2$ et $m = 3$, qui sont ceux d'une plaque et d'un corps massif, la température φ devient infinie à l'origine $r = 0$ des coordonnées; ce qui prouve, comme il était naturel de le penser, que la région où l'on introduit directement la chaleur n'est pas rigoureusement assimilable à un point unique et qu'il faut se contenter de la regarder seulement comme très petite, lorsqu'il s'agit d'un milieu à plusieurs dimensions et de filets de chaleur divergents.

La première (64) conduit bien à la formule, (52), que nous avions déjà obtenue pour le cas $m = 1$, vu que $F_1(t)$, dans (52), désigne un flux total de chaleur égal à la moitié de $F(t)$.

Quand on suppose le flux $F(t)$ nul pour $t < 0$ et égal à une constante c pour $t > 0$, la deuxième et la troisième (64) deviennent respectivement

$$(65) \qquad \varphi = \frac{c}{2\pi} \int_{\frac{r}{\sqrt{2t}}}^{\infty} e^{-\frac{x^2}{2}} \frac{dx}{x} \qquad \text{et} \qquad r\varphi = \frac{c}{2\pi\sqrt{2\pi}} \int_{\frac{r}{\sqrt{2t}}}^{\infty} e^{-\frac{x^2}{2}} dx.$$

On voit donc que chaque valeur de φ, s'il s'agit d'une plaque, et chaque valeur de $r\varphi$, s'il s'agit d'un corps massif, se propageront, à partir du point chauffé, de manière à franchir des distances totales r proportionnelles à la racine carrée du temps t écoulé depuis le commencement de l'échauffement (*). D'ailleurs, les températures les plus voisines de zéro, les premières produites, marcheront en avant des autres; car les valeurs (65) de φ et de $r\varphi$ décroissent respectivement de $\infty \times c$ à zéro et de $\frac{c}{4\pi}$ à zéro, quand on y fait croître de zéro à l'infini le rapport $\frac{r}{\sqrt{2t}}$.

Enfin, si l'on prend, dans (64), pour variable d'intégration, et qu'on appelle t_1, la variable même, $t - \frac{\alpha^2}{2}$ ou $t - \frac{r^2}{2\alpha^2}$, dont F dépend sous les signes $\int$, il viendra, quel que soit le nombre m des dimensions, la formule générale

$$(66) \qquad \varphi = \frac{1}{\left(2\sqrt{\pi}\right)^m} \int_{-\infty}^{t} e^{-\frac{r^2}{4(t-t_1)}} \frac{F(t_1) \, dt_1}{\left(\sqrt{t-t_1}\right)^m}.$$

(*) Dans le cas $m = 1$, ce serait chaque valeur du quotient $\frac{\varphi}{r}$ qui se propagerait suivant cette loi simple. On le reconnaît sur la première (64), en y remplaçant la variable d'intégration α par $\frac{r}{\alpha}$; ce qui donne, au lieu des formules (65),

$$\frac{\varphi}{r} = \frac{c}{\sqrt{2\pi}} \int_{\frac{r}{\sqrt{2t}}}^{\infty} e^{-\frac{x^2}{2}} \frac{dx}{x^2}.$$

La solution simple naturelle de la question s'obtiendra en y supposant $F(t_1)$ nul en dehors d'un très petit intervalle, compris, par exemple, de $t_1 = o$ à $t_1 = dt_1$. Alors la quantité totale de chaleur, $F(t_1)\, dt_1$, cédée au corps, sera censée l'être tout entière à l'époque $t = o$. Désignons-la par dq et, φ étant nul pour $t < o$, ne nous occupons que des époques t ultérieures. La variable infiniment petite t_1 pourra y être négligée vis-à-vis de t, et la formule (66), réduite à un seul élément, deviendra

$$(67) \qquad (\text{pour } t > o) \qquad \varphi = \frac{dq}{\left(2\sqrt{\pi t}\right)^{m}}\, e^{-\frac{r^2}{4t}}.$$

Elle donnera, à chaque instant t, des températures φ décroissantes de $\dfrac{dq}{\left(2\sqrt{\pi t}\right)^{m}}$ à zéro pour des distances r croissantes depuis zéro jusqu'à l'infini.

On reconnaît dans cette solution simple une spécification de celle, (32), dont nous avons étudié aux n⁰ˢ 6 et 7 les belles propriétés générales.

Contentons-nous ici d'en déduire la *vitesse de propagation* de chacune des couches concentriques en lesquelles se divise, par le fait même de sa diffusion, la chaleur dq primitivement emmagasinée dans un espace infiniment petit en tous sens autour de l'origine. Pour cela, décrivons de l'origine, comme centre, avec des rayons r de plus en plus grands et se succédant graduellement, une infinité de figures σ parallèles ; et imaginons que ces figures grandissent, avec le temps t, de manière à comprendre toujours, entr'elles et au-delà de chacune d'elles, les mêmes fractions de la chaleur totale dq. Il est évident que la quantité constante de chaleur, $\varphi\,\sigma\,dr$, comprise entre deux consécutives de ces figures, pourra être regardée comme une même couche élémentaire considérée dans ses états successifs. Par conséquent, l'accroissement de son rayon r pen-

dant l'unité de temps sera sa vitesse de propagation cherchée (*).

Exprimons donc que la couche proposée sert, à toute
époque, de limite intérieure à une même somme de
chaleur, représentée par

$$(68) \qquad \int_r^\infty \varphi\,\sigma\,dr = K \int_r^\infty \varphi\,r^{m-1}\,dr,$$

ou que, lorsqu'on suit la couche, l'intégrale $K \int_r^\infty \varphi\,r^{m-1}\,dr$
reste constante. La formule (67), en y faisant $\dfrac{r}{\sqrt{2t}} = \xi$,
donnera

$$(69) \quad \int_r^\infty \varphi\,\sigma\,dr = K \int_r^\infty \varphi\,r^{m-1}\,dr = K\,\frac{dq}{(\sqrt{2\pi})^m} \int_{\frac{r}{\sqrt{2t}}}^\infty e^{-\frac{\xi^2}{2}}\,\xi^{m-1}\,d\xi.$$

Ce résultat sera invariable si le rapport de r à $\sqrt{t}$ ne
change pas. Ainsi, *les diverses couches concentriques de
chaleur, en se répandant dans le corps, parcourent des distances totales r proportionnelles à la racine carrée du temps
écoulé t : elles s'agrandissent donc, toutes à la fois et suivant
toutes leurs dimensions, dans un même rapport.* Par suite,
leur épaisseur dr est aussi proportionnelle à $\sqrt{t}$, et *les températures qu'elles produisent*, réciproquement proportionnelles à leur étendue $\sigma\,dr = K\,r^{m-1}\,dr$, *sont en raison
inverse de $(\sqrt{t})^m$*. C'est, d'ailleurs, ce qu'on voit directement
sur la formule (67), en y supposant le rapport $\dfrac{r^2}{t}$ constant.

Parmi toutes les couches concentriques de chaleur, il y a

(*) Quand dq désigne, non plus une quantité de chaleur, mais une certaine
masse dissoute dans un milieu indéfini et se diffusant autour d'un point où l'on
suppose qu'elle a été initialement concentrée, la vitesse dont il s'agit ici est
évidemment celle que prend l'une de ses couches sphériques, et φ exprime sa
densité (ou masse par unité de volume) à l'intérieur du milieu dissolvant.

lieu de distinguer spécialement celle pour laquelle le rapport $\dfrac{r}{\sqrt{2t}}$ *égale* $\sqrt{m}$; car c'est elle *qui apporte successivement,* *en tous les points du milieu, les températures les plus grandes* (en valeur absolue) *qu'on y observe.* En effet, si l'on calcule la dérivée, par rapport à t, de l'expression (67) de φ, on voit qu'elle a, pour $dq > 0$, le signe de $\dfrac{r^2}{2t} - m$: donc, à une distance finie r de l'origine, φ commence par s'écarter de zéro, jusqu'à l'époque $t = \dfrac{r^2}{2m}$, pour s'en rapprocher ensuite indéfiniment.

Dans le cas $m = 2$, qui est celui d'une plaque, l'intégrale du dernier membre de (69) s'exprime sous forme finie, car elle égale $\left(-e^{-\frac{r^2}{2}} \right)_{\frac{r}{\sqrt{2t}}}^{\infty}$ ou $e^{-\frac{r^2}{4t}}$; et comme, en outre, K vaut alors 2π, le dernier membre de (69), expression de la quantité de chaleur située en avant d'une couche donnée, devient

$$(70) \qquad (\text{pour } m = 2) \qquad \int_r^\infty \varphi\, 2\, dr = e^{-\frac{r^2}{4t}}\, dq.$$

Si l'on y fait $\dfrac{r}{\sqrt{2t}} = \sqrt{m} = \sqrt{2}$, elle se réduit à $\dfrac{dq}{e} = \dfrac{dq}{2,718\dots}$.

Ainsi, quand c'est dans une plaque que se répand la chaleur donnée, la couche circulaire de cette chaleur, qui apporte aux divers points de la plaque leurs températures *maxima*, est celle qui a au devant d'elle d'autres couches, pour une valeur équivalente à la fraction $\dfrac{1}{e}$ de la chaleur totale, soit un peu plus du tiers. On voit qu'elle se trouve à quelque distance devant celle qu'on peut appeler la *couche moyenne*, et qui en a autant d'autres en avant qu'en arrière.

Mais revenons au cas général de m quelconque. La chaleur se dissipant de plus en plus, il n'en reste, pour $t = \infty$, qu'une partie infiniment petite aux distances finies r. Or, la chaleur totale, $- \int_0^\infty \tau \frac{d\varphi}{dr}\, dt$, qui traverse une figure fixe σ, de rayon r, depuis l'époque $t = 0$ jusqu'à l'époque $t = \infty$, n'est autre que celle $\int_r^\infty \varphi \tau\, dr$, qu'on retrouve finalement aux distances supérieures à r. Celle-ci égalant dq, valeur constante de l'intégrale $\int_0^\infty \varphi \tau\, dr$, on a donc

$$(71) \qquad - \int_0^\infty \frac{d\varphi}{dr} \sigma\, dt = \int_0^\infty \varphi \sigma\, dr,$$

ou bien

$$(72) \quad \text{(en valeur absolue)} \quad \int_0^\infty \frac{d\varphi}{dr} r^{m-1}\, dt = \int_0^\infty \varphi r^{m-1}\, dr,$$

comme nous l'avions, du reste, remarqué déjà au n° 6, après la formule (34 *bis*), et au n° 7 (p. 391).

11. — Refroidissement d'un milieu homogène indéfini à une, deux ou trois dimensions.

Étant donné toujours notre milieu indéfini de m dimensions et à la température uniforme de zéro degré, imaginons qu'on y répartisse à l'époque $t = 0$, d'une manière quelconque et dans une partie quelconque ϖ_1 de son étendue, une certaine quantité q de chaleur. Celle-ci, en se dissipant ensuite librement dans tout le milieu, y produira une suite de températures dont le calcul fait l'objet du problème classique dit du *refroidissement des milieux athermanes*, problème complètement résolu depuis Fourier. Aussi m'y arrêterai-je uniquement pour faire voir que sa solution est une application particulière de la méthode exposée au n° 7.

Soit $F(x_1, y_1, \ldots)$ la quantité de chaleur déposée initialement, par unité d'espace, dans un élément $d\varpi_1 = dx_1\, dy_1 \ldots$ de la région ϖ_1, savoir, dans celui dont les coordonnées sont $x_1, y_1, \ldots$ Autrement dit, représentons par $F(x_1, y_1, \ldots)$ la température initiale produite en $(x_1, y_1, \ldots)$. Chaque élément $d\varpi_1$ aura possédé ainsi, à l'époque $t = 0$, une quantité dq de chaleur égale à $F(x_1, y_1, \ldots)\, d\varpi_1$, et il est clair qu'il se comportera désormais, à l'égard de tout le reste du milieu, comme le faisait, dans la question précédente, l'élément d'espace situé à l'origine des coordonnées, après avoir reçu une pareille quantité dq de chaleur. On aura donc, d'après (67), en superposant les valeurs de φ relatives à un même point $(x, y, \ldots)$ et dues aux diverses quantités élémentaires dq de chaleur,

$$(73) \qquad \varphi = \frac{1}{\left(2\sqrt{\pi t}\right)^m} \int e^{-\frac{r^2}{4t}}\, dq,$$

où

$$(74) \qquad dq = F(x_1, y_1, \ldots)\, dx_1\, dy_1 \ldots$$

et

$$(75) \qquad r = \sqrt{(x - x_1)^2 + (y - y_1)^2 + \ldots}$$

Prenons les variables d'intégration $\alpha, \beta, \ldots$ définies par les formules

$$(76) \qquad x_1 = x + 2\alpha\sqrt{t}, \quad y_1 = y + 2\beta\sqrt{t}, \quad \ldots;$$

d'où

$$dx_1 = 2\sqrt{t}\, d\alpha, \quad dy_1 = 2\sqrt{t}\, d\beta, \quad \ldots$$

Il viendra

$$(77) \quad \varphi = \left(\frac{1}{\sqrt{\pi}}\right)^m \int \ldots \int_{-\infty}^{+\infty} F(x + 2\alpha\sqrt{t}, y + 2\beta\sqrt{t}, \ldots) e^{-(\alpha^2 + \beta^2 + \ldots)}\, d\alpha\, d\beta \ldots;$$

ce qui est la formule connue, donnant la solution du problème.

On vérifie immédiatement, vu la valeur de l'intégrale de Poisson

$$\int_{-\infty}^{\infty} e^{-u^2}\, du = \sqrt{\pi},$$

que, pour $t = o$, cette expression (77) de φ se réduit bien à $F(x, y, \ldots)$.

Les solutions simples naturelles sont donc représentées par (67), dans cette question comme dans la précédente. Seulement, on les y combine d'une autre manière, en prenant successivement pour origine des distances r les divers points de l'espace, tandis que, dans la question précédente, c'était l'origine des temps que l'on changeait d'une solution à l'autre. On superpose ici des intégrales en quelque sorte *contemporaines*, mais relatives à des centres d'émanation calorifique différents ; au contraire, dans la question précédente, on superposait des solutions *successives*, ou ayant débuté à des instants différents, mais se rapportant à un même centre d'émanation.

Comme les lois élémentaires de la propagation ne diffèrent pas de celles qui viennent d'être données à la fin du n° 13, il serait inutile d'y revenir.

§ III. — APPLICATIONS A L'ÉTUDE DES VIBRATIONS TRANSVERSALES
ET DU CHOC TRANSVERSAL DES BARRES ET DES PLAQUES
ÉLASTIQUES. — THÉORIE COMPARÉE DU CHOC
LONGITUDINAL D'UNE BARRE.

---

15. — De la propagation du mouvement transversal le long d'une barre homogène droite : équations du problème.

Passons maintenant à une deuxième série d'applications des procédés d'intégration exposés au § Ier, savoir, en premier lieu, aux problèmes qui concernent le mouvement transversal d'une barre élastique et homogène, ayant la forme d'un cylindre ou d'un prisme très allongés.

Nous supposerons d'abord que cette barre s'étende, le long d'un axe d'abscisses positives x, depuis l'origine jusqu'à l'infini, et que, primitivement en repos dans toute son étendue, elle vienne à être sollicitée, par des forces agissant sur son extrémité $x = o$, à se mouvoir parallèlement à une certaine direction, normale à l'axe des x et à un des axes d'inertie principaux de ses sections.

Le déplacement ς, fonction de x et de t, sera régi par l'équation indéfinie (3) [p. 358]. Mais, de même que, par un choix convenable de l'unité de temps, nous avons un peu simplifié, dans les questions précédentes, l'équation indéfinie des températures, de même, actuellement, nous remplacerons at par t, ou nous supposerons adoptée une unité de temps telle, qu'on ait $a = 1$. Ainsi notre équation indéfinie sera

$$(78) \qquad \frac{d^4\varphi}{dx^4} + \frac{d^2\varphi}{dt^2} = 0.$$

Il faudra y joindre les conditions spéciales évidentes

$$(79) \qquad (\text{pour } t = -\infty) \quad \varphi = 0, \qquad (\text{pour } x \text{ infini}) \quad \varphi = 0,$$

signifiant, l'une, que le corps a été d'abord en repos, l'autre, qu'aucun déplacement φ ne lui vient de ses points situés à l'infini.

En outre, les diverses manières dont le mouvement lui est communiqué à son extrémité s'exprimeront, dans chaque cas, par deux relations spéciales à $x = 0$. Le procédé le plus simple pour y ébranler la barre consiste à lui imposer certains déplacements φ et certaines directions $\frac{d\varphi}{dx}$, connus à chaque instant. Alors, en appelant $F(t)$, $F_1(t)$ deux fonctions données de t, astreintes seulement à s'annuler pour $t = -\infty$, on aura

$$(80) \qquad (\text{pour } x = 0) \quad \varphi = F(t), \quad \frac{d\varphi}{dx} = F_1(t).$$

Mais, au lieu d'imprimer ainsi directement, à l'extrémité de la barre, un certain déplacement $F(t)$, on peut encore agir sur elle par l'intermédiaire d'un *ressort*, dont le bout libre exécutera ce déplacement imposé $F(t)$, tandis que l'extrémité de la barre subira seulement, de la part du ressort dont l'autre bout lui sera fixé, une traction transversale (*effort tranchant*) proportionnelle à la différence $F(t) - \varphi$, qui exprime l'allongement du ressort. Or on sait, par les principes de la théorie des barres élastiques, que l'effort tranchant dont il s'agit dépend de la forme variable de la barre, et qu'il est mesuré, à un facteur constant près,

par la dérivée $\dfrac{d^3\varphi}{dx^3}$, prise pour la valeur de x qui correspond à la section sur laquelle on le considère. Donc, si k
désigne un certain coefficient positif donné, cette dérivée
troisième de φ en x égalera, pour $x = o$, le produit
$k\,[\mathrm{F}\,(t) - \varphi]$.

De même, au lieu d'imprimer l'inclinaison $\mathrm{F}_1\,(t)$ au premier élément de l'axe de la barre, on peut tendre seulement
à la lui communiquer, par l'intermédiaire d'un manchon
intérieurement élastique, mais à surface extérieure rigide,
dans lequel la barre sera encastrée, et qui, seul, prendra
immédiatement cette direction $\mathrm{F}_1\,(t)$. Nous admettrons que
l'*encastrement élastique* réalisé ainsi développe un *couple de
flexion* proportionnel à l'angle, $\mathrm{F}_1\,(t) - \dfrac{d\varphi}{dx}$, des deux
directions effectives de l'axe du manchon et de celui de la
barre. Alors, comme le couple de flexion est d'ailleurs
mesuré par $-\dfrac{d^2\varphi}{dx^2}$ lorsque l'effort tranchant l'est par $\dfrac{d^3\varphi}{dx^3}$,
si k_1 désigne un certain coefficient constant positif, la
dérivée seconde $\dfrac{d^2\varphi}{dx^2}$ aura, pour $x = o$, la valeur
$k_1\left[\dfrac{d\varphi}{dx} - \mathrm{F}_1\,(t)\right]$.

Donc, en résumé, quand le mouvement sera transmis à
l'extrémité de la barre par l'intermédiaire d'un ressort et
d'un encastrement élastique, les conditions spéciales (80)
feront place à deux autres moins simples, telles que

$$(80\ bis) \qquad (\text{pour } x = o) \qquad
\begin{cases}
\dfrac{d^3\varphi}{dx^3} = k\,[\mathrm{F}\,(t) - \varphi], \\[2ex]
\dfrac{d^2\varphi}{dx^2} = k_1\left[\dfrac{d\varphi}{dx} - \mathrm{F}_1\,(t)\right].
\end{cases}$$

Ce cas est ici l'analogue de celui de l'échauffement par
rayonnement dans une question précédente sur le mouvement de la chaleur le long d'une barre. On en déduit, de

même : 1° en prenant $k = \infty$, $k_1 = \infty$, le cas particulier de la transmission par contact, auquel répondent les conditions (80), 2° en prenant, au contraire, k ou k_1 infiniment petits, mais en continuant à supposer les fonctions $k\,F\,(t)$ ou $k_1\,F_1\,(t)$ finies, d'autres cas extrêmes, dans lesquels, au lieu de se donner à l'extrémité $x = 0$, comme dans le premier, soit le déplacement de la barre, soit sa direction, on se donne, respectivement, soit l'effort tranchant, mesuré par $\dfrac{d^3\varphi}{dx^3}$, soit le couple de flexion, qu'exprime de même $-\dfrac{d^2\varphi}{dx^2}$.

Grâce à ces diverses relations (78), (79), et (80) ou (80 *bis*), la fonction φ est complètement déterminée. On le prouve par un procédé comme celui qui a permis de démontrer un fait analogue dans une question précédente (n° 9, p. 408). On remplace φ par $\varphi + \varphi'$ dans (78), (79) et (80 *bis*). En observant que φ les vérifie séparément, il vient

$$(81) \qquad \frac{d^4\varphi'}{dx^4} + \frac{d^2\varphi'}{dt^2} = 0,$$

et

$$(82) \quad \left\{ \begin{aligned} &\varphi' = 0 \ (\text{pour } t = -\infty); \qquad \varphi' = 0 \ (\text{pour } x \text{ infini}),\\[4pt] &\frac{d^3\varphi'}{dx^3} = -k\varphi' \quad \text{et} \quad \frac{d^2\varphi'}{dx^2} = k_1\,\frac{d\varphi'}{dx} \qquad (\text{pour } x = 0). \end{aligned} \right.$$

Multiplions (81) par $2\,\dfrac{d\varphi'}{dt}\,dx$, et, après avoir substitué à $\dfrac{d^4\varphi'}{dx^4}\dfrac{d\varphi'}{dt}$ l'expression, évidemment équivalente,

$$\frac{d}{dx}\left(\frac{d^3\varphi'}{dx^3}\frac{d\varphi'}{dt} - \frac{d^2\varphi'}{dx^2}\frac{d^2\varphi'}{dx\,dt} \right) + \frac{1}{2}\frac{d}{dt}\left(\frac{d^2\varphi'}{dx^2} \right)^2,$$

intégrons entre les limites $x = 0$, $x = \infty$. Les termes exactement intégrables ne donneront rien à la limite supérieure, à cause de la condition spéciale $\varphi' = 0$ (pour x infini); quant à leurs résultats relatifs à la limite inférieure, on pourra y remplacer les dérivées troisième et seconde de φ' en x par leurs valeurs tirées des deux dernières relations (82). Indiquons ces résultats, spéciaux à $x = 0$, au moyen d'un indice zéro placé à la suite, et il viendra aisément

$$\frac{d}{dt}\left[k\,\varphi_0'^2 + k_1 \left(\frac{d\varphi'}{dx}\right)_0^2 + \int_0^\infty \left(\frac{d^2\varphi'}{dx^2}\right)^2 dx + \int_0^\infty \left(\frac{d\varphi'}{dt}\right)^2 dx \right] = 0$$

La quantité placée entre parenthèses, dans cette formule, ne dépend donc pas du temps, et elle est nulle à toute époque, en vertu de la première condition spéciale (82). Comme aucun de ses termes ne peut devenir négatif, chacun d'eux sera nul, et il viendra, en particulier, $\frac{d\varphi'}{dt} = 0$; d'où il résulte que φ', nul pour $t = -\infty$, reste nul à toute époque. Ainsi, la valeur de φ est unique, et le problème proposé se trouve complètement défini par les relations (78), (79) et (80) ou (80 *bis*).

16. — *Leur intégration.*

L'équation aux dérivées partielles (78) se déduit de celle, (1), que nous avons appris à intégrer, en posant $n = 2$, $s = x$, $\sigma = t$, $A = 1$. L'équation (14), en ψ, sera donc ici $\frac{d^2\psi}{d\gamma^2} + \psi = 0$, et elle donnera

$$(83) \qquad \psi(\gamma) = \text{soit } \cos\gamma, \quad \text{soit } \sin\gamma.$$

Par suite, les solutions particulières (9) et (15) prendront les deux formes suivantes, dont chacune est double ou même quadruple.

$$(84) \qquad \varphi = \int_0^\infty f\left(t \mp \frac{\alpha^2}{2}\right)\left(\cos\frac{x^2}{2\alpha^2} \text{ ou } \sin\frac{x^2}{2\alpha^2}\right) d\alpha,$$

$$(85) \qquad \varphi = \int_0^\infty f\left(t \mp \frac{x^2}{2\alpha^2}\right)\left(\cos\frac{\alpha^2}{2} \text{ ou } \sin\frac{\alpha^2}{2}\right) d\alpha.$$

On remarquera que l'une quelconque des quatre espèces de solutions ainsi formées donne les autres par ses trois premières dérivées en x, avec la seule différence que celles-ci contiennent, suivant les cas, au lieu de f, l'une des fonctions f, $-f$, f', $-f'$, f'' et $-f''$.

Il est également important d'observer que, pour $x = 0$, la première des intégrales (84) se réduit à $\varphi = \int_0^\infty f\left(t \mp \frac{\alpha^2}{2}\right) d\alpha$, tandis que la deuxième s'annule, et que les deux autres solutions, (85), deviennent simplement $\varphi = \frac{\sqrt{\pi}}{2} f(t)$, vu la valeur connue, $\frac{1}{2}\sqrt{\frac{\pi}{2}}$, des deux intégrales bien classiques $\int_0^\infty \cos m^2 \, dm$, $\int_0^\infty \sin m^2 \, dm$: celles-ci, en y posant $m = \frac{\alpha}{\sqrt{2}}$ et multipliant par $\sqrt{2}$, donnent en effet

$$(85 \text{ bis}) \quad \int_0^\infty \cos \frac{\alpha^2}{2} \, d\alpha = \frac{\sqrt{\pi}}{2}, \quad \int_0^\infty \sin \frac{\alpha^2}{2} \, d\alpha = \frac{\sqrt{\pi}}{2}.$$

Des réductions analogues se produiraient évidemment, toujours à la limite $x = 0$, dans les dérivées successives en x ou t de ces quatre expressions de φ.

Nous devrons prendre ici les solutions particulières (84) et (85) avec les signes supérieurs seulement ; car il faut, d'après (79), que φ s'annule soit quand $t = -\infty$, soit quand $x = \infty$. Or, si l'on adoptait les signes inférieurs $+$, et qu'on supposât à la fois x très grand et t comparable à $-x^2$, d'une part, dans (84), les valeurs de α qui sont à considérer, ou pour lesquelles l'arc $\frac{x^2}{2\alpha^2}$ est fini, donneraient à la variable $t + \frac{\alpha^2}{2}$ de la fonction f toutes les valeurs finies possibles ; d'autre part, dans (85), les valeurs de α pour lesquelles l'arc $\frac{\alpha^2}{2}$ est fini donneraient aussi toutes les valeurs finies possibles à la variable $t + \frac{x^2}{2\alpha^2}$: donc, on ne pourrait annuler φ, pour toutes les valeurs infinies comparables de $-t$ et de x^2, qu'à la condition de poser identiquement $f = 0$, ce qui serait supprimer l'intégrale dont il s'agit. Ainsi les solutions (84) et (85) prises avec les signes supérieurs — subsisteront seules ; et alors les deux conditions (79) exigeront uniquement qu'on ait $f(-\infty) = 0$.

Nous admettrons que la fonction $f(t)$ ne devienne jamais infinie et que, de plus, elle décroisse assez vite, quand sa variable tend vers $-\infty$, pour que l'expression $\int_0^\infty f\left(t - \frac{\alpha^2}{2}\right) d\alpha$ ait une valeur finie bien déterminée. Alors la première des deux intégrales (84), dont les éléments sont à fort peu près $f\left(t - \frac{\alpha^2}{2}\right) d\alpha$ pour α très-grand, aura évidemment sa valeur finie aussi et bien déterminée. Quant à la seconde (84), où les éléments analogues ont sensiblement pour valeur $\frac{\alpha^2}{2} f\left(t - \frac{\alpha^2}{2}\right) \frac{d\alpha}{\alpha^2}$, on voit qu'elle serait finie et déterminée quand bien même la fonction finie $f(t)$ ne tendrait pas vers zéro pour $t = -\infty$. Et il en est de même des intégrales (85), qui ont leurs éléments correspondant à α très grand sensiblement exprimés par $f(t) \cos \frac{\alpha^2}{2} d\alpha$ et par $f(t) \sin \frac{\alpha^2}{2} d\alpha$. Pour ce qui concerne les dérivées en x, des quatre premiers ordres, de ces diverses intégrales, et leurs dérivées tant premières que secondes par rapport à t, dérivées qu'il est nécessaire de considérer puisque les plus élevées d'entr'elles paraisssent dans l'équation indéfinie (78), elles auront les mêmes formes que (84) et (85), à cela près qu'il y figurera parfois $\pm f'$ ou $\pm f''$ au lieu de f. Elles seront donc, toutes, parfaitement déterminées, si les deux expressions $\int_x^\infty f'\left(t - \frac{\alpha^2}{2}\right) d\alpha$ et $\int_x^\infty f''\left(t - \frac{\alpha^2}{2}\right) d\alpha$ ont elles-mêmes des valeurs bien définies. Or une formule qui nous a déjà servi pour un but analogue, dans une question précédente où elle porte le n° 46 *bis* (p. 412), montre qu'il en sera ainsi, à la seule condition que les deux dérivées première et seconde de la fonction $f(t)$ restent constamment finies comme elle. Nous admettons, il est vrai, qu'on puisse appliquer ici la règle de différentiation donnée au n° 2 (p. 361), laquelle, d'après (8), exige les conditions

$$(\text{pour } \alpha = 0) \quad \alpha f\left(t - \frac{\alpha^2}{2}\right) \psi\left(\frac{x^2}{2_0^2}\right) = 0, \quad \alpha f\left(t - \frac{x^2}{2\alpha^2}\right) \psi\left(\frac{\alpha^2}{2}\right) = 0, \text{ etc. :}$$

mais ces conditions ne pourront manquer d'être vérifiées, puisque les fonctions ψ, ψ', ψ'', … seront ici de simples sinus ou cosinus, et que les fonctions f, f', f'', … ne seront pas davantage susceptibles de devenir infinies.

Les quatre solutions particulières (84) et (85) se trouvant ainsi bien admissibles, on formera une solution plus générale en les superposant après les avoir affectées de quatre fonctions arbitraires distinctes f. Et il n'y aura plus ensuite qu'à déterminer ces fonctions arbitraires par les deux conditions spéciales (80), ou, plus généralement, (80 *bis*), dont chacune se dédoublera, si l'on opère comme il a été indiqué à la fin du n° 3 (p. 368), et comme il a été fait au n° 10 (p. 413).

17 — *Résultats de cette intégration dans les cas les plus simples.*

Mais, jusqu'à ce que nous abordions le problème du choc transversal, bornons-nous aux cas où l'on connaît directement en fonction du temps t, pour l'extrémité $x = 0$, soit le déplacement φ et le changement de direction $\frac{d\varphi}{dx}$, soit, à défaut du premier, l'effort tranchant, mesuré par $\frac{d^3\varphi}{dx^3}$, ou, à défaut du second, le couple de flexion, représenté de même par $-\frac{d^2\varphi}{dx^2}$. Dans tous ces cas, au lieu d'avoir à prendre simultanément les quatre solutions particulières (84) et (85), il suffit d'en superposer deux seulement, de même que, dans les deux cas extrêmes de l'échauffement d'une barre auxquels répondaient les formules (51) et (52), il a suffi d'utiliser respectivement une des deux intégrales particulières dont la formule (46) exprimait la somme.

Et d'abord, quand on connaît φ et $\frac{d\varphi}{dx}$, ou qu'on doit satisfaire aux conditions spéciales (80) dans lesquelles les fonctions $F(t)$, $F_1(t)$, d'ailleurs arbitraires, tendent vers zéro pour $t = -\infty$, il n'y a qu'à choisir celles des solutions (84) et (85) où paraît un sinus. La première, (84), s'annule pour $x = 0$, tandis que sa dérivée en x, $\int_0^\infty f\left(t - \frac{x^2}{2\alpha^2}\right)\cos\frac{\alpha^2}{2}\,d\alpha$, se réduit en même temps à $\frac{\sqrt{\pi}}{2}\,f(t)$: la deuxième, (85), devient $\frac{\sqrt{\pi}}{2}\,f(t)$ pour $x = 0$, et elle a sa dérivée en x, $-\int_0^\infty f'\left(t - \frac{\alpha^2}{2}\right)\sin\frac{x^2}{2\alpha^2}\,d\alpha$, égale alors à zéro. Donc, la somme des deux vérifiera bien les conditions (80), si l'on prend, dans la première, $f(t) = \frac{2}{\sqrt{\pi}}\,F_1(t)$ et, dans la seconde, $f(t) = \frac{2}{\sqrt{\pi}}\,F(t)$. Par suite, il viendra

$$(86)\quad\left\{\begin{array}{l}\text{(quand } \varphi = F(t) \text{ et } \frac{d\varphi}{dx} = F_1(t) \text{ pour } x = 0) \\[2mm] \varphi = \frac{2}{\sqrt{\pi}}\int_0^\infty\left[F\left(t - \frac{x^2}{2\alpha^2}\right)\sin\frac{\alpha^2}{2} + F_1\left(t - \frac{\alpha^2}{2}\right)\sin\frac{x^2}{2\alpha^2}\right]d\alpha.\end{array}\right.$$

Admettons, en deuxième lieu, que l'on connaisse l'effort tranchant et le couple de flexion, c'est-à-dire qu'on doive avoir

$$\text{(pour } x = 0)\quad \frac{d^3\varphi}{dx^3} = F'(t) \text{ et } \frac{d^2\varphi}{dx^2} = F_1'(t),$$

$F'(t)$ et $F_1'(t)$ désignant deux fonctions données de t, dont on appelle $F(t)$ et $F_1(t)$ les fonctions primitives calculées de manière que $F(-\infty)=o$ et $F_1(-\infty)=o$. Alors on prendra les deux intégrales (84) et (85) qu'on avait délaissées tout à l'heure, ou qui contiennent un cosinus. La première, différentiée trois fois en x, donne, en particulier,

$$\frac{d^2\varphi}{dx^2}=\int_o^\infty f'\left(t-\frac{\alpha^2}{2}\right)\sin\frac{x^2}{2\alpha^2}\,d\alpha, \quad \frac{d^3\varphi}{dx^3}=\int_o^\infty f'\left(t-\frac{x^2}{2\alpha^2}\right)\cos\frac{\alpha^2}{2}\,d\alpha,$$

valeurs qui, pour $x=o$, deviennent respectivement zéro et $\frac{\sqrt{\pi}}{2}f'(t)$. La deuxième donne de même

$$\frac{d^2\varphi}{dx^2}=\int_o^\infty f'\left(t-\frac{x^2}{2\alpha^2}\right)\sin\frac{\alpha^2}{2}\,d\alpha, \quad \frac{d^3\varphi}{dx^3}=-\int_o^\infty f''\left(t-\frac{\alpha^2}{2}\right)\sin\frac{x^2}{2\alpha^2}\,d\alpha,$$

valeurs qui se réduisent à $\frac{\sqrt{\pi}}{2}f'(t)$ et à zéro pour $x=o$. Donc, la somme des deux rendra bien les dérivées $\frac{d^3\varphi}{dx^3}$ et $\frac{d^2\varphi}{dx^2}$ égales respectivement à $F'(t)$ et à $F_1'(t)$, si l'on pose : 1° dans la première, $f'(t)=\frac{2}{\sqrt{\pi}}F'(t)$, ou, vu que $f(-\infty)=o$ comme $F(-\infty)$, $f(t)=\frac{2}{\sqrt{\pi}}F_1(t)$; 2° dans la seconde, $f'(t)=\frac{2}{\sqrt{\pi}}F_1'(t)$ ou, de même, $f(t)=\frac{2}{\sqrt{\pi}}F_1(t)$. On aura, par conséquent,

$$(87)\quad\left\{\begin{array}{l}\left(\text{quand }\dfrac{d^3\varphi}{dx^3}=F'(t)\text{ et }\dfrac{d^2\varphi}{dx^2}=F_1'(t)\text{ pour }x=o\right)\\[2ex]\varphi=\dfrac{2}{\sqrt{\pi}}\int_o^\infty\left[F\left(t-\dfrac{\alpha^2}{2}\right)\cos\dfrac{x^2}{2\alpha^2}+F_1\left(t-\dfrac{x^2}{2\alpha^2}\right)\cos\dfrac{\alpha^2}{2}\right]d\alpha\end{array}\right.$$

Passons, en troisième lieu, au cas où les données sont

$$\varphi=F(t)\text{ et }\frac{d^2\varphi}{dx^2}=F_1'(t)\text{ pour }x=o,$$

la fonction primitive $F_1(t)$ étant encore supposée choisie
de manière que $F_1(-\infty) = 0$. Ce seront alors les deux
formes (85) qui résoudront la question. Car, pour $x = 0$,
la première donne

$$\varphi = \frac{\sqrt{\pi}}{2} f(t), \quad \frac{d^2\varphi}{dx^2} = \frac{\sqrt{\pi}}{2} f'(t),$$

et, la seconde,

$$\varphi = \frac{\sqrt{\pi}}{2} f(t), \quad \frac{d^2\varphi}{dx^2} = -\frac{\sqrt{\pi}}{2} f'(t).$$

Pour qu'il résulte de leur superposition

$$\varphi = F(t) \text{ et } \frac{d^2\varphi}{dx^2} = F_1'(t), \text{ à la limite } x = 0,$$

il faudra évidemment poser, dans la première,

$$f(t) = \frac{F(t) + F_1(t)}{\sqrt{\pi}},$$

et, dans la seconde,

$$f(t) = \frac{F(t) - F_1(t)}{\sqrt{\pi}}.$$

Il viendra donc

$$(88) \quad \left\{ \begin{aligned} &\left(\text{quand } \varphi = F(t) \text{ et } \frac{d^2\varphi}{dx^2} = F_1'(t) \text{ pour } x = 0 \right) \\ &\varphi = \frac{1}{\sqrt{\pi}} \int_0^\infty \left[F\left(t - \frac{x^2}{2\alpha^2}\right) \left(\cos \frac{\alpha^2}{2} + \sin \frac{\alpha^2}{2} \right) \right. \\ &\qquad \left. + F_1\left(t - \frac{x^2}{2\alpha^2}\right) \left(\cos \frac{\alpha^2}{2} - \sin \frac{\alpha^2}{2} \right) \right] d\alpha. \end{aligned} \right.$$

Enfin, si l'on connaît, pour $x = 0$, l'effort tranchant et le changement de direction $\frac{d\varphi}{dx}$, ou qu'on ait

$$\frac{d^3\varphi}{dx^3} = F'(t) \text{ et } \frac{d\varphi}{dx} = F_1(t) \text{ pour } x = 0,$$

on superposera les deux solutions (84), qui, à la limite $x = 0$, donnent, la première,

$$\frac{d\varphi}{dx} = -\frac{\sqrt{\pi}}{2} f(t), \quad \frac{d^3\varphi}{dx^3} = \frac{\sqrt{\pi}}{2} f'(t),$$

et, la deuxième,

$$\frac{d\varphi}{dx} = \frac{\sqrt{\pi}}{2} f(t), \quad \frac{d^3\varphi}{dx^3} = \frac{\sqrt{\pi}}{2} f'(t).$$

En conséquence, après avoir déterminé la fonction primitive $F(t)$ de manière que $F(-\infty) = 0$, on prendra, dans la première solution,

$$f(t) = \frac{F(t) - F_1(t)}{\sqrt{\pi}}$$

dans la deuxième,

$$f(t) = \frac{F(t) + F_1(t)}{\sqrt{\pi}}$$

Et la formule définitive de φ sera

$$(89) \quad \left\{ \begin{aligned} &\left(\text{quand } \frac{d^3\varphi}{dx^3} = F'(t) \text{ et } \frac{d\varphi}{dx} = F_1(t) \text{ pour } x = 0 \right) \\ &\varphi = \frac{1}{\sqrt{\pi}} \int_0^\infty \left[F\left(t - \frac{\alpha^2}{2}\right) \left(\cos\frac{x^2}{2\alpha^2} + \sin\frac{x^2}{2\alpha^2} \right) \right. \\ &\qquad \left. - F_1\left(t - \frac{\alpha^2}{2}\right) \left(\cos\frac{x^2}{2\alpha^2} - \sin\frac{x^2}{2\alpha^2} \right) \right] d\alpha. \end{aligned} \right.$$

— 447 —

La fonction F (t) a, dans cette formule (89) ainsi que dans (87), un sens qu'il importe de bien saisir : elle exprime *l'impulsion transversale totale* qu'on a imprimée à la barre, par son extrémité $x = 0$, jusqu'à l'époque considérée t. En effet, F (t) désigne l'intégrale

$$\int_{-\infty}^{t} F'(t)\,dt = \int_{-\infty}^{t} \frac{d^3\varphi}{dx^3}\,dt,$$

c'est-à-dire la somme des produits de tous les éléments du temps écoulé par les efforts tranchants respectifs qui ont été appliqués à l'extrémité $x = 0$ durant ces éléments de temps.

De même, dans les intégrales (87) et (88), la fonction $F_1(t) = \int_{-\infty}^{t} \frac{d^2\varphi}{dx^2}\,dt$, somme des produits des divers éléments du temps écoulé jusqu'à l'époque t par les valeurs correspondantes (changées pourtant de signe) des couples de flexion appliqués à l'extrémité de la barre, est ce qu'on pourrait appeler *l'impulsion totale de rotation* exercée jusqu'à cette époque sur l'extrémité considérée de la barre.

18. — Leur spécification pour des barres diversement sollicitées.

Voyons ce que donnent les formules précédentes dans les cas qui semblent les plus simples et les plus intéressants.

Nous en considérerons de trois sortes. Dans ceux de la première, la barre, au lieu de se terminer au point $x = 0$, se prolongera indéfiniment du côté des x négatifs, quoique on n'ait spécialement en vue que sa partie comprise de $x = 0$ à $x = \infty$; et elle sera sollicitée, à l'origine $x = 0$, de manière que les phénomènes soient parfaitement symétriques de part et d'autre de ce point, ou que, par suite, la dérivée $\frac{d\varphi}{dx}$ s'y annule : ces cas se trouveront donc représentés par les formules (86) et (89), prises avec $F_1(t) = o$, ou réduites à leurs termes affectés de la fonction F. Nous rangerons dans la deuxième espèce les cas où la barre se terminera à l'extrémité $x = o$, et où sa direction y sera libre, en ce sens qu'aucun couple de flexion ne s'y exercera : ils seront donc régis par les formules (87) et (88) dans lesquelles on fera $F_1(t) = o$. Enfin, la troisième espèce concernera les cas de barres dont l'extrémité $x = o$ sera fixe, en sorte que ces barres ne pourront que pivoter autour de l'origine, sous l'action de couples donnés ou produisant des changements de direction donnés : les déplacements φ seront alors exprimés par les formules (88) ou (86), prises avec $F(t) = o$.

Si, dans les diverses relations indiquées, on adopte pour variable d'intégration, au lieu de α, celle dont dépend la fonction arbitraire placée sous le signe $\int$, variable qui est $t - \frac{x^2}{2\alpha^2}$ ou $t - \frac{\alpha^2}{2}$, et que nous appellerons t_1, il viendra :

1° *Pour les cas d'une barre dont le premier élément considéré garde sa direction primitive*, comme il arrivera si elle est indéfinie dans les deux sens et sollicitée symétriquement de part et d'autre de l'origine des abscisses,

$$
(90) \quad \begin{cases} \text{(quand } \varphi = F(t) \text{ pour } x = o) \\[2mm] \varphi = \dfrac{x}{\sqrt{2\pi}} \displaystyle\int_{-\infty}^{t} \sin \dfrac{x^2}{4(t-t_1)} \cdot \dfrac{F(t_1)\,dt_1}{(t-t_1)^{\frac{3}{2}}}, \end{cases}
$$

$$
(91) \quad \begin{cases} \left(\text{quand } \dfrac{d^3\varphi}{dx^3} = F'(t) \text{ pour } x = o \right) \\[2mm] \varphi = \dfrac{1}{\sqrt{2\pi}} \displaystyle\int_{-\infty}^{t} \left[\cos \dfrac{x^2}{4(t-t_1)} + \sin \dfrac{x^2}{4(t-t_1)} \right] \dfrac{F(t_1)\,dt_1}{\sqrt{t-t_1}}; \end{cases}
$$

2° *Pour les cas d'une barre dont l'extrémité est libre de tout couple de flexion*,

$$(\text{quand } \varphi = F(t) \text{ pour } x = 0)$$

$$(92) \quad \varphi = \frac{x}{2\sqrt{2\pi}} \int_{-\infty}^{t} \left[\cos \frac{x^2}{4(t-t_1)} + \sin \frac{x^2}{4(t-t_1)} \right] \frac{F(t_1)\,dt_1}{(t-t_1)^{\frac{3}{2}}},$$

$$\left(\text{quand } \frac{d^3\varphi}{dx^3} = F'(t) \text{ pour } x = 0 \right)$$

$$(93) \quad \varphi = \sqrt{\frac{2}{\pi}} \int_{-\infty}^{t} \cos \frac{x^2}{4(t-t_1)} \cdot \frac{F(t_1)\,dt_1}{\sqrt{t-t_1}};$$

3° Enfin, *pour les cas d'une barre pivotant autour de l'origine*, c'est-à-dire dans laquelle le déplacement φ s'annule au point $x = 0$,

$$\left(\text{quand } \frac{d\varphi}{dx} = F_1(t) \text{ pour } x = 0 \right)$$

$$(94) \quad \varphi = \sqrt{\frac{2}{\pi}} \int_{-\infty}^{t} \sin \frac{x^2}{4(t-t_1)} \cdot \frac{F_1(t_1)\,dt_1}{\sqrt{t-t_1}},$$

$$\left(\text{quand } \frac{d^2\varphi}{dx^2} = F_1'(t) \text{ pour } x = 0 \right)$$

$$(95) \quad \varphi = \frac{x}{2\sqrt{2\pi}} \int_{-\infty}^{t} \left[\cos \frac{x^2}{4(t-t_1)} - \sin \frac{x^2}{4(t-t_1)} \right] \frac{F_1(t_1)\,dt_1}{(t-t_1)^{\frac{3}{2}}}.$$

Si l'on suppose nulle la fonction $F(t_1)$ ou $F_1(t_1)$, excepté dans l'intervalle compris entre deux valeurs infiniment voisines t_1 et $t_1 + dt_1$, ces intégrales se réduiront à un seul de leurs éléments, qui constituera ce que j'appelle la *solution simple naturelle* de la question.

19. — *Lois de la transmission du mouvement transversal le long de ces barres.*

Voyons, par exemple, ce qu'exprime cette solution simple, dans le cas d'une barre dont l'extrémité $x = 0$ est fixe, mais au premier élément de laquelle on a imprimé une certaine inclinaison positive,

$$\frac{d\varphi}{dx} \text{ ou } F_1\left(t_1\right) = a,$$

pendant l'instant très court 2ε compris entre les époques $t_1 = -\varepsilon$ et $t_1 = \varepsilon$; après quoi le même élément a été ramené et désormais maintenu dans sa direction primitive, choisie pour celle de l'axe des x. Proposons-nous d'examiner l'état que présente la barre au bout d'un certain temps t, fini et, par conséquent, beaucoup plus grand que ε. Nous pourrons alors, dans la formule (94) qui résout la question, poser $F_1\left(t_1\right) = o$ en dehors des limites $t_1 = \pm \varepsilon$, $F_1\left(t_1\right) = a$ entre ces limites, et, de plus, réduire à $\sqrt{t}$ le dénominateur $\sqrt{t - t_1}$ hors du signe sinus, puisque t_1 n'aura à varier que de $-\varepsilon$ à ε. Il viendra

$$(96) \qquad \varphi = \frac{a\sqrt{2}}{\sqrt{\pi t}} \int_{-\varepsilon}^{\varepsilon} \sin \frac{x^2}{4\left(t - t_1\right)} \, dt_1.$$

Comme, d'ailleurs, l'arc $\dfrac{x^2}{4\left(t - t_1\right)}$ peut s'écrire $\dfrac{x^2}{4t}\left(1 - \dfrac{t_1}{t}\right)^{-1}$, ou

$$(97) \qquad \frac{x^2}{4t}\left(1 + \frac{t_1}{t} + \frac{t_1^2}{t^2} + \ldots\right) = \frac{x^2}{4t} + \frac{x^2 t_1}{4t^2} + \ldots,$$

on voit que le sinus de $\dfrac{x^2}{4\left(t - t_1\right)}$ pourra être remplacé lui-même par celui du premier terme $\dfrac{x^2}{4t}$, tant que le rapport $\dfrac{x^2}{4t}$ ne sera pas extrêmement grand; car le terme suivant, $\dfrac{x^2 t_1}{4t^2}$, beaucoup plus grand que ceux qui viendraient après, sera inférieur en valeur absolue à $\dfrac{x^2}{4t}\dfrac{\varepsilon}{t}$ et, par conséquent, négligeable vis-à-vis de π. On aura donc, pour la solution simple cherchée,

$$(98) \qquad \varphi = \frac{\sqrt{2}\,(2\,a\,\varepsilon)}{\sqrt{\pi t}}\,\sin\,\frac{x^2}{4t}.$$

Mais, quand t sera assez petit, ou x assez grand, pour que le produit du rapport $\frac{x^2}{4t}$ par $\frac{\varepsilon}{t}$ devienne comparable à π, on n'aura plus le droit de négliger ce produit et, en le supposant fini, de manière que le troisième terme de (97) reste encore négligeable, on pourra écrire :

$$\sin\,\frac{x^2}{4\,(t-t_1)} = \sin\,\frac{x^2}{4t}\,\cos\,\frac{x^2 t_1}{4 t^2} + \cos\,\frac{x^2}{4t}\,\sin\,\frac{x^2 t_1}{4 t^2}.$$

Alors, effectuant dans (96) l'intégration par rapport à t_1, on trouvera

$$(99) \qquad \varphi = \frac{\sqrt{2}\,(2\,a\,\varepsilon)}{\sqrt{\pi t}}\,\left(\frac{4\,t^2}{\varepsilon\,x^2}\,\sin\,\frac{\varepsilon\,x^2}{4\,t^2}\right)\,\sin\,\frac{x^2}{4t}.$$

Cette formule se confond, comme il le fallait bien, avec la précédente (98), tant qu'on suppose infiniment petit le rapport $\frac{\varepsilon x^2}{4 t^2}$ et, par conséquent, tant qu'on veut ne considérer (98) que comme *solution simple*, comme *élément* d'intégrale, ou y prendre ε infiniment petit.

Étudions maintenant ce que représentent ces formules (98) et (99). Examinant d'abord la première pour une époque t déterminée, on voit que le déplacement φ, nul à l'origine $x = 0$, devient alternativement positif et négatif, en s'annulant pour les valeurs de x qui rendent l'arc $\frac{x^2}{4t}$ multiple de π, et en atteignant ses valeurs absolues maxima,

$\dfrac{\sqrt{2}\,(2\,\alpha\varepsilon)}{\sqrt{\pi t}}$, pour celles qui rendent cet arc multiple impair

de $\dfrac{\pi}{2}$. *La déviation imprimée momentanément à la barre a donc fait naître une infinité d'ondulations, de plus en plus courtes à mesure que l'on s'éloigne de l'origine. Leur hauteur ou amplitude ne varie que très peu de l'une à l'autre, et ce n'est même qu'aux points assez éloignés pour que l'arc $\dfrac{x^2}{4t}$ y soit très grand, qu'elle commence à décroître, dans le rapport du sinus de l'arc lentement croissant $\dfrac{\alpha x^2}{4 t^2}$ à cet arc lui-*même, comme le montre la formule (99) ; *cette hauteur tend donc vers zéro, à mesure qu'on s'éloigne de l'origine, en présentant une infinité de maxima et de minima.* La formule (98) fait voir d'ailleurs : 1° que, *d'un instant à l'autre, le sommet de chaque ondulation progresse, ainsi que ses extrémités* (où $\varphi = 0$), *en parcourant, à partir du bout ébranlé* $x = 0$ *où toutes ces ondulations étaient d'abord confondues, des espaces totaux x proportionnels à la racine carrée du temps écoulé t ;* 2° et que *leur hauteur est en raison inverse de cette même racine carrée du temps, s'il s'agit, du moins, des ondulations les plus voisines de l'origine, qui se trouvent être, à la fois, les moins rapides, les plus hautes et les plus longues.* Quant aux autres, auxquelles la formule (98) n'est pas applicable, mais seulement la formule (99), le fait de leur inégalité de hauteur à un même moment rend plus complexe la manière dont cette hauteur varie d'un instant à l'autre.

Une loi simple s'y dégage toutefois, quand on imagine un observateur animé, le long de la barre, d'une vitesse constante quelconque K, et qui, parti de l'extrémité $x = 0$ à l'époque $t = 0$, c'est-à-dire au même instant où les ondulations s'en détachaient avec des vitesses infinies mais désormais décroissantes, finirait par les dépasser successivement, les unes après les autres. Comme cet observateur aurait à chaque instant l'abscisse $x = \mathrm{K}t$, les valeurs de φ produites à côté de lui, aux endroits même où il serait, se trouveront exprimées, d'après (99), par la formule

$$(100) \qquad \varphi = \frac{\sqrt{2}\,(2\,a\,t)}{\sqrt{\pi t}} \left(\frac{4}{\varepsilon \mathrm{K}^2} \sin \frac{\varepsilon \mathrm{K}^2}{4} \right) \sin \frac{\mathrm{K}^2 t}{4}.$$

L'observateur, s'il se croyait immobile et s'il ne voyait qu'une partie infiniment courte de la barre, constaterait donc sur cette partie (sans cesse changeante) un simple mouvement vibratoire, d'une période $\frac{8\pi}{\mathrm{K}^2}$ d'autant plus courte que sa propre vitesse serait plus grande, et d'une amplitude inverse de la racine carrée du temps écoulé t.

Mais, si, capable d'observer à une certaine distance en avant et en arrière, il pouvait suivre quelque temps des yeux ce qui se passerait en un même endroit, il y remarquerait, après avoir, toutefois, dépassé les premières ondes, une suite d'ondulations sinusoïdales qui s'y propageraient avec la vitesse ou célérité constante $\frac{\mathrm{K}}{2}$, moitié de la sienne, et qui auraient, en outre, la longueur d'onde constante $\frac{4\pi}{\mathrm{K}}$ (comprenant une convexité avec la concavité qui suit) ou, par conséquent, la période $\frac{8\pi}{\mathrm{K}^2}$.

Pour le démontrer, observons que les ondulations dont il s'agit correspondent à d'assez grandes valeurs de $\frac{x^2}{t} = \mathrm{K}^2 t = \mathrm{K}x$ et, par suite, à d'assez grandes valeurs soit de t, soit de x: en conséquence, le rapport $\frac{x}{t}$ n'y varie que peu sur une étendue comprenant plusieurs ondes, ou durant le temps, très petit par rapport à t, qu'emploie chaque onde à parcourir une telle étendue. On peut donc y assimiler, dans ces conditions, les deux dérivées de $\frac{x^2}{t}$ par rapport à x et à t, dérivées qui sont $2\,\dfrac{x}{t} = 2\,\mathrm{K}$ et $-\dfrac{x^2}{t^2} = -\mathrm{K}^2$, à deux constantes, et, pour deux accroissements modérés, Δx et Δt, de x et de t, prendre comme valeur simultanée ou accrue du rapport $\dfrac{x^2}{t}$ l'expression

$$\frac{x^2}{t} + 2\,\mathrm{K}\,\Delta x - \mathrm{K}^2\,\Delta t.$$

La formule (99) de φ, si l'on y remplace t et x par $t + \Delta t$ et par $x + \Delta x = \mathrm{K}\,t + \Delta x$, puis qu'on y regarde Δt, Δx, comme les seules variables, deviendra donc très sensiblement, vu la petitesse supposée des rapports $\dfrac{\Delta t}{t}$ et $\dfrac{\Delta x}{x}$ qui rend à fort peu près constante l'expression $\dfrac{1}{\sqrt{t}}\left(\dfrac{4t^2}{\varepsilon x^2}\sin\dfrac{\varepsilon x^2}{4t^2}\right)$,

$$(101)\qquad \varphi = \frac{\sqrt{2}\,(2\,a\,\varepsilon)}{\sqrt{\pi t}}\left(\frac{4}{\varepsilon\,\mathrm{K}^2}\sin\frac{\varepsilon\,\mathrm{K}^2}{4}\right)\sin\tfrac{1}{4}\,(\mathrm{K}^2\,t + 2\,\mathrm{K}\,\Delta x - \mathrm{K}^2\,\Delta t).$$

Les variables étant Δx et Δt, cette expression de φ est de la forme

$$\mathrm{A}\sin\left(\mathrm{B} + \tfrac{1}{2}\,\mathrm{K}\,x - \tfrac{1}{4}\,\mathrm{K}^2\,t\right) = \mathrm{A}\sin\left[\mathrm{B} + \frac{\mathrm{K}}{2}\left(x - \frac{\mathrm{K}}{2}\,t\right)\right],$$

et elle représente bien l'ordonnée d'une courbe sinusoïdale, dont les ondulations auraient la longueur $\dfrac{4\pi}{\mathrm{K}}$ (en projection sur l'axe des abscisses) et se transporteraient dans le sens des x positifs avec une vitesse de propagation égale à $\dfrac{\mathrm{K}}{2}$.

Il résulte, en outre, des formules (100) ou (101), que l'observateur verra la hauteur de cette sorte de *houle*, de longueur constante, à côté de laquelle il passera, décroître graduellement, en raison inverse de la racine carrée du temps t.

Voilà suivant quelles lois se propagera et s'éteindra peu à peu le mouvement dû à une simple déviation instantanée du premier élément de la barre.

On obtiendrait des lois tout à fait pareilles, où, seulement, le cosinus de l'arc $\frac{x^2}{4t}$ remplacerait son sinus, mais où serait toujours, pour les grandes valeurs du rapport $\frac{x}{t}$, le facteur $\frac{4t^2}{\varepsilon x^2} \sin \frac{\varepsilon x^2}{4t^2}$, dans le cas, représenté par la formule (93), d'une barre ayant subi à son extrémité $x = o$, au commencement et à la fin d'un très petit instant 2ε, deux impulsions égales et contraires, qui donneraient $F(t_1) = a$ entre les limites $t_1 = \mp \varepsilon$ et $F(t_1) = o$ en dehors de ces limites. Et des lois analogues régiraient encore le cas, auquel répond la formule (91), d'une barre indéfinie dans les deux sens, soumise de même, en un de ses points choisi pour origine, à deux impulsions égales et contraires, imprimées respectivement aux deux époques $t = \mp \varepsilon$. On voit que l'expression de φ égalerait alors la demi-somme des deux précédentes. Seulement, la valeur $F(t_1) = a$, entre les deux limites $t_1 = \mp \varepsilon$, serait celle de l'impulsion exercée sur une moitié de la barre indéfinie, et n'égalerait que la moitié de l'impulsion totale donnée.

Quant aux cas exprimés par les formules (90), (95), (92), leurs lois concrètes seraient un peu moins simples, à cause du facteur $\frac{x}{2(t - t_1)}$ qu'y contiennent en plus les éléments des intégrales. Il est bon d'observer, et il résultait du reste déjà de l'origine même du type (15) auquel ces solutions sont empruntées, qu'on peut les déduire immédiatement des précédentes, appartenant au type (9), par une simple différentiation en x. Par exemple, l'expression (90) de φ est la dérivée de (93), avec changement de signe; l'expression (95) de φ est la dérivée de (91); etc. Les solutions simples naturelles correspondantes s'obtiendraient donc en différentiant par rapport à x celles du premier type, telles que (98) ou (99), et l'on pourrait même, dans cette différentiation, regarder comme constant le facteur $\frac{4\,t^2}{\varepsilon x^3}\sin\frac{\varepsilon x^2}{4\,t^2}$, qui n'y varie, en comparaison de $\sin\frac{x^2}{4t}$ ou $\cos\frac{x^2}{4t}$, qu'avec une lenteur pour ainsi dire infinie.

On remarquera, à ce propos, que la dérivée par rapport à x de l'expression (99) de φ ne contiendra plus, il est vrai, le dénominateur x^2, mais qu'elle gardera encore le dénominateur x, et qu'elle acquerra aussi en dénominateur un nouveau facteur t. Donc, les solutions simples du second type s'évanouissent pour x infini, quoique moins rapidement que celles du premier; et elles s'évanouissent également pour t infini. C'est dire que, de toute manière, *la barre élastique ne transmet le mouvement transversal qu'en le disséminant et le rendant insensible, contrairement à ce qui arrive pour le mouvement longitudinal*, régi, comme on sait, par l'équation de d'Alembert (ou *des cordes vibrantes*), laquelle exprime une transmission intégrale, sans altération, c'est-à-dire sans condensation ni dispersion.

20. — *Problème de la dissémination du mouvement transversal le long d'une barre indéfinie dans les deux sens, à la suite de déformations et de vitesses initiales données.*

Nous avons vu au n° 7 (p. 390) que la solution simple (32), fournie par notre premier type (9) ou (31) d'intégrales, est propre à devenir l'élément de la solution générale, pour le cas d'un milieu à m dimensions indéfini dans tous les sens et dont l'état, soustrait à toute action étrangère, n'éprouve de changements qu'en conséquence de sa manière d'être initiale : il faut toutefois, pour cela, que cette valeur (32) de φ rende la somme $\int\varphi\,d\varpi$ finie et déterminée quand on la prend dans toute l'étendue ϖ du système, ou que, en d'autres termes, l'intégrale $\int_0^{\infty} \psi\left(\frac{\xi^2}{2}\right) \xi^{m-1} d\xi$ soit elle-même finie et déterminée. C'est bien ce qui aura lieu s'il s'agit du mouvement transversal d'une barre élastique indéfinie dans les deux sens, puisque, m égalant alors 1 et $\psi(\gamma)$ étant soit $\sin\gamma$, soit $\cos\gamma$, il vient, d'après (85 *bis*),

$$\int_0^{\infty} \psi\left(\frac{\xi^2}{2}\right) \xi^{m-1} d\xi = \frac{\sqrt{\pi}}{2}.$$

D'ailleurs, le coefficient K de la formule (37) [p. 389] n'est autre que 2 pour un milieu à une seule dimension, comme ici, où l'espace $\sigma\, dr = K\, r^{m-1}\, dr$, compris entre les distances r et $r + dr$ de l'origine, se compose seulement de deux éléments linéaires dr, situés symétriquement de part et d'autre. Il vient donc, en appliquant la formule (37) à l'étendue totale de la barre,

$$\int \varphi\, d\varpi = 2\,\varepsilon\,\frac{\sqrt{\pi}}{2} = \varepsilon\,\sqrt{\pi};$$

et la valeur du coefficient K', définie par (37 *bis*), est $K' = \sqrt{\pi}$.

Ainsi, les solutions simples naturelles de la question, si l'on y remplace ε par un coefficient choisi de manière à rendre la somme totale $\int \varphi\, d\varpi$, ou $\int_{-\infty}^{\infty} \varphi\, dx$, égale à l'unité, seront, d'après (32) [p. 384],

$$(102) \qquad \varphi = \text{soit } \frac{1}{\sqrt{2\pi t}} \sin \frac{r^2}{4t}, \quad \text{soit } \frac{1}{\sqrt{2\pi t}} \cos \frac{r^2}{4t}.$$

Elles auraient pu se déduire des solutions simples, telles que (98), qu'a fournies dans la question précédente le premier type d'intégrales, comme il était, du reste, évident par le n° 6 et par l'exemple, emprunté à la théorie de la chaleur, qui a fait l'objet du n° 14.

Pour t infiniment petit et r différent de zéro, les facteurs $\sin \frac{r^2}{4t}$ ou $\cos \frac{r^2}{4t}$, auxquels sont proportionnelles les expressions (102) de φ, ne se réduisent pas, il est vrai, à zéro, comme il arrivait pour le facteur $e^{-\frac{r^2}{4t}}$ dans le cas de la solution simple (67) [p. 429] ; mais ils changent de signe dès que r varie, et ils ont leurs valeurs moyennes, dans tout intervalle fini, égales à zéro. Or cette circonstance suffit ici pour que, à l'époque $t = 0$, les termes de toute somme composée d'une infinité de pareilles expressions, dans lesquelles r varierait uniformément d'un terme à l'autre, s'entre-détruisent, à l'exception de ceux où r sera nul.

Et, en effet, si, conformément à la formule (38), prise en réduisant $F(x_1, y_1, \ldots)$ à $f(x_1)$, $d\varpi_1$ à dx_1 et r^2 à $(x - x_1)^2$, on pose

$$(103) \quad \left\{ \begin{aligned} \text{soit } \psi &= \frac{1}{\sqrt{2\pi t}} \int_{-\infty}^{\infty} f(x_1) \sin \frac{(x - x_1)^2}{4t}\, dx_1, \\ \text{soit } \varphi &= \frac{1}{\sqrt{2\pi t}} \int_{-\infty}^{\infty} f(x_1) \cos \frac{(x - x_1)^2}{4t}\, dx_1, \end{aligned} \right.$$

ces expressions de φ recevront, à la limite $t = 0$, les valeurs simples $f(x)$, comme dans les cas où la fonction $\psi\left(\frac{r^2}{4t}\right)$ s'annule à la même limite dès que r diffère de zéro. Pour le reconnaître, et pour prouver en même temps que ces expressions (103) sont bien finies et déterminés, débarrassons-les du dénominateur $\sqrt{t}$, qui semble les rendre infinies à la limite $t = 0$.

Dans ce but, prenons la nouvelle variable d'intégration, α, définie par la formule

$$\alpha = \frac{x_1 - x}{2\sqrt{t}}, \quad \text{ou } x_1 = x + 2\alpha\sqrt{t}, \quad \text{donnant } dx_1 = 2\sqrt{t}\, d\alpha.$$

Il viendra

$$(104) \quad \left\{ \begin{aligned} &\text{soit } \varphi = \sqrt{\frac{2}{\pi}} \int_{-\infty}^{\infty} f\left(x + 2\,\alpha\sqrt{t}\right) \sin \alpha^2 \, d\alpha, \\[2ex] &\text{soit } \varphi = \sqrt{\frac{2}{\pi}} \int_{-\infty}^{\infty} f\left(x + 2\,\alpha\sqrt{t}\right) \cos \alpha^2 \, d\alpha. \end{aligned} \right.$$

Or, si la fonction $f(x_1)$, toujours finie, varie graduellement et ne change de signe qu'un nombre limité de fois entre $x_1 = \mp \infty$, ces expressions seront parfaitement déterminées, comme les intégrales même $\int_{-\infty}^{\infty} \sin \alpha^2 \, d\alpha$ et $\int_{-\infty}^{\infty} \cos \alpha^2 \, d\alpha$. Car, pour les grandes valeurs absolues de α, les éléments y formeront un certain nombre de séries de termes extrêmement petits, alternativement positifs et négatifs, dans chacune desquelles les termes iront en croissant ou en décroissant et auront une somme algébrique inférieure ou du moins comparable au plus grand d'entr'eux, c'est-à-dire insensible. On pourra donc ne pas tenir compte de ces éléments, et raisonner comme si l'intégration, qui porte, dans (104), sur des fonctions finies, se faisait entre des limites finies. Ainsi, les expressions (104) de φ seront parfaitement déterminées. De plus, à la limite $t = o$, les éléments correspondant aux valeurs modérées de α, les seuls à considérer, deviennent, sous le signe f, $f(x) \sin \alpha^2 \, d\alpha$, $f(x) \cos \alpha^2 \, d\alpha$. Leurs sommes vaudront donc :

$$f(x) \int_{-\infty}^{\infty} \sin \alpha^2 \, d\alpha = f(x) \sqrt{\frac{\pi}{2}}, \; f(x) \int_{-\infty}^{\infty} \cos \alpha^2 \, d\alpha = f(x) \sqrt{\frac{\pi}{2}};$$

et il viendra bien

$$(\text{pour } t = o) \quad \varphi = f(x).$$

Les formules (104) seront donc admissibles, comme intégrales de l'équation $\dfrac{d^2\varphi}{dt^2} + \dfrac{d^4\varphi}{dx^4} = o$, pourvu qu'elles donnent des valeurs finies et déterminées aux dérivées qui entrent dans cette équation, ou à celles dont elle implique l'existence, savoir, aux dérivées première et seconde de φ par rapport à t, ainsi qu'aux quatre premières par rapport à x. Or, en premier lieu, les dérivées en x des expressions (104) s'obtiennent immédiatement, si l'on suppose finies et continues les dérivées correspondantes de la fonction f, et, se trouvant de même forme que ces expressions (104), elles sont déterminées comme elles.

Il ne nous reste ainsi qu'à nous occuper des dérivées par rapport à t. Admettons, provisoirement, que la fonction f s'annule ou du moins devienne constante pour les valeurs absolues très grandes de sa variable; de sorte qu'on puisse supposer finies les véritables limites des intégrations, en ce qui concerne, dans (104), les éléments dépendant de t. Alors la dérivée en t des deux expressions (104) sera évidemment représentée par les formules :

$$\frac{d\varphi}{dt} = \begin{cases} \text{soit } \dfrac{1}{\sqrt{2\pi t}} \displaystyle\int_{-\infty}^{\infty} f'(x + 2\alpha\sqrt{t})\sin\alpha^2 . 2\alpha\,d\alpha, \\[2em] \text{soit } \dfrac{1}{\sqrt{2\pi t}} \displaystyle\int_{-\infty}^{\infty} f'(x + 2\alpha\sqrt{t})\cos\alpha^2 . 2\alpha\,d\alpha. \end{cases}$$

Substituons-y $-d\cos\alpha^2$ et $d\sin\alpha^2$ à $\sin\alpha^2 . 2\alpha\,d\alpha$ et à $\cos\alpha^2 . 2\alpha\,d\alpha$, puis intégrons par parties, en observant que, d'après l'hypothèse, la fonction f', supposée d'ailleurs continue partout, s'annule aux deux véritables limites des intégrations. Il viendra simplement

$$(105) \qquad \frac{d\varphi}{dt} = \begin{cases} \text{soit } \sqrt{\dfrac{2}{\pi}} \displaystyle\int_{-\infty}^{\infty} f''(x + 2\alpha\sqrt{t})\cos\alpha^2\,d\alpha, \\[2em] \text{soit } -\sqrt{\dfrac{2}{\pi}} \displaystyle\int_{-\infty}^{\infty} f''(x + 2\alpha\sqrt{t})\sin\alpha^2\,d\alpha. \end{cases}$$

Ces expressions ont les mêmes formes que les proposées

(104), et, comme elles restent finies, bien déterminées, quelque grand que soit l'intervalle en dehors duquel la fonction f' a été supposée égale à zéro, rien n'empêchera d'admettre que cet intervalle devienne infini, ou que la fonction $f'(x_i)$ s'annule seulement pour $x_i = \mp \infty$. Mais il faut que cette dérivée f' tende bien, en effet, vers zéro, quand la valeur absolue de sa variable grandit indéfiniment ; sans quoi le terme aux limites qu'on a supprimé dans le résultat de l'intégration par parties conserverait des valeurs finies et même indéterminées, dont la présence empêcherait la dérivée de φ d'exister en tant que fonction bien définie.

Étant ainsi admis que $f'(\pm\infty) = 0$, il en sera de même de $f''(\pm\infty)$; et les formules (105), différentiées encore de la même manière, par rapport à t, montreront que l'équation aux dérivées partielles proposée, $\dfrac{d^2\varphi}{dt^2} = -\dfrac{d^4\varphi}{dx^4}$, est satisfaite, comme on pouvait le penser.

Observons que, si les formules (104) se réduisent à $\varphi = f(x)$ pour $t = 0$, les formules (105) donnent, respectivement, $\dfrac{d\varphi}{dt} = \pm f''(x)$ à la même limite $t = 0$. On pourra donc, en mettant, dans la seconde, f_1 au lieu de f pour éviter toute confusion, et en superposant ensuite ces deux intégrales, former l'expression de φ qui correspond à un *état initial* quelconque, c'est-à-dire qui rend les vitesses $\dfrac{d\varphi}{dt}$ et les déplacements φ, pour $t = 0$, égaux respectivement à deux fonctions arbitraires données de x. Appelons $F(x)$ la seconde de ces fonctions, représentant les valeurs initiales de φ, $F_1''(x)$ la première, et $F_1(x)$ l'intégrale $\int_{-\infty}^{x} dx \int_{-\infty}^{x} F_1''(x)\, dx$. Nous aurons évidemment, pour déterminer $f(x)$ et $f_1(x)$, les deux équations

$$(106) \qquad f(x) + f_1(x) = F(x), \quad f''(x) - f_1''(x) = F_1''(x).$$

La seconde, multipliée par dx, puis intégrée à partir de $x = -\infty$ et en observant qu'on doit avoir $f'(-\infty) = 0$, $f_1'(-\infty) = 0$, donne

$$(107) \qquad f'(x) - f_1'(x) = F_1'(x).$$

D'ailleurs, on peut toujours admettre que $f(x)$ et $f_1(x)$ soient égales pour $x = -\infty$. En effet, puisque ces fonctions sont supposées ne pas grandir indéfiniment avec $-x$ et que, de plus, $f'(-\infty) = 0$ et $f_1'(-\infty) = 0$, on ne peut leur attribuer, pour $x = -\infty$, que des valeurs constantes, $A + B$, $A - B$. Or, en réduisant ces valeurs à leur partie commune A, ou, autrement dit, en ajoutant $-B$ à $f(x)$ et B à $f_1(x)$, on ne change évidemment rien, ni aux équations (106), ni à (107). Il est donc permis d'intégrer celle-ci (107), après l'avoir multipliée par dx, de manière que $f(x) - f_1(x)$ s'annule pour $x = -\infty$, comme le fait $F_1(x)$. Il vient alors

$$f(x) - f_1(x) = F_1(x),$$

équation qui, combinée avec la première (106), donne enfin

$$(108) \qquad f(x) = \frac{F(x) + F_1(x)}{2}, \quad f_1(x) = \frac{F(x) - F_1(x)}{2}.$$

Observons que les conditions $f'(\infty) = 0$, $f_1'(\infty) = 0$, auxquelles nous avons dû plus haut astreindre les fonctions $f(x)$, $f_1(x)$, seront vérifiées, si les valeurs initiales de φ deviennent constantes pour $t = \pm\infty$, ou que $F'(\pm\infty) = 0$, et si l'on a soin de prendre un axe des x animé, dans le sens normal à la barre, de la même translation constante que le centre de gravité de celle-ci; en sorte qu'on ait $\int_{-\infty}^{\infty} \frac{d\varphi}{dt} dx = 0$, c'est-à-dire, pour l'époque $t = 0$, $\int_{-\infty}^{\infty} F_1''(x) dx = 0$ et, par conséquent, $F_1'(x)$, ou $\int_{-\infty}^{x} F_1''(x)\,dx$, nul pour $x = \infty$.

Alors, en effet, les deux relations (108), différentiées une fois et prises ensuite pour $x = \infty$, donneront bien $f'(\infty) = 0$, $f_1'(\infty) = 0$.

En définitive, l'expression générale demandée de φ sera, d'après (104) et (108),

$$(109) \quad \left\{ \varphi = \frac{1}{\sqrt{2\pi}} \int_{-\infty}^{\infty} \Big[F\left(x + 2\,\alpha\sqrt{t}\right)(\sin \alpha^2 + \cos \alpha^2) \right. \\ \left. + F_1\left(x + 2\,\alpha\sqrt{t}\right)(\sin \alpha^2 - \cos \alpha^2) \Big]\,d\alpha. \right.$$

Quand on y fait $F_1 = 0$, elle se réduit à celle que Fourier a obtenue pour le cas d'une barre abandonnée à elle-même, sans vitesse initiale, après avoir été arbitrairement fléchie sur une étendue quelconque. La solution simple naturelle correspondante, ou qui exprime les déplacements successifs φ provoqués dans la barre par un certain déplacement initial $F(x_1)$ d'un seul élément dx_1, se déduit immédiatement des formules (103) et (108), en observant que l'on doit remplacer f par f_1 dans la seconde expression (103) de φ et superposer ensuite cette seconde expression (103) à la première. Si l'on pose $F(x_1)\,dx_1 = dq$, et qu'on transporte l'origine sur l'élément considéré dx_1, cette solution simple sera

$$(110) \quad \varphi = \frac{dq}{2\sqrt{2\pi t}} \left(\sin \frac{x^2}{4t} + \cos \frac{x^2}{4t} \right).$$

Mais si les vitesses initiales étaient telles, qu'on pût adopter isolément l'une ou l'autre des expressions (104), la solution simple analogue serait

$$(111) \quad \varphi = \frac{dq}{\sqrt{2\pi t}} \left(\sin \frac{x^2}{4t} \text{ ou } \cos \frac{x^2}{4t} \right).$$

21. — *Difficulté que présente l'emploi d'intégrales analogues pour l'étude des vibrations transversales ou normales d'une plaque élastique plane ; calcul des mouvements propagés, dans ce cas d'une plaque, autour d'un centre unique d'ébranlements.*

Quand, au lieu d'une simple barre, il s'agit d'une plaque plane homogène, indéfinie dans les deux sens des x et des y, et dont on veut étudier le mouvement transversal consécutif à des déformations ou à des vitesses initiales données, l'équation aux dérivées partielles de la question précédente, $\frac{d^2\varphi}{dt^2} + \frac{d^4\varphi}{dx^4} = 0$, se trouve remplacée par celle-ci :

$$(112) \qquad \frac{d^2\varphi}{dt^2} + \Delta_2 \, \Delta_2 \, \varphi = 0, \quad \text{où} \quad \Delta_2 = \frac{d^2}{dx^2} + \frac{d^2}{dy^2}.$$

Alors la méthode d'intégration exposée au n° 7 (p. 391) donne bien, en faisant, dans (32) ou dans (32 *bis*), $m = 2$ et en prenant encore $\psi(\gamma) =$ soit $\sin\gamma$, soit $\cos\gamma$, les deux sortes d'intégrales particulières

$$(113) \qquad \varphi = \frac{\varepsilon}{2t} \sin \frac{r^2}{4t}, \; \varphi = \frac{\varepsilon}{2t} \cos \frac{r^2}{4t} ;$$

mais, d'après ce qui a été démontré au même endroit (p. 390), pour que ces intégrales constituent les solutions simples naturelles de la question, ou expriment les effets d'ébranlements initialement concentrés à l'origine des distances r, il faut que la somme $\int \varphi \, d\varpi$, étendue à toute la plaque, et qui égale ici $2\pi \int_0^\infty \varphi \, r \, dr$, soit finie et déterminée. Or, abstraction faite du facteur constant $2\pi\varepsilon$, cette somme, si l'on pose toujours $\dfrac{r}{\sqrt{2t}} = \xi$ et que l'on s'arrête provisoirement à une limite supérieure finie ξ, devient

$$\text{soit} \int_0^\xi \left(\sin \frac{\xi^2}{2}\right) \xi \, d\xi = 1 - \cos \frac{\xi^2}{2}, \; \text{soit} \int_0^\xi \left(\cos \frac{\xi^2}{2}\right) \xi \, d\xi = \sin \frac{\xi^2}{2}.$$

On voit que ses éléments se suivent par groupes, alternativement positifs et négatifs, qui n'augmentent pas en valeur absolue quand on passe d'un groupe à l'autre, mais qui ne diminuent pas non plus ; car chaque groupe, si l'on excepte le premier de la seconde intégrale, égal à 1 seulement, s'obtient en faisant varier $\frac{\xi^2}{2}$ entre deux multiples pairs consécutifs ou impairs consécutifs de $\frac{\pi}{2}$, et il a pour valeur totale ± 2. Ainsi, quand la limite supérieure croît indéfiniment, les deux intégrales oscillent sans fin soit entre zéro et 2, soit entre -1 et 1 ; et on ne pourrait leur attribuer une somme égale à la moyenne correspondante, 1 ou zéro, de ces valeurs extrêmes, que si l'on avait d'ailleurs quelque raison de supposer les groupes dont il s'agit, au-delà d'une certaine valeur de ξ, graduellement décroissants jusqu'à zéro, quoique d'une manière infiniment lente, cas où la somme totale de ceux dont chacun aurait sensiblement la même valeur absolue que le suivant se réduirait, comme on sait, à la moitié du premier d'entr'eux, c'est-à-dire, ici, à ± 1 (*). En l'absence d'une pareille raison générale (**), et vu le défaut, tout à la fois, d'une convergence

---

(*) Soit, en effet, S une somme, $a - b + c - d + e - f + g - \ldots$, de termes à signes alternant, et très graduellement décroissants de l'un à l'autre, en valeur absolue, jusqu'à la limite zéro. Par raison de continuité, les différences, toutes de même signe, $a - b, b - c, c - d, d - e, e - f, f - g, \ldots$ ne différeront relativement que fort peu chacune de la suivante ; en sorte que la somme, $S = a - b + c - d + e - f + \ldots$, de celles de rang impair, sera à la somme, $b - c + d - e + f - g + \ldots = a - S$, de celles de rang pair, prises en même nombre, dans un rapport extrêmement voisin de 1. On aura donc, à fort peu près,

$$\frac{S}{a - S} = 1 \quad \text{ou} \quad S = \frac{a}{2}.$$

(**) On en aurait une, s'il était possible d'attribuer à l'espace plan indéfini, autour du *centre* (x_1, y_1), une forme convexe *non circulaire*, quelle qu'elle fût d'ailleurs, celle, par exemple, d'un carré, ou d'une ellipse, etc.; car les zones $2\pi r\, dr$ comprises entre les deux circonférences inscrite et circonscrite à ce carré ou à cette ellipse se trouveraient évidemment réduites, dans l'intégrale, à une fraction de leur surface de plus en plus faible à mesure que leur rayon r grandirait.

et d'une divergence bien caractérisée dans la somme $\int_0^\infty \varphi\, r\, dr$ relative à une seule solution simple (113), on conçoit que, lorsqu'on superposera une infinité de telles solutions, correspondant aux divers éléments $d\varpi_1$ d'une région finie donnée ϖ_1, l'expression totale φ ainsi obtenue, parfaitement déterminée d'ailleurs, pourra, suivant la forme de cette région et suivant la fonction $f(x_1, y_1)$ des coordonnées de $d\varpi_1$ qui représentera le rapport fini $\dfrac{\varepsilon}{d\varpi_1}$, se réduire, pour $t = 0$, à une quantité proportionnelle à ce rapport même $f(x, y)$, ou dépendre au contraire d'une manière plus ou moins complexe, pour chaque point (x, y), des valeurs de $f(x_1, y_1)$ en plusieurs endroits de la région ϖ_1. Ainsi une discussion spéciale et difficile, appropriée aux diverses formes des fonctions arbitraires $F(x, y)$ exprimant l'état initial, sera nécessaire pour décider, dans chaque cas, quelles valeurs de $\varepsilon = f(x_1, y_1)\, d\varpi_1$ on devra adopter. Nous n'entreprendrons pas cette discussion.

Heureusement, la même difficulté n'existe plus quand la variable indépendante principale est r et non plus t, ou qu'il y a lieu de superposer des solutions (113) en faisant varier, de l'une à l'autre, non pas l'origine des distances r, mais celle des temps t, de manière à obtenir les intégrales (31 *bis*). Ce cas se présente lorsque on étudie le mouvement transversal communiqué à la plaque par une infinité d'ébranlements successifs produits à l'origine des coordonnées, comme, par exemple, quand la plaque y est soudée à une mince tige perpendiculaire, qu'on fait mouvoir suivant sa longueur et qui lui transmet, sur une circonférence $2\pi r$ d'un rayon infiniment petit, certains *efforts tranchants* totaux $F''(t)$, exprimés, en fonction des déplacements simultanés φ, par la formule $2\pi r\, \dfrac{d\Delta_2\varphi}{dr}$ (sauf un coefficient constant dont nous pourrons faire abstraction).

On a donc alors, pour résoudre le problème, les intégrales (31 *bis*) [p. 380], prises avec les signes supérieurs —. Elles reviennent, d'ailleurs, toutes les deux au même, quant aux valeurs de φ qu'elles expriment : on le reconnaît en remplaçant e^{β} par $r^2 e^{-\gamma}$ (d'où $d\beta = -d\gamma$), ce qui donne à chacune d'elles la forme de l'autre. Mais elles ne sont pourtant pas également avantageuses, car la première, où r^2, sous le signe ψ qui désigne ici un sinus ou un cosinus, est multiplié par le facteur $\frac{1}{2}e^{-\beta}$ indéfiniment croissant avec $-\beta$, doit à cette circonstance de ne pouvoir être différentiée en r, x ou y. Cette première formule (31 *bis*) de φ contient, en effet, une infinité d'éléments correspondant aux grandes valeurs négatives de β et dont les changements en fonction de r sont infiniment rapides, leur dérivée par rapport à r étant l'expression $f(t - \frac{1}{2}e^{\beta})\,\psi'\left(\frac{r^2}{2}e^{-\beta}\right)r\,e^{-\beta}d\beta$, laquelle se trouve relativement de l'ordre de $e^{-\beta}$. Les éléments en question, tout en ne donnant qu'une somme insensible dans φ, où ils ne grandissent pas avec $-\beta$ et changent de plus en plus souvent de signe, ne restent plus négligeables dans la dérivée de φ en r, quoique ils continuent à changer aussi souvent de signe, parce qu'ils y augmentent en valeur absolue à mesure que $-\beta$ grandit : leur somme n'y converge vers aucune limite. En d'autres termes, la première formule (31 *bis*), quand ψ y désigne, comme ici, un cosinus ou un sinus, affecte, par sa forme même, la fonction qu'on lui fait représenter, d'une infinité d'ondulations infiniment petites et infiniment courtes, qui l'empêchent de varier graduellement ou d'avoir une dérivée. Ces ondulations sont évidemment de pures fictions d'analyse, sans correspondance avec la réalité; car tout ce qui est, dans la nature, y est déterminé ou fini. D'ailleurs, des *affections* infiniment petites, ne se révélant qu'à la différentiation et seulement comme obstacle à la variation graduelle des quantités, ne sauraient être admises dans une question physique où il faut invoquer la continuité comme la suprême loi des phénomènes.

La seconde formule (31 *bis*) ne présentera pas cet inconvénient; car le facteur par lequel elle dépendra de r, $f\left(t - \dfrac{r^2}{2} e^{-\beta}\right)$, sera infiniment petit, sinon même tout à fait nul, ainsi que ses dérivées en r, pour les grandes valeurs négatives de sa variable et, par conséquent, pour celles de β : on évitera donc la difficulté relative à ces grandes valeurs négatives de β grâce à la nature arbitraire de la fonction f, qui ne sera pas, comme ψ, un sinus ou un cosinus. Quant aux éléments correspondant aux très grandes valeurs positives de β, ils se réduiront sensiblement à $f(t)\,\psi\left(\tfrac{1}{2} e^{\beta}\right) d\beta$ et ne donneront qu'une somme infiniment petite, car ils changeront à tout instant et de plus en plus souvent de signe sans grandir avec β.

Prenons, par conséquent,

$$(114) \qquad \varphi = \int_{-\infty}^{\infty} f\left(t - \frac{r^2}{2}\, e^{-\beta}\right) \psi\left(\frac{e^{\beta}}{2}\right) d\beta.$$

En procédant comme il est indiqué aussitôt après la formule (28) [p. 377], nous en déduirons pour $\Delta_2\varphi$ une expression de même forme, mais avec $-f'$, ψ' au lieu de f, ψ, et ensuite, pour $\Delta_2\Delta_2\varphi$, une expression encore analogue, mais avec f'' au lieu de f et $\psi'' = -\psi$ au lieu de ψ : de sorte que cette expression de $\Delta_2\Delta_2\varphi$, changée de signe, égalera identiquement la dérivée seconde $\dfrac{d^2\varphi}{dt^2}$. Ainsi, l'équation indéfinie (112) sera bien vérifiée.

D'autre part, la dérivée de $\Delta_2\varphi$ par rapport à r, multipliée par r, sera

$$\int_{-\infty}^{\infty} f''\left(t - \frac{r^2}{2}\, e^{-\beta}\right)\left(r^2 e^{-\beta}\right) \psi'\left(\frac{e^{\beta}}{2}\right) d\beta.$$

ou

$$2 \int_{\beta=-\infty}^{\beta=\infty} \psi'\left(\frac{e^{\beta}}{2}\right) d\left[f'\left(t - \frac{r^2}{2}\, e^{-\beta}\right) - f'(t) \right].$$

expression qui, en posant $e^{\beta} = \zeta$, peut s'écrire aussi

$$2 \int_{\zeta=0}^{\zeta=\infty} \psi'\left(\frac{\zeta}{2}\right) d\left[f'\left(t - \frac{r^2}{2\zeta}\right) - f'(t)\right].$$

Une intégration par parties donne donc, vu la condition $f'(-\infty) = 0$,

$$(115) \quad r \frac{d\,\Delta_2\,\varphi}{dr} = 2\,\psi'(0)\,f'(t) + \int_0^\infty \left[f'(t) - f'\left(t - \frac{r^2}{2\zeta}\right)\right] \psi''\left(\frac{\zeta}{2}\right) d\zeta.$$

L'intégrale du second membre, où $\psi'' = -\psi$, est rendue parfaitement finie et déterminée, malgré sa limite supérieure infinie, par le facteur $f'(t) - f'\left(t - \frac{r^2}{2\zeta}\right)$, évanouissant quand la variable ζ y devient de plus en plus grande.

A la limite $r = 0$, il vient simplement, en multipliant par 2π,

$$2\pi r \frac{d\,\Delta_2\,\varphi}{dr} = 4\pi\,\psi'(0)\,f'(t).$$

On voit que cette expression égalera, comme on le désire, la fonction donnée $F'(t)$, si l'on prend $\psi(\gamma) = \sin\gamma$ et

$$(115\ bis) \quad f'(t) = \frac{1}{4\pi}\,F'(t); \quad \text{d'où}\quad f(t) = \frac{1}{4\pi} \int_{-\infty}^t F'(t)\,dt = \frac{F(t)}{4\pi}.$$

On ne peut pas d'ailleurs, à la solution (114) ainsi obtenue, en superposer une autre, dans laquelle on prendrait $\psi(\gamma) = \cos\gamma$ et qui, donnant $r \frac{d\,\Delta_2\,\varphi}{dr} = 0$ à la limite $r = 0$, n'y modifierait pas l'effort tranchant ; car elle entraînerait, pour r nul, un déplacement φ infini, les valeurs négatives très grandes de β y réduisant à fort peu près, dans (114), la quantité sous le signe $\int$ à $f\left(t - \frac{r^2}{2}\,e^{-\beta}\right) \psi(0)\,d\beta = f\left(t - \frac{r^2}{2}\,e^{-\beta}\right) d\beta,$

expression qui, pour $r = 0$, devient $f(t) \, d\beta$ et donne, à partir de $\beta = -\infty$, une intégrale infinie.

On voit par là, et je l'observe en passant, que la solution (114) prise avec $\psi(\gamma) = \cos\gamma$ ne pourrait être utilisée que dans des cas où il n'y aurait pas à poser $r = 0$, c'est-à-dire où la plaque, cessant d'être continue, serait percée d'un trou à l'origine des coordonnées. Ces cas me paraissent peu intéressants et je ne m'en occuperai pas.

Donc, en résumé, il faut, dans (114), poser $\psi(\gamma) = \sin\gamma$ et déterminer la fonction f par la relation (115 *bis*). En introduisant alors la même variable d'intégration, $\zeta = e^{\beta}$, que dans (115), l'expression de φ prend la forme, un peu plus simple,

$$(116) \qquad \varphi = \int_0^\infty f\left(t - \frac{r^2}{2\zeta}\right) \sin\frac{\zeta}{2} \, \frac{d\zeta}{\zeta}.$$

On remarquera qu'elle est parfaitement définie; car, d'une part, la fonction sous le signe f n'y devient jamais infinie et, d'autre part, pour les très grandes valeurs de ζ, ses éléments ressemblent à ceux de l'intégrale classique $f(t)\displaystyle\int_0^\infty \frac{\sin a^2 u}{u} \, du$, égale, comme on sait, à $\frac{\pi}{2} f(t)$. Au point, $r = 0$, d'où partent les ébranlements, elle se réduit même à celle-ci, et l'on a simplement

$$(116 \; bis) \qquad (\text{pour } r = 0) \quad \varphi = \frac{\pi}{2} f(t).$$

De plus, cette expression (116) de φ vérifie les conditions que comporte évidemment le problème pour $t = -\infty$ et pour r infini, conditions consistant en ce que φ doit s'annuler à ces deux limites. Il suffit, en effet, qu'on ait $F(-\infty) = 0$, comme il est implicitement convenu, et, par suite, $f(-\infty) = 0$, pour que la formule (116) donne immédiatement $\varphi = 0$ soit pour $t = -\infty$, soit pour $r = \infty$.

Il reste à voir si une dernière condition, spéciale à $r = 0$ et achevant, avec celle des efforts tranchants déjà satisfaite pour la même valeur de r, de déterminer le problème, est également vérifiée. Elle consiste à exprimer que l'on a

$$\text{(pour } r = \mathrm{o}) \quad \frac{d\varphi}{dr} = \mathrm{o},$$

à cause du raccordement obligé de toutes les sections normales ou méridiennes faites dans la plaque autour du centre des ébranlements.

Pour calculer la dérivée $\dfrac{d\varphi}{dr}$, nous différentierons le second membre de (116) sous le signe f; ce qui, par l'introduction d'un nouveau dénominateur ζ, fournira des éléments ayant leur somme encore plus convergente, à la limite supérieure $\zeta = \infty$, qu'il n'arrive pour ceux de (116), et ce qui sera cependant sans inconvénient à la limite inférieure $\zeta = \mathrm{o}$, à cause du facteur f, qui y devient $f(-\infty)$ et s'y annule. Effectivement, le résultat,

$$(117) \qquad \frac{d\varphi}{dr} = -\int_{\mathrm{o}}^{\infty} f'\left(t - \frac{r^2}{2\zeta}\right) \frac{r}{\zeta} \sin\frac{\zeta}{2}\, \frac{d\zeta}{\zeta},$$

est une intégrale déterminée malgré le facteur infini qu'elle a sous le signe f pour $\zeta = \mathrm{o}$; car les éléments correspondant aux valeurs de ζ moindres qu'un très petit nombre fixé ε y donnent un total inférieur (en valeur absolue) ou au plus comparable à

$$-\int_{\mathrm{o}}^{\varepsilon} f'\left(t - \frac{r^2}{2\zeta}\right) \frac{r}{\zeta}\left(\sin\frac{\varepsilon}{2}\right)\frac{d\zeta}{\zeta} = -\frac{2}{r}\left(\sin\frac{\varepsilon}{2}\right)\left[f\left(t - \frac{r^2}{2\zeta}\right)\right]_{\zeta=\mathrm{o}}^{\zeta=\varepsilon} = -\frac{2}{r}f\left(t - \frac{r^2}{2\varepsilon}\right),$$

quantité finie, qui tend vers zéro en même temps que ε.

Prouvons maintenant que cette dérivée (117) s'annule à la limite $r = \mathrm{o}$. Et, d'abord, quand r y est infiniment petit, on peut n'y faire varier ζ que depuis une très petite limite $\varepsilon = N r^2$, où N désigne un nombre très grand, jusqu'à l'infini, puisqu'on n'ôte de la sorte à l'intégrale, d'après ce qu'on vient de voir, qu'une partie comparable à

$$-\frac{\varepsilon}{r}\,f\left(t-\frac{r^2}{2\varepsilon}\right) = -\,\mathrm{N}\,r\,f\left(t-\frac{1}{2\,\mathrm{N}}\right) = \text{sensiblement}\;-\,\mathrm{N}\,r\,f(t),$$

expression évanouissante en même temps que r. Il ne reste ainsi à considérer que les valeurs de $\frac{r^2}{2\varepsilon}$ inférieures à $\frac{r^2}{2\varepsilon}=\frac{1}{2\,\mathrm{N}}$, pour lesquelles $f'\left(t-\frac{r^2}{2\varepsilon}\right)$ ne diffère plus sensiblement de $f'(t)$; en sorte que la partie correspondante de l'intégrale (117) peut s'écrire $-f'(t)\,r\displaystyle\int_{\varepsilon}^{\infty}\sin\frac{\zeta}{2}\,\frac{d\zeta}{\zeta^2}$. Or il est clair que, dans $\displaystyle\int_{\varepsilon}^{\infty}\sin\frac{\zeta}{2}\,\frac{d\zeta}{\zeta^2}$, les seuls éléments fournissant un total considérable sont ceux pour lesquels ζ est très petit, ou pour lesquels $\sin\frac{\zeta}{2}$ est réductible à $\frac{\zeta}{2}$, et dont la somme vaut, à fort peu près,

$$\int_{\varepsilon}^{\zeta}\frac{d\zeta}{2\zeta} = \tfrac{1}{2}\log\frac{\zeta}{\varepsilon} = \tfrac{1}{2}\log\frac{\zeta}{\mathrm{N}\,r^2};$$

cette quantité, où $\frac{\zeta}{\mathrm{N}}$ peut être censé constant alors que r y décroît jusqu'à zéro, n'est que de l'ordre de $-\log r$, et son produit par r s'annulera, comme on sait, pour $r=o$. Donc la dérivée (117) tend vers zéro à cette limite.

Ainsi, les conditions du problème sont bien satisfaites par l'expression (116) de φ.

Du reste, une fois la solution (116) obtenue, il est aisé de constater qu'elle vérifie toutes ces conditions sans avoir à remonter jusqu'à la forme (114) et à ses propriétés générales. Complétons cette vérification, déjà faite pour les trois relations spéciales $\varphi=o$ (pour $t=-\infty$), $\varphi=o$ (pour r infini),

$\dfrac{d\varphi}{dr} = o$ (pour $r = o$), et qui, en nous faisant retomber sur la valeur déjà connue de

$$\Delta_2 \varphi \ \text{ou} \ \frac{1}{r} \frac{d}{dr} \left(r \frac{d\varphi}{dr} \right),$$

nous fera connaître une formule simple, utilisée plus loin à la limite $r = o$, pour l'expression analogue $r \dfrac{d}{dr} \left(\dfrac{1}{r} \dfrac{d\varphi}{dr} \right)$. Et d'abord, la différentiation de (117) donne identiquement

$$\frac{d^2\varphi}{dr^2} = \frac{1}{r} \frac{d\varphi}{dr} + \int_{\zeta=o}^{\zeta=\infty} \left(\frac{2}{\zeta} \sin \frac{\zeta}{2} \right) d f' \left(t - \frac{r^2}{2\zeta} \right)$$

Intégrons par parties, et observons que le facteur intégré $f' \left(t - \dfrac{r^2}{2\zeta} \right)$ s'annule à la limite $\zeta = o$, tandis que l'autre facteur $\dfrac{2}{\zeta} \sin \dfrac{\zeta}{2}$, égal à un à cette limite et puis décroissant, s'annule à son tour pour $\zeta = \infty$. Il viendra successivement, en tenant finalement compte de (117) :

$$(117\ bis) \begin{cases} \dfrac{d^2\varphi}{dr^2} - \dfrac{1}{r} \dfrac{d\varphi}{dr} = - \displaystyle\int_{\zeta=o}^{\zeta=\infty} f' \left(t - \dfrac{r^2}{2\zeta} \right) d \left(\dfrac{2}{\zeta} \sin \dfrac{\zeta}{2} \right) \\[2ex] = \dfrac{2}{r} \displaystyle\int_o^\infty f' \left(t - \dfrac{r^2}{2\zeta} \right) \dfrac{r}{\zeta} \sin \dfrac{\zeta}{2} \dfrac{d\zeta}{\zeta} - \displaystyle\int_o^\infty f' \left(t - \dfrac{r^2}{2\zeta} \right) \cos \dfrac{\zeta}{2} \dfrac{d\zeta}{\zeta} \\[2ex] = - \dfrac{2}{r} \dfrac{d\varphi}{dr} - \displaystyle\int_o^\infty f' \left(t - \dfrac{r^2}{2\zeta} \right) \cos \dfrac{\zeta}{2} \dfrac{d\zeta}{\zeta} \end{cases}$$

C'est le second membre de cette formule (117 *bis*) qui constitue l'expression de $\dfrac{d^2\varphi}{dr^2} - \dfrac{1}{r} \dfrac{d\varphi}{dr} = r \dfrac{d}{dr} \left(\dfrac{1}{r} \dfrac{d\varphi}{dr} \right)$ dont j'ai parlé. Il acquiert sa valeur la plus simple à la limite $r = o$, où il devient $-f'(t)\left(\dfrac{2}{\zeta}\sin\dfrac{\zeta}{2}\right)_{o}^{\infty}=f'(t)$; de sorte qu'on peut poser

$$(117\ ter)\quad (\text{pour } r=o)\quad \frac{d^2\varphi}{dr^2}-\frac{1}{r}\frac{d\varphi}{dr}\quad \text{ou}\quad r\frac{d}{dr}\left(\frac{1}{r}\frac{d\varphi}{dr}\right)=f'(t).$$

En ajoutant $\dfrac{2}{r}\dfrac{d\varphi}{dr}$ au premier et au dernier membre de $(117\ bis)$, on aura

$$(118)\quad \frac{d^2\varphi}{dr^2}+\frac{1}{r}\frac{d\varphi}{dr}\quad \text{ou}\quad \Delta_2\varphi=-\int_{o}^{\infty}f'\left(t-\frac{r^2}{2\zeta}\right)\cos\frac{\zeta}{2}\frac{d\zeta}{\zeta},$$

intégrale déterminée (et finie pour $r>o$) à cause du dénominateur ζ, qui permet d'y porter la limite supérieure jusqu'à l'infini, et à cause du facteur $f'\left(t-\frac{r^2}{2\zeta}\right)$, nul pour $\zeta=o$, qui permet d'y faire partir ζ de zéro. Sa dérivée en r, calculée encore par la différentiation sous le signe $\int$, sera,

$$\frac{d\Delta_2\varphi}{dr}=\int_{o}^{\infty}f''\left(t-\frac{r^2}{2\zeta}\right)\frac{r}{\zeta}\cos\frac{\zeta}{2}\frac{d\zeta}{\zeta},$$

ou, identiquement,

$$\frac{d\Delta_2\varphi}{dr}=\frac{2}{r}\int_{\zeta=o}^{\zeta=\infty}\cos\frac{\zeta}{2}\,d\left[f'\left(t-\frac{r^2}{2\zeta}\right)-f'(t)\right].$$

Multiplions par r et intégrons par parties, en observant que le facteur intégré, $f'\left(t-\frac{r^2}{2\zeta}\right)-f'(t)$, s'y annule pour $\zeta=\infty$ et se réduit à $-f'(t)$ pour $\zeta=o$. Nous aurons

$$(118\ bis)\quad r\frac{d\Delta_2\varphi}{dr}=2f'(t)+\int_{o}^{\infty}\left[f'\left(t-\frac{r^2}{2\zeta}\right)-f'(t)\right]\sin\frac{\zeta}{2}\,d\zeta.$$

Or c'est justement la formule (115). Nous en avons déduit

l'expression (115 *bis*) de $f'(t)$, par la condition que l'effort tranchant total $2\pi r \dfrac{d\Delta_2 \varphi}{dr}$, exercé sur une section cylindrique de rayon r décrite autour de l'origine, se réduise à $F'(t)$ pour $r = 0$.

Enfin, l'équation indéfinie $\dfrac{d^2\varphi}{dt^2} = -\Delta_2 \Delta_2 \varphi$ est bien satisfaite par notre solution (116) ; car la formule (118 *bis*) donne de suite

$$-\Delta_2 \Delta_2 \varphi \quad \text{ou} \quad -\frac{1}{r}\frac{d}{dr}\left(r \frac{d\Delta_2 \varphi}{dr}\right) = \int_0^\infty f''\left(t - \frac{r^2}{2\zeta}\right) \sin \frac{\zeta}{2} \frac{d\zeta}{\zeta},$$

ce qui est la valeur de $\dfrac{d^2\varphi}{dt^2}$ déduite immédiatement de (116).

Les calculs précédents, non moins que les difficultés attachées à l'emploi de la première formule (31 *bis*) et surtout des solutions simples (113), montrent combien sont délicates à manier les intégrales qui, comme (116) ou (118), expriment des séries à peine convergentes, et devant en partie cette faible convergence indispensable à l'ordre dans lequel se succèdent leurs termes de signes variés. Mais, on le voit, toutes ces difficultés peuvent être surmontées assez facilement dans le problème des mouvements que font naître des impulsions normales s'exerçant sur la plaque à l'origine des coordonnées. Et la solution obtenue (116) est bien la vraie ; car le problème se trouve entièrement déterminé par les conditions admises, comprenant :

1° L'équation indéfinie $\dfrac{d^2\varphi}{dt^2} + \Delta_2 \Delta_2 \varphi = 0$;

2° Les relations spéciales $\varphi = 0$ (pour $t = -\infty$), $\varphi = 0$ (pour r infini), $\dfrac{d\varphi}{dr} = 0$ (pour $r = 0$) et $2\pi r \dfrac{d\Delta_2 \varphi}{dr} = F'(t)$ (pour $r = 0$), conditions dont les trois dernières entraînent, la première, que, pour r ou $\log r$ infinis, on ait $\dfrac{d\varphi}{d\log r}$ ou $r \dfrac{d\varphi}{dr} = 0$,

$\dfrac{d\Delta_2 \varphi}{d\log r}$ ou $r\,\dfrac{d\Delta_2 \varphi}{dr} = 0$ (*), la deuxième, que φ reste fini à la limite $r = 0$, enfin, la troisième, que $\Delta_2 \varphi$, ayant à la même limite $r = 0$ sa différentielle en r comparable à celle de $\log r$, y devienne seulement de l'ordre de grandeur de $\log r$ et y ait son produit par r nul.

Il suffit, pour reconnaître qu'elles n'admettent, en effet, qu'une solution, d'y procéder comme dans la question analogue relative aux barres (p. 438). En remplaçant φ par $\varphi + \varphi'$, il vient, avec l'équation indéfinie $\dfrac{d^2 \varphi'}{dt^2} + \Delta_2 \Delta_2 \varphi' = 0$, les conditions spéciales $\varphi' = 0$ (pour $t = -\infty$), $\varphi' = 0$ (pour r infini), $\dfrac{d\varphi'}{dr} = 0$ (pour $r = 0$), $r\dfrac{d\Delta_2 \varphi'}{dr} = 0$ (pour $r = 0$), auxquelles on peut joindre que les expressions φ', $r\Delta_2 \varphi'$ restent finies à la limite $r = 0$ et que $r\dfrac{d\varphi'}{dr}$, $r\dfrac{d\Delta_2 \varphi'}{dr}$ s'annulent pour r infini. Multiplions l'équation $\dfrac{d^2 \varphi'}{dt^2} + \dfrac{1}{r}\dfrac{d}{dr}\left(r\dfrac{d\Delta_2 \varphi'}{dr}\right) = 0$ par $2\,r\dfrac{d\varphi'}{dt}\,dr$, et puis intégrons de $r = 0$ à $r = \infty$, après avoir substitué à $2\dfrac{d\varphi'}{dt}\dfrac{d}{dr}\left(r\dfrac{d\Delta_2 \varphi'}{dr}\right)$

(*) On peut vérifier en effet, sur les valeurs de $\dfrac{d\varphi}{dr}$ et de $\dfrac{d\Delta_2 \varphi}{dr}$ données plus haut (p. 471 et 474), que leurs produits par r, exprimés par les deux intégrales

$$-2\int_0^\infty f'\left(t - \frac{r^2}{2z}\right)\frac{r^2}{2z}\sin\frac{z}{2}\frac{dz}{z}, \quad 2\int_0^\infty f''\left(t - \frac{r^2}{2z}\right)\frac{r^2}{2z}\cos\frac{z}{2}\frac{dz}{z}$$

tendent bien vers zéro quand r grandit indéfiniment. Car, d'une part, pour les valeurs de z inférieures à tout nombre donné très grand μ, les facteurs $f'\left(t - \frac{r^2}{2z}\right)\frac{r^2}{2z}$, $f''\left(t - \frac{r^2}{2z}\right)\frac{r^2}{2z}$, placés sous le signe $\int$, sont supposés devenir infiniment petits à mesure que r croît; et, d'autre part, pour les valeurs de z supérieures à μ, les éléments de ces intégrales sont tout au plus de l'ordre de $\sin\frac{z}{2}\frac{dz}{z}$ ou $\cos\frac{z}{2}\frac{dz}{z}$ et ont leurs sommes comparables à $\int_\mu^\infty \sin\frac{z}{2}\frac{dz}{z}$, $\int_\mu^\infty \cos\frac{z}{2}\frac{dz}{z}$, c'est-à-dire insensibles.

l'expression équivalente

$$2 \frac{d}{dr}\left[\frac{d\varphi'}{dt}\left(r \frac{d\Delta_2 \varphi'}{dr} \right) - r \frac{d^2\varphi'}{dr\,dt} \Delta_2 \varphi' \right] + 2 r \left(\Delta_2 \varphi' \right) \frac{1}{r} \frac{d}{dr}\left(r \frac{d^2\varphi'}{dr\,dt} \right),$$

dont le dernier terme n'est autre que

$$2 r \left(\Delta_2 \varphi' \right) \left(\Delta_2 \frac{d\varphi'}{dt} \right) = \frac{d}{dt}\left[r \left(\Delta_2 \varphi' \right)^2 \right].$$

Les relations spéciales à $r = 0$ et à $r = \infty$, relations qu'on peut, au besoin, différentier par rapport à t, feront disparaître les termes aux limites, et il viendra simplement

$$\frac{d}{dt} \int_0^\infty \left[\left(\frac{d\varphi'}{dt} \right)^2 + (\Delta_2 \varphi')^2 \right] r\,dr = 0.$$

Ainsi, l'intégrale définie $\int_0^\infty \left[\left(\frac{d\varphi'}{dt} \right)^2 + (\Delta_2 \varphi')^2 \right] r\,dr$ est invariable et, par suite, nulle à toute époque comme pour $t = -\infty$. On a donc constamment $\frac{d\varphi'}{dt} = 0$; ce qui exprime que φ' ne peut s'écarter à aucun instant de sa valeur initiale zéro. Par conséquent, la solution obtenue (116) est bien la seule possible.

Je me contenterai, au sujet des lois qu'impliquent les formules trouvées, de faire les quatre remarques suivantes :

1º D'après (116 *bis*) et (115 *bis*), *la vitesse*, $\frac{d\varphi_2}{dt} = \frac{\pi}{2} f'(t)$, *prise par la petite partie directement ébranlée de la plaque, ne cesse à aucun instant d'être proportionnelle à la force extérieure* $F'(t)$. Par suite, *le déplacement total* φ *de cette partie est constamment proportionnel aussi à l'impulsion totale* $F(t)$ *exercée jusqu'à l'instant dont il s'agit*; en sorte qu'il revient, pour ainsi dire, au même de se donner cette impulsion totale ou le déplacement du point qui la supporte.

2º D'après (117 *ter*), la même vitesse de la partie directement ébranlée est encore proportionnelle à la différence, pour r infiniment petit, des deux courbures principales,

$\dfrac{d^2\varphi}{dr^2}$, $\dfrac{1}{r}\dfrac{d\varphi}{dr}$, de la plaque. En effet, $\dfrac{d^2\varphi}{dr^2}$ exprime évidemment, en chaque point, la petite courbure prise par le méridien qui y passe; et $\dfrac{1}{r}\dfrac{d\varphi}{dr}$ est l'autre courbure principale, inverse de la normale menée à la surface jusqu'à la rencontre de l'axe de révolution oz, car cette normale, projetée sous l'angle $\dfrac{\pi}{2}-\dfrac{d\varphi}{dr}$, donne la distance r du point considéré (x,y) à l'origine. La différence des deux courbures principales tendant ainsi vers une valeur autre que zéro, quand on approche de l'axe de révolution où la surface a un ombilic et où leur rapport vaut l'unité, il est inévitable que, sur l'axe même, elles soient infinies, comme le montre, du reste, la formule (118) de $\Delta_i\,\varphi$, qui exprime leur somme, et qui devient infinie pour $r = 0$. Or on sait que les *dilatations dangereuses* en chaque endroit, ou dilatations subies par les fibres de la plaque qui y éprouvent les plus grands allongements, sont proportionnelles aux courbures de sections normales de mêmes sens faites dans la plaque. Elles deviendraient donc infinies sur l'axe, s'il était possible de réduire à un point ou, du moins, à une ligne mathématique la partie directement ébranlée; ce qui reviendrait à annuler le rayon, r, de la circonférence ou du cylindre par lequel sont transmis à la plaque les efforts tranchants $F'(t)$. Et il devait bien en être ainsi; car de pareils efforts, destinés à produire des effets sensibles sur d'autres circonférences concentriques de dimensions finies, ne pourraient avoir une aussi petite région d'application sans y faire naître des déformations infinies, physiquement irréalisables.

Donc, pareillement à ce qui arrive dans toutes les autres questions de la théorie des plaques où l'on considère des forces dites *isolées*, c'est-à-dire *censées* appliquées à un seul point de la surface ou de l'intérieur de ces corps, les formules obtenues seront suffisantes pour calculer les déplacements et les inclinaisons du feuillet moyen, que cette hypothèse simplificatrice n'altère que très peu, même sur l'axe, puisqu'elle leur laisse à cet endroit des valeurs finies, presque les mêmes, comme il le faut, qu'aux petites distances r où il n'y a aucune difficulté; mais elles ne le seront pas pour l'évaluation des courbures et des déformations, quantités que la même supposition rend infinies sur l'axe $r = o$ et qu'elle y change par conséquent du tout au tout. Ainsi, la formule (118) ne pourra nullement servir à cet effet. Mais la relation (117 *ter*) fera connaître, à fort peu près, la véritable différence des deux courbures prises par la plaque sur le bord d'une petite région donnée d'ébranlement. En général, toutes les quantités qui, pour $r = o$, ne sont pas rendues infinies par l'hypothèse simplificatrice en question, évidemment légitime tant qu'il s'agit d'étudier uniquement l'état produit à des endroits un peu éloignés de l'axe oz, resteront presque les mêmes, vu la continuité de leurs expressions obtenues, quand r y variera depuis zéro jusqu'aux petites valeurs sensibles pour lesquelles elles sont déjà convenablement évaluées; et l'on aura ainsi, à fort peu près, leurs valeurs effectives aux petites distances r, en faisant $r = o$ dans les formules trouvées.

3e Les seules valeurs de la fonction f qui entrent pour une proportion sensible dans l'expression (116) de φ sont celles où ζ n'est ni très petit ni très grand, et où, par suite, la variable $t - \dfrac{r^2}{2\zeta}$ se trouve comprise entre deux certaines limites, inférieures à t de quantités proportionnelles à r^2. La plus petite de ces limites étant, par exemple, $t - N\,r^2$, imaginons que, à partir d'une certaine époque $t = t_1$, la fonction $f(t)$ devienne à peu près constante: il est clair qu'on pourra alors, dans (116), réduire $f\left(t - \dfrac{r^2}{2\zeta}\right)$ à $f(t_1)$ dès l'instant où la différence $t - N\,r^2$ égalera t_1, et qu'on aura dès lors $\varphi = \dfrac{\pi}{2} f(t_1)$. Donc, *quand, la force extérieure ayant*

*à peu près disparu, le centre des ébranlements, ou point de
la plaque directement sollicité, est redevenu immobile, les
anneaux concentriques qui l'entourent, et dont se compose
la plaque, viennent se reconstituer, en quelque sorte, à côté
de lui, dans leur forme plane et leur disposition relative
naturelles, au bout de temps proportionnels aux carrés de
leurs rayons.*

4° Comme la solution (116) donne, à la limite $r = o$, le déplacement φ et l'effort tranchant $2\pi r \frac{d\Delta_2 \varphi}{dr}$ sous les formes simples $\frac{\pi}{2} f(t)$, $4\pi f'(t)$, on pourra encore y déterminer la fonction f par l'intégration d'une simple équation différentielle, quand on connaîtra en fonction de t, toujours pour $r = o$, non plus, directement, l'effort tranchant ou le déplacement φ, mais une expression linéaire quelconque dépendant de φ, ou des dérivées de φ par rapport à t, et de l'effort tranchant. On verra au n° suivant comment cette remarque permet de traiter le problème du choc d'une plaque par un corps qui la heurte normalement à sa surface.

22. — *Problème de la résistance dynamique des barres et des
plaques, notamment de leur résistance au choc, traité par
les mêmes procédés: extension d'une loi de Young au cas du
choc transversal.*

Pour terminer cette série d'applications de notre méthode d'intégration au mouvement transversal des barres et des plaques, abordons encore une question importante dans la pratique, celle du choc de ces corps par un solide qui vient les heurter perpendiculairement. Dans ce but, et nous bornant d'abord aux barres, revenons au cas général d'une tige prismatique de longueur infinie, d'abord en repos, sollicitée à fléchir, dans un plan normal à un des axes principaux d'inertie de ses sections, par une suite d'impulsions transversales ou d'impulsions de rotation exercées au point de la barre pris pour origine.

Les deux conditions, spéciales à $x = o$, qui devront être vérifiées en ce point, deviendront parfois plus complexes que celles même (80 *bis*) [p. 437], qui nous ont servi à exprimer la transmission de pareilles impulsions à la barre au moyen d'un ressort ou d'un encastrement élastique. On peut concevoir, par exemple, qu'un corps solide y soit uni à la barre, tout en ne la touchant que sur une petite étendue. Alors cette masse étrangère, dont j'appellerai μ le rapport à la masse de l'unité de longueur de la barre, sera obligée de partager les déplacements φ, et elle absorbera par suite, à chaque instant, une portion, $\mu \dfrac{d^2\varphi}{dt^2}$, de la force impulsive exercée du dehors à l'époque t. Si l'on représente par $F'(t)$, comme dans les n^{os} précédents, cette force, ou par $F(t) = \displaystyle\int_{-\infty}^{t} F'(t)\, dt$ la vitesse totale qu'elle aurait fait naître, jusqu'à l'époque t, si on l'avait appliquée à *l'unité de masse choisie qui est la masse d'une unité de longueur de la barre*, on voit que l'autre partie seulement, $F'(t) - \mu \dfrac{d^2\varphi}{dt^2}$, de la force impulsive, se fera sentir sur la barre et constituera l'effort tranchant. Celui-ci est d'ailleurs représenté par la dérivée $\dfrac{d^3\varphi}{dx^3}$ quand, avec l'unité de masse adoptée, on prend l'unité de temps qui réduit l'équation indéfinie du problème à la forme $\dfrac{d^2\varphi}{dt^2} + \dfrac{d^4\varphi}{dx^4} = o$; mais son expression devient $a^2 \dfrac{d^3\varphi}{dx^3}$, lorsque l'unité de temps reste quelconque et que l'équation indéfinie est $\dfrac{d^2\varphi}{dt^2} + a^2 \dfrac{d^4\varphi}{dx^4} = o$. Donc, la condition définie correspondante, relative aux efforts tranchants pour $x = o$, sera

$$(119) \qquad a^2 \frac{d^3\varphi}{dx^3} = F'(t) - \mu \frac{d^2\varphi}{dt^2} \quad \text{ou} \quad \mu \frac{d^2\varphi}{dt^2} + a^2 \frac{d^3\varphi}{dx^3} = F'(t),$$

au lieu de $a^2 \dfrac{d^3\varphi}{dx^3} = F'(t)$ qu'on aurait sans la masse étran-

gère entraînée μ. Et si la force impulsive $\mu \dfrac{d^2\varphi}{dt^2} + a^2 \dfrac{d^3\varphi}{dx^3}$

était, non pas appliquée directement à la barre ou à la masse μ, mais transmise par l'intermédiaire d'un ressort dont l'extrémité libre éprouverait des déplacements connus $F(t)$, cette force, proportionnelle à l'allongement $F(t) - \varphi$ du ressort, serait de la forme $K[F(t) - \varphi]$; de sorte que la condition définie considérée deviendrait, au lieu de la première (80 *bis*) [p. 437],

$$(120) \qquad \mu \frac{d^2\varphi}{dt^2} + a^2 \frac{d^3\varphi}{dx^3} = K[F(t) - \varphi],$$

$F(t)$ désignant ici, bien entendu, un déplacement, et non une force, comme $F'(t)$ dans (119).

La démonstration donnée à la fin du nº 15, pour prouver la complète détermination du problème, s'étend d'ailleurs immédiatement à ces deux cas et à tous les cas analogues.

Quelles que soient les deux relations, spéciales à $x = 0$, que l'on adopte, pourvu qu'elles se trouvent, comme toutes les précédentes (80), (80 *bis*), (119), (120), linéaires et à coefficients constants, par rapport à φ, à ses dérivées et aux fonctions données du temps, $F(t)$, $F'(t)$, etc., exprimant des déplacements, des directions, des forces ou des couples, les quatre solutions particulières (84) et (85) [p. 439] permettront, par leur superposition, d'y satisfaire explicitement et sans difficulté, toutes les fois qu'il s'agira, par exemple, de mouvements émanés de l'origine $x = 0$, c'est-à-dire tels, que l'on ait $\varphi = 0$ pour $t = -\infty$ et $\varphi = 0$ pour x infini. Alors, en effet, un raisonnement répété déjà plusieurs fois obligera de ne prendre ces intégrales (84) ou (85) qu'avec leurs signes supérieurs, —, et d'y supposer même $f(-\infty) = 0$. L'expression la plus générale admissible de φ, formée avec ces solutions particulières, contiendra donc quatre fonctions arbitraires f, et nous savons d'ailleurs que, à la limite $x = 0$, toutes ses dérivées en x ou t ne comprendront, comme elle-même, que deux sortes de termes, ayant, les uns, la forme finie $f(t)$, les autres la forme de l'intégrale définie $\int_0^\infty f\left(t - \frac{a^2}{2}\right) dx$. Chacune des conditions spéciales à $x = o$ se dédoublera donc si on y égale séparément les termes de chacune des deux formes, comme il a été expliqué à la fin du n° 3 (p. 368), et l'on aura quatre équations distinctes pour déterminer les quatre fonctions arbitraires inconnues f.

Une loi générale très simple, concernant la résistance des barres ainsi ébranlées en un de leurs points, ou exprimant la condition nécessaire et suffisante pour que leur limite d'élasticité n'y soit pas dépassée, se dégage immédiatement de ces calculs, toutes les fois que l'une des deux conditions spéciales à $x = o$ est, soit $\frac{d\varphi}{dx} = o$, soit $\frac{d^3\varphi}{dx^3} = o$. Le premier cas se présente quand la barre s'étend indéfiniment dans les deux sens et est mûe par des impulsions qui lui sont normales, le second, quand la barre, pouvant ne s'étendre que de $x = o$ à $x = \infty$, supporte, à l'origine, des couples de flexion qui tendent uniquement à y changer la direction de son axe, sans aucun mélange d'impulsions translatoires ou d'efforts tranchants.

Pour trouver et énoncer cette loi sous une forme immédiatement applicable, laissons les unités de temps et de longueur quelconques, et, par conséquent, prenons l'équation indéfinie du problème sous la forme,

$$(121) \qquad \frac{d^2\varphi}{dt^2} + a^2 \frac{d^4\varphi}{dx^4} = o.$$

Cela reviendra, comme on a vu au commencement du n° 15 (p. 435), à mettre at au lieu de t dans les intégrales (84) et (85). Si nous nous bornons au cas d'une barre ayant sa section normale symétrique par rapport à son axe

— 484 —

d'inertie principal perpendiculaire à la direction des mouvements, le coefficient a, que la théorie classique des barres apprend à évaluer, égalera le produit de la vitesse de propagation, ω, du son, ou des ébranlements longitudinaux, le long de la barre, par la demi-épaisseur, h, de celle-ci (demi-hauteur des sections) et par un nombre, k, dépendant de sa forme, qui égalera $\dfrac{1}{2}$ si la barre est ronde ou à section elliptique, $\dfrac{1}{\sqrt{3}}$ si elle est rectangulaire, et qui sera toujours plus petit que l'unité, tout en pouvant approcher indéfiniment de cette limite pour certaines sections très évidées (*). Ainsi l'on aura

$$(122) \qquad\qquad a = k\,\omega\,h.$$

L'intégrale générale à adopter pour (121) sera donc, en appelant f_1, f_2, f_3, f_4 quatre fonctions arbitraires,

$$(123) \quad \left\{ \begin{aligned} \varphi = \int_0^\infty \Big[& f_1\left(at - \frac{\alpha^2}{2}\right)\cos\frac{x^2}{2\alpha^2} + f_2\left(at - \frac{\alpha^2}{2}\right)\sin\frac{x^2}{2\alpha^2} \\ & + f_3\left(at - \frac{x^2}{2\alpha^2}\right)\cos\frac{\alpha^2}{2} + f_4\left(at - \frac{x^2}{2\alpha^2}\right)\sin\frac{\alpha^2}{2} \Big]\,d\alpha, \end{aligned} \right.$$

Il est clair que la substitution de at à t ne change rien au calcul des dérivées successives de φ en x, et qu'elle introduit simplement un facteur constant a chaque fois qu'on différentie par rapport à t. On reconnaît, par suite, aisé-

(*) L'expression générale de k est

$$h = \sqrt{\int\left(\frac{z}{h}\right)^2 \frac{d\sigma}{\sigma}},$$

σ désignant l'aire de la section, z une ordonnée, élevée perpendiculairement sur son axe de symétrie, c'est-à-dire dans le sens de la demi-hauteur h, jusqu'à un élément quelconque $d\sigma$ de la section, et $\int$ une intégrale embrassant tous les éléments de σ; k^2 désigne donc le carré moyen des ordonnées z des divers éléments d'une section, rapportées à leur plus grande valeur absolue h.

ment, que l'équation indéfinie (121) est bien satisfaite et que, en outre, si l'on fait $x = o$ dans les expressions de φ et de ses trois premières dérivées en x, il vient

$$(124) \quad \text{(pour } x = o) \begin{cases} \varphi = \dfrac{\sqrt{\pi}}{2}\left[f_3(at) + f_4(at)\right] + \displaystyle\int_o^\infty f_1\left(at - \dfrac{\alpha^2}{2}\right) d\alpha, \\[2ex] \dfrac{d\varphi}{dx} = -\dfrac{\sqrt{\pi}}{2}\left[f_1(at) - f_2(at)\right] - \displaystyle\int_o^\infty f_3{}'\left(at - \dfrac{\alpha^2}{2}\right) d\alpha, \\[2ex] \dfrac{d^2\varphi}{dx^2} = \dfrac{\sqrt{\pi}}{2}\left[f_3{}'(at) - f_4{}'(at)\right] - \displaystyle\int_o^\infty f_2{}'\left(at - \dfrac{\alpha^2}{2}\right) d\alpha, \\[2ex] \dfrac{d^3\varphi}{dx^3} = \dfrac{\sqrt{\pi}}{2}\left[f_1{}'(at) + f_2{}'(at)\right] + \displaystyle\int_o^\infty f_4{}''\left(at - \dfrac{\alpha^2}{2}\right) d\alpha. \end{cases}$$

Cela posé, toutes les fois qu'on aura $\dfrac{d\varphi}{dx} = o$ pour $x = o$, la seconde de ces formules (124) donnera, en se dédoublant, $f_1 - f_2 = o$ et $f_3{}' = o$. Or il revient au même, ici, d'annuler une des fonctions f ou seulement quelqu'une de ses dérivées; car, toutes ces fonctions devant se réduire à zéro quand leur variable devient infinie négative, on a, par exemple, $f_3(\theta) = \displaystyle\int_{-\infty}^{\theta} f_3{}'(\theta)\, d\theta$, en sorte que l'égalité $f_3{}' = o$ équivaut à $f_3 = o$; et il serait, de même, indifférent d'égaler entr'elles deux des fonctions f ou seulement leurs dérivées d'un ordre donné quelconque. Donc, la condition définie considérée entraîne les deux relations

$$(125) \qquad\qquad f_3 = o, \quad f_2 = f_1.$$

Or, on les aurait précisément obtenues, vu les formules (124), si l'on s'était proposé de vérifier, pour $x = o$, la condition spéciale $\dfrac{d\varphi}{dt} = -a\dfrac{d^2\varphi}{dx^2}$. On peut donc regarder celle-ci comme équivalente à $\dfrac{d\varphi}{dx} = o$.

De même, d'après (124), la condition $\frac{d^3\varphi}{dx^3} = 0$ (pour $x = 0$) obligerait de poser $f_4 = 0$, $f_2 = -f_1$, c'est-à-dire précisément les mêmes relations que la condition $\frac{d\varphi}{dt} = a\,\frac{d^2\varphi}{dx^2}$.

En résumé, *la condition complexe*

$$(126) \qquad \text{(pour } x = 0) \qquad \frac{d\varphi}{dx}\,\frac{d^3\varphi}{dx^3} = 0$$

entraîne celle-ci

$$(127) \qquad \text{(pour } x = 0) \qquad \left(\frac{d\varphi}{dt}\right)^2 = a^2 \left(\frac{d^2\varphi}{dx^2}\right)^2,$$

et vice-versâ. Or $\left(\frac{d\varphi}{dt}\right)^2$ représente, dans cette formule (127), le carré de la vitesse absolue v animant, à l'époque t, la partie de la barre où sont appliquées les forces qui la font fléchir, et $\left(\frac{d^2\varphi}{dx^2}\right)^2$ exprime le carré de la courbure qu'y a prise son axe, courbure égale, comme on sait, au quotient de la *dilatation dangereuse* δ, mesurant l'allongement de l'unité de longueur des fibres les plus étendues, par la demi-épaisseur h de la barre. Et comme enfin a a sa valeur donnée par (122), l'équation (126) revient, d'après (127), à poser

$$(128) \qquad v = h\,\omega\,\delta \quad \text{ou} \quad \delta = \frac{v}{h\,\omega}.$$

Rappelons que la contexture de la barre s'altère dès que la dilatation dangereuse δ atteint la valeur dite *limite d'élasticité des extensions*, et la formule (128) nous permettra d'énoncer la loi générale que nous voulions établir :

Quand on exerce sur une barre soit des impulsions transversales appliquées en un de ses points et la faisant fléchir symétriquement de part et d'autre, soit de telles impulsions perpendiculaires, mais appliquées à une extrémité et accompagnées de couples qui y maintiennent l'axe dans sa direction primitive, soit enfin des couples tendant simplement à faire tourner la barre, et quand, d'ailleurs, celle-ci est assez longue pour que ses extrémités non sollicitées directement restent à fort peu près en repos, la plus grande vitesse qu'elle puisse prendre, sans altération de sa contexture, dans la région directement ébranlée, égale le produit de la vitesse de propagation du son (ou des vibrations longitudinales) le long de la barre, par la limite d'élasticité des extensions de sa matière, et par la fraction numérique k, dépendant de la forme de sa section.

Cette loi s'appliquera même à une barre d'une longueur médiocre, dans l'étude des phénomènes, tels que le choc, dont la cause n'agit que pendant un instant très court, pourvu qu'il soit question de considérer uniquement cette première période où les ébranlements ne sont pas encore parvenus, en proportion sensible, jusqu'aux extrémités non sollicitées et où, par suite, l'on peut, sans modifier le problème physique, allonger fictivement la barre autant qu'on le voudra.

Mais, avant d'aller plus loin, passons au cas d'une plaque, latéralement indéfinie, qui exécute des mouvements transversaux par l'effet d'impulsions normales quelconques exercées à l'origine des coordonnées, en vue de chercher s'il ne s'y présenterait pas quelque relation analogue à (128). Pareillement à ce que nous avons fait ici pour le cas de la barre, prenons l'équation du mouvement de la plaque sous la forme

$$\frac{d^2\varphi}{dt^2} + a^2\,\Delta_2\,\Delta_2\,\varphi = 0,$$

où a aura, d'après la théorie des plaques, l'expression, semblable à (122),

$$a = \frac{1}{\sqrt{3}}\,\omega_1\,h,$$

h désignant encore la demi-épaisseur et ω_1 la vitesse de propagation, dans la plaque, des variations qu'éprouverait sa densité par unité d'aire, si elle vibrait parallèlement à son propre plan et, en quelque sorte, longitudinalement, c'est-à-dire avec condensations ou dilatations de sa surface : cette quantité ω_1 est donc la vitesse de propagation des *dilatations superficielles* θ de la plaque vibrant ainsi *tangentiellement*, dilatations que régit une équation de la forme $\frac{d^2\theta}{dt^2} = \omega_1^2\, \Delta_2\, \theta$, et dont l'expression est $\theta = \delta + \delta'$, si δ et δ' désignent les allongements éprouvés, au point (x, y), par l'unité de longueur des deux fibres, rectangulaires entr'elles, qui y sont les plus allongées ou les moins allongées de toutes.

La réintroduction du coefficient a revenant simplement à changer l'unité de temps, on en tiendra compte en remplaçant t par at dans la formule (116) du n° précédent (p. 470) ; et celle-ci exprimera alors, évidemment, les déplacements de tous les points de la plaque dès qu'on connaîtra ceux, $\varphi = \frac{\pi}{2}\, f(at)$, du point central directement ébranlé. La vitesse $\frac{d\varphi}{dt}$ de ce point sera donc représentée à chaque instant par $\frac{\pi}{2}\, a\, f'(at)$, expression où la formule (117 *ter*) permettra de remplacer $f'(at)$ par la valeur de $\frac{d^2\varphi}{dr^2} - \frac{1}{r}\, \frac{d\varphi}{dr}$ relative à $r = 0$. Il vient ainsi

$$(127 \ bis) \qquad \text{(pour r infiniment petit)} \qquad \frac{d\varphi}{dt} = \frac{\pi a}{2}\left(\frac{d^2\varphi}{dr^2} - \frac{1}{r}\, \frac{d\varphi}{dr}\right),$$

au lieu de $\frac{d\varphi}{dt} = -a\, \frac{d^2\varphi}{dx^2}$ (pour $x = 0$) qu'on avait dans le cas d'une barre indéfinie. Or les deux dilatations principales δ, δ' en chaque endroit, pour le feuillet superficiel de la plaque fléchie qui s'y trouve le plus exposé à se rompre, sont, par raison de symétrie, les dilatations des deux fibres dirigées suivant le sens du méridien et suivant le sens normal; et elles égalent les produits des courbures correspondantes $\frac{d^2\varphi}{dr^2}$, $\frac{1}{r}\frac{d\varphi}{dr}$, par la demi-épaisseur, $\pm h$, prise avec un signe tel, que celle des deux dilatations ∂, ∂' ainsi obtenues qui s'éloigne le plus de zéro soit positive. Par conséquent, la différence algébrique des deux courbures équivaut, en valeur absolue, à $\frac{\partial - \partial'}{h}$. En l'égalant, d'après (127 *bis*), à $\pm \frac{2}{\pi a}\frac{d\varphi}{dt}$, ou à $\pm \frac{2v}{\pi a}$ si v désigne la vitesse absolue de la partie de la plaque directement ébranlée, et en remplaçant a par sa valeur $\frac{\omega_1 h}{\sqrt{3}}$, il vient enfin

$$(128\ bis) \quad v = \pm \frac{\pi \omega_1}{2\sqrt{3}}\,(\partial - \partial') \quad \text{ou} \quad \partial - \partial' = \pm \frac{2\sqrt{3}}{\pi}\frac{v}{\omega_1}.$$

C'est la formule cherchée, assez analogue à (128). Malheureusement, elle est loin de pouvoir représenter, aussi bien que celle-ci (128), la condition de résistance. En effet, ce qu'il faut limiter dans une plaque fléchie, pour qu'il n'y ait pas de rupture ou, du moins, d'altération de la contexture, c'est, ∂ et ∂' désignant les deux dilatations principales, en un endroit quelconque, du feuillet superficiel qui s'y trouve le plus étendu, une certaine fonction de ∂ et ∂' tout autre que leur différence algébrique, mais qui serait plutôt leur somme algébrique : car, lorsque ces dilatations sont positives toutes les deux, le danger de rupture dû à la plus grande est accru par l'existence de l'autre, tandis que, lorsque l'une d'elles est négative, elle atténue celui que peut présenter alors la dilatation positive, sans toutefois le supprimer si celle-ci est trop grande. Lors du second cas, on ne peut donc pas se dispenser de faire entrer séparément dans la condition de résistance celle des deux dilatations principales qui est positive. Au contraire, dans le premier cas, qui a toujours lieu près du point heurté d'une plaque, où la surface devient concave et a ses deux courbures de même sens, on pourrait, à la rigueur, se contenter de limiter la somme $\delta + \delta'$, exprimée par $\pm h \Delta_1 \varphi$; ce qui impliquerait l'impossibilité, pour δ et δ' séparément, de dépasser une certaine valeur. Mais on voit que, en aucun cas, ce n'est la différence $\delta - \delta'$ qu'il *suffira* de maintenir au-dessous d'une limite désignée pour sauvegarder la contexture.

Tout ce que la formule (128 *bis*) peut apprendre touchant la résistance à la rupture, c'est que, *si le rapport de la vitesse transversale, v, prise par la partie directement ébranlée de la plaque, à la vitesse de propagation, dans cette plaque, des sons longitudinaux accompagnés de dilatations ou condensations de la superficie, atteint le produit du nombre*

$$\frac{\pi}{2\sqrt{3}} = 0,9069 \ \textit{par la plus grande dilatation linéaire que}$$

comporte la matière de cette plaque, ses limites d'élasticité seront nécessairement dépassées sur le bord de la partie considérée. En effet, d'après (128 *bis*), la plus grande des dilatations principales, en cet endroit où elles sont évidemment positives toutes les deux, dépasse alors l'autre d'une quantité au moins égale à la valeur la plus élevée que cette dilatation maxima tout entière pût atteindre, dans les circonstances dont il s'agit, sans mettre en danger la contexture.

Revenons maintenant au cas d'une tige et, en vue d'y traiter le problème du choc transversal, achevons de former l'expression des déplacements φ pour une barre indéfinie dans les deux sens, sur laquelle on exerce, en un point où elle porte une certaine masse étrangère, des impulsions perpendiculaires données. Si l'on prend l'origine des x sur la section partageant en deux parties égales la masse étrangère, chaque moitié de la barre, celle, par exemple, qui sera du côté des x positifs, se comportera comme si, étant seule, mais ayant son premier élément astreint à garder la direction de l'axe des x, elle subissait, à chaque instant, la moitié des efforts exercés et n'entraînait qu'une moitié de la masse étrangère. En appelant μ cette dernière moitié, rapportée à la masse de l'unité de longueur de la barre, et $F'(t)$ la moitié de l'effort donné, évaluée de même par l'accélération qu'elle imprimerait à la masse de l'unité de longueur de la barre, les deux conditions spéciales à $x = 0$ seront évidemment (119) [p. 481] et $\dfrac{d\varphi}{dx} = 0$. D'une part, celle-ci équivaut à poser, d'après (125), $f_3 = 0$, $f_2 = f_1$; d'autre part, et vu les formules (124), la condition (119) se dédouble de même en deux, qui seront, l'une, $f_4 = -\mu f_1$, l'autre, divisée par $-\dfrac{\mu^2 a^2 \sqrt{\pi}}{2}$ après y avoir fait $f_3 = 0$, $f_2 = f_1 = f$ et $f_4 = -\mu f$,

$$f''(at) - \frac{2}{\mu^2} f'(at) = - \frac{2}{a^3 \mu^2 \sqrt{\pi}} F'(t).$$

Multiplions cette relation par $a\,dt$, puis intégrons à partir de $t = -\infty$, en observant que la fonction f s'annule, avec ses dérivées, pour la valeur $-\infty$ de sa variable, et que $F(t)$ désigne la somme, $\displaystyle\int_{-\infty}^{t} F'(\theta)\,d\theta$, des impulsions exercées jusqu'à l'époque t. Il vient l'équation différentielle du premier ordre

$$(129) \qquad f'(at) - \frac{2}{\mu^2} f(at) = - \frac{2}{a\,\mu^2 \sqrt{\pi}} F(t).$$

Cette équation s'intègre sans difficulté et donne, en appelant c une constante arbitraire, destinée à s'éliminer d'elle-même ultérieurement des résultats,

$$(130) \qquad f(at) = \frac{1}{a\sqrt{\pi}}\left[F(t) - \int_{-\infty}^{t} e^{2a\frac{t-\theta}{\mu^2}} F'(\theta)\,d\theta \right] + c\,e^{\frac{2at}{\mu^2}}.$$

On remarquera que cette expression de $f(at)$ s'annule bien
à la limite $t = -\infty$. Il faudra, après y avoir retranché soit
$\frac{\alpha^2}{2}$, soit $\frac{x^2}{2\alpha^2}$, de at, la porter dans la formule (123), devenue

$$(131) \quad \left\{ \begin{aligned} \varphi &= \int_0^\infty f\left(at - \frac{\alpha^2}{2}\right)\left(\cos\frac{x^2}{2\alpha^2} + \sin\frac{x^2}{2\alpha^2}\right) d\alpha \\ &\quad - \mu \int_0^\infty f\left(at - \frac{x^2}{2\alpha^2}\right)\sin\frac{\alpha^2}{2}\, d\alpha. \end{aligned} \right.$$

La partie qui, dans la valeur de φ obtenue, se trouvera
affectée de la constante c, est le produit de $c\, e^{\frac{2at}{\mu^2}}$ par
l'expression

$$\int_0^\infty e^{-\frac{\alpha^2}{\mu^2}}\cos\frac{x^2}{2\alpha^2}\, d\alpha + \int_0^\infty e^{-\frac{\alpha^2}{\mu^2}}\sin\frac{x^2}{2\alpha^2}\, d\alpha - \mu \int_0^\infty e^{-\frac{\alpha^2}{\mu^2 x^2}}\sin\frac{\alpha^2}{2}\, d\alpha.$$

Or celle-ci s'évalue aisément au moyen des formules (t)
du n° 8 (p. 403), en faisant, dans les deux premières,
$m = \frac{\sqrt{2}}{\mu}$, $n = \frac{x}{\sqrt{2}}$ et, dans la dernière, $n = \frac{x}{\mu}$, $m = 1$. On
reconnaît de la sorte qu'elle est nulle; et il le fallait bien,
puisque, dans (130), le terme en c subsiste lorsque $F(\theta) = 0$
ou quand la barre n'est pas tirée de son repos primitif.

On pourra donc supposer toujours $c = 0$ dans l'expression
(130) de $f(at)$. Mais on pourrait aussi y prendre

$$c = \frac{1}{a\sqrt{\pi}} \int_{-\infty}^\infty e^{-\frac{2a\theta}{\mu^2}}\, F'(\theta)\, d\theta,$$

afin que, le dernier terme de (130) se réduisant avec le
précédent, on eût

$$(130\ bis) \quad f(at) = \frac{1}{a\sqrt{\pi}}\left[F(t) + \int_t^\infty e^{2a\frac{t-\theta}{\mu^2}}\, F'(\theta)\, d\theta\right],$$

expression où le nombre e est affecté d'un exposant négatif. Cet exposant devient même $-\infty$ si l'on fait $\mu = 0$ et, en prenant en outre $a = 1$, il vient alors $f(t) = \dfrac{1}{\sqrt{\pi}} F(t)$. On retombe donc, comme il le fallait, sur la formule (89) [p. 446] spécifiée pour le cas où $\dfrac{d\tau}{dx} = 0$ à l'origine $x = 0$.

Supposons maintenant que les impulsions $F'(t)\,dt$, dues, par exemple, à l'explosion d'un gaz ou d'une poudre fulminante, ne soient exercées que pendant un instant très court ε entre les époques $t = 0$, $t = \varepsilon$, et qu'elles aient pour somme une certaine quantité Q de mouvement, exprimant la vitesse qu'elles communiqueraient à l'unité de masse choisie [c'est-à-dire à la masse d'une unité de longueur de la barre] supposée libre de leur obéir. Il faudra donc faire, dans (130), $F'(\theta) = 0$, excepté pour les valeurs de θ comprises entre zéro et ε, et prendre $F(t)$, ou $\displaystyle\int_{-\infty}^{t} F'(\theta)\,d\theta$, nul pour t négatif, égal à Q pour t positif et supérieur à ε. La variable θ étant ainsi négligeable dans l'exponentielle $e^{2a\frac{t-\theta}{\mu^2}}$, il viendra

$$(132) \quad \left\{ \begin{aligned} &(\text{pour } t < 0) \quad f(at) = 0, \\ &(\text{pour } t > \varepsilon) \quad f(at) = \frac{Q}{a\sqrt{\pi}}\left(1 - e^{\frac{2at}{\mu^2}}\right). \end{aligned} \right.$$

En conséquence, les deux intégrales paraissant dans (131) seront nulles pour $t < 0$, et elles pourront, pour $t > \varepsilon$, n'être prises respectivement qu'entre les limites $\alpha = 0$, $\alpha = \sqrt{2at}$ et $\alpha = \dfrac{x}{\sqrt{2at}}$, $\alpha = \infty$.

Bornons-nous aux déplacements successifs qu'éprouvera la partie $x = 0$ et, par conséquent, la masse μ, qui s'y trouve liée à la barre. Vu la seconde valeur (132) de $f(at)$, la formule (131) deviendra, en faisant $x = 0$, tenant compte de la seconde (85 *bis*) [p. 440], puis posant, pour abréger,

$$(133) \qquad \tau = \frac{2\,at}{\mu^2}$$

et remplaçant la variable d'intégration α par $\mu\,\alpha$:

$$(134)\ (\text{pour } x = 0)\quad \varphi = \frac{\mu\,Q}{a\,\sqrt{\pi}}\left[\int_0^{\sqrt{\tau}}\left(1 - e^{\tau - \alpha^2}\right)d\alpha - \frac{\sqrt{\pi}}{2}\left(1 - e^{\tau}\right)\right].$$

D'ailleurs, $\dfrac{\sqrt{\pi}}{2}$ y équivaut à $\displaystyle\int_0^{\infty} e^{-\alpha^2}\,d\alpha$, ce qui, en appelant, pour plus de simplicité, $\chi\,(\tau)$ la fonction

$$(135) \qquad \chi\,(\tau) = \frac{2}{\sqrt{\pi}}\int_{\sqrt{\tau}}^{\infty} e^{\tau - \alpha^2}\,d\alpha,$$

permet aisément de réduire cette expression de φ à la forme simple

$$(136) \quad (\text{pour } x = 0)\quad \varphi = \frac{\mu\,Q}{2\,a}\left[2\sqrt{\frac{\tau}{\pi}} + \chi\,(\tau) - \chi\,(0)\right].$$

Étudions un instant l'intégrale définie $\chi\,(\tau)$, essentiellement positive, et dont la valeur pour $\tau = 0$ est

$$\frac{2}{\sqrt{\pi}}\int_0^{\infty} e^{-\alpha^2}\,d\alpha = 1.$$

Si nous y prenons, sous le signe $\int$, $\alpha^2 - \tau = \beta$ pour variable d'intégration, et que nous posions, par suite, $d\alpha = \dfrac{d\beta}{2\sqrt{\tau + \beta}}$, elle devient

$$(137) \qquad \chi\,(\tau) = \frac{1}{\sqrt{\pi}}\int_0^{\infty} e^{-\beta}\,\frac{d\beta}{\sqrt{\tau + \beta}}.$$

Sous cette forme, on voit qu'elle diminue sans cesse quand

τ grandit et que, constamment inférieure à l'expression
$\frac{1}{\sqrt{\pi\tau}} \int_0^\infty e^{-\beta}\, d\beta = \frac{1}{\sqrt{\pi\tau}}$, elle tend vers cette expression
pour τ très grand. Donc, en résumé, *la fonction $\chi(\tau)$ décroît, de 1 à zéro, quand sa variable τ croît de zéro à l'infini.*

On la développe facilement suivant les puissances positives de τ, en la remplaçant par $e^\tau - \frac{2}{\sqrt{\pi}} \int_0^{\sqrt{\tau}} e^{\tau - \alpha^2}\, d\alpha$, et
en substituant ensuite aux deux exponentielles e^τ, $e^{\tau - \alpha}$ leurs valeurs en série. La seconde devient de la sorte

$$1 + \frac{\tau - \alpha^2}{1} + \frac{(\tau - \alpha^2)^2}{1.2} + \ldots + \frac{(\tau - \alpha^2)^n}{1.2 \ldots n} + \ldots ;$$

et il y a lieu d'évaluer en général l'intégrale

$$(138) \qquad I_n = \int_0^{\sqrt{\tau}} (\tau - \alpha^2)^n\, d\alpha.$$

Or, une intégration par parties donne

$$I_n = \left[\alpha (\tau - \alpha^2)^n \right]_{\alpha = 0}^{\alpha = \sqrt{\tau}} + 2n \int_0^{\sqrt{\tau}} (\tau - \alpha^2)^{n-1} \alpha^2\, d\alpha,$$

ou bien, en remplaçant $(\tau - \alpha^2)^{n-1} \alpha^2$ par $\tau (\tau - \alpha^2)^{n-1} - (\tau - \alpha^2)^n$
et observant que le terme aux limites s'annule,

$$I_n = -2n\, I_n + 2n\tau\, I_{n-1}.$$

On a donc

$$(139) \qquad I_n = \frac{2n}{2n+1}\, \tau\, I_{n-1},$$

et, en partant de $I_0 = \sqrt{\tau}$,

$$I_1 = \frac{2}{3}\, \tau \sqrt{\tau}, \quad I_2 = \frac{2}{3} \frac{4}{5}\, \tau^2 \sqrt{\tau}, \ldots, \quad I_n = \frac{2}{3} \frac{4}{5} \ldots \frac{2n}{2n+1} \tau^n \sqrt{\tau}$$

En conséquence, l'expression de $\chi(\tau)$ sera, après quelques réductions,

$$(140) \qquad \chi(\tau) = e^\tau - \sqrt{\frac{2}{\pi}}\left[\frac{\left(\sqrt{2\tau}\right)^1}{1} + \frac{\left(\sqrt{2\tau}\right)^3}{1.3} + \frac{\left(\sqrt{2\tau}\right)^5}{1.3.5} + \ldots\right].$$

Cherchons actuellement la vitesse de la partie considérée, $x = 0$, de la barre et, par suite, de la masse étrangère μ. Il n'y aura pour cela qu'à différentier la formule (136), en observant que, d'après (135),

$$\chi'(\tau) = -\frac{1}{\sqrt{\pi\tau}} + \chi(\tau),$$

et que, d'ailleurs, τ désignant la fraction $\dfrac{2at}{\mu^2}$, la dérivée $\dfrac{d\tau}{dt} = \dfrac{2a}{\mu^2}$. Il viendra

$$(141) \qquad (\text{pour } x = 0) \qquad \frac{d\varphi}{dt} = \frac{Q}{\mu}\chi(\tau) = \frac{Q}{\mu}\chi\left(\frac{2at}{\mu^2}\right).$$

Cette vitesse, égale d'abord à $\dfrac{Q}{\mu}$, diminue sans cesse, d'autant moins vite que la masse étrangère μ est plus grande, et elle ne s'annule qu'asymptotiquement, pour $t = \infty$. Quant à l'espace parcouru, φ, qui mesure la *flèche* prise par la barre, la formule (136) montre que, nul pour $t = 0$, il grandit sans limite.

Il nous sera aisé, maintenant, de traiter le problème du choc transversal d'une barre homogène, de longueur infinie, par un corps qui vient, à l'époque $t = 0$, la heurter vers son milieu, sur une petite étendue, avec une certaine vitesse perpendiculaire V, et assez centralement pour n'être pas dévié. En effet, si, vu la symétrie des phénomènes de part et d'autre du centre de la région heurtée pris pour origine des x, nous considérons seulement ce qui se passe du côté des abscisses positives, et que μ désigne la moitié de la masse du corps heurtant, sa quantité de mouvement μV se communiquera à une partie de plus en plus longue de la barre et sera absorbée peu à peu ; en sorte que ce corps arrivera insensiblement au repos sans que sa vitesse s'annule dans l'intervalle et sans qu'il puisse, par conséquent, rebondir. Il restera donc uni à la barre, ou jouera le rôle de la masse étrangère μ considérée tout à l'heure, et il suffira d'imaginer que sa quantité de mouvement μV lui ait été rapidement communiquée sur la barre même, pour que le problème actuel du choc rentre dans celui qu'on vient de résoudre, où il s'agissait de ce qu'on pourrait appeler un *choc par explosion*. En effet, la formule (141), donnant $V = \dfrac{Q}{\mu}$ à l'époque $t = 0$, montre que, pour t infiniment petit, une masse μ unie à la barre à l'origine $x = 0$ détient presque la totalité de la quantité de mouvement qu'une impulsion brusque y a fait naître, tout comme si cette masse s'était trouvée isolée quand elle a subi l'impulsion ; et il doit être, par suite, à peu près indifférent que le corps heurtant ait reçu sa vitesse initiale V quand il était encore libre ou après s'être joint à la barre. Il n'y a, entre les deux cas, de différence, que dans la manière dont la vitesse V se communique, durant l'instant initial ε, au tronçon heurté de la barre, manière plus conforme aux hypothèses ordinaires de la théorie de l'élasticité quand on suppose la masse μ déjà en contact avec la barre dès l'instant $t = 0$.

Ainsi, on rendra les formules précédentes applicables au problème du choc transversal, en y appelant μ le rapport de la demi-masse du corps heurtant à la masse de l'unité de longueur de la barre et en prenant $Q = \mu V$. Les relations (136) et (141) deviendront

$$(142) \quad (\text{pour } x = 0) \quad \begin{cases} \varphi = \dfrac{\mu^2 V}{2a}\left[2\sqrt{\dfrac{2at}{\pi\mu^2}} + \chi\left(\dfrac{2at}{\mu^2}\right) - \chi(0)\right], \\[2ex] \dfrac{d\varphi}{dt} = V\chi\left(\dfrac{2at}{\mu^2}\right). \end{cases}$$

Et comme, d'ailleurs, la partie heurtée est évidemment la plus exposée à la rupture, on voit par la formule (128) [p. 486] que *la contexture ne sera pas altérée, si le rapport de la vitesse V du choc à la vitesse de propagation ω du son le long de la barre n'atteint pas la fraction k de la limite d'élasticité des extensions, c'est-à-dire de la limite qu'on doit imposer à la dilatation des fibres.*

Jetons maintenant un coup d'œil, pour en faire la comparaison à ce qui précède, sur le cas incomparablement plus simple d'impulsions longitudinales, ou d'un choc longitudinal, affectant l'extrémité de la même barre, que nous supposerons comprise de $x = 0$ à $x = \infty$ et qui se sera trouvée, également, d'abord en repos. Ici encore, φ étant le déplacement éprouvé à l'époque t par la section d'abscisse x, les conditions $\varphi = 0$ pour $t = -\infty$ et $\varphi = 0$ pour $x = \infty$ obligeront d'exclure celle des deux intégrales particulières, $\varphi = f(\omega t \mp x)$, de l'équation indéfinie du mouvement $\frac{d^2\varphi}{dt^2} = \omega^2 \frac{d^2\varphi}{dx^2}$, où paraît le signe inférieur $+$; en sorte qu'il viendra simplement

$$(143) \qquad \varphi = f(\omega t - x).$$

La fonction f, astreinte déjà à s'annuler pour les valeurs infinies négatives de sa variable, achèvera de se déterminer par la condition, spéciale au point $x = 0$, qui exprimera de quelle manière le mouvement y sera produit. Mais, avant de s'occuper de cette condition, on peut observer que la valeur (143) de φ donne identiquement

$$\frac{d\varphi}{dt} = -\omega \frac{d\varphi}{dx},$$

ou bien, en appelant v la vitesse $\frac{d\varphi}{dt}$ et $\mathfrak{d}$ la dilatation, $\frac{d\varphi}{dx}$,

commune à toutes les fibres longitudinales sur la section
dont l'abscisse est x,

$$(144) \qquad v = -\,\omega\,\partial\,, \quad \text{ou} \quad -\,\partial = \frac{v}{\omega}\,.$$

Cette relation, semblable à (128) [p. 486], montre que *la
plus grande vitesse longitudinale que la partie ébranlée puisse
prendre, sans que sa contexture en souffre, égale la fraction
de la vitesse du son (le long de la barre) qu'exprime la limite
d'élasticité relative aux contractions des fibres, si ce sont des
raccourcissements que l'on produit sur la barre, ou la limite
d'élasticité des dilatations des fibres, si ce sont, au contraire,
des extensions que l'on fait naître.*

Cette belle loi, dont la démonstration est, comme on voit,
des plus faciles, a été énoncée par Thomas Young vers le
commencement de ce siècle. Il est digne de remarque qu'elle
s'étende, d'après la formule (128) et à un facteur numérique
près, au cas d'impulsions transversales : toutefois, elle n'y
est applicable qu'à l'endroit où s'exercent les impulsions,
tandis que la formule (144) régit les déformations produites
en tous les points, quand il s'agit d'ébranlements longitudinaux.

Voyons maintenant ce que sera la fonction f, si l'extrémité $x = o$ de la barre porte une masse étrangère μ et que,
par suite, l'on ait, pareillement à (119) [p. 481] et avec des
notations analogues,

$$(145) \qquad \text{(pour } x = o) \qquad \mu\,\frac{d^2\varphi}{dt^2} - \omega^2\,\frac{d\varphi}{dx} = F'(t)$$

Celle-ci, vu l'expression (143) de φ, deviendra

$$\mu\,\omega^2\,f''(\omega t) + \omega^2\,f'(\omega t) = F'(t)\,,$$

ou, en multipliant par $\dfrac{dt}{\mu\omega}$ et intégrant à partir de $t = -\infty$,

$$(146) \qquad f'(\omega t) + \frac{1}{\mu} f(\omega t) = \frac{F(t)}{\mu\omega}.$$

Enfin, cette équation différentielle donne aisément, si l'on observe que $f(-\infty) = 0$,

$$(147) \qquad f(\omega t) = \frac{1}{\omega}\left[F(t) - \int_{-\infty}^{t} e^{\omega \frac{\theta - t}{\mu}} F'(\theta)\, d\theta \right].$$

Dans le cas particulier d'un choc, opéré, entre les deux époques $t = 0$, $t = \varepsilon$, par la masse μ elle-même et avec la vitesse V ou la quantité de mouvement $Q = \mu V$, il viendra, en raisonnant comme on l'a fait pour obtenir les formules (132),

$$(148) \quad \left\{ \begin{aligned} &(\text{pour } t < 0) \quad f(\omega t) = 0,\\[4pt] &(\text{pour } t > \varepsilon) \quad f(\omega t) = \frac{\mu V}{\omega}\left(1 - e^{-\frac{\omega t}{\mu}}\right). \end{aligned} \right.$$

L'expression de φ s'en déduit, d'après (143), en remplaçant, dans l'exposant de e, ωt par $\omega t - x$. Il vient en particulier, pour les déplacements et les vitesses successives de la partie heurtée ainsi que de la masse μ,

$$(149) \qquad (\text{pour } x = 0 \text{ et } t > \varepsilon) \quad \left\{ \begin{aligned} &\varphi = \frac{\mu V}{\omega}\left(1 - e^{-\frac{\omega t}{\mu}}\right),\\[6pt] &\frac{d\varphi}{dt} = V\, e^{-\frac{\omega t}{\mu}}. \end{aligned} \right.$$

La vitesse de la masse μ, d'abord égale à V, diminue donc graduellement, comme dans le cas du choc transversal, mais suivant une loi beaucoup plus rapide : aussi le chemin total parcouru, au lieu de croître indéfiniment, tend-il vers la limite $\dfrac{\mu V}{\omega}$. On conçoit, en effet, que la partie heurtée de la barre, supposée, par exemple, tirée en avant, soit beaucoup mieux retenue par ses voisines quand elles sont derrière elle, que lorsqu'elles sont seulement à côté.

La formule (149) montre que le déplacement φ de l'extrémité $x = o$ change simplement de signe quand V est remplacé par — V. Donc, deux barres pareilles, s'étendant, l'une, de $x = o$ à $x = \infty$, l'autre, de $x = o$ à $x = -\infty$, et portant, chacune, une masse μ à leur extrémité contiguë $x = o$, ne cesseront pas, quoique indépendantes l'une de l'autre, de se toucher à cette extrémité, si l'on communique simultanément aux deux masses μ des vitesses égales et de même sens, de manière à faire étendre l'une des barres et contracter l'autre. Par conséquent, celles-ci satisferont d'elles-mêmes aux deux conditions de raccordement qu'on aurait, pour $x = o$, si les deux barres ou plutôt les deux masses μ étaient soudées ensemble; car l'une de ces conditions consisterait précisément dans l'égalité constatée des déplacements φ, et l'autre, dans l'équilibre, que nous trouvons réalisé séparément des deux côtés, entre les tensions exercées à chaque instant par les deux barres et les inerties de la masse interposée 2μ. On pourra donc admettre que deux telles barres ne soient que les moitiés d'une barre unique, portant en son milieu une masse étrangère 2μ à laquelle on aurait imprimé, à l'époque $t = o$, la vitesse donnée V. Et l'on aura traité de la sorte la question du *choc longitudinal*, tel qu'il se produit quand, par exemple, un petit bourrelet fixe, formant saillie au milieu d'une longue barre disposée verticalement, arrête dans sa chute un poids annulaire enfilé à la moitié supérieure de la barre.

La comparaison des formules (128) et (144) prouve que *la vitesse d'un choc transversal juste capable d'altérer la contexture d'une barre est plus petite que celle d'un choc longitudinal, produisant le même effet par extension, dans* *le rapport qu'exprime la fraction k, c'est-à-dire dans le rapport de 1 à 2 si la barre est ronde, de 1 à $\sqrt{3}$ si elle est rectangulaire et heurtée perpendiculairement à une de ses faces, etc.*

Nous traiterons encore la question du choc d'une plaque indéfinie par un solide qui vient la heurter perpendiculairement, à l'origine des coordonnées. Pour cela, raisonnant comme dans le cas d'une barre, imaginons d'abord qu'on fixe à cette origine des coordonnées le corps heurtant, dont j'appellerai μ_1 la masse rapportée à celle de la plaque par unité d'aire, et qu'on exerce ensuite sur ce corps, dans le sens normal à la plaque, une série d'impulsions graduelles, capables d'imprimer à l'unité de masse choisie certaines accélérations $F''(t)$. Les déplacements φ seront représentés, comme nous savons, par la formule (116) [p. 470], dans laquelle nous remplacerons ici t par at, et où nous n'aurons plus qu'à déterminer la fonction arbitraire f en exprimant que l'excédent de la force extérieure totale $F'(t)$ sur sa partie, $\mu_1 \dfrac{d^2\varphi}{dt^2}$, employée à mouvoir la masse μ_1, constitue l'effort tranchant, $2\pi a^2 r \dfrac{d\Delta_2\varphi}{dr}$, appliqué à la plaque sur toute une circonférence d'un très petit rayon r. On aura donc la condition spéciale, analogue à (119) [p. 481],

$$(119\ bis)\quad (\text{pour } r = 0)\qquad \mu_1 \frac{d^2\varphi}{dt^2} + 2\pi a^2 r \frac{d\Delta_2\varphi}{dr} = F'(t),$$

ou, vu les formules (116 *bis*) et (118 *bis*) [p. 170 et 474], dans lesquelles at sera substitué à t,

$$\frac{\pi}{2}\mu_1 a^2 f''(at) + 4\pi a^2 f'(at) = F'(t).$$

Celle-ci, multipliée par $\dfrac{2\,dt}{\pi\mu_1 a}$, puis intégrée à partir de la limite $t = -\infty$ où les fonctions f et F s'annulent, devient

$$f'(at) + \frac{8}{\mu_1} f(at) = \frac{2F(t)}{\pi \mu_1 a},$$

équation différentielle pareille à (146) et qui, de même, donnera

$$(147\,bis) \qquad f(at) = \frac{1}{4\pi a} \left[F(t) - \int_{-\infty}^{t} e^{8a\frac{\theta-t}{\mu_1}} F'(\theta)\, d\theta \right].$$

S'il s'agit d'un choc produit, à l'époque $t = 0$, par la masse μ_1 animée de la vitesse V, la fonction $F'(t)$ ne différera de zéro que pour les très petites valeurs positives de t; et l'on aura, comme dans les questions précédentes, $F(t) = 0$ pour $t < 0$, $F(t) = \mu_1 V$ pour t sensiblement supérieur à zéro. Il viendra donc, pareillement à (148),

$$(148\,bis) \quad \left\{ \begin{array}{l} (\text{pour } t < 0) \quad f(at) = 0, \\[2ex] (\text{pour } t > 0) \quad f(at) = \frac{\mu_1 V}{4\pi a} \left(1 - e^{-\frac{8at}{\mu_1}} \right). \end{array} \right.$$

Telles sont les valeurs de la fonction f, où l'on remplacera at par $at - \frac{r^2}{2\zeta}$ et que l'on portera dans (116) [p. 470].

Les déplacements et les vitesses de la partie heurtée seront, pour $t > 0$, d'après (116 *bis*) [même p. 470],

$$(149\,bis) \qquad \varphi = \frac{\mu_1 V}{8a} \left(1 - e^{-\frac{8at}{\mu_1}} \right), \quad \frac{d\varphi}{dt} = V e^{-\frac{8at}{\mu_1}}.$$

On voit que leurs expressions ne diffèrent des expressions analogues (149) [p. 500], relatives au choc longitudinal d'une barre, qu'en ce que $\frac{\omega}{\mu}$ s'y trouve remplacé par $\frac{8a}{\mu_1}$, quantité égale, d'après une formule de la page 487, à $\frac{8\omega_1 h}{\mu_1\sqrt{3}}$.

Contrairement à ce qui arrivait dans le choc transversal

d'une barre indéfinie, le déplacement du point heurté, ou la flèche produite par le choc, ne croît pas indéfiniment, mais tend vers la limite $\frac{\mu_1 V}{8a}$, d'autant plus rapidement qu'est plus faible la masse heurtante et plus forte l'épaisseur $2\,h$ de la plaque. Il était très naturel qu'une plaque se comportât, à cet égard, tout autrement qu'une barre; car la partie heurtée, retenue sur tout son contour, et non pas seulement de deux côtés opposés comme il arrive dans une barre, se trouve beaucoup moins libre d'obéir à l'impulsion qui la sollicite.

Il suit, en outre, d'une loi démontrée vers la fin du numéro précédent (p. 480), que *les anneaux, concentriques au point heurté, dont se compose la plaque viendront se ranger autour de lui, dans un même plan parallèle à leur plan primitif, au bout de temps proportionnels aux carrés de leurs rayons.*

Je terminerai en observant que, d'après une remarque déjà faite un peu après la formule (128) [p. 487], les lois démontrées ici pour les chocs opérés sur des barres ou des plaques de longueur infinie s'étendent au cas de barres et de plaques d'une longueur ou d'une surface quelconques et même assez restreintes, à condition de ne les y appliquer que pour cette première période du phénomène où les ébranlements ne sont pas encore parvenus en quantité sensible aux extrémités non heurtées. Elles permettent de prévoir que la rupture, si elle a lieu dans cette première période, se fera nettement à l'endroit du choc et quelle que soit la masse heurtante, pourvu que sa vitesse dépasse une certaine limite. C'est évident d'après les formules (128), (128 *bis*) et (144) [p. 486, 489 et 499], si l'on se borne du moins aux barres et aux plaques formées d'une matière dure, qui se cassent dès que leur limite d'élasticité est dépassée, et si, bien entendu, le corps heurtant a une masse, une consistance et des dimensions suffisantes pour imprimer son mouvement à toute la section heurtée de la barre ou à

toutes les couches de la plaque à l'endroit heurté, c'est-
à-dire, dans les deux cas, à tout un *tronçon*, comme on
l'admet implicitement par le fait même qu'on se sert, dans
la question, des formules classiques du mouvement des
tiges ou corps allongés et des plaques ou corps aplatis.

23. — *Comment il faut modifier ces lois du choc, dans le cas de barres dont la longueur est finie.*

Dans cette première période, où la barre, par exemple,
eût-elle ses deux extrémités fixes, ne résiste encore au
corps heurtant que par son inertie, c'est-à-dire à cause de
l'impossibilité où sont ses diverses parties de le suivre
instantanément, il est tout naturel que la rupture ne se
produise pas plutôt, à vitesses égales, sous la pression d'une
masse heurtante très considérable que sous celle d'une
autre incomparablement plus faible. Mais en admettant,
pour fixer les idées, qu'il s'agisse d'une barre appuyée aux
deux bouts et heurtée perpendiculairement en son milieu, il
n'en sera plus de même si l'on considère la période ultérieure,
pendant laquelle la réaction des points d'appui donnera
naissance à des ondes réfléchies multiples qui feront du
mouvement, comme on sait, la résultante d'une infinité de
systèmes distincts de vibrations pendulaires synchrones.
Il est clair, en effet, qu'une barre de dimensions modérées,
ne pouvant en aucun cas retenir un corps heurtant d'une
très grande masse, animé de vitesses même médiocres,
devra finir par se rompre, si on la met dans l'impossibilité
de le suivre.

Ainsi, pour la barre donnée, ayant ses extrémités appuyées, et que vient heurter transversalement au milieu,
avec une vitesse connue V, un corps dont la masse a un
certain rapport μ' à la sienne, il existe une valeur limite de
ce rapport μ', au-dessus de laquelle les plus grandes déformations se produisent certainement, non à l'instant même

du choc, mais plus tard, après le *rebond* qui a lieu à partir
des extrémités. Ces déformations dépendent alors, tout à
la fois, de la vitesse initiale et de la masse du corps heurtant, à la différence des déformations maxima produites
dans la première période, qui dépendent seulement de la
vitesse. Au contraire, pour les valeurs moindres du rapport
μ' de la masse heurtante à celle de la barre, valeurs possibles seulement si la limite de μ', dont il s'agit, est supérieure à zéro, ce sont les déformations maxima initiales,
fonction uniquement de la vitesse, qui l'emportent sur
toutes celles qui surviennent plus tard; et la rupture ou
les altérations de contexture s'y trouvent évitées définitivement pourvu qu'elles le soient au début.

M. de Saint-Venant a effectué de nombreux calculs, en
partie numériques et en partie graphiques, sur cette période
ultérieure compliquée; et il a reconnu, en effet, que les
plus grandes dilatations qui s'y produisent dépendent à la
fois de la vitesse V du corps heurtant et du rapport μ' de
son poids à celui de la barre entière. Pour ce problème de
choc transversal, qu'on n'avait pas abordé avant lui (si ce
n'est dans l'hypothèse simple d'une barre n'ayant qu'une
masse et des inerties négligeables), il a trouvé que les plus
grandes dilatations ∂ s'exprimaient par une formule revenant, après quelques transformations et avec nos notations
actuelles, à

$$(150) \qquad \partial = \frac{V}{k\,\omega}\left(\alpha\,\sqrt{\mu'}\right),$$

où α désigne un coefficient numérique, fonction de μ', dont
il a obtenu les trois valeurs suivantes :

$$(151) \quad \left\{ \begin{array}{l} \text{pour } \mu' = \quad \tfrac{1}{2}, \qquad 1, \qquad 2, \\[4pt] \alpha = 1{,}838, \quad 1{,}75, \quad 1{,}839 \; (^*). \end{array} \right.$$

(*) Voir, par exemple, la page 560 de l'édition française de la *Théorie de l'élasticité* de Clebsch, publiée en 1881, avec des notes de M. de Saint-Venant, chez
M. Dunod (quai des Grands-Augustins, 49, à Paris).

La théorie élémentaire, où l'on néglige les inerties de la barre, et qui, par conséquent, n'est acceptable, en principe, que pour les grandes valeurs de μ', donnerait, dans tous les cas, $\alpha = \sqrt{3} = 1{,}732$, nombre paraissant, comme on voit, assez peu éloigné des véritables (*).

En admettant donc, à défaut de données plus certaines, qu'on ait généralement $\alpha = \sqrt{3}$, il viendra $\alpha\sqrt{\mu'} = 1$ pour

(*) Résumons cette théorie élémentaire. Si la barre s'étend de $x = -l$ à $x = l$ et que, ses inerties étant négligeables, l'équation (121) y soit réductible à sa forme du cas de l'équilibre $\dfrac{d^4\varphi}{dx^4} = o$, cette équation indéfinie, jointe aux conditions évidentes $\dfrac{d\varphi}{dx} = o$ (pour $x = o$), $\varphi = o$ et $\dfrac{d^2\varphi}{dx^2} = o$ (pour $x = l$), donnera, en appelant φ_0 le déplacement du point heurté $x = o$ et observant par suite que, pour $t > \varepsilon$, la condition (119) se réduit à $\dfrac{d^3\varphi}{dx^3}$ (pour x nul) $= -\dfrac{\rho}{a^2}\dfrac{d^2\varphi_0}{dt^2}$ ou $= -\dfrac{\rho}{k^2\omega^2 h^2}\dfrac{d^2\varphi_0}{dt^2}$ vu (122),

$$\text{(pour } t > \varepsilon \text{ et } x > o)$$
$$\varphi = -\frac{\mu l^3}{3k^2\omega^2 h^2}\frac{d^2\varphi_0}{dt^2}\left(1 - \frac{3x^2}{2l^2} + \frac{x^3}{2l^3}\right),\quad \frac{d^2\varphi}{dx^2} = \frac{\mu l}{k^2\omega^2 h^2}\frac{d^2\varphi_0}{dt^2}\left(1 - \frac{x}{l}\right).$$

La seconde de ces formules montre que la plus grande courbure de l'axe a lieu constamment au point heurté $x = o$ et vaut $\dfrac{\mu l}{k^2\omega^2 h^2}\dfrac{d^2\varphi_0}{dt^2}$; d'où il suit que la plus grande dilatation linéaire δ, produit de cette courbure par la demi-hauteur h des sections, est, au même endroit, en valeur absolue, $\pm\dfrac{\mu l}{k^2\omega^2 h}\dfrac{d^2\varphi_0}{dt^2}$.

Quant à la première formule, spécifiée pour $x = o$, elle devient

$$\frac{d^2\varphi_0}{dt^2} + \frac{3k^2\omega^2 h^2}{\mu l^3}\varphi_0 = o,$$

équation dont l'intégrale, déterminée par les conditions qu'on ait initialement (c'est-à-dire pour $t = \varepsilon$ ou, à fort peu près, pour $t = o$) $\varphi_0 = o$ et $\dfrac{d\varphi_0}{dt} = V$, est

$$\text{(pour } t > o)\quad \varphi_0 = \frac{V}{k\omega}\frac{l\sqrt{\mu l}}{h\sqrt{3}}\sin\left(\frac{k\omega h\sqrt{3}}{l\sqrt{\mu l}}\,t\right).$$

La plus grande flèche φ_0 et la plus grande courbure de l'axe se produisent donc à l'instant où $t = \dfrac{\pi}{2}\dfrac{l\sqrt{\mu l}}{k\omega h\sqrt{3}}$; et la dilatation dangereuse correspondante $\pm\dfrac{\mu l}{k^2\omega^2 h}\dfrac{d^2\varphi_0}{dt^2}$ est bien $\delta = \dfrac{V}{k\omega}\sqrt{\dfrac{3\mu}{l}}$ ou $\delta = \dfrac{V}{k\omega}\sqrt{3\mu'}$.

$\mu = \frac{1}{3}$: ce qui rendrait alors l'expression (150) de ∂, ou de la plus grande dilatation se produisant après le rebond contre les extrémités, sensiblement la même que celle, (128) [p. 486], de la plus grande dilatation produite au moment du choc. Ainsi, *tant que la masse du corps heurtant sera inférieure à une fraction de celle de la barre qui ne paraît pas différer beaucoup de* $\frac{1}{3}$, *la rupture ou les altérations de contexture, si elles doivent se produire, auront lieu dès le début et ne dépendront que de la vitesse du choc.* Au contraire, quand la masse du corps heurtant dépassera le tiers environ de celle de la barre, les dilatations les plus dangereuses ne surviendront qu'après le rebond de la barre contre ses appuis, et elles seront le produit de celles qu'exprime la formule (128) par le facteur $\alpha \sqrt{\varrho'}$. Elles continueront d'ailleurs à se présenter au milieu, non aux extrémités, simplement appuyées par hypothèse, et où il ne se produit aucune courbure sensible de l'axe. On voit donc que la rupture, lorsqu'elle surviendra dans ces cas et avec les plus petites vitesses capables de l'amener, n'aura pas lieu à l'instant même du choc, mais un peu après.

Le cas du choc longitudinal, pour une barre d'une longueur finie, l, heurtée à son extrémité $x = o$ et fixée ou libre à son autre bout $x = l$, exige beaucoup moins de calculs, parce que les intégrations peuvent s'y effectuer sous forme finie (*). En prenant pour l'intégrale générale de l'équation indéfinie de son mouvement

$$\varphi = f(at - x) + f_1(at + x - 2l),$$

(*) Ce problème constitue une des questions de *résistance vive* les plus importantes de la mécanique appliquée. Aussi les démonstrations ci-après relatives au cas usuel de la barre fixée à son second bout ont-elles été insérées dans le second fascicule de la *théorie de l'élasticité* de Clebsch (Note du § 60, p. 480 *a* à 480 *gg*), par M. de Saint-Venant, qui, en outre, avec la collaboration de M. l'Ingénieur en chef des ponts et chaussées Flamant, en a fait l'objet, dans les *Comptes-Rendus* de l'Académie des Sciences (16 juillet, 23 juillet, 30 juillet et 6 août 1883; t. XCVII, p. 127, 214, 281 et 353), d'un grand nombre de calculs et de dessins propres à en exposer et à en peindre les résultats principaux.

la condition relative à $x = l$, et qui sera $\varphi = 0$ pour la barre fixée, $\frac{d\varphi}{dx} = 0$ pour la barre libre, deviendra, dans le premier cas,

$$f(\omega t - l) + f_1(\omega t - l) = 0$$

et, dans le second,

$$-f'(\omega t - l) + f_1'(\omega t - l) = 0 ;$$

ce qui, devant avoir lieu pour toutes les valeurs tant négatives que positives de t ou, par suite, de la variable de la fonction f, obligera de poser soit $f_1 = -f$, dans le premier cas, soit, dans le second, $f_1' = f'$ et, par suite, $f_1 = f$, à une constante près dont il sera même permis de faire abstraction si, pour ne pas changer φ, on en suppose la moitié jointe implicitement à f et, par conséquent, l'autre moitié retranchée de f_1. Il vient donc, en convenant de prendre les signes supérieurs quand la barre est fixée à son bout $x = l$, et les signes inférieurs quand elle y est libre,

$$(a) \qquad \varphi = f(\omega t - x) \mp f(\omega t + x - 2l).$$

On a enfin, pour déterminer f, la condition spéciale à l'extrémité $x = 0$, condition qui est, comme on a déjà vu (p. 499),

$$(b) \qquad (\text{pour } x = 0) \qquad \mu \, \frac{d^2\varphi}{dt^2} = F'(t) + \omega^2 \, \frac{d\varphi}{dx},$$

du moins depuis l'époque $t = -\infty$ jusqu'au moment où se termine le choc, c'est-à-dire où, le corps étranger μ cessant de presser la partie qu'il avait heurtée, la dilatation $\frac{d\varphi}{dx}$ pour $x = 0$ commencerait à n'avoir plus son signe primitif. A partir de ce moment, et supposé que la masse μ ne se soit pas collée à la barre, le bout $x = 0$ devient libre, puisque le corps ne pourrait lui rester plus longtemps uni sans exercer sur les points qu'il touche des tractions dont il est incapable ; et la condition relative à $x = o$ est désormais (tant que la barre et la masse μ sont séparées) $\frac{d\varphi}{dx} = o$, c'est-à-dire, d'après (a),

$$f'(\omega t) \pm f'(\omega t - 2l) = o.$$

Donc, on a dès lors $f'(\omega t) = \mp f'(\omega t - 2l)$; ce qui rend périodiques la fonction f' et, par suite, l'état de la barre, tant que continue à s'opérer cette sorte de *détente libre*. On remarquera d'ailleurs que la fonction f' ne présente aucune discontinuité au passage d'un état à l'autre, de sorte qu'il n'y a pas lieu de se préoccuper de conditions de raccordement pour les valeurs des déplacements φ et des vitesses $\frac{d\varphi}{dt}$ relatives à ces deux parties successives du phénomène. Ce raccordement résultera naturellement du fait que les deux fonctions f et f' ne cesseront pas d'être continues.

Mais, occupons-nous d'abord, naturellement, des valeurs de t antérieures à la fin du choc et même de celles qui le sont à son commencement $t = o$. Alors, comme le repos n'est pas encore troublé, on a, en tous les points de la barre, $\varphi = o$, ou bien, vu (a),

$$f[(\omega t - x) - 2(l - x)] = \pm f(\omega t - x),$$

c'est-à-dire que la fonction f reste égale à $\pm f(\omega t - x)$, quand, sa variable $\omega t - x$ étant négative mais ayant une certaine valeur absolue quelconque, on ajoute à cette valeur absolue la quantité $2(l - x)$, croissante de zéro à $2l$ depuis l'extrémité $x = l$ jusqu'à l'extrémité $x = o$. Donc la fonction f se réduit à une constante c pour les valeurs négatives de sa variable et, devant égaler $\pm f(\omega t - x)$, c'est-à-dire $\pm c$, elle est forcément nulle dans le cas de la barre libre, où l'on prend les signes inférieurs. Quant à l'autre cas, de la barre fixée, où l'expression (a) de φ égale la différence de deux valeurs de f, la constante c s'en élimine d'elle-même, et on peut y prendre encore zéro pour la valeur initiale de f. Ainsi, en résumé, la fonction f est nulle pour toutes les valeurs négatives de sa variable.

Passons donc aux valeurs positives de celle-ci. A cet effet, après avoir porté dans (b) les expressions de $\frac{d^2\varphi}{dt^2}$ et de $\frac{d\varphi}{dx}$ que donne (a), multiplions les résultats par $\frac{dt}{\mu\omega}$ et intégrons, en partant de l'époque $t = 0$ où les fonctions f, f' n'ont pas cessé encore de s'annuler, tout comme l'impulsion $F(t)$. Il viendra par la transposition de deux termes, si θ désigne, pour abréger, le produit ωt,

$$(b') \qquad f'(\theta) + \frac{1}{\mu} f(\theta) = \frac{1}{\mu\omega} F\left(\frac{\theta}{\omega}\right) \pm f'(\theta - 2l) \mp \frac{1}{\mu} f(\theta - 2l),$$

équation différentielle qui, en y regardant le second membre comme connu, est linéaire du premier ordre et a pour intégrale, à partir de la valeur $\theta = 0$ qui annule encore $f(\theta)$,

$$(c) \quad \left\{ \quad \begin{array}{c} (\text{pour } \theta > 0) \\ f(\theta) = e^{-\frac{\theta}{\mu}} \int_0^\theta e^{\frac{\theta}{\mu}} \left[\frac{1}{\mu\omega} F\left(\frac{\theta}{\omega}\right) \pm f'(\theta - 2l) \mp \frac{1}{\mu} f(\theta - 2l) \right] d\theta. \end{array} \right.$$

Or on peut bien, en effet, supposer le second membre de (b') donné; car il suffira de ne pas faire croître θ de plus de $2l$ à chaque opération, pour que les fonctions $f'(\theta - 2l)$ et $f(\theta - 2l)$ continuent indéfiniment à être connues, comme elles le sont déjà pour $\theta < 2l$. On obtiendra donc $f(\theta)$, successivement, entre les limites zéro et $2l$, $2l$ et $4l$, $4l$ et $6l$, etc., jusqu'à ce que s'annule l'expression, $f'(\theta) \pm f'(\theta - 2l)$, de $-\frac{d\varphi}{dx}$ pour $x = 0$, moment à partir duquel on aura d'une manière continue $f'(\theta) \pm f'(\theta - 2l) = o$, c'est-à-dire $f'(\theta) = \mp f'(\theta - 2l)$.

Appelons encore ε le très petit intervalle de temps, inappréciable, durant lequel se produit, à partir de $t = o$, l'impulsion totale μV; en sorte que la fonction $F\left(\dfrac{\theta}{\omega}\right)$, nulle pour $\theta = o$ mais, aussitôt après, très rapidement variable toujours dans un même sens, atteigne et conserve désormais la valeur μV quand θ égale et dépasse la valeur $\omega\varepsilon$, que nous appellerons, pour abréger, ε'. Alors cette fonction $F\left(\dfrac{\theta}{\omega}\right)$, sous le signe $\int$ de (c), pourra être réduite à μV, sauf dans quelques éléments négligeables voisins de la limite inférieure, et la formule (c) deviendra, en y effectuant l'intégration correspondante,

$$(c') \quad \left\{ f(\theta) = \frac{\mu V}{\omega}\left(1 - e^{-\frac{\theta}{\mu}}\right) \pm e^{-\frac{\theta}{\mu}} \int_0^\theta e^{\frac{\theta}{\mu}}\left[f'(\theta - 2l) - \frac{1}{\mu} f(\theta - 2l) \right] d\theta. \right.$$
$$\text{(pour } \theta > o)$$

Pour fixer les idées, nous supposerons la vitesse *initiale* V du corps heurtant positive, ou le choc produit par compression; mais il suffira, pour passer de ce cas à celui d'un choc par extension, de changer de signe F, V et, en vertu de (b') et de (a), f et φ, ainsi que, par suite, les dérivées de φ, savoir $\dfrac{d\varphi}{dx}$ et $\dfrac{d\varphi}{dt}$, exprimant les dilatations et les vitesses des divers tronçons de la barre. Donc on aura traité au fond les deux cas et même, d'après une réflexion faite plus haut (p. 501), celui, qui les réunit tous les deux, d'une barre de longueur $2l$, ayant ses deux bouts à la fois fixes ou à la fois libres, heurtée longitudinalement, avec la vitesse V, en son milieu muni d'un renflement, par une masse annulaire 2μ, dont une moitié pourra être censée agir seule sur une moitié de la barre pour l'étendre et, l'autre, sur l'autre moitié pour la comprimer.

Cela posé, observons que, entre les limites $\theta = 0$, $\theta = 2l$, les fonctions $f'(\theta - 2l)$, $f(\theta - 2l)$, ayant leur variable négative, sont nulles. La formule (c') y devient donc, comme dans le cas d'une barre de longueur infinie, $f(\theta) = \frac{\mu V}{\omega}\left(1 - e^{-\frac{\theta}{\mu}}\right)$. Seulement, à cause de l'évaluation inexacte, ainsi effectuée, des premiers éléments de l'intégrale paraissant dans (c), l'expression de $f'(\theta)$ qui s'en déduit, $\frac{V}{\omega} e^{-\frac{\theta}{\mu}}$, n'est pas applicable pour les valeurs de θ, moindres que ε', qui la réduisent à $\frac{V}{\omega}$; et il faut, si l'on veut connaître $f'(\theta)$ entre $\theta = 0$ et $\theta = \varepsilon'$, recourir à la formule (b'), qui y donne à fort peu près $f'(\theta) = \frac{1}{\mu\omega} F\left(\frac{\theta}{\omega}\right)$. Ainsi l'on aura :

$$(d) \begin{cases} \text{de } \theta = 0 \text{ à } \theta = 2l & f(\theta) = \frac{\mu V}{\omega}\left(1 - e^{-\frac{\theta}{\mu}}\right); \\[2ex] \text{d'où} \quad \text{de } \theta = \varepsilon' \text{ à } \theta = 2l & f'(\theta) = \frac{V}{\omega} e^{-\frac{\theta}{\mu}}; \end{cases}$$

et l'on voit que la fonction $f(\theta)$ varie partout graduellement, mais non sa dérivée $f'(\theta)$, qui prend, de $\theta = 0$ à $\theta = \varepsilon'$, les valeurs $\frac{1}{\mu\omega} F\left(\frac{\theta}{\omega}\right)$ très rapidement croissantes jusqu'à $\frac{V}{\omega}$, après quoi, de $\theta = \varepsilon'$ à $\theta = 2l$, elle décroît d'une manière bien continue sans arriver jusqu'à zéro.

Ces expressions (d) de $f(\theta)$ et $f'(\theta)$, si on y retranche $2l$ de θ et qu'on les porte ensuite dans (c'), permettront d'obtenir $f(\theta)$ entre les limites $2l$ et $4l$, sauf à y négliger ou plutôt à y évaluer par les formules (d) les éléments insignifiants de l'intégrale, compris entre $\theta = 2l$ et $\theta = 2l + \varepsilon'$, pour lesquels la fonction $f'(\theta - 2l)$ n'est pas donnée par (d). Il ne faudra pas oublier, d'ailleurs, que les termes exprimant ainsi $f(\theta - 2l)$ et $f'(\theta - 2l)$ n'existent qu'après $\theta = 2l$ et doivent, tant que θ n'a pas atteint $2l$, être remplacés par zéro ; ce qui permet de donner aux intégrations, pour limite inférieure, $2l$ au lieu de zéro. Et il vient de la sorte, en se bornant, pour la dérivée $f'(\theta)$, aux valeurs de θ plus grandes que $2l + \varepsilon'$, à cause de l'influence que les éléments inexactement évalués dont il vient d'être question ont, de $\theta = 2l$ à $\theta = 2l + \varepsilon'$, sur cette dérivée,

$$(d') \begin{cases} \qquad\qquad (\text{de } \theta = 2l \text{ à } \theta = 4l) \\[2mm] f(\theta) = \frac{\mu V}{\omega}\left(1 - e^{-\frac{\theta}{\mu}}\right) \pm \frac{\mu V}{\omega}\left[-1 + e^{-\frac{\theta - 2l}{\mu}}\left(1 + 2\frac{\theta - 2l}{\mu}\right)\right] ; \\[3mm] \qquad\qquad d'où \quad (\text{de } \theta = 2l + \varepsilon' \text{ à } \theta = 4l) \\[2mm] f'(\theta) = \frac{V}{\omega}\, e^{-\frac{\theta}{\mu}} \pm \frac{V}{\omega}\, e^{-\frac{\theta - 2l}{\mu}}\left(1 - 2\frac{\theta - 2l}{\mu}\right). \end{cases}$$

On voit que les fonctions $f(\theta)$ et $f'(\theta)$ ont conservé les termes qu'elles avaient avant $\theta = 2l$, mais que, passé cette limite, elles se sont accrues des nouveaux termes à double signe en $\theta - 2l$. Remplaçons, dans (d'), θ par $\theta - 2l$ et nous aurons des valeurs de $f(\theta - 2l)$ et de $f'(\theta - 2l)$ qui permettront, quand θ sera compris entre $4l$ et $6l$, d'effectuer les intégrations indiquées par (c') et d'obtenir ainsi $f(\theta)$ dans un nouvel intervalle $2l$. Les intégrations se feront d'ailleurs aisément, si l'on observe que les fonctions $f(\theta - 2l)$ et $f'(\theta - 2l)$ peuvent être censées avoir toujours leurs expressions déduites des dernières obtenues, c'est-à-dire, ici, de (d'), mais avec cette restriction, que leurs premiers termes, en $\theta - 2l$, ne commencent à y figurer que pour $\theta > 2l$, les termes suivants à double signe, en $\theta - 4l$, que pour $\theta > 4l$, et ainsi de suite ; ce qui donne pour la vraie limite inférieure des intégrations, $2l$, s'il s'agit des premiers, $4l$, s'il s'agit des suivants, etc., alors que la limite supérieure est θ pour tous. Il y aura encore, si θ est compris entre $4l$ et $4l + \varepsilon'$, des éléments des intégrales, non évaluables au moyen des formules (d') et qui, insignifiants dans $f(\theta)$, ne le seront pas dans $f'(\theta)$; en sorte que l'expression de $f'(\theta)$ formée de cette manière ne conviendra que pour $\theta > 4l + \varepsilon'$. Et l'on trouvera ainsi :

$$(d''') \quad \begin{cases} \text{(de } \theta = 4l \text{ à } \theta = 6l) \\[4pt] f(\theta) = \text{son expression } (d'') + \dfrac{\mu V}{\omega}\left[1 - e^{-\frac{\theta - 4l}{\mu}}\left(1 + 2\,\dfrac{(\theta - 4l)^2}{\mu^2}\right)\right]; \\[10pt] \text{d'où} \quad \text{(de } \theta = 4l + \varepsilon' \text{ à } \theta = 6l) \\[4pt] f'(\theta) = \text{son expression } (d'') + \dfrac{V}{\omega}\,e^{-\frac{\theta - 4l}{\mu}}\left(1 - 4\,\dfrac{\theta - 4l}{\mu} + 2\,\dfrac{(\theta - 4l)^2}{\mu^2}\right). \end{cases}$$

En continuant de même, il viendra, pour l'intervalle $2l$ suivant, auquel nous nous arrêterons :

$$(d^{iv}) \quad \begin{cases} \text{(de } \theta = 6l \text{ à } \theta = 8l) \\[4pt] f(\theta) = \text{son expr. } (d''') + \dfrac{\mu V}{\omega}\left[-1 + e^{-\frac{\theta - 6l}{\mu}}\left(1 + 2\,\dfrac{\theta - 6l}{\mu} - 2\,\dfrac{(\theta - 6l)^2}{\mu^2} + \dfrac{4}{3}\,\dfrac{(\theta - 6l)^3}{\mu^3}\right)\right]; \\[10pt] \text{d'où} \quad \text{(de } \theta = 6l + \varepsilon' \text{ à } \theta = 8l) \\[4pt] f'(\theta) = \text{son expr. } (d''') + \dfrac{V}{\omega}\,e^{-\frac{\theta - 6l}{\mu}}\left(1 - 6\,\dfrac{\theta - 6l}{\mu} + 6\,\dfrac{(\theta - 6l)^2}{\mu^2} - \dfrac{4}{3}\,\dfrac{(\theta - 6l)^3}{\mu^3}\right); \end{cases}$$

et ainsi de suite.

On connaît de la sorte, pour toute la durée du choc. c'est-à-dire jusqu'à la plus petite valeur de θ qui fasse changer l'expression $f'(\theta) \pm f'(\theta - 2l)$ de signe, la fonction graduellement variable $f(\theta)$, et même sa dérivée $f'(\theta)$ partout où elle varie, elle aussi, graduellement, c'est-à-dire partout ailleurs que dans de très petits intervalles ε' venant aussitôt après les valeurs de θ qui sont multiples de $2l$. Du reste, maintenant que l'expression de $f(\theta)$ est trouvée, tout l'ensemble des valeurs de $f'(\theta)$ sera donné par la formule (b'), qui, pour $\theta > \varepsilon'$ et, par conséquent, pour $F\left(\dfrac{\theta}{\omega}\right) = \mu V$, peut s'écrire

$$(e) \quad (\text{pour } \theta > \varepsilon') \quad f'(\theta) = \pm f'(\theta - 2l) + \left[\dfrac{V}{\omega} - \dfrac{f(\theta) \pm f(\theta - 2l)}{\mu}\right].$$

Comme le second membre de (e) n'a que son premier terme, $\pm f'(\theta - 2l)$, auquel il arrive de varier rapidement, les changements brusques de $f'(\theta)$, à l'instant où θ dépassera une valeur multiple de $2l$, ne seront, du moins en valeur absolue, que la répétition de ceux relatifs à la valeur de θ, multiple de $2l$, immédiatement inférieure, et, par conséquent, ils ne différeront tout au plus que par le signe de ceux, $\dfrac{1}{\mu\omega}\,F\left(\dfrac{\theta}{\omega}\right)$, croissants de zéro à $\dfrac{V}{\omega}$, qui s'étaient produits entre $\theta = 0$ et $\theta = \varepsilon'$. Ainsi, chaque fois que θ dépasse un multiple de $2l$ et pendant qu'il croît de ε', la fonction $f'(\theta)$ effectue un *saut*, positif ou négatif, mais toujours de même forme et égal en tout à $\dfrac{V}{\omega}$, après quoi elle varie graduellement.

Observons à ce propos que, d'après (e), la différence ou la somme $f'(\theta) \mp f'(\theta - 2l)$, expression de $\dfrac{1}{\omega}\dfrac{d\varphi}{dt}$ pour $x = 0$, n'éprouve jamais, après la période de début ε du choc et avant qu'il soit fini, de variation brusque. En d'autres termes, l'extrémité $x = 0$ n'a que des vitesses graduellement variables, tant que ces vitesses lui sont communes avec la masse étrangère μ, laquelle lui sert en quelque sorte de *lest*.

Le choc se termine comme il a été dit, pour la plus petite valeur de θ qui annule et tend à faire changer de signe la compression $-\dfrac{d\varphi}{dx}$, ou $f'(\theta) \pm f'(\theta - 2l)$, produite au point heurté $x = 0$. Ensuite, on a, comme il a été dit aussi, $f'(\theta) = \mp f'(\theta - 2l)$, relation qui donne évidemment, d'intervalle $2l$ en intervalle $2l$, les valeurs ultérieures de $f'(\theta)$ et, par conséquent, au moyen de quadratures immédiates, celles de la fonction, toujours bien continue, $f(\theta)$. Donc, en résumé, les fonctions f et f' se trouveront déterminées pour toutes les valeurs de leur variable, et l'expression (a) des déplacements φ sera entièrement connue.

Après ces considérations générales, examinons, l'un après l'autre, les deux cas de la barre libre et de la barre fixée à son bout $x = l$, en vue surtout de voir comment la condition de résistance donnée par Th. Young, et toujours vraie pour la période initiale du choc, se trouvera modifiée dans la suite par le fait de la longueur finie de la barre.

Le cas de la barre libre étant le plus simple, c'est par celui-là qu'il convient de commencer. Il avait été, du reste, étudié déjà, en 1868, par M. de St-Venant (*Comptes-Rendus* de l'Académie des Sciences, 30 mars 1868, p. 650), comme cas limite du choc longitudinal de deux barres libres, dont l'une, devenant infiniment courte ou infiniment raide, ne serait autre que la masse μ : point de vue qui conduit à une méthode moins simple que la nôtre, mais parfaitement d'accord avec elle, et qui a été aisément étendue, par son auteur, au cas de la barre fixée à son second bout $x = l$.

Prenons donc les formules précédentes avec leurs signes inférieurs. Pour $\theta < 2l$, l'expression, $f'(\theta) - f'(\theta - 2l)$, de la compression $-\dfrac{d\varphi}{dx}$ au point $x = 0$, est évidemment positive ; car elle se trouve réduite au terme $f'(\theta)$, qui, de $\theta = 0$ à $\theta = \varepsilon'$, vaut, d'après (b'), $\dfrac{1}{\mu\omega}\,\mathrm{F}\left(\dfrac{\theta}{n}\right)$ et grandit de zéro à $\dfrac{\mathrm{V}}{\omega}$, pour égaler ensuite, d'après (d), quand θ croît de ε' à $2l$, $\dfrac{\mathrm{V}}{\omega}\,e - \dfrac{\theta}{\mu}$ et diminuer ainsi de $\dfrac{\mathrm{V}}{\omega}$ à $\dfrac{\mathrm{V}}{\omega}\,e - \dfrac{2l}{\mu}$. Mais, en vertu de (e), dès que θ dépasse $2l$, $f'(\theta)$ décroît rapidement et devient à fort peu près, tant que θ n'est pas plus grand que $2l + \varepsilon'$, $\dfrac{\mathrm{V}}{\omega}\,e - \dfrac{2l}{\mu} - f'(\theta - 2l)$ ou $\dfrac{\mathrm{V}}{\omega}\,e - \dfrac{2l}{\mu} - \dfrac{1}{\mu\omega}\,\mathrm{F}\left(\dfrac{\theta - 2l}{\omega}\right)$, supposé, bien entendu, que le choc ne se termine pas plus tôt. Donc, la différence $f'(\theta) - f'(\theta - 2l)$, exprimée, dans cet intervalle compris entre $\theta = 2l$ et $\theta = 2l + \varepsilon'$, par $\dfrac{\mathrm{V}}{\omega}\,e - \dfrac{2l}{\mu} - 2f'(\theta - 2l)$, y varierait de $\dfrac{V}{\omega} e^{-\frac{2l}{\mu}}$ à $-\dfrac{V}{\mu}\left(2 - e^{-\frac{2l}{\mu}}\right)$, si le corps μ adhérait au point heurté ; et elle s'annule effectivement, en tendant à changer de signe, au moment où $\theta - 2l$ atteint la valeur ε'', intermédiaire entre zéro et ε', qui donne $f'(\varepsilon'') = \dfrac{V}{2\omega} e^{-\frac{2l}{\mu}}$. Ainsi, le choc se termine pour $\theta - 2l = \varepsilon''$, c'est-à-dire à un instant, $t = \dfrac{\theta}{\omega} = 2\dfrac{l}{\omega} + \dfrac{\varepsilon''}{\omega}$, qui suit de très près celui où le premier ébranlement reçu par la barre, ayant parcouru deux fois sa longueur, revient à son point de départ $x = 0$. D'ailleurs, de $\theta = 0$ à $\theta = 2l + \varepsilon''$, la fonction $f'(\theta)$ a, en premier lieu, crû très rapidement de zéro à $\dfrac{V}{\omega}$, puis décrû, d'abord graduellement et, à la fin, très vite, de $\dfrac{V}{\omega}$ jusqu'à la valeur $f'(\varepsilon'') = \dfrac{V}{2\omega} e^{-\frac{2l}{\mu}}$, une de celles qu'elle avait prises à son début. Et comme, pour θ égal ou supérieur à $2l + \varepsilon''$, on aura $f'(\theta) = f'(\theta - 2l)$, la fonction $f'(\theta)$, à partir de $\theta = \varepsilon''$, varie périodiquement entre les deux limites $\dfrac{V}{2\omega} e^{-\frac{2l}{\mu}}$ et $\dfrac{V}{\omega}$, croissant d'abord très vite, dans chaque période $2l$, de la première de ces limites à la seconde, pour décroître ensuite, soit d'une manière bien continue, soit, à la fin de la période, très rapidement, de la seconde jusqu'à la première. En résumé, la dérivée $f'(\theta)$ ne cesse pas d'être supérieure à zéro, et la plus grande différence existant entre deux de ses valeurs est la variation positive, $\dfrac{V}{\omega}$, qu'elle éprouve à son début, tandis que sa plus grande variation négative, $\dfrac{V}{2\omega} e^{-\frac{2l}{\mu}} - \dfrac{V}{\omega}$, n'est autre que $f'(\varepsilon'') - f'(\varepsilon)$ et se reproduit, pour $\theta > \varepsilon''$, dans tout intervalle $2l$.

Les vitesses des différents points, qu'on peut écrire, d'après (a),

$$(f) \qquad \frac{dq}{dt} = \omega \left[f'(\theta - x) + f'(\theta + x - 2l) \right],$$

sont donc constamment positives, comme f''; de plus, après le choc, l'état de la barre, défini par ces vitesses et par les contractions $-\dfrac{d\varphi}{dx}$, également dépendantes des valeurs de f', redevient le même quand t croît de deux fois le temps, $\dfrac{l}{\omega}$, employé par le son à parcourir la barre d'un bout à l'autre.

Cela posé, il est aisé de voir d'abord que, à partir du moment où $\theta = 2l + \varepsilon''$, l'extrémité $x = o$ de la barre s'éloigne sans cesse du corps heurtant μ, de sorte que le choc est bien définitivement terminé. En effet, comme on a, dès cet instant, $f'(\theta - 2l) = f'(\theta)$, la vitesse du point heurté, qui égale, d'après (f), $\omega[f'(\theta) + f'(\theta - 2l)]$, devient $2\omega f'(\theta)$; elle est proportionnelle à $f'(\theta)$ et se trouve avoir, au début de la détente libre, sa plus petite valeur $2\omega f'(\varepsilon'') = V e^{-\frac{2l}{\mu}}$, pour augmenter ensuite très vite jusqu'à la plus grande $2\omega f'(\varepsilon') = 2V$, puis revenir, quand θ aura crû en tout de $2l$, à $2\omega f'(\varepsilon'')$, et recommencer indéfiniment. La vitesse, $V e^{-\frac{2l}{\mu}}$, gardée par la masse μ, est ainsi la moindre de toutes, et le corps heurtant reste en arrière de la barre, qui s'en éloigne même de plus en plus.

A part des instants infiniment courts, la dérivée $f'(\theta)$ reprend périodiquement, dans chaque intervalle compris entre deux multiples consécutifs de $2l$, $\theta = 2\,nl$ et $\theta = 2(n+1)l$, les valeurs, $\dfrac{V}{\omega} e^{-\frac{\theta}{\mu}}$, qu'elle avait eues de $\theta = \varepsilon'$ à $\theta = 2l$; et la fonction $f(\theta)$ grandit par suite, durant une période, de $\displaystyle\int_o^{2l} f'(\theta)\,d\theta = \dfrac{\mu V}{\omega}\left(1 - e^{-\frac{2l}{\mu}}\right)$. L'accroissement qu'éprouve après le choc, pendant une période $2l$, le déplacement $\varphi = f(\theta - x) + f(\theta + x - 2l)$, donné par (a), d'un tronçon quelconque de la barre, vaut le double de cette quantité, ou $2\dfrac{\mu V}{\omega}\left(1 - e^{-\frac{2l}{\mu}}\right)$, et la vitesse constante prise par le centre de gravité de la barre, rapport de l'accroissement dont il s'agit au temps $2\dfrac{l}{\mu}$ employé à l'acquérir, est $V\dfrac{\mu}{l}\left(1-e^{-\frac{2l}{\mu}}\right)$; d'où il résulte que la barre, de masse l, possède la demi-force vive translatoire $\mu\dfrac{V^2}{2}\dfrac{\mu}{l}\left(1-e^{-\frac{2l}{\mu}}\right)^2$. L'excès de l'énergie primitive, $\dfrac{\mu V^2}{2}$, du corps heurtant, sur la somme de cette demi-force vive et de celle, $\mu\dfrac{V^2}{2}e^{-\frac{4l}{\mu}}$, gardée par la masse μ, donne, si on le divise par $\dfrac{\mu V^2}{2}$, la fraction ou part proportionnelle d'énergie qu'absorbe le mouvement vibratoire de la barre, à l'état de force vive ou à l'état de tension, et qui se trouve perdue pour les mouvements d'ensemble. On voit que cette fraction est

$$(g)\quad 1-e^{-\frac{4l}{\mu}}-\frac{\mu}{l}\left(1-e^{-\frac{2l}{\mu}}\right)^2=\left(1-e^{-\frac{4l}{\mu}}\right)\left(1-\frac{\operatorname{tang\ hyp}\frac{l}{\mu}}{\frac{l}{\mu}}\right),$$

expression qui, sous sa dernière forme, a ses deux facteurs croissants de zéro à 1 quand $\dfrac{l}{\mu}$ grandit de zéro à l'infini. Le mouvement vibratoire, qui ne prend donc, comme il était évident, qu'une fraction insignifiante de l'énergie du corps heurtant quand la masse, l, de la barre est négligeable en comparaison de celle, μ, de ce corps, l'absorbe, au contraire, presque tout entière quand c'est la masse du corps heurtant qui est très petite par rapport à celle de la barre.

Il est intéressant de comparer cette énergie vibratoire de la barre, qu'exprime proportionnellement (g), à son énergie de translation, qui, divisée de même par $\dfrac{\mu V^2}{2}$, est $\dfrac{\mu}{l}\left(1-e^{-\frac{2l}{\mu}}\right)^2$. On trouve ainsi la formule simple

$$(g')\quad \frac{\text{énergie vibratoire de la barre}}{\text{énergie translatoire de la barre}}=\frac{\frac{l}{\mu}}{\operatorname{tang\ hyp}\frac{l}{\mu}}-1,$$

expression qui grandit de zéro à l'infini quand le rapport, $\dfrac{l}{\mu}$,
du poids de la barre à celui du corps heurtant grandit lui-
même de zéro à l'infini.

Il n'y a donc qu'un seul cas où la barre se retrouve à
l'état naturel aussitôt après le choc et n'ait pris de la sorte
qu'un mouvement d'ensemble : c'est celui où sa masse est
comme nulle par rapport à celle du corps. Et comme rien ne
sera changé aux mouvements relatifs si l'on suppose la
vitesse — V imprimée à tout le système, ce qui réduira la
masse μ au repos, on voit que ce cas revient à celui du choc
d'une barre contre un solide infiniment massif, équivalant
à un obstacle fixe. Ainsi, dans ce cas, où la réaction de
l'obstacle ne produit aucun travail et où, par conséquent,
la barre conserve toute son énergie, l'état naturel s'y
trouve rétabli après la réflexion contre l'obstacle et il
n'y a de changé que le signe de sa vitesse primitive.
Enfin, ce cas revient encore à celui du choc de deux barres
de même longueur, de même élasticité et de même masse,
animées de vitesses égales et contraires, vu que, par raison
de symétrie, les deux de leurs quatre extrémités qui arrivent
au contact ne peuvent pas plus aller au-delà que si elles
étaient arrêtées par un obstacle fixe. Donc, dans un tel
choc, et, par suite, dans tout choc longitudinal de deux
pareilles barres (car une translation commune, choisie
convenablement, peut toujours rendre leurs vitesses égales
et contraires), les barres sont à l'état naturel après comme
avant, et il n'y a aucune perte de force vive translatoire :
résultat qui était, du reste, connu.

Enfin, l'expression des contractions $-\dfrac{d\varphi}{dx}$ est, d'après
(a), la différence, $f'(\theta - x) - f'(\theta + x - 2l)$, des deux
valeurs que prend la fonction f' quand sa variable, supposée d'abord égale à $\theta + x - 2l$, devient $\theta - x$ ou grandit
de la quantité $2(l - x)$, comprise entre zéro et $2l$. D'après
ce qu'on vient de voir [p. 518] touchant les variations de f', la

plus grande contraction sera celle de la période de début,
$f'(\varepsilon') = \dfrac{V}{\omega}$, produite pour $\theta - x = \varepsilon'$, $\theta + x - 2l < 0$,
c'est-à-dire, aux divers points distants de plus de $\dfrac{1}{2}\varepsilon'$ de
l'extrémité non heurtée, pour l ou $\dfrac{\theta}{\omega} = \dfrac{x+\varepsilon'}{\omega}$; et la plus petite
sera $f'(2l + \varepsilon'') - f'(\varepsilon')$ ou constituera la *dilatation*,
$\dfrac{V}{\omega}\left(1 - \dfrac{1}{2}e^{-\frac{2l}{\mu}}\right)$, qui se produit pour $\theta - x = 2l + \varepsilon''$ et
$\theta + x - 2l = \varepsilon'$, ou pour $x = \dfrac{\varepsilon' - \varepsilon''}{2}$ et $\theta = 2l + \dfrac{\varepsilon' + \varepsilon''}{2}$,
c'est-à-dire tout près de l'extrémité heurtée et vers le commencement de la détente libre. D'ailleurs, cette dilatation maxima se représenterait ensuite périodiquement, au même endroit, sans l'affaiblissement graduel qu'entraînent toujours la résistance de l'air et l'imparfaite élasticité de la barre.

On voit que *la plus forte déformation est celle de début*, $-\delta = \dfrac{V}{\omega}$; en sorte que *la condition de résistance formulée par Young s'applique à une barre de longueur finie dont l'extrémité non heurtée est libre*. Toutefois, comme, à égalité de valeur absolue, une dilatation est plus dangereuse qu'une contraction, la rupture ou l'énervement pourraient se produire aussi, vers le début de la détente libre et tout près de l'extrémité heurtée, par l'effet de la dilatation maxima $\dfrac{V}{\omega}\left(1 - \dfrac{1}{2}e^{-\frac{2l}{\mu}}\right)$, qu'on peut écrire encore $\dfrac{V}{\omega}\left(1 - \dfrac{1}{2}e^{-2\frac{P}{Q}}\right)$, si P et Q désignent respectivement le poids de la barre et celui du corps heurtant.

Passons maintenant au cas de la barre dont l'extrémité $x = l$ est fixe et prenons, en conséquence, avec leurs signes supérieurs, les formules générales ci-dessus. On a vu que la fin du choc n'arrive alors qu'au moment où la somme $f'(\theta) + f'(\theta - 2l)$ commencerait à changer de signe ou à être négative ; d'où il résulte que la fonction graduellement variable $f(\theta) + f(\theta - 2l)$, nulle pour $\theta = 0$, a sa dérivée positive, et augmente sans cesse, tant que dure le choc. Par suite, l'expression $\left[\dfrac{V}{\omega} - \dfrac{f'(\theta) + f'(\theta - 2l)}{\mu} \right]$, qui, pour $\theta > \varepsilon'$, égale, d'après (e), la différence $f'(\theta) - f'(\theta - 2l)$, va sans cesse en diminuant, après avoir valu d'abord $\dfrac{V}{\omega}$. Ainsi, dès que θ a dépassé ε' et jusqu'à ce que le choc soit fini, la dérivée $f'(\theta)$ diminue continuellement dans tout intervalle où $f'(\theta - 2l)$ n'augmente pas; ce qui fait que, de $\theta = \varepsilon'$ à $\theta = 2l$ [intervalle où $f'(\theta - 2l) = o$], la dérivée $f'(\theta)$ décroît, et qu'il en est, dès lors, de même depuis $\theta = 2l + \varepsilon'$ jusqu'à $\theta = 4l$, depuis $\theta = 4l + \varepsilon'$ jusqu'à $\theta = 6l$; et ainsi de suite, tant que le choc dure ou tant que $f'(\theta) + f'(\theta - 2l)$ reste positif. Donc, durant tout ce temps, commençant à $\theta = \varepsilon'$ ou à $t = \varepsilon$, la fonction $f'(\theta)$, d'abord égale à $\dfrac{V}{\omega}$, diminue constamment, excepté dans les très petits intervalles ε', comptés à partir des valeurs de θ qui sont multiples de $2l$, où, d'après ce qu'on a vu après la formule (e), elle effectue des *bonds* positifs, égaux à $\dfrac{V}{\omega}$; de manière à présenter les maxima et les minima alternatifs $f'(\varepsilon')$, $f'(2l)$, $f'(2l + \varepsilon')$, $f'(4l)$, $f'(4l + \varepsilon')$, $f'(6l)$, etc. On peut même observer que le premier de ces maxima, $f'(\varepsilon') = \dfrac{V}{\omega}$, et le premier de ces minima, $f'(2l) = \dfrac{V}{\omega} e - \dfrac{2l}{\mu}$, ainsi que, par suite, le premier maximum suivant, $f'(2l + \varepsilon') = \dfrac{V}{\omega} \left(e - \dfrac{2l}{\mu} + 1 \right)$, existent dans tous les cas; car, de $\theta = \varepsilon'$ à $\theta = 2l$, la somme $f'(\theta) + f'(\theta - 2l)$ se réduit au terme positif $\dfrac{V}{\omega} e - \dfrac{\theta}{\mu}$ et ne peut s'annuler.

Il est d'ailleurs aisé de comprendre que la fin du choc se produise inévitablement. Comme $f'(\theta) + f'(\theta - 2l)$ grandit tant qu'elle n'arrive pas, *la différence*

$$(g'') \qquad f'(\theta) - f'(\theta - 2l) = \frac{V}{\omega} - \frac{f'(\theta) + f'(\theta - 2l)}{\mu},$$

qui existe, d'un intervalle $2l$ *à l'autre, entre les valeurs de* $f'(\theta)$, *décroît sans cesse*, et elle finit par être, non seulement négative, mais très au-dessous de zéro : ce qui ne peut manquer d'amener l'annulation des valeurs, positives jusque là, de $f'(\theta)$. A ce moment, la somme $f'(\theta) + f'(\theta - 2l)$, réduite à $f'(\theta - 2l)$, n'est pas encore négative : mais elle le serait avant que θ eût crû de $2l$, si le corps μ ne se séparait pas auparavant de la barre ; car la somme $f'(\theta) + f'(\theta - 2l)$ devenue alors $f'(\theta + 2l) + f'(\theta)$, se réduirait à $f'(\theta + 2l)$, quantité négative, vu que $f'(\theta)$ aurait continué à décroître pour une augmentation $2l$ donnée à sa variable. Donc la valeur de θ pour laquelle arrive la fin du choc tombe dans un intervalle $2l$ compté à partir de la première qui annule $f'(\theta)$. Et l'on peut remarquer qu'elle n'est jamais comprise dans la petite portion ϵ' de cet intervalle contiguë à la valeur de θ, multiple de $2l$, qui s'y trouve ; puisque la somme $f'(\theta) + f'(\theta - 2l)$, supposée positive jusque là, y croît rapidement de $\dfrac{V}{\omega}$ dans chacun de ses deux termes et s'y éloigne par conséquent de zéro au lieu de s'en rapprocher.

On voit aussi que les maxima successifs de $f'(\theta)$, savoir $f'(\epsilon')$, $f'(2l + \epsilon')$, $f'(4l + \epsilon')$, etc., forment une série qui commence par grandir, mais qui ensuite décroît, et de plus en plus jusqu'à la fin du choc. La vitesse du point heurté $x = 0$, valant, d'après (a), $\omega[f'(\theta) - f'(\theta - 2l)]$, est positive dans la période d'accroissement, négative dans celle de décroissement ; de sorte que la première marque le temps de la compression grandissante de la barre et, la seconde, celui de sa détente contre le corps μ, en attendant la détente libre, ou plutôt le mouvement périodique, qui suivra la séparation de celui-ci. Ainsi, le moment où la détente commence, c'est-à-dire où le corps heurtant cesse d'avoir des vitesses positives, est donné par l'équation $f'(\theta) = f'(\theta - 2l)$. En outre, le plus fort des maxima de f', de la forme $f'(2nl + \epsilon')$, se reconnaît à ce simple caractère qu'il est le premier qui dépasse le maximum suivant, ou le premier qui donne $f'(2nl + \varepsilon') - f'[2(n+1)l + \varepsilon'] > 0$.

D'ailleurs, une fois que l'extrémité $x = 0$ sera libre, il viendra $f'(\theta) = -f'(\theta - 2l)$, du moins si la barre, en se détendant, ne rattrape pas le corps μ, ou tant qu'elle ne l'aura pas atteint, et les valeurs de $f'(\theta)$ réalisées dans le dernier laps de temps $2\dfrac{l}{\omega}$ qu'aura duré le choc se représenteront périodiquement, changées à chaque fois de signe ; ce qui donnera aux diverses parties de la barre un mouvement vibratoire de période $4\dfrac{l}{\omega}$, offrant les mêmes circonstances, renversées, chaque fois que θ ou ωt croîtra $2l$. La vitesse de l'extrémité $x = 0$ y sera $\omega[f'(\theta) - f'(\theta - 2l)]$, c'est-à-dire $-2\omega f'(\theta - 2l)$, valeur qui est d'abord négative [puisqu'il a été observé que la fonction $f'(\theta - 2l)$ était encore positive au moment où le choc s'est terminé], mais qui grandit jusqu'à ce que $\theta - 2l$ égale un multiple exact de $2l$; car, tant que dure le choc, la fonction $f'(\theta)$ décroît quand sa variable grandit entre un multiple de $2l$, accru de ε', et le multiple suivant. Ainsi, la vitesse constante prise par le corps μ, identique à celle de l'extrémité $x = 0$ au début de la détente libre, est moindre, dans le sens des x positifs, que celles que prend ensuite cette extrémité ; et la séparation de la barre d'avec le corps va s'accentuant. Mais dès que $\theta - 2l$ a atteint une valeur multiple de $2l$, $f'(\theta - 2l)$ reçoit très rapidement l'augmentation $\dfrac{V}{\omega}$, et la vitesse, $-2\omega f'(\theta - 2l)$, de l'extrémité $x = 0$ diminue brusquement de $2V$; ce qui, si la séparation s'est faite peu avant, et, par conséquent, sans qu'elle ait pu s'augmenter beaucoup, ni sans qu'il soit survenu depuis un accroissement sensible de la vitesse possédée par l'extrémité $x = 0$, rendra cette vitesse beaucoup plus forte, dans le sens des x négatifs, que la vitesse même du corps et fera rattraper presque aussitôt la masse μ par la barre, en donnant ainsi naissance à un nouveau choc.

Mais ce sera seulement après que $f'(\theta)$ aura reçu la dernière valeur maxima changée de signe, — $f'(\theta - 2l)$,
qu'avait prise, antérieurement à la fin du choc, la fonction f',
pour une valeur de sa variable dépassant de ε' un multiple
de $2l$; et il se pourra parfois, comme on verra bientôt,
que cette valeur de $f'(\theta)$ réalisée pendant le phénomène de
la détente libre entraine des déformations non pas plus
grandes, mais plus dangereuses, que les plus fortes produites pendant le choc ou correspondant du moins à des
valeurs de $f'(\theta)$ antérieures à sa fin.

Mais occupons-nous justement de la condition de résistance. Comme on aura, d'après (a),

$$(h) \qquad -\frac{d\varphi}{dx} = f'(\omega t - x) + f'(\omega t + x - 2l),$$

la déformation $-\dfrac{d\varphi}{dx}$ sera d'autant plus forte, que les deux
valeurs de la fonction f' qui la composent, et qui se rapportent à des valeurs de la variable inférieures à ωt de x
au moins, différeront davantage de zéro, dans le même
sens toutes les deux: de sorte que la plus grande
compression produite pendant toute la durée du choc, et
pendant le temps $\dfrac{x}{\omega}$ après, s'obtiendra en prenant, pour
chacune de ces deux valeurs de f', le plus considérable
des maximums $f'(\varepsilon')$, $f'(2l + \varepsilon')$, $f'(4l + \varepsilon')$, … survenus
avant que le corps se soit séparé de la barre; et que la plus
grande dilatation produite après ce temps, pendant la première période $2\dfrac{l}{\omega}$ qui suivra, s'obtiendra de même en mettant pour f' le minimum qu'on y observe, égal en valeur
absolue, comme on vient de voir, au dernier maximum,
de la forme $f'(2nl + \varepsilon')$, réalisé pendant le choc. Les deux
fonctions $f'(\omega t - x)$ et $f'(\omega t + x - 2l)$ se trouvant, de la
sorte, quand le second membre de (h) est aussi grand ou
aussi petit que possible, égales à une même valeur de f',
qui ne se présente en général qu'une fois (du moins dans

les intervalles étudiés), la différence $2 (l - x)$ de leurs variables, comprise entre zéro et $2l$, ne peut alors qu'être nulle ; et l'on a $x = l$. *C'est* donc à *l'extrémité fixe* $x = l$ *que se produisent les déformations les plus dangereuses* (*).

Entrons maintenant dans le détail des divers cas où le choc se termine, soit entre $\theta = 2l + \varepsilon'$ et $\theta = 4l$, soit entre $\theta = 4l + \varepsilon'$ et $\theta = 6l$, etc., et de ceux où la plus forte compression est soit $2 f'(2l + \varepsilon')$, soit $2 f'(4l + \varepsilon')$, etc. La compression, $f'(\theta) + f'(\theta - 2l)$, produite au point heurté $x = o$ tant que le choc ne sera pas fini, vaudra, d'après (d), (d'), (d'') et (d'''), en faisant abstraction du facteur essentiellement positif $\dfrac{V}{\omega} e^{-\frac{\theta}{\mu}}$,

$$(\delta'')
\begin{cases}
\text{(de } \theta = \varepsilon' \text{ à } \theta = 2l) \qquad 1, \\[2ex]
\text{(de } \theta = 2l + \varepsilon' \text{ à } \theta = 4l) \quad 1 + 2\, e^{\frac{2l}{\mu}}\left(1 - \dfrac{\theta - 2l}{\mu}\right), \\[3ex]
\text{(de } \theta = 4l + \varepsilon' \text{ à } \theta = 6l) \\
1 + 2\, e^{\frac{2l}{\mu}}\left(1 - \dfrac{\theta - 2l}{\mu}\right) + 2\, e^{\frac{4l}{\mu}}\left(1 - 3\dfrac{\theta - 4l}{\mu} + \dfrac{(\theta - 4l)^2}{\mu^2}\right), \\[3ex]
\text{(de } \theta = 6l + \varepsilon' \text{ à } \theta = 8l) \\
\text{l'expr. précéd.} + 2\, e^{\frac{6l}{\mu}}\left(1 - 5\dfrac{\theta - 6l}{\mu} + 4\dfrac{(\theta - 6l)^2}{\mu^2} - \dfrac{2}{3}\dfrac{(\theta - 6l)^3}{\mu^3}\right).
\end{cases}$$

La première de ces expressions ne saurait être annulée ; mais la seconde, sans cesse décroissante quand θ grandit, égalera zéro avant que θ n'atteigne $4l$, à la condition nécessaire et suffisante d'être négative à cette limite, où elle devient $1 + 2\left(1 - \dfrac{2l}{\mu}\right) e^{\frac{2l}{\mu}}$. Or on trouve que cela a lieu pour toutes les valeurs de $\dfrac{l}{\mu}$ supérieures à $0,579$ environ. Ainsi, *la fin du choc arrive avant* $\theta = 4l$, *ou avant que le*

(*) Quand μ est *juste* tel, que deux maximums consécutifs de f', les plus grands, soient égaux, on peut évidemment poser encore, dans le calcul de la plus forte compression, $2 (l-x) = 2 l$, ou $x = o$, et *l'extrémité heurtée* $x = o$ *devient un second point dangereux.*

premier ébranlement ait parcouru quatre fois la longueur de la barre, quand le rapport, $\frac{l}{\mu}$, du poids P de la barre à celui, Q, du corps heurtant, dépasse 0,579, ou quand le rapport inverse $\frac{Q}{P}$ est inférieur à $\frac{1}{0,579} = 1,73$.

Dans ce cas, les formules simples (*d*) et (*d′*) sont les seules qu'on ait à employer, et toutes les circonstances du choc se calculent aisément. Par exemple, l'instant du plus grand raccourcissement de la barre, donné par l'équation $f'(\theta) - f'(\theta - 2l) = 0$, est

$$t \text{ ou } \frac{\theta}{\omega} = 2\,\frac{l}{\omega} + \frac{\mu}{2\omega}\,e^{-\frac{2l}{\mu}},$$

et ce plus grand raccourcissement a pour valeur

$$f(\theta) - f(\theta - 2l) = \frac{\mu V}{\omega}\left(-1 + 2\,e^{-\frac{1}{2}e^{-\frac{2l}{\mu}}}\right),$$

quantité croissant avec l, quand μ est fixe, et qui, pour $\frac{l}{\mu}$ un peu grand, ou $\frac{1}{2}\,e^{-\frac{2l}{\mu}}$ petit, devient sensiblement $\frac{\mu V}{\omega}\left(1 - e^{-\frac{2l}{\mu}}\right)$, et $\frac{\mu V}{\omega}$ pour l infini (*). L'instant où le choc

---

(*) Il est évident que le plus grand raccourcissement est encore exprimé par la même formule, à double exponentielle, aisée à calculer, toutes les fois qu'il se produit avant que θ dépasse la valeur $4\,l$, c'est-à-dire toutes les fois que l'expression $f'(\theta) - f'(\theta - 2l)$, d'abord positive, s'annule pour $\theta < 4l$ ou, autrement dit, se trouve être devenue négative quand $\theta = 4l$. Or l'inégalité $f'(4l) - f'(2l) < 0$, ou $f'(2l) - f'(4l) > 0$, revient évidemment à $f'(2l + \iota') - f'(4a + \iota') > 0$, et l'on verra ci-après (p. 532) qu'elle est vérifiée toutes les fois que le rapport $\frac{Q}{P}$ ou $\frac{\mu}{l}$ ne dépasse pas 5,686. Le plus grand raccourcissement admet donc l'expression simple considérée, à condition qu'on ait $\frac{Q}{P} < 5,686$, ou $\frac{P}{Q} = \frac{l}{\mu} > 0,17587$.

On reconnaîtrait de même, en général, que le plus grand raccourcissement se produit dans l'intervalle compris entre $\theta = 2\,n\,l$ et $\theta = 2\,(n+1)\,l$, quand $f'(2\,n\,l + \iota')$ est le plus grand des maximums de $f'(\theta)$, ou quand il est le premier qui dépasse le suivant. Mais l'équation qui donnerait l'instant t auquel a lieu ce plus grand raccourcissement ne serait plus du premier degré : elle serait, d'après les formules (*d′*), (*d″*), (*d‴*), ..., du second degré pour θ compris entre $4l$ et $6l$, du troisième pour θ compris entre $6l$ et $8\,l$, etc. Or on verra (p. 541) que, dans ces cas où le rapport $\frac{Q}{P}$ est supérieur à 5,686, le plus grand raccourcissement et l'instant où il se produit peuvent se calculer d'une manière bien plus simple, avec une approximation pratiquement très suffisante.

se termine, obtenu en annulant la seconde expression (h'), est séparé de celui de la plus forte compression par l'intervalle $\frac{\mu}{\omega}$, qui constitue, par conséquent, la durée de la détente au contact du corps : et la vitesse finale, $\omega[f''(\theta) - f''(\theta - 2l)]$, de celui-ci, égale, sauf le signe, $2Ve - \left(1 + \frac{1}{2}e^{-\frac{2l}{\mu}}\right)$, quantité qui grandit avec $\frac{l}{\mu}$, en tendant vers $\frac{2V}{e} = (0,7358)\,V$. La perte relative de force vive translatoire, causée par le choc, est donc aussi petite que possible pour $\frac{l}{\mu}$ infini, cas où elle égale cependant encore $1 - \frac{4}{e^2} = 0.4587$, soit près de la moitié.

Supposons maintenant $\frac{l}{\mu}$ moindre que $0,579$, ou $\frac{2l}{\mu}$ moindre que $1,157$, cas où il y a lieu de considérer la troisième expression (h'). Le dernier terme complexe de cette expression, affecté de

$$1 - 3\,\frac{\theta - 4l}{\mu} + \left(\frac{\theta - 4l}{\mu}\right)^2,$$

décroît, comme le précédent, à mesure que le rapport positif $\frac{\theta - 4l}{\mu}$ y grandit : car la dérivée de ce trinôme $1 - 3u + u^2$ est $-3 + 2u$ et reste négative tant que u, c'est-à-dire $\frac{\theta - 4l}{\mu}$, ne dépasse pas $\frac{3}{2}$; or c'est ce qui a lieu dans tout l'intervalle considéré, vu que, même à la limite $\theta = 6l$, le rapport $\frac{\theta - 4l}{\mu}$ égale $\frac{2l}{\mu}$ et est moindre ici que $1,157$ ou, à plus forte raison, que $\frac{3}{2}$. Donc, la troisième expression (h') décroît à mesure que θ grandit et elle s'annulera avant $\theta = 6l$ à la condition, encore nécessaire et suffisante, d'être négative pour $\theta = 6l$, cas où elle devient

$$(h'') \qquad 1 + 2\left(1 - 2\,\frac{2l}{\mu}\right)e^{\frac{2l}{\mu}} + 2\left(1 - 3\,\frac{2l}{\mu} + \frac{4l^2}{\mu^2}\right)e^{\frac{4l}{\mu}}.$$

Or cette fonction (h'') de $\frac{l}{\mu}$ a sa dérivée par rapport à $\frac{l}{\mu}$ composée de deux termes complexes, correspondant aux deux parties de (h'') qui ont en facteur, l'une, $e^{-\frac{2l}{\mu}}$, l'autre, $e^{-\frac{4l}{\mu}}$; et un examen immédiat montre, d'une part, que le premier de ces termes est essentiellement négatif (pour $\frac{l}{\mu} > 0$), d'autre part, que le second est négatif aussi pour $\frac{2l}{\mu} < 1 + \sqrt{1,5}$, ce qui a lieu dans le cas étudié, où $\frac{2l}{\mu}$ est $< 1,157$). Positive pour $\frac{l}{\mu} = 0$, la fonction (h'') ne passe donc qu'une fois par zéro entre $\frac{l}{\mu} = 0$ et $\frac{l}{\mu} = 0,579$, et n'y devient négative qu'après s'être annulée. On trouve pour cette racine qui l'annule $\frac{l}{\mu} = 0,241$ environ. Ainsi, *le choc se termine dans l'intervalle compris de $\theta = 4l$ à $\theta = 6l$, ou entre $t = 4\frac{l}{\omega}$ et $t = 6\frac{l}{\omega}$, quand le rapport, $\frac{l}{\mu}$, du poids P de la barre au poids Q du corps heurtant est compris entre 0,579 et 0,241, ou quand le rapport inverse $\frac{Q}{P}$ l'est entre 1,73 et 4,15.*

Supposons maintenant $\frac{l}{\mu}$ moindre que 0,241. Alors il faut recourir à la quatrième expression (h'), dont chaque terme complexe diminue quand θ y croît de $6l$ à $8l$, comme le montre une discussion analogue aux précédentes, en y tenant compte de ce que $\frac{l}{\mu}$ est actuellement plus petit que $\frac{1}{4}$. Donc, la fin du choc aura lieu entre $\theta = 6l$ et $\theta = 8l$, si cette expression est négative pour $\theta = 8l$, valeur de θ qui la réduit à

$$(h''')\quad 1+2\left(1-3\frac{2l}{\mu}\right)e^{-\frac{2l}{\mu}}+2\left(1-3\frac{4l}{\mu}+\frac{16l^2}{\mu^2}\right)e^{-\frac{4l}{\mu}}+2\left(1-5\frac{2l}{\mu}+4\frac{4l^2}{\mu^2}-\frac{2}{3}\frac{8l^3}{\mu^3}\right)e^{-\frac{6l}{\mu}}.$$

Or cette fonction (h''') de $\frac{l}{\mu}$, positive pour $\frac{l}{\mu} = o$, diminue sans cesse, dans chacun de ses trois termes complexes, lorsque $\frac{l}{\mu}$ y croit de zéro à 0,211, ce que montre aisément l'étude de leurs dérivées premières. Comme elle s'annule pour $\frac{l}{\mu} = 0.136$ environ, on voit que *le choc se termine entre* $\theta = 6l$ *et* $\theta = 8l$, *quand le rapport* $\frac{l}{\mu}$ *est compris entre* 0,241 *et* 0,136, *ou le rapport inverse,* $\frac{Q}{P}$, *entre* 4.15 *et* 7.35.

Lorsque le poids du corps heurtant dépasse 7,35 fois celui de la barre, la fin du choc n'arrive qu'après $\theta = 8l$, c'est-à-dire après que le premier ébranlement a parcouru 8 fois la longueur l de la barre, et on ne pourrait en déterminer l'instant qu'en cherchant les formules qui conviennent pour les périodes $2l$ ultérieures.

Le calcul de la plus forte compression $-\delta$, produite au point dangereux $x = l$, est moins compliqué que celui du moment où le corps μ abandonne la barre.

En effet, si, d'abord, on a $\frac{Q}{P} < 1,73$, ou que le choc se termine entre $\theta = 2l$ et $\theta = 4l$, la plus grande valeur de la fonction f' est, sans hésitation possible, d'après ce qu'on a vu [p. 524], $f'(2l + \epsilon)$, et la formule (h) donne $-\delta = 2f'(2l + \epsilon')$, où $f'(2l + \epsilon')$ se calculera par la seconde formule (d') [p. 514] prise avec le signe supérieur. De plus, comme on a alors, dans (h),

$$\omega t - x = \omega t - l = 2l + \epsilon', \quad \text{ou} \quad t = \frac{3l + \epsilon'}{\omega},$$

on voit que cette plus forte compression se produit très peu après que le premier ébranlement a parcouru trois fois la longueur de la barre et, par conséquent, à un moment où, pour les plus petites valeurs du rapport $\dfrac{Q}{P}$, le choc a déjà pris fin.

Il survient d'ailleurs, vers le commencement de la détente libre, comme on a vu aussi [p. 526], une dilatation maxima égale au double du dernier maximum qu'ait présenté $f'(\theta)$ durant le choc, c'est-à-dire au double de $f'(2l + \varepsilon')$ dans les cas, dont il s'agit ici, où $\dfrac{Q}{P}$ est $< 1{,}73$; et il est bon d'observer que cette dilatation, bien que ne dépassant pas la plus forte compression précédente, sera plus dangereuse (vu la moindre résistance des prismes à l'extension qu'à l'écrasement), à moins que l'énergie de la détente libre ne se dissipe assez rapidement (par l'effet de l'incomplète fixité du bout $x = l$, ou de l'imperfection de l'élasticité de la barre, etc.), pour que même cette première dilatation maximum en soit beaucoup réduite.

Supposons actuellement que le rapport $\dfrac{Q}{P}$ dépasse $1{,}73$ et que, par conséquent, la fin du choc n'arrive qu'après $\theta = 4l + \varepsilon'$. Alors il y aura à considérer, outre le maximum $f'(2l + \varepsilon')$, le suivant, $f'(4l + \varepsilon')$, et même $f'(6l + \varepsilon')$ si $\dfrac{Q}{P}$ dépasse $4{,}15$, $f'(8l + \varepsilon')$ si $\dfrac{Q}{P}$ dépasse $7{,}35$, etc. Mais le maximum $f'(2l + \varepsilon')$ sera le plus grand, comme il a été démontré (p. 524), tant qu'il dépassera $f'(4l + \varepsilon')$. Or, d'après les secondes formules (d') et (d''), l'excès de $f'(2l + \varepsilon')$ sur $f'(4l + \varepsilon')$, abstraction faite du facteur positif $\dfrac{V}{\omega} e - \dfrac{4l}{\mu}$, est

$$2 \frac{2l}{\mu} e^{\frac{2l}{\mu}} - 1,$$

quantité supérieure à zéro pour $\dfrac{2l}{\mu} > 0{,}35174$, $\dfrac{P}{Q} = \dfrac{l}{\mu} > 0{,}17587$, ou pour $\dfrac{Q}{P} < 5{,}686$. Donc, *la plus forte compression est exprimée par* $2\,f'(2l + \varepsilon')$, *toutes les fois que le rapport du poids* Q *du corps heurtant à celui* P *de la barre est moindre que* 5,686.

Quand $\frac{Q}{P}$ dépasse cette limite, le choc ne se termine qu'après $\theta = 6l + \varepsilon'$ et il y a à considérer les maximums $f'(2l + \varepsilon')$, $f'(4l + \varepsilon')$, $f'(6l + \varepsilon')$, et même le suivant, $f'(8l + \varepsilon')$, dès que $\frac{Q}{P}$ excède 7,35. Or le maximum $f'(4l + \varepsilon')$ y est plus fort que $f'(2l + \varepsilon')$, et il suffira qu'il dépasse $f'(6l + \varepsilon')$ pour être le plus grand de tous. Les secondes formules (d'') et (d''') donnent comme excès de $f'(4l + \varepsilon')$ sur $f'(6l + \varepsilon')$, à part le facteur positif $\frac{V}{\omega} e^{-\frac{6l}{\mu}}$,

$$(e') \qquad 2\,\frac{2l}{\mu}\left(1 - \frac{2l}{\mu}\right) e^{\frac{4l}{\mu}} + 4\,\frac{2l}{\mu}\, e^{\frac{2l}{\mu}} - 1.$$

Cette expression, pour $\frac{2l}{\mu} < 0,35174$, grandit visiblement, dans chacun de ses deux termes variables, en même temps que $\frac{2l}{\mu}$ et, égale à -1 pour $\frac{2l}{\mu} = 0$, elle devient positive dès que $\frac{2l}{\mu}$ dépasse 0,14476, c'est-à-dire dès que $\frac{l}{\mu} = \frac{P}{Q}$ dépasse 0,07238 ou dès que $\frac{Q}{P}$ est moindre que 13,82. Ainsi, *la plus forte compression est* $2 f'(4l + \varepsilon')$ *quand le rapport* $\frac{Q}{P}$ *se trouve compris entre* 5,686 *et* 13,82.

Enfin, si $\frac{Q}{P}$ dépasse même 13,82, cas où $f'(6l + \varepsilon')$ dépasse $f'(4l + \varepsilon')$ et où d'ailleurs le choc ne se termine qu'après $\theta = 8l$, le maximum $f'(6l + \varepsilon')$ est le plus grand de tous pourvu qu'il surpasse $f'(8l + \varepsilon')$. Or la seconde formule (d''') donne $f'(6l + \varepsilon')$, $f'(8l)$ et même, par suite, $f'(8l + \varepsilon')$, qui égale, comme on sait, $f'(8l) + \frac{V}{\omega}$. On peut donc en déduire la différence $f'(6l + \varepsilon') - f'(8l + \varepsilon')$; et l'on trouve que, sauf le facteur positif $\frac{V}{\omega} e^{-\frac{8l}{\mu}}$, elle a pour expression

$$(l'') \quad \frac{4l}{\mu}\left(1 - \frac{4l}{\mu} + \frac{8l^3}{3\mu^2}\right) e^{\frac{6l}{\mu}} + 2\,\frac{4l}{\mu}\left(1 - \frac{4l}{\mu}\right) e^{\frac{4l}{\mu}} + 6\,\frac{2l}{\mu} e^{\frac{2l}{\mu}} - 1.$$

Or celle-ci, négative pour $\frac{2l}{\mu} = 0$, mais croissante (dans chacun de ses trois termes variables) avec $\frac{2l}{\mu}$, pour les petites valeurs de $\frac{2l}{\mu}$ dont on a à s'occuper (ou moindres que 0,14476), devient positive dès que $\frac{2l}{\mu} = 0,07949$ environ, ou dès que $\frac{Q}{P} = \frac{\mu}{l}$ est au-dessous de 25.16. Ainsi, *la plus forte compression a pour formule* $2 f'(6l + z)$, *lorsque* $\frac{Q}{P}$ *est compris entre* 13,82 *et* 25,16.

Quand le rapport $\frac{l}{\mu}$ est très petit, ou le rapport inverse $\frac{Q}{P}$ très grand, et quand, par suite, le choc ne se termine qu'après un nombre considérable de fois le temps $2\,\frac{l}{\omega}$ employé par le son pour aller et revenir le long de la barre, la fonction $f'(\theta)$ présente beaucoup de minima et de maxima successifs, ayant respectivement les deux formes $f'(2nl)$, $f'(2nl + \varepsilon')$, et tels, que

$$f'(2nl + \varepsilon') - f'(2nl) = \frac{V}{\omega},$$

avant d'atteindre son maximum le plus élevé, par rapport auquel sera fort petite l'oscillation, de l'ordre de $\frac{V}{\omega}$, qu'elle effectue dans chaque intervalle $2l$. Et comme, d'ailleurs, ses plus grandes valeurs sont supposées finies, sans quoi, d'après la formule (*h*) [p. 526], les déformations correspondantes dépasseraient toute limite d'élasticité admissible, il en résulte que les variations éprouvées par $f'(\theta)$ quand θ croît au plus de $2l$ peuvent être négligées. Donc, la relation (*h*) montre que les contractions $-\dfrac{d\zeta}{dx}$ sont sensiblement les mêmes d'un bout à l'autre de la barre, et égales environ à $2f'(\theta)$; ce qui justifie, pour ce cas de $\dfrac{Q}{P}$ très grand, la théorie élémentaire dans laquelle on suppose les contractions uniformes d'un bout à l'autre de la barre ou, ce qui revient au même, l'inertie* des divers tronçons négligeable.

Mais déduisons de notre analyse cette théorie élémentaire. La fonction $f(\theta)$ varie à fort peu près linéairement dans tout intervalle égal à $2l$, puisque sa dérivée, généralement finie ou non insensible, peut y être censée constante; et, si l'on considère la moyenne de toutes les valeurs que prend $f(\theta)$ dans un pareil intervalle, cette moyenne ne différera qu'extrêmement peu de la demi-somme de la première et de la dernière des valeurs dont il s'agit. Or il suit immédiatement de là que l'équation (*e*) ou (*g'*) [p. 523], qui est, au fond, une équation *aux différences mêlées*, du premier ordre par rapport aux différences finies et du premier ordre par rapport aux différentielles (puisqu'elle contient f et sa dérivée pour deux valeurs de la variable distantes de $2l$), peut se changer en une équation simplement différentielle du second ordre. En effet, introduisons au lieu de $f(\theta)$, pour nous débarrasser des inégalités que présenterait la dérivée seconde de cette fonction, sa valeur moyenne dans toute l'étendue comprise entre les valeurs $\theta - 2l$ et θ de la variable, ou posons

$$(i) \qquad \psi(\theta) = \int_{\theta-2l}^{\theta} f(\theta)\, \frac{d\theta}{2l}.$$

Il en résulte :

$$(j') \qquad \psi'(\theta) = \frac{f(\theta) - f(\theta - 2l)}{2l} = \int_{\theta - 2l}^{\theta} f'(\theta)\, \frac{d\theta}{2l} \,;$$

ce qui montre, d'une part, que $f(\theta) - f(\theta - 2l) = 2l\,\psi'(\theta)$ et, d'autre part, que $\psi'(\theta)$, valeur moyenne de $f'(\theta)$ dans l'intervalle compris de $\theta - 2l$ à θ, ne s'écartera jamais d'une manière notable de $f'(\theta)$. La différence $f'(\theta) - f'(\theta - 2l)$ vaudra donc $2l\,\psi''(\theta)$, tandis que la somme $f(\theta) + f(\theta - 2l)$ égalera sensiblement, d'après ce qu'on vient de dire, $2\psi(\theta)$. Et l'équation (g'') ou (e), divisée par $2l$, pouvant alors s'écrire

$$(k) \qquad \text{(pour } \theta > \varepsilon') \qquad \psi''(\theta) + \frac{1}{\mu l}\left[\psi(\theta) - \frac{\mu V}{2\omega}\right] = 0\,,$$

donnera immédiatement, si A et B sont deux constantes arbitraires,

$$(k') \quad \begin{cases} \psi(\theta) = \dfrac{\mu V}{2\omega} + A\cos\dfrac{\theta - \varepsilon'}{\sqrt{\mu l}} + B\sin\dfrac{\theta - \varepsilon'}{\sqrt{\mu l}}, \\[2ex] \psi'(\theta) = -\dfrac{A}{\sqrt{\mu l}}\sin\dfrac{\theta - \varepsilon'}{\sqrt{\mu l}} + \dfrac{B}{\sqrt{\mu l}}\cos\dfrac{\theta - \varepsilon'}{\sqrt{\mu l}}. \end{cases}$$

Mais on voit par les formules (j) et (j') que les deux fonctions, graduellement variables, $\psi(\theta)$, $\psi'(\theta)$ sont très sensiblement nulles au début $\theta = \varepsilon'$. Donc $B = 0$, $A = -\dfrac{\mu V}{2\omega}$ et, en observant que $\mu = l\dfrac{\mu}{l} = l\dfrac{Q}{P}$, il vient

$$(k'') \quad \begin{cases} \psi(\theta) = \dfrac{l}{2}\,\dfrac{V}{\omega}\,\dfrac{Q}{P}\left[1 - \cos\left(\dfrac{\theta - \varepsilon'}{l}\sqrt{\dfrac{P}{Q}}\right)\right], \\[2ex] \psi'(\theta) = \dfrac{V}{2\omega}\sqrt{\dfrac{Q}{P}}\,\sin\left(\dfrac{\theta - \varepsilon'}{l}\sqrt{\dfrac{P}{Q}}\right). \end{cases}$$

Or, d'après (α) et (j') [où $\theta = \omega t$], le déplacement φ du point heurté $x=0$, à l'époque t, est exprimé par $2l\,\psi'(0)$, c'est-à-dire d'après (k''), en négligeant ε', par $l\,\dfrac{V}{\omega}\sqrt{\dfrac{Q}{P}}\sin\left(t\,\dfrac{\omega}{l}\sqrt{\dfrac{P}{Q}}\right)$, et sa vitesse par $2l\,\psi''(0)\,\omega = V\cos\left(t\,\dfrac{\omega}{l}\sqrt{\dfrac{P}{Q}}\right)$: cela revient bien aux formules de la théorie élémentaire que j'ai rappelée. On en déduit : 1° l'accourcissement maximum, $l\,\dfrac{V}{\omega}\sqrt{\dfrac{Q}{P}}$, de la barre, et la contraction correspondante ou maxima $-\delta = \dfrac{V}{\omega}\sqrt{\dfrac{Q}{P}}$; 2° la durée totale, $\pi\,\dfrac{l}{\omega}\sqrt{\dfrac{Q}{P}}$, du choc ; 3° la symétrie ou parité approximative des deux phénomènes de la compression et de la détente, et, par suite, la vitesse finale, $-V$, du corps, qui reprend ainsi, à fort peu près, toute son énergie primitive $\dfrac{1}{2}\mu\,V^2$. Et, en effet, la détente libre de la barre est insignifiante, vu que, à son début, les divers tronçons ont retrouvé à fort peu près leurs situations naturelles et ne possèdent que des vitesses comparables à $-V = \omega\delta\sqrt{\dfrac{P}{Q}}$, c'est-à-dire très petites à côté de celles, de l'ordre de $\omega\delta$, qui seraient susceptibles d'amener des déformations sensibles δ dans la barre vibrant seule. On a vu que, lorsque, au contraire, le rapport $\dfrac{Q}{P}$ n'est pas très grand, la détente libre amène des déformations comparables à celles qui s'étaient produites durant le choc, et que la barre détient, par conséquent, une fraction plus ou moins sensible de l'énergie primitive du corps heurtant, fraction perdue pour le mouvement ultérieur de ce corps (à moins d'un nouveau choc).

Mais il est facile de rendre rigoureuses les formules (k) et (k'') par l'adjonction de termes complémentaires, et, en évaluant à fort peu près ces termes, d'obtenir pour $\psi(0)$ ou, par suite, pour le déplacement $2l\,\psi'(0)$ de l'extrémité mo-

bile de la barre ainsi que pour la plus forte déformation
— ∂, des expressions beaucoup plus exactes que les précédentes, de première approximation. Considérons, en effet,
la différence, que nous négligions tout à l'heure,

$$(l) \qquad \frac{f(\theta) + f(\theta - 2l)}{2} - \psi(\theta) \quad \text{ou} \quad \frac{f(\theta) + f(\theta - 2l)}{2} - \int_{\theta - 2l}^{\theta} f(\theta)\,\frac{d\theta}{2l}.$$

On peut l'écrire comme il suit :

$$(l') \quad \left\{ \begin{aligned} & \frac{f(\theta) + f(\theta - 2l)}{2} - \frac{1}{2l} \int_{-l}^{l} f'(\theta - l + \zeta)\,d\zeta \\ & = \int_{-l}^{l} \frac{\zeta}{2l} f'(\theta - l + \zeta)\,d\zeta = \int_{0}^{l} \frac{\zeta}{2l} \left[f'(\theta - l + \zeta) - f'(\theta - l - \zeta) \right] d\zeta, \end{aligned} \right.$$

expressions dont la seconde se déduit de la première en
intégrant $f(\theta - l + \zeta)\,d\zeta$ par parties, et dont la troisième
se déduit de la seconde en mettant en évidence le signe de ζ
dans les éléments d'intégrale où ζ est négatif. Or, sous sa
dernière forme, c'est une fonction de θ qui a sa valeur
moyenne, prise pour un intervalle $2l$ dont une valeur
considérée de θ occuperait le milieu, évidemment calculable en remplaçant, sous le signe f, les deux fonctions
$f'(\theta - l + \zeta)$ et $f'(\theta - l - \zeta)$ par leurs valeurs moyennes
correspondantes $\int_{-l}^{l} f'(\theta \mp \zeta - l + \zeta_1)\,\frac{d\zeta_1}{2l}$, égales, d'après

(f), à $\psi'(\theta + \zeta)$ et à $\psi'(\theta - \zeta)$. Cette fonction moyenne, qu'on
peut regarder, en quelque sorte, comme la différence (l)
régularisée ou débarrassée de ses inégalités de longueur $2l$,
est donc

$$\int_{0}^{l} \frac{\psi'(\theta + \zeta) - \psi'(\theta - \zeta)}{2\zeta} \cdot \frac{\zeta^2\,d\zeta}{l}.$$

Or, dans un intervalle moindre que $2l$, la fonction graduellement variable ψ' a sa dérivée ψ'' sensiblement

constante, et l'on peut remplacer $\dfrac{\psi'(\theta+\zeta)-\psi'(\theta-\zeta)}{2\zeta}$ par $\psi''(\theta)$, sauf erreur relative négligeable. La différence (l) *régularisée* vaut donc, à fort peu près, $\displaystyle\int_0^l \psi''(\theta)\,\frac{\zeta^2 d\zeta}{l}=\frac{l^2}{3}\,\psi''(\theta)$. C'est dire que, si l'on retranche de l'expression (l) la fonction $\dfrac{l^2}{3}\,\psi''(\theta)$, le reste sera une certaine fonction, $\chi(\theta)$, sans doute comparable à $\dfrac{l^2}{3}\,\psi''(\theta)$, mais ayant sa valeur moyenne, dans tout intervalle $2l$, incomparablement moindre. On aura donc

$$(l'') \qquad \frac{f(\theta)+f(\theta-2l)}{2}=\psi(\theta)+\frac{l^2}{3}\,\psi''(\theta)+\chi(\theta).$$

Par suite, l'équation (g'') [p. 523], où $f'(\theta)-f'(\theta-2l)$ égale d'ailleurs $2l\,\psi''(\theta)$, devient, en la divisant, après réduction, par $2l\left(1+\dfrac{l}{3\mu}\right)$ et appelant μ', pour abréger, l'expression $\mu+\dfrac{1}{3}\,l$ ou $\mu\left(1+\dfrac{l}{3\mu}\right)$.

$$(l''') \qquad \psi''(\theta)+\frac{1}{\mu'l}\left[\psi(\theta)-\frac{\mu V}{2\omega}\right]=-\frac{1}{\mu'l}\,\chi(\theta).$$

Son intégrale, déterminée de manière que, pour $\theta=\varepsilon'$, $\psi(\theta)$ et $\psi'(\theta)$ s'annulent, est

$$(m) \qquad \psi(\theta)=\frac{\mu V}{2\omega}\left(1-\cos\frac{\theta-\varepsilon'}{\sqrt{\mu'l}}\right)-\frac{1}{\sqrt{\mu'l}}\int_{\varepsilon'}^{\theta}\chi(\eta)\sin\frac{\theta-\eta}{\sqrt{\mu'l}}\,d\eta.$$

En effet, deux différentiations successives donnent

$$(m')\quad\begin{cases}\psi'(\theta)=\dfrac{\mu V}{2\omega\sqrt{\mu'l}}\sin\dfrac{\theta-\varepsilon'}{\sqrt{\mu'l}}-\dfrac{1}{\mu'l}\displaystyle\int_{\varepsilon'}^{\theta}\chi(\eta)\cos\dfrac{\theta-\eta}{\sqrt{\mu'l}}\,d\eta,\\[2.5ex]\psi''(\theta)=\dfrac{\mu V}{2\omega\mu'l}\cos\dfrac{\theta-\varepsilon'}{\sqrt{\mu'l}}-\dfrac{\chi(\theta)}{\mu'l}+\dfrac{1}{\mu'l\sqrt{\mu'l}}\displaystyle\int_{\varepsilon'}^{\theta}\chi(\eta)\sin\dfrac{\theta-\eta}{\sqrt{\mu'l}}\,d\eta.\end{cases}$$

Or les valeurs (m) et (m') de ψ, ψ' et ψ'' vérifient bien, tout à la fois, l'équation (l''') et les conditions d'état initial $\psi(\varepsilon') = 0$, $\psi'(\varepsilon') = 0$.

Cela posé, considérons en particulier le dernier terme de l'expression (m') de $\psi'(\theta)$. Comme $\theta - \varepsilon'$ est compris, pendant toute la durée du choc, entre zéro et $\pi\sqrt{\mu'l}$ environ, le cosinus qui y paraît sous le signe $\int$ ne change de signe qu'une fois au plus ; mais le facteur $\chi(\tau)$ en change un grand nombre de fois, car, bien qu'il soit comparable à l'expression $\dfrac{l^2}{3}\psi''(\tau)$, il a sa valeur moyenne dans tout intervalle $2l$ beaucoup plus petite que cette expression. On peut, en conséquence, le remplacer, dans l'intégrale, par une fonction graduellement variable, bien moindre que ses valeurs individuelles, et négligeable vis-à-vis de $\dfrac{l^2}{3}\psi''(\tau)$, c'est-à-dire vis-à-vis de $\dfrac{lV}{6\omega}$, d'après la valeur (m') $\left[\text{comparable à } \dfrac{\mu V}{2\omega\mu'l}\right]$ de la dérivée seconde $\psi''(\theta)$. Par suite, le dernier terme de l'expression (m') de $\psi'(\theta)$ sera beaucoup plus petit que $\dfrac{1}{\mu'l}\displaystyle\int_{\varepsilon'}^{\theta}\dfrac{lV}{6\omega}\,d\tau = \dfrac{V(\theta-\varepsilon')}{6\omega\mu'}$, ou que $\dfrac{\pi V}{6\omega}\sqrt{\dfrac{l}{\mu}}$; et on pourra le négliger devant celui qui précède, $\dfrac{\mu V}{2\omega\sqrt{\mu'l}}\sin\dfrac{\theta-\varepsilon'}{\sqrt{\mu'l}}$, même quand, dans le coefficient de celui-ci,

$$ (m''') \quad \frac{\mu V}{2\omega\sqrt{\mu'l}} = \frac{V}{2\omega}\sqrt{\frac{\mu}{l}}\left(1 + \frac{l}{3\mu}\right)^{-\frac{1}{2}} = \frac{V}{2\omega}\sqrt{\frac{\mu}{l}}\left(1 - \frac{l}{6\mu} + \dots\right), $$

on comptera le second terme, très petit, du développement de $\left(1 + \dfrac{l}{3\mu}\right)^{-\frac{1}{2}}$ par la formule du binôme. Ainsi le dernier terme de l'expression (m') de $\psi'(\theta)$ est négligeable ; et *la formule de deuxième approximation des déplacements $2l\,\psi'(\theta)$ du point heurté se réduit*, en faisant $\varepsilon' = 0$, $\theta = \omega t$, à $\frac{\mu V}{\omega} \sqrt{\frac{l}{\mu'}} \sin \frac{\omega t}{\sqrt{\mu' l}}$, ou *à ce que donne celle de première approximation quand, la quantité de mouvement μV du choc restant la même, on attribue fictivement au corps heurtant une masse, $\mu' = \mu + \frac{1}{3} l$, plus grande que la sienne du tiers de celle de la barre.*

Cette règle, suggérée par un raisonnement presque élémentaire, il y a longtemps déjà, à M. de Saint-Venant, puis reconnue par lui s'étendre (avec d'autres coefficients numériques que $\frac{1}{3}$) à tous les cas de barres heurtées par des corps massifs, et dont j'ai enfin démontré la généralité pour de tels chocs de systèmes élastiques quelconques ayant certains points fixes, s'applique même, avec une exactitude suffisante, sans que le rapport $\frac{\mu}{l} = \frac{Q}{P}$ ait besoin d'être grand, mais pourvu qu'il atteigne ou dépasse l'unité[*].

(*) Voir, par exemple, la *Théorie de l'élasticité des corps solides*, de Clebsch, édition française, avec des notes étendues de M. de Saint-Venant, II° fascicule, p. 480 x et p. 595.

La loi générale approchée dont il s'agit consiste en ce que, si l'on considère les déplacements des diverses parties dP du système élastique heurté, tels qu'ils sont quand sa masse est négligeable, et si, comparant ces déplacements à ceux qu'éprouve en même temps sa partie touchée par le corps heurtant Q, on appelle f le rapport, indépendant du temps, cette partie directement heurtée se déplacera effectivement, dans le cas où la masse du système élastique sera sensible, comme dans celui où elle ne le serait pas, mais où le corps heurtant Q, n'ayant que sa quantité initiale donnée de mouvement $\frac{QV}{g}$, deviendrait plus lourd qu'il n'est de $\int f^2 dP$, c'est-à-dire dans le rapport de 1 à $1 + \frac{P}{Q} \int f^2 \frac{dP}{P}$.

Par exemple, pour une plaque circulaire homogène de rayon a, encastrée ou simplement appuyée sur tout son contour, et heurtée normalement en son centre, il résultera des secondes formules (q) et (q') [p. 136 et 137], prises avec $R = o$, l'expression suivante de f, pour les éléments dP de la plaque situés à une distance r du centre :

$$f = 1 - \frac{r^2}{a^2} + k \frac{r^2}{a^2} \log \frac{r^2}{a^2},$$

où k désigne un nombre constant, qui a la valeur 1 dans le cas de la plaque encastrée, et la valeur $\frac{1+2\eta}{3+4\eta}$, comprise entre $\frac{1}{2}$ et $\frac{1}{3}$, dans le cas de la plaque

Le maximum de $\psi'(\theta)$ se trouve donc exprimé sensiblement par (m''), ou, pour les petites valeurs du rapport $\frac{l}{\mu} = \frac{P}{Q}$, par $\frac{V}{2\omega}\left(\sqrt{\frac{Q}{P}} - \frac{1}{6}\sqrt{\frac{P}{Q}}\right)$. Or, d'après (f'), la fonction graduellement variable $\psi'(\theta)$ est la moyenne des valeurs que reçoit f' quand sa variable croît de $\theta - 2l$ à θ. Cette fonction $\psi'(\theta)$ doit, par suite, dans le voisinage du plus grand des minimums $f'(2nl)$ et du plus grand des maximums $f'(2nl + \varepsilon')$, être à peu près équidistante de deux autres, graduellement variables comme elle, mais dont l'une fournirait ou comprendrait tous les minima $f'(2nl)$ et, l'autre, tous les maxima $f'(2nl + \varepsilon')$, plus grands, de $\frac{V}{\omega}$, que les

appuyée. Et comme d'ailleurs le poids de toute une couronne élémentaire $2\pi\chi\,d\chi$ de la plaque est $\frac{P}{\pi a^2}(2\pi\chi\,d\chi) = P d\frac{\chi^2}{a^2}$, il viendra, si l'on pose $\frac{\chi^2}{a^2} = u$,

$$\int f^2\,\frac{dP}{P} = \int_0^1 (1 - u + ku\log u)^2\,du.$$

En développant $(1 - u + ku\log u)^2\,du$, observons que le terme affecté de $\log u$ sera $k\log u\,d\left(u^2 - \frac{2}{3}u^3\right)$ et, le terme affecté de $(\log u)^2$, $\frac{k^2}{3}(\log u)^2\,d.u^3$. Une intégration par parties, suivie d'une autre analogue pour le dernier de ces termes, donnera d'abord l'intégrale indéfinie cherchée,

$$u\left(1 - u + \frac{u^2}{3}\right) + ku^2\left[\left(1 - \frac{2u}{3}\right)\log u - \left(\frac{1}{2} - \frac{2u}{9}\right)\right] + \frac{k^2u^3}{3}\left[(\log u)^2 - \frac{2}{3}(\log u) + \frac{2}{9}\right],$$

et, finalement, entre les limites zéro et 1,

$$\int f^2\,\frac{dP}{P} = \frac{1}{3}\left(1 - \frac{5}{6}k + \frac{2}{9}k^2\right).$$

Dans le cas, par exemple, de la plaque encastrée, $k = 1$; et il vient $\int f^2\,\frac{dP}{P} = \frac{7}{54}$, valeur à peine supérieure à $\frac{1}{8}$, mais qui croîtrait jusqu'à $\frac{121}{486}$, ou environ $\frac{1}{4}$, si k pouvait décroître jusqu'à $\frac{1}{3}$ ou ε diminuer jusqu'à zéro, dans une plaque simplement appuyée.

Ainsi, la masse heurtante devra être fictivement augmentée de la fraction $\frac{1}{3}\left(1 - \frac{5}{6}k + \frac{2}{9}k^2\right)$ de celle de la plaque, pour tenir à peu près compte de l'inertie de celle-ci dans le calcul des déplacements w de son centre. Appelons Q'

minima $f'(2nl)$ (*). Ainsi, cette dernière fonction, donnant tous les maxima quand on fera $\theta = 2nl + \varepsilon'$, égale $\psi'(\theta) + \dfrac{V}{2\omega}$ dans le voisinage du plus grand maximum, avec bien plus d'approximation qu'elle n'égale $\psi'(\theta)$. D'ailleurs, les maxima $f'(\varepsilon')$, $f'(2l + \varepsilon')$, $f'(4l + \varepsilon')$, etc., ne croissent,

le poids, ainsi accrû, du corps heurtant, et, d'une part, les valeurs initiales de w, $\dfrac{dw}{dt}$ seront respectivement o, $\dfrac{VQ}{Q'}$, d'autre part, les formules (p), (p') [p. 136] de $f = w$, où l'on fera $R = o$, $P = -\dfrac{Q'}{g}\dfrac{d^2 w}{dt^2}$, $h = $ l'épaisseur de la plaque, et où l'on pourra remplacer $2(1 + z)\mu$ par $\rho\,\omega_1^2 = \dfrac{P\,\omega_1^2}{\pi a^2 g h}$, ω_1 désignant encore la vitesse de propagation (définie à la page 488) des sons longitudinaux dans la plaque et z la densité de sa matière, deviendront

$$w = -\frac{3}{k}\left(\frac{a^2}{2\omega_1 h}\right)^2 \frac{Q'}{P}\frac{d^2 w}{dt^2}.$$

Il viendra donc par l'intégration de cette équation différentielle, vu les conditions initiales spécifiées,

$$w = \frac{Va^2}{2\omega_1 h}\sqrt{\frac{3}{k}\frac{Q^2}{PQ'}}\,\sin\left(t\,\frac{2\omega_1 h}{a^2}\sqrt{\frac{k}{3}\frac{P}{Q'}}\right),$$

expression très simple, où Q' désigne, comme on a dit, la somme

$$Q + \frac{1}{3}\left(1 - \frac{5}{6}k + \frac{2}{9}k^2\right)P$$

et, h, l'épaisseur de la plaque.

(*) En effet, la différence entre un maximum et le suivant est une fraction de $\dfrac{V}{\omega}$ de plus en plus faible à mesure qu'on approche du plus grand d'entr'eux $f'(2nl + \varepsilon')$, puisqu'elle devient négative au-delà. On peut donc, sauf erreur négligeable en comparaison de $\dfrac{V}{\omega}$, regarder ce plus grand maximum et celui qui le précède comme étant égaux, ou la fonction $f'(\theta)$ comme décroissant de $\dfrac{V}{\omega}$ dans l'intervalle $2l - \varepsilon'$ compris entre le maximum $f'(2nl - 2l + \varepsilon')$ et le plus grand minimum $f'(2nl)$, intervalle où il faut calculer sa valeur moyenne pour obtenir, à fort peu près, $\psi'(2nl + \varepsilon')$. Or la fonction $f'(\theta)$ y varie presque linéairement, car elle y a d'un bout à l'autre, d'après des formules comme (d''), (d'''), etc., la même forme analytique, somme de produits, variant longtemps dans le même sens, d'exponentielles par des polynômes en θ; et elle n'y est prise que dans une étendue, $2l$ environ, fort petite par rapport à la valeur finale, $2nl$, de sa variable. Par conséquent, $\psi'(2nl + \varepsilon')$ vaut, sauf une très petite fraction de $\dfrac{V}{\omega}$, la moyenne arithmétique, $f'(2nl + \varepsilon') - \dfrac{V}{2\omega}$, du maximum et du minimum considérés.

de chacun au suivant, que d'une fraction de $\frac{V}{\omega}$, et, par raison de continuité, cette fraction cesse même d'être sensible quand on approche du plus grand maximum, vu qu'elle est alors sur le point de devenir négative. Donc la fonction, graduellement variable, exprimant tous les maximums, n'éprouve que des variations négligeables par rapport à $\frac{V}{2\omega}$ entre les deux ou trois plus grands d'entr'eux, intervalle où elle vaut $\psi'(\theta) + \frac{V}{2\omega}$ et où se produit évidemment le propre maximum de $\psi'(\theta)$, $\frac{V}{2\omega}\left(\sqrt{\frac{\overline{Q}}{P}} - \frac{1}{6}\sqrt{\frac{\overline{P}}{Q}}\right)$, réductible à $\frac{V}{2\omega}\sqrt{\frac{\overline{Q}}{P}}$ sauf erreur également beaucoup plus petite que $\frac{V}{2\omega}$. C'est dire que le plus fort des maximums, $f'(2nl + \varepsilon')$, égale $\frac{V}{2\omega}\left(\sqrt{\frac{\overline{Q}}{P}} + 1\right)$, bien plus exactement que $\frac{V}{2\omega}\sqrt{\frac{\overline{Q}}{P}}$. Et la plus grande déformation $-\partial$, qu'on sait en être le double, sera exprimée par la formule

$$(m''') \qquad \left(\text{pour } \frac{Q}{P} \text{ très grand}\right) \quad -\partial = \frac{V}{\omega}\left(\sqrt{\frac{\overline{Q}}{P}} + 1\right)$$

En résumé, la compression la plus dangereuse, représentée soit par $2 f'(2l + \varepsilon')$, soit par $2 f'(4l + \varepsilon')$, soit par $2 f'(6l + \varepsilon')$ quand le rapport $\frac{Q}{P}$ est inférieur à 25,16, doit tendre vers la forme $\frac{V}{\omega}\left(\sqrt{\frac{\overline{Q}}{P}} + 1\right)$ quand ce rapport grandit indéfiniment. D'ailleurs, les secondes relations (d'), (d'') et (d''') [p. 514 et 515] font connaître $f'(2l + \varepsilon')$, $f'(4l + \varepsilon')$, $f'(6l + \varepsilon')$; et l'on trouve, par exemple, que, pour le cas $\frac{Q}{P} = 25$ ou $\frac{l}{\mu} = \frac{1}{25} = 0.04$, $-\partial = (6,011)\frac{V}{\omega}$. La *formule-*

limite (m''') aurait donné $-\partial = 6\,\dfrac{V}{\omega}$, résultat en erreur, comme on voit, de $\dfrac{1}{600}$ seulement. L'erreur est d'ailleurs par défaut, ce qu'on pouvait prévoir, car, pour $\dfrac{Q}{P}=o$, l'expression (m''') se réduit à $\dfrac{V}{\omega}$ et n'est que la moitié de la vraie valeur correspondante $-\partial = 2\,\dfrac{V}{\omega}$. Mais dès que $\dfrac{Q}{P}$ grandit, les vraies valeurs de $-\partial$ tendent assez rapidement vers celles que donne la formule (m'''), et celle-ci commence à être suffisamment approchée pour les besoins de la pratique, dès que $\dfrac{Q}{P}=5$, surtout si, entre les limites $\dfrac{Q}{P}=5$ et $\dfrac{Q}{P}=20$, on remplace, dans la parenthèse, le terme 1 par 1,1. C'est ce qu'a reconnu, à l'aide de calculs détaillés, M. Flamant, ingénieur en chef des ponts et chaussées (*).

Si l'on veut plus d'exactitude et que l'on tire de (d'), (d'') et (d''') les expressions de $2f'(2l+\varepsilon')$, $2f'(4l+\varepsilon')$, $2f'(6l+\varepsilon')$, en y remplaçant $\dfrac{l}{\mu}$ par $\dfrac{P}{Q}$, on aura, en définitive, les formules pratiques suivantes de la plus grande grande compression $-\partial$:

$$
(m)\left\{
\begin{aligned}
&\left(\text{pour } \tfrac{Q}{P} < 5{,}686\right) && -\partial = 2\,\frac{V}{\omega}\left(1 + e^{-2\frac{P}{Q}}\right), \\[2ex]
&\left(\text{pour } \tfrac{Q}{P} > 5{,}686 \text{ et } < 13{,}82\right) && -\partial = 2\,\frac{V}{\omega}\left[1 + \left(1 - 4\,\frac{P}{Q}\right)e^{-2\frac{P}{Q}} + e^{-4\frac{P}{Q}}\right], \\[2ex]
&\left(\text{pour } \tfrac{Q}{P} > 13{,}82 \text{ et } < 25{,}16\right) && \\[1ex]
&\qquad -\partial = 2\,\frac{V}{\omega}\left[1 + \left(1 - 8\,\frac{P}{Q} + 8\,\frac{P^2}{Q^2}\right)e^{-2\frac{P}{Q}} + \left(1 - 8\,\frac{P}{Q}\right)e^{-4\frac{P}{Q}} + e^{-6\frac{P}{Q}}\right], \\[2ex]
&\left(\text{pour } \tfrac{Q}{P} > 25{,}16\right) && -\partial = \frac{V}{\omega}\left(\sqrt{\frac{Q}{P}} + 1\right).
\end{aligned}
\right.
$$

(*) Voir l'article du 6 août 1883 cité ci-dessus, p. 508.

D'après ces formules, *lorsque un corps massif heurte longitudinalement à un bout une barre de longueur finie dont l'autre bout est fixe, la plus grande déformation qui en résulte vaut le produit de celle de début, $\dfrac{V}{\omega}$, par un nombre dépendant du rapport $\dfrac{Q}{P}$ du poids Q du corps à celui P de la barre, et qui, égal à 2 quand ce rapport est nul, grandit indéfiniment avec lui, en tendant vers sa racine carrée augmentée de 1.*

On pourrait à la rigueur, comme on vient de dire, ne garder, de toutes ces formules (*n*), que les deux qui sont très simples, savoir, la première et la dernière, en appliquant la dernière dès que la première cesse de convenir.

23 bis. — Sur les deux problèmes d'un choc par compression faisant fléchir la barre heurtée, supposée très légère, et du mouvement rapide d'une charge roulante le long d'une telle barre horizontale, appuyée à ses deux bouts.

J'ai supposé implicitement, dans le cas d'un choc par compression, la vitesse initiale V de la masse heurtante $\dfrac{Q}{g}$ insuffisante pour exposer la tige à fléchir suivant le sens de son épaisseur, c'est-à-dire dans le plan de la plus petite dimension, que j'appellerai $2h$, de ses sections normales σ. Pour nous faire une idée de la limite ainsi imposée à la vitesse V du choc et des déformations dangereuses qui surviendraient si cette limite était dépassée, raisonnons dans l'hypothèse que la tige ait sa masse $\dfrac{P}{g}$ beaucoup plus faible que $\dfrac{Q}{g}$ et, par suite, ses inerties négligeables en comparaison de celles de la masse $\dfrac{Q}{g}$. Nous pourrons donc regarder la tige, soit encore droite, soit déjà un peu fléchie dans le plan qui contient les petites dimensions $2h$ de ses sections normales σ, comme étant, à chaque instant, en équilibre, sous l'action de la pression actuelle, F, qu'exercera sur elle le corps heurtant, et de la résistance de l'extrémité fixe. D'ailleurs, la pression F, due au mouvement de la masse heurtante, sera dirigée, par raison de symétrie, dans le sens de ce mouvement, du moins tant qu'elle ne fera que déplacer l'extrémité heurtée comme elle se déplace dès le premier moment, c'est-à-dire suivant la droite joignant les deux extrémités de l'axe de la tige : or c'est ce qui arrivera indéfiniment, pourvu que les flexions restent très faibles, et qu'il continue de la sorte à y avoir une normalité ou une symétrie à peu près complète de la section heurtée par rapport à la direction du choc.

J'appellerai l la longueur primitive de la tige, l' sa longueur à l'instant où sa fibre centrale, c'est-à-dire son axe, présentant une petite *flèche* quelconque f, aura chacune de ses molécules à une certaine distance, y, de la droite, prise pour axe des x, le long de laquelle il s'étendait dans l'état de repos, et d'où ne sortiront ni l'extrémité fixe, ni même l'extrémité heurtée. Enfin, je compterai l'abscisse actuelle x du point quelconque de la fibre centrale dont y désigne l'ordonnée, à partir du pied de la flèche ou ordonnée maxima $y = f$ (et positivement en allant vers l'extrémité heurtée); la petite fonction y de x aura donc sa dérivée y' nulle pour $x = 0$.

Cela posé, menons par le point (x, y) une section normale σ et, considérant la partie de la tige comprise depuis cette section jusqu'à l'extrémité heurtée, écrivons qu'il y a équilibre, dans le plan des xy, entre les forces qui la sollicitent, savoir : 1° la pression, F, du corps heurtant, dont les composantes, suivant les x et suivant les y, ainsi que le moment par rapport au point (x, y), sont respectivement $-F$, 0, $-Fy$; 2° la *pression normale*, P, et l'*effort tranchant* ou tangentiel, T, exercés sur la section σ et appliqués au point (x, y), forces dont les composantes suivant les x et les y, vu la petite inclinaison y' de la fibre centrale par rapport à l'axe des x, sont respectivement (sauf erreurs relatives de l'ordre de y'^2) P, Py' et Ty', — T; 3° enfin, le couple de flexion, égal au produit de la courbure de l'axe, $-y''(1+y'^2)^{-\frac{3}{2}}$, ou $-y''$ à une première approximation, par le coefficient d'élasticité E des fibres longitudinales de la tige et par le moment d'inertie $\int \eta^2 \, d\sigma$ de la section σ, calculé en mettant pour η la distance, comprise entre $\mp h$, de l'élément quelconque $d\sigma$ de σ à la ligne des *fibres neutres*, c'est-à-dire à la perpendiculaire menée en (x, y) au plan des xy. Je représenterai ce moment d'inertie, comme au n° 22 (p. 484), par $k^2 h^2 \sigma$, k désignant un nombre, évidemment inférieur à l'unité, qui dépend de la forme de la section et qui vaut $\frac{1}{2}$ quand elle est elliptique, $\dfrac{1}{\sqrt{3}}$ quand elle est rectangulaire, etc. Le couple de flexion, égal et contraire au moment $-Fy$ de la force comprimante F, s'écrira donc, à une première approximation, $-k^2 h^2 \sigma E y''$, et, à une approximation plus élevée, $-k^2 h^2 \sigma E y'' (1+y'^2)^{-\frac{3}{2}}$.

Ainsi, le théorème des moments donnera d'abord, en multipliant par $-\dfrac{1+y'^2{}^{\frac{3}{2}}}{k^2 h^2 \sigma E}$ et posant, pour abréger,

$$(a) \qquad m^2 = \frac{1}{k^2 h^2} \frac{F}{E\sigma}, \quad K = y\left[(1+y'^2)^{\frac{3}{2}} - 1\right] = \tfrac{3}{2} y \, y'^2 + \ldots,$$

l'équation différentielle suivante de l'axe de la tige,

$$(a') \qquad\qquad y'' + m^2 y = -m^2 K.$$

Elle définit une courbe symétrique de forme par rapport à la flèche f ou à l'axe des y; car elle fait connaître de proche en proche, en fonction de l'ordonnée y, des courbures, $m^2 y$, pareilles de part et d'autre de cet axe.

Le second membre de l'équation (a') étant, à une première approximation, négligeable à côté du terme $m^2 y$, il vient sensiblement, par l'intégration de cette équation, en observant que, pour $x = 0$, $y = f$ et $y' = 0$,

$$(a'') \qquad y = f \cos m x, \quad y' = - m f \sin m x.$$

La tige fléchie affecte donc, à peu près, la forme d'un arceau de sinusoïde ; sa courbure, égale environ à $- y''$ ou à $m^2 y$, atteint son maximum au sommet de l'arceau, où elle devient $m^2 f$, et la moitié de sa corde, valeur positive de x qui correspond à $y = 0$, est environ $\dfrac{\pi}{2m}$. Enfin, l'excès d'un élément ds de l'arc l', sur sa projection dx, ou sur la partie correspondante de la corde, a pour expression le produit de dx par $(1 + y'^2)^{\frac{1}{2}} - 1$, c'est-à-dire, sensiblement, par $\frac{1}{2} y'^2 = \frac{1}{2} m^2 f^2 \sin^2 m x$, facteur dont la valeur moyenne, tout le long de la corde, est $\frac{1}{4} m^2 f^2$; en sorte que, si c désigne la corde, on a

$$(b) \qquad l' - c = \frac{\pi \cdot m f^2}{4}.$$

Pour passer à une seconde approximation, observons que l'expression (a) de K, d'après les valeurs (a'') de y et y', est environ $\frac{3}{2} m^2 f^3 \cos m x \sin^2 m x$. On peut donc la supposer connue en fonction de x ; et l'intégration de (a') donne alors, au lieu de la première (a''),

$$(b') \quad y = f \cos m x - m \left(\sin m x \int_0^x K \cos m x \, dx - \cos m x \int_0^x K \sin m x \, dx \right).$$

Pour en déduire la valeur de x, correspondant à $y = 0$, qui exprime plus exactement que ne le fait $\dfrac{\pi}{2m}$ la demi-corde $\frac{1}{2} c$, on peut, dans les termes en K, qui sont de deuxième approximation, poser $x = \dfrac{\pi}{2m}$, $\cos mx = 0$, $\sin mx = 1$. Observons d'ailleurs que la valeur moyenne de K $\cos mx$, ou de

$$\tfrac{3}{2}\, m^2 f^3 \cos^2 mx \sin^2 mx = \tfrac{3}{2}\, m^2 f^3 \left(\sin^2 mx - \sin^4 mx\right),$$

est le produit de $\tfrac{3}{2}\, m^2 f^3$ par l'excédent de $\tfrac{1}{2}$, moyenne de $\sin^2 mx$, sur $\tfrac{1}{2}\tfrac{3}{4}$, moyenne de $\sin^4 mx$; et il viendra simplement, en divisant (b') par f après y avoir remplacé x par $\tfrac{1}{2}\, c$,

$$\cos \frac{mc}{2} \quad \text{ou} \quad \sin\left(\frac{\pi}{2} - \frac{m}{2}\, c\right) = \frac{3\pi}{32}\, m^2 f^2.$$

On en déduit, en remplaçant le petit sinus par l'arc, puis multipliant par $\dfrac{2}{m}$,

$$(b'') \qquad\qquad c = \frac{\pi}{m} - \frac{3\pi}{16}\, m f^2;$$

et cette valeur de c, portée dans (b), donne, pour l', la formule

$$(b''') \qquad\qquad l' = \frac{\pi}{m} + \frac{\pi}{16}\, m f^2.$$

Les deux relations (b'') et (b''') sont insuffisantes pour déterminer, en fonction de la force comprimante F ou du rapport $m = \dfrac{1}{kh}\sqrt{\dfrac{F}{E\,\omega}}$, les trois principales inconnues de la question, qui sont la longueur actuelle l' de la tige, sa corde c et sa flèche f. Et, en effet, l'équation différentielle (a') ne pouvait nous faire connaître la constante arbitraire, f par exemple, qu'introduit son intégration. Mais il nous reste à exprimer qu'il y a équilibre, suivant les x et suivant les y, entre les trois forces F, P et T, dont les composantes ont été données tout à l'heure. Nous obtiendrons ainsi les deux nouvelles équations $P + Ty' = F$, $T = Py'$, qui, résolues par rapport à P et T, deviennent simplement, vu l'insignifiance du carré y'^2 à côté de l'unité,

$$(c) \qquad P = F, \quad T = Fy'.$$

La deuxième montre que l'effort tranchant T égale la dérivée en x du couple Fy de flexion, résultat bien connu au moins dans le cas d'une tige purement fléchie. Quant à la première $P = F$, où la tension $-P$ égale, comme on sait, le produit de $E\sigma$ par la dilatation linéaire de l'axe, elle exprime que cette tension est très sensiblement constante d'un bout à l'autre et égale à $-F$; d'où il suit que la dilatation linéaire de l'axe est, elle-même, à fort peu près constante ou égale à $\dfrac{l'-l}{l}$. On a donc, pour joindre à (b'') et (b'''), la troisième équation cherchée

$$(c') \qquad E\sigma\,\frac{l - l'}{l} = F \quad \text{ou} \quad l' = l\left(1 - \frac{F}{E\sigma}\right).$$

Celle-ci est même plus générale que les précédentes (b'') et (b'''), car elle sera, comme (b), vérifiée même avant qu'il y ait aucune flexion de la tige, ou pour $f = o$ et $c = l'$, tandis que les équations (b'') et (b'''), obtenues après suppression d'un facteur f, supposent ce facteur essentiellement différent de zéro et ne commencent à être vérifiées que lorsque F atteint une assez grande valeur. En effet, les équations (b'') et (b''') montrent que la quantité $\dfrac{\pi}{m}$, comprise entre c et l', est, par suite, peu inférieure à l', ou que m, c'est-à-dire $\dfrac{1}{kh}\sqrt{\dfrac{F}{E\sigma}}$, dépasse, mais fort peu, pendant tout le temps que la tige éprouve les petites flexions considérées ici, la fraction $\dfrac{\pi}{l'}$, très peu supérieure elle-même à la quantité constante $\dfrac{\pi}{l}$. On a donc alors

$$(c'') \quad F = (\text{environ})\ E\,\sigma\left(\frac{\pi\,k\,h}{l}\right)^2, \quad \frac{l-l'}{l} \text{ ou } \frac{F}{E\,\sigma} = (\text{environ})\left(\frac{\pi\,k\,h}{l}\right)^2$$

Ainsi, et on le savait du reste depuis le mémoire d'Euler sur la *Force des colonnes* chargées debout, la tige ne commence à fléchir que lorsque sa contraction par l'effet de la pression F dépasse un peu la limite $\dfrac{\pi^2 h^2}{4}\left(\dfrac{2h}{l}\right)^2$, comparable au carré du rapport de son épaisseur $2\,h$ à sa *hauteur* l; et cette contraction, ainsi que la force comprimante F, ne varie dès lors presque plus à mesure que la flèche f de flexion grandit, du moins tant que celle-ci reste très petite à côté de la longueur l de la tige (*).

(*) Il y a une loi analogue pour un manchon cylindrique ou, plutôt, pour un anneau mince, de rayon R, à section rectangulaire, supportant sur sa surface extérieure une pression normale et constante p par unité de longueur de son axe $2\,\pi\,R$; ce qui implique l'existence, sur ses sections normales σ, d'une pression totale $F = p\,R$, comme on le voit en exprimant que les forces, $2\,F$, exercées sur les deux sections extrêmes d'une moitié d'anneau, tiennent en équilibre les pressions extérieures, ayant pour résultante $2\,R\,p$, appliquées à toute sa surface convexe. La pression p la plus faible qui puisse le faire fléchir, c'est-à-dire lui faire perdre la forme circulaire, est $\dfrac{3\,E\,k^2\,h^2\,\sigma}{R^3}$; d'où il suit que *la contraction correspondante*, $\dfrac{F}{E\,\sigma} = \dfrac{p\,R}{E\,\sigma}$, *de l'unité de longueur de sa fibre centrale*, a pour valeur $3\,k^2\left(\dfrac{h}{R}\right)^2$, c'est-à-dire $\left(\dfrac{h}{R}\right)^2$ ou *le carré du rapport de la demi-épaisseur h du manchon à son rayon* R, car, la section σ étant rectangulaire, on a $3\,k^2 = 1$.

Pour démontrer que, si la pression p croît graduellement à partir de zéro, des flexions ne pourront commencer à se produire que lorsque p aura atteint la valeur $\dfrac{3\,k^2\,h^2\,E\,\sigma}{R^3}$, imaginons que nous soyons au moment où surviennent, en effet, de légères déformations de l'axe passant par les milieux des sections; et, $2\,\pi\,R$ étant censé représenter *alors* sa longueur, soit, en coordonnées polaires, $r = R\,(1 + \varepsilon)$ son équation, où ε désigne une petite fonction de l'angle polaire θ, compté autour d'un pôle voisin du centre. L'expression classique $\dfrac{r^2 + 2\,r'^2 - r\,r''}{(r^2 + r'^2)^{\frac{3}{2}}}$ de sa courbure $\dfrac{1}{\rho}$ sera simplement $\dfrac{1 - (\varepsilon + \varepsilon'')}{R}$, en négligeant les carrés et produits de ε, ε', ε'';

Il est aisé, toutefois, de voir que F grandit (quoique fort peu) en même temps que la flèche f, quand la distance c des deux extrémités, d'abord égale à l' et déjà moindre que l, continue à décroître en devenant inférieure à l'. A partir de ce moment où commence à se produire une flexion, l' ne varie presque plus, tandis que c diminue encore d'une manière sensible.

Pour reconnaître tous ces détails, et pour exprimer aussi f et c en fonction de F, comme le fait la formule (c') en ce qui concerne l', remplaçons d'abord m, dans les derniers termes, très petits, de (b'') et (b''') par la valeur approchée $\frac{\pi}{l}$, et puis substituons à la première, (b''), le résultat de son addition

et, par suite, dans l'hypothèse que toute portion de l'anneau soit naturellement droite ou circulaire, autrement dit, que la formule du couple de flexion y soit $E\,k^2\,h^2\,\tau\left(\dfrac{1}{\rho}-\text{const.}\right)$, l'expression de ce couple en un point (θ, r) deviendra

$$-\frac{E\,k^2\,h^2\,\pi}{R}\,(\varepsilon + \varepsilon'') + \text{une autre const.}$$

Or, si, concevant, pour plus de simplicité, l'anneau réduit à son axe, l'on y considère la partie comprise depuis un de ses points, A, quelconque mais toujours le même, jusqu'au point variable (θ, r), et si l'on exprime l'équilibre de rotation de toute cette partie autour de son extrémité (θ, r), le moment des pressions p qu'elle supporte s'évaluera de suite, en menant, autour du point (θ, r) comme centre, des circonférences, dont deux consécutives, de rayons u et $u + du$, passeront respectivement par la deuxième et par la première extrémité de chacun de ses éléments ds : la pression p exercée sur cet élément aura évidemment, pour sa composante normale au rayon u, $\pm\, p\,du$, et, pour son moment, en grandeur et en signe, $u\,(p\,du)$: ce qui donne, en intégrant depuis $u = 0$, le produit de $\frac{1}{2}\,p$ par le carré de la distance du point (θ, r) au point A. Ajoutons à ce moment total ceux de la force et du couple appliqués en A, dont la somme est une fonction linéaire de la distance du point (θ, r) à cette force, et il viendra évidemment pour la valeur du couple de flexion en (θ, r), comme l'a trouvé M. Maurice Lévy dans un article du 24 septembre 1883 (*Comptes-Rendus*, t. XCVII, p. 68), une expression composée d'un terme constant et du produit de $\frac{1}{2}\,p$ par le carré de la distance du point (θ, r) à un certain point fixe du plan (savoir, à un point situé sur la perpendiculaire menée en A à la force, et à une distance de A exprimée par le rapport de la force à p). Or, dans la question posée, où le rayon de courbure ρ et, par suite, le couple de flexion sont peu variables, ce point fixe doit être voisin du centre, sans quoi il ne serait pas presque équidistant de toutes les parties de l'anneau. Nous pouvons donc admettre qu'on l'ait pris comme pôle, ou que sa distance à (θ, r) soit $r = R\,(1 + \varepsilon)$; d'où résultera, pour le couple de flexion $-\dfrac{E\,k^2\,h^2\,\pi}{R}\left(\varepsilon + \dfrac{d^2\varepsilon}{d\theta^2}\right) + \text{const.}$, une

à trois fois la seconde , (b'''). Nous aurons, en divisant par l et transposant,

$$(d) \qquad \frac{c}{l} = 4\,\frac{\pi}{l\,m} - 3\,\frac{l'}{l}\,, \qquad \left(\frac{\pi}{4}\,\frac{f}{l}\right)^{2} = \frac{l'}{l} - \frac{\pi}{l\,m}.$$

Les deux inconnues $\dfrac{c}{l}$ et $\left(\dfrac{\pi}{4}\,\dfrac{f}{l}\right)^{2}$ dépendent donc linéairement des deux rapports $\dfrac{\pi}{lm} = \dfrac{k\pi h}{l}\sqrt{\dfrac{E\,\sigma}{F}}$ et $\dfrac{l'}{l} = 1 - \dfrac{F}{E\,\sigma}$, dont les dérivées respectives en F sont à fort peu près, vu la valeur approchée (c'') de F qu'on substituera finalement dans la première , $-\dfrac{1}{2E\,\sigma}\left(\dfrac{l}{\pi k h}\right)^{2}$ et $-\dfrac{1}{E\,\sigma}$. Or le rapport de la seconde de ces dérivées à la première est la fraction très

valeur n'ayant pas d'autre partie variable que $\frac{1}{2}\,p\,R^{2}\,(1 + \iota)^{2}$, ou même, par la suppression d'un terme en ι^{2}, que $p\,R^{2}\,\iota$. L'équation différentielle de l'axe de l'anneau fléchi sera donc , en égalant ces deux expressions , transposant et divisant par $\dfrac{E\,k^{2}\,h^{2}\,\sigma}{R}$,

$$\frac{d^{2}\iota}{d\,\theta^{2}} + \left(1 + \frac{p\,R^{3}}{E\,k^{2}\,h^{2}\,\sigma}\right)\iota = \text{const.}$$

Or, la constante du second membre est nulle, par suite de ce fait que, la longueur totale de la courbe ,

$$\int_{0}^{2\pi}\sqrt{r^{2} + r'^{2}}\,d\theta = R\int_{0}^{2\pi}(1 + \iota)\,d\theta = 2\,\pi\,R + R\int_{0}^{2\pi}\iota\,d\theta,$$

doit se réduire à $2\,\pi\,R$, et , en conséquence , la valeur moyenne de ι égaler zéro ; d'où il résulte que, $\dfrac{d^{2}\iota}{d\,\theta^{2}}$ ayant déjà zéro pour valeur moyenne à cause de la périodicité évidente de ι, le second membre constant de l'équation a, comme le premier, sa valeur moyenne nulle , et se réduit à zéro. Ainsi l'axe légèrement fléchi a pour équation différentielle

$$\frac{d^{2}\iota}{d\,\theta^{2}} + \left(1 + \frac{p\,R^{3}}{E\,k^{2}\,h^{2}\,\sigma}\right)\iota = 0,$$

et pour équation finie, en intégrant à partir d'une origine convenable des azimuts θ,

$$\iota = c\,\cos\left(\theta\sqrt{1 + \frac{p\,R^{3}}{E\,k^{2}\,h^{2}\,\sigma}}\right),$$

où c désigne la constante arbitraire introduite par l'intégration. La courbe étant fermée , et les valeurs de ι devant redevenir les mêmes quand θ croît de $2\,\pi$, on

petite $2\left(\dfrac{\pi kh}{l}\right)^2$, exprimant sensiblement le double de la contraction $\dfrac{l-l'}{l}$ au moment où la tige commence à fléchir. Ainsi, les variations ultérieures de $\dfrac{l'}{l}$ seront insignifiantes en comparaison de celles de $\dfrac{\pi}{lm}$, et l'on peut, dans (d), remplacer $\dfrac{l'}{l}$ par sa valeur se rapportant au moment où la flèche est encore nulle mais cesse de l'être, valeur qui est à fort peu près, d'après la dernière (c''), $1-\left(\dfrac{\pi kh}{l}\right)^2$. Dans ces conditions, les formules (d), dont chacune n'a plus à son second

devra évidemment avoir, si l'on appelle i l'un des nombres entiers 1, 2, 3, 4, ...

$$\sqrt{1 + \frac{p\,R^3}{E\,k^2\,h^2\,\sigma}} = i, \quad \text{ou} \quad \frac{p\,R^3}{E\,k^2\,h^2\,\sigma} = i^2 - 1.$$

On ne peut pas faire $i = 1$; car alors $c'' + c = o$ et $\rho = R$; ce qui exprime qu'il n'y a pas de flexion. La plus petite valeur, corrélative à une flexion, que puisse recevoir le rapport $\dfrac{p\,R^3}{E\,k^2\,h^2\,\sigma}$, correspond donc à $i = 2$, ou à une forme légèrement elliptique prise par l'anneau, et elle égale 3; d'où résulte bien, pour p, la valeur $\dfrac{3\,E\,k^2\,h^2\,\sigma}{R^3}$; ce qu'il fallait démontrer.

On voit, en faisant $3\,k^2 = 1$ et $\sigma = 2h \times 1$, que la condition à s'imposer, dans la pratique, pour qu'un manchon de rayon R et d'épaisseur $2h$, soumis extérieurement à une pression p par unité d'aire, ne puisse pas fléchir et s'enfoncer, est

$$\frac{p\,R^3}{2\,E\,h^3} < 1, \quad \text{ou} \quad p < \frac{E}{4}\left(\frac{2h}{R}\right)^3.$$

Pareillement à ce qui arrive dans le cas de la pièce chargée debout, où la flèche f varie très vite en fonction de la force comprimante F et ne peut se calculer qu'à une deuxième approximation, de même, ici, la constante c, qui mesure l'amplitude proportionnelle des flexions, reçoit toutes les petites valeurs possibles sans que la pression p change presque; et il faudrait, pour l'évaluer en fonction de p, reprendre les calculs précédents en ne négligeant plus les termes de l'ordre de c^2. Cette nécessité d'une deuxième approximation, pour obtenir ainsi les petites variations de F en fonction de f ou celles de la pression fléchissante p en fonction des petites flexions produites $2Rc$, pouvait aisément se prévoir, d'après le principe même de Fermat sur la quasi-invariabilité des fonctions, dans le voisinage d'un minimum comme celui que F et P présentent à l'instant où s'annulent f et c, variables de part et d'autre de zéro.

membre qu'un terme variable, $\dfrac{4\pi}{lm}$ ou $-\dfrac{\pi}{lm}$, montrent bien que, si m ou F grandissent, $\dfrac{c}{l}$ diminuera, tandis que $\left(\dfrac{\pi}{4}\dfrac{f}{l}\right)^2$ ira en augmentant. La plus petite valeur de F qui commence à produire la flexion s'obtient en posant $f = 0$ dans la seconde (d), et elle est

$$\mathrm{F} = \mathrm{E}\,\sigma\left(\frac{\pi\,k\,h}{l}\right)^2\left[1 + 2\left(\frac{\pi\,k\,h}{l}\right)^2\right] = \mathrm{E}\,\sigma\left(\frac{\pi\,k\,h}{l'}\right)^2,$$

car elle correspond à

$$\frac{\pi}{l\,m} \quad\text{ou}\quad \frac{\pi\,k\,h}{l}\sqrt{\frac{\mathrm{E}\,\sigma}{\mathrm{F}}} = \frac{l'}{l} = 1 - \left(\frac{\pi\,k\,h}{l}\right)^2.$$

La formule (b), si l'on substitue à m, dans son petit terme $\dfrac{\pi\,m f^2}{4}$, la valeur approchée $\dfrac{\pi}{l}$, donne une relation très utile pour exprimer la flèche f en fonction du déplacement total $l - c$, que j'appellerai δ, de l'extrémité mobile, et de la force comprimante F. Divisée par l, cette relation devient en effet, vu la formule (c'),

$$\left(\frac{\pi f}{2l}\right)^2 = \frac{l - c}{l} - \frac{\mathrm{F}}{\mathrm{E}\,\sigma} = \frac{\delta}{l} - \frac{\mathrm{F}}{\mathrm{E}\,\sigma};$$

d'où

$$(d') \qquad\qquad \frac{f}{l} = \frac{2}{\pi}\sqrt{\frac{\delta}{l} - \frac{\mathrm{F}}{\mathrm{E}\,\sigma}},$$

expression de $\dfrac{f}{l}$ applicable même quand aucune flexion n'existe encore, puisque on a alors $\dfrac{\delta}{l} = \dfrac{l - l'}{l} = \dfrac{\mathrm{F}}{\mathrm{E}\,\sigma}$ et $\dfrac{f}{l} = 0$.

Occupons-nous maintenant des dilatations éprouvées par les fibres longitudinales de la tige, d'abord seulement comprimée, puis comprimée et fléchie tout à la fois, sous l'action de la force croissante F. Pour la fibre centrale et pour celles qui ont même projection qu'elle sur le plan des xy, cette dilatation est simplement $\dfrac{l'-l}{l} = -\dfrac{F}{E\sigma}$. Mais pour les fibres qui, vues en projection sur le plan des $x\,y$, sont à une certaine distance η des précédentes, distance comptée positivement du côté de leur convexité, négativement du côté de leur concavité, cette dilatation est, en observant que $m^2 y$ exprime à fort peu près la courbure de la fibre centrale, $\partial = -\dfrac{F}{E\sigma} + m^2 y\eta$. Les deux valeurs extrêmes de η étant $\mp h$, et la plus grande valeur de $m^2 y$ égalant $m^2 f$ ou, d'après (a), (c'') et (d'), $\dfrac{\pi^2 f}{l^2} = \dfrac{2\pi}{l}\sqrt{\dfrac{\partial}{l} - \dfrac{F}{E\sigma}}$, on voit que la contraction et la dilatation dangereuses se produisent sur la section moyenne de la tige et ont pour valeurs

$$(e) \qquad \mp \partial = \pm \frac{F}{E\sigma} + \pi^2 \frac{f}{l}\frac{h}{l} = \pm \frac{F}{E\sigma} + 2\pi \frac{h}{l}\sqrt{\frac{\partial}{l} - \frac{F}{E\sigma}}.$$

Cette formule s'applique même avant que la flexion se produise, c'est-à-dire alors que $f = 0$, cas où $\mp\partial$ se réduit bien partout à $\pm\dfrac{F}{E\sigma}$. Le radical du troisième membre est nul, comme on a vu, tant que le rapport $\dfrac{F}{E\sigma}$ n'a pas atteint une certaine valeur, égale sensiblement à $\left(\dfrac{\pi kh}{l}\right)^2$. Au delà, ce rapport garde à fort peu près cette valeur, tandis que le déplacement ∂ de l'extrémité libre continue à grandir, et la formule (e) peut alors s'écrire

$$(e') \qquad \mp \partial = \pm \left(\frac{\pi kh}{l}\right)^2 + 2\pi \frac{h}{l}\sqrt{\frac{\partial}{l} - \left(\frac{\pi kh}{l}\right)^2}.$$

Connaissant ainsi l'état d'équilibre de la tige à chaque

instant, sous la pression actuelle F de la masse heurtante, et la double relation approchée,

$$(f) \qquad F = \begin{cases} E\,\sigma\,\dfrac{\partial}{l} & \left[\text{pour } \dfrac{\partial}{l} < \left(\dfrac{\pi\,k\,h}{l}\right)^2\right], \\[2ex] E\,\sigma\left(\dfrac{\pi\,k\,h}{l}\right)^2 & \left[\text{pour } \dfrac{\partial}{l} > \left(\dfrac{\pi\,k\,h}{l}\right)^2\right], \end{cases}$$

qui relie F aux déplacements successifs $\partial = l - c$ éprouvés par cette masse $\dfrac{Q}{g}$, il est aisé de voir quelle sera la loi du mouvement retardé de celle-ci. En effet, la réaction de la tige sur le corps heurtant vaudra $-$ F, et l'on aura, comme équation du mouvement de ce corps,

$$(f') \qquad \frac{Q}{g}\frac{d^2\partial}{dt^2} = \begin{cases} -\,\dfrac{E\,\sigma}{l}\,\partial & \left[\text{pour } \partial < l\left(\dfrac{\pi\,k\,h}{l}\right)^2\right], \\[2ex] -\,E\,\sigma\left(\dfrac{\pi\,k\,h}{l}\right)^2 & \left[\text{pour } \partial > l\left(\dfrac{\pi\,k\,h}{l}\right)^2\right]. \end{cases}$$

Donc le mouvement du corps heurtant sera d'abord retardé comme il l'est dans un pendule qui vient de dépasser sa position d'équilibre; mais, si le déplacement total ∂ atteint ainsi la valeur $l\left(\dfrac{\pi\,k\,h}{l}\right)^2$ avant que la vitesse se soit annulée, le mouvement devient dès lors et reste ensuite uniformément retardé jusqu'à complète annulation de la vitesse, pourvu du moins que cette annulation se produise sans que la flèche de flexion cesse d'être beaucoup plus petite que la longueur même de la tige. Et le mouvement repasse ensuite, mais en sens inverse, par les mêmes phases.

La flèche maxima et les plus fortes déformations ont lieu au moment où toute la demi-force vive primitive $\dfrac{QV^2}{2g}$ du corps heurtant a été absorbée par le travail $-\int_0^\delta \mathrm{F}\, d\delta$ de la réaction de la tige, travail qui, d'après les formules (f), égale, en valeur absolue,

$$\frac{\mathrm{E}\sigma\delta^2}{2l} \quad \text{ou} \quad \frac{l\mathrm{F}^2}{2\mathrm{E}\sigma},$$

tant que F reste plus petit que la limite $\mathrm{F}_1 = \mathrm{E}\sigma\left(\frac{\pi kh}{l}\right)^2$ ou δ plus petit que $\frac{l\mathrm{F}_1}{\mathrm{E}\sigma}$, et, sensiblement,

$$\frac{l\,\mathrm{F}_1^2}{2\,\mathrm{E}\sigma} + \mathrm{F}_1\left(\delta - \frac{l\mathrm{F}_1}{\mathrm{E}\sigma}\right) = \mathrm{F}_1\left(\delta - \frac{l\mathrm{F}_1}{2\,\mathrm{E}\sigma}\right)$$

quand δ dépasse la valeur $\frac{l\mathrm{F}_1}{\mathrm{E}\sigma} = l\left(\frac{\pi kh}{l}\right)^2$. En égalant l'une ou l'autre de ces expressions à $\frac{\mathrm{Q}\mathrm{V}^2}{2g}$, remplaçant F_1 par $\mathrm{E}\sigma\left(\frac{\pi kh}{l}\right)^2$ et introduisant, au lieu du produit $\mathrm{E}\sigma$, la vitesse de propagation du son le long de la barre, $\omega = \sqrt{\dfrac{\mathrm{E}}{\rho}} = \sqrt{\dfrac{\mathrm{E}\sigma gl}{\mathrm{P}}}$ $\left(\text{d'où } \mathrm{E}\sigma = \dfrac{\mathrm{P}\omega^2}{gl}\right)$, on tirera

$$(g) \quad \text{Déplac. } \delta \text{ maxim.} = \begin{cases} l\,\dfrac{\mathrm{V}}{\omega}\sqrt{\dfrac{\mathrm{Q}}{\mathrm{P}}} \quad \left(\text{pour } \dfrac{\mathrm{V}}{\omega}\sqrt{\dfrac{\mathrm{Q}}{\mathrm{P}}} < \left(\dfrac{\pi kh}{l}\right)^2\right), \\[2em] \dfrac{l}{2}\left[\left(\dfrac{\pi kh}{l}\right)^2 + \left(\dfrac{\mathrm{V}}{\omega}\sqrt{\dfrac{\mathrm{Q}}{\mathrm{P}}}\dfrac{l}{\pi kh}\right)^2\right] \\[2em] \qquad\qquad \left(\text{pour } \dfrac{\mathrm{V}}{\omega}\sqrt{\dfrac{\mathrm{Q}}{\mathrm{P}}} > \left(\dfrac{\pi kh}{l}\right)^2\right). \end{cases}$$

Enfin, cette valeur de δ, portée dans (d') et (e) en même temps que la valeur approchée, $\frac{\delta}{l}$ ou $\left(\frac{\pi kh}{l}\right)^2$, de $\frac{\mathrm{F}}{\mathrm{E}\sigma}$, donne les expressions suivantes de la flèche maximum et des déformations dangereuses pour les deux mêmes cas respectifs de $\dfrac{V}{\omega}\sqrt{\dfrac{\overline{Q}}{P}} <$ ou $> \left(\dfrac{\pi kh}{l}\right)^2$:

$$\left\{\begin{array}{l} \text{Flèche } f \text{ max.} = \text{soit } o, \text{ soit } \dfrac{l\sqrt{2}}{\pi}\sqrt{\left(\dfrac{V}{\omega}\sqrt{\dfrac{\overline{Q}}{P}}\,\dfrac{l}{\pi kh}\right)^2 - \left(\dfrac{\pi kh}{l}\right)^2}, \\[3em] \text{Déform. } (\mp \delta)\text{ max.} = \text{soit } \pm \dfrac{V}{\omega}\sqrt{\dfrac{\overline{Q}}{P}}, \end{array}\right. \tag{g}$$

$$\text{soit } \pm \left(\dfrac{\pi k h}{l}\right)^2 \pm \dfrac{\sqrt{2}}{k}\sqrt{\left(\dfrac{V}{\omega}\sqrt{\dfrac{\overline{Q}}{P}}\right)^2 - \left(\dfrac{\pi k h}{l}\right)^4}.$$

Je me contenterai d'observer, entre autres conséquences de ces formules, qu'il n'y aura pas de flexion possible, mais simple compression longitudinale, quand l'expression $\dfrac{V}{\omega}\sqrt{\dfrac{\overline{Q}}{P}}$ sera inférieure à $\left(\dfrac{\pi kh}{l}\right)^2$.

Ce problème, d'un choc par compression entraînant flexion de la barre heurtée, serait, il me semble, peu abordable, si on voulait y tenir compte de l'inertie de la barre. Il a cela de commun avec une autre question, d'un haut intérêt pratique, que M. Willis a posée et que M. Stokes a résolue [*], en 1849, mais dans la même hypothèse restrictive d'une infinie légèreté de la barre, permettant de lui attribuer à chaque instant sa forme d'équilibre pour les pressions extérieures qu'elle supporte : je veux parler du problème de la *charge roulante* ou du *poids voyageur*. Il consiste à étudier le mouvement d'une charge Q, animée d'une vitesse horizontale très grande V, qui arrive en roulant, pour la parcourir tout entière, sur une barre prismatique d'une longueur donnée $2\,l$, appuyée à ses deux bouts et également horizontale. Depuis, d'importantes recherches de M. Phillips et de M. de Saint-Venant, en vue de tenir

[*] *Transactions philosophiques de Cambridge*, t. VIII, 1849.

rationnellement compte de la masse de la barre, ont porté sur le cas usuel où la vitesse V est assez peu forte pour qu'on puisse, à une première approximation, ne pas distinguer la forme de la barre à un moment quelconque de ce qu'elle serait dans l'état de repos si le corps cessait désormais d'y avancer. Mais la solution résultant de ces recherches implique, comme condition d'état initial, que les diverses parties de la barre aient acquis pendant un instant très court, au moment où la charge l'a atteinte, des vitesses sensiblement égales à celles qu'elles prennent, en effet, à ce moment quand leur inertie est négligeable. Il n'a donc pas encore été réellement possible de s'affranchir, dans ce beau mais difficile problème, de l'hypothèse restrictive d'une inertie de la barre négligeable, et c'est pourquoi, la solution de M. Stokes conservant tout son intérêt, l'on me pardonnera d'y revenir ici, pour y simplifier considérablement l'intégration de l'équation différentielle et en présenter le résultat sous une forme intuitive.

Je prendrai comme origine des abscisses horizontales x le milieu de la longueur $2l$ (*) de la barre dans son état naturel, et j'appellerai : 1°, y, l'ordonnée verticale, au-dessous de ce niveau, du bas de la charge roulante Q, à l'époque t où son abscisse est $x = Vt$; 2°, $F = Q - \dfrac{Q}{g}\dfrac{d^2y}{dt^2}$, la pression (normale) qu'elle exerce, tant par son poids que par son inertie, sur la barre. D'après une formule connue de la flexion d'une barre par une charge agissant à des distances inégales de ses extrémités appuyées (formule facile, du reste, à déduire de principes posés au commencement de ce n°), et vu d'ailleurs l'hypothèse que la forme actuelle de la barre soit celle de son équilibre sous l'action de la pression F, l'ordonnée y du point d'application de cette force F égalera le produit de la flèche statique, f, que produirait la charge Q posée au milieu de la barre, par l'expression

---

(*) Le lecteur remarquera que l désigne, ici, la demi-longueur seulement de la barre, et non sa longueur totale comme dans la question précédente.

$\dfrac{F}{Q}\left(1-\dfrac{x^2}{l^2}\right)^2$ (*). Ainsi, à cause de $dx = V\,dt$, l'équation différentielle de la trajectoire du poids Q sera

$$(h)\qquad \frac{y}{f} = \left(1-\frac{x^2}{l^2}\right)^2\left(1 - \frac{V^2}{g}\,\frac{d^2 y}{d\,x^2}\right).$$

Pour l'intégrer, introduisons, d'une part, la nouvelle variable indépendante

$$\tau = \frac{1}{2}\log\frac{l+x}{l-x},$$

(*) La valeur de la flèche dont il s'agit est $f = \dfrac{Q\,l^3}{6\,E\,I} = \dfrac{Q\,l^3}{6\,E\,k^2\,h^2}$. En général, sous l'action de la pression F s'exerçant au point d'abscisse x, le déplacement transversal w du tronçon de la barre qui a pour abscisse X se compose de deux termes, dont l'un, vérifiant, outre l'équation indéfinie, les quatre conditions spéciales au point $X = x$, est toujours

$$-\frac{F\,l^3}{12\,E\,I}\left(\frac{X-x}{l}\right)^2\left(1 - \frac{\sqrt{(X-x)^2}}{l} - \frac{X\,x}{l^2}\right),$$

et dont l'autre, dépendant des conditions dans lesquelles se trouvent les deux extrémités $x = \pm l$, est : 1°.

$$\frac{F\,l^3}{6\,E\,I}\left(1 - \frac{x^2}{l^2}\right)\left(1 - \frac{X^2}{l^2}\right),$$

quand elles sont appuyées ; 2°.

$$\frac{F\,l^3}{24\,E\,I}\left(1 - \frac{x^2}{l^2}\right)\left(1 - \frac{X^2}{l^2}\right)\left(1 - \frac{X\,x}{l^2}\right),$$

quand elles sont encastrées ; 3°.

$$\frac{F\,l^3}{96\,E\,I}\left(1 - \frac{x^2}{l^2}\right)\left(1 - \frac{X^2}{l^2}\right)\left[4^2 - \left(3 + \frac{x}{l}\right)\left(3 + \frac{X}{l}\right)\right],$$

quand l'une, $x = - l$, est simplement appuyée et l'autre, $x = l$, encastrée. On remarquera que ces trois expressions de w sont symétriques par rapport à x et à X ; de sorte que, *si deux charges égales sont déposées en deux points différents (x et X) de la barre, chacune d'elles éprouve par l'effet de l'autre le même abaissement*. C'est une extension assez curieuse de la loi de réciprocité démontrée au n° 31 du mémoire principal ci-dessus (p. 128) pour une plaque circulaire. Dans le premier cas, où les extrémités sont simplement appuyées, elle s'applique même aux couples de flexion, ou aux courbures prises par l'axe, dont l'expression est alors

$$-\frac{d^2 w}{d\,X^2} = \frac{F\,l}{2\,E\,I}\left(1 - \frac{\sqrt{(X-x)^2}}{l} - \frac{X\,x}{l^2}\right).$$

dont $\frac{x}{l}$ est la tangente hyperbolique, et qui croît de $-\infty$ à ∞ quand x grandit de $-l$ à $+l$, d'autre part, la nouvelle fonction, η, obtenue en posant

$$y = \frac{gl^2}{2V^2} \frac{\eta}{\cos \text{hyp}\, \tau}.$$

La formule de transformation étant

$$\frac{d}{dx} = \frac{\cos \text{hyp}^2 \tau}{l} \frac{d}{d\tau},$$

on trouvera successivement

$$(h') \quad \begin{cases} \dfrac{dy}{dx} = \dfrac{gl}{2\,V^2} \left(\dfrac{d\eta}{d\tau} \cos \text{hyp}\, \tau - \eta \sin \text{hyp}\, \tau \right), \\[2ex] \dfrac{d^2 y}{dx^2} = \dfrac{g \cos \text{hyp}^3 \tau}{2\,V^2} \left(\dfrac{d^2 \eta}{d\tau^2} - \eta \right); \end{cases}$$

et, vu la formule $1 - \dfrac{x^2}{l^2} = 1 - \text{tg hyp}^2 \tau = \dfrac{1}{\cos \text{hyp}^2 \tau}$, si l'on appelle $\pm k^2$ (avec k positif) la différence $\dfrac{gl^2}{lV^2} - 1$, l'équation (h) deviendra

$$(h'') \qquad \frac{d^2}{d\tau^2} \pm k^2\, \eta = \frac{2}{\cos \text{hyp}^3 \tau}.$$

Or, celle-ci, linéaire à coefficients constants, s'intègre par la méthode classique, et, en tenant compte des conditions d'état initial $y = o$, $\dfrac{dy}{dx} = o$ pour $x = -l$ ou $\tau = -\infty$, elle donne

$$(h''') \qquad \eta = \frac{2}{k} \int_{-\infty}^{\tau} \frac{\varphi(\alpha)\, d\alpha}{\cos \text{hyp}^3 \alpha},$$

$\varphi(\alpha)$ désignant, pour abréger, la fonction $\sin(k\tau - k\alpha)$

quand on prend les signes supérieurs, on que $\frac{fV^2}{gl^2}$ est < 1, et la fonction $\sin \text{hyp} (k\tau - k\alpha)$ quand, au contraire, on prend les signes inférieurs, on que $\frac{fV^2}{gl^2}$ est > 1 (cas où il est bon d'observer que le nombre k n'atteint jamais l'unité). En effet, d'une part, deux différentiations immédiates montrent que l'expression (h''') de η vérifie bien l'équation différentielle (h'') ; d'autre part, en faisant, dans (h'''), τ et α très grands négativement (ce qui donne à fort peu près $\cos \text{hyp} \, \alpha = \frac{1}{2} e^{-\alpha}$), et puis posant $\tau - \alpha = \beta$, il vient

$$\eta = \begin{cases} \text{soit } \dfrac{16\, e^{3\tau}}{k} \displaystyle\int_0^\infty e^{-3\beta} \sin k\beta \, d\beta = \dfrac{16}{9+k^2} e^{3\tau}, \\[2em] \text{soit } \dfrac{8\, e^{3\tau}}{k} \displaystyle\int_0^\infty \left[e^{-(3-k)\beta} - e^{-(3+k)\beta} \right] d\beta = \dfrac{16}{9-k^2} e^{3\tau}, \end{cases}$$

et l'expression (h') de $\dfrac{dy}{dx}$, comme celle, $\dfrac{g\,l^2}{2V^2} \dfrac{\tau}{\cos \text{hyp}\,\tau} = \dfrac{g\,l^2}{V^2} \eta e^{\tau}$, de y, s'annulent bien pour $\tau = -\infty$. Si, au contraire, ajoutant au second membre de (h''') deux termes de la forme

$$A \cos k\tau + B \sin k\tau,$$

ou de la forme

$$A\, e^{k\tau} + B\, e^{-k\tau} \ (\text{avec } k < 1),$$

on prenait toute autre intégrale particulière de (h''), il viendrait bien $y = 0$, mais non $\dfrac{dy}{dx} = 0$, à la limite $\tau = -\infty$, pour peu que l'une des constantes A ou B différât de zéro.

Il reste à évaluer l'intégrale définie que contient le second

membre de (h'''). Dans ce but, je considérerai, en général,
l'intégrale

$$I_n = \int_{-\infty}^{\alpha} \frac{\varphi(\alpha)\,d\alpha}{\cos \mathrm{hyp}^n \alpha},$$

où n est un nombre positif quelconque et où $\varphi(\alpha)$ désigne
encore soit l'expression $\sin(k\tau - k\alpha)$, soit l'expression
$\sin \mathrm{hyp}\,(k\tau - k\alpha)$ mais avec k alors inférieur à n.

Elle est reliée à celle de même forme I_{n+2} par la formule

$$(i) \qquad I_n = -\frac{\cos \mathrm{hyp}^{-2n}\alpha}{n^2 \pm k^2}\frac{d.\varphi(\alpha)\cos \mathrm{hyp}^n \alpha}{d\alpha} + \frac{n(n+1)}{n^2 \pm k^2}I_{n+2},$$

qui, évidemment vraie pour $\alpha = -\infty$ [car tous ses termes
s'annulent dans ce cas], se démontre, pour les autres
valeurs de α, en observant que les dérivées en α de ses deux
membres deviennent identiques par les substitutions, à
$\sin \mathrm{hyp}^2 \alpha$, de $\cos \mathrm{hyp}^2 \alpha - 1$, et de $\mp k^2 \varphi(\alpha)$ à $\varphi''(\alpha)$;
de sorte que cette formule subsisterait quand bien même
$\varphi(\alpha)$ serait un cosinus, ordinaire ou hyperbolique, d'un
arc fonction linéaire de α, au lieu d'en être, comme ici,
le sinus. Je m'en servirai pour ramener I_1 à I_3, puis à I_5,
à I_7, etc., et obtenir ainsi une expression de I_1, en série,
dont le terme complémentaire R sera proportionnel à une
intégrale, I_p, d'un indice p très grand. Or celle-ci, où, sous
le signe $\int$, paraît le dénominateur $\cos \mathrm{hyp}^p \alpha$ d'une crois-
sance extrêmement rapide dès que α diffère un peu de zéro,
a ses principaux éléments pour les très petites valeurs
absolues de α. Évaluons-la, en supposant d'abord que sa
limite supérieure dépasse sensiblement zéro, ou que les
éléments dont il s'agit s'y trouvent bien.

Occupons-nous, en premier lieu, des valeurs de α telles,
que α^2 soit inférieur au très petit nombre $2\dfrac{\log p}{p}$. Leur cosinus

hyperbolique $1 + \frac{\alpha^2}{2} + \frac{\alpha^4}{24} + \ldots$ égale l'exponentielle $e^{\frac{\alpha^2}{2} - \frac{\alpha^4}{12} + \ldots}$,
comme on le voit en développant celle-ci. Par suite, les
éléments correspondants de I_p valent, sauf erreur relative
négligeable,

$$\varphi(o)\, e^{-\frac{1}{2}p\alpha^2}\, e^{p\left(\frac{\alpha^4}{12} - \ldots\right)} d\alpha;$$

et ils sont même réductibles à $\varphi(o)\, e^{-\frac{1}{2}p\alpha^2} d\alpha$, car la plus
grande valeur à considérer de l'exposant $p\left(\frac{\alpha^4}{12} - \ldots\right)$ ou,
à fort peu près, de $\frac{1}{8} p \left(\frac{\alpha^2}{2}\right)^2$, est $\frac{1}{3} p \left(\frac{\log p}{p}\right)^2 = \frac{1}{3}\left(\frac{\log p}{\sqrt{p}}\right)^2$,
nombre aussi petit qu'on veut si p est assez grand. Ainsi,
les éléments dont il s'agit auront pour somme, sauf erreur
relative négligeable, l'intégrale $\varphi(o)\int e^{-\frac{1}{2}p\alpha^2} d\alpha$, prise entre
les deux limites, de signes contraires, qui rendent l'exposant $-\frac{1}{2} p\alpha^2$ égal à $-\log p$ et pour lesquelles, par conséquent, la fonction sous le signe $\int$ n'a plus que la valeur
insensible $\frac{1}{p}$. C'est dire que la somme en question, si l'on
y pose $\frac{1}{2} p\alpha^2 = \beta^2$, $d\alpha = \sqrt{\frac{2}{p}}\, d\beta$, peut s'écrire

$$\varphi(o) \sqrt{\frac{2}{p}} \int_{-\infty}^{\infty} e^{-\beta^2} d\beta:$$

elle égale donc, d'après une formule de Poisson, $\varphi(o)\sqrt{\frac{2\pi}{p}}$.

Passons maintenant aux valeurs de α pour lesquelles α^2
est compris entre $2\frac{\log p}{p}$ et la valeur particulière, $\theta^2 = o,4805$
environ, qui donne $\frac{1}{2}e^{\theta} = 1$. Le facteur $\cos\,\mathrm{hyp}^{-p}\,\alpha$ y est au
plus égal à la dernière, $\frac{1}{p}$, de ses valeurs précédentes ; et,
comme l'intervalle des limites s'y trouve seulement com-

parable à l'unité, la somme de tous les éléments correspondants de l'intégrale I_p sera seulement de l'ordre de $\dfrac{\varphi(\theta)}{p}$, ou insignifiante par rapport à la somme des précédents, qui était de l'ordre de $\dfrac{\varphi(\theta)}{\sqrt{p}}$.

Enfin, les éléments correspondant à α^2 plus grand que θ^2 sont loin d'égaler, pour la valeur absolue, ceux qu'on obtient en remplaçant, dans le dénominateur, cos hyp α par la fonction plus petite $\dfrac{1}{2} e^{\sqrt{\alpha^2}}$, et en mettant, pour le numérateur $\varphi(\alpha)$, 1°, quand $\varphi(\alpha)$ est un sinus ou un cosinus ordinaire, la valeur absolue plus grande 1, 2°, quand $\varphi(\alpha)$ est un sinus ou un cosinus hyperbolique, la quantité, généralement du même ordre, $\varphi(0) e^{k\sqrt{\alpha^2}}$. Par suite, la somme de tous les éléments en question, tant pour α négatif que pour α positif, est au plus comparable, dans le premier cas, à

$$2^{p+1} \int_{\theta}^{\infty} e^{-p\alpha}\, d\alpha = \frac{2^{p+1}}{p}\, e^{-p\theta} = \frac{2}{p},$$

dans le second, à

$$2^{p+1} \varphi(0) \int_{\theta}^{\infty} e^{-(p-k)\alpha}\, d\alpha = \frac{2^{p+1}\varphi(0)}{p-k}\, e^{-(p-k)\theta} = \frac{2^{1-k}\varphi(0)}{p-k}.$$

Or ces quantités sont encore de l'ordre de $\dfrac{\varphi(0)}{p}$ et négligeables comme la précédente.

Donc, pour p très grand, l'intégrale I_p égale à fort peu près $\sqrt{\dfrac{2\pi}{p}}\,\varphi(0)$ quand sa limite supérieure est positive, et elle n'a que des valeurs incomparablement plus voisines de zéro quand sa limite supérieure est négative.

La série déduite de (δ) pour exprimer I_1 aura ainsi son terme complémentaire, c'est-à-dire celui qui est proportionnel à I_p, déterminé avec une erreur relative d'autant moindre qu'on aura pris plus de termes avant lui. Finalement, choisissons τ pour limite supérieure des intégrations et, rappelant que $\varphi(\alpha)$ égale soit $\sin(k\tau - k\alpha)$, soit $\sin \text{hyp}(k\tau - k\alpha)$, observons, d'une part, dans les divers termes de la série, que cette définition de $\varphi(\alpha)$ donne $\varphi(\tau) = 0$ et $\varphi'(\tau) = -k$, d'autre part, dans le terme complémentaire R, que $\varphi(0) = \sin k\tau$ ou $\sin \text{hyp}\, k\tau$, que le produit $2.4\ldots(p-1)$ peut être remplacé, d'après la formule de Wallis, par $3.5\ldots(p-2)\sqrt{\dfrac{\overline{\pi p}}{2}}$, et que

$$\left(1 \pm \frac{k^2}{1}\right)\left(1 \pm \frac{k^2}{9}\right)\left(1 \pm \frac{k^2}{25}\right)\ldots = \cos \text{hyp}\, \frac{k\pi}{2} \text{ ou } \cos \frac{k\pi}{2}.$$

Il viendra

$$(i') \begin{cases} I_1 = R + \dfrac{k}{(1 \pm k^2)\cos \text{hyp}\,\tau} + \dfrac{1.2}{1 \pm k^2}\dfrac{k}{(9 \pm k^2)\cos \text{hyp}^3\tau} \\[2ex] \qquad\qquad + \dfrac{1.2}{1 \pm k^2}\dfrac{3.4}{9 \pm k^2}\dfrac{k}{(25 \pm k^2)\cos \text{hyp}^5\tau} + \ldots, \\[2ex] \text{où, pour } \tau < 0,\ R = 0 \text{ et, pour } \tau > 0,\ R = \dfrac{\pi\,(\sin k\tau \text{ ou } \sin \text{hyp}\, k\tau)}{\left(\cos \text{hyp}\,\dfrac{k\pi}{2} \text{ ou } \cos \dfrac{k\pi}{2}\right)}. \end{cases}$$

De cette valeur de I_1, en faisant, dans (i), $n = 1$ et $\alpha = \tau$, on déduira $\dfrac{2 I_3}{k} = \dfrac{1 \pm k^2}{k} I_1 - \dfrac{1}{\cos \text{hyp}\,\tau}$; ce qui, d'après (h'''), sera l'expression de la fonction inconnue η. Enfin, on trouvera pour l'équation de la trajectoire de la charge roulante, en appelant ici T le terme complémentaire et introduisant, au lieu de η et τ, l'ordonnée $y = \dfrac{g l^2}{2 V^2}\dfrac{\eta}{\cos \text{hyp}\,\tau}$ et l'abscisse x liée à τ par la relation $\tau = \frac{1}{2}\log\dfrac{l + x}{l - x}$:

$$(i''')\begin{cases} \dfrac{2V^2}{gl^2}\,y = T + \dfrac{1.2}{9\pm k^2}\left(1 - \dfrac{x^2}{l^2}\right)^2 + \dfrac{1.2}{9\pm k^2}\dfrac{3.4}{25\pm k^2}\left(1 - \dfrac{x^2}{l^2}\right)^3 + \ldots \\[2ex] \qquad + \dfrac{1.2}{9\pm k^2}\dfrac{3.4}{25\pm k^2}\cdots\cdots\dfrac{(2m-1)\,(2m)}{(2m+1)^2\pm k^2}\left(1 - \dfrac{x^2}{l^2}\right)^{m+1} + \ldots, \\[2ex] \text{où, pour } x < 0,\; T = 0 \text{ et, pour } x > 0, \\[2ex] \qquad T = \pi\,\dfrac{1\pm k^2}{k}\,\dfrac{(\text{sin ou sin hyp})\left(\dfrac{k}{2}\log\dfrac{l+x}{l-x}\right)}{(\text{cos hyp ou cos})\dfrac{k\pi}{2}}\sqrt{1 - \dfrac{x^2}{l^2}}. \end{cases}$$

C'est quand on prend les signes supérieurs, ou quand $\dfrac{fV^2}{gl^2}$ est < 1, que l'expression de T contient un sinus ordinaire et un cosinus hyperbolique, tandis que, lorsqu'on prend les signes inférieurs, ou que $\dfrac{fV^2}{gl^2}$ est > 1, elle contient un sinus hyperbolique et un cosinus ordinaire. Rappelons d'ailleurs que $\pm k^2$ désigne la différence $\dfrac{gl^2}{fV^2} - 1$.

Le second membre de (i''') se réduit à une forme finie dans les deux cas extrêmes où V est, soit infiniment petit, soit infini. Dans le premier cas, où l'on doit prendre les signes supérieurs avec k très grand, T devient infiniment moindre que les autres termes, à cause du cosinus hyperbolique qu'il contient en dénominateur, et, de plus, la série se réduit à son premier terme, simplifié même par la suppression, dans son dénominateur, de ce qui s'y trouve à côté de k^2 ou, plutôt, à côté de $k^2 + 1$ $\left(\text{qui égale } \dfrac{gl^2}{fV^2}\right)$: il vient donc simplement pour y la *valeur statique* $f\left(1 - \dfrac{x^2}{l^2}\right)^2$. Dans le second cas, où l'on doit prendre les signes inférieurs avec k presque égal à l'unité, le terme T, pour $x > 0$, se réduit à $4\dfrac{x}{l}$, et les autres termes du second membre de (i''') constituent, en y représentant $1 - \dfrac{x^2}{l^2}$ par γ, le développement, suivant les puissances de γ, de $2\left(1-\sqrt{1-\gamma}\right)-\eta = \left(1-\sqrt{1-\gamma}\right)^2 = \left(1-\sqrt{\dfrac{x^2}{l^2}}\right)^2$; en sorte que, soit pour $x < 0$, soit pour $x > 0$, le second membre de (i''') se réduit à $\left(1+\dfrac{x}{l}\right)^2$: la charge Q décrit, le long de la barre, la même trajectoire que si elle tombait en chute libre.

On voit sur cet exemple que, sans le terme T, les deux parties de la trajectoire situées de part et d'autre de la verticale moyenne $x = 0$ seraient, non seulement symétriques et, d'ailleurs, constamment descendantes à partir de leur élément, horizontal dans cette hypothèse, situé à l'extrémité contiguë $x = \pm\, l$, mais, aussi, inclinées par rapport à l'horizon au point où elles se joindraient, et qu'elles y formeraient, par conséquent, l'une avec l'autre, un certain angle. Or, avec la valeur (h''') de η, l'expression (h') de $\dfrac{dy}{dx}$ ne comporte évidemment, pour $x = 0$ ou $\tau = 0$, aucune discontinuité. Donc le terme T, en accroissant, au moins tant que x est assez petit, les ordonnées de la seconde partie, supprime cet angle et rejette vers la seconde extrémité $x = l$ l'ordonnée maxima ou le point le plus bas de la courbe. La valeur initiale, ou correspondant à x positif et infiniment petit, de sa dérivée $\dfrac{dT}{dx}$, valeur qui est

$$\frac{x}{l}\;\frac{1\pm k^2}{(\cos\ \text{hyp ou}\ \cos)\dfrac{\pi k}{2}},$$

représente, d'après cela, le double de la dérivée de $\dfrac{2V^2}{gl^2}\,y$ pour $x = 0$; en sorte que la pente y' de la trajectoire au milieu $x = 0$ de la barre est

$$\frac{gl}{4V^2}\;\frac{\pi(1\pm k^2)}{(\cos\ \text{hyp ou}\ \cos)\dfrac{k\pi}{2}}.$$

Distinguons maintenant les trois cas $lV^2 = gl^2$, $lV^2 > gl^2$, $lV^2 < gl^2$.

Dans le premier, correspondant à $k = 0$ et intermédiaire

entre ceux où la formule (i'') doit être prise avec les signes inférieurs et ceux où elle doit l'être avec les signes supérieurs, le terme complémentaire T, où k tend vers zéro, se réduit à $\frac{\pi}{2} \left(\log \frac{l+x}{l-x} \right) \sqrt{1 - \frac{x^2}{l^2}}$ (pour $x > 0$): il est toujours positif et, nul aux deux limites $x = 0$, $x = l$, il devient maximum une fois seulement dans l'intervalle, car sa dérivée a le signe du facteur sans cesse décroissant $1 - \frac{x}{2l} \log \frac{l+x}{l-x}$. Comme ses variations sont notablement plus rapides que celles des autres termes [*] du second membre de (i''), l'ordonnée y ne présente également qu'un maximum, qui peut s'obtenir avec une approximation très suffisante en gardant seulement les trois ou quatre premiers de ces autres termes. Sa valeur est $(1,0544) f$, et se produit pour $x = (0,818) l$, c'est-à-dire vers les 91 centièmes de la longueur totale $2\,l$ de la barre. Au-delà, le terme T est presque le seul sensible, et sa dérivée, à cause du logarithme croissant que contient son numérateur, mais surtout du radical décroissant $\sqrt{1 - \frac{x^2}{l^2}}$ qui constitue son dénominateur, augmente sans cesse en valeur absolue, pour devenir infinie quand x atteint la valeur extrême l. Ainsi, la trajectoire du poids Q, horizontale au départ $x = -l$, s'abaisse jusque tout près de la seconde extrémité $x = l$, pour se relever ensuite rapidement.

[*] Ces autres termes ensemble équivalent alors à l'expression finie

$$- \left(1 - \frac{x^2}{l^2} \right) + \frac{1}{2} \sqrt{1 - \frac{x^2}{l^2}} \int_{0}^{\frac{\pi}{2}} \log \frac{1 + \sqrt{1 - \frac{x^2}{l^2}} \sin \varphi}{1 - \sqrt{1 - \frac{x^2}{l^2}} \sin \varphi} \, d\varphi,$$

comme on le reconnaît aisément en développant le logarithme en série par la formule

$$\log \frac{1+\mu}{1-\mu} = 2 \left(\frac{\mu}{1} + \frac{\mu^3}{3} + .. \right)$$

et en intégrant ensuite chaque terme.

Ces caractères persistent, en s'exagérant, dans le deuxième cas, $fV^2 > gl^2$, où le second membre de (i'') doit être pris avec les signes inférieurs et où k varie seulement de zéro à 1. On y reconnaît aisément les circonstances suivantes : 1°, pour une même valeur de x, ce deuxième membre grandit, dans chacun de ses termes, en même temps que $\dfrac{fV^2}{gl^2}$ ou k [ce qui se voit, pour T, en remplaçant le dénominateur $\cos\dfrac{k\pi}{2}$ par $(1 - k^2)\left(1 - \dfrac{k^2}{9}\right)\left(1 - \dfrac{k^2}{25}\right)\ldots$ et en observant aussi que le rapport d'un sinus hyperbolique à son arc grandit avec cet arc]; 2°, par suite, le maximum du deuxième membre grandit aussi avec k, savoir, depuis 2,109 environ, qui est sa valeur pour $k = o$, jusqu'à 4, qui l'exprime pour $k = 1$, c'est-à-dire dans le cas limite où le second membre en question se réduit à $\left(1 + \dfrac{x}{l}\right)^2$ et devient aussi grand que possible pour $x = l$; 3°, la valeur de $\dfrac{x}{l}$ à laquelle correspond ce maximum, et qui annule sensiblement la dérivée $\dfrac{dT}{dx}$ [ou, par suite, le facteur

$$1 - \frac{x}{kl}\,\text{tang hyp}\left(\frac{k}{2}\log\frac{l+x}{l-x}\right)$$

croissant avec k mais variable en sens inverse de x], grandit également avec k, qu'elle dépasse toujours. En effet, pour $\dfrac{x}{l} = k$, le facteur $1 - \dfrac{x}{kl}\,\text{tang hyp}\left(\dfrac{k}{2}\log\dfrac{l+x}{l-x}\right)$ exprime l'excès, essentiellement positif, de l'unité sur une tangente hyperbolique; c'est donc une valeur supérieure à k qu'il faut attribuer à $\dfrac{x}{l}$ si l'on veut que ce facteur s'annule. Ainsi, l'ordonnée maxima s'y approche autant qu'on veut de la seconde extrémité $x = l$, lorsque k tend vers l'unité ou que fV^2 augmente indéfiniment. La trajectoire du poids Q continue d'ailleurs à présenter une forme simple, tout entière au-dessous de la position d'état naturel de la barre.

Au contraire, pour $f\mathrm{V}^2 < gl^2$, cas où il faut prendre, dans (i''), les signes supérieurs, le point le plus bas, auquel correspond l'ordonnée maximum, se rapproche du milieu de la barre. Il l'atteindrait même pour k infini, soit parce que le sinus paraissant au numérateur de T aurait son premier maximum 1 (rendant T évidemment plus grand qu'il n'est par la suite) pour une valeur de x infiniment peu supérieure à zéro, soit aussi parce que le terme T s'effacerait alors (à cause du cosinus hyperbolique figurant à son dénominateur) devant les autres termes du second membre de (i''), dont les plus grandes valeurs se produisent pour $x = 0$. Il importe surtout de remarquer, dans ce troisième cas $f\mathrm{V}^2 < gl^2$, que la présence du sinus de $\frac{k}{2} \log \frac{l+x}{l-x}$ au numérateur de T indique une infinité d'oscillations, de plus en plus rapprochées à mesure que x grandit, mais rendues de plus en plus faibles par le facteur décroissant $\sqrt{1 - \frac{x^2}{l^2}}$. Dans le voisinage de $x = l$, le terme T, qui s'y trouve seulement de l'ordre de petitesse de $\sqrt{1 - \frac{x^2}{l^2}}$, l'emporte sur tous les autres du second membre; d'où il suit que y change de signe à peu près avec T, ou que les oscillations se font de part et d'autre de l'axe des x. Ainsi, le poids Q rebondit, une infinité de fois, plus haut que le niveau d'équilibre de la barre, supposé qu'il ne la quitte pas, et celle-ci est soulevée par moments au-dessus de ses appuis, dont elle tend à se détacher. Mais il faut admettre, pour cela, que le poids Q, maintenu en contact avec la barre, puisse exercer sur elle, de bas en haut, des tractions considérables; sans quoi, et c'est ce qui arrivera d'ordinaire comme l'a remarqué M. Stokes, il est simplement lancé plus ou moins loin et peut même ne retomber ensuite qu'au-delà de la seconde extrémité $x = l$, effectuant ainsi, avant d'avoir parcouru toute la longueur $2l$ de la barre, le bond qu'elle ne ferait qu'à l'extrémité même $x = l$ dans le cas des grandes vitesses ou de $fV^2 > gl^2$. Enfin, au moment de l'arrivée à cette seconde extrémité $x = l$, et toujours dans l'hypothèse que la barre ne puisse se débarrasser qu'alors de sa charge Q, les oscillations de celle-ci, infiniment petites et infiniment rapprochées, sont presque verticales, comme l'était, dans le cas précédent, le dernier élément de la trajectoire : circonstance due encore au dénominateur $\sqrt{1 - \dfrac{x^2}{l^2}}$ affectant la dérivée de T.

Dans le cas usuel où le rapport $\dfrac{fV^2}{gl^2}$ est très petit et où, par suite, $k^2 + 1 = \dfrac{gl^2}{fV^2}$ est très grand, le terme T, sauf pour les valeurs de x très voisines de l, s'efface devant les autres, comme on a vu; et ces autres termes peuvent même être bornés à ceux dont l'ordre de petitesse en $\dfrac{1}{k^2+1} = \dfrac{fV^2}{gl^2}$ n'est pas trop élevé, aux deux premiers, par exemple, dans le plus important desquels l'inverse de $9+k^2$ deviendra $\dfrac{1}{k^2+1}\left(1 - \dfrac{8}{k^2+1}\right)$, tandis que, dans l'autre, l'inverse du produit $(9+k^2)(25+k^2)$ sera réductible à celui de $(k^2+1)^2$. Il en résulte, pour la valeur de y, le produit de $f\left(1 - \dfrac{x^2}{l^2}\right)^2$, c'est-à-dire de ce qu'elle serait à l'état statique ou si l'abscisse x du poids Q ne changeait pas, par le facteur, toujours positif, $1 + 4\dfrac{fV^2}{gl^2}\left(1 - 3\dfrac{x^2}{l^2}\right)$, dont le maximum a lieu pour $x = 0$ et dont la valeur moyenne est l'unité. L'expression de y ainsi obtenue concorde avec celle que M. Phillips et M. de St-Venant ont trouvée, dans ce cas, par une méthode d'approximations successives, et elle est d'accord avec une expression de la flèche centrale (ou de y pour $x = 0$) donnée en 1849 par M. Stokes.

Occupons-nous, maintenant, non plus de la trajectoire de la charge roulante Q, mais de la pression F qu'elle exerce sur la barre, ainsi que des flèches et des plus grandes courbures qu'elle y produit. Le rapport de F à Q égale $1 - \frac{V^2}{g}\frac{d^2y}{dx^2}$, c'est-à-dire, d'après l'équation même, (h), du mouvement, $\frac{1 \pm k^2}{2}\left(1 - \frac{x^2}{l^2}\right)^{-2}\left(\frac{2V^2}{gl^2}y\right)$, valeur dans laquelle il n'y a plus qu'à remplacer le dernier facteur par son expression (i''). On voit que le terme T sera le seul, de cette expression, non divisible par $\left(1 - \frac{x^2}{l^2}\right)^2$, et donnant un quotient infini pour $x = l$. Un fait analogue a lieu soit pour la plus grande courbure de l'axe, $\frac{3f}{l^2}\frac{F}{Q}\left(1 - \frac{x^2}{l^2}\right)$, produite, à chaque instant, à l'endroit où se trouve la charge, soit pour la flèche de la barre, mesurée ou au milieu, ou au point où elle est le plus grande, et, dans les deux cas, assez sensiblement proportionnelle à la plus grande courbure (*). Quand fV^2 est $< gl^2$, et supposé que la charge, sur le point d'arriver à la seconde extrémité $x = l$, exécutât les oscillations de plus en plus brèves dont il vient d'être parlé, ces oscillations, même imperceptibles, en produiraient d'énormes, de plus en plus rapides, de la barre entière, au-dessus et au-dessous de sa situation d'état naturel.

(*) La discussion de la première des trois expressions de u données à la note de la page 562 montre en effet, d'une part, que la flèche, mesurée au milieu, ou pour $X = o$, est le produit de $f\frac{F}{Q}\left(1 - \frac{x^2}{l^2}\right)$ par le facteur $1 - \frac{x^2}{2l(l + \sqrt{fx^2})}$, lequel décroît seulement de 1 à 0,75 ou $\frac{3}{4}$ quand x^2 croît de zéro à l^2; d'autre part, que la flèche maximum a lieu pour la valeur de $\frac{X}{l}$, comprise entre zéro et $\frac{1}{3}\frac{x}{l}$, dont la grandeur absolue est $-1 + \sqrt{\left(1 + \frac{\sqrt{fx^2}}{l}\right)\left(1 - \frac{\sqrt{fx^2}}{3l}\right)}$, et que cette flèche égale le produit de $f\frac{F}{Q}\left(1 - \frac{x^2}{l^2}\right)$ par le facteur $\sqrt{\left(1 + \frac{\sqrt{fx^2}}{l}\right)\left(1 - \frac{\sqrt{fx^2}}{3l}\right)^2}$, décroissant seulement de 1 à $\frac{4\sqrt{3}}{9} = 0{,}7698$ quand x^2 grandit de 0 à l^2.

Donc, toutes les fois que la charge Q a une masse suffisante pour pouvoir imprimer presque instantanément à la barre des vitesses qui ne soient pas très grandes, elle exerce sur elle les plus fortes pressions au moment d'atteindre sa seconde extrémité, à moins qu'elle n'ait, d'un bond, quitté auparavant la barre : et les pressions dont il s'agit croîtraient même indéfiniment, si les diverses parties de la barre continuaient à n'opposer que des inerties insensibles. Mais, plus leur masse est faible, et plus sont grandes les vitesses qu'elles prennent à ce moment pour acquérir les énormes courbures qu'elles ont à subir ; de sorte que leurs inerties, négligées par la théorie précédente, entrent nécessairement en jeu et restreignent les flexions.

En résumé, contrairement à ce qui a lieu dans un choc soit longitudinal, soit transversal, où l'élasticité de la barre suffit à elle seule pour limiter les déformations, sa *masse* est ici indispensable (au moins quand la charge arrive jusqu'à la seconde extrémité sans sauter par dessus) pour amortir les vitesses qu'elle reçoit ; et il importe, par conséquent, que cette masse ne soit pas trop faible.

L'hypothèse, faite ici, d'une inertie de la barre négligeable, ne paraît donc pas très pratique ; et c'est pourquoi je me dispenserai d'examiner plus complètement le cas, d'ailleurs usuel, où la vitesse donnée V de la charge roulante se trouve inférieure à $l\sqrt{\dfrac{g}{f}}$, et où par suite, l'ordonnée y s'annulant une première fois pour x plus ou moins voisin de l, la charge Q est lancée à ce moment au-dessus de la barre, laissant celle-ci (vu sa faible masse) à peu près en repos dans sa situation d'état naturel. La vitesse ascendante $-\dfrac{dy}{dt} = -\,V\,\dfrac{dy}{dx}$ de la charge Q à ce moment, combinée avec sa vitesse horizontale V, déterminerait la *portée* de sa trajectoire dans l'espace libre, c'est-à-dire, en d'autres termes, le point où elle retomberait soit sur la barre, soit au-delà de l'extrémité $x = l$. Il y aurait lieu, dans le premier cas, d'étudier les nouvelles flexions que prendrait la barre, sous le choc de la charge Q tombant ainsi sur elle en un point déterminé, et avec une vitesse descendante égale à sa vitesse ascendante de tout à l'heure, en outre de sa vitesse horizontale persistante V. Cette sorte de choc serait évidemment régie encore par l'équation différentielle (h) ou (h''), dont l'intégrale se formerait en ajoutant au second membre de (h''') les termes $A \cos k\tau + B \sin k\tau$; et l'on déterminerait enfin les constantes arbitraires A et B par les nouvelles conditions d'état initial $y = o$ et $\dfrac{dy}{dt}$ ou $V\dfrac{dy}{dx} = $ la vitesse descendante obtenue (pour x égal à l'abscisse du point où se produirait le choc).

§ IV. — APPLICATION A LA THÉORIE DES ONDES LIQUIDES PAR
ÉMERSION ET PAR IMPULSION

---

24. — *Équations aux dérivées partielles qui définissent le problème.*

On sait que les petits mouvements d'un liquide pesant contenu dans un bassin découvert sont régis, *quand le fluide a été d'abord en repos*, par les deux équations indéfinies

$$(152) \qquad \frac{p}{\rho} = g z - \frac{d\varphi}{dt}, \quad \frac{d^2\varphi}{dx^2} + \frac{d^2\varphi}{dy^2} + \frac{d^2\varphi}{dz^2} = 0,$$

p désignant l'excès de la pression exercée à l'endroit (x, y, z) et à l'époque t sur celle de l'atmosphère aux points de la surface libre où on la suppose invariable, et φ une fonction primitivement constante et même nulle, dont les dérivées premières en x, y, z égalent les trois composantes, u, v, w, de la vitesse, suivant deux axes horizontaux rectangulaires ox, oy, pris à la surface libre primitive, et suivant un axe vertical oz, dirigé vers le bas.

J'appellerai h la petite ordonnée z, à l'époque t et sur la verticale (x, y), de la surface supérieure du fluide, et φ_0, fonction, comme h, de x, y et t, la valeur que la fonction φ y reçoit. Cette surface, dans toute son étendue, sera supposée libre et à la pression constante prise pour zéro, excepté durant un très petit intervalle de temps ε au début du phénomène, de $t = -\varepsilon$ à $t = 0$, où une de ses parties, fort restreinte (au moins dans le sens des x), se trouvera soit en contact avec un solide légèrement immergé, d'abord en repos, qu'on enlèvera tout à coup, soit, seulement, soumise à des pressions variables, comme il s'en exerce à l'endroit de la surface d'un bassin où éclate un coup de vent.

Dans le premier cas, le mouvement sera dû à l'enlèvement
brusque du solide : aussi appellerons-nous les ondes produites des *ondes par émersion*. Pendant le court instant ε
que durera l'enlèvement du solide, les ordonnées de la surface ne changeront pas d'une manière appréciable; nulles
hors de la région que touchait le solide, elles seront, dans
cette région, égales à celles même de la surface qui limitait
inférieurement ce corps, et on devra les supposer données
en fonction de x et de y. De plus, la pression exercée à la
surface, et qui, pour $t < -\varepsilon$, se trouvait égale, d'après la première (152), à $pgz = \rho gh$, y variera de ρgh à zéro durant le
la même temps ε : la première formule (152) montre donc
que la dérivée de φ par rapport à t, comparable à gh seulement, ne pourra y faire prendre à la fonction φ, initialement
nulle, que des valeurs de l'ordre de $gh\varepsilon$, négligeables dans
des calculs où paraîtront au premier degré h ou ses dérivées
partielles. Ainsi, les *données initiales caractéristiques des
ondes par émersion*, ou qui expriment l'état du fluide à la
fin, $t = 0$, de la période préparatoire durant laquelle s'engen-
drent ces ondes, consisteront à poser

$$(153) \qquad \text{pour } t = 0 \quad \varphi_0 = 0 \quad \text{et} \quad h = F(x, y),$$

$F(x, y)$ désignant les petites ordonnées primitives, connues,
de la surface.

Dans le second cas, au contraire, les ondes qu'on obser-
vera proviendront des pressions variables exercées à la
surface libre durant un instant très court, de $t = -\varepsilon$ à $t = 0$,
et nous les appellerons des *ondes par impulsion*. Pendant
cet instant ε, l'ordonnée $z = h$ de la surface, sur chaque
verticale (x, y), restera insensible, comme étant de l'ordre
du produit de ε par la petite vitesse engendrée et, par conséquent, négligeable à côté de celle-ci, qui sera seulement de
l'ordre de ε. Si donc p_0 désigne les excès de pression produits à la surface, sur la verticale dont il s'agit, la première
équation (152) y donnera

$$(154) \qquad \frac{d\varphi_0}{dt} = - \frac{p_0}{\rho} \quad \text{et, par suite,} \quad \varphi_0 = - \frac{1}{\rho} \int_{-\infty}^{t} p_0 \, dt.$$

Comme on peut imaginer que, sur chaque verticale (x, y), la pression p_0, cause des phénomènes étudiés, soit donnée en fonction de t pendant tout le temps τ où elle agit, l'intégrale $\int_{-\infty}^{t} p_0 \, dt$, prise jusqu'à la limite supérieure $t = 0$, deviendra une certaine fonction de x et de y, exprimant *l'impulsion* totale exercée sur l'unité d'aire de la surface jusqu'au moment où la pression y retrouvera sa valeur primitive $p_0 = 0$. Donc, au facteur constant près $-\frac{1}{\rho}$, la fonction φ_0 égalera, à la fin $t = 0$ de la période préparatoire du phénomène, l'impulsion totale qu'aura subie l'unité d'aire de la surface au point considéré (x, y), et, si $F_1 (x, y)$ désigne une fonction connue, l'on aura, en définitive, comme *conditions initiales caractérisant les ondes par impulsion*,

$$(155) \qquad \text{(pour } t = 0) \qquad \varphi_0 = F_1 (x, y), \qquad h = 0.$$

Voyons maintenant quelles seront, dans tous les cas, pendant l'évolution des phénomènes, c'est-à-dire de $t = 0$ à $t = \infty$, les conditions spéciales à la surface libre. Comme on y aura $p = 0$ et $z = h$, la première (152) y deviendra $gh - \frac{d\varphi}{dt} = 0$; ce qui exprime que l'ordonnée h de la surface libre égalera le produit de $\frac{1}{g}$ par la valeur que prend la dérivée $\frac{d\varphi}{dt}$ au point considéré de la surface ou, très sensiblement, au pied (x, y) de cette petite ordonnée h sur le plan $z = 0$ de la surface libre primitive. Ainsi, l'on aura

$$(156) \qquad h = \frac{1}{g} \frac{d\varphi}{dt} \quad \text{(pour } z = 0).$$

Cette relation, différentiée par rapport à t, montre que la vitesse d'abaissement $\dfrac{dh}{dt}$ de la surface sera constamment égale à la valeur de $\dfrac{1}{g}\dfrac{d^2\varphi}{dt^2}$ pour $z = 0$. D'ailleurs, la vitesse d'abaissement de la surface ne diffère pas, à des termes près du second ordre de petitesse et négligeables, de la composante verticale de la vitesse des molécules fluides superficielles, composante exprimée par la dérivée $\dfrac{d\varphi}{dz}$, qui est, elle aussi, quand on y prend, $z = h$, à fort peu près la même que lorsqu'on y fait $z = 0$. La fonction φ devra donc satisfaire, pour toutes les valeurs positives de t, à la relation

$$(157) \qquad \text{(pour } z = 0) \qquad \frac{d\varphi}{dz} - \frac{1}{g}\frac{d^2\varphi}{dt^2} = 0.$$

Or, on démontre qu'en joignant à la seconde équation indéfinie (152) cette condition spéciale (157) et celle qui exprime la nullité de la composante normale de la vitesse (ou de la dérivée de φ suivant le sens normal) contre les parois, supposées fixes, du bassin, la fonction φ sera complètement déterminée, si l'on peut connaître, pour $z = 0$, les valeurs initiales de φ et de sa dérivée par rapport à t (*). Et, comme les relations (153) ou (155) donneront justement ces valeurs initiales de φ et de $\dfrac{d\varphi}{dt}$ pour $z = 0$, vu que φ_0 se confond, sauf erreur négligeable, avec la valeur de φ pour

(*) Voir, pour cette démonstration, mon *Essai sur la théorie des eaux courantes*, au *Recueil des savants étrangers* de l'Académie des Sciences de Paris, t. XXIII, p. 327, et t. XXIV. p. 16. Dans le cas, étudié ci-après, où l'on se donne $\varphi = 0$ (à l'infini) au lieu de la condition spéciale aux parois, il suffit, après avoir remplacé φ par $\varphi + \varphi'$, de raisonner sur φ' comme il est fait aux pages suivantes 583 à 586 sur la fonction τ, en observant que, pour $z = 0$, le produit de φ' par la dérivée de φ' en z sera, d'après (157), de même signe que celui de φ' par la dérivée seconde de φ' en t, produit essentiellement positif aux moments où la fonction φ' et sa dérivée première en t, nulles initialement, viendraient à s'écarter de zéro. L'inégalité (163) subsisterait donc, avec ses conséquences, en y substituant φ' à τ. Et la même démonstration, un peu plus simple que celle du tome XXIII cité, s'étend d'ailleurs, d'elle même, au cas d'une masse liquide limitée en tous sens, quand on y prend pour l'espace ϖ tout celui qu'occupe cette masse.

$z = 0$ et que h, d'après (156), exprime, au facteur constant près $\frac{1}{g}$, la dérivée $\frac{d\varphi}{dt}$ à la même limite $z = 0$, la fonction φ se trouvera bien, de la sorte, parfaitement définie. D'ailleurs, une partie de la démonstration citée prouve que les dérivées en x, y, z de φ sont nulles partout aux instants où, pour $z = 0$, $\varphi = 0$ quels que soient x et y; de sorte que la première condition d'état initial (153) peut être remplacée, au besoin, par $\varphi = 0$, et qu'on a

$$(158) \qquad [\text{pour } t = 0] \quad \varphi = 0 \quad (\text{dans les ondes par émersion}).$$

Une fois qu'on aura obtenu la fonction φ, sa différentiation par rapport a x, y, z, t fera connaître, non seulement les trois composantes $u = \frac{d\varphi}{dx}$, $v = \frac{d\varphi}{dy}$, $w = \frac{d\varphi}{dz}$ de la vitesse, mais aussi, d'après la première (152) et d'après (156), les pressions exercées p et les petites ordonnées h de la surface libre.

Mais proposons-nous d'étudier seulement des ondes assez courtes pour ne produire qu'une agitation en quelque sorte superficielle, ou dont il n'arrive jusqu'au fond qu'une proportion négligeable, et admettons même que le bassin ait des dimensions horizontales suffisantes pour que les ondes dont il s'agit, nées près du centre dans une étendue restreinte (au moins suivant le sens des x), n'apportent aux bords ou aux extrémités que des mouvements insensibles. Il est clair alors que les conditions physiques du phénomène ne seront pas changées d'une manière appréciable si l'on admet que le fluide s'étende sans fin en longueur et profondeur, ou même en largeur, et qu'on satisfera, par suite, à la relation spéciale aux parois, ainsi reculées fictivement jusqu'à l'infini, en s'imposant la condition d'annuler φ pour tous les points infiniment distants de l'origine des coordonnées (au moins dans les sens des x et des z). On exprimera, de la sorte le plus simplement possible, l'évanouissement asymptotique du mouvement, et de toutes les quantités qui s'y rattachent, à d'assez grandes distances de la région où on l'a fait naître.

Or l'annulation, à l'infini, de la fonction φ, ou seulement de ses dérivées, combinée avec la seconde équation (152) et avec la relation (157), permet de changer cette relation, spéciale à $z = 0$, en une équation indéfinie. Autrement dit, elle entraîne, pour tous les points du fluide, l'équation

$$(159) \qquad \frac{d\varphi}{dz} - \frac{1}{g} \frac{d^2\varphi}{dt^2} = 0.$$

Posons en effet, pour abréger,

$$(160) \qquad \tau = \frac{d\varphi}{dz} - \frac{1}{g} \frac{d^2\varphi}{dt^2}.$$

La seconde équation (152) donnera évidemment

$$(161) \qquad \frac{d^2\tau}{dx^2} + \frac{d^2\tau}{dy^2} + \frac{d^2\tau}{dz^2} = 0,$$

et la relation (157) s'écrira simplement

$$(\text{pour } z = 0) \qquad \tau = 0,$$

tandis que l'annulation asymptotique des dérivées de φ aux distances infinies de l'origine entraînera la condition

$$(\text{à l'infini}) \qquad \tau = 0.$$

Or multiplions l'équation (161) par 2τ et par un élément, $d\varpi = dx\,dy\,dz$, du volume ϖ d'une demi-sphère décrite, du côté des z positifs, autour de l'origine comme centre et avec un rayon donné $\mathfrak{r}$; puis intégrons dans toute l'étendue de la demi-sphère, après avoir substitué au produit

$$2\tau \left(\frac{d^2\tau}{dx^2} + \frac{d^2\tau}{dy^2} + \frac{d^2\tau}{dz^2} \right)$$

l'expression équivalente

$$\left(\frac{d^2.\tau^2}{dx^2} + \frac{d^2.\tau^2}{dy^2} + \frac{d^2.\tau^2}{dz^2}\right) - 2\left(\frac{d\tau^2}{dx^2} + \frac{d\tau^2}{dy^2} + \frac{d\tau^2}{dz^2}\right).$$

Les termes exactement intégrables une fois donneront, par une méthode bien connue, des intégrales prises sur toute la surface-limite de la demi-sphère; et, si l'on appelle σ la surface convexe $2\pi\tau^2$ de la demi-sphère ϖ, τ_1 l'aire du cercle $\pi\tau^2$ qui la limite sur le plan des xy, $d\sigma$ et $d\tau_1$ deux éléments de ces surfaces, $\dfrac{d}{d\tau}$ une dérivée prise le long du prolongement d'un rayon τ ou d'une normale à $d\sigma$, et enfin $\int_\varpi, \int_\tau, \int_{\tau_1}$ des intégrales s'étendant à la totalité des éléments respectifs de ϖ, σ ou τ_1, il viendra, en faisant passer dans le second membre les termes non intégrables,

$$(162)\quad \left\{ \begin{aligned} &\int_\tau \frac{d.\tau^2}{d\tau}\, d\sigma - \int_{\sigma_1} \frac{d.\tau^2}{dz}\, d\sigma_1 \\ &\qquad\qquad = 2\int_\varpi \left(\frac{d\tau^2}{dx^2} + \frac{d\tau^2}{dy^2} + \frac{d\tau^2}{dz^2}\right) d\varpi. \end{aligned} \right.$$

Le second membre ayant tous ses éléments positifs, le premier est positif également, et l'on voit que, si la fonction τ^2 a sa dérivée par rapport à z nulle sur toute la surface τ_1, c'est-à-dire si l'on a $\tau\dfrac{d\tau}{dz} = 0$ (pour $z = 0$), comme il arrive justement ici où $\tau = 0$ pour $z = 0$, il viendra

$$(163)\quad \int_\tau \frac{d.\tau^2}{d\tau} d\sigma > 0 \quad \text{ou} \quad \int_\sigma \frac{d.\tau^2}{d\tau}\frac{d\sigma}{\sigma} > 0.$$

Mais on peut imaginer que, lorsque le rayon τ s'allonge de $d\tau$, l'élément, correspondant à $d\sigma$, de la nouvelle surface demi-sphérique décrite avec le rayon $\tau + d\tau$ soit limité latéralement par les mêmes rayons, prolongés, que $d\sigma$;

de sorte que le rapport $\frac{d\sigma}{\sigma}$ soit le même sur toutes les demi-sphères consécutives. Alors, le facteur $\frac{d\sigma}{\sigma}$ ne dépendant pas de ι, l'expression $\frac{d\tau^2}{d\iota}\frac{d\sigma}{\sigma}$ ne différera pas de $\frac{d}{d\iota}\left(\tau^2\frac{d\sigma}{\sigma}\right)$. Par suite, la seconde inégalité (163) pourra s'écrire

$$(164) \qquad \frac{d}{d\iota}\int_\tau \tau^2\,\frac{d\sigma}{\sigma} > 0,$$

et, comme $\int_\sigma \tau^2\,\frac{d\sigma}{\sigma}$ est la valeur moyenne du carré τ^2 sur toute l'étendue de la demi-sphère, cette inégalité exprimera que la valeur moyenne en question, si elle n'est pas nulle, croît forcément avec le rayon ι. Donc, l'annulation de τ pour ι infini oblige de poser partout $\tau^2 = 0$ ou $\tau = 0$; ce qu'il fallait démontrer (*).

Si les fonctions p, h, φ, τ ne dépendaient que de deux coordonnées, x et z par exemple, ou, autrement dit, si les mouvements s'opéraient dans des plans parallèles à celui des xz et de la même manière dans tous, comme il arrive pour les ondes que fait naître au sein de l'eau en repos d'un canal rectiligne, à bords verticaux et de largeur constante,

(*) Cette démonstration me paraît la plus simple qu'on puisse donner de ce fait analytique, qu'*une fonction continue τ, astreinte à avoir, sur toute l'étendue d'un plan, la dérivée, suivant le sens normal, de son carré égale à zéro, et à avoir de plus son paramètre différentiel Δ_2 nul dans tout l'espace situé d'un côté déterminé du même plan, sera nécessairement nulle dans tout cet espace si elle doit le devenir à l'infini.* Elle est préférable à celle dont je me suis servi au n° 190 (p. 540) de l'*Essai sur la théorie des eaux courantes*, dans la question de l'écoulement par un orifice; car il lui suffit que τ s'annule pour ι infini, sans qu'on ait à supposer cette fonction infiniment moindre, pour ι très grand, que l'inverse de $\sqrt{\iota}$.

D'ailleurs, en étendant les intégrations indiquées par $\int_{\varpi}$ et par $\int_\sigma$ à toute la sphère de rayon ι, sans s'inquiéter de la surface σ_1, on verrait que la même démonstration s'applique sans changement au cas où la fonction τ, supposée finie et continue partout ainsi que ses dérivées premières, doit être considérée dans tout l'espace et non plus seulement d'un côté du plan des xy.

l'émersion d'un cylindre solide plongé en travers et tenant
toute la largeur, l'évanouissement asymptotique des phénomènes se produirait seulement dans les sens des x et
des z, non dans celui des y; et il y aurait lieu de modifier
un peu la démonstration précédente, en se bornant à considérer, à la place de la demi-sphère ϖ, un demi-cercle décrit
dans le plan des xz, autour de l'origine comme centre,
avec le rayon ι. Alors, $d\varpi$ se réduisant à $dx\,dz$, ou ϖ à
l'aire de ce demi-cercle, σ et σ_1 deviendraient respectivement la partie courbe et la partie droite de son contour;
mais rien ne serait changé d'ailleurs à la démonstration
précédente, et la condition $\tau = o$ (pour ι infini) conduirait
toujours à poser $\tau = o$ en tous les points du fluide. Donc,
la relation définie (157) n'en deviendrait pas moins l'équation indéfinie (159).

On obtient encore celle-ci, dans le cas d'un bassin limité
latéralement mais toujours de profondeur infinie, pourvu
que ses bords soient verticaux en tous leurs points où le
fluide possédera des mouvements sensibles. Car, si l'on
appelle $\dfrac{d\varphi}{dn}$ la dérivée de φ prise, en un de ces points, dans
le sens d'une coordonnée n perpendiculaire à toute la bande
verticale contiguë du bord, la condition spéciale aux parois
y donne $\dfrac{d\varphi}{dn} = o$ et, par suite, la coordonnée n étant la même
(en grandeur et en direction) à toutes les profondeurs z et
à toutes les époques t,

$$\frac{d}{dn}\,\frac{d\varphi}{dz} = o, \quad \frac{d}{dn}\,\frac{d^2\varphi}{dt^2} = o.$$

Vu l'expression (160) de τ, on a donc

$$\frac{d\tau}{dn} = o \quad \text{(sur les bords)}.$$

Or cette condition, jointe à $\tau = o$ pour $z = o$ et à l'équation indéfinie (161), donne, en multipliant toujours (161) par $2\pi\,d\varpi$ et procédant comme on l'a fait pour obtenir la formule (163), mais en prenant ici pour l'étendue ϖ celle que comprend le bassin depuis le niveau $z = 0$ jusqu'à un niveau quelconque z,

$$\int_z \frac{d.\tau^2}{dz}\,\frac{d\sigma}{\tau} > 0,$$

ou σ désigne la section horizontale faite dans le bassin à ce niveau considéré z, et $d\sigma$ ses divers éléments, qui, pour les mêmes valeurs de x et y, se correspondent d'une section à l'autre et ont, quel que soit z, une grandeur invariable. L'inégalité ci-dessus devient donc

$$\frac{d}{dz} \int_z \tau^2\,\frac{d\sigma}{\sigma} > 0;$$

et on en conclut immédiatement que la fonction τ, si elle doit s'annuler pour $z = \infty$, sera nécessairement nulle partout; ce qu'il fallait démontrer.

Mais, pour pouvoir appliquer à la question les procédés d'intégration exposés dans ce mémoire, nous aurons à remplacer l'équation indéfinie (159), $\tau = 0$, par une autre qui contienne, au lieu de $\dfrac{d\varphi}{dz}$, la dérivée seconde de φ par rapport à z, dérivée qui s'en éliminera au moyen de la deuxième (152) et ne laissera paraître, à la place, que les dérivées de φ prises par rapport aux coordonnées horizontales x et y. A cet effet, nous observerons que la relation $\tau = 0$ entraîne celle-ci

$$(165) \qquad \frac{d\tau}{dz} + \frac{1}{g}\,\frac{d^2\tau}{dt^2} = 0,$$

qui, en y remplaçant τ par son expression (160), devient

$$\left(\frac{d}{dz} + \frac{1}{g}\,\frac{d^2}{dt^2}\right)\left(\frac{d}{dz} - \frac{1}{g}\,\frac{d^2}{dt^2}\right)\varphi = 0, \quad \text{ou} \quad \frac{d^2\varphi}{dz^2} - \frac{1}{g^2}\,\frac{d^4\varphi}{dt^4} = 0.$$

-- 588 --

Si donc on substitue à $\dfrac{d^2\varphi}{dz^2}$ sa valeur tirée de la seconde
(152), on aura, après avoir multiplié par $-g^2$,

$$(166) \qquad \frac{d^4\tau}{dt^4} + g^2\left(\frac{d^2\varphi}{dx^2} + \frac{d^2\varphi}{dy^2}\right) = 0.$$

Telle est l'équation cherchée. Mais, comme elle se trouve
évidemment plus générale que (159), il reste à voir quelles
conditions accessoires nous devrons lui adjoindre pour en
faire dans la question l'équivalent exact de (159) et n'avoir
plus à nous occuper de celle-ci. Dans ce but, multiplions
(165) par $2\tau\,dt$ et intégrons de $t=0$ à $t=$ une valeur positive constante, très grande, t. Si nous appliquons au
second terme le procédé de l'intégration par parties, il
viendra évidemment

$$(166\ bis) \qquad \frac{d}{dz}\int_0^t \tau^2\,dt = -\frac{2}{g}\left(\tau\frac{d\tau}{dt}\right)_{t=0}^{t=t} + \frac{2}{g}\int_0^t \left(\frac{d\tau}{dt}\right)^2 dt.$$

Il suffira, en faisant croître t indéfiniment, d'avoir $\tau=0$
aux deux limites $t=0$, $t=\infty$, pour que, si τ n'est pas
identiquement nul, le second membre se réduise à son
dernier terme et soit essentiellement positif. Donc, le
premier membre, dérivée de $\int_0^t \tau^2\,dt$ par rapport à z, sera
positif aussi; et, comme la condition $\varphi=0$ (pour $z=\infty$)
entraîne évidemment que $\tau=0$ (pour $z=\infty$), la fonction
positive et non décroissante $\int_0^t \tau^2\,dt$, nulle pour z infini,
devra l'être identiquement. Ainsi, l'équation (159), $\tau=0$,
résulte de la nouvelle équation indéfinie, (166) ou (165),
jointe aux trois conditions spéciales

$$\tau=0 \ (\text{pour } t=0), \quad \tau=0 \ (\text{pour } t=\infty), \quad \tau=0 \ (\text{pour } z=\infty);$$

et, puisqu'il est entendu que φ doit s'annuler pour z infini, ce qui entraîne la relation $\tau = o$ (pour $z = \infty$), il n'y aura lieu de joindre à (166) que les deux nouvelles conditions spéciales

$$\tau = o \ (\text{pour } t = o \text{ et pour } t = \infty).$$

Mais notre intention étant de nous borner au cas d'un bassin horizontalement indéfini et à des ondes, par émersion ou par impulsion, dont la cause ne se fait sentir que sur une région restreinte (au moins dans le sens des x) et durant un instant très court, de $t = -\varepsilon$ à $t = o$, il est clair que le mouvement, non entretenu, s'affaiblira de plus en plus à mesure qu'il se disséminera. L'évanouissement asymptotique des phénomènes aura donc lieu, non seulement dans l'espace, mais aussi dans le temps. C'est ce qu'on exprimera le plus simplement possible, si l'on s'impose la condition $\varphi = o$ pour $t = \infty$; et, alors, la fonction τ s'annulera d'elle-même pour $t = \infty$, de sorte qu'il suffira, en ce qui la concerne spécialement, de joindre à l'équation (165), ou (166), la condition $\tau = o$ (pour $t = o$).

En résumé, l'ensemble des relations déterminant φ se composera : 1° des deux équations indéfinies

$$(167) \quad \frac{d^4 \varphi}{dt^4} + y^2 \left(\frac{d^2 \varphi}{dx^2} + \frac{d^2 \varphi}{dy^2} \right) = o, \quad \frac{d^2 \varphi}{dx^2} + \frac{d^2 \varphi}{dy^2} + \frac{d^2 \varphi}{dz^2} = o;$$

2° des trois relations spéciales

$$(168) \quad \left\{ \begin{array}{l} \dfrac{d\varphi}{dz} - \dfrac{1}{g} \dfrac{d^2 \varphi}{dt^2} = o \ (\text{pour } t = o); \\[2ex] \varphi = o \ (\text{pour } x,\ y \text{ ou } z \text{ infinis}), \quad \varphi = o \ (\text{pour } t = \infty); \end{array} \right.$$

3° et des conditions d'état initial propres à chaque espèce d'ondes, conditions qui, d'après (153), (155), (156) et (158), sont

$$(169) \quad (\text{pour } t = 0) \begin{cases} (\text{ondes par émersion}) \; \varphi = 0, \; \dfrac{d\varphi}{dt} \; (\text{pour } z \text{ nul}) = g\,F\,(x,y)\,; \\[2em] (\text{ondes par impulsion}) \; (\text{pour } z = 0) \; \varphi = F_1\,(x,y) \; \text{et} \; \dfrac{d\varphi}{dt} = 0. \end{cases}$$

L'annulation de φ pour $t = \infty$ conduit à une interprétation intéressante de l'équation (159). Celle-ci, où l'on peut regarder $\dfrac{d^2\varphi}{dt^2}$, sensiblement, comme la dérivée de $\dfrac{d\varphi}{dt}$ prise en suivant une même molécule, et où $\dfrac{d\varphi}{dz} = w$ est la dérivée analogue de l'ordonnée z de la molécule, exprime que la différence $z - \dfrac{1}{g}\dfrac{d\varphi}{dt}$, égale, d'après la première (152), à $\dfrac{p}{\rho g}$, se maintient constante pour une même molécule, ou, comme l'avait remarqué Poisson, que la pression y reste invariable. Si donc on appelle Z l'ordonnée qu'aura la molécule dans sa position finale d'équilibre, la première (152) donnera, pour l'époque $t = \infty$ où $\varphi = 0$, $\dfrac{p}{\rho g} = Z$; et il viendra, pour toute autre époque, $z - Z = \dfrac{1}{g}\dfrac{d\varphi}{dt}$. Appelons ζ le petit abaissement actuel $z - Z$ de la molécule au-dessous de son niveau final, et cette équation pourra s'écrire

$$(170) \qquad \zeta = \frac{1}{g}\,\frac{d\varphi}{dt}.$$

La formule (156) n'en est, comme on voit, que l'application spéciale à $z = 0$ ou à $Z = 0$. Celle-ci, (170), complète donc l'interprétation physique des dérivées de la fonction φ, en montrant que, si les dérivées de φ par rapport à x, y, z expriment les composantes de la vitesse de chaque molécule, $\dfrac{d\varphi}{dt}$ représente sa *dénivellation* actuelle, au facteur constant près $\dfrac{1}{g}$.

25. — *Leur intégration, pour le cas des ondes produites, à la surface de l'eau en repos d'un canal, par l'émersion d'un cylindre solide plongé en travers dans ce canal.*

On remarquera que, dans les deux équations indéfinies (167), les dérivées de φ par rapport à t et à z ne sont pas mêlées ensemble, mais se trouvent séparément en rapport avec le paramètre différentiel $\Delta_1\varphi$, supposé avoir pour expression $\frac{d^2\varphi}{dx^2} + \frac{d^2\varphi}{dy^2}$, c'est-à-dire calculé en ne faisant varier que les deux coordonnées x et y ou sans sortir du plan même de chaque couche fluide horizontale. De plus, s'il s'agit d'ondes par émersion, les dérivées par rapport à z ne seront pas davantage mêlées à des dérivées par rapport à t dans les conditions spéciales (168) et (169); car la seule dérivée en z qui y paraisse se trouve dans la première (168), et elle y est prise pour l'époque $t = 0$, où l'on a identiquement $\frac{d\varphi}{dt} = 0$ d'après la première (169). Donc, dans l'étude des ondes par émersion, la forme qu'a la fonction φ sur chaque plan horizontal en particulier, ou par rapport à x, y et t, est astreinte à vérifier une équation indéfinie et des conditions accessoires, tant définies que d'état initial, assez nombreuses pour la déterminer en grande partie, sans qu'on ait à faire varier z.

C'est grâce à cette circonstance que nous pourrons employer la méthode d'intégration exposée ici, en nous bornant d'abord aux ondes produites, dans un canal rectangulaire, par l'émersion d'un cylindre solide dont les génératrices, horizontales, seront perpendiculaires à l'axe du canal. La fonction donnée F et, par suite, φ n'y dépendront pas de la coordonnée transversale y; et tout se passera comme si le canal était un bassin indéfini en tous sens, mais dans lequel les déplacements et les pressions ne varieraient pas suivant le sens des y. Puis nous traiterons rapidement le cas plus général d'un pareil bassin indéfini et d'un corps immergé de forme quelconque, cas où il faudra tenir compte des deux coordonnées horizontales x et y. Nous verrons enfin que les lois des ondes par impulsion se déduisent, au moyen de simples différentiations par rapport à t, des formules concernant les ondes par émersion. Nous espérons parvenir rapidement et sûrement, pour toutes ces questions intéressantes, à des résultats que Poisson et Cauchy, dans leurs mémoires respectifs sur les ondes liquides insérés aux tomes premiers des deux recueils de l'Académie des Sciences de Paris (*), n'ont obtenus que par des procédés fort compliqués et très délicats, sinon même d'un emploi douteux ; et nous espérons aussi y arriver à des interprétations plus complètes des faits.

Afin de nous débarrasser de la constante g, nous prendrons pour unité de longueur une droite égale à $g = 9^m,809$, ce qui reviendra à remplacer x, y et z par gx, gy et gz, ou à faire $g = 1$, dans les formules (167), (168) et (169). Alors les équations que devra vérifier φ seront : 1° en tant que φ dépendra de t et de x,

$$(171) \quad \begin{cases} \dfrac{d^4\varphi}{dt^4} + \dfrac{d^2\varphi}{dx^2} = 0, \\[2mm] (\text{pour } t = 0) \quad \varphi = 0 \text{ et } \dfrac{d^2\varphi}{dt^2} = 0, \\[2mm] \varphi = 0 \quad (\text{pour } x \text{ infini}), \quad \varphi = 0 \quad (\text{pour } t \text{ infini}) ; \end{cases}$$

2° en tant que φ dépendra de z,

$$(172) \quad \begin{cases} \dfrac{d^2\varphi}{dz^2} + \dfrac{d^2\varphi}{dx^2} = 0, \\[2mm] (\text{pour } z = 0 \text{ et } t = 0) \quad \dfrac{d\varphi}{dt} = F(x), \quad (\text{pour } z = \infty) \; \varphi = 0. \end{cases}$$

(*) *Mémoires des Membres de l'Académie* et *Mémoires des Savants étrangers.*

La première (171) se déduit du type (1) [p. 357] en posant $s = t$, $\tau = x$, $n = 2$, $A = 1$; et comme, d'ailleurs, pour s ou t nuls, la fonction φ et sa dérivée seconde en s ou t doivent s'annuler, ce sera, d'après les explications qui terminent le n° 4, l'intégrale (20) [p. 372] que nous devrons choisir, parmi toutes celles de l'équation (1) que nous avons appris à former. Si donc nous observons que φ dépend ici, non seulement de x et de t, mais encore de z, la formule (20) donnera, pour φ, une expression de la forme

$$(173) \qquad \varphi = \int_{0}^{\infty} \left[f\left(x - \frac{\alpha^2}{2}, z\right) + f\left(x + \frac{\alpha^2}{2}, z\right) \right] \psi\left(\frac{t^2}{2\,\alpha^2}\right) d\alpha,$$

où $f(x, z)$ sera une fonction, d'ailleurs arbitraire, dont la dérivée première en x s'annulera pour $x = \pm\infty$, et où, en posant $\dfrac{t^2}{2\alpha^2} = \gamma$, la fonction $\psi(\gamma)$ devra se déterminer par les conditions suivantes, conformément aux explications du n° 4 (p. 372) et à l'équation (19), dans laquelle on pourra faire $K = \frac{1}{2}$:

$$(174) \qquad \left\{ \begin{aligned} &\frac{d^2\psi}{d\gamma^2} + \psi = \frac{1}{2\sqrt{\gamma}}, \\ &(\text{pour } \gamma = o)\ \psi = o \text{ et } \frac{d\psi}{d\gamma} = o. \end{aligned} \right.$$

Ces conditions donnent

$$(175) \qquad \left\{ \begin{aligned} \psi(\gamma) &= \int_{0}^{\sqrt{\gamma}} \sin(\gamma - m^2)\, dm \\ &= \sin\gamma \int_{0}^{\sqrt{\gamma}} \cos m^2\, dm - \cos\gamma \int_{0}^{\sqrt{\gamma}} \sin m^2\, dm, \end{aligned} \right.$$

et, par suite,

$$(176) \quad \begin{cases} \psi'(\gamma) = \displaystyle\int_0^{\sqrt{\gamma}} \cos(\gamma - m^2)\, dm \\[2em] \qquad = \cos\gamma \displaystyle\int_0^{\sqrt{\gamma}} \cos m^2\, dm + \sin\gamma \displaystyle\int_0^{\sqrt{\gamma}} \sin m^2\, dm, \end{cases}$$

valeurs qui s'annulent bien pour $\gamma = 0$. Enfin, la différentiation du second membre de (176) montre de même que la dérivée seconde de ψ est $\dfrac{1}{2\sqrt{\gamma}} - \psi$, comme l'exige la première (174).

On voit de plus que ces expressions de $\psi(\gamma)$ et $\psi'(\gamma)$, toujours inférieures en valeur absolue à la somme des deux intégrales définies classiques $\displaystyle\int_0^{\sqrt{\gamma}} \cos m^2\, dm$, $\displaystyle\int_0^{\sqrt{\gamma}} \sin m^2\, dm$, ne varient qu'entre des limites modérées de part et d'autre de zéro. Quand la variable γ est très grande, les intégrales définies en question deviennent, comme on sait, très sensiblement égales à leur valeur limite commune $\dfrac{1}{2}\sqrt{\dfrac{\pi}{2}}$, et l'on peut poser alors, à fort peu près.

$$(177) \quad (\text{pour } \gamma \text{ très grand}) \quad \psi(\gamma) = \frac{1}{2}\sqrt{\frac{\pi}{2}}(\sin\gamma - \cos\gamma) = \frac{\sqrt{\pi}}{2}\sin\left(\gamma - \frac{\pi}{4}\right),$$

formule d'où résultent immédiatement des expressions simples et finies de toutes les dérivées successives de $\psi(\gamma)$ pour les grandes valeurs de la variable.

Mais cherchons quelle sera l'expression de $\dfrac{d\varphi}{dt}$ à la limite $t = 0$. La formule (22) [p. 373] donnant alors

$$(178) \quad (\text{pour } t = 0) \quad \frac{d\varphi}{dt} = 2f(x,z)\int_0^{\infty} \psi'\left(\frac{\alpha^2}{2}\right) d\alpha,$$

il y aura lieu d'intégrer l'expression $\psi'\left(\frac{\alpha^2}{2}\right) d\alpha$. Or, on a, d'après (176),

$$\begin{cases} \psi'\left(\frac{\alpha^2}{2}\right) = \cos\frac{\alpha^2}{2}.\int_0^{\frac{\alpha}{\sqrt{2}}} \cos m^2\, dm + \sin\frac{\alpha^2}{2}.\int_0^{\frac{\alpha}{\sqrt{2}}} \sin m^2\, dm \\[2mm] \qquad = \frac{1}{\sqrt{2}}\frac{d}{d\alpha}\left[\left(\int_0^{\frac{\alpha}{\sqrt{2}}} \cos m^2\, dm\right)^2 + \left(\int_0^{\frac{\alpha}{\sqrt{2}}} \sin m^2\, dm\right)^2\right], \end{cases}$$

et, par suite,

$$(178\,bis)\quad \begin{cases} \displaystyle\int_0^{\alpha} \psi'\left(\frac{\alpha^2}{2}\right) d\alpha \\[3mm] \qquad = \frac{1}{\sqrt{2}}\left[\left(\int_0^{\frac{\alpha}{\sqrt{2}}} \cos m^2\, dm\right)^2 + \left(\int_0^{\frac{\alpha}{\sqrt{2}}} \sin m^2\, dm\right)^2\right] \end{cases}$$

Pour $\alpha = \infty$, le second membre de $(178\,bis)$ se réduit à $\dfrac{\pi}{4\sqrt{2}}$, de sorte que la relation (178) devient

$$(179)\qquad \text{(pour } t = o)\qquad \frac{d\varphi}{dt} = \frac{\pi}{2\sqrt{2}}\, f\,(x,\, z)\ (^*).$$

(*) Nous n'aurons pas besoin, dans ce qui suit, de considérer plus attentivement la solution (173) en tant qu'intégrale de l'équation aux dérivées partielles $\frac{d^4\varphi}{dt^4} = -\frac{d^2\varphi}{dx^2}$. Présentons toutefois, ici, quelques remarques sur ses propriétés et sur les analogies qu'elle offre avec d'autres solutions plus simples de la même équation. Si on l'écrit ainsi

$$(a)\qquad \varphi = \frac{2\sqrt{2}}{\pi}\int_0^{\infty}\left[f\left(x + \frac{x^2}{2}\right) + f\left(x - \frac{x^2}{2}\right)\right] \div \left(\frac{t^2}{2\,x^2}\right) d x\,.$$

sa valeur et celles de ses deux premières dérivées en t deviennent respectivement, pour t nul, o, $f(x)$. o. Quant à sa dérivée troisième par rapport à t,

$$(b)\qquad \frac{d^3\varphi}{dt^3} = \frac{2\sqrt{2}}{\pi}\int_0^{\infty}\left[f'\left(x + \frac{t^2}{2\,x^2}\right) - f'\left(x - \frac{t^2}{2\,x^2}\right)\right] \varphi''\left(\frac{x^2}{2}\right) d x\,.$$

La fonction $f(x, z)$ exprimant ainsi, à un facteur constant près, les valeurs initiales de $\frac{d\varphi}{dt}$, la première relation (172), différentiée par rapport à t et spécifiée pour $t = 0$, donne

$$(180) \qquad \frac{d^2 f}{dx^2} + \frac{d^2 f}{dz^2} = 0.$$

elle s'annulerait pour t infiniment petit, sans les valeurs infinies, sensiblement égales, d'après la première (174), à $\dfrac{1}{\alpha\sqrt{2}}$, que prend la fonction $\varphi''\left(\dfrac{\alpha^2}{2}\right)$ quand α est alors de l'ordre de t. Mais ces valeurs infinies, en y posant

$$\frac{t^2}{2\alpha^2} = \beta \text{ et, par suite, } \varphi''\left(\frac{\alpha^2}{2}\right) d\alpha \text{ ou } \frac{1}{\sqrt{2}}\frac{d\alpha}{\alpha} = -\frac{1}{2\sqrt{2}}\frac{d\beta}{\beta},$$

rendent les éléments correspondants de l'intégrale égaux à

$$-\frac{1}{\alpha}\frac{f'(x+\beta)-f'(x-\beta)}{\beta} d\beta;$$

et, comme, à la limite $t = 0$, β varie de ∞ à zéro sans que α cesse d'être de grandeur insensible, on voit que la formule (b) devient

$$(c) \qquad (\text{pour } t=0) \quad \frac{d^3\varphi}{dt^3} = \frac{1}{\pi}\int_0^\infty \frac{f'(x+\beta)-f'(x-\beta)}{\beta} d\beta.$$

En résumé, si l'on considère, à la limite $t = 0$, φ et ses dérivées successives par rapport à t, quatre consécutives de ces fonctions sont toujours, deux, nulles, une autre, de la forme finie $f(x)$, et, la quatrième, de la forme

$$\frac{1}{\pi}\int_0^\infty \frac{f(x+\beta)-f(x-\beta)}{\beta} d\beta.$$

Or, quelque chose de pareil se produit pour les huit solutions, ayant les formes analogues, mais plus simples,

$$(d) \quad \begin{cases} \varphi = \dfrac{1}{\sqrt{\pi}}\displaystyle\int_0^\infty \left[f\left(x + \dfrac{\alpha^2}{2}\right) \pm f\left(x - \dfrac{\alpha^2}{2}\right) \right] \left(\sin \dfrac{t^2}{2\alpha^2} \text{ ou } \cos \dfrac{t^2}{2\alpha^2}\right) d\alpha, \\[3ex] \varphi = \dfrac{1}{\sqrt{\pi}}\displaystyle\int_0^\infty \left[f\left(x + \dfrac{t^2}{2\alpha^2}\right) \pm f\left(x - \dfrac{t^2}{2\alpha^2}\right) \right] \left(\sin \dfrac{\alpha^2}{2} \text{ ou } \cos \dfrac{\alpha^2}{2}\right) d\alpha; \end{cases}$$

car, étant donné l'une d'elles et ses dérivées successives en t, quatre consécutives de ces fonctions sont toujours, deux, nulles, une autre, finie, de la forme $f(x)$, et, la dernière, de l'une des deux formes $\dfrac{1}{\sqrt{\pi}}\displaystyle\int_0^\infty \left[f\left(x + \dfrac{\alpha^2}{2}\right) \pm f\left(x - \dfrac{\alpha^2}{2}\right) \right] d\alpha.$

Seulement, les deux dérivées nulles se suivent ou, du moins, comprennent entr'elles les deux autres, tandis qu'elles se présentaient de deux en deux diffé-

Or cette équation indéfinie en x et z, jointe à la seconde relation (172), devenue

$$(181) \qquad \text{(pour } z = 0) \qquad f = \frac{2\sqrt{2}}{\pi}\,\mathrm{F}\,(\varpi),$$

et aux deux conditions $f = 0$ (pour x ou z infinis), qui résultent évidemment des relations $\varphi = 0$ (pour x ou z infinis)

rentiations dans la solution (a). Il résulte de là, par exemple, que, si l'on ajoute à (a) les deux de ces solutions (d) où, pour $t = 0$, la dérivée $\dfrac{d\varphi}{dt}$ s'annule en même temps que $\dfrac{d^2\varphi}{dt^2}$ dans l'une et φ dans l'autre, et en même temps aussi que φ et $\dfrac{d^2\varphi}{dt^2}$ s'y réduisent respectivement à la forme $f(x)$, on obtiendra une solution plus générale dans laquelle, pour $t = 0$, φ et ses deux premières dérivées par rapport à t égaleront trois fonctions arbitraires données de x.

On peut aussi, en superposant deux des solutions (d), convenablement choisies, former une intégrale qui, pour $t = 0$, donne respectivement à φ, $\dfrac{d\varphi}{dt}$, $\dfrac{d^2\varphi}{dt^2}$, $\dfrac{d^3\varphi}{dt^3}$ les mêmes valeurs que la solution (a), et qui, par conséquent, doit être identique à (a), bien qu'ayant une expression tout autre en apparence. Cette expression est

$$(d) \quad \left\{ \begin{aligned} \varphi &= \frac{1}{\sqrt{\pi}} \int_0^\infty \left[f\left(x + \frac{\alpha^2}{2}\right) + f\left(x - \frac{\alpha^2}{2}\right) \right] \sin \frac{\beta^2}{2\,\alpha^2}\, d\alpha \\ &\quad - \frac{1}{\sqrt{\pi}} \int_0^\infty \left[f_1\left(x + \frac{\beta^2}{2\,\alpha^2}\right) - f_1\left(x - \frac{\beta^2}{2\,\alpha^2}\right) \right] \sin \frac{\alpha^2}{2}\, d\alpha, \end{aligned} \right.$$

où

$$(e') \qquad f_1(x) = \frac{1}{\sqrt{\pi}} \int_0^\infty \left[f\left(x + \frac{\beta^2}{2}\right) - f\left(x - \frac{\beta^2}{2}\right) \right] d\beta.$$

En effet, l'on reconnaît immédiatement que, pour $t = 0$, cette valeur de φ s'annule, tandis que, en même temps, ses deux dérivées première et seconde par rapport à t égalent respectivement, l'une, $f(x)$, l'autre, zéro, en vertu de (e'). Quant à la dérivée suivante, il vient, en y substituant à f_1 sa valeur (e'),

$$(g) \ \text{(pour } t = 0) \ \left\{ \begin{aligned} \frac{d^3\varphi}{dt^3} &= -\frac{1}{\pi} \int_0^\infty d\alpha \int_0^\infty \left[f''\left(x + \frac{\alpha^2 + \beta^2}{2}\right) - f''\left(x + \frac{\alpha^2 - \beta^2}{2}\right) \right. \\ &\qquad \left. - f''\left(x - \frac{\alpha^2 - \beta^2}{2}\right) + f''\left(x - \frac{\alpha^2 + \beta^2}{2}\right) \right] d\beta. \end{aligned} \right.$$

Remplaçons, dans l'intégrale double, α et β, considérées comme des coordonnées

différentiées par rapport à t, détermine complètement la fonction $f(x, z)$; et elle conduit à poser

$$(182) \quad f(x,z) = \frac{2\sqrt{2}}{\pi^2} \int_{-\infty}^{\infty} \frac{z\,F(\xi)\,d\xi}{z^2 + (x-\xi)^2} = \frac{2\sqrt{2}}{\pi^2} \int_{-\infty}^{\infty} \frac{F(x + z\eta)\,d\eta}{1 + \eta^2}.$$

En effet, d'une part, ces expressions de $f(x, z)$ vérifient toutes les conditions énoncées : car, 1° chaque élément de l'intégrale qui paraît au second membre de (182) donne zéro pour la somme de ses deux dérivées secondes $\dfrac{d^2}{dx^2}$, $\dfrac{d^2}{dz^2}$;

rectangles, par les coordonnées polaires r et θ que définissent les relations $\alpha = r \cos\theta$, $\beta = r \sin\theta$. Le second membre de (g) deviendra

$$\left\{ \frac{1}{\pi} \int_0^{\frac{\pi}{2}} d\theta \int_0^{\infty} \left[-f''\left(x - \frac{r^2}{2}\right) - f''\left(x + \frac{r^2}{2}\right) + f''\left(x + \frac{r^2}{2}\cos 2\theta\right) \right.\right.$$
$$\left.\left. + f''\left(x - \frac{r^2}{2}\cos 2\theta\right) \right] r\,dr, \right.$$

ou, en posant $\dfrac{r^2}{2} = \rho$ et effectuant l'intégration par rapport à r entre les limites $=0$ et $\rho = \rho$,

$$\frac{1}{\pi} \int_0^{\frac{\pi}{2}} \left[f'(x - \rho) - f'(x + \rho) + \frac{f'(x + \rho\cos 2\theta) - f'(x - \rho\cos 2\theta)}{\cos 2\theta} \right] d\theta.$$

Comme il faudra faire, à la limite, $\rho = \infty$, et que, par hypothèse, $f'(\infty) = f'(-\infty)$, les deux termes $\pm f'(x \mp \rho)$ pourront être supprimés sous le signe $\int$. Et si l'on prend enfin

$$\rho \cos 2\theta = \beta; \quad \text{d'où } d\theta = -\frac{d\beta}{2\rho \sin 2\theta} = -\frac{d\beta}{2\sqrt{\rho^2 - \beta^2}},$$

l'expression considérée deviendra

$$(h) \quad (\text{pour } t = 0) \quad \left\{ \begin{aligned} \frac{d^3\varphi}{dt^3} &= \frac{1}{2\pi} \int_{-\rho}^{\rho} \frac{f'(x + \beta) - f'(x - \beta)}{\beta} \left(1 - \frac{\beta^2}{\rho^2}\right)^{-\frac{1}{2}} d\beta \\ &= \frac{1}{\pi} \int_0^{\rho} \frac{f'(x + \beta) - f'(x - \beta)}{\beta} \left(1 - \frac{\beta^2}{\rho^2}\right)^{-\frac{1}{2}} d\beta; \end{aligned} \right.$$

ce qui se réduit bien à (e), puisqu'il faut y poser $\rho = \infty$ et que $\dfrac{f'(x \pm \beta)}{\beta}$ est négligeable pour les très grandes valeurs de β.

2° ce second membre devient infiniment petit, au moins de l'ordre de l'inverse de z ou de x, quand z ou x croissent indéfiniment, vu que, par hypothèse, $F(\xi)$ n'a de valeurs différentes de zéro ou du moins sensibles que pour ξ compris entre deux limites finies données : 3° le troisième membre, déduit du second en posant $\xi = x + z\eta$, se réduit bien, pour $z = 0$, à

$$\frac{2\sqrt{2}}{\pi^2} F(x) \int_{-\infty}^{\infty} \frac{d\eta}{1 + \eta^2} = \frac{2\sqrt{2}}{\pi} F(x).$$

D'autre part, on reconnaît que cette solution (182) est la seule possible, en remplaçant f par $f + f_1$ dans (180) et dans les conditions accessoires ; ce qui, donnant

$$\begin{cases} \Delta_2 f_1 = 0 \ (\text{pour } z > 0), \\ \text{avec } f_1 = 0 \ (\text{pour } z = 0) \text{ et } f_1 = 0 \ (\text{pour } x = \pm \infty \text{ ou } z = \infty), \end{cases}$$

oblige à faire identiquement $f_1 = 0$, d'après une démonstration du n° précédent sur la fonction z (p. 585).

Comme la fonction $f(x, z)$ et l'expression (173) de φ se trouvent ainsi complètement fixées, il n'y a plus qu'à reconnaître si toutes les conditions du problème sont bien satisfaites, et, d'abord, si cette expression de φ constitue une fonction parfaitement définie, ayant ses dérivées partielles successives déterminées aussi et calculables par le procédé de différentiation du n° 2 (p. 361). À cet effet, nous observerons que le facteur ψ, toujours compris entre des limites restreintes, ne peut rendre l'intégrale définie (173) indéterminée si, abstraction faite de ce facteur, les éléments y ont une somme absolue finie. Or c'est ce qui a lieu : car, d'après (182), les fonctions constamment finies f, qui y multiplient dz, deviennent comparables, pour z très grand, à l'inverse du carré de la variable $x + \frac{z^2}{2}$, c'est-à-dire à l'inverse de α^4, tandis qu'il leur suffirait, pour rendre l'intégrale parfaitement déterminée, d'être alors d'un ordre de petitesse supérieur à celui de $\dfrac{1}{\alpha}$. Il en serait évidemment de même, si, à la place de la fonction ψ, l'intégrale définie (173) contenait sa dérivée ψ', finie aussi pour toutes les valeurs de sa variable, ou encore, à plus forte raison, si l'on évaluait les dérivées successives en x ou z de φ, qui auraient des formes analogues à (173), mais avec des dérivées partielles de f au lieu de f, dérivées de plus en plus rapidement décroissantes, à mesure que leur ordre s'élève, pour les grandes valeurs de z ou les grandes valeurs absolues de $x \mp \dfrac{z^2}{2}$. Ainsi, l'expression (173) de φ et ses dérivées successives soit par rapport à x, soit par rapport à z, sont bien définies.

Quant aux dérivées par rapport à t, obtenues en différentiant également l'intégrale (173) sous le signe f, elles seront, de même, finies et déterminées, bien qu'il paraisse, dans celles d'un ordre supérieur au second, une dérivée de ψ', infinie pour la valeur zéro de sa variable $\dfrac{\alpha^2}{2}$ ou $\dfrac{t^2}{2\alpha^2}$; car, il y entrera, par contre, en facteur, une dérivée de f en x, non moins élevée, et qui, se trouvant, au même instant, prise pour $x \mp \dfrac{t^2}{2\alpha^2}$ ou $x \mp \dfrac{\alpha^2}{2}$ infini, deviendra incomparablement plus petite que l'autre ne sera grande, beaucoup plus même qu'il ne serait strictement nécessaire pour faire tendre le produit vers zéro, donner à l'intégrale une valeur finie bien déterminée et lui rendre parfaitement applicable le procédé de différentiation exposé au n° 2. A cette circonstance près (de la valeur infinie des fonctions ψ'', ψ''', ... quand leur variable s'annule), les dérivées d'ordre pair en t auront une forme analogue à (173), et on reconnaîtra, comme pour celle-ci, qu'elles sont finies et déterminées. Quant à celles d'ordre impair, où paraîtra un facteur de la forme $\psi^{(p+1)}\left(\dfrac{\alpha^2}{2}\right)$ et où déjà, d'après ce qu'on vient de voir, la limite $\alpha = o$ n'entraîne aucune difficulté, elles ne cesseront pas d'être finies et déterminées malgré la valeur singulière de leur autre limite $\alpha = \infty$; car, en abstrayant des facteurs finis et sensiblement constants pour les très grandes valeurs de α, l'intégrale considérée aura ses éléments, correspondant à α très grand, pareils à ceux de l'intégrale $\displaystyle\int_\alpha^\infty \psi^{(p+1)}\left(\dfrac{\alpha^2}{2}\right) d\alpha$: or celle-ci est finie, vu qu'une intégration par parties donne

$$(183) \quad \left\{ \begin{aligned} \int_\alpha^\infty \psi^{(p+1)}\left(\frac{\alpha^2}{2}\right) d\alpha &= \int_{\alpha=\alpha}^{\alpha=\infty} \frac{1}{\alpha}\, d\psi^{(p)}\left(\frac{\alpha^2}{2}\right) \\ &= -\frac{1}{\alpha}\, \psi^{(p)}\left(\frac{\alpha^2}{2}\right) + \int_\alpha^\infty \psi^{(p)}\left(\frac{\alpha^2}{2}\right) \frac{d\alpha}{\alpha^2}, \end{aligned} \right.$$

valeur évidemment limitée pour $\alpha > o$ et même aussi petite qu'on veut pour α suffisamment grand (*).

Montrons maintenant que l'expression (173) de γ, où la fonction f est donnée par (182), satisfait à toutes les conditions (171) et (172). Et, d'abord, la manière même dont on l'a obtenue prouve qu'elle vérifie les trois premières conditions (171) et la deuxième (172) ; de plus, comme on a pris

(*) On peut observer que, pour $p = 1$, le premier membre de (183) devient $\displaystyle\int_\alpha^\infty \psi''\left(\frac{\alpha^2}{2}\right) d\alpha$, ou $\displaystyle\int_\alpha^\infty \left[\frac{1}{\alpha\sqrt{2}} - \psi\left(\frac{\alpha^2}{2}\right)\right] d\alpha$, en vertu de la première (174), équivalente à $\psi''(\gamma) = \dfrac{1}{2\sqrt{\gamma}} - \psi(\gamma)$. Donc, les intégrales $\displaystyle\int \frac{d\alpha}{\alpha\sqrt{2}}$ et $\displaystyle\int \psi\left(\frac{\alpha^2}{2}\right) d\alpha$, prises entre deux mêmes limites dont la supérieure grandit indéfiniment, gardent entr'elles une différence qui reste finie, et la seconde ne peut manquer de devenir infinie comme le devient la première. Ainsi, l'intégrale $\displaystyle\int_0^\infty \psi\left(\frac{\alpha^2}{2}\right) d\alpha$ est infinie, bien différente, en cela, de $\displaystyle\int_0^\infty \psi'\left(\frac{\alpha^2}{2}\right) d\alpha$. Il en est de même de $\displaystyle\int_0^\infty \psi(\gamma)\, d\gamma$; car la première relation (174), multipliée par $d\gamma$ et intégrée à partir de $\gamma = o$, donne $\displaystyle\int_0^\gamma \psi(\gamma)\, d\gamma = \sqrt{\gamma} - \psi'(\gamma)$, expression qui devient infinie en même temps que γ.

$\Delta_1 f = 0$, il est visible que l'intégrale définie (173) satisfait encore, élément par élément, à la première équation (172). Donc, il reste seulement à faire voir que, pour z, x ou t infinis, φ et ses dérivées s'annulent. En effet :

1° Pour z très grand, la fonction f et ses dérivées ont, d'après (182), toutes leurs valeurs insensibles dans les intégrales définies considérées ;

2° Si $\pm x$ est très grand, ces mêmes fonctions, sensibles seulement quand leurs deux variables $x \mp \frac{\alpha^2}{2}$ et z, ou $x \mp \frac{t^2}{2\alpha^2}$ et z, reçoivent des valeurs modérées, n'atteindront, sous le signe $\int$, une grandeur appréciable, que pour des valeurs de $\frac{\alpha^2}{2}$ ou de $\frac{t^2}{2\alpha^2}$ modérément éloignées de $\pm x$ et, par conséquent, pour des valeurs de α comprises toutes, dans le voisinage de la valeur particulière $\sqrt{\pm 2x}$ ou $\frac{t}{\sqrt{\pm 2x}}$, à l'intérieur d'un intervalle d'autant plus étroit (tant en grandeur absolue que par rapport à cette valeur particulière) que $\pm x$ sera plus grand, intervalle comparable au produit de $\sqrt{\pm 2x}$ ou de $\frac{t}{\sqrt{\pm 2x}}$ par $\frac{1}{\pm x}$, et qui s'annule pour $\pm x = \infty$;

3° Enfin, quand t est très grand, la fonction ψ, ou la dérivée de ψ qui entre sous le signe $\int$ dans l'intégrale considérée, a sa variable, $\frac{t^2}{2\alpha^2}$ ou $\frac{\alpha^2}{2}$, très grande pour les valeurs de α qui rendent sensibles f ou les dérivées de f, dont la première variable est $x \mp \frac{\alpha^2}{2}$ ou $x \mp \frac{t^2}{2\alpha^2}$, et, alors, ces fonctions ψ, ψ', ψ'',...., calculables par la formule (177) ou ses dérivées, changent de signe si peu que varie α ; de sorte que l'intégrale est une somme de termes très petits, alternativement positifs et négatifs, se décomposant en un nombre fini de groupes dans chacun desquels la valeur absolue des termes va en croissant ou en décroissant, groupes qui, par suite, respectivement comparables à leur plus grand terme, donnent un total insensible.

Donc l'expression (173) de φ, avec la valeur (182) de f, remplit bien toutes les conditions désirées; et comme, d'après la démonstration rappelée dans la première partie du n° 24 [p. 581], la fonction φ capable de les vérifier est unique, elle fournit bien la solution demandée. En adoptant, par exemple, pour f le dernier membre de (182), il vient :

$$(184) \quad \varphi = \frac{2\sqrt{2}}{\pi^2} \int_{-\infty}^{\infty} \frac{d\eta}{1+\eta^2} \int_{0}^{\infty} \left[F\left(x + z\eta - \frac{\alpha^2}{2}\right) + F\left(x + z\eta + \frac{\alpha^2}{2}\right) \right] \psi\left(\frac{t^2}{2\alpha^2}\right) d\alpha.$$

Mais il est particulièrement important d'obtenir l'équation de la surface libre, c'est-à-dire, pour l'époque t, les dénivellations h de cette surface au-dessous de son niveau final d'équilibre. La formule (156) [p. 580], où nous faisons $g = 1$, montre qu'il suffit, pour cela, de poser, dans (173), $z = 0$, ou $f(x, z) = \frac{2\sqrt{2}}{\pi} F(x)$, et de différentier ensuite par rapport à t. Il vient

$$(185) \quad h = \frac{2\sqrt{2}}{\pi} \int_{0}^{\infty} \left[F\left(x - \frac{t^2}{2\alpha^2}\right) + F\left(x + \frac{t^2}{2\alpha^2}\right) \right] \psi'\left(\frac{\alpha^2}{2}\right) d\alpha,$$

expression qui se réduit bien, comme il le fallait, à $h = F(x)$ pour $t = 0$, vu la valeur $\dfrac{\pi}{4\sqrt{2}}$ que la formule (178 *bis*) donne à

$$\int_{0}^{\infty} \psi\left(\frac{\alpha^2}{2}\right) d\alpha.$$

26. — *Etude de la fonction $\psi(\gamma)$, qui entre dans les intégrales obtenues.*

Avant d'examiner les circonstances physiques que représentent les formules (184) et (185), il convient de chercher une expression de la fonction $\psi(\gamma)$ dont le calcul soit plus facile que n'est celui de l'intégrale définie (175), suffisante seulement pour montrer que cette fonction ondule une infinité de fois entre certaines limites. La formule (177), lorsqu'elle se trouve applicable, remplit ce but avec toute la simplicité possible; mais elle ne peut être employée que pour d'assez grandes valeurs de γ, et elle n'est d'ailleurs qu'approchée. Il y a donc lieu d'en former une autre qui, tout en étant générale et exacte en principe, soit aisée à mettre en chiffres pour les valeurs petites ou modérées de γ.

On y parvient en observant que $\sin(\gamma - m^2)$ équivaut au développement

$$\frac{(\gamma - m^2)}{1} - \frac{(\gamma - m^2)^3}{1.2.3} + \frac{(\gamma - m^2)^5}{1.2.3.4.5} - \cdots,$$

et que, par suite, l'intégrale $\displaystyle\int_0^m \sin(\gamma - m^2)\, dm$, ayant sa différentielle toujours développable suivant les puissances entières et positives de m, le sera elle-même et deviendra finalement, quand on y fera $m = \sqrt{\gamma}$, une série convergente procédant suivant les puissances de $\sqrt{\gamma}$. On aura d'abord

$$\left\{ \begin{aligned} \psi(\gamma) &= \int_0^{\sqrt{\gamma}} (\gamma - m^2)\, dm - \frac{1}{1.2.3} \int_0^{\sqrt{\gamma}} (\gamma - m^2)^3\, dm \\ &\qquad + \frac{1}{1.2.3.4.5} \int_0^{\sqrt{\gamma}} (\gamma - m^2)^5\, dm - \cdots; \end{aligned} \right.$$

et, en prenant sous les signes $\int$ une nouvelle variable d'intégration, μ, telle, que $m = \sqrt{\gamma}\,\mu$ ou que $dm = \sqrt{\gamma}\,d\mu$, puis posant, afin d'abréger

$$(185\ bis) \qquad \mathrm{I}_p = \int_0^1 (1 - \mu^2)^p\, d\mu,$$

il viendra

$$(186) \qquad \psi(\gamma) = \frac{\mathrm{I}_1 (\sqrt{\gamma})^3}{1} - \frac{\mathrm{I}_3 (\sqrt{\gamma})^7}{1.2.3} + \ldots \pm \frac{\mathrm{I}_{2n+1} (\sqrt{\gamma})^{4n+3}}{1.2.3 \ldots (2n+1)} \mp \ldots$$

Or, une intégration par parties, effectuée sur le second membre de (185 *bis*), donne

$$\mathrm{I}_p = \left[(1 - \mu^2)^p\, \mu \right]_0^1 + 2\,p \int_0^1 (1 - \mu^2)^{p-1}\, \mu^2\, d\mu,$$

ou bien, en remarquant que le terme aux limites s'annule, substituant $(1 - \mu^2)^{p-1}\, d\mu - (1 - \mu^2)^p\, d\mu$ à $(1 - \mu^2)^{p-1}\, \mu^2\, d\mu$ et résolvant enfin par rapport à I_p,

$$(187) \qquad \mathrm{I}_p = \frac{2\,p}{2\,p + 1}\, \mathrm{I}_{p-1}.$$

Cette formule fera connaître successivement I_1, I_2, I_3, …, I_p, à partir de $\mathrm{I}_0 = 1$; et l'on aura

$$(188) \qquad \mathrm{I}_p = \frac{2}{3}\,\frac{4}{5} \ldots \frac{2p}{2p + 1}, \quad \mathrm{I}_{2n+1} = \frac{2^{2n+1}[1.2.3 \ldots (2n + 1)]}{3.5.7 \ldots (4n + 3)}.$$

Par suite, l'expression (186) de $\psi(\gamma)$ deviendra aisément le développement cherché :

$$(189) \qquad \psi(\gamma) = \frac{1}{\sqrt{2}}\left[\frac{(\sqrt{2\gamma})^3}{1.3} - \frac{(\sqrt{2\gamma})^7}{1.3.5.7} + \ldots \mp \frac{(\sqrt{2\gamma})^{4n+3}}{1.3.5 \ldots (4n + 3)} \pm \ldots \right].$$

On en déduit immédiatement :

$$(189\ bis) \qquad \psi'(\gamma) = \frac{1}{\sqrt{2}}\left[\frac{(\sqrt{2\gamma})^1}{1} - \frac{(\sqrt{2\gamma})^5}{1.3.5} + \ldots \mp \frac{(\sqrt{2\gamma})^{4n+1}}{1.3.5 \ldots (4n + 1)} \pm \ldots \right]$$

Une nouvelle différentiation, en donnant pour $\psi''(\gamma)$ la valeur $\dfrac{1}{2\sqrt{\gamma}} - \psi(\gamma)$, montrerait que la série obtenue (189), d'ailleurs nulle en même temps que γ ainsi que sa dérivée première, constitue bien la solution des équations (174) [p. 593].

Mais on peut obtenir encore cette solution sous une troisième forme, qui a l'avantage de représenter par une intégrale définie assez simple la différence existant entre $\psi(\gamma)$ et son expression approchée (177) [p. 594] relative aux grandes valeurs de γ. A cet effet, appelons, pour abréger, A, l'intégrale définie

$$(190) \qquad \mathrm{A} = \int_0^\infty e^{-2m\sqrt{\gamma}} \cos m^2 \, dm.$$

Différentiée par rapport à γ, elle donne, en intégrant finalement par parties,

$$(191) \qquad \frac{d\mathrm{A}}{d\gamma} = \frac{-1}{2\sqrt{\gamma}} \int_{m=0}^{m=\infty} e^{-2m\sqrt{\gamma}} \, d\sin m^2 = - \int_0^\infty e^{-2m\sqrt{\gamma}} \sin m^2 \, dm.$$

Différentions encore et employons le même procédé d'intégration par parties. Il viendra

$$(191\ bis) \qquad \frac{d^2\mathrm{A}}{d\gamma^2} = \frac{1}{2\sqrt{\gamma}} - \mathrm{A}, \quad \text{ou} \quad \frac{d^2\mathrm{A}}{d\gamma^2} + \mathrm{A} = \frac{1}{2\sqrt{\gamma}}.$$

Ainsi, l'intégrale définie A est une solution de l'équation différentielle (191 *bis*); et elle se trouve forcément comprise dans le seul type de solutions que comporte cette équation, type qui est, avec deux constantes arbitraires M, N,

$$\left\{ \begin{aligned} \mathrm{A} &= \mathrm{M}\cos\gamma + \mathrm{N}\sin\gamma + \int_0^{\sqrt{\gamma}} \sin(\gamma - m^2)\, dm \\ &= \mathrm{M}\cos\gamma + \mathrm{N}\sin\gamma + \psi(\gamma). \end{aligned} \right.$$

Si donc nous déterminons M et N de manière que cette expression de A et sa dérivée première reçoivent, pour $\gamma = 0$, les valeurs $\frac{1}{2}\sqrt{\frac{\pi}{2}}$ et $-\frac{1}{2}\sqrt{\frac{\pi}{2}}$ que prennent alors les derniers membres de (190) et (191), nous aurons

$$\text{A ou } \int_0^\infty e^{-2m\sqrt{\gamma}} \cos m^2\, dm = \frac{1}{2}\sqrt{\frac{\pi}{2}}\,(\cos\gamma - \sin\gamma) + \psi(\gamma);$$

ce qui revient à poser

$$(192)\quad \psi(\gamma) = \frac{1}{2}\sqrt{\frac{\pi}{2}}\,(\sin\gamma - \cos\gamma) + \int_0^\infty e^{-2m\sqrt{\gamma}}\cos m^2\, dm.$$

Ainsi, la différence existant entre $\psi(\gamma)$ et son expression approchée simple, (177) [p. 594], relative aux grandes valeurs de γ, est représentée par l'intégrale définie $\int_0^\infty e^{-2m\sqrt{\gamma}}\cos m^2\, dm$, que l'exponentielle décroissante $e^{-2m\sqrt{\gamma}}$ fait tendre rapidement vers zéro dès que γ dépasse un assez petit nombre d'unités.

La dérivée de (192) sera, si l'on tient compte de (191),

$$(193)\quad \psi'(\gamma) = \frac{1}{2}\sqrt{\frac{\pi}{2}}\,(\cos\gamma + \sin\gamma) - \int_0^\infty e^{-2m\sqrt{\gamma}}\sin m^2\, dm.$$

En remplaçant γ par $\frac{x^2}{2}$ et portant cette valeur de $\psi'\left(\frac{x^2}{2}\right)$ dans (185), puis appliquant la relation (185) aux points situés, du côté des x positifs, au-delà de toute la partie primitivement déprimée ou soulevée de la surface, de sorte qu'on ait $F\left(x + \frac{t^2}{2\alpha^2}\right) = 0$, il viendra, comme équation de la surface libre en ces points,

$$(194) \quad \left\{ \begin{aligned} k = \frac{1}{\sqrt{\pi}} \int_0^x & \left[\cos \frac{\alpha^2}{2} + \sin \frac{\alpha^2}{2} \right. \\ & \left. - 2 \sqrt{\frac{2}{\pi}} \int_0^\infty e^{-m\,x\sqrt{2}} \sin m^2 \, dm \right] F\left(x - \frac{t^2}{2a^2} \right) dx, \end{aligned} \right.$$

formule que l'on identifierait aisément à celle que Cauchy a obtenue pour le même objet (*). Il en a déduit, plus complètement à certains égards que n'avait fait Poisson (mais en accord avec lui), les lois qui régissent la surface des ondes par émersion, une fois parvenues, le long d'un canal, assez loin de l'endroit où elles avaient pris naissance. Ce n'est, en effet, qu'après un parcours contenant un certain nombre de fois la longueur de la partie primitivement déformée, que les ondes se régularisent assez pour qu'on puisse se représenter bien nettement, au moyen des intégrales (184) et (185), les circonstances concernant soit leur forme, soit le mouvement des particules fluides. Toutefois, nous verrons au n° 29 que, du moins dans le cas de ce que j'appelle une solution simple naturelle, où la fonction F (x) est censée n'avoir sa valeur effective donnée que dans un intervalle élémentaire dx et s'annuler au dehors, il n'est pas impossible de se figurer, assez simplement même, les mouvements produits au lieu d'émersion et dans le voisinage.

---

27. — *Lois des ondes par émersion produites les premières.*

J'appellerai $2l$ la longueur de la section longitudinale immergée, ayant l'équation z ou $h = F(x)$, du solide dont l'enlèvement donne naissance aux ondes, et je supposerai qu'on ait pris l'origine des coordonnées au milieu de cette longueur, en sorte que la fonction F (x) s'annule hors de

(*) *Recueil des Savants étrangers* de l'Académie des Sciences de Paris, t. Ier, p. 186, formule (f) — ou t. Ier, p. 188, de la nouvelle édition des œuvres de Cauchy, publiée chez M. Gauthier-Villars.

l'intervalle compris entre $x = -l$ et $x = l$. J'admettrai de
plus, pour fixer les idées, que les points où l'on veut étudier
le mouvement soient du côté des x positifs, et je me bor-
nerai, tant dans ce n° que dans le suivant, à ceux dont la
distance x à l'origine est très grande en comparaison de la
demi-longueur immergée l. Enfin, je rappellerai que nous
avons pris pour unité de longueur, en vue de simplifier les
formules, l'accélération $g = 9^m,809$ due à la pesanteur.

Il y a d'abord, comme l'a reconnu Poisson, des lois extrêmement simples et, par conséquent, dignes d'intérêt,
pour une courte période initiale, correspondant aux très
petites valeurs du rapport $\frac{t^2}{4l}$, qui dure tant que le temps
écoulé t est encore trop petit pour qu'un corps tombant en
chute libre pendant ce temps eût parcouru un espace, $\frac{1}{2}t^2$,
comparable à la longueur $2l$ du volume immergé. Alors les
seules valeurs de α qu'il y ait à considérer dans l'expression
(184) de φ [p. 603] sont celles de l'ordre de petitesse de t,
ou pour lesquelles $\frac{\alpha^2}{2}$ est très petit en comparaison de
l'intervalle $2l$ d'où pourra ne pas sortir la variable des
fonctions F.

En effet, d'une part, pour ces petites valeurs de α, dont
nous appellerons ε la plus grande, égale à un nombre considérable de fois t, la somme des deux fonctions F, dans (184),
est sensiblement égale à $2\,\mathrm{F}\,(x + \varepsilon\eta)$ et se comporte, sous
le signe d'intégration par rapport à α, comme un facteur
constant ; de sorte que l'intégration dont il s'agit donne

$$2\,\mathrm{F}\,(x + \varepsilon\eta) \int_0^\varepsilon \psi\left(\frac{t^2}{2\,\alpha^2}\right) d\alpha.$$

Or, cette somme, en posant

$$\alpha = \frac{t}{\beta}\,, \quad d\alpha = -\,\frac{t\,d\beta}{\beta^2}\,,$$

devient

$$2t\,\mathrm{F}(x+z\eta)\int_{\frac{t}{\varepsilon}}^{\infty}\psi\left(\frac{\beta^2}{2}\right)\frac{d\beta}{\beta^2}$$

ou, sensiblement,

$$2t\,\mathrm{F}(x+z\eta)\int_{0}^{\infty}\psi\left(\frac{\beta^2}{2}\right)\frac{d\beta}{\beta^2};$$

et comme il résulte d'une intégration par parties, effectuée en observant que, d'après (189) [p. 605], $\psi\left(\frac{\beta^2}{2}\right)\frac{1}{\beta}$ s'annule pour $\beta = 0$,

$$\int_{0}^{\infty}\psi\left(\frac{\beta^2}{2}\right)\frac{d\beta}{\beta^2} = -\int_{\beta=0}^{\beta=\infty}\psi\left(\frac{\beta^2}{2}\right)d\frac{1}{\beta} = \int_{0}^{\infty}\psi'\left(\frac{\beta^2}{2}\right)d\beta,$$

c'est-à-dire, en vertu de (178 *bis*) [p. 595],

$$(195)\qquad \int_{0}^{\infty}\psi\left(\frac{\beta^2}{2}\right)\frac{d\beta}{\beta^2} = \frac{\pi}{4\sqrt{2}},$$

on voit que la sommation par rapport à α, dans (184), aura pour résultat

$$\frac{\pi t\,\mathrm{F}(x+z\eta)}{2\sqrt{2}},$$

en s'en tenant aux valeurs de α moindres que ε.

D'autre part, les valeurs de α supérieures à ε rendent le rapport $\frac{t^2}{2\alpha^2}$ extrêmement petit et le facteur $\psi\left(\frac{t^2}{2\alpha^2}\right)$ sensiblement égal au premier terme, $\frac{1}{3\sqrt{2}}\frac{t^3}{\alpha^3}$, du développement que fournit (189); en sorte que la somme des éléments correspondants de l'intégrale en α considérée est de l'ordre de

$$2\int_{\varepsilon}^{\infty}\mathrm{F}(x+z\eta)\frac{t^3 d\alpha}{\alpha^3} = \mathrm{F}(x+z\eta)\frac{t^3}{\varepsilon^2},$$

ou comparable au produit de la précédente, $\dfrac{\pi t\, F\,(x+z\eta)}{2\sqrt{2}}$, par

le carré du très petit rapport $\dfrac{t}{z}$ et, par conséquent, négligeable.

La formule (184) deviendra donc

$$(196) \qquad \varphi = \frac{t}{\pi} \int_{-\infty}^{\infty} \frac{F\,(x+z\eta)\,d\eta}{1+\eta^2} = \frac{t}{\pi} \int_{-\infty}^{\infty} \frac{z\,F\,(\xi)\,d\xi}{z^2+(x-\xi)^2}.$$

On y serait arrivé directement, en rappelant que la valeur initiale de $\dfrac{d\varphi}{dt}$ doit se réduire à $F\,(x)$ pour $z=0$, à zéro pour x ou z infinis, et avoir son paramètre différentiel nul partout pour $z > 0$. Par suite, son expression ne peut différer que par le facteur constant $\dfrac{2\sqrt{2}}{\pi}$ de celle, (182), de la fonction $f\,(x, z)$, et son produit par t égale sensiblement, si t est assez petit, la valeur même de φ, nulle au début (*).

La solution simple naturelle de la question, pour cette première période, s'obtiendra en supposant la fonction arbitraire $F\,(\xi)$ nulle en dehors d'un très petit intervalle $d\xi$, ou en réduisant le volume fluide déprimé initialement (par unité de largeur du canal) $\int F\,(\xi)\,d\xi$, à un seul de ses éléments, celui, par exemple, qui est compris entre les deux abscisses ξ, $\xi + d\xi$. Appelons $dq = F\,(\xi)\,d\xi$ cet élément (rapporté toujours à l'unité de largeur du canal), r la droite, $\sqrt{z^2+(x-\xi)^2}$, mesurant sa distance au point quelconque (x, z) pour lequel on veut prendre la valeur de φ, enfin, θ, l'angle que fait cette droite avec l'axe vertical des z, angle tel, que

---

(*) Les mêmes considérations donneraient, dans le cas plus général où l'expression initiale de h serait $F\,(x, y)$,

$$(\text{pour } t \text{ très petit}) \quad \varphi = -\frac{t}{2\pi} \frac{d}{dz} \iint_{-\infty}^{+\infty} \frac{F\,(\xi, \eta)\,d\xi\,d\eta}{\sqrt{z^2+(x-\xi)^2+(z-\eta)^2}}.$$

$x - \xi = r \sin \theta$, $z = r \cos \theta$; et la solution simple dont il s'agit sera

$$197) \quad \text{(pour } t \text{ très petit)} \quad \varphi = \frac{t\,dq}{\pi}\,\frac{z}{r^2} = \frac{t\,dq}{\pi}\,\frac{z}{z^2 + (x - \xi)^2}.$$

On en déduit aisément, pour ses deux dérivées premières en x et z,

$$(198) \quad \text{(pour } t \text{ très petit)} \quad u = -\frac{t\,dq}{\pi r^2}\sin 2\theta, \quad w = -\frac{t\,dq}{\pi r^2}\cos 2\theta.$$

Ainsi, chaque molécule fluide prend tout d'abord un mouvement uniformément accéléré, dont l'accélération, inverse du carré de la distance r, a la grandeur $\frac{dq}{\pi r^2}$ et la direction opposée de celle qui fait l'angle 2θ avec la verticale. Si l'on conçoit menés, par la génératrice immergée $x = \xi$ du solide dont l'enlèvement donne naissance aux ondes, les deux plans rectangulaires qui sont inclinés sous l'horizon de 45°, le fluide compris au dessous ou dans l'angle de ces plans se soulèvera pour combler le creux initial, tandis que le fluide qui leur est extérieur ou supérieur s'abaissera. Dans les deux cas, les molécules se rapprocheront du plan vertical bissecteur de l'angle des deux précédents, ou mené le long du sillon creux de la surface. On voit encore : 1° que les vitesses produites au-dessous du même sillon décroissent sensiblement, pour des couches de plus en plus profondes, comme l'inverse du carré de la profondeur ; 2° que la *tête* de l'onde concave naissante est animée d'une *célérité* ou vitesse de propagation très grande. En effet, les ordonnées h de la surface, à la distance $x - \xi = r$, seront données par la formule $h = \int_0^t w\,dt$, qui, vu la seconde (198) prise avec $2\theta = \pi$, devient

$$(199) \quad \text{(pour } t \text{ très petit)} \quad h = \frac{t^2 dq}{2\pi r^2}, \quad \text{ou} \quad \frac{r}{t} = \sqrt{\frac{dq}{2\pi h}}.$$

or cette relation exprime que chaque ordonnée très petite h se transporte, le long du canal, avec une célérité constante, inverse de la racine carrée de sa hauteur h et, par conséquent, infinie pour la tête $h = o$ (*).

Il suffirait d'ailleurs, évidemment, de remplacer $F(\xi)\,d\xi = dq$ par le volume immergé total $\displaystyle\int F(\xi)\,d\xi = q$ (rapporté, bien entendu, à l'unité de largeur du canal), pour étendre les mêmes lois au cas réel d'un sillon creux initial ayant, dans le sens des x, une largeur finie donnée $2l$. Seulement, on devra supposer alors la distance donnée r de ce creux aux points où l'on étudie le mouvement beaucoup plus grande que l, afin qu'on puisse regarder $\dfrac{1}{r}$ et θ comme les mêmes pour tous les éléments dq.

Voyons maintenant, en nous bornant aux couches fluides dont la profondeur z au-dessous de la surface est très petite en comparaison de la distance r des points considérés au sillon élémentaire initial $dq = F(\xi)\,d\xi$, quelle sera la solution simple naturelle, pour toutes les époques t et toutes les distances $r = \sqrt{z^2 + (x - \xi)^2}$ qui ne rendront pas très considérable le rapport $\dfrac{r^2}{4t}$. Nous supposerons que l'on ait, par exemple, $x - \xi > o$, ou que les points proposés (x, z) soient du côté des x positifs par rapport au plan vertical mené suivant le sillon dq. Ainsi, l'abscisse x se trouvera, dans l'expression (184) de φ, sensiblement supérieure à celle, ξ, hors du voisinage de laquelle la fonction $F(\xi)$ s'annulera par hypothèse ; et, d'ailleurs, x_1 pourra y être censé rester

---

(*) Cette circonstance paradoxale résulte de l'hypothèse de l'incompressibilité (impliquant la supposition d'un coefficient d'élasticité de volume infini ou d'une vitesse infinie de propagation du son), hypothèse inexacte si on la suit jusque dans tous les menus détails des phénomènes, mais très suffisamment approchée, au contraire, pour l'étude des déplacements *sensibles* du liquide ; car chaque particule fluide n'éprouve, dans son volume, que des variations relatives absolument inappréciables en comparaison de ses déformations linéaires.

de l'ordre de z, c'est-à-dire fort petit en comparaison de $x - \xi$, car les éléments correspondant aux très grandes valeurs absolues de η n'y donneraient, à cause du dénominateur $1 + \eta^2$, que des sommes négligeables de l'ordre de $\int_\eta^\infty \frac{d\eta}{\eta^2} = \frac{1}{\eta}$. Par conséquent, la fonction $F\left(x + z\eta - \frac{\alpha^2}{2}\right)$, dont la variable dépassera toujours notablement ξ pour les valeurs modérées de η, sera négligeable dans (184) et pourra en être supprimée. Si, alors, on remplace la variable d'intégration α par une autre ξ, telle, que l'on ait

$$x + z\eta - \frac{\alpha^2}{2} = \xi ; \quad \text{d'où} \quad \alpha = \sqrt{2\,(x - \xi + z\eta)} \quad \text{et} \quad d\alpha = \frac{-\,d\xi}{\sqrt{2\,(x - \xi + z\eta)}} ;$$

et si l'on observe, d'une part, que le facteur $\dfrac{1}{\sqrt{x - \xi + z\eta}}$ de l'expression de $d\alpha$ ne différera jamais dans un rapport sensible de $\dfrac{1}{\sqrt{x - \xi}}$ ou de $\dfrac{1}{\sqrt{r}}$, d'autre part, que les deux valeurs extrêmes $\xi = x + z\eta$, $\xi = -\infty$ comprendront toutes celles de ξ pour lesquelles $F(\xi)$ différera de zéro et que, par conséquent, les deux limites d'intégration par rapport à ξ pourront être remplacées par $\pm \infty$, il viendra

$$(200) \qquad \varphi - \frac{2}{\pi^2 \sqrt{r}} \int_{-\infty}^{\infty} \frac{d\eta}{1 + \eta^2} \int_{-\infty}^{\infty} \psi \left[\frac{t^2}{4(x - \xi + z\eta)} \right] F(\xi)\, d\xi.$$

Rappelons en outre que, r désignant la distance du point considéré (x, z) du fluide au sillon élémentaire primitif $dq = F(\xi)\, d\xi$ dont il s'agit, nous supposons ici le rapport $\dfrac{t^2}{4r}$ fini et, par suite, très peu différent de $\dfrac{t^2}{4\,(x - \xi + z\eta)}$. Le facteur $\psi\left[\dfrac{t^2}{4\,(x - \xi + z\eta)}\right]$ reviendra donc sensiblement à $\psi\left(\dfrac{t^2}{4r}\right)$. Enfin, les intégrales

$$\int_{-\infty}^{\infty} \mathrm{F}\,(\xi)\,d\xi, \quad \int_{-\infty}^{\infty} \frac{d\eta}{1+\eta^2}$$ se réduiront respectivement à dq et à π. On aura donc

$$(201) \qquad \left(\text{pour } \tfrac{z}{r} \text{ très petit}\right) \quad \varphi = \frac{2\,dq}{\pi\,\sqrt{r}}\,\psi\left(\frac{t^2}{4\,r}\right).$$

Cette formule approchée de φ, ne se trouvant établie que pour les valeurs de z négligeables en comparaison de r, n'est pas propre à être différentiée par rapport à z; car elle ne s'applique pas sur des longueurs z suffisantes pour manifester les variations de φ en fonction de z comme elle manifeste celles qui se produisent en fonction de r ou, ce qui revient au même, de x (vu que, ici, r se réduit sensiblement à $x - \xi$). Mais $\frac{d\varphi}{dz}$ se calculera par la formule (159) [p. 583], c'est-à-dire en différentiant deux fois par rapport à t la valeur (201) de φ. Et, si on la joint à celle de $\frac{d\varphi}{dx}$, qui n'est autre que u, donnée par (201), il viendra

$$(202) \quad \begin{cases} \dfrac{d\varphi}{dx} \text{ ou } u = -\dfrac{dq}{\pi\,r\,\sqrt{r}}\left[\psi\left(\dfrac{t^2}{4\,r}\right) + \dfrac{t^2}{2\,r}\,\psi'\left(\dfrac{t^2}{4\,r}\right)\right], \\[3ex] \dfrac{d\varphi}{dz} \text{ ou } w = \dfrac{dq}{\pi\,r\,\sqrt{r}}\left[\psi'\left(\dfrac{t^2}{4\,r}\right) + \dfrac{t^2}{2\,r}\,\psi''\left(\dfrac{t^2}{4\,r}\right)\right]. \end{cases}$$

Ces expressions sont de l'ordre de petitesse de $\dfrac{1}{r\,\sqrt{r}}$ aux grandes distances r, pourvu que le rapport $\dfrac{t^2}{4r}$ ne soit pas très petit : ainsi, elles décroissent relativement moins vite qu'elles ne faisaient dans la première période, alors qu'elles étaient inverses de r^2. On reconnaît du reste, en supposant le rapport $\dfrac{t^2}{4r}$ très petit, de manière à pouvoir réduire le développement (189) de $\psi\,(\gamma)$ à son premier terme, et en négli geant dans les résultats les puissances de t supérieures à la première, que les formules (202) comprennent bien celles, (198), de la première période, spécifiées pour ϑ sensiblement égal à 90°.

Enfin, l'ordonnée h de la surface, égale à la dérivée $\dfrac{d\varphi}{dt}$ pour $z = o$, sera, d'après (201),

$$(203) \qquad h = \frac{t\,dq}{\pi r \sqrt{r}} \psi'\left(\frac{t^2}{4r}\right) = \frac{8\,dq}{\pi t^2}\left[\left(\frac{t^2}{4r}\right)^{\frac{3}{2}} \psi'\left(\frac{t^2}{4r}\right)\right].$$

Posons, pour abréger,

$$(204) \qquad \gamma = \frac{t^2}{4r},$$

et le troisième membre de (203) deviendra $\dfrac{8dq}{\pi t^2} \gamma^{\frac{3}{2}} \psi'(\gamma)$. En le différentiant par rapport à r, on aura pour la dérivée $\dfrac{dh}{dr}$ une expression qui, jointe à la première (203) de h, donnera aisément

$$(205) \qquad h = \frac{2\,dq}{\pi r}\left[\gamma^{\frac{1}{2}} \psi'(\gamma)\right], \quad \frac{dh}{dr} = -\frac{2dq}{\pi r^2}\frac{d}{d\gamma}\left[\gamma^{\frac{3}{2}} \psi'(\gamma)\right].$$

Ces valeurs de h et de $\dfrac{dh}{dr}$, comme celles, (201) et (202), de φ et des vitesses u, w, sont les produits de facteurs constants par les inverses de certaines puissances de r et par des fonctions ne dépendant que du seul rapport γ. Les formules (189) et (189 *bis*) [p. 605] donneront d'ailleurs, immédiatement, les développements en série de toutes ces fonctions de γ; et l'on peut même remarquer que, pour les deux formules (205), les développements ne contiendront que des puissances entières de 2γ. On aura, par exemple,

$$(206)\ \frac{d}{d\gamma}\left[\gamma^{\frac{3}{2}} \psi'(\gamma)\right] = \frac{1\,(2\gamma)}{1} - \frac{2\,(2\gamma)^3}{1.3.5} + \cdots + \frac{(n+1)\,(2\gamma)^{2n+1}}{-1.3.5\ldots(4n+1)} - \cdots$$

Les diverses *ondes* sillonnant le fluide à l'époque t ou, du moins, ce que l'on entend d'ordinaire par ce mot, seront constituées par les parties en relief de la surface, convexités dont chacune, supposée comprise entre deux fonds de sillon consécutifs lieux de points à altitude minimum, aura pour *ligne de faîte* le lieu intermédiaire des points où l'altitude, $-h$, se trouvera au contraire maximum. Donc on obtiendra les abscisses, x ou $\xi + r$, des creux et des sommets successifs délimitant des moitiés d'onde ou, encore, marquant le milieu de ce qu'on peut appeler les *ondes creuses* et les *ondes en relief*, si l'on égale à zéro la dérivée de h par rapport à r. D'après la deuxième (205), cela revient à annuler le second membre de (206). Abstraction faite de la solution $\gamma = 0$ qui correspond à $r = \infty$ et à $h = 0$, Poisson a trouvé pour la plus petite racine positive de cette équation, et pour les expressions correspondantes de r et de h données par les formules (204) et (205) :

$$(207) \quad \begin{cases} \text{(Première onde creuse)} \\ (2\gamma)^2 = 9{,}4482 \;; \quad \text{d'où} \;\; \gamma = 1{,}537, \; r = (0{,}3253)\,\dfrac{t^2}{2}, \\ h = (2{,}7583)\,\dfrac{dq}{t^2} = (0{,}4486)\,\dfrac{dq}{r}. \end{cases}$$

La seconde racine correspond au sommet de la première onde convexe, de celle qu'on sera, par conséquent, le moins exposé à confondre avec aucune autre. Sa valeur et les expressions corrélatives de x et de h sont, d'après Cauchy,

$$(208) \quad \begin{cases} \text{(Première onde en relief)} \\ \gamma = 4{,}18, \; r = (0{,}120)\,\dfrac{t^2}{2}, \; h = -(17{,}76)\,\dfrac{dq}{t^2} = -(1{,}066)\,\dfrac{dq}{r}. \end{cases}$$

Pour les racines suivantes, on peut, γ étant déjà assez grand, réduire dans (193) [p. 607] l'expression de $\psi'(\gamma)$ aux deux premiers termes, c'est-à-dire à $\dfrac{\sqrt{\pi}}{2}\cos\left(\gamma - \dfrac{\pi}{4}\right)$. On trouve alors que les valeurs de γ annulant $\dfrac{dh}{dr}$ satisfont à l'équation $\operatorname{tang}\left(\gamma-\dfrac{\pi}{4}\right)=\dfrac{3}{2\gamma}$, laquelle se résout aisément par approximations successives, dès que son second membre approche de zéro ou que, par suite, $\gamma-\dfrac{\pi}{4}$ approche d'un multiple exact de π. On voit que les racines, en nombre infini, de cette équation, deviennent bientôt sensiblement équidistantes entre elles, de π. En outre, ces racines tendent de plus en plus à rendre $\psi'(\gamma)$ égal simplement à $\pm\dfrac{\sqrt{\pi}}{2}$ et à rendre par suite, d'après (205), la hauteur h égale à $\pm\sqrt{\dfrac{\gamma}{\pi}}\,\dfrac{dq}{r}=\pm\dfrac{t\,dq}{2r\sqrt{\pi r}}$, quantité croissante, en un même endroit, d'une onde à celle qui suit.

En résumé, d'après les formules (203) à (208), *tout se passe, à quelque distance de la région d'ébranlement, c'est-à-dire du lieu de la dépression initiale, comme si la surface s'était couverte instantanément, dans cette région, d'une infinité d'ondes ou de rides, dont les fonds ainsi que les sommets et même tous les points prendraient, le long du canal, lors de l'émersion du solide, des mouvements apparents de transport uniformément accélérés, avec vitesse initiale nulle, mais avec des accélérations* $\dfrac{2r}{t^{2}}=\dfrac{1}{2\gamma}$ *variant de l'infini à zéro pour ces diverses parties élémentaires d'ondes; d'ailleurs, d'après les formules (203) et (202), chacune de ces parties décroît en hauteur, à mesure qu'elle progresse, inversement à la distance parcourue ou au carré du temps écoulé, et apporte aux couches fluides superficielles des vitesses, tant horizontales que verticales, inversement proportionnelles au cube du même temps* t. Les relations (208) montrent, en outre : 1° que l'onde convexe la plus rapide ou la première progresse environ huit fois plus lentement qu'un corps tombant en chute libre, puisque son accélération égale les 12 centièmes de la gravité g (prise ici pour unité de longueur), et, 2°, que la hauteur, $-h$, de son sommet au-dessus du niveau d'équilibre ne dépasse que très peu le rapport du volume de la dépression cylindrique primitive dq (par unité de largeur du canal) à la distance déjà parcourue r.

Remarquons enfin que toutes ces lois, démontrées pour le cas d'une dépression primitive $dq = \mathrm{F}\,(\xi)\,d\xi$ infiniment étroite, s'étendent sans difficulté au cas d'une dépression ayant une demi-largeur l quelconque, pourvu que les distances r auxquelles on observe le mouvement produit soient beaucoup plus grandes que cette demi-largeur l. En effet, pour un même instant et un même point (x, z) du fluide, les valeurs de $\dfrac{1}{r}$ et de γ se rapportant aux divers éléments dq de la dépression seront alors sensiblement pareilles ; de sorte que la superposition des effets dus à tous ces éléments dq se fera, dans les formules ci-dessus, en remplaçant simplement dq par $\int dq$ ou q.

28. — *Lois des ondes venant à la suite d'un certain nombre d'autres, ou après que le mouvement s'est, pour ainsi dire, régularisé : ces ondes se comportent comme si elles appartenaient à des houles dont la longueur croîtrait graduellement et dont la hauteur décroîtrait peu à peu suivant des lois plus ou moins complexes.*

Pour déduire de la formule (200) toutes celles qui suivent, nous avons dû admettre, non seulement que la profondeur z, au-dessous de la surface, des molécules fluides considérées était très petite en comparaison de la distance $r = \sqrt{z^2 + (x - \xi)^2}$ de ces molécules à la dépression élémentaire initiale dq, mais aussi que le rapport $\gamma = \dfrac{l^2}{4r}$ n'atteignait pas des valeurs extrêmement grandes. Les lois précédentes ne s'appliquent donc qu'aux ondes qui ne sont pas précédées d'un nombre considérable d'autres, ou dont la propagation est encore assez comparable, pour la rapidité, au mouvement des corps tombant en chute libre, de façon que l'espace total parcouru r y soit du même ordre de grandeur que le produit $g\ell^2$ ou ℓ^2. Voyons actuellement ce qui arrivera si, au contraire, le rapport γ est extrêmement grand. Alors, dans la formule (200), la variable $\dfrac{\ell^2}{4(x-\xi+z\eta)}$ dont ψ dépend sera très considérable, et de minimes changements de $\xi - z\eta$ la feront varier, ainsi que ψ, d'une manière sensible. Il sera donc nécessaire, même quand il ne s'agira d'intégrer par rapport à ξ que dans un intervalle extrêmement petit et, pour ainsi dire, élémentaire, de décomposer cet intervalle en une infinité d'autres, tels, que ψ ne varie qu'insensiblement de chacun au suivant. C'est, d'ailleurs, ce que nous avons dû faire déjà au n° 19 (p. 451), dans une question analogue, celle du mouvement transversal d'une barre.

Ayant donc ici, de toute manière, à intégrer par rapport à ξ, nous chercherons à effectuer complètement le calcul de φ pour tout le volume $q = \displaystyle\int_{-l}^{l} F(\xi)\, d\xi$ de la dépression primitive, sans nous borner au cas d'un seul élément $dq = F(\xi)\, d\xi$. Seulement, nous admettrons que l et, par suite, ξ soient, comme z, très petits en comparaison de x, ou que les molécules fluides considérées se trouvent à une distance de la région des ébranlements très grande par rapport à la demi-longueur l de cette région elle-même. Alors le facteur $\dfrac{1}{\sqrt{r}}$ pourra être remplacé, dans (200), par $\dfrac{1}{\sqrt{x}}$, et, de plus, on aura

$$(209)\quad \left\{ \begin{aligned} \frac{\ell^2}{4(x-\xi+z\eta)} &= \frac{\ell^2}{4x}\left(1-\frac{\xi-z\eta}{x}\right)^{-1} = \frac{\ell^2}{4x}\left(1+\frac{\xi-z\eta}{x}+\dots\right) \\[2mm] &= \frac{\ell^2}{4x} + \frac{\ell^2}{4x^2}(\xi-z\eta) + \dots \end{aligned} \right.$$

Nous supposerons le rapport $\frac{t^2}{4x}$ assez grand pour que son produit par la très petite fraction $\frac{\xi - z\eta}{x}$ soit fini, mais pas assez pour que son produit par le carré de la même fraction devienne comparable à l'unité. Le dernier membre de (209) se réduira donc aux deux premiers termes, et, la formule (177) [p. 594] étant d'ailleurs applicable, il viendra

$$(210) \quad \psi\left[\frac{t^2}{4\,(x - \xi + z\eta)}\right] = \frac{\sqrt{\pi}}{2}\sin\left(\frac{t^2}{4x} - \frac{\pi}{4}\right)\cos\frac{t^2\,(\xi - z\eta)}{4\,x^2} + \frac{\sqrt{\pi}}{2}\cos\left(\frac{t^2}{4x} - \frac{\pi}{4}\right)\sin\frac{t^2\,(\xi - z\eta)}{4\,x^2}.$$

Portons cette valeur dans (200) et dédoublons encore en deux produits le cosinus et le sinus de la différence $\frac{t^2\xi}{4x^2} - \frac{t^2z\eta}{4x^2}$; ce qui permettra de décomposer l'intégrale double en produits d'intégrales simples. Si nous observons alors que l'expression $\int_{-\infty}^{\infty}\sin\frac{t^2z\eta}{4x^2}\,\frac{d\eta}{1 + \eta^2}$ s'annule, comme ayant ses éléments deux à deux égaux et de signes contraires (car la fonction sous le signe $\int$ y est impaire par rapport à η), et si de plus, afin d'abréger, nous posons

$$(211) \quad \begin{cases} \displaystyle\int_{-l}^{l}\cos\frac{t^2\xi}{4x^2}.\ \mathrm{F}(\xi)\,d\xi = \mathrm{K}\cos\mathrm{M}, \\[2ex] \displaystyle\int_{-l}^{l}\sin\frac{t^2\xi}{4x^2}.\ \mathrm{F}(\xi)\,d\xi = \mathrm{K}\sin\mathrm{M}, \end{cases}$$

où K et M désignent deux certaines fonctions de $\frac{t^2}{4x^2}$ dont la première sera toujours positive, nous trouverons

$$(211\ bis) \quad \varphi = \frac{\mathrm{K}}{\pi\sqrt{\pi x}}\sin\left(\frac{t^2}{4x} - \frac{\pi}{4} + \mathrm{M}\right).\int_{-\infty}^{\infty}\cos\frac{t^2 z\eta}{4x^2}\,\frac{d\eta}{1 + \eta^2}.$$

Or, le dernier facteur du second membre de (211 *bis*), en y appelant a l'expression positive $\frac{t^2 z}{4 x^2}$, n'est autre chose que l'intégrale classique $\int_{-\infty}^{\infty} \frac{\cos a \eta}{1 + \eta^2} d\eta$, égale à πe^{-a}. C'est, du reste, ce qu'on reconnaît en considérant d'abord l'intégrale définie

$$(212) \qquad A = \int_0^{\frac{i\pi}{a}} \frac{\cos a \eta}{1 + \eta^2} d\eta,$$

prise depuis $\eta = o$ jusqu'à une limite supérieure très grande $\eta = \frac{i\pi}{a}$, où i désigne un nombre entier positif. Deux différentiations consécutives par rapport à a donneront, pour ses deux dérivées première et seconde,

$$(213) \qquad \frac{dA}{da} = -\frac{i\pi \cos i\pi}{a^2 + i^2 \pi^2} - \int_0^{\frac{i\pi}{a}} \frac{\eta \sin a \eta}{1 + \eta^2} d\eta,$$

$$(214) \quad \left\{ \begin{aligned} \frac{d^2 A}{da^2} &= \frac{2 a i \pi \cos i\pi}{(a^2 + i^2 \pi^2)^2} - \int_0^{\frac{i\pi}{a}} \frac{\eta^2 \cos a \eta}{1 + \eta^2} d\eta, \\[2mm] &= \frac{2 a i \pi \cos i\pi}{(a^2 + i^2 \pi^2)^2} - \int_0^{\frac{i\pi}{a}} \cos a \eta \, d\eta + \int_0^{\frac{i\pi}{a}} \frac{\cos a \eta}{1 + \eta^2} d\eta \\[2mm] &= \frac{2 a i \pi \cos i\pi}{(a^2 + i^2 \pi^2)^2} + A. \end{aligned} \right.$$

Or, si l'on suppose i de plus en plus grand, les intégrales paraissant dans (212) et (213) n'en restent pas moins des fonctions de a finies et parfaitement déterminées, à cause de la présence, sous le signe $\int$, des facteurs $\frac{1}{1 + \eta^2}$, $\frac{\eta}{1 + \eta^2}$ infiniment petits à la limite supérieure; et les trois formules (212), (213), (214) deviennent, en posant finalement, dans la seconde, $a \eta = \zeta \left(\text{d'où } d\eta = \frac{d\zeta}{a} \right)$,

$$(215) \quad \begin{cases} \mathrm{A} = \displaystyle\int_0^\infty \frac{\cos a\eta}{1 + \eta^2}\, d\eta, \\[2mm] \dfrac{d\mathrm{A}}{da} = -\displaystyle\int_0^\infty \frac{\eta \sin a\eta}{1 + \eta^2}\, d\eta = -\int_0^\infty \frac{\zeta \sin \zeta}{a^2 + \zeta^2}\, d\zeta, \quad \dfrac{d^2\mathrm{A}}{da^2} = \mathrm{A}. \end{cases}$$

La dernière est une équation différentielle linéaire dont toutes les intégrales sont données par la formule $\mathrm{A} = c\, e^{-a} + c_1 e^{a}$. Déterminons-y les deux constantes c, c_1 de manière que l'on ait, conformément aux premières (215),

$$\begin{cases} \text{(pour } a \text{ infiniment petit positif)} \\[2mm] \mathrm{A} = \displaystyle\int_0^\infty \frac{d\eta}{1 + \eta^2} = \frac{\pi}{2}, \quad \dfrac{d\mathrm{A}}{da} = -\int_0^\infty \frac{\sin \zeta}{\zeta}\, d\zeta = -\frac{\pi}{2} \end{cases}$$

Il faudra, pour cela, prendre $c_1 = 0$, $c = \dfrac{\pi}{2}$; et il viendra

$$(216) \quad \begin{cases} \text{(pour } a > 0\text{)} \\[2mm] \displaystyle\int_0^\infty \frac{\cos a\eta}{1 + \eta^2}\, d\eta = \frac{\pi}{2}\, e^{-a}, \quad \int_0^\infty \frac{\eta \sin a\eta}{1 + \eta^2}\, d\eta = \frac{\pi}{2}\, e^{-a}. \end{cases}$$

On remarquera que la seconde de ces intégrales présente, pour $a = 0$, la même discontinuité que l'intégrale plus simple $\displaystyle\int_0^\infty \frac{\sin a x}{x}\, dx$.

Mais il nous suffit ici de considérer la première (216), et de la doubler en la prenant entre les limites $\pm\infty$. Sa valeur deviendra bien πe^{-a} et, par conséquent, le dernier facteur de (211 *bis*) vaudra $\pi e^{-\frac{\theta z}{4 x^2}}$. Nous aurons, en conséquence, pour l'expression définitive de φ,

$$(217) \qquad \varphi = \frac{\mathrm{K}}{\sqrt{\pi x}}\, e^{-\frac{\theta z}{4 x^2}} \sin\left(\frac{t^2}{4 x} - \frac{\pi}{4} + \mathrm{M} \right).$$

On remarquera que cette expression de φ, où z entre par une exponentielle à exposant négatif, décroît, à mesure que z grandit, avec une rapidité incomparablement plus grande qu'il n'arrivait pour les premières ondes, et qu'elle s'évanouit même, sensiblement, à des profondeurs z minimes par rapport à x, quand le rapport de t^2 à x est assez grand. Donc, *le mouvement, avant de se dissiper tout à fait, se confine dans les couches liquides superficielles, où sa propagation suivant le sens horizontal est encore appréciable longtemps après que s'est terminée toute propagation sensible dans le sens vertical.* On peut induire de là que ces ondes, ne perdant, pour ainsi dire, point d'énergie par le bas, décroîtront en hauteur, dans leur marche, beaucoup moins vite que les premières, et même ne décroîtront pas, en moyenne, tant que leur mouvement ne se communiquera pas aux couches inférieures. C'est, en effet, ce que nous reconnaîtrons bientôt.

Appelons k^2 le rapport, fini par hypothèse, $\dfrac{t^2}{4x^2}$, ou posons

$$(218) \qquad k = \frac{t}{2x}, \quad x = \frac{t}{2k};$$

ce rapport k^2, à cause des valeurs relativement considérables de x et t, ne changera pas sensiblement, non plus que le facteur $\dfrac{1}{\sqrt{\pi x}}$, pendant que x et t varieront de quantités Δx et Δt comparables respectivement à l'intervalle de deux ondes et au temps employé par chacune d'elles à le parcourir. Donc, comme K et M, définis par (211), ne dépendent que de k, et comme on a, de plus,

$$\frac{d}{dt}\left(\frac{t^2}{4x}\right) = \frac{t}{2x} = k, \quad \frac{d}{dx}\left(\frac{t^2}{4x}\right) = -k^2,$$

l'expression (217) de φ, si l'on y fait croître x et t de Δx et Δt, deviendra, en y regardant x et t comme des valeurs de repère fixes,

$$(219) \qquad \varphi = \frac{K}{\sqrt{\pi x}}\, e^{-k^2 z} \sin\left(k\,\Delta t - k^2\,\Delta x + \text{constante}\right).$$

Elle est de la forme $C e^{-k^2 z} \sin (kt - k^2 x + \text{const.})$, où x, t et z seraient les variables; et elle représente une *houle*, c'est-à-dire un système, aussi simple que possible, d'ondes courantes, dans lequel le mouvement du fluide est périodique, le profil de la surface, exprimé par l'équation

$$(220) \qquad h = \frac{d\varphi}{dt} \text{ (pour } z \text{ nul)} = k\,C \cos (h\,t - k^2\,x + \text{const.}),$$

sensiblement sinusoïdal, la *longueur d'onde* (largeur de vague), $\frac{2\pi}{k^2}$, la durée de la période, $\frac{2\pi}{k}$, et, la vitesse de propagation, $\frac{1}{k}$, c'est-à-dire, d'après (218), le double du rapport $\frac{x}{t}$. Les molécules y décrivent, d'un mouvement uniforme et continu, des orbites circulaires, dont le rayon, proportionnel à la demi-hauteur totale $k\,C$ des ondes, décroît comme l'exponentielle $e^{-k^2 z}$ quand la profondeur z augmente (*).

Par conséquent, *si l'on considère, parmi les ondes dues à l'émersion du solide, celles qui viennent à la suite d'un assez grand nombre d'autres, et si on les suppose arrivées à des distances de la région d'émersion beaucoup plus grandes que la demi-longueur l de cette région, elles se comporteront sensiblement, sur des étendues comprenant plusieurs longueurs d'onde et pendant des durées de plusieurs périodes d'oscillation, comme de simples houles ou systèmes de vagues quasi-sinusoïdales courantes (à orbites moléculaires circulaires), animées de vitesses de propagation doubles du quotient $\frac{x}{t}$, et ayant des longueurs d'onde et des périodes en rapport avec cette vitesse. Quant à leur hauteur au-dessus ou au-dessous du niveau d'équilibre, elle se trouve exprimée par*

(*) Je renverrai, pour la démonstration de ces lois d'une houle, à mon *Essai sur la théorie des eaux courantes* (p. 335).

$\mp k\mathrm{C} \cdot \mp \dfrac{k\mathrm{K}}{\sqrt{\pi x}}$, et *elle est, d'une part, en raison inverse de la racine carrée du chemin parcouru x, d'autre part, en raison directe du facteur* $k\mathrm{K} = \dfrac{t}{2x}\,\mathrm{K}$, *dépendant d'une manière plus ou moins complexe, d'après les formules* (211), *du rapport* $\dfrac{x}{t}$ *ainsi que des dimensions et de la forme de la dépression produite initialement à la surface du fluide* (*).

Avant de chercher à nous rendre compte des changements de cette hauteur, soit pour une même onde qu'on suivrait dans sa translation apparente, soit aux divers endroits de la surface liquide considérée à un même moment quelconque t, donnons une forme plus sensible aux lois précédentes, en imaginant une infinité d'observateurs, qui seraient tous partis, à l'instant de l'émersion, du lieu où elle s'est produite, et qu'animerait le long du canal une certaine vitesse, constante pour chacun, mais variable, de l'un à l'autre, entre les limites zéro et l'infini; concevons en outre que chaque observateur examine à côté de lui les ondes qui s'y succèdent, en embrassant du regard une étendue qui en comprenne quelques-unes et en les suivant des yeux pendant quelques périodes. Il est clair que, après avoir laissé passer les premières ondes auxquelles la formule (219) ne s'applique pas, celui d'entr'eux dont la vitesse

---

(*) Poisson a désigné sous le nom *d'onde dentelée* l'ensemble des ondes, sans cesse changeantes, qui sont comprises à un moment donné entre deux points consécutifs de la surface où $\mathrm{K} = o$, points qu'il appelle *nœuds*, parce que les oscillations de la surface s'y annulent, et qui sont évidemment animés, chacun, d'un mouvement uniforme $\left(\text{puisque } \mathrm{K} \text{ ne varie qu'en fonction du rapport } \dfrac{x}{t}\right)$. Il a déterminé, pour le cas d'une forme parabolique du second degré, à axe vertical, de la dépression primitive, les circonstances que présentent ces ondes *dentelées* ou *dentées* (car il appelle les ondes effectives ou individuelles leurs *dents*), dont le mouvement est uniforme, et dont la longueur est uniformément croissante (à cause de l'inégalité de vitesse des nœuds). Cauchy a, de même, calculé leurs situations et leurs dimensions pour un certain nombre d'autres formes de la dépression primitive (*Savants étrangers*, t. 1er, p. 184 à 254, ou *Œuvres de Cauchy*, t. 1er, p. 191 à 239).

$\frac{x}{t}$ égale $\frac{1}{2k}$ verra indéfiniment à côté de lui la houle dont

il vient d'être question, qui a pour *célérité* $\frac{1}{k}$ et une hauteur

inversement proportionnelle à $\sqrt{x}$. Ainsi, *tout observateur parti de l'endroit de l'émersion au moment où elle a eu lieu, et parcourant le canal d'un mouvement uniforme, se trouve sans cesse dépassé par des ondes qui, sauf les premières, se meuvent deux fois plus vite que lui, ont une longueur constante, égale au produit de 2π par le carré de leur célérité double de la sienne, et se succèdent à côté de lui avec des hauteurs graduellement décroissantes, inversement proportionnelles à la racine carrée de la distance au point de départ ou à celle du temps écoulé.*

Les divers observateurs voyant de la sorte, au même instant, des houles d'autant plus longues qu'ils sont plus loin du lieu d'émersion, l'ensemble du canal est couvert de houles de toutes les longueurs, mais de hauteurs très différentes. L'on a donc, dans ce phénomène, un exemple relativement simple, probablement le plus simple possible, de la production de houles non entretenues, ou qui s'éteignent graduellement, considérées dès l'époque même de leur formation, et non après qu'elles ont été profondément remaniées et simplifiées par les résistances passives comme sont celles qui s'observent en mer, très loin du lieu où une série de coups de vent les a fait naître, ou comme sont les ondes persistantes dues à des chocs périodiques s'exerçant quelque part sur un liquide, considérées à une certaine distance de là.

Observons qu'une même onde, animée à chaque instant d'une vitesse $\frac{dx}{dt}$ sensiblement double de $\frac{x}{t}$, dépasse sans cesse le lieu, lui-même changeant, où règne une certaine houle et où le rapport $\frac{x}{t}$ est constant, pour venir faire partie de houles de plus en plus longues. Comme l'équation différentielle $\frac{dx}{dt} = 2\frac{x}{t}$ revient à prendre

$$(221) \quad \left\{ \quad \begin{array}{c} \text{(pour une même onde)} \\[4pt] \frac{t^2}{4x} = \text{une const. } \gamma, \quad k \text{ ou } \frac{t}{2x} = \frac{\sqrt{\gamma}}{\sqrt{x}} = \frac{2\gamma}{t}, \end{array} \right.$$

la propagation des ondes dont il s'agit est uniformément accélérée comme celle des premières. Par suite, leur longueur, ou la distance de deux consécutives, va, de même, en augmentant comme le carré du temps écoulé t ou comme l'espace parcouru x. Mais leur demi-hauteur totale,

$$(222) \qquad \text{Maxim. de } \pm h = \frac{h\,K}{\sqrt{\pi x}} = \sqrt{\frac{\gamma}{\pi}}\,\frac{K}{x} = \frac{4\gamma\sqrt{\gamma}}{\sqrt{\pi}}\,\frac{K}{t^2},$$

ne varie plus aussi simplement, c'est-à-dire en raison inverse de l'espace parcouru x ou du carré du temps t, parce que le facteur K y est fonction du rapport indéfiniment décroissant $k = \frac{t}{2x} = \frac{2\gamma}{t}$.

Pour comprendre comment l'expression de K atténue en moyenne, ainsi qu'il a été dit, la diminution de hauteur d'une même onde à mesure qu'elle progresse, et, aussi, comment le mouvement finit par s'éteindre aux petites distances du lieu d'émersion, là où sont les houles les plus courtes, cherchons cette expression de K et celle de φ pour ce que nous appelons une solution simple naturelle, c'est-à-dire pour le cas fictif où la dépression primitive se réduirait à un simple sillon, dq, d'une largeur infiniment petite 2ε et d'une profondeur sensiblement constante, égale, par suite, à $\frac{dq}{2\varepsilon}$. Il faudra donc, dans les formules (211), en supposant l'origine des x prise au milieu de la largeur du sillon, réduire l à ε et poser $F(\xi) = \dfrac{dq}{2\varepsilon}$. On voit d'abord que la seconde intégrale (211) s'annulera, comme ayant sous le signe $\int$ une fonction impaire de ξ, et qu'il en serait de même dans tous les cas où $F(-\xi) = F(\xi)$, c'est-à-dire où le profil de la dépression primitive se trouverait symétrique par rapport à son ordonnée verticale moyenne. Donc, pour tous ces cas, où la première intégrale (211) a, d'ailleurs, sous le signe $\int$ une fonction paire de ξ, la formule (217) devient

$$(223) \qquad \varphi = \frac{2}{\sqrt{\pi x}} \left(\int_0^l F(\xi) \cos \frac{l^2 \xi}{4 x^2} \, d\xi \right) e^{-\frac{l^2 z}{4 x^2}} \sin\left(\frac{l^3}{4x} - \frac{\pi}{4} \right) ;$$

et, si nous faisons ici $l = \varepsilon$, $F(\xi) = \dfrac{dq}{2\varepsilon}$, une intégration immédiate donnera

$$(224) \qquad \varphi = \frac{dq}{\sqrt{\pi x}} \left(\frac{4 x^3}{\varepsilon l^3} \sin \frac{\varepsilon l^2}{4 x^2} \right) e^{-\frac{l^2 z}{4 x^2}} \sin\left(\frac{l^3}{4x} - \frac{\pi}{4} \right).$$

Cette formule, comparée à (217), montre que le coefficient K y égale la valeur absolue du produit $\left(\dfrac{4 x^3}{\varepsilon l^2} \right) \sin\left(\dfrac{\varepsilon l^2}{4 x^2} \right) dq$, et que, par suite, le second membre de (222), où $k = \dfrac{l}{2x}$, devient

$$(225) \qquad \text{Maxim. de } \pm h = \frac{4}{\sqrt{\pi}} \frac{dq}{2\varepsilon} \sqrt{\frac{x}{l^2}} \sin \frac{\varepsilon l^2}{4 x^2}.$$

Avant de discuter cette formule, comparons l'expression (224) de φ à la solution simple (201) [p. 615], relative aux premières ondes, où r remplace x et où $\varphi\left(\dfrac{l^3}{4r} \right)$ ne diffère pas, pour r un peu grand, de $\dfrac{\sqrt{\pi}}{2} \sin\left(\dfrac{l^3}{4r} - \dfrac{\pi}{4} \right)$; on voit qu'elle s'en distingue par le facteur $\left(\dfrac{4x^2}{\varepsilon t^2}\sin\dfrac{\varepsilon t^2}{4x^2}\right)e^{-\frac{\varepsilon t^2 z}{4x^2}}$, ou $\dfrac{\sin k^2\varepsilon}{k^2\varepsilon}e^{-k^2\varepsilon}$, qu'elle a en plus. Or, ce facteur, égal à 1 tant que k^2z et $k^2\varepsilon$ sont infiniment petits, ou tant que le rapport de $4x$ à t^2 comprend un grand nombre de fois ceux de z à x et de ε à x, décroît ensuite graduellement jusqu'à zéro, en effectuant une infinité d'oscillations de part et d'autre de cette valeur, quand le même rapport $\dfrac{4x}{t^2}$ diminue jusqu'à zéro, c'est-à-dire quand on considère des ondes de plus en plus arriérées ou précédées d'un plus grand nombre d'autres. Ainsi, les deux formes distinctes (201) et (224) que présente la solution simple naturelle, pour les premières ondes et pour celles d'un ordre élevé, sont concordantes pour les ondes intermédiaires, de sorte qu'il n'y a pas de discontinuité au passage de l'une à l'autre.

La formule (225) permet actuellement de voir comment varie la hauteur des ondes : 1°, à un même moment t, dans les diverses parties du canal; 2°, en un même endroit, considéré aux instants successifs; 3° enfin, pour une même onde, qu'on suivrait dans sa marche apparente. Si, dans les trois cas, on considère d'abord ce qu'on peut appeler les deux hauteurs maxima *possibles* des ondes soit au-dessous, soit au-dessus du niveau d'équilibre, c'est-à-dire ce que sont les maxima et les minima de h quand le facteur oscillant $\sin\dfrac{\varepsilon t^2}{4x^2}$ atteint ses valeurs extrêmes ± 1, la formule (225) montrera de suite : 1° qu'à un même moment t les deux hauteurs maxima possibles, tant positive que négative, des ondes, croissent, aux diverses distances x du lieu de l'émersion, comme la racine carrée de ces distances, *les ondes les plus fortes étant ainsi en avant et l'équilibre se trouvant déjà presque rétabli à l'arrière, près du lieu de l'émersion*; 2° que, en un même point $x=$ const., mais aux divers instants successifs t, les deux hauteurs maxima possibles des ondes sont inversement proportionnelles au temps t écoulé depuis l'émersion du solide ; 3°, et que, pour une même onde suivie dans son mouvement, c'est-à-dire quand le rapport de x à t^2 est invariable, les deux hauteurs maxima possibles restent également invariables. En outre, dans les trois cas, les deux hauteurs limites dont il s'agit sont proportionnelles à la profondeur, $\frac{dq}{2\varepsilon}$, de la dépression élémentaire primitive dont on étudie les effets, et indépendantes de sa largeur 2ε suivant le sens des x.

Quant à la hauteur effective des ondes considérées, soit concaves, soit convexes vers le haut, elle oscille entre les deux hauteurs maxima possibles, l'une positive, l'autre négative, tant que l'arc $\frac{\varepsilon t^2}{4x^2}$ est supérieur ou, du moins, comparable à $\frac{\pi}{2}$. Et quand, au contraire, cet arc devient très-voisin de zéro, ce qui arrive, dans le premier cas, aux distances assez grandes x, dans le second, pour les temps t assez petits et, dans le troisième, après un assez long parcours de l'onde, on trouve, en remplaçant le sinus par l'arc, une hauteur des ondes égale, d'après (225), à $\pm\dfrac{tdq}{2x\sqrt{\pi x}}$, expression déjà obtenue plus haut, après les formules (208). Or cette expression, contenant t en numérateur et x en dénominateur contrairement à ce qui arrive pour les deux hauteurs maxima possibles, renverse dans chaque cas le sens des variations moyennes de la hauteur effective dès qu'elle devient applicable, c'est-à-dire dès que la hauteur vraie cesse d'osciller entre zéro et la hauteur maxima possible.

Ainsi, *les ondes les plus hautes, soit à un instant donné, soit à leur passage par un point donné, ne sont, ni les premières produites, ni les dernières, et, pour chaque onde en particulier, supposée du moins ne venir qu'après un très* grand nombre d'autres ou correspondre à une valeur très grande du rapport $\gamma = \dfrac{t^2}{4x}$, la hauteur oscille un certain nombre de fois entre les deux limites constantes $\pm \dfrac{4}{\sqrt{\pi}} \dfrac{dq}{2x} \sqrt{\dfrac{x}{t^2}} = \pm \dfrac{dq}{x\sqrt{\pi\gamma}}$, pour prendre finalement l'expression évanouissante $\pm \dfrac{t\,dq}{2x\sqrt{\pi x}} = \pm \sqrt{\dfrac{\gamma}{\pi}} \dfrac{dq}{x}$. Or, à cette période finale, le coefficient $\dfrac{\gamma}{x}$ de $-z$ dans l'exponentielle de la formule (224) devient incomparablement moindre qu'il n'était jusque-là, et le mouvement gagne les couches fluides inférieures. Ainsi, conformément à ce qui a été dit plus haut (p. 624), le mouvement ondulatoire, après qu'il s'est confiné, aux distances modérées du lieu d'émersion, dans les couches fluides superficielles, reste longtemps sensible dans chaque onde en particulier, et il ne s'y éteint finalement qu'en se communiquant aux couches profondes ; ce qui lui arrive quand l'onde a beaucoup augmenté de longueur.

Tous ces résultats ne sont donnés que pour une solution simple, c'est-à-dire pour le cas où la dépression primitive $q = \displaystyle\int_{-l}^{l} \mathrm{F}(\xi)\,d\xi$ se réduit à un seul élément, de largeur $d\xi = 2x$ dans le sens des x. On en obtiendrait d'analogues dans le cas général où φ aurait l'expression (217) [p. 623], au lieu de (224), et où K égalerait la racine carrée de la somme des carrés des premiers membres de (211) [p. 621]. Toutefois, *pour les grandes valeurs du rapport* $\dfrac{t^2}{4x^2}$, K *serait, en général, non plus seulement de l'ordre de petitesse de* $\dfrac{4x^2}{t^2}$*, mais d'un ordre supérieur, d'autant plus élevé, que le profil,* $h = \mathrm{F}(x)$*, de la dépression initiale se raccorderait mieux, aux deux limites* $x = \pm l$*, avec le reste de la surface libre*, c'est-à-dire avec le plan des xy.

En effet, une intégration par parties donne

$$\int F(\xi) \cos \frac{t^2 \xi}{4 x^2} \, d\xi = \frac{4 x^2}{t^2} \left[F(\xi) \sin \frac{t^2 \xi}{4 x^2} - \int F'(\xi) \sin \frac{t^2 \xi}{4 x^2} \, d\xi \right].$$

Prise entre les limites $x = \pm l$, l'intégrale est donc de l'ordre de $\dfrac{4 x^2}{t^2}$ quand le terme tout intégré ne s'évanouit pas; mais comme nous avons admis, pour la continuité de φ ou de ses dérivées (et, aussi, implicitement, pour l'applicabilité des équations de l'hydrodynamique rationnelle), que l'ordonnée h variait partout graduellement, $F(\xi)$ s'annulera aux deux limites $\xi = \pm l$; de sorte qu'on aura simplement

$$\int_{-l}^{l} F(\xi) \cos \frac{t^2 \xi}{4 x^2} \, d\xi = - \frac{4 x^2}{t^2} \int_{-l}^{l} F'(\xi) \sin \frac{t^2 \xi}{4 x^2} \, d\xi.$$

Or la nouvelle intégrale, où paraît $F'(\xi)$, pourra être traitée comme la proposée, pourvu du moins que les pentes $F'(\xi)$ du profil primitif ne soient pas excessives; et, supposé qu'elles aient des valeurs sensibles près des limites $\xi = \pm \varepsilon$, ou que $F'(\xi)$ puisse être censé ne pas s'y annuler, elle sera, comme on voit, de l'ordre du rapport $\dfrac{4 x^2}{t^2}$. Donc, la proposée se trouvera comparable au carré de ce rapport. Et il en serait évidemment de même pour l'autre intégrale, $\int_{-l}^{l} F(\xi) \sin \frac{t^2 \xi}{4 x^2} \, d\xi$. Ainsi, *l'expression des hauteurs absolues maxima possibles des ondes dont il s'agit, ou qui viennent après un certain nombre d'autres, comprendra en plus un facteur de l'ordre de* $\dfrac{x^2}{t^2}$; *ce qui la rend comparable à* $\dfrac{x^2 \sqrt{x}}{t^3}$, *ou beaucoup plus rapidement décroissante pour les petites valeurs de* x *et pour les grandes valeurs de* t. Rien ne sera d'ailleurs changé à l'expression de h concernant les grandes valeurs de x ou les petites valeurs de t; car elles correspondent aux premières ondes, et, celles-ci, à une certaine distance x, sont, comme on a vu, indépendantes de la forme de la dépression primitive, mais proportionnelles seulement à son volume par unité de largeur du canal.

29. — *Étude du mouvement des ondes à l'endroit même où a eu lieu l'émersion et dans les régions voisines.*

La formule (224), où le facteur $\sin\left(\dfrac{t^2}{4x} - \dfrac{\pi}{4}\right)$ est seul rapidement variable en fonction de x et de t, montre, tout comme la formule (201) relative aux premières ondes, que tout se passe, là où ces formules sont applicables, c'est-à-dire à des distances x ou r du milieu d'une dépression primitive élémentaire dq beaucoup plus grandes que sa demi-largeur ε, comme si toutes les ondes en étaient parties à la fois, à l'instant même de l'émersion du solide qui l'occupait. En effet, c'est en posant $\dfrac{t^2}{4x}$ ou $\dfrac{t^2}{4r} =$ certaines constantes γ, que l'on obtient, dans les deux cas, les sommets des diverses ondes; et, pour chacun d'eux, x ou r s'annule en même temps que t. Mais, les relations (224) et (201) ne se trouvant pas applicables pour r comparable à ε, cette simultanéité, physiquement impossible, de la production de toutes les ondes à l'endroit $x = 0$, n'est qu'une fiction analytique, résultat des simplifications opérées, et il y a lieu de se demander, au moins dans le cas de la solution simple naturelle à laquelle conviennent déjà les formules (201) et (224), ce qui se passe, en réalité, aux points de la surface dont l'abscisse x est comparable à ε. Nous l'apprendrons en partie, si nous y calculons, par l'équation (185) [p. 603], les hauteurs h du fluide.

Les fonctions $F\left(x \mp \dfrac{t^2}{2\alpha^2}\right)$ ayant ici pour valeur $\dfrac{dq}{2}$ ou zéro suivant que leur variable $x \mp \dfrac{t^2}{2\alpha^2}$ est ou n'est pas comprise entre $\pm\,\varepsilon$, les limites des intégrations pourront être resserrées, et, si l'on prend x positif, il viendra aisément :

$$(226)\ \begin{cases} (\text{pour } x > \varepsilon)\ \ h = \dfrac{dq\,\sqrt{2}}{\pi\varepsilon}\left[\displaystyle\int_{\sqrt{2(x+\varepsilon)}}^{\infty}\psi'\left(\dfrac{\alpha^2}{2}\right)d\alpha - \int_{\sqrt{2(x-\varepsilon)}}^{\infty}\psi'\left(\dfrac{\alpha^2}{2}\right)d\alpha\right], \\[2.5em] (\text{pour } x < \varepsilon)\ \ h = \dfrac{dq\,\sqrt{2}}{\pi\varepsilon}\left[\displaystyle\int_{\sqrt{2(\varepsilon+x)}}^{\infty}\psi'\left(\dfrac{\alpha^2}{2}\right)d\alpha + \int_{\sqrt{2(\varepsilon-x)}}^{\infty}\psi'\left(\dfrac{\alpha^2}{2}\right)d\alpha\right]. \end{cases}$$

Posons, pour abréger,

$$(227)\qquad \varpi(\alpha) = \int_{\alpha}^{\infty}\psi'\left(\dfrac{\alpha^2}{2}\right)d\alpha,$$

$\varpi(\alpha)$ étant ainsi une intégrale que la formule $(178\,bis)$ [p. 595] ramènerait aisément à celles-ci, $\displaystyle\int_{0}^{m}(\cos m^2 \text{ ou } \sin m^2)\,dm$, et cherchons-lui une valeur approchée simple dans le cas, que nous aurons spécialement à considérer, où α sera un nombre positif assez considérable. Une intégration par parties, après qu'on aura substitué $\dfrac{1}{\alpha}d\psi\left(\dfrac{\alpha^2}{2}\right)$ à $\psi'\left(\dfrac{\alpha^2}{2}\right)d\alpha$, donnera

$$\varpi(\alpha) = -\,\dfrac{1}{\alpha}\,\psi\left(\dfrac{\alpha^2}{2}\right) + \int_{\alpha}^{\infty}\psi\left(\dfrac{\alpha^2}{2}\right)\dfrac{d\alpha}{\alpha^2}.$$

Or le dernier terme de cette relation est évidemment négligeable, à côté du précédent, quand α atteint une certaine grandeur ; car, sous le signe $\int$, les valeurs de $\psi\left(\dfrac{\alpha^2}{2}\right)$, alors aussi souvent et autant négatives que positives, changent de signe pour des accroissements insignifiants de α, de sorte que cette intégrale est incomparablement moindre que ce qu'elle serait si on prenait positivement tous ses éléments, ou incomparablement moindre que $\int_x^\infty \frac{d\alpha}{\alpha^2} = \frac{1}{\alpha}$, quantité de l'ordre du terme précédent. Ainsi, une expression approchée de $\varpi(\alpha)$ sera, vu la formule (177) [p. 594],

$$(228) \quad \text{(pour } \alpha \text{ assez grand)} \quad \varpi(\alpha) = -\frac{1}{\alpha}\,\psi\left(\frac{\alpha^2}{2}\right) = -\frac{\sqrt{\pi}}{2\alpha}\sin\left(\frac{\alpha^2}{2} - \frac{\pi}{4}\right).$$

Donc, la fonction $\varpi(\alpha)$, toujours finie d'après la formule (178 *bis*), et égale à $\dfrac{\pi}{4\sqrt{2}}$ pour $\alpha = o$, ondule ensuite, de part et d'autre de zéro, une infinité de fois et de plus en plus rapidement, en tendant vers cette valeur zéro, qu'elle atteint pour $\alpha = \infty$.

Cela posé, les deux formules (226), condensées en une seule à double signe, deviendront

$$(229) \quad \left(\text{pour } x \gtrless \varepsilon\right) \quad h = \frac{dq\,\sqrt{2}}{\pi\varepsilon}\,\varpi\left(\frac{t}{\sqrt{2(x+\varepsilon)}}\right) \div \frac{dq\,\sqrt{2}}{\pi\varepsilon}\,\varpi\left(\frac{t}{\sqrt{\pm 2(x-\varepsilon)}}\right).$$

Chacun des deux termes de cette expression de h représente une quantité qui reste constante quand on fait varier proportionnellement à t^2 la distance, $x + \varepsilon$ ou $\pm(x-\varepsilon)$, des points considérés, d'abscisse x, à l'un des bords, $x = -\varepsilon$ ou $x = \varepsilon$, du creux primitif dq; et, de plus, cette quantité s'annule quand le rapport $\dfrac{1}{\alpha}$, c'est-à-dire $\sqrt{\dfrac{2(x+\varepsilon)}{t^2}}$ ou $\sqrt{\dfrac{\pm 2(x-\varepsilon)}{t^2}}$, égale zéro.

Donc, *les ondes produites peuvent être censées résulter, dans toute l'étendue du canal et même au lieu d'émersion, de la combinaison de deux systèmes égaux d'une infinité d'ondes uniformément accélérées, nées toutes à la fois, sans célérité initiale, sur les deux bords du solide immergé, au moment précis de son enlèvement, et ayant des hauteurs invariables pendant toute leur propagation, mais infiniment petites pour celles dont l'accélération,* $\dfrac{1}{\alpha^2} = \dfrac{2(x+\varepsilon)}{t^2}$ *ou* $= \dfrac{\mp 2(x-\varepsilon)}{t^2}$, *est infiniment petite elle-même.*

D'après la formule (229), dont le dernier terme change de signe avec $x - \varepsilon$, ces deux systèmes d'ondes s'ajoutent ou se superposent pour les points situés entre les deux bords, là où ils marchent en sens contraire, et ils y produisent une sorte de *clapotement*, composé d'une succession de soulèvements et d'affaissements sur place; ils se retranchent, au contraire, hors du lieu d'émersion, là où les deux systèmes d'ondes vont dans le même sens, et ils y donnent lieu, par suite, à une certaine progression apparente de la surface. Sur la limite même de cette région et de la précédente, c'est-à-dire, par exemple, au bord $x = \varepsilon$ du creux primitif, les deux systèmes se réduisent à celui qui a pour point de départ l'autre bord; car, si petit que soit le temps écoulé t, les ondes nées sur la ligne $x = \varepsilon$ l'ont déjà quittée, en laissant établi derrière elles le repos. Ce cas excepté, les deux systèmes d'ondes ne sont encore réductibles à un seul que sur la ligne $x = 0$ équidistante des deux bords, là où ils se trouvent en parfaite concordance et équivalent au double de l'un d'eux.

Dès que le temps t a pris des valeurs sensibles, les variables $\alpha = \dfrac{t}{\sqrt{2(x+\varepsilon)}}$, $\alpha = \dfrac{t}{\sqrt{\mp 2(x-\varepsilon)}}$ deviennent très grandes, du moins pour les points, voisins du lieu d'émersion, que nous avons spécialement en vue, et la fonction $\varpi(\alpha)$ peut être remplacée par sa valeur approchée (228). Plusieurs conséquences importantes se montrent alors.

Par exemple, les deux hauteurs h les plus grandes en valeur absolue (l'une positive et l'autre négative), possibles en chaque endroit et pour chaque instant, s'obtiendront en donnant simultanément la valeur absolue 1 aux deux sinus qu'introduira dans (229) la formule (228). Et l'on aura de la sorte, pour tous les cas,

$$(230) \qquad \text{Val. maxim. de } \pm h = \frac{dq}{\varepsilon t \sqrt{\pi}} \left[\sqrt[4]{(x+\varepsilon)^2} + \sqrt[4]{(x-\varepsilon)^2} \right].$$

Quand x est beaucoup plus grand que ε, ce maximum devient, comme il le fallait, celui que nous avons trouvé dans la dernière partie du numéro précédent (p. 632), $\dfrac{2dq}{\varepsilon\sqrt{\pi}}\sqrt{\dfrac{x}{t^2}}$. On reconnaît aisément, par la considération de la dérivée, que sa valeur générale (230), égale à $\dfrac{2dq}{t\sqrt{\pi\varepsilon}}$ au milieu du lieu d'émersion ou pour $x=0$, décroît quand on approche du bord de cette région, $x=\varepsilon$, où elle est $\dfrac{\sqrt{2}dq}{t\sqrt{\pi\varepsilon}}$, et qu'elle grandit ensuite indéfiniment avec x, conformément à ce qu'on a vu (p. 630). Si donc on fait abstraction d'une courte période initiale, les dénivellations observées sont bien plus faibles au lieu d'émersion ou dans le voisinage qu'à une certaine distance ; et le repos s'y trouve, pour ainsi dire, rétabli depuis longtemps, que des ondes très sensibles sillonnent encore, plus loin, la surface.

La formule (230) montre que les dénivellations s'évanouissent partout quant t devient assez grand. On peut en déduire que les calculs effectués au n° précédent en négligeant, dans le dernier membre de (209) [p. 620], les termes qui suivent le second, sont suffisants ; car les plus grandes valeurs que nous y ayons considérées du rapport $\dfrac{t^2}{4x}$ font déjà insensibles, bien évidemment, les maxima de $\pm h$ calculés par la formule (230). Par suite, les valeurs, encore plus grandes, de $\dfrac{t^2}{4x}$, qui rendraient appréciables les termes négligés de (209), ne correspondent qu'à de dernières traces du mouvement, impossibles à distinguer expérimentalement du repos.

J'observerai enfin que, lorsque le rapport de x à ε devient considérable, ce qui permet de prendre, à fort peu près,

$$\frac{t}{\sqrt{2\,(x \pm \varepsilon)}} = \frac{t}{\sqrt{2\,x}}\left(1 \pm \frac{\varepsilon}{x}\right)^{-\frac{1}{2}} = \frac{t}{\sqrt{2\,x}} \mp \frac{\varepsilon t}{2\,x\sqrt{2\,x}},$$

l'expression générale (229) des hauteurs h relatives à une solution simple naturelle redonne celles qui se déduisaient des formules (201) et (224) obtenues plus haut. En effet, s'il s'agit d'abord de valeurs de t et x ne rendant pas très grand le rapport $\dfrac{t}{\sqrt{2x}}$, on a sensiblement

$$\varpi\left(\frac{t}{\sqrt{2\,(x \pm \varepsilon)}}\right) = \varpi\left(\frac{t}{\sqrt{2\,x}}\right) \mp \frac{\varepsilon t}{2\,x\sqrt{2\,x}}\,\varpi'\left(\frac{t}{\sqrt{2\,x}}\right),$$

et, en observant que, d'après (227), $\varpi'(\alpha) = -\psi'\left(\dfrac{\alpha^2}{2}\right)$, l'expression (229) de h se réduit bien à la dérivée par rapport à t du second membre de (201) [p. 615], sauf le changement de x en r. S'il s'agit, au contraire, de grandes valeurs de $\dfrac{t}{\sqrt{2x}}$, ce qui rend applicable la formule (228) où, même, le facteur $\dfrac{1}{\alpha} = \dfrac{\sqrt{2\,(x \pm \varepsilon)}}{t}$ est réductible à $\dfrac{\sqrt{2x}}{t}$, l'expression (229) donne aisément la dérivée par rapport à t du second membre de (224) [p. 629] spécifié pour $z = 0$: il faut seulement, pour le voir, ne pas oublier que cette dérivée s'obtient sans faire varier le facteur $\dfrac{4x^2}{\varepsilon t^2}\sin\dfrac{\varepsilon t^2}{4x^2}$, dont les changements sont comme infiniment lents par rapport à ceux de l'autre facteur $\sin\left(\dfrac{t^2}{4x} - \dfrac{\pi}{4}\right)$.

30. — *Formules fondamentales de la théorie des ondes par émersion, dans le cas général d'un bassin indéfini et d'un corps immergé de forme quelconque.*

Je me contenterai, pour ne pas allonger démesurément cette étude, de montrer comment le procédé d'intégration qui en fait l'objet permet d'attaquer le problème des ondes par émersion, dans le cas général où l'on doit tenir compte des deux coordonnées horizontales x et y. Il y divise les difficultés de la manière la plus naturelle, en débrouillant et mettant, pour ainsi dire, à nu tous les éléments de cette question, que Poisson qualifie d'*assez épineuse* (*). Et la méthode s'étend même, au point de vue analytique, au cas d'un nombre quelconque de variables analogues à x et à y, ou qui entreraient dans les équations comme y paraissent ces deux coordonnées horizontales.

Si nous représentons par Δ_2 le paramètre différentiel $\frac{d^2}{dx^2} + \frac{d^2}{dy^2} + \dots$, moins le terme $\frac{d^2}{dz^2}$, ou obtenu sans faire varier la coordonnée verticale z, nous aurons, d'après (167) [p. 589], pour remplacer la première (171) [p. 592],

$$(231)\qquad \frac{d^4 \varphi}{dt^4} + \Delta_2\, \varphi = 0,$$

équation indéfinie à laquelle continueront à s'adjoindre les deux conditions d'état initial (171),

$$(231\ bis)\qquad (\text{pour } t = 0)\qquad \varphi = 0 \quad \text{et}\quad \frac{d^2\varphi}{dt^2} = 0.$$

On y satisfait en posant, pareillement à (173),

$$(232)\qquad \varphi = \int_0^\infty \left[f\left(-\frac{\alpha^2}{2}, x, y, \dots, z\right) + f\left(\frac{\alpha^2}{2}, x, y, \dots, z\right)\right] \psi\left(\frac{t^3}{2\alpha^2}\right) d\alpha$$

(*) *Mémoires de l'Académie des Sciences*, t. 1ᵉʳ, p. 141.

et en disposant convenablement de la fonction f. Pour abréger, appelons β la variable $\mp \dfrac{\alpha^2}{2}$, dont dépend celle-ci, et f', f'' les deux premières dérivées de f par rapport à β. Comme $\dfrac{d^2\varphi}{dt^2}$ et $\Delta_2\,\varphi$ se déduiront de φ, respectivement, en substituant, sous le signe f, f'', ψ'' à f, ψ et $\Delta_2\,f$ à f, il suffira de déterminer f, en fonction de β, par l'équation aux dérivées partielles

$$(233) \qquad f''(\beta) \text{ ou } \frac{d^2 f}{d\beta^2} = \Delta_2\, f,$$

pour que $\Delta_2\,\varphi$ s'exprime au moyen des f''' comme il arrivait dans le cas d'une seule coordonnée horizontale x et pour que, par suite, (232) soit, de même, une solution de (231), vérifiant encore les deux conditions d'état initial (231 *bis*). Il viendra d'ailleurs

$$(234) \quad \frac{d\varphi}{dt} = \int_0^\infty \left[f\left(-\frac{t^2}{2\alpha^2}, x, y, \ldots, z \right) + f\left(\frac{t^2}{2\alpha^2}, x, y, \ldots, z \right) \right] \psi'\left(\frac{\alpha^2}{2} \right) d\alpha,$$

expression qui, à la limite $t = 0$, se réduit, d'après (178 *bis*) [p. 595], au produit de $\dfrac{\pi}{2\sqrt{2}}$ par la fonction $f(0, x, y, \ldots, z)$, restée arbitraire. Et l'on déterminera enfin celle-ci, comme on a fait dans le cas d'une seule coordonnée horizontale x, par des équations pareilles à (172) [p. 592], dont la première s'écrira actuellement

$$(235) \qquad \frac{d^2\varphi}{dz^2} + \Delta_2\,\varphi = 0$$

et dont la deuxième aura pour second membre $F(x, y, \ldots)$ au lieu de $F(x)$, en y joignant les conditions φ ou $f = 0$ pour $x, y, \ldots, z$ infinis. Par exemple, si les coordonnées horizontales sont x et y, l'emploi d'un potentiel ordinaire donnera

$$(235\,bis) \qquad f(o, x, y, z) = -\frac{\sqrt{2}}{\pi^2}\frac{d}{dz}\int\!\!\int_{-\infty}^{+\infty}\frac{F(\xi, \eta)\,d\xi\,d\eta}{\sqrt{z^2 + (x-\xi)^2 + (y-\eta)^2}}.$$

Ainsi, toute la difficulté sera de trouver une intégrale de (233) où f se réduise, pour $\beta = o$, à cette fonction (235 *bis*). Or l'équation (233) a précisément la forme de celle du son ; et Poisson en a donné, comme on sait, pour le cas de trois coordonnées x, y, ..., l'intégrale générale, qui se démontre très facilement par la considération de potentiels sphériques, ainsi qu'on l'a vu dans la première note complémentaire (p. 335) : β y joue actuellement le rôle du rayon r des couches sphériques (*).

(*) Je profite de l'occasion pour observer que, dans le cas d'un espace plan à deux dimensions, c'est-à-dire dans le cas de deux coordonnées x, y, où les masses figurant par leurs potentiels sphériques au second membre de la formule (ς) [p. 335] ont leur densité indépendante de z et se composent ainsi de filets rectilignes homogènes de longueur infinie perpendiculaires au plan des xy, l'équation du son, $\frac{d^2\varphi}{dt^2}$ ou $\frac{d^2\varphi}{dr^2} = \Delta_2\varphi$, n'exprime pas une propagation du mouvement aussi intégrale, ou aussi exempte de dissémination, que dans le cas d'un milieu à trois dimensions, traité à cet endroit (p. 326), ou dans celui, plus élémentaire, d'un milieu à une seule dimension.

En effet, l'un quelconque, supposé unique, des filets considérés de matière parallèles aux z, défini en position par ses coordonnées x_1, y_1 dans le plan des xy, est coupé par toutes les sphères décrites, autour d'un centre donné (x, y), avec des rayons r supérieurs à la distance $D = \sqrt{(x-x_1)^2 + (y-y_1)^2}$ du point (x, y) au filet dont il s'agit, bien que la section soit incomparablement plus grande pour celles d'entre ces sphères qui intersectent le filet presque tangentiellement, ou dont les rayons r dépassent à peine la distance D, que pour toutes les autres. Ainsi, le potentiel sphérique correspondant [proportionnel au quotient par r de cette section], nul tant que le rayon r n'atteint pas la valeur D, croît très vite dès qu'il la dépasse, pour décroître bientôt, très rapidement d'abord et de presque toute sa valeur maxima, mais sans jamais s'annuler complètement, quand r continue à grandir.

La propagation du mouvement dans le plan des xy, à partir du centre (x_1, y_1) d'ébranlement, s'effectue donc, vers tous les autres points (x, y) du plan, avec la célérité constante prise pour unité de longueur et, par conséquent, sans dissémination en avant, mais avec une faible dissémination en arrière ; de sorte que le repos ne se rétablit, après le passage d'une onde circulaire, qu'asymptotiquement, c'est-à-dire au bout d'un temps r ou t infini.

Bornons-nous à l'hypothèse, seule utile ici, de deux coordonnées horizontales x, y, et (autant pour fixer les idées que pour simplifier les résultats) aux points de la surface, où $z = 0$ et où, par suite, $f(0, x, y, 0)$ devient $\frac{2\sqrt{2}}{\pi} F(x, y)$. Alors, en prenant, afin de réduire à un seul les deux termes f de la valeur (232) de φ, une expression de f qui soit paire par rapport à β, nous n'aurons qu'à appliquer la formule (η) du n° 3 de la note précédente (p. 337), avec $\varphi(x, y, z) = 0$ et $\varphi_1(x, y, z) = \frac{2\sqrt{2}}{\pi} F(x, y)$. Enfin, si nous tenons compte de l'observation (4°) qui termine ce n° 3, il viendra

$$(236) \begin{cases} f(\beta, x, y, 0) = \\ \dfrac{\sqrt{2}}{\pi^2} \dfrac{d}{d\beta} \displaystyle\int_0^{\frac{\pi}{2}} \beta \cos\mu\, d\mu \int_0^{2\pi} F(x + \beta \cos\mu \cos\theta, y + \beta \cos\mu \sin\theta)\, d\theta. \end{cases}$$

Il en résulte, d'après (234), pour l'ordonnée $h = \frac{d\varphi}{dt}$ de la surface libre, en appelant maintenant β le rapport $\frac{t^2}{2\alpha^2}$,

$$(237) \begin{cases} h = \dfrac{2\sqrt{2}}{\pi^2} \displaystyle\int_0^\infty \psi'\left(\dfrac{u^2}{2}\right) du\, \dfrac{d}{d\beta} \int_0^{\frac{\pi}{2}} \beta \cos\mu\, d\mu \int_0^{2\pi} F(x + \beta \cos\mu \cos\theta, \\ \qquad\qquad\qquad\qquad\qquad\qquad\qquad\qquad y + \beta \cos\mu \sin\theta)\, d\theta. \end{cases}$$

On voit que le temps t n'y entre que par l'intermédiaire de β. Or, si nous observons que, de la relation $\beta = \frac{t^2}{2\alpha^2}$, on tire

$$\frac{d}{dt} = \frac{t}{\alpha^2} \frac{d}{d\beta} \quad \text{ou} \quad \frac{d}{d\beta} = \frac{\alpha^2}{t} \frac{d}{dt},$$

la substitution de $\frac{t^2}{2\alpha^2}$ à β sous les signes f fera prendre aisément à cette valeur de h la forme

$$(238) \quad \left\{ \begin{aligned} h = \frac{\sqrt{2}}{\pi^2 t} \frac{d}{dt} \int_0^{\frac{\pi}{2}} d\mu \int_0^{2\pi} d\theta \int_0^\infty t^2 \cos\mu \\ F\left(x + \frac{t^2 \cos\mu}{2\alpha^2} \cos\theta,\, y + \frac{t^2 \cos\mu}{2\alpha^2} \sin\theta\right) \psi'\left(\frac{\alpha^2}{2}\right) d\alpha. \end{aligned} \right.$$

Remplaçons enfin la variable d'intégration α par une autre, r, égale à $\dfrac{t^2 \cos\mu}{2\alpha^2}$ et donnant, par suite, $d\alpha = -\dfrac{t\sqrt{\cos\mu}}{2r\sqrt{2r}} dr$, entre les limites $r = \infty$, $r = 0$: il viendra

$$(239) \quad \left\{ \begin{aligned} h = \frac{4}{\pi^2 t} \frac{d}{dt} \int_0^{\frac{\pi}{2}} d\mu \int_0^{2\pi} d\theta \int_0^\infty \left(\frac{t^2 \cos\mu}{4r}\right)^{\frac{3}{2}} \psi'\left(\frac{t^2 \cos\mu}{4r}\right) \\ F\left(x + r\cos\theta,\, y + r\sin\theta\right) dr. \end{aligned} \right.$$

Il suffirait actuellement de substituer à r et θ, considérées comme des coordonnées polaires autour du pôle (x, y), d'autres variables $\xi = x + r\cos\theta$, $\eta = y + r\sin\theta$, coordonnées rectangles, et de remplacer, en conséquence, $r\,d\theta\,dr$ par $d\xi\,d\eta$, ou $d\theta\,dr$ par $\dfrac{d\xi\,d\eta}{r}$, puis d'intégrer par rapport à ξ et η entre les limites $\mp\infty$, pour avoir une valeur de h dont l'identité à celle que Cauchy a donnée (*) se reconnaîtrait assez facilement en mettant pour $\psi'(\gamma)$ son expression (193) démontrée plus haut [p. 607] (**).

(*) A la page 236 de son mémoire (*Savants étrangers*, t. 1er, formule 148), ou à la page 241 du tome 1er des *Œuvres* de Cauchy, éditées chez M. Gauthier-Villars.

(**) La seule partie un peu délicate de cette identification de la formule (239) à la formule citée (148), beaucoup plus complexe, de Cauchy, concernerait l'intégrale quadruple qu'introduit dans le second membre de (239) le dernier terme de l'expression (193) de $\psi'(\gamma)$. Il faudrait y prendre pour variable d'intégration, au lieu de celle que j'appelle m, sa racine carrée, en posant $m = \sqrt{\gamma}$, et puis observer que l'on aurait, sous le signe $\int$ correspondant, une expression de la forme $(\sin v)\, d\left(-e^{-\sqrt{\pi v}}\right)$, qu'une intégration par parties, entre les limites $v = 0$, $v = \infty$, changerait en $e^{-\sqrt{\pi v}} \cos v\, dv$.

Quand la dépression primitive se réduit à un seul de ses éléments, $F(\xi, \eta)\, d\xi\, d\eta = dq$, situé à la distance r du point (x, y), il vient la solution simple naturelle

$$(240) \qquad h = \frac{4\,dq}{\pi^3 r t}\, \frac{d}{dt} \int_0^{\frac{\pi}{2}} \gamma^{\frac{3}{2}}\, \psi'(\gamma)\, d\mu, \quad \text{où} \quad \gamma = \frac{t^2}{4r} \cos \mu.$$

Cette expression de h se développe aisément suivant les puissances impaires de t^2. Remplaçons-y, en effet, $\psi'(\gamma)$ par la série (189 *bis*) [p. 605], qui donne

$$\gamma^{\frac{3}{2}}\, \psi'(\gamma) = \frac{1}{4}\left[\frac{(2\gamma)^2}{1} - \frac{(2\gamma)^4}{1.3.5} + \ldots \mp \frac{(2\gamma)^{2n+2}}{1.3.5 \ldots (4n+1)} \mp \ldots \right];$$

puis substituons à 2γ la valeur $\dfrac{t^2}{2r} \cos \mu$, et observons que

$$\int_0^{\frac{\pi}{2}} \cos^{2n+2} \mu\, d\mu = \frac{\pi}{2}\, \frac{1.3.5 \ldots (2n+1)}{2.4.6 \ldots (2n+2)}.$$

Nous aurons finalement, après avoir différentié par rapport à t,

$$(241) \quad \left\{ \begin{aligned} h &= \frac{dq}{2\pi r^2}\left[\left(\frac{t^2}{2r}\right) - \frac{\left(\dfrac{t^2}{2r}\right)^3}{2.5} + \ldots \right. \\[2em] &\quad \left. \mp \frac{\left(\dfrac{t^2}{2r}\right)^{2n+1}}{2.4.6 \ldots 2n\,(2n+3)\,(2n+5)\ldots(4n+1)} \mp \ldots \right], \end{aligned} \right.$$

formule identique à celle que Poisson a obtenue par une tout autre voie (p. 153 de son mémoire).

Lorsque le rapport $\dfrac{t^2}{4r}$ est très grand, γ l'est aussi, dans (240), entre les limites de l'intégrale, excepté près de la limite supérieure, où la fonction sous le signe f cesse d'être considérable et finit même par s'annuler comme $\cos \mu$. Ces éléments voisins de $\mu = \frac{1}{2}\pi$, où γ n'est pas grand, sont donc négligeables, en égard surtout à la forte valeur de l'intégrale.

Quant aux autres, le facteur $\psi'(\gamma)$, exprimé par la dérivée du troisième membre de (177) [p. 594], y change de signe à chaque instant, et de plus en plus souvent à mesure que μ grandit ou que $\cos\mu$ varie plus vite : ces éléments forment donc une série de termes alternativement positifs et négatifs, diminuant très graduellement de l'un à l'autre, en valeur absolue, dès que μ devient sensible, et dont les derniers (surtout à cause du facteur décroissant $\gamma^{\frac{3}{2}}$) sont absolument négligeables devant les premiers. On peut donc se borner à ceux-ci, c'est-à-dire aux éléments correspondant aux petites valeurs de μ, qui font varier $\cos\mu$ et $\psi'(\gamma)$ avec une rapidité bien moindre que les autres.

Or, ces valeurs rendent γ sensiblement égal à $\dfrac{l^2}{4r}\left(1-\dfrac{\mu^2}{2}\right)$, ou même à $\dfrac{l^2}{4r}$; et $\psi'(\gamma)$, d'après (177), y est réductible à

$$\left\{ \begin{aligned} &\frac{\sqrt{\pi}}{2}\cos\left(\frac{l^2}{4r}-\frac{\pi}{4}-\frac{l^2\mu^2}{8r}\right) = \\ &\qquad \frac{\sqrt{\pi}}{2}\left[\cos\left(\frac{l^2}{4r}-\frac{\pi}{4}\right)\cos\frac{l^2\mu^2}{8r}+\sin\left(\frac{l^2}{4r}-\frac{\pi}{4}\right)\sin\frac{l^2\mu^2}{8r}\right] \end{aligned}\right.$$

Par suite, vu que des valeurs tant soit peu sensibles de μ font très grand le rapport $\dfrac{l^2\mu^2}{8r}$, l'intégrale paraissant dans (240) devient, à fort peu près,

$$\frac{l^3\sqrt{\pi}}{16r\sqrt{r}}\left[\cos\left(\frac{l^2}{4r}-\frac{\pi}{4}\right).\int_0^\infty\cos\frac{l^2\mu^2}{8r}\,d\mu+\sin\left(\frac{l^2}{4r}-\frac{\pi}{4}\right).\int_0^\infty\sin\frac{l^2\mu^2}{8r}\,d\mu\right],$$

ou bien, par l'emploi des deux dernières formules (t) [p. 403], dans lesquelles on fera $n=0$, $m=\dfrac{l}{2\sqrt{r}}$,

$$\frac{\pi l^2}{16r}\left[\cos\left(\frac{l^2}{4r}-\frac{\pi}{4}\right)+\sin\left(\frac{l^2}{4r}-\frac{\pi}{4}\right)\right]=\frac{\pi}{2\sqrt{2}}\left(\frac{l^2}{4r}\sin\frac{l^2}{4r}\right).$$

La dérivée de cette expression par rapport à t est sensiblement, à cause de la très grande valeur de $\dfrac{t^2}{4r}$, $\dfrac{\pi}{16\sqrt{2}}\,\dfrac{t^3}{r^2}\cos\dfrac{t^2}{4r}$.

Donc, en définitive, la solution simple (240) peut se réduire à

$$(242) \qquad \left(\text{pour } \frac{t^2}{4r} \text{ assez grand}\right) \quad h = \frac{1}{\sqrt{2}}\,\frac{dq}{\pi r^2}\left(\frac{t^3}{4r}\cos\frac{t^2}{4r}\right).$$

Elle est bien d'accord avec celle que Cauchy a obtenue [*], et dont il a déduit, par voie de superposition [**], les lois des ondes d'émersion circulaires, ou autres à profil horizontal également courbe, pour diverses formes du solide immergé, et, en particulier, pour celle d'un paraboloïde elliptique ayant son axe vertical, qu'avait déjà considérée Poisson.

L'analogie de la solution simple (241) ou (242) avec celle qui se déduit de la formule (201) [p. 615], pour le cas d'une seule coordonnée horizontale x, et qui est, d'après (203), (189 *bis*) et (177) [p. 616, 605 et 594],

$$(243) \qquad h = \frac{dq}{\pi r}\left[\left(\frac{t^3}{2r}\right) - \frac{\left(\dfrac{t^2}{2r}\right)^3}{3.5} + \ldots \mp \frac{\left(\dfrac{t^2}{2r}\right)^{2n+1}}{3.5\ldots(4n+1)} \pm \ldots\right],$$

ou, quand $\dfrac{t^2}{4r}$ devient très grand,

$$(243\,\textit{bis}) \qquad h = \frac{dq}{\sqrt{\pi r^3}}\left[\sqrt{\frac{t^3}{4r}}\cos\left(\frac{t^2}{4r} - \frac{\pi}{4}\right)\right],$$

suffit d'ailleurs pour reconnaître que ces ondes présentent

<hr>

[*] Formules 175 et 179 de son mémoire, p. 252 et 243, ou *Œuvres*, t. Ier, p. 247 et 248.

[**] P. 243 à 279 du même mémoire, ou *Œuvres*, t. Ier, p. 249 à 285.

les mêmes caractères généraux que les ondes rectilignes ou
cylindriques d'émersion propagées le long d'un canal, et,
notamment, qu'elles sont uniformément accélérées comme
celles-ci. Mais elles diminuent plus rapidement de hauteur
à mesure que leur parcours r augmente, car, pour $\frac{t^2}{4r}$
constant, les formules (243) et (243 *bis*) font varier h en
raison inverse de la distance r, tandis que les formules
(241) et (242) donnent h inversement proportionnel au
carré r^2 de cette distance.

31. — *Des ondes par impulsion.*

Les lois des ondes produites, par impulsion superficielle,
dans le liquide en repos d'un canal ou d'un bassin quelconque, se déduisent immédiatement de celles des ondes
qu'y ferait naître l'enlèvement brusque d'un solide, supposé
immergé préalablement à l'endroit même où s'exercent les
impulsions proposées et jusqu'à des profondeurs h égales
numériquement, sur chaque verticale, à l'impulsion effective éprouvée par l'unité d'aire. Il n'y aura qu'à prendre la
dérivée, par rapport au temps t, de la fonction φ relative à
de telles ondes d'émersion, pour avoir l'expression de φ convenant aux ondes par impulsion considérées. En effet, la
dérivée $\frac{d\varphi}{dt}$ vérifiera évidemment, comme φ, la deuxième
équation indéfinie (152) [p. 578], $\Delta_2\varphi = 0$, ainsi que la
relation (157) [p. 581], $\frac{d\varphi}{dz} - \frac{d^2\varphi}{dt^2} = 0$, spéciale à la surface
libre, et celle, $\frac{d\varphi}{dn} = 0$, exprimant la perpendicularité des
vitesses à la normale dn de la surface limite, qui concerne
le fond ou les parois. Donc, il suffira, pour que cette dérivée
soit la fonction φ cherchée, relative aux ondes par impul-

sion, qu'elle satisfasse aux conditions d'état initial, qui seront, d'après (155) et (156) [p. 580],

$$(244) \qquad \text{(pour } z \text{ et } t \text{ nuls)} \quad \varphi = F_1(x, y), \quad \frac{d\varphi}{dt} = 0.$$

Or c'est justement ce qui aura lieu; car, par hypothèse, la fonction φ proposée, relative aux ondes par émersion, vérifie, pour z et t nuls, les deux conditions h ou $\frac{d\varphi}{dt} = F_1(x, y)$, w ou $\frac{d\varphi}{dz} = 0$, dont la seconde revient à $\frac{d^2\varphi}{dt^2} = 0$ d'après la relation spéciale à la surface libre. Ainsi, la dérivée de φ par rapport à t est bien une fonction ayant, pour $z = 0$, sa dérivée en t nulle initialement et sa propre valeur initiale exprimée par $F_1(x, y)$.

On n'aura donc, s'il s'agit, par exemple, d'ondes cylindriques superficielles par impulsion, propagées le long d'un canal, qu'à changer F en F_1 et dq, ou $F(\xi)\,d\xi$, en $dq_1 = F_1(\xi)\,d\xi$, dans les relations (184), (185), (197), (198), (200), (201), (203), etc., puis à remplacer tous les seconds membres par leurs dérivées par rapport à t, pour avoir les formules des vitesses, des hauteurs, etc. Il est clair, vu la quasi-périodicité de la fonction $\psi(\gamma)$ et, par suite, l'analogie de cette fonction avec ses dérivées, que tous les traits généraux seront les mêmes; notamment, que les ondes soit saillantes, soit creuses, se trouveront encore uniformément accélérées; qu'elles correspondront encore, du moins dans le cas d'une solution simple naturelle, à des valeurs du rapport $\frac{t^2}{4x}$ sensiblement distantes de π; qu'elles ne tarderont pas à constituer une infinité de houles régies par les formules (217) ou (224), à cela près qu'il y paraîtra un cosinus au lieu d'un sinus et qu'il y aura de plus, en coefficient, le facteur $\frac{t}{2x}$ ou h; etc. Mais il est bon de remarquer que les ondes y décroîtront beaucoup plus rapidement, du moins aux grandes distances; car la différentiation par rapport à t introduira partout en plus, toutes choses égales d'ailleurs, ce facteur $\frac{t}{2x} = \left(\frac{t^2}{2x}\right)\frac{1}{t}$, qui sera, pour chaque onde en particulier, inversement proportionnel au temps ou à la racine carrée de la distance parcourue. Par exemple, les premières ondes, dont la hauteur décroissait en raison inverse du carré du temps écoulé t quand elles avaient été produites par émersion, s'abaisseront ou s'aplatiront maintenant en raison inverse de son cube ou de la puissance $\frac{3}{2}$ de l'espace x parcouru.

Par contre, quand un certain temps se sera écoulé, les ondes qui continuent à se former au lieu d'impulsion s'effaceront moins vite lorsqu'on approchera de ce lieu, et moins vite aussi à mesure que le temps grandira. En effet, leur hauteur maxima possible qui, d'après ce qu'on a vu à la fin du n° 28 (p. 633), aurait été de l'ordre de $\frac{x^2\sqrt{x}}{t^3}$ sans l'introduction du nouveau facteur $\frac{t}{2x}$, se trouvera, en réalité, comparable à $\frac{x\sqrt{x}}{t^2}$, expression qui tend vers zéro, mais moins vite que la précédente, soit quand la distance positive x décroît, soit quand t grandit. Il est même digne de remarque que, si l'on pouvait supposer l'impulsion primitive par unité d'aire, $F_1(\xi)$, brusquement variable d'un point de la surface à l'autre et, par exemple, finie aux limites $x = \pm l$ hors desquelles elle est nulle, les hauteurs maxima possibles auraient en moins, comme on a vu au même endroit [p. 632], un facteur de l'ordre de $\frac{x^2}{t^2}$; d'où il suit que ces hauteurs possibles seraient comparables à $\frac{1}{\sqrt{x}}$. Elles resteraient donc les mêmes à toute époque et très grandes aux petites distances x, jusqu'à ce que les ondes observées, devenant, à cause des facteurs $\sin\left(\frac{t^2}{4x} - \frac{\pi}{4}\right)$ ou $\cos\left(\frac{t^2}{4x} - \frac{\pi}{4}\right)$, de plus en plus courtes, et de plus en plus lentes dans leur propagation, à mesure qu'on les considérerait en des points de moins en moins éloignés de l'origine ou après des temps t de plus en plus grands, fussent trop aiguës pour se soutenir, et déferlassent.

Ce fait analytique permet de comprendre comment il arrive que la surface de l'eau d'un bassin se couvre, aussitôt après un coup de vent, à l'endroit même où il a soufflé, d'un nombre considérable de rides très rapprochées, assez persistantes et presque immobiles.

ADDITIONS À LA NOTE II.

ADDITION AU N° 5 (p. 375). — *Démonstration plus simple des propriétés de l'intégrale définie considérée dans ce numéro 5.*

La fonction

$$(a) \qquad \varphi = \int_0^\infty f\left(\frac{u^p}{2}\right) \psi\left(\frac{r^2}{2u^p}\right) du,$$

où p désigne un exposant constant quelconque, peut se déduire de l'intégrale définie plus simple (5) [p. 360]. Il suffit, pour cela, de poser, dans celle-ci, $s^p = r^2$ ou $s = r^{\frac{2}{p}}$, et d'observer que, $\frac{\alpha^2}{2}$ et $\frac{s^2}{2\alpha^2}$ pouvant s'écrire respectivement $2^{\frac{2}{p}-1}\left(\frac{u^p}{2}\right)^{\frac{2}{p}}$ et $2^{\frac{2}{p}-1}\left(\frac{r^2}{2u^p}\right)^{\frac{2}{p}}$, les deux fonctions $f\left(\frac{\alpha^2}{2}\right)$, $\psi\left(\frac{s^2}{2\alpha^2}\right)$ paraissant dans l'intégrale définie (5) deviennent deux autres fonctions $f_1\left(\frac{u^p}{2}\right)$ et $\psi_1\left(\frac{r^2}{2u^p}\right)$ [non moins arbitraires que les précédentes f et ψ] des deux nouvelles variables $\frac{u^p}{2}$ et $\frac{r^2}{2u^p}$.

D'ailleurs, la formule (6) [p. 361] ne se transforme pas moins simplement. D'une part, la relation existant entre s et r y donne

$$\frac{d\varphi}{ds} = \frac{p}{2}\, r^{1-\frac{2}{p}}\, \frac{d\varphi}{dr};$$

d'autre part, la dérivée de l'ancienne variable $2^{\frac{2}{p}-1}\left(\frac{\alpha^p}{2}\right)^{\frac{2}{p}}$, par rapport à la nouvelle variable $\frac{\alpha^p}{2}$, étant $2^{\frac{2}{p}-1}\frac{2}{p}\left(\frac{\alpha^p}{2}\right)^{\frac{2}{p}-1}$ ou $\frac{2}{p}\,\alpha^{2-p}$, on a

$$\psi_1'\left(\frac{\alpha^p}{2}\right)=\frac{2}{p}\,\psi'\left(\frac{\alpha^2}{2}\right)\alpha^{2-p},$$

ou bien

$$\psi'\left(\frac{\alpha^2}{2}\right)=\frac{p}{2}\,\alpha^{p-2}\,\psi_1'\left(\frac{\alpha^p}{2}\right).$$

Ainsi les deux formules (5) et (6) [p. 360 et 361], où l'on pourra finalement effacer les indices de f_1 et ψ_1, deviennent, l'une, la nouvelle formule (a), l'autre, en supprimant de ses deux membres le facteur commun $\frac{p}{2}$, la relation

$$(b)\qquad r^{1-\frac{2}{p}}\frac{d\varphi}{dr}=\int_0^\infty f\left(\frac{r^2}{2\alpha^p}\right)\psi'\left(\frac{\alpha^p}{2}\right)\alpha^{p-2}\,d\alpha.$$

Pour donner à celle-ci sa forme définitive, appelons q un nombre lié à p par l'équation

$$(c)\qquad \frac{1}{p}+\frac{1}{q}=1,\ \text{ ou }\ p-1=\frac{p}{q},\ \ q-1=\frac{q}{p};$$

de sorte qu'on ait

$$\alpha^{p-2}\,d\alpha\ \text{ ou }\ \frac{1}{p-1}\,d.\alpha^{p-1}=\frac{q}{p}\,d.\alpha^{\frac{p}{q}};$$

et posons

$$(d)\qquad \alpha^{\frac{p}{q}}=\beta\ \ \text{ ou }\ \ \alpha^p=\beta^q.$$

La quantité sous le signe $\int$, dans (b), se transformera en celle-ci,

$$\frac{q}{p} f\left(\frac{r^2}{2\beta^q}\right) \psi'\left(\frac{\beta^q}{2}\right) d\beta.$$

De plus, β variera, comme α, de zéro à l'infini, et dans le même sens que α si le rapport $\frac{q}{p}$ est positif, en sens inverse si ce rapport est négatif. Il viendra donc, dans les deux cas, au lieu de la formule (b), en représentant par $\sqrt{\frac{p^2}{q^2}}$ la valeur absolue de $\frac{p}{q}$ et multipliant les deux membres de (b) par cette valeur absolue,

$$(e) \qquad \sqrt{\frac{p^2}{q^2}}\, r^{1-\frac{2}{p}} \frac{d\varphi}{dr} = \int_0^\infty f\left(\frac{r^2}{2\beta^q}\right) \psi'\left(\frac{\beta^q}{2}\right) d\beta.$$

Telle est la relation, évidemment identique à (30) [p. 378], et se réduisant à la formule (6) dans le cas particulier $p = q = 2$, qui exprime la propriété caractéristique de l'intégrale définie (a). On voit, en y remplaçant β par α et en comparant le second membre de (e) à celui de (a), que la fonction $\sqrt{\frac{p^2}{q^2}}\, r^{1-\frac{2}{p}} \frac{d\varphi}{dr}$ est de la même forme que φ, sauf la substitution de ψ' à ψ et le remplacement de p par q, suivi de l'échange des rôles des deux variables $\frac{\alpha^q}{2}$ et $\frac{r^2}{2\alpha^q}$. Par suite, en traitant le second membre de (e) comme on a fait pour celui de (a), il viendra

$$\sqrt{\frac{q^2}{p^2}}\, r^{1-\frac{2}{q}} \frac{d}{dr}\left[\sqrt{\frac{p^2}{q^2}}\, r^{1-\frac{2}{p}} \frac{d\varphi}{dr}\right] = \int_0^\infty f'\left(\frac{\alpha^p}{2}\right) \psi'\left(\frac{r^2}{2\alpha^p}\right) d\alpha,$$

ou bien, par l'effectuation des calculs au premier membre, et vu la relation (c),

$$(e') \qquad \frac{d^2\varphi}{dr^2} + \left(1 - \frac{2}{p}\right) \frac{1}{r} \frac{d\varphi}{dr} = \int_0^\infty f'\left(\frac{\alpha^p}{2}\right) \psi'\left(\frac{r^2}{2\alpha^p}\right) d\alpha.$$

C'est justement la formule (a) de la page 396. D'ailleurs le premier membre représente, comme on sait, le paramètre $\Delta_2 \varphi$, quand r^2 exprime la somme $x^2 + y^2 + \ldots$ et que l'on prend $1 - \dfrac{2}{p} = m - 1$ ou $p = \dfrac{2}{2 - m}$, m désignant le nombre des variables x, y, ... Ainsi, dans ce cas, le paramètre différentiel Δ_2 de la fonction φ s'obtient bien en remplaçant simplement, sous le signe $\int$ de la formule (a), chacune des deux fonctions f, ψ par sa dérivée.

ADDITION AU N° 22 (p. 499). — *Extension de la loi de Thomas Young, sur l'effet de début d'un choc longitudinal, au cas où la barre n'est pas cylindrique, mais en forme de tronc de cône, et autres lois d'un tel choc, pour une barre de longueur indéfinie heurtée à son petit bout.*

Quand la barre, qu'on peut supposer, comme on a vu, s'étendre de $x = 0$ à $x = \infty$ lorsqu'il s'agit d'étudier uniquement la période de début du choc, n'est pas cylindrique, mais en forme de tronc de cône, du moins aux environs de son extrémité heurtée, la loi de Thomas Young $- \partial = \dfrac{v}{\omega}$ s'y applique encore. Elle y régit même, non seulement les déformations de début qu'éprouve l'extrémité heurtée, mais celles qui se produisent, à des distances x de plus en plus grandes de cette extrémité, aux moments où s'y propage l'ébranlement du choc, à la condition, toutefois, d'appeler v les vitesses effectives qu'on observe alors à ces endroits, vitesses inversement proportionnelles à la racine carrée des sections ainsi atteintes successivement.

Pour le démontrer, admettons (comme il est évidemment permis de le faire, toujours pour la période de début où le mouvement n'a pas encore franchi des distances notables) que la barre soit conique de $x = o$ à $x = \infty$, sauf, dans le cas où les sections iraient en diminuant, à se continuer au-delà du sommet par un cône opposé, compris entre les génératrices du premier prolongées. Mon intention n'est pas, d'ailleurs, d'examiner en détail les circonstances propres à ce cas. Appelons $— c$ l'abscisse, négative ou positive, du sommet du cône, de sorte que la barre ait ses sections normales σ proportionnelles à $(x + c)^2$: sa masse par unité de longueur [en continuant à prendre pour unité la masse de l'unité de longueur du tronçon heurté] et sa tension sur ses diverses sections σ seront, en conséquence, les deux produits respectifs d'un même facteur constant par $(x + c)^2$ et par $\omega^2 (x + c)^2 \dfrac{d\varphi}{dx}$.

L'équation indéfinie du mouvement,

$$\sigma \frac{d^2\varphi}{dt^2} = \frac{d}{dx}\left(\omega^2 \sigma \frac{d\varphi}{dx}\right) = \omega^2 \frac{d}{dx}\left(\sigma \frac{d\varphi}{dx}\right),$$

devient donc, par une suite de transformations évidentes,

$$\left\{ \begin{aligned} (x + c)^2 \frac{d^2\varphi}{dt^2} &= \omega^2 \frac{d}{dx}\left[(x + c)^2 \frac{d\varphi}{dx}\right] \\ &= \omega^2 (x + c)\left[(x + c)\frac{d^2\varphi}{dx^2} + 2\frac{d\varphi}{dx}\right] = \omega^2 (x + c)\frac{d^2 (x + c)\varphi}{dx^2}, \end{aligned} \right.$$

ou enfin, en divisant par $x + c$,

$$\frac{d^2 (x + c)\varphi}{dt^2} = \omega^2 \frac{d^2 (x + c)\varphi}{dx^2}.$$

Ainsi, le produit $(x + c)\,\varphi$ est régi par l'équation de d'Alembert, comme l'avait remarqué M. de St-Venant dans un article du 30 mars 1868 (*) qui a donné l'idée de l'Addition actuelle ; et il en résulte que son expression générale se compose de deux termes de la forme $f(\omega t \mp x)$.

(*) *Comptes-Rendus de l'Académie des Sciences*, t. LXVI, p. 650.

Mais les conditions $\varphi = 0$ pour $t = -\infty$ et $\varphi = 0$ pour $x = \infty$ obligent encore à annuler le second de ces termes, celui dont la variable est $\omega t + x$; et il vient au lieu de l'équation (143) [p. 498], avec une fonction arbitraire f,

$$(143\ bis) \qquad\qquad (x + c)\,\varphi = f(\omega t - x).$$

On en déduit immédiatement, en différentiant soit par rapport à t, soit par rapport à x,

$$(143\ ter) \quad \left\{ \begin{array}{l} (x + c)\,\dfrac{d\varphi}{dt} \ \text{ou}\ (x + c)\,v = \omega f'(\omega t - x), \\[2ex] (x + c)\,\dfrac{d\varphi}{dx} + \varphi \ \text{ou}\ (x + c)\,\partial + \varphi = -f'(\omega t - x), \end{array} \right.$$

et, par l'élimination de $f'(\omega t - x)$,

$$(144\ bis) \qquad v = -\omega\partial - \omega\,\frac{\varphi}{x + c} \quad \text{ou} \quad -\partial = \frac{v}{\omega} + \frac{\varphi}{x + c}.$$

Or, dans la période de début du mouvement sur une section quelconque, le déplacement φ est encore insensible que déjà la vitesse v a reçu ses plus grandes valeurs, et l'on peut poser $\varphi = 0$; ce qui réduit bien la formule (144 *bis*) à la formule (144) [p. 499]. D'ailleurs, la formule (143 *bis*) et la première (143 *ter*) montrent que, si l'on suit l'onde dans sa propagation effectuée avec la célérité constante ω, les produits $(x + c)\,\varphi$, $(x + c)\,v$ restent constants, ou que les vitesses v et les déplacements φ apportés sur chaque section sont en raison inverse de la racine carrée de celle-ci, comme il a été dit plus haut.

Occupons-nous maintenant de déterminer la fonction arbitraire f. Nous aurons encore, pour cela, la condition (145) [p. 499], spéciale à l'extrémité heurtée $x = 0$, et où μ désignera la masse du corps heurtant rapportée à celle de l'unité de longueur du tronçon heurté. Portons-y donc l'expression $\dfrac{f(\omega t - x)}{x + c}$ de φ, et, en posant finalement $\omega t = \theta$, puis divisant par $\dfrac{\mu \omega^2}{c}$, il viendra

$$(146\ bis) \qquad f''(\theta) + \frac{1}{\mu} f'(\theta) + \frac{1}{\mu c} f(\theta) = \frac{c}{\mu \omega^2}\, F'\left(\frac{\theta}{\omega}\right).$$

C'est une équation linéaire avec second membre, aisément intégrable, à laquelle il faudra joindre les deux conditions initiales $f(-\infty) = 0$, $f'(-\infty) = 0$, ou même $f(0) = 0$, $f'(0) = 0$, puisque l'impulsion par unité de temps, $F'\left(\dfrac{\theta}{\omega}\right) = F'(t)$, ne commence à différer de zéro qu'à partir de l'instant $t = 0$.

Bornons-nous au cas d'un choc, où cette impulsion s'annule définitivement pour $t > \varepsilon$ et où, durant l'instant très court compris de $t = 0$ à $t = \varepsilon$, la dérivée seconde $f''(\theta)$ est incomparablement plus grande que la dérivée première $f'(\theta)$ et, à plus forte raison, que la fonction $f(\theta)$ restée insensible. Alors la relation (146 bis), multipliée par $d\theta = \omega dt$ et intégrée de $t = 0$ à $t = \varepsilon$, donne, à fort peu près, $f'(\varepsilon) = \dfrac{c}{\mu \omega} F(\varepsilon)$, de sorte que, l'impulsion totale $F(\varepsilon)$ du choc étant μV, il vient sensiblement, comme conditions initiales par rapport à tout le temps ultérieur à l'époque $t = \varepsilon$, $f(\varepsilon) = 0$, $f'(\varepsilon) = \dfrac{cV}{\omega}$. Pour tout ce temps, l'équation (146 bis) est sans second membre, et s'intègre de suite. Si, pour simplifier, l'on regarde, d'une part, ε comme nul, que, d'autre part, on pose

$$1 - \frac{4\mu}{c} = \pm h^2,$$

k désignant ainsi la racine carrée positive de la valeur absolue de $1 - \dfrac{4\mu}{c}$, il vient

$$(147\ bis)\ \left\{ \begin{aligned} &(\text{pour } \theta < 0) \quad f(\theta) = 0, \\ &(\text{pour } \theta > 0)\ f(\theta) = \frac{2\mu c V}{k\omega}\, e^{-\frac{\theta}{2\mu}} \left(\operatorname{sin\,hyp} \frac{k\theta}{2\mu} \ \text{ou} \ \sin \frac{k\theta}{2\mu} \right), \end{aligned} \right.$$

formule où le sinus hyperbolique s'emploie quand le binôme $1 - \frac{4\mu}{c}$ est positif et, le sinus ordinaire, quand ce binôme est négatif. En remplaçant, dans (147 *bis*), θ par $\omega t - x$, puis divisant par $x + c$, on aura l'expression générale des déplacements φ. Ceux du point heurté $x = 0$ seront

$$148\ bis\ \left\{ \begin{aligned} &(\text{pour } x = 0 \text{ et } t > 0) \\ &\varphi = \frac{2\mu V}{k\omega}\, e^{-\frac{\omega t}{2\mu}} \left(\operatorname{sin\,hyp} \frac{k\omega t}{2\mu} \ \text{ou} \ \sin \frac{k\omega t}{2\mu} \right). \end{aligned} \right.$$

Quand la barre est prismatique ou cylindrique, on a $c = \pm \infty$; d'où $1 - \frac{4\mu}{c} = 1 = + k^2$, $k = 1$; et la formule (148 *bis*), en y remplaçant le sinus hyperbolique par $\frac{1}{2}\left(e^{\frac{\omega t}{2\mu}} - e^{-\frac{\omega t}{2\mu}} \right)$, se réduit bien à la seconde (148) [p. 500].

Je me contenterai d'étudier spécialement le cas où c se trouve positif, c'est-à-dire le cas où le bout heurté de la barre est le petit bout. Alors l'expression $\pm k^2 = 1 - \frac{4\mu}{c}$, quand elle a le signe *plus*, n'atteint pas l'unité, et k y est la tangente hyperbolique d'un certain arc positif γ, croissant avec c qui y varie de 4μ à ∞. Lorsque, au contraire, cette expression $1 - \frac{4\mu}{c} = \pm k^2$ est négative, ou c compris entre zéro et 4μ, k égale la tangente ordinaire d'un arc γ variable en sens inverse de c et compris lui-même entre zéro et $\frac{\pi}{2}$. La formule (148 *bis*) peut donc s'écrire

$$(149\ bis)\quad \left\{ \quad \begin{gathered}(\text{pour } x = 0 \text{ et } t > 0)\\[4pt] \varphi = \frac{2\mu V}{\omega}\, e^{-\frac{\omega t}{2\mu}} \left[\frac{\operatorname{sinhyp} \dfrac{\omega t\ \operatorname{tg hyp}\gamma}{2\mu}}{\operatorname{tg hyp}\gamma} \quad \text{ou} \quad \frac{\sin \dfrac{\omega t\ \operatorname{tang}\gamma}{2\mu}}{\operatorname{tang}\gamma} \right].\end{gathered} \right.$$

Différentions deux fois par rapport à t et, en substituant à
tang hyp γ ou à tang γ un rapport de sinus à cosinus, puis
appliquant, après chaque différentiation, la formule du
sinus d'une différence ou d'une somme, il viendra :

$$(149\ ter)\ \left\{ \begin{aligned} &(\text{pour } x = 0 \text{ et } t > 0)\\[6pt] &\frac{d\varphi}{dt} = V\, e^{-\frac{\omega t}{2\mu}} \left[\frac{\operatorname{sinhyp}\!\left(\gamma - \dfrac{\omega t}{2\mu}\operatorname{tg hyp}\gamma\right)}{\sin \operatorname{hyp}\gamma} \ \text{ou}\ \frac{\sin\!\left(\gamma - \dfrac{\omega t}{2\mu}\operatorname{tang}\gamma\right)}{\sin\gamma} \right],\\[10pt] &\frac{d^2\varphi}{dt^2} = -\frac{\omega V}{\mu}\, e^{-\frac{\omega t}{2\mu}} \left[\frac{\operatorname{sinhyp}\!\left(2\gamma - \dfrac{\omega t}{2\mu}\operatorname{tg hyp}\gamma\right)}{\sin \operatorname{hyp} 2\gamma} \ \text{ou}\ \frac{\sin\!\left(2\gamma - \dfrac{\omega t}{2\mu}\operatorname{tang}\gamma\right)}{\sin 2\gamma} \right].\end{aligned} \right.$$

D'ailleurs, la condition (145) [p. 499], devenue $\dfrac{d\varphi}{dx}$ ou

$\delta = \dfrac{\mu}{\omega^2}\dfrac{d^2\varphi}{dt^2}$ (pour $x = 0$), montre, vu la seconde formule
(149 *ter*), que la compression $-\delta$ (à l'extrémité heurtée)
tend à changer de signe, et que, par conséquent, le choc
se termine, au bout du temps

$$T = \frac{4\mu}{\omega}\frac{\gamma}{\operatorname{tg hyp}\gamma} \quad \text{ou} \quad \frac{4\mu}{\omega}\frac{\gamma}{\operatorname{tang}\gamma}.$$

Ce temps est d'autant plus long que c est plus grand ;
car, 1°, quand il y paraît une tangente hyperbolique,
T croît avec γ, alors variable dans le même sens que c, et,
2°, quand il y paraît une tangente ordinaire, T diminue,
comme c, à mesure que γ augmente.

Ainsi, *la durée du choc, infinie dans le cas de la barre
prismatique sans fin, cesse de l'être dans celui d'une barre*

conique tronquée, de longueur indéfinie, mais heurtée à son petit bout. D'après la première formule (149 *ter*), cette durée totale du choc se partage également entre la période de *compression croissante*, où la vitesse $\frac{d\varphi}{dt}$ est positive comme V, et la période de *détente*, où la vitesse $\frac{d\varphi}{dt}$ est négative.

Mais cette détente est moindre que la compression ; car, dans la formule (149 *bis*), le sinus hyperbolique est essentiellement positif et, le sinus ordinaire, positif aussi pendant toute la durée du choc, vu que la plus grande valeur de l'arc y est 2γ, quantité toujours inférieure à π quand il y a lieu de prendre ce sinus ordinaire. Le déplacement φ de l'extrémité heurtée ne revient donc pas à la valeur zéro, du moins pendant le choc.

Le plus grand déplacement du point heurté s'obtient en portant dans (149 *bis*) la valeur moyenne

$$l = \frac{2\mu}{\omega}\,\frac{\gamma}{\text{tghyp}\,\gamma} \quad \text{ou} \quad \frac{2\mu}{\omega}\,\frac{\gamma}{\text{tang}\,\gamma},$$

correspondant à $\frac{d\varphi}{dt} = 0$. On trouve ainsi, en exprimant le sinus hyperbolique ou ordinaire de l'arc γ en fonction de sa tangente analogue et se rappelant que le carré k^2 de cette tangente vaut $\pm\left(1 - \frac{4\mu}{c}\right)$,

$$(\text{pour } x = 0)\ \text{Déplacement max.} = \frac{V}{\omega}\,\sqrt{\mu c}\ e^{-\frac{\gamma}{(\text{tg hyp}\,\gamma\ \text{ou tang}\,\gamma)}}.$$

A l'instant $t = T$ où le choc se termine, la vitesse de la masse heurtante est, d'après la première (149 *ter*), $- V e^{-\frac{\omega T}{2\mu}}$ ou $- V e^{-\frac{2\gamma}{(\text{tg hyp}\,\gamma\ \text{ou tang}\,\gamma)}}$. La perte de force vive qu'a éprouvée cette masse par l'effet du choc se trouve donc d'autant moindre que le choc a été plus court, ou mieux, d'autant moindre que le rapport $\frac{c}{\mu}$, dont dépendent k et γ, est plus petit : elle serait nulle, si l'on pouvait poser $\frac{c}{\mu} = 0$ (d'où $k = \tang \gamma = \infty$), c'est-à-dire si le bout heurté se réduisait à une simple pointe.

Pendant la *détente libre* qui suit le choc, on a $-\delta$ ou $-\frac{d\varphi}{dx} = 0$ (pour $x = 0$), c'est-à-dire, d'après la formule (143 *bis*) et la seconde (143 *ter*) [p. 657],

$$(\text{pour } t > T \text{ ou } \theta > \omega T) \qquad \frac{f(\omega t)}{c} + f'(\omega t) = 0 \text{ ou } f'(\theta) + \frac{1}{c} f(\theta) = 0,$$

équation dont l'intégrale est, en observant que la valeur de $f(\theta)$ au début de cette nouvelle période égale la dernière, $f(\omega T)$, que donne la deuxième formule (147 *bis*).

$$(149\ quater) \qquad (\text{pour } \theta > \omega T) \quad f(\theta) = f(\omega T)\, e^{-\frac{\theta - \omega T}{c}}.$$

Il en résulte pour $f'(\theta)$ et, par suite, pour la vitesse $\frac{d\varphi}{dt}$ de l'extrémité $x = 0$ de la barre, des valeurs absolues décroissantes, dont la plus forte correspond au premier instant où l'on a eu ainsi $-\delta = 0$, c'est-à-dire à la fin du choc, ou à la vitesse négative gardée par la masse heurtante. Donc l'extrémité heurtée ne rejoint jamais plus cette masse : la détente libre a une durée indéfinie, et la formule (149 *quater*) fait connaître toutes les valeurs de $f(\theta)$ qui restaient à déterminer, savoir, depuis $\theta = \omega T$ jusqu'à $\theta = \infty$.

On voit que, pendant la détente libre, le déplacement positif, $\frac{f(\omega t)}{c}$, de l'extrémité heurtée décroît graduellement jusqu'à zéro. Ainsi, la barre revient asymptotiquement, pour $t = \infty$, dans sa situation primitive, car il en est évidemment de même pour tous ses tronçons successifs. Le mouvement qu'elle a pris au corps heurtant se propage dans des parties de plus en plus éloignées et de plus en plus grosses, où il cesse d'être sensible.

Cherchons enfin, toujours en supposant positive, pour fixer les idées, la vitesse V du choc, quelle est la plus forte contraction — ∂ produite durant tout le phénomène. La seconde formule (144 *bis*) donne, vu les valeurs de φ et v tirées de (143 *bis*) et (143 *ter*),

$$(x + c)\,(-\partial) = f'\,(\omega t - x) + \frac{f\,(\omega t - x)}{x + c}.$$

Comme la fonction $f\,(\omega t - x)$ est sans cesse positive, cette expression de $(x + c)\,(-\partial)$ diminue quand, $\omega t - x$ ne changeant pas, x grandit. Ainsi le mouvement, en se propageant le long de la barre avec la *célérité* ω, y produit des contractions — ∂ plus rapidement décroissantes que l'inverse de $x + c$, c'est-à-dire encore plus que ne le sont les vitesses et les déplacements correspondants. C'est donc à l'extrémité heurtée $x = 0$, et d'ailleurs, évidemment, avant la détente libre, qu'a lieu la contraction la plus forte. Reste à savoir à quel moment elle s'y produit.

A cet effet, rappelant qu'on a, pour $x = 0$, $-\partial = -\dfrac{\mu}{\omega^2}\dfrac{d^2\varphi}{dt^2}$, on cherchera la dérivée par rapport à t de $-\dfrac{d^2\varphi}{dt^2}$, en différentiant la seconde (149 *ter*) [p. 660]. On trouve ainsi que cette dérivée a le signe du facteur $-\sin\text{hyp}\left(3\gamma - \dfrac{\omega t}{2\mu}\,\text{tg hyp}\,\gamma\right)$ ou $-\sin\left(3\gamma - \dfrac{\omega t}{2\mu}\,\text{tang}\,\gamma\right)$. Or ce facteur ne cesse pas d'être négatif de $t = 0$ à $t = T$, sauf dans le cas $c < \mu$, où il est d'abord positif et ne devient négatif qu'à partir de $t = \dfrac{2\mu}{\omega}\dfrac{3\gamma - \pi}{\text{tang}\,\gamma}$, vu que $3\gamma = 3\,\text{arc tg}\,\sqrt{\dfrac{4\mu}{c} - 1}$ dépasse alors π. Donc, *quand la masse heurtante μ est inférieure à c, ou au triple de celle du cône qu'il a fallu détacher de la barre (supposée avoir été d'abord parfaitement conique) pour en faire la barre tronconique donnée, la contraction — ∂ produite à l'extrémité $x = 0$ décroît pendant tout le choc, ou jusqu'à ce qu'elle y devienne et reste nulle; et sa valeur la plus forte est celle de début*, $\dfrac{\text{V}}{\omega}$, *que fait connaître la loi de Young. Au contraire, quand μ dépasse c, la contraction la*

plus forte, au point heurté $x = 0$, *a lieu pour* $t = \dfrac{2\mu}{\omega}\dfrac{3\gamma - \pi}{\mathrm{tang}\,\gamma}$,
et, d'après la seconde formule (149 *ter*), *elle est*

$$-\delta = \frac{\mathrm{V}}{2\mathfrak{s}\cos\gamma}\,e^{-\frac{3\gamma - \pi}{\mathrm{tang}\,\gamma}} = \frac{\mathrm{V}}{\omega}\sqrt{\frac{\mu}{c}}\,e^{-\frac{3\gamma - \pi}{\mathrm{tang}\,\gamma}},$$

expression où l'exponentielle, minima pour γ égal environ à
74° 38′ $\frac{2}{9}$ ou 1,3027, c'est-à-dire pour $\sqrt{\dfrac{\mu}{c}} = \dfrac{1}{2\cos\gamma} = 1,887$,
et valant alors 0,8101, *descend assez peu*, comme on voit,
au-dessous de la limite supérieure 1 *qu'elle atteint soit pour*
$\gamma = \frac{1}{3}\pi$ *ou* $\mu = c$, *soit pour* $\gamma = \frac{1}{2}\pi$ *ou* μ *infini*. On remarquera l'analogie de ces lois avec celles du choc transversal
étudié au commencement du n° 23 (p. 505 à 508).

Si la barre n'était pas indéfinie, mais d'une longueur
donnée l, une condition relative à sa seconde extrémité
$x = l$, condition qui serait, par exemple, $\varphi = 0$ dans le cas
de fixité de cette seconde extrémité, entraînerait une réflexion du mouvement vers la première extrémité ; et il faudrait, pour exprimer ce retour des ondes, ajouter au second
membre de (143 *bis*) un terme comme $-f(\omega t + x - 2\,l)$,
d'après les considérations exposées au n° 23 (p. 509). Alors
la détermination de la fonction f se ferait par les procédés
suivis à cet endroit du Mémoire pour une barre cylindrique ; mais les résultats seraient plus compliqués, et c'est
pourquoi je ne m'y arrêterai pas. Je remarquerai seulement
que l'influence du nouveau terme, tel que $-f(\omega t + x - 2l)$,
ne se ferait sentir sur l'extrémité heurtée $x = 0$ qu'au bout
d'un temps $2\dfrac{l}{\omega}$ après le commencement du choc ; en sorte
que les lois précédentes, établies dans l'hypothèse d'une
longueur indéfinie, continueraient à s'appliquer, du moins
à l'extrémité heurtée, durant un temps égal au double de
celui qu'emploierait le son pour parcourir toute la longueur
de la barre.

NOTE III (*). Extension, aux solides hétérotropes les plus simples, c'est-à-dire aux solides isotropes déformés, des lois d'équilibre et des lois les plus importantes de mouvement démontrées dans cette étude pour les solides isotropes.

---

1. — *Lois d'équilibre.*

Il est facile d'étendre a un solide isotrope que l'on a modérément déformé d'une manière permanente par des tensions ou des compressions inégales suivant les divers sens, mais qui est resté homogène, toutes les solutions de problèmes d'équilibre données dans le Mémoire principal ci-dessus (**p. 15 à 318**) Les formules des forces élastiques d'un tel corps hétérotrope ont été découvertes, en 1863, par M. de Saint-Venant, et j'en ai donné une démonstration très simple dans un mémoire du tome XIII (année 1868) du *Journal de Mathématiques pures et appliquées* (**). En

(*) Insérée après l'impression du mémoire principal (p. 15 à 318).

(**) *Mémoire sur les ondes dans les milieux isotropes déformés.* Si, dans les formules (6) du § 1ᵉʳ de ce mémoire, l'on pose $K = o$, pour exprimer que le solide isotrope proposé était d'abord à l'état naturel, et $p = o$, pour exprimer l'annulation finale, après que leurs effets sur la contexture sont produits, des trois tractions (ou pressions) déformatrices principales A, B, C, proportionnelles à trois petits nombres a, b, c de l'ordre des dilatations ou contractions persistantes subies par le corps suivant leurs sens respectifs (qui sont ceux des x, y, z), ces formules (6) deviennent, identiquement, en tenant compte de la relation (7) qui les suit,

$$(a) \quad N_1 = l \, \alpha' \left(\alpha' \frac{du}{dx} + \beta' \frac{dv}{dy} + \gamma' \frac{dw}{dz} \right) + 2\, m \, \alpha^2 \frac{du}{dx}, \quad T_1 = m \, \beta \gamma \left(\frac{dv}{dz} + \frac{dw}{dy} \right), \text{ etc.},$$

où l, m désignent les deux coefficients d'élasticité (λ, μ de Lamé) du solide isotrope primitif et α, β, γ, α', β', γ' les six coefficients numériques suivants, dont les excédents sur l'unité ont leurs carrés et produits négligeables, accentuant, pour éviter toute confusion, les expressions, x, y, z, u, v, w, des coordonnées (d'état naturel) et des dépla-

$$(b)\quad
\begin{cases}
(\alpha, \beta, \gamma) = 1 + \dfrac{m'+m''}{2m}(a+b+c) - \dfrac{m''}{m}(a, b, c), \\[2ex]
(\alpha', \beta', \gamma') = 1 + \dfrac{l'+l''}{2l}(a+b+c) - \dfrac{l''}{l}(a, b, c),
\end{cases}$$

l', l'', m', m'' étant enfin, comme l et m, des constantes spécifiques relatives au solide isotrope primitif (Toutefois, pour rendre les formules plus symétriques, j'ai modifié légèrement les notations du mémoire cité, dans lequel l'' et l' remplacent ce qui est appelé ici $-l''$ et $l'+l''$). Or on remarquera que ces expressions de α, β, γ, α', β', γ' donnent la proportion

$$(c)\qquad \frac{\alpha'-\beta'}{\alpha-\beta} = \frac{\beta'-\gamma'}{\beta-\gamma};$$

et il serait peu naturel que les différences respectives survenues entre α', β', γ' (d'abord égaux à 1) fussent constamment entr'elles comme les différences analogues de α, β, γ, sans que α', β', γ' fussent eux-mêmes entr'eux comme α, β, γ. On est donc porté à supposer égaux les trois rapports $\dfrac{\alpha'}{\alpha}$, $\dfrac{\beta'}{\beta}$, $\dfrac{\gamma'}{\gamma}$, dont les valeurs sont

$$(d)\qquad 1 + \left(\frac{l'+l''}{l} - \frac{m'+m''}{m}\right)\frac{a+b+c}{2} - \left(\frac{l''}{l} - \frac{m''}{m}\right)(a, b, c),$$

et, par conséquent, à supposer les deux coefficients constants l'', m'' proportionnels à l, m dans tous les solides isotropes réels. Alors, en remplaçant m par μ et appelant λ le produit de l par

$$1 + \left(\frac{l'+l''}{l} - \frac{m'+m''}{m}\right)(a+b+c),$$

les formules (a) deviennent précisément celles (1) du texte [p. 669 ci-après], qu'a données M. de Saint-Venant.

Les considérations suivantes portent à penser que m'' et l'' sont positifs comme m et l. Admettons qu'on ait $a < o$, $b = o$, $c = o$, (d'où $\gamma = \beta$, $\gamma' = \beta'$), ou que les actions déformatrices aient consisté en une simple *pression* normale exercée suivant l'axe des x. Alors les éléments plans normaux aux x ont été rapprochés les uns des autres et, les éléments normaux aux y ou aux z, écartés les uns des autres, mais dans une proportion moindre; ce qui doit vraisemblablement, toutes choses égales d'ailleurs, rendre les actions élastiques ultérieures, soit normales, soit tangentielles, exercées sur les éléments plans perpendiculaires aux x, plus grandes que celles, de nature analogue, qui le sont sur les éléments plans perpendiculaires aux y ou aux z, et qui résultent de déplacements parallèles au plan des yz ou effectués sans que varient les distances des couches normales aux x. Donc les coefficients, $l\alpha'\beta'$, $l'\alpha'^2 + 2m\alpha^2$, de l'expression de N_1, seront respectivement plus grands que ceux-ci, $l\beta'^2$, $l'\beta'^2 + 2m\beta^2$, des expressions de N_2 ou de N_3, et le coefficient, $m\alpha\beta$, des formules de T_2 ou de T_3, sera plus fort que celui, $m\beta^2$, de la formule de T_1. Il viendra ainsi $\alpha' > \beta'$, $\alpha > \beta$, ou, d'après les formules (b), $l'' > o$, $m'' > o$.

cements des divers points, ainsi que celles des composantes N, T de pressions exercées par unité d'aire et celles des

Les formules (1) du texte ont été obtenues directement par M. de Saint-Venant (sous la condition $\lambda = \mu$), en supposant non seulement que l'action de deux molécules intégrantes du solide est une simple fonction de la distance de leurs centres de gravité, mais aussi qu'elle reste telle et conserve la même expression quand il survient de petites altérations persistantes de la contexture, c'est-à-dire un nouvel *état naturel*. Peut-être cependant est-il difficile de concevoir une altération de la contexture autrement que comme un changement, dans le groupement des molécules chimiques en molécules intégrantes, suffisant pour modifier tout au moins la forme de celles-ci et leurs actions mutuelles ; car, sans cela, de petites déformations quelconques exigeraient, pour subsister, la persistance indéfinie des pressions qui les auraient fait naître, et l'annulation finale des forces déformatrices A, B, C entraînerait par conséquent le retour à l'état primitif.

Ainsi, l'hypothèse de la conservation des molécules intégrantes du solide et, par suite, de la continuation de leurs actions mutuelles, ne se concilie guère avec la donnée expérimentale (que M. de Saint-Venant accepte et utilise sans discussion) de la persistance de déformations qu'aucune pression n'accompagne plus ; et il convient de s'en tenir à la démonstration, approuvée du reste par M. de Saint-Venant, que j'ai donnée des formules (a) et (b) ci-dessus. J'y admets simplement, comme point de départ, que les coefficients d'élasticité du corps, resté symétrique par rapport aux plans sur lesquels se sont exercées les actions déformatrices principales A, B, C, ont acquis de petites parties fonctions linéaires de A, B, C ou de a, b, c. Et il suffit, pour arriver à ces formules (a) et (b), d'observer en outre : 1°, que N_1 et T_1 restent les mêmes quand on permute y et z, v et w, b et c ; 2°, que N_2 et T_2, N_3 et T_3 se déduisent de N_1 et T_1 par une ou par deux permutations circulaires effectuées à la fois sur x, y et z, u, v et w, a, b et c ; 3°, enfin, que, dans le cas A = B ou a = b, le corps ne cesse pas d'être isotrope autour de l'axe des z, en sorte qu'une rotation infiniment petite τ des axes autour de celui des z ne modifie pas les expressions des forces élastiques.

La démonstration devient même plus brève en se contentant d'exprimer que ces diverses transformations ne changent rien à la formule du potentiel d'élasticité Φ, fonction homogène du second degré des six déformations

$$\partial_x = \frac{du}{dx},\quad \partial_y = \frac{dv}{dy},\quad \partial_z = \frac{dw}{dz},$$

$$g_{yz} = \frac{dv}{dz} + \frac{dw}{dy},\quad g_{zx} = \frac{dw}{dx} + \frac{du}{dz},\quad g_{xy} = \frac{du}{dy} + \frac{dv}{dx}.$$

et dont les dérivées respectives par rapport à ces six déformations expriment, comme on sait, les forces élastiques N_1, N_2, N_3, T_1, T_2, T_3. Et d'abord, comme les changements soit de x en − x et de u en − u, soit de y en − y et de v en − v, soit de z en − z et de w en − w, qui transforment respectivement g_{zx} et g_{xy}, g_{xy} et g_{yz}, g_{yz} et g_{zx} en leurs contraires, ne doivent rien changer à la formule de Φ, celle-ci ne contiendra g_{yz}, g_{zx}, g_{xy} que par leurs carrés. Ainsi, l'expression de 2Φ comprendra seulement : 1°, trois termes en ∂_x^2, ∂_y^2, ∂_z^2 ; 2°, trois termes en $2\partial_y\partial_z$, $2\partial_z\partial_x$, $2\partial_x\partial_y$; 3°, trois termes en g_{yz}^2, g_{zx}^2, g_{xy}^2. Il est

composantes X, Y, Z de la force extérieure appliquée en (x', y', z') à l'unité de volume, ces formules sont

clair d'ailleurs que les coefficients, linéaires en a, b, c, des trois termes du premier groupe, seront de la forme

$$n + n'(a + b + c) + n''(a, b, c).$$

Car le premier, par exemple, affectant ∂_{yz}^2, doit évidemment se trouver symétrique par rapport à b et c. De même, dans les trois termes du deuxième groupe, $2\,\partial_y\partial_z$, $2\,\partial_z\partial_x$, $2\,\partial_x\partial_y$ auront les trois coefficients respectifs

$$l + l'(a + b + c) + l''(a, b, c)$$

et, dans le dernier groupe, les coefficients de g_{yz}^2, g_{zx}^2, g_{xy}^2 seront

$$m + m'(a + b + c) + m''(a, b, c).$$

Enfin, si b, égalant a, on effectue une rotation élémentaire τ de l'ensemble des axes des x, y, z autour de l'axe des z, dans le sens des x vers les y, les formules classiques de la transformation des coordonnées montrent que u, v et w seront remplacés par $u - \tau v$, $v + \tau u$ et w; $\dfrac{d}{dx}$, $\dfrac{d}{dy}$ et $\dfrac{d}{dz}$ par $\dfrac{d}{dx} - \tau\,\dfrac{d}{dy}$, $\dfrac{d}{dy} + \tau\,\dfrac{d}{dx}$ et $\dfrac{d}{dz}$; ∂_x, ∂_y, ∂_z, g_{yz}, g_{zx} et g_{xy} par $\partial_x - \tau g_{xy}$, $\partial_y + \tau g_{xy}$, ∂_z, $g_{yz} + \tau g_{zx}$, $g_{zx} - \tau g_{yz}$, $g_{xy} + 2\tau(\partial_x - \partial_y)$, et, en conséquence, $\partial_x^2 + \partial_y^2$, ∂_z^2, $\partial_y\partial_z + \partial_z\partial_x$, $\partial_x\partial_y$, $g_{yz}^2 + g_{zx}^2$, g_{xy}^2, respectivement, par

$$\left\{ \begin{aligned} &\partial_x^2 + \partial_y^2 - 2\tau g_{xy}(\partial_x - \partial_y),\ \partial_z^2,\ \partial_y\partial_z + \partial_z\partial_x, \\ &\qquad \partial_x\partial_y + \tau g_{xy}(\partial_x - \partial_y),\ g_{yz}^2 + g_{zx}^2,\ g_{xy}^2 + 4\tau g_{xy}(\partial_x - \partial_y). \end{aligned} \right.$$

Les nouveaux termes survenus de la sorte dans l'expression de 2Φ seront donc en tout, à part le facteur commun $2\tau g_{xy}(\partial_x - \partial_y)$,

$$-[n + n'(2a + c) + n''a] + [l + l'(2a + c) + l''c] + 2[m + m'(2a + c) + m''c]$$

ou bien

$$(-n + l + 2m) + (-n' + l' + l'' + 2m' + 2m'')(2a + c) - (n'' + 2l'' + 4m'')a;$$

et, comme leur ensemble doit se réduire à zéro pour toutes les très petites valeurs tant de c que de a, l'on aura

$$n = l + 2m,\quad n' = l' + l'' + 2(m' + m''),\quad n'' = -2(l'' + 2m'').$$

On peut donc éliminer n, n', n'', et l'expression générale de 2Φ (dans le cas de a, b, c inégaux) devient aisément, vu les valeurs (b) de $\alpha, \beta, \gamma, \alpha', \beta', \gamma'$,

$$(e) \left\{ \begin{aligned} 2\Phi = {}& l\left(\alpha'\partial_x + \beta'\partial_y + \gamma'\partial_z\right)^2 \\ &+ 2m\left(\alpha^2\partial_x^2 + \beta^2\partial_y^2 + \gamma^2\partial_z^2\right) + m\left(\beta\gamma\, g_{yz}^2 + \gamma\alpha\, g_{zx}^2 + \alpha\beta\, g_{xy}^2\right). \end{aligned} \right.$$

Enfin, les dérivées de la moitié de cette expression par rapport aux six déformations ∂, g donnent les formules cherchées (a) des N. T.

$$(1) \quad \begin{cases} N_1' = \alpha \left[\lambda \left(\alpha \dfrac{du'}{dx'} + \beta \dfrac{dv'}{dy'} + \gamma \dfrac{dw'}{dz'} \right) + 2\,\mu\,\alpha \dfrac{du'}{dx'} \right], \\[2ex] N_2' = \beta \left[\lambda \left(\alpha \dfrac{du'}{dx'} + \beta \dfrac{dv}{dy'} + \gamma \dfrac{dw'}{dz'} \right) + 2\,\mu\,\beta \dfrac{dv'}{dy'} \right], \\[2ex] N_3' = \gamma \left[\lambda \left(\alpha \dfrac{du'}{dx'} + \beta \dfrac{dv'}{dy'} + \gamma \dfrac{dw'}{dz'} \right) + 2\,\mu\,\gamma \dfrac{dw'}{dz'} \right], \\[2ex] T_1' = \mu\,\beta\,\gamma \left(\dfrac{dv'}{dz'} + \dfrac{dw'}{dy'} \right), \\[2ex] T_2' = \mu\,\gamma\,\alpha \left(\dfrac{dw'}{dx'} + \dfrac{du'}{dz'} \right), \\[2ex] T_3' = \mu\,\alpha\,\beta \left(\dfrac{du'}{dy'} + \dfrac{dv'}{dx'} \right), \end{cases}$$

où μ désigne, par exemple, le coefficient de l'élasticité de glissement du solide isotrope primitif, λ un autre coefficient d'élasticité et α, β, γ trois coefficients numériques assez peu différents de l'unité. On a d'ailleurs, comme équations indéfinies de l'équilibre

$$(2) \quad \begin{cases} \dfrac{dN_1'}{dx'} + \dfrac{dT_3'}{dy'} + \dfrac{dT_2'}{dz'} + X' = 0, \\[2ex] \dfrac{dT_3'}{dx'} + \dfrac{dN_2'}{dy'} + \dfrac{dT_1'}{dz'} + Y' = 0, \\[2ex] \dfrac{dT_2'}{dx'} + \dfrac{dT_1'}{dy'} + \dfrac{dN_3'}{dz'} + Z' = 0. \end{cases}$$

Or, si l'on imagine, à côté du solide hétérotrope proposé, un solide isotrope dont les coefficients d'élasticité soient λ, μ, et dont les divers points (x, y, z) correspondent aux siens (x', y', z') ayant les coordonnées

$$(3) \qquad x' = x\sqrt{\alpha}, \quad y' = y\sqrt{\beta}, \quad z' = z\sqrt{\gamma},$$

si, de plus, ce solide isotrope éprouve les déplacements u, v, w définis par les formules

$$(4) \qquad u' = \frac{u}{\sqrt{\alpha}}, \quad v' = \frac{v}{\sqrt{\beta}}, \quad w' = \frac{w}{\sqrt{\gamma}},$$

les composantes X, Y, Z de la force extérieure que supportera en (x, y, z) l'unité de son volume seront celles résultant des relations, analogues à (3),

$$(5) \qquad X' = X \sqrt{\alpha}, \quad Y' = Y \sqrt{\beta}, \quad Z' = Z \sqrt{\gamma},$$

et, de plus, ses éléments plans normaux aux x, y, z éprouveront des pressions N, T régies par les formules simples

$$(6) \quad \left\{ \begin{array}{l} N_1' = \alpha N_1, \quad N_2' = \beta N_2, \quad N_3' = \gamma N_3, \\[4pt] T_1' = \sqrt{\beta\gamma}\, T_1, \quad T_2' = \sqrt{\gamma\alpha}\, T_2, \quad T_3' = \sqrt{\alpha\beta}\, T_3. \end{array} \right.$$

C'est ce que l'on reconnaît en transportant dans (1) les valeurs (4) de u', v', w', puis remplaçant, tant dans (1) que dans (2), $\frac{d}{dx'}$, $\frac{d}{dy'}$, $\frac{d}{dz'}$ par $\frac{1}{\sqrt{\alpha}} \frac{d}{dx}$, $\frac{1}{\sqrt{\beta}} \frac{d}{dy}$, $\frac{1}{\sqrt{\gamma}} \frac{d}{dz}$ et substituant enfin, dans (2), à X′, Y′, Z′ les valeurs (5). Alors, vu les expressions classiques (198 *bis*) [p. 308] des forces élastiques N, T du solide isotrope, les formules (1) deviennent précisément les formules (6), et les équations (2), d'où α, β, γ disparaissent de suite en même temps que tous les accents, se transforment dans les équations indéfinies de l'équilibre du corps isotrope.

Si donc la surface-limite du solide isotrope est la transformée, $f(x\sqrt{\alpha}, y\sqrt{\beta}, z\sqrt{\gamma}) = 0$, de la surface-limite $f(x', y', z') = 0$ du solide hétérotrope donné (comme est, par exemple, le plan $z = 0$ des xy quand le solide proposé se trouve limité par le plan $z' = 0$ des $x'y'$), et si les conditions spéciales à chacun des points de cette surface du solide hétérotrope reviennent à s'y donner, soit, en fonction de x', y', z', trois composantes N', T' de pression (comme, par exemple, celles, $p_{z'} = -\,\mathrm{T}_2'$, $p_{y'} = -\,\mathrm{T}_1'$, $p_{z'} = -\,\mathrm{N}_3'$ de la pression extérieure aux divers points du plan des $x'\,y'$), soit, à leur défaut, trois composantes correspondantes u', v', w' des déplacements ou, pour les points du solide situés à l'infini, l'ordre de petitesse des u', v', w', les composantes analogues N, T, ou les déplacements analogues u, v, w seront définis, en fonction de x, y, z, par les formules (6) et (4), prises avec (3), aux divers points de la surface-limite $f(x\sqrt{\alpha},\ y\sqrt{\beta},\ z\sqrt{\gamma}) = 0$ du solide isotrope correspondant ; et les formules (4) exprimeront de même l'ordre de petitesse des déplacements u, v, w de ce solide, aux points très éloignés.

Ainsi, le problème proposé d'équilibre du corps hétérotrope se trouvera transformé complètement en un problème tout pareil concernant un corps isotrope. Donc la solution de celui-ci, donnée dans le mémoire pour le cas d'un solide limité par un plan et pour celui d'un solide indéfini dans tous les sens, s'étend d'elle-même pour ces deux cas, par l'emploi des formules de transformation (3), (4), (5) et (6), à un solide isotrope déformé.

M. de Saint-Venant avait comme pressenti la possibilité de cette extension dans une note du 29 novembre 1869 (*Comptes-Rendus*, t. LXIX), où il avait remarqué que le changement (3) des variables indépendantes permet d'étendre aux solides isotropes déformés les équations $\Delta_2\,\Delta_2\,(u, v, w) = 0$, vérifiées dans un solide isotrope en équilibre dont l'unité de volume ne supporte aucune action extérieure, et même l'équation corrélative $\Delta_2\,\theta = 0$, pourvu qu'on y prenne $\theta = \sqrt{\alpha}\,\dfrac{du'}{dx} + \sqrt{\beta}\,\dfrac{dv'}{dy} + \sqrt{\gamma}\,\dfrac{dw'}{dz}$ et non

$$\theta = \frac{du'}{dx} + \frac{dv'}{dy} + \frac{dw'}{dz}.$$

2. — *Lois de mouvement.* — *Théorie de la délimitation latérale des rayons sonores ou lumineux.*

Si le solide hétérotrope proposé, de densité ρ, au lieu d'être en équilibre, exécutait de petits mouvements quelconques, on sait qu'il faudrait remplacer, dans (2), X′, Y′, Z′ par $-\rho\dfrac{d^2u'}{dt^2}$, $-\rho\dfrac{d^2v'}{dt^2}$, $-\rho\dfrac{d^2w'}{dt^2}$; ce qui, d'après (4) et (5), donnerait, dans les équations indéfinies d'équilibre du solide isotrope correspondant,

$$X = -\frac{\rho}{\alpha}\frac{d^2u}{dt^2}, \quad Y = -\frac{\rho}{\beta}\frac{d^2v}{dt^2}, \quad Z = -\frac{\rho}{\gamma}\frac{d^2w}{dt^2}.$$

Ces équations d'équilibre ne deviendraient donc pas précisément celles de mouvement du solide isotrope, mais plutôt ce que seraient ces équations de mouvement du solide isotrope si sa matière éprouvait, à se mouvoir suivant les trois axes des x, y, z, des facilités inégales, proportionnelles à α, β, γ, ou si elle se comportait comme ayant les trois densités respectives $\dfrac{\rho}{\alpha}, \dfrac{\rho}{\beta}, \dfrac{\rho}{\gamma}$ pour les mouvements exécutés suivant les x, les y et les z, à la manière de l'éther lumineux dans les cristaux non cubiques dont un axe est normal au plan des autres (*). Ainsi, la transformation qui réduit les équations d'équilibre d'un solide isotrope déformé à celles d'un simple solide isotrope n'atteint plus le même but quand il s'agit de ses équations de mouvement, quoiqu'elle les simplifie beaucoup et mérite d'être effectuée (ce que nous supposerons fait dans toutes les formules suivantes). L'intégration de ces équations de mouvement ne

(*) Voir, par exemple, au *Journal de Mathématiques pures et appliquées*, de 1873 (t. XVIII, p. 361 à 383), ou aux *Annales de Chimie et de Physique* de la même année (décembre 1873, t. XXX, p. 539 à 565), mon *Exposé synthétique des principes d'une théorie nouvelle des ondes lumineuses.*

se réduit donc pas à une simple application des potentiels sphériques considérés dans le Mémoire des p. 319 à 356 ci-dessus. Peut-être deviendrait-elle effectuable, avec moins de complication qu'elle ne l'a été jusqu'ici par la méthode de Blanchet ou par celle de Cauchy basée sur le calcul des résidus (*), si l'on pouvait généraliser d'une manière convenable la notion de ces potentiels sphériques.

Heureusement, les seuls résultats concrets qu'on ait pu déduire des intégrations difficiles effectuées par Blanchet et par Cauchy, résultats relatifs à la propagation du mouvement autour d'une région d'ébranlement infiniment petite prise pour origine des coordonnées x, y, z, peuvent, à peu près tous, se démontrer directement. Il suffit d'admettre, à cet effet : 1° que les déplacements u, v, w et les vitesses $\frac{d(u, v, w)}{dt}$, rapidement variables près de l'origine (en fonction de x, y, z) dans l'état initial, continuent à varier de même rapidement à toute époque aux endroits où ils sont alors sensibles, comme dans le cas d'un corps isotrope ordinaire; et, 2°, que la graduelle variation du phénomène subsiste néanmoins dans le sens où elle est encore possible, savoir, dans ce sens que, aux distances finies de l'origine, chaque succession rapide de déplacements u, v, w observée en un point (x, y, z) s'observe également en tous les points voisins, ou que u, v, w s'expriment à fort peu près, dans tout petit espace et pendant le temps assez court qu'y dure une série de mouvements, par trois mêmes fonctions d'une seule variable $t - t_0$, t_0 désignant l'époque, fonction graduelle de x, y, z nulle à l'origine des coordonnées, où la molécule (x, y, z), immobile l'instant d'avant, commence à effectuer cette série de déplacements. Et l'on conçoit bien qu'il en soit ainsi; car tous les points du petit espace quelconque

<hr>

(*) Pour juger de la complication de ces sortes d'intégrations, on peut voir, par exemple, le livre 1er, chapitre III (p. 13 à 40), des *Essais sur la Théorie mathématique de la Lumière* (1864), par M. Briot.

considéré se trouvent sensiblement à la même distance $r = \sqrt{x^2 + y^2 + z^2}$ de la région d'ébranlement et dans la même direction par rapport à celle-ci. Donc, les trois dérivées $\dfrac{dt_0}{d(x,y,z)}$ pourront être regardées comme trois constantes, dans une étendue où u, v, w présenteront à un moment donné toute la suite rapide des variations dont il s'agit.

Si l'on appelle, pour abréger, l, m, n ces trois dérivées premières de t_0, et u', v', w', u'', v'', w'' les dérivées premières et secondes de u, v, w par rapport au temps t, il est clair que u, v, w, *à une première approximation*, auront pour leurs dérivées premières en x, y, z les produits de u', v', w' par $-l$, $-m$, $-n$, et, pour leurs dérivées secondes $\dfrac{d^2}{dx^2}$, $\dfrac{d^2}{dy^2}$, $\dfrac{d^2}{dz^2}$, $\dfrac{d^2}{dy\,dz}$, $\dfrac{d^2}{dz\,dx}$, $\dfrac{d^2}{dx\,dy}$, les produits respectifs de u'', v'', w'' par l^2, m^2, n^2, mn, nl, lm.

Dans ces conditions, les équations de mouvement, divisées par la densité ρ,

$$
(7)\;\left\{
\begin{aligned}
\frac{1}{\alpha}\frac{d^2u}{dt^2} &= \mathcal{A}\,u + \mathcal{F}\,v + \mathcal{E}\,w, \\
\frac{1}{\beta}\frac{d^2v}{dt^2} &= \mathcal{F}\,u + \mathcal{B}\,v + \mathcal{D}\,w, \\
\frac{1}{\gamma}\frac{d^2w}{dt^2} &= \mathcal{E}\,u + \mathcal{D}\,v + \mathcal{C}\,w, \;^{(*)}
\end{aligned}
\right.
$$

(*) On reconnaît assez facilement que ces équations (7) comprennent comme cas très particulier, même après qu'on y a fait $\alpha = \beta = \gamma = 1$, les équations des petits mouvements de tous les solides élastiques et homogènes possibles, dans lesquels les pressions intérieures, pouvant présenter avant les déplacements u, v, w des parties constantes de l'ordre des coefficients d'élasticité, admettent un potentiel fonction entière, à termes du premier et du second degré, des six déformations élémentaires δ, g représentées à fort peu près par

$$
\frac{du}{dx},\ \frac{dv}{dy},\ \frac{dw}{dz},\ \frac{dv}{dz}+\frac{dw}{dy},\ \frac{dw}{dx}+\frac{du}{dz},\ \frac{du}{dy}+\frac{dv}{dx}.
$$

On peut voir dans un Mémoire du t. XX du *Recueil des Savants étrangers* [*Théorie des ondes liquides périodiques*, note 3, formules (r)], quelles expres-

où $\mathcal{A}$, $\mathcal{B}$, $\mathcal{C}$, $\mathcal{D}$, $\mathcal{E}$, $\mathcal{F}$ sont, pour plus de généralité, six expressions symboliques de la forme

$$a\,\frac{d^2}{dx^2} + b\,\frac{d^2}{dy^2} + c\,\frac{d^2}{dz^2} + 2\,d\,\frac{d^2}{dy\,dz} + 2\,e\,\frac{d^2}{dz\,dx} + 2\,f\,\frac{d^2}{dx\,dy}$$

à coefficients a, b, c, d, e, f constants mais quelconques, deviennent évidemment, toujours à une première approximation, en appelant A, B, C, D, E, F les polynômes homogènes du second degré en l, m, n obtenus par la substitution de l^2, m^2, n^2, mn, nl, lm à $\dfrac{d^2}{dx^2}$, $\dfrac{d^2}{dy^2}$, $\dfrac{d^2}{dz^2}$, $\dfrac{d^2}{dy\,dz}$, $\dfrac{d^2}{dz\,dx}$, $\dfrac{d^2}{dx\,dy}$ dans $\mathcal{A}$, $\mathcal{B}$, $\mathcal{C}$, $\mathcal{D}$, $\mathcal{E}$, $\mathcal{F}$:

$$(8)\quad\left\{\begin{aligned}
\left(A - \frac{1}{\alpha}\right)u'' + F\,v'' + E\,w'' &= 0, \\[4pt]
F\,u'' + \left(B - \frac{1}{\beta}\right)v'' + D\,w'' &= 0, \\[4pt]
E\,u'' + D\,v'' + \left(C - \frac{1}{\gamma}\right)w'' &= 0.
\end{aligned}\right.$$

Et ces trois équations, multipliées deux fois successivement par dt, puis intégrées chaque fois, sans faire varier x, y, z, à partir de l'instant $t = t_0$ où s'annulaient u', v', w' et u, v, w, conduisent à des formules, en u, v, w, absolument pareilles, sauf la substitution de u, v, w à u'', v'', w''.

sions (à 27 coefficients) des forces N, T, il faut porter alors dans les équations approchées de mouvement

$$\frac{d^2 u}{dt^2} = \frac{1}{\rho}\left(\frac{dN_1}{dx} + \frac{dT_1}{dy} + \frac{dT_2}{dz}\right), \text{ etc.}$$

Dans le cas, spécialement considéré ici, d'un milieu isotrope (correspondant à un milieu isotrope déformé), les expressions de $\mathcal{A}$, $\mathcal{B}$, $\mathcal{C}$, $\mathcal{D}$, $\mathcal{E}$, $\mathcal{F}$ sont

$$\left\{\begin{aligned}
(\mathcal{A}, \mathcal{B}, \mathcal{C}) &= \frac{\lambda + \mu}{\rho}\,\frac{d^2}{(dx^2,\ dy^2,\ dz^2)} + \frac{\mu}{\rho}\left(\frac{d^2}{dx^2} + \frac{d^2}{dy^2} + \frac{d^2}{dz^2}\right), \\[4pt]
(\mathcal{D}, \mathcal{E}, \mathcal{F}) &= \frac{\lambda + \mu}{\rho}\,\frac{d^2}{(dy\,dz,\ dz\,dx,\ dx\,dy)}.
\end{aligned}\right.$$

Par conséquent, les équations (8), dont le déterminant égalé à zéro donnera une relation nécessaire entre l, m, n, font connaître, en fonction des rapports mutuels de $(l, m, n) = \dfrac{dt_o}{d(x,y,z)}$, c'est-à-dire pour chaque point d'une *surface d'onde* $t_o = $ const. où la direction de la normale est donnée, les trois rapports analogues des fonctions u, v, w. Ceux-ci, à la première approximation considérée, se trouvent ainsi être les mêmes pendant toute la succession rapide de déplacements que l'on considère et en tous les points où les diverses surfaces d'onde ont leurs plans tangents parallèles. Si l'on appelle ω l'inverse de $\sqrt{l^2 + m^2 + n^2}$, les trois produits $l\omega, m\omega, n\omega$ seront les trois cosinus directeurs de la normale menée, en ces points, aux surfaces $t_o = $ const., vers le dehors, c'est-à-dire du côté où t_o augmente; et $\dfrac{1}{\omega}$, paramètre différentiel du premier ordre de la fonction t_o, sera la dérivée de t_o le long d'un élément dN de cette normale, ou ω le rapport $\dfrac{dN}{dt_o}$, c'est-à-dire la vitesse de propagation du mouvement, à partir du point (x, y, z), suivant la normale dN à la surface d'onde $t_o = $ const. qui y passe.

D'ailleurs, l'équation en l, m, n, si l'on y substitue à l, m, n les produits de $\dfrac{1}{\omega}$ par les trois cosinus directeurs de la normale, devient une équation du troisième degré en ω^2. Cette équation, résolue, donne généralement trois racines ω positives. Chacune est donc constante pour tous les plans tangents parallèles considérés, dont le premier appartient presque à la surface $t_o = $ o confondue avec l'origine. Par suite, deux consécutifs étant distants de ωdt_o, la distance de l'un quelconque d'entr'eux à l'origine vaut ωt_o, et ils ont pour équation

$$l\omega x + m\omega y + n\omega z = \omega t_o \quad \text{ou} \quad lx + my + nz = t_o.$$

Chaque surface d'onde $t_o = $ const. est donc l'enveloppe de ces plans, où l, m, n sont trois paramètres liés entr'eux par une relation donnée.

Appelons l', m', n' les cosinus directeurs d'un déplacement φ ayant ses composantes u, v, w régies par les équations (8), ou posons, dans les formules (8),

$$u = l'\varphi, \quad v = m'\varphi, \quad w = n'\varphi,$$

Ces équations (8) prendront la forme

$$(9) \quad \begin{cases} \left(A - \dfrac{1}{\alpha} \right) l' + F\, m' + E\, n' = 0, \\[2mm] F\, l' + \left(B - \dfrac{1}{\beta} \right) m' + D\, n' = 0, \\[2mm] E\, l' + D\, m' + \left(C - \dfrac{1}{\gamma} \right) n' = 0. \end{cases}$$

En les résolvant, l', m', n' deviennent des fonctions explicites de l, m, n, puisque A, B, C, D, E, F sont six polynômes homogènes du second degré en l, m, n. La relation existant entre dl, dm, dn peut d'ailleurs s'obtenir sans différentier l'équation en l, m, n. Comme celle-ci, en effet, est impliquée dans le système (9), il suffit de différentier complètement en l, m, n et l', m', n' les relations (9). Si l'on ajoute ensuite les trois résultats, multipliés respectivement par l', m', n', les termes en dl', dm', dn' disparaissent à cause même des équations (9), et il vient

$$(10) \quad l'^2\, dA + m'^2\, dB + n'^2\, dC + 2\, m'\, n'\, dD + 2\, n'\, l'\, dE + 2\, l'\, m'\, dF = 0.$$

Il n'y a plus qu'à remplacer, dans celle-ci, $dA, dB, dC, \ldots$ par $\dfrac{dA}{dl}\, dl + \dfrac{dA}{dm}\, dm + \dfrac{dA}{dn}\, dn$, etc., puis à poser

$$(11) \quad \begin{cases} (l_1, m_1, n_1) = l'^2 \dfrac{dA}{d\,(l, m, n)} + m'^2 \dfrac{dB}{d\,(l, m, n)} + n'^2 \dfrac{dC}{d\,(l, m, n)} \\[3mm] \quad + 2\, m'\, n' \dfrac{dD}{d\,(l, m, n)} + 2\, n\, l' \dfrac{dE}{d\,(l, m, n)} + 2\, l'\, m' \dfrac{dF}{d\,(l, m, n)}. \end{cases}$$

pour avoir la relation cherchée

$$(12) \qquad l_1\, dl + m_1\, dm + n_1\, dn = 0.$$

Or, à partir d'un point quelconque (x, y, z) d'une surface d'onde $t_0 = $ const., on a identiquement

$$dt_0 = l dx + m dy + n dz,$$

et aussi, à cause de $t_0 = lx + my + nz$,

$$dt_0 = l dx + m dy + n dz + x dl + y dm + z dn;$$

d'où

$$x dl + y dm + z dn = 0.$$

Le rapport de dl à dm étant arbitraire, la comparaison de cette dernière relation, divisée par $z dn$, à la précédente (12) divisée par $n_1 dn$, montre que x, y, z sont proportionnels à l_1, m_1, n_1; et comme, en outre, $lx + my + nz = t_0$, il vient, pour fixer en grandeur et en direction les *rayons* $r = \sqrt{x^2 + y^2 + z^2}$ correspondant aux plans tangents considérés, la quadruple proportion

$$(13) \qquad \frac{x}{l_1} = \frac{y}{m_1} = \frac{z}{n_1} = \frac{t_0}{l l_1 + m m_1 + n n_1} = \frac{r}{\sqrt{l_1^2 + m_1^2 + n_1^2}} \qquad (*)$$

Enfin, l'équation de la surface d'onde $t_0 = $ const. s'obtient

____

(*) Les formules (11) donneraient d'ailleurs, en observant que A, B, C, D, E, F sont des fonctions homogènes du second degré, dont les dérivées partielles premières, multipliées par les variables correspondantes et ajoutées, ont pour somme le double de la fonction,

$$l l_1 + m m_1 + n n_1 = 2 \left(A l'^2 + B m'^2 + C n'^2 + 2 D m' n' + 2 E n' l' + 2 F l' m' \right).$$

Or la parenthèse du second membre vaut $\dfrac{l'^2}{\alpha} + \dfrac{m'^2}{\beta} + \dfrac{n'^2}{\gamma}$, d'après les équations (9) respectivement multipliées elles-mêmes par l', m', n' et ajoutées. Donc, en remarquant, d'autre part, que $l l_1 + m m_1 + n n_1$ est le produit de $\frac{1}{a}\sqrt{l_1^2 + m_1^2 + n_1^2}$ par le cosinus de l'angle que fait le rayon r avec la normale à l'onde, ou est le quotient de $\sqrt{l_1^2 + m_1^2 + n_1^2}$ par la vitesse de propagation V du mouvement dans la direction (l_1, m_1, n_1) du rayon r prolongé, on aura

$$\sqrt{l_1^2 + m_1^2 + n_1^2} = 2 V \left(\frac{l'^2}{\alpha} + \frac{m'^2}{\beta} + \frac{n'^2}{\gamma} \right).$$

en tirant des trois premières de ces proportions (13) l, m, n en fonction de $\frac{x}{t_0}$, $\frac{y}{t_0}$, $\frac{z}{t_0}$ et portant leurs valeurs dans l'équation en l, m, n. Pour chaque système de racines positives ω, il vient ainsi une famille de surfaces fermées, homothétiques par rapport à l'origine, et aux divers points desquelles, dès que $t = t_0$ ou dès que l'onde correspondante les atteint, les molécules du milieu se déplacent pendant un court instant, suivant la direction (l', m', n'). La vitesse de propagation du mouvement, le long d'un même rayon r émané de la région d'ébranlement, est $\frac{r}{t_0}$ ou $\frac{\sqrt{l_1^2 + m_1^2 + n_1^2}}{l l_1 + m m_1 + n n_1}$.

On sait que, si les seconds membres des équations (7) ont, comme dans celles (1) de la page 352, la forme simple

$$u^2 \left[(1 + f) \frac{d\theta}{d(x, y, z)} + \Delta_2 (u, v, w) \right],$$

où f désigne le rapport des deux coefficients d'élasticité λ, μ, et si, de plus, α, β, γ sont voisins de l'unité comme il arrive toujours, deux des valeurs de ω différeront peu de a et correspondront à des vibrations *quasi-transversales*, ou presque parallèles aux surfaces des ondes, tandis que la troisième différera peu de $a\sqrt{2+f}$ et correspondra à des vibrations *quasi-longitudinales*, ou presque perpendiculaires aux surfaces des ondes; etc.

Voyons maintenant ce qu'indiquent les équations (7) du mouvement à une approximation plus élevée, où l'on tiendra compte de ce double fait : 1° que u, v, w comprennent, en outre des projections, $l'\varphi$, $m'\varphi$, $n'\varphi$, de la composante φ, suivant la direction (l', m', n'), des déplacements réels à chaque époque t, certains termes correctifs inconnus ξ, η, ζ, exprimant un petit écart normal à cette direction, ou satisfaisant à la condition $l'\xi + m'\eta + n'\zeta = 0$; 2° que, t_0 étant, pour chacune des trois séries possibles de déplacements, la fonction de x, y, z parfaitement définie ci-dessus, ξ, η, ζ sont, de même que φ, des fonctions rapidement variables de $t - t_o$, mais qui changent en outre lentement ou graduellement avec x, y, z quand $t - t_o$ reste le même. En effet, sous ce rapport, il en est de ξ, η, ζ comme de φ; car ξ, η, ζ ne se trouvent, comme φ, relativement sensibles en chaque point (x, y, z) qu'aux courts instants où l'une des trois ondes y passe, et leurs dérivées par rapport à t sont, par suite, aussi fortes (toute proportion gardée) que celles de φ.

En différentiant par rapport à x, y, z les expressions des déplacements

$$(13\,bis) \qquad u = l'\varphi + \xi, \quad v = m'\varphi + \eta, \quad w = n'\varphi + \zeta,$$

on pourra donc, sauf erreur relative négligeable, regarder les termes *correctifs* ξ, η, ζ comme des fonctions de $t - t_o$ *seulement*, et y supposer même $\dfrac{dt_o}{d(x, y, z)}$, ou l, m, n, constants dans la petite étendue à considérer : je désignerai par des accents, comme pour φ, les dérivées de ξ, η, ζ par rapport à $t - t_o$ ou à t. *Au contraire*, il y aura lieu, pour les termes *principaux* $l'\varphi$, $m'\varphi$, $n'\varphi$, de tenir compte, en différentiant par rapport à x, y, z, des dérivées obtenues sans faire varier $t - t_o$, dérivées que je désignerai par les symboles $\dfrac{\partial}{\partial x}$, $\dfrac{\partial}{\partial y}$, $\dfrac{\partial}{\partial z}$. De plus, à une seconde différentiation, on pourra effacer les termes affectés du facteur φ ou de ses dérivées $\dfrac{\partial}{\partial x}$, $\dfrac{\partial}{\partial y}$, $\dfrac{\partial}{\partial z}$, à côté de ceux où sera sa dérivée principale φ', rendue très grande par la rapidité de variation de φ en fonction de $t - t_o$. Par exemple, la dérivée en x d'un terme comme $\dfrac{\partial l'\varphi}{\partial x}$ sera réduite à sa partie principale obtenue en supposant ce terme fonction seulement de $t - t_o$, et vaudra

$$-l\,\frac{\partial}{\partial(t - t_o)}\,\frac{\partial l'\varphi}{\partial x} = -l\,\frac{\partial}{\partial x}\,\frac{\partial l'\varphi}{\partial(t - t_o)} = -l\,\frac{\partial l'\varphi'}{\partial x}.$$

On aura ainsi, successivement,

$$(14) \begin{cases} \dfrac{du}{dx} = -\, ll'\varphi' - l\,\xi' + \dfrac{\partial\, l'\chi}{\partial x}, \\[2ex] \dfrac{d^2u}{dx^2} = l^2 l'\varphi'' + l^2\,\xi'' - \dfrac{1}{2}\, l'\varphi'\left(2\,\dfrac{\partial l}{\partial x}\right) - 2\,l\,\dfrac{\partial\, l'\varphi'}{\partial x}, \\[2ex] \dfrac{d^2u}{dx\,dy} = lm\,l'\varphi'' + lm\,\xi'' - \dfrac{1}{2}\, l'\varphi'\left(\dfrac{\partial l}{\partial y} + \dfrac{\partial m}{\partial x}\right) - \left(l\,\dfrac{\partial\, l'\varphi'}{\partial y} + m\,\dfrac{\partial\, l'\varphi'}{\partial x}\right), \text{ etc.} ; \end{cases}$$

pour la symétrie, j'ai remplacé le terme $-\, l'\varphi'\,\dfrac{\partial l}{\partial y}$ par $-\dfrac{1}{2}\, l'\varphi'\left(\dfrac{\partial l}{\partial y} + \dfrac{\partial m}{\partial x}\right)$, chose permise, car

$$\frac{\partial l}{\partial y} = \frac{d^2 l_0}{dx\,dy} = \frac{\partial m}{\partial x}.$$

Par suite, il vient aisément comme valeurs des expressions $\mathcal{A}u$, $\mathcal{F}v$, $\mathcal{E}w$, paraissant au second membre de la première équation (7) du mouvement :

$$(15) \begin{cases} \mathcal{A}u = A\,(l'\varphi'' + \xi'') - \dfrac{l'\varphi'}{2}\left[\dfrac{\partial\,\dfrac{dA}{dl}}{\partial x} + \dfrac{\partial\,\dfrac{dA}{dm}}{\partial y} + \dfrac{\partial\,\dfrac{dA}{dn}}{\partial z}\right] \\[3ex] \qquad\quad -\left(\dfrac{dA}{dl}\,\dfrac{\partial\, l'\varphi'}{\partial x} + \dfrac{dA}{dm}\,\dfrac{\partial\, l'\varphi'}{\partial y} + \dfrac{dA}{dn}\,\dfrac{\partial\, l'\varphi'}{\partial z}\right), \\[4ex] \mathcal{F}v = F\,(m'\varphi'' + \eta'') - \dfrac{m'\varphi'}{2}\left[\dfrac{\partial\,\dfrac{dF}{dl}}{\partial x} + \dfrac{\partial\,\dfrac{dF}{dm}}{\partial y} + \dfrac{\partial\,\dfrac{dF}{dn}}{\partial z}\right] \\[3ex] \qquad\quad -\left(\dfrac{dF}{dl}\,\dfrac{\partial\, m'\varphi'}{\partial x} + \dfrac{dF}{dm}\,\dfrac{\partial\, m'\varphi'}{\partial y} + \dfrac{dF}{dn}\,\dfrac{\partial\, m'\varphi'}{\partial z}\right), \\[4ex] \mathcal{E}w = E\,(n'\varphi'' + \zeta'') - \dfrac{n'\varphi'}{2}\left[\dfrac{\partial\,\dfrac{dE}{dl}}{\partial x} + \dfrac{\partial\,\dfrac{dE}{dm}}{\partial y} + \dfrac{\partial\,\dfrac{dE}{dn}}{\partial z}\right] \\[3ex] \qquad\quad -\left(\dfrac{dE}{dl}\,\dfrac{\partial\, n'\varphi'}{\partial x} + \dfrac{dE}{dm}\,\dfrac{\partial\, n'\varphi'}{\partial y} + \dfrac{dE}{dn}\,\dfrac{\partial\, n'\varphi'}{\partial z}\right). \end{cases}$$

En ajoutant à leur somme l'expression, $-\dfrac{1}{\alpha}(l'\varphi''+\xi'')$, du premier membre $\dfrac{1}{\alpha}\dfrac{d^2u}{dt^2}$ changé de signe, le tout devra être égal à zéro. Comme le coefficient total de φ'' sera nul en vertu de la première équation (9), on aura ainsi une relation linéaire entre ξ'', η'', ζ'' et φ' ou ses dérivées $\dfrac{\partial \varphi'}{\partial (x,y,z)}$. Les deux autres équations (7) en donneront évidemment deux autres analogues : ce qui fera bien trois équations indéfinies entre φ et, par exemple, les deux petites fonctions ξ, η, dont ζ se déduit au moyen de la formule

$$l'\xi + m'\eta + n'\zeta = 0.$$

Une relation contenant seulement φ' et ses dérivées $\dfrac{\partial \varphi'}{\partial (x,y,z)}$ s'obtient en ajoutant ces trois équations, respectivement multipliées par $-l'$, $-m'$, $-n'$. En effet, dans la somme, les coefficients de $-\xi''$, $-\eta''$, $-\zeta''$ sont les premiers membres, nuls, des équations (9) : et, si l'on a soin de dédoubler, dans les dernières parenthèses de (15), $\dfrac{\partial l'\varphi'}{\partial x}$, … en $l'\dfrac{\partial \varphi'}{\partial x}+\varphi'\dfrac{\partial l'}{\partial x}$, etc., puis de grouper convenablement, dans les seconds membres de (15), ou des autres analogues, multipliés par $-l'$, $-m'$, $-n'$, les termes affectés de $\dfrac{\varphi'}{2}\Big[$ce qui donne, en tout, vu les formules (11), $\dfrac{\varphi'}{2}\Big(\dfrac{\partial l_1}{\partial x}+\dfrac{\partial m_1}{\partial y}+\dfrac{\partial n_1}{\partial z}\Big)\Big]$, il vient

$$(16)\qquad \frac{\varphi'}{2}\Big(\frac{\partial l_1}{\partial x}+\frac{\partial m_1}{\partial y}+\frac{\partial n_1}{\partial z}\Big)+\Big(l_1\frac{\partial \varphi'}{\partial x}+m_1\frac{\partial \varphi'}{\partial y}+n_1\frac{\partial \varphi'}{\partial z}\Big)=0.$$

Remplaçons-y l_1, m_1, n_1 par leurs valeurs $\dfrac{(x,y,z)}{r}\sqrt{l_1^2+m_1^2+n_1^2}$

tirées de (13), valeurs dont les trois dérivées respectives en x, y, z sont

$$\left[\frac{1}{r} - \frac{(x^2, y^2, z^2)}{r^3}\right] \sqrt{l_1^2 + m_1^2 + n_1^2} + \frac{(x, y, z)}{r} \frac{\partial \sqrt{l_1^2 + m_1^2 + n_1^2}}{\partial (x, y, z)};$$

et observons, d'une part, que

$$\frac{x}{r}\frac{\partial}{\partial x} + \frac{y}{r}\frac{\partial}{\partial y} + \frac{z}{r}\frac{\partial}{\partial z}$$

exprime la dérivée $\frac{\partial}{\partial r}$ d'une fonction le long du prolongement du rayon r, dérivée obtenue en suivant une onde dans sa propagation ou, plus exactement, sans que $t - t_o$ change, d'autre part, que l_1, m_1, n_1 ne varient pas le long du rayon r ou que $\frac{\partial}{\partial r}\sqrt{l_1^2 + m_1^2 + n_1^2} = 0$. Nous aurons, en multipliant finalement par $\dfrac{r}{\sqrt{l_1^2 + m_1^2 + n_1^2}}$,

$$(17) \qquad \varphi' + r\frac{\partial \varphi'}{\partial r} = 0 \quad \text{ou} \quad \frac{\partial \, r\varphi'}{\partial r} = 0. \; (*)$$

(*) Il est curieux d'observer que, si l'on ne faisait pas attention à l'invariabilité du facteur $\sqrt{l_1^2 + m_1^2 + n_1^2}$ le long du rayon r, l'équation (16), multipliée par $2\,r^2\,\varphi'$ et traitée d'ailleurs de même, deviendrait

$$\frac{\partial}{\partial r}\left[\varphi'^2\, r^2 \sqrt{l_1^2 + m_1^2 + n_1^2}\right] = 0,$$

ou bien, en remplaçant r^2 par la section normale proportionnelle τ d'un étroit *faisceau* de rayons r et $\sqrt{l_1^2 + m_1^2 + n_1^2}$ par sa valeur donnée à la fin de la note précédente (p. 678),

$$\frac{\partial}{\partial r}\left[\frac{\tau V}{\alpha}(l'\varphi')^2 + \frac{\tau V}{\beta}(m'\varphi')^2 + \frac{\tau V}{\gamma}(n'\varphi')^2\right] = 0.$$

Or τV représente, proportionnellement, la masse de la partie du faisceau qui est en mouvement à l'époque t, masse dont la section est exprimée par τ et la longueur par $V\Delta t$, si Δt désigne le temps (indépendant de r au moins dans les mouvements périodiques) que dure en chaque endroit le passage d'une onde. Cette masse, réduite dans le rapport des *facilités* α, β, γ existant pour les mouvements

L'équation (16) exprime donc que, *le long d'un même rayon, chaque vitesse φ' et, par suite, chaque déplacement* $\varphi = \int_0^{t-t_0} \varphi' \, \partial (t-t_0)$, *se propagent en s'affaiblissant comme l'inverse de la distance r au centre d'ébranlement.*

Le déplacement φ devient ainsi le produit de $\dfrac{1}{r}$ par une fonction φ_1 de la nature de l, m, n, c'est-à-dire par une fonction des trois cosinus directeurs $\dfrac{x}{r}, \dfrac{y}{r}, \dfrac{z}{r}$, mais dépendant en outre de $t-t_0$; et il a, le long d'un même rayon r, ses dérivées $\dfrac{\partial}{\partial x}, \dfrac{\partial}{\partial y}, \dfrac{\partial}{\partial z}$ inversement proportionnelles à r^2, tandis que celles de l, m, n ou de leurs fonctions le sont à $\dfrac{1}{r}$.

On déduit aisément de là que les trois équations en ξ'', η'', ζ'' d'où l'on est parti et dont deux sont restées distinctes [la troisième ayant été remplacée par (17)], combinées avec la relation

$$l'\xi + m'\eta + n'\zeta = 0$$

qui entraîne celle-ci

$$l'\xi'' + m'\eta'' + n'\zeta'' = 0,$$

effectués suivant les trois axes, et multipliée par les carrés des vitesses effectives correspondantes $l'\varphi'$, $m'\varphi'$, $n'\varphi'$, donne en tout ce qu'on peut appeler la *force vive du faisceau de rayons*; et l'équation exprime que *cette force vive se transmet intégralement avec l'onde.*

Il ne faut pas, du reste, attacher d'importance à la présence du facteur V au numérateur plutôt qu'au dénominateur de l'expression indépendante de r obtenue en intégrant (16), puisque notre analyse suppose essentiellement V invariable le long d'un même rayon r. On conçoit très bien qu'une transmission intégrale, sans dissémination aucune, de la force vive et de l'énergie, ne se réalise qu'à cette condition. Et c'est, en effet, ce qu'on pourrait déduire d'une note de mon Mémoire sur la *Théorie des ondes liquides périodiques*, inséré au tome XX du *Recueil des Savants étrangers* de l'Académie des Sciences de Paris [voir la fin du § III], où j'arrive par l'hypothèse, il est vrai, d'oscillations à composantes exactement *pendulaires*, dans un cas où la vitesse de propagation est variable, à une formule comme $\dfrac{\partial}{\partial r}\left(\dfrac{\varphi'^2 \, r^2}{V}\right) = 0$, et non à celle-ci, $\dfrac{\partial}{\partial r}(\varphi'^2 \, r^2 \, V) = 0$.

donneront ξ'', η'', ζ'' en fonction linéaire de φ_i' et de ses dérivées $\dfrac{\partial}{\partial x}$, $\dfrac{\partial}{\partial y}$, $\dfrac{\partial}{\partial z}$, c'est-à-dire en fonction de φ_i' et de la manière dont varie φ_i' autour de l'origine : de plus, le long d'un même rayon r, ces valeurs de ξ'', η'', ζ'' seront inverses de r^2. Et, se trouvant d'ailleurs comparables à φ', ou beaucoup plus petites que la dérivée suivante φ'' de φ (du moins tant que persistera la rapidité supposée de variation du déplacement), elles exprimeront bien, comme on l'a admis, des corrections relativement très faibles apportées aux premières valeurs approchées $l'\varphi''$, $m'\varphi''$, $n'\varphi''$ des composantes de l'accélération.

Ainsi, *quelle que soit la manière (continue toutefois) dont varie l'amplitude du mouvement d'un point à l'autre d'une même surface d'onde, pourvu que cette amplitude, tant qu'elle subsiste quelque part, y change assez vite, on pourra toujours, en choisissant convenablement, sur chaque rayon en particulier,* ξ'', η'', ζ'' *et, par suite, les petits écarts* ξ, η, ζ $\left[qui ont les valeurs \int_0^{t-t_0} \partial(t-t_0) \int_0^{t-t_0} (\xi'', \eta'', \zeta'') \partial(t-t_0) \right]$, *satisfaire aux trois équations indéfinies du mouvement ; et ces écarts* ξ, η, ζ *se propageront, en même temps que le déplacement principal* φ, *le long de chaque rayon, mais en décroissant inversement au carré* r^2 *de la distance et non, comme* φ, *inversement à la simple distance* r. Ils seront généralement, aux distances finies, de l'ordre de

$$\int_0^{t-t_0} \partial(t-t_0) \int_0^{t-t_0} \varphi' \, \partial(t-t_0) = \int_0^{t-t_0} \varphi \, \partial(t-t_0),$$

et, par conséquent, à cause de la faible durée $t-t_0$ du phénomène en chaque endroit, incomparablement plus petits que φ, sauf peut-être vers la fin du passage de l'onde, alors que φ sera sur le point de s'annuler.

La forme linéaire des équations en ξ'', η'', ζ'' montre même que, si l'on multiplie deux fois successivement ces équations par $\partial (t - t_0)$, et qu'on intègre chaque fois à partir de $t = t_0$, ξ, η, ζ s'exprimeront, en fonction de $\int_0^{t-t_0} \varphi \, \partial (t - t_0)$ et de ses dérivées en $\dfrac{\partial}{\partial (x, y, z)}$, exactement comme s'expriment ξ'', η'', ζ'' en fonction de φ' et de ses dérivées analogues. Ces expressions de ξ, η, ζ se simplifieront beaucoup aux points très éloignés de l'origine, là où l'on peut, sur des étendues notables, regarder l, m, n, l', m', n' comme constants, c'est-à-dire les ondes comme planes ; en sorte qu'il n'y subsiste, dans les derniers et avant-derniers termes de (15), et dans les expressions de ξ'', η'', ζ'', que les parties proportionnelles aux trois dérivées $\dfrac{\partial}{\partial (x, y, z)}$ de la fonction φ', devenue même, en vertu de (17), sensiblement invariable suivant la direction (l_1, m_1, n_1) du rayon, mais susceptible de changer dans toutes les autres directions incomparablement plus vite que l, m, n. Ainsi, ξ, η, ζ y sont trois simples fonctions linéaires de $\dfrac{\partial}{\partial (x, y, z)} \int_0^{t - t_0} \varphi \, \partial (t - t_0)$, s'annulant par conséquent, d'après le principe de Fermat, aux points de l'onde où l'amplitude des mouvements se trouve maximum ou minimum par rapport à ce qu'elle est dans le voisinage (*).

(*) Les écarts ξ, η, ζ, supposés pris toujours de la même forme en fonction de $\int_0^{t-t_0} \varphi \, \partial (t - t_0)$ ou de ses dérivées $\dfrac{\partial}{\partial (x, y, z)}$, resteraient encore très faibles en comparaison de φ, s'il s'agissait de mouvements périodiques à brève période propagés autour de l'origine, et non d'une simple rupture momentanée de l'équilibre en ce point, ou si φ désignait une fonction, d'ailleurs quelconque, de $t - t_0$, $\dfrac{x}{r}$, $\dfrac{y}{r}$, $\dfrac{z}{r}$, périodique en $t - t_0$ et d'une valeur moyenne nulle, mais non astreinte à s'annuler elle-même pour $t = t_0$. En effet, la fonction $\int_0^{t-t_0} \varphi \, \partial (t - t_0)$ deviendrait égale à zéro au bout de chaque très courte période, et ne cesserait pas d'être, en général, extrêmement faible à côté de φ. Par suite, les expressions correspondantes

$$u = l'\varphi + \xi, \quad v = m'\varphi + \eta, \quad w = n'\varphi + \zeta$$

vérifieraient à fort peu près les équations indéfinies des petits mouvements.

En tenant compte de ces écarts, les trajectoires des molécules ne sont plus droites, même quand ξ, η, ζ conservent en chaque point les mêmes rapports à toute époque, parce que ces rapports ne peuvent, à cause de la relation $l'\xi + m'\eta + n'\zeta = 0$, être ceux de l', m', n', qui donnent la direction des déplacements au premier instant $t = t_0 + \varepsilon$ du mouvement, alors que ξ, η, ζ, de l'ordre de $\int_0^{t-t_0} \varphi \, \partial (t - t_0)$, sont infiniment petits devant φ.

D'ailleurs, la quantité φ_t, ou $r\varphi$, peut bien, suivant les cas, recevoir toutes les formes possibles en fonction des cosinus directeurs $\dfrac{(x, y, z)}{r}$, et même en fonction de $t - t_0$ pour les petites valeurs positives de $t - t_0$ (les seules qui ne l'annulent pas), *pourvu, du moins,* que l'intégrale $\int_0^{t-t_0} \varphi_t \partial (t - t_0)$, dont dépendent ξ, η, ζ, s'annule aussi pour $t - t_0$ supérieur à ces très petites valeurs. En effet, quelle que soit la forme dont il s'agit, si l'on se donne comme état initial l'état même que représentent, pour une petite valeur positive du temps t légèrement plus grande que celles-là, les expressions de u, v, w ainsi formées

$$u = l'\varphi + \xi, \quad v = m'\varphi + \eta, \quad w = n'\varphi + \zeta,$$

et celles de $\dfrac{d(u, v, w)}{dt}$ qui s'en déduisent, cet état consistera en des vitesses et des déplacements confinés dans une très petite étendue autour de l'origine, et finis ou même nuls au centre $(x = 0, y = 0, z = 0)$ malgré le dénominateur r dans φ ou r^2 dans ξ, η, ζ; car, t_0 s'annulant avec x, y, z, les facteurs φ_t ou $\int_0^{t-t_0} \varphi_t \partial (t - t_0)$ y seront pris pour la valeur choisie, t, de $t - t_0$, supérieure à la plus grande de celles qui ne les annulent pas, et φ, ξ, η, ζ se réduiront ainsi à zéro tout autour du centre. Donc, quelle que soit, dans ces conditions, la fonction φ_1, les intégrales considérées des équations indéfinies du mouvement expriment bien les effets d'une certaine rupture de l'équilibre dans une région très petite autour de l'origine ; ce qui est précisément l'objet du problème posé.

Dans le cas général où l'intégrale $\int_0^{t-t_0} \varphi \, \partial (t - t_0)$ différerait de zéro pour les valeurs positives sensibles de $t - t_0$, nos formules sembleraient indiquer à l'arrière de l'onde, là où φ se serait définitivement annulé, de petits déplacements persistants, dès lors invariables, $u = \xi$, $v = \eta$, $w = \zeta$. Mais il est clair que ces formules deviennent alors insuffisantes, puisque la supposition, sur laquelle elles reposent, de déplacements u, v, w beaucoup plus rapidement variables en fonction de $t - t_0$ qu'en fonction de x, y, z, cesse de se réaliser. Cette hypothèse se trouve donc en défaut; et il faudrait un examen spécial pour reconnaître soit l'annulation de ξ, η, ζ en (x, y, z) dès que φ s'y annule, quel qu'eût été l'état initial dans la région infiniment petite des ébranlements, soit la condition que doit vérifier, en conséquence, la fonction φ, pour que cette annulation se produise en effet et, spécialement, pour que, une fois φ devenu nul à l'origine $(x = 0, y = 0, z = 0)$, ξ, η, ζ soient, non pas infinis, mais bien nuls eux-mêmes, dans cette région centrale $(x = 0, y = 0, z = 0)$ où la direction $\left(\dfrac{x}{r}, \dfrac{y}{r}, \dfrac{z}{r}\right)$ est indéterminée et, l'inverse de r, infini.

Toutefois, une circonstance diminue beaucoup l'importance de cet examen et nous dispensera de le faire dans le cas général d'un milieu hétérotrope. Elle consiste en ce que la valeur finale de l'intégrale $\int_0^{t-t_0} \varphi \, \partial (t - t_0)$ peut toujours être rendue nulle par le moyen de changements insignifiants au point de vue physique : autrement dit, tous les cas se ramènent, sauf des différences négligeables, à celui auquel s'appliquent sans difficulté les formules précédentes.

Quelle que soit, en effet, depuis $t - t_0 = 0$ jusqu'à $t - t_0$
$=$ une petite quantité positive ε, la fonction φ_1 de $t - t_0$,
$\frac{x}{r^2}, \frac{y}{r^2}, \frac{z}{r^2}$, prise complètement arbitraire entre ces limites
mais nulle au dehors, on peut lui donner une sorte de
prolongement presque insensible, en lui attribuant, pour
les valeurs de $t - t_0$ supérieures à ε ou plutôt, aux premières qui la rendent déjà relativement petite, une infinité
de nouvelles valeurs, toutes faibles par rapport aux précédentes, mais s'étendant sur un assez grand intervalle $t - t_0$
pour que, choisies convenablement, elles neutralisent ces
valeurs précédentes plus grandes et annulent finalement
l'intégrale $\int_0^{t-t_0} \varphi_1 \, \partial (t - t_0)$. Or le prolongement ainsi ajouté

n'exprimera que des déplacements $\varphi = \frac{\varphi_1}{r}$ peu perceptibles
et variables beaucoup moins vite que les précédents, ou
quelque chose comme cette faible agitation de l'eau qui
subsiste un instant dans un canal après le passage d'une
grosse intumescence. Ces déplacements, durant plus longtemps que les premiers, influent autant qu'eux sur la
moyenne générale des valeurs successives de φ ou de $\varphi_1 = r\varphi$
en un point donné (x, y, z); mais les vitesses qu'ils entraînent, inverses de leur durée plus grande, sont relativement bien moindres encore, savoir, dans un rapport comparable au carré du rapport réciproque de leurs durées
respectives, et il en est de même des déformations correspondantes, qui se trouvent, dans tous les phénomènes dy-
namiques, de l'ordre des vitesses engendrées.

Ainsi, tant les vitesses que les déformations corrélatives
à ces modifications introduites dans la fonction φ, ne changent d'une manière appréciable ni les valeurs sensibles, ni
les valeurs moyennes des vitesses et des déformations produites successivement en un point quelconque (x, y, z).
Et, à plus forte raison, seraient négligeables les énergies
correspondantes, actuelle ou potentielle, comparables aux

carrés des vitesses ou des déformations. Donc, quelles que soient les vraies valeurs de la fonction $\varphi_1 = \varphi r$, parmi lesquelles celles qui sont notables peuvent être supposées, comme on vient de voir, entièrement arbitraires, tous les mouvements *sensibles* produits seront exprimés par les formules précédentes ; et il n'y aura que des déplacements à la fois très lents et faibles, indiqués mais non évalués par les valeurs résiduelles ou persistantes de u, v, w résultant de ces formules, qui exigent une analyse plus complète.

Il est d'ailleurs facile de s'assurer, sur un exemple simple, qu'il existe, en effet, lorsqu'on tient compte de ces petites valeurs de u, v, w, une certaine condition à laquelle doit satisfaire la fonction φ, dans toute onde provenant d'un ébranlement initial ; de sorte qu'on ne peut plus alors se donner tout à fait arbitrairement les rapports des valeurs de φ dans les diverses directions $\left(\dfrac{x}{r}, \dfrac{y}{r}, \dfrac{z}{r} \right)$.

Considérons le cas d'un solide isotrope où l'on aurait $\dfrac{\lambda + \mu}{\rho} = 0$, $\dfrac{\mu}{\rho} = 1$, $\alpha = \beta = \gamma = 1$ et, par suite,

$$\frac{d^2 (u, v, w)}{dt^2} = \Delta_2 (u, v, w);$$

en sorte qu'on puisse y prendre deux des déplacements u, v, w nuls et le troisième, φ, régi par l'équation

$$\frac{d^2 \varphi}{dt^2} = \Delta_2 \varphi.$$

L'expression générale de φ sera, sauf à y remplacer r par t, celle que donne la formule (ζ) de la page 335, où $\rho\,(x, y, z)$ et $\rho_1\,(x, y, z)$ désigneront, respectivement, la vitesse initiale $\dfrac{d\varphi}{dt}$ et le déplacement initial φ, nuls, par hypothèse, hors d'une région infiniment petite en tous sens entourant l'origine. Alors, pour un point quelconque (x, y, z), les deux intégrales $\int \frac{\rho d\sigma}{r}$ et $\int \frac{\rho_1 d\sigma}{r}$ ne s'étendent qu'à la section σ de cette région d'ébranlement par une sphère d'un rayon $r = t$ décrite autour du point (x, y, z) comme centre; et, en ce point (x, y, z), l'intégrale $\int \varphi \, \partial \, (t - t_0)$, ou $\int \varphi \, \partial t = \int \varphi \, \partial r$, étendue à toutes les valeurs de t ou r, peu différentes de $t_0 = \sqrt{x^2 + y^2 + z^2}$, pour lesquelles la sphère coupe la région d'ébranlement, se réduit à

$$\frac{1}{4\pi} \int dr \int \frac{\rho d\sigma}{r} = \frac{1}{4\pi t_0} \int \int \varphi \, d\sigma dr \, ;$$

car l'autre terme de cette somme $\int \varphi dr$ donne, à une constante près, comme intégrale indéfinie, $\frac{1}{4\pi} \int \frac{\rho_1 d\sigma}{r}$, et celle-ci doit être prise entre deux limites qui l'annulent. Or il est clair que $d\sigma \, dr$ représente le volume d'un élément de la partie du corps initialement ébranlée, et que, par suite, $\int \int \rho \, d\sigma \, dr$, où ρ est la vitesse initiale $\frac{d\varphi}{dt}$ de cet élément, exprime (si la densité est supposée valoir 1) la quantité totale $\mathfrak{Q}$ de mouvement concentrée primitivement autour de l'origine. Il vient donc, en mettant actuellement $r = \sqrt{x^2 + y^2 + z^2}$ au lieu de t_0, $\frac{\varphi_1}{r}$ au lieu de φ, et appelant Δt la plus grande des durées du mouvement aux divers points,

$$\int_0^{\Delta t} \varphi_1 \, \partial \, (t - t_0) = \frac{\mathfrak{Q}}{4\pi} = \text{const.}$$

Cette formule, divisée par la constante Δt et par r, exprime que *le déplacement $\frac{\varphi_1}{r}$ reçoit successivement, en chaque endroit*

(x, y, z), *des valeurs dont la moyenne, égale à* $\dfrac{\mathfrak{Q}}{4\pi r \Delta t}$, *est la même en tous les points d'une même surface d'onde* $r = $ const. (*)

On voit donc que c'est seulement quand cette valeur *moyenne* ne représente aucunement les rapports des déplacements effectifs, comme il arrive dans les mouvements

(*) Si, dans le solide isotrope proposé, la somme $\lambda + \mu$ n'était plus nulle et que, par conséquent, les ondes avec changements de densité y eussent une autre vitesse de propagation que les ondes non accompagnées de condensations ou de dilatations cubiques θ, la même loi,

$$\int_{t_0}^{t_0 + \Delta t} \varphi_1 \, dt = \frac{\mathfrak{Q}}{4\pi},$$

continuerait évidemment à régir les déplacements $\varphi = \dfrac{\varphi_1}{r}$ effectués suivant chaque axe aux divers points de ces dernières ondes, soumises toujours aux équations de mouvement $\dfrac{d^2 (u, v, w)}{dt^2} = \Delta_2 (u, v, w)$ [ou $\dfrac{d^2 (u, v, w)}{dt^2} = a^2 \Delta_2 (u, v, w)$ avec une autre unité de longueur]. Et il n'y aurait pas même, dans le calcul de la constante $\mathfrak{Q}$ correspondante, à défalquer de la quantité initiale totale donnée de mouvement, suivant l'axe que l'on considère, la partie répondant à l'onde accompagnée de changements de densité. En effet, cette partie est nulle; et l'on a d'ailleurs, dans l'onde en question qu'accompagnent des changements de densité, onde régie par les équations de la page 353, $\int_{t_0}^{t_0 + \Delta t} (u, v, w) \, dt = 0$, comme s'il s'agissait de mouvements vibratoires. De plus il suffit, bien entendu, que l'ébranlement initial tout entier, tel qu'on le donne, soit confiné dans une très petite étendue autour de l'origine, pour qu'on en puisse dire autant de sa partie relative aux ondes plus simples qu'accompagnent des changements de densité et aussi, par suite, de son autre partie, répondant aux ondes qui se produisent au contraire sans condensations ni dilatations cubiques.

Pour reconnaître toutes ces circonstances, appelant u', v', w', θ' les dérivées de u, v, w, θ par rapport à t, observons que les relations,

$$\theta = \frac{du}{dx} + \frac{dv}{dy} + \frac{dw}{dz}, \quad \frac{d\theta}{dt} = \frac{du'}{dx} + \frac{dv'}{dy} + \frac{dw'}{dz},$$

multipliées par $d\varpi = dx\,dy\,dz$ et intégrées, à l'époque $t = 0$, dans toute la région infiniment petite d'ébranlement aux limites de laquelle s'annulent u, v, w, u', v', w', donnent $\int \theta \, d\varpi = 0$, $\int \dfrac{d\theta}{dt} \, d\varpi = 0$. Par suite, les équations (α), (α'') de la page 353, appliquées encore à l'état initial, en mettant, pour r, la distance $\sqrt{x^2 + y^2 + z^2}$ (supposée *notable*) du point quelconque (x, y, z) à la région $(x = 0, y = 0, z = 0)$ des ébranlements, donnent à leur tour,

vibratoires où elle s'annule, que l'amplitude peut varier arbitrairement aux divers points d'une même onde.

Au reste, ce cas particulier de mouvements où chaque molécule oscille, de part et d'autre de sa situation d'équilibre, de telle manière que son déplacement moyen soit nul, est de beaucoup le plus intéressant; car la répétition de

$$\text{(pour } t = o \text{ et } r > o)$$
$$\Phi = \frac{1}{4\pi r}\int \theta\, d\varpi = o, \quad \Phi' \text{ ou } \frac{d\Phi}{dt} = \frac{1}{4\pi r}\int \frac{d\theta}{dt}\, d\varpi = o\,,$$
$$(u, v, w) = o, \quad \frac{d\,(u, v, w)}{dt} = o;$$

et, d'autre part, il résulte des équations (x''), toujours dans l'état initial, en étendant les intégrales suivantes à tout l'espace infiniment petit qui entoure l'origine, c'est-à-dire bien au-delà de la région d'ébranlement et jusqu'aux points où s'annulent asymptotiquement Φ et Φ',

$$\text{(pour } t = o)$$
$$\int (u, v, w)\, d\varpi = -\int \frac{d\Phi}{d\,(x, y, z)}\, dx\, dy\, dz = o,$$
$$\int \frac{d\,(u, v, w)}{dt}\, d\varpi = -\int \frac{d\Phi'}{d\,(x, y, z)}\, dx\, dy\, dz = o.$$

Ainsi, dans l'onde accompagnée de changements de densité, les valeurs initiales de u, $\frac{du}{dt}$, par exemple, sont nulles aux distances finies r de l'origine, comme il s'agissait de le démontrer, et nulles même en moyenne aux distances infiniment petites; ce qui y donne bien, en particulier, $\Omega = o$; et comme, d'après la première relation (x') différentiée en x, ces déplacements partiels u se trouvent régis par l'équation $\frac{d^2 u}{dt^2} = A^2 \Delta_3\, u$, analogue à la précédente $\frac{d^2\varphi}{dt^2} = \Delta_3\, \varphi$, on en déduira de même, pour chaque point (x, y, z), la relation $\int u\, dt = o$.

Remarquons d'après cela que, dans toute onde sphérique propagée à partir d'un centre d'ébranlement et accompagnée ou non de changements de densité, chaque composante $\varphi = u$, ou v, ou w, des déplacements, satisfait, en adoptant pour unité de longueur la *célérité* correspondante, à l'équation indéfinie $\frac{d^2\varphi}{dt^2} = \Delta_3\varphi$, complétée par ces deux conditions, que les valeurs initiales de φ et de $\frac{d\varphi}{dt}$, savoir $\varphi = \rho_1\,(x, y, z)$, $\frac{d\varphi}{dt} = \rho\,(x, y, z)$, s'annulent hors d'une très petite région entourant l'origine. Ainsi, les valeurs successives de φ seront, à part la substitution de r à t, celles qu'exprime la formule (ζ) de la p. 335, où z désignera la section faite dans la très petite région d'ébranlement par une sphère d'un rayon

pareils mouvements donne les états vibratoires qui constituent soit le son, soit la lumière. Et l'on vérifie directement, encore par la formule (ζ) [p. 335], que le déplacement φ peut bien alors varier à volonté d'un point à l'autre d'une même onde, par exemple, ne recevoir de valeurs sensibles que dans le voisinage d'une certaine droite émanée de l'origine.

Imaginons, en effet, que la petite région d'ébranlement ait à peu près la forme d'un disque plat normal à cette droite, composé de couches ou de feuillets parallèles à ses bases, et que les fonctions φ, φ_1, nulles *en moyenne* le long de toute perpendiculaire aux couches, varient beaucoup plus lentement d'un point à l'autre d'une même couche que d'une couche à l'autre. Il est alors évident que φ et φ_1 auront leurs valeurs moyennes à peu près nulles le long de

$r = t$ décrite autour du point quelconque (x, y, z), section sensiblement plane pour les points (x, y, z) non situés très près de l'origine. Or il est aisé d'en déduire, pour ces points, la loi, trouvée plus haut (p. 684), de la proportionnalité de φ à l'inverse de la distance $\sqrt{x^2 + y^2 + z^2}$ le long d'un même rayon, quand on suit l'onde dans sa marche ou, autrement dit, quand on fait varier la distance précisément autant que t, de manière à avoir constamment à considérer les mêmes sections planes σ. Alors le premier terme du second membre de (ζ) peut

s'écrire $\dfrac{1}{4\pi}\dfrac{\int \varphi\, d\sigma}{r}$, et il est évidemment inverse de $r = t$, c'est-à-dire de la distance.

Quant au deuxième terme, $\dfrac{1}{4\pi}\dfrac{d}{dr}\int \dfrac{\varphi_1\, d\sigma}{r}$, en y appelant σ, σ' deux sections parallèles consécutives, distantes de ε, faites dans la région d'ébranlement, et φ_1, φ_1' les valeurs de la fonction φ_1 sur les éléments respectifs $d\sigma$, $d\sigma'$ de ces sections, il peut évidemment s'écrire

$$\frac{1}{4\pi\varepsilon}\left(\frac{\int \varphi_1'\, d\sigma'}{r+\varepsilon} - \frac{\int \varphi_1\, d\sigma}{r}\right).$$

Or, vu la petitesse de la région d'ébranlement, l'intégrale $\int \varphi_1 d\sigma$ varie, d'une section σ à une autre parallèle, beaucoup plus vite que ne le fait la distance r du point donné (x, y, z) à ces sections respectives. Autrement dit, $\int \varphi_1' d\sigma'$ diffère de $\int \varphi_1 d\sigma$, relativement, beaucoup plus que $r + \varepsilon$ de r, et le terme considéré peut se réduire à

$$\frac{1}{4\pi r\varepsilon}\left(\int \varphi_1'\, d\sigma' - \int \varphi_1\, d\sigma\right) = \frac{1}{4\pi r}\frac{d\int \varphi_1 d\sigma}{d\varepsilon};$$

ce qui le rend bien inversement proportionnel, comme le précédent, à $r = t$, ou à la distance $\sqrt{x^2 + y^2 + z^2}$.

toute droite coupant les couches sous un angle de grandeur perceptible et, par suite, aux divers points de la section τ sensiblement plane (lieu de pareilles droites parallèles entre elles), faite dans la région d'ébranlement par une sphère d'un rayon fini ayant son centre (x, y, z) partout ailleurs qu'auprès de la droite considérée normale au disque. Ainsi, pour tous les points un peu éloignés de cette droite, on aura, dans la formule (ζ) [où le facteu $\frac{1}{r}$ peut sortir du signe $\int$], $\int \varphi\, d\tau = o$, $\int \rho_1\, d\sigma = o$, et, par suite, $\varphi = o$. Au contraire, pour les points voisins de la même droite ou situés, par rapport au disque, dans une direction sensiblement perpendiculaire à ses bases, les sections τ, beaucoup plus grandes que tout à l'heure et presque parallèles aux couches, ne rencontreront que quelques-unes de celles-ci : donc les intégrales $\int \varphi\, d\tau$, $\int \rho_1\, d\sigma$ s'y composeront, en général, non seulement de beaucoup plus d'éléments, mais aussi d'éléments tous de même signe, et seront elles-mêmes tantôt positives, tantôt négatives, ou n'auront de nul que la moyenne de leurs valeurs successives en chaque endroit. Par conséquent, les mouvements n'atteindront une amplitude sensible que dans la direction choisie.

On superposerait un nombre suffisant de pareils systèmes d'ondes, émanées simultanément du même centre, mais propageant le mouvement suivant divers rayons, pour obtenir un nouveau système, où les déplacements auraient suivant chaque direction telle amplitude qu'on voudrait.

Toujours dans l'hypothèse d'une région d'ébranlement très aplatie en forme de disque, mais avec des valeurs de φ ou ρ_1 qui y seraient de même signe partout, les déplacements φ produits, bien que cessant d'être aussi petits que précédemment aux points situés suivant les directions non perpendiculaires aux bases du disque, y seraient encore, néanmoins, beaucoup moindres qu'aux points voisins de la direction perpendiculaire, à cause des plus grandes valeurs de τ correspondant à ceux-ci; et ils n'y atteindraient pareille valeur moyenne que parce qu'ils persisteraient beaucoup plus longtemps, dans un rapport comme celui du diamètre du disque à son épaisseur. Par suite, les vitesses avec lesquelles ils se produiraient, étant inverses de leurs durées, se trouveraient encore, relativement, bien moindres qu'eux, dans un rapport de l'ordre du carré du précédent; et il en serait, à bien plus forte raison, de même des propres carrés de ces vitesses, ou des forces vives, qui sont surtout à considérer. La valeur moyenne de celles-ci continuerait donc à être, suivant la direction perpendiculaire choisie, incomparablement plus forte que suivant les autres. Ainsi, le mouvement se propage encore presque exclusivement dans le sens normal aux bases du disque (supposé assez plat), quand les déplacements n'ont pas lieu de part et d'autre des situations d'équilibre et qu'il y en a même d'appréciables, mais produits avec une grande lenteur relative, le long de tous les rayons issus de l'origine; ce qui confirme directement les considérations présentées un peu plus haut (p. 689).

On voit par là que le fait de *rayons lumineux* ou *sonores latéralement délimités*, c'est-à-dire d'ondes dans lesquelles l'amplitude n'est sensible que le long d'une droite donnée r émanée de l'origine, s'explique facilement, puisqu'il suffit d'y attribuer à la fonction φ_1 des valeurs nulles, sauf pour les directions très voisines de celle du rayon choisi r. Mais il importe de remarquer, vu qu'on ne paraît pas l'avoir fait encore, que *cette possibilité de disposer à volonté de l'amplitude aux divers points d'une même surface d'onde tient à l'existence des petits écarts* ξ, η, ζ, *ou à ce que les mouvements ne sont pas polarisés rigoureusement, mais seulement à fort peu près.* Et comme *ils cessent d'être rectilignes à une deuxième approximation*, il est clair que *toute étude fondée sur l'hypothèse d'une exacte rectilinéarité des trajectoires n'atteindra qu'un cas singulier, sans importance spé-*

ciale, et conduira, pour exprimer l'amplitude aux divers points d'une même onde, à des formules n'ayant rien de nécessaire, ou même jamais réalisées dans la nature. Ainsi, de pareilles formules n'auraient aucune valeur concrète (*).

En résumé, dans les mouvements propagés autour de l'origine, les expressions de u, v, w sont sensiblement les produits respectifs de l'inverse $\frac{1}{r}$ de la distance à cette origine par trois certaines fonctions l', m', n' des cosinus directeurs $\frac{x}{r}$, $\frac{y}{r}$, $\frac{z}{r}$ et par une fonction continue presque arbitraire, φ_1, de ces mêmes cosinus ainsi que de la petite différence $t - t_o$, où t_o désigne le produit de r par une autre fonction déterminée des mêmes rapports $\frac{(x, y, z)}{r}$. Et l'on voit enfin, sous cette forme analytique, que les lois précédentes, démontrées pour le milieu élastique dont les coordonnées sont x, y, z et les déplacements u, v, w, s'étendront sans difficulté à l'autre milieu élastique dont il est le transformé, savoir à celui dont les coordonnées x', y', z', et les déplacements u', v', w', sont liés aux siens par les relations (3) et (4) [p. 669 et 670]. Car les formules approchées

(*) J'ai reconnu, en étudiant, non plus le cas d'une rupture momentanée de l'équilibre, mais celui de mouvements périodiques à courte période et à composantes sensiblement pendulaires, propagés dans un solide isotrope avec une *célérité* constante V suivant l'axe des z, et d'amplitudes indépendantes de z, que l'hypothèse de déplacements u, v, w de la forme

$$\text{A} \cos k \left(t - \frac{z}{V} \right) + \text{B} \sin k \left(t - \frac{z}{V} \right),$$

avec A et B fonctions de x et de y, continue à y être admissible quand celle de l'exacte *rectilinéarité* des vibrations ne l'est plus, c'est-à-dire à cette deuxième approximation où l'on tient compte des termes en u', v', w' à côté de ceux en u'', v'', w'' (et les trajectoires y sont des ellipses ayant un axe parallèle à celui des z); mais qu'elle devient, à son tour, trop spéciale, quand on ne néglige plus les termes de l'ordre de u, v, w à côté de ceux en u'', v'', w''. Alors, en effet, elle conduit, pour les amplitudes A, B et pour les vitesses de propagation V, à des lois, d'ailleurs très curieuses, qui, dans les cas de graduelle variation en fonction de x et de y (où les orbites deviennent très allongées ou très aplaties suivant les z), ne s'observent plus pour peu que l'expression des déplacements s'écarte de cette forme *dite pendulaire exacte*, nullement obligatoire.

$$u' = \frac{1}{\sqrt{\alpha}} \, \frac{\ell'}{r} \, \varphi_1, \quad v' = \frac{1}{\sqrt{\beta}} \, \frac{m'}{r} \, \varphi_1, \quad w' = \frac{1}{\sqrt{\gamma}} \, \frac{n'}{r} \, \varphi_1,$$

de u', v', w', qu'on en déduira par les substitutions, dans les expressions de $\dfrac{(\ell', m', n')}{r}$ et de φ_1, à $r = \sqrt{x^2 + y^2 + z^2}$ et à $\dfrac{(x, y, z)}{r}$ de leurs valeurs tirées de (3) en fonction de $r' = \sqrt{x'^2 + y'^2 + z'^2}$ et de $\dfrac{(x', y', z')}{r'}$, seront encore, évidemment, les produits de $\dfrac{1}{r'}$ par certaines fonctions de $\dfrac{(x', y', z')}{r'}$ et par la fonction φ_1, devenue, en x', y', z', de forme analogue à ce qu'elle était en x, y, z.

SUR LES INTÉGRALES ASYMPTOTES DES ÉQUATIONS DIFFÉREN-
TIELLES,

Par M. J. Boussinesq (*).

Parmi les intégrales d'une équation différentielle $\frac{dx}{dt} = f(t, x)$, il y a lieu de considérer spécialement celles que j'ai appelées *asymptotes* (**) ou qui sont telles, que, pour une valeur donnée *quelconque* de t et pour toutes les valeurs, ou plus grandes, ou plus petites, la fonction x y diffère *aussi peu qu'on veut* de ce qu'elle est dans d'autres intégrales, *très distinctes* pourtant de celle-là, c'est-à-dire s'en écartant notablement pour les valeurs de t qui sont, au contraire, ou plus petites ou plus grandes que la valeur donnée. L'intégrale asymptote jalonne donc, sur tout son parcours, soit un lieu de réunion des intégrales particu-

(*) Cette note a été présentée à *l'Académie des Sciences* le 30 janvier 1882 ; voir les *Comptes-Rendus*, t. XCIV, p. 208.

(**) Dans le mémoire intitulé *Conciliation du véritable déterminisme mécanique*, etc., au Recueil de la Société des Sciences de Lille (t. VI, 1878, p. 50).

Je profiterai de l'occasion pour apporter ici un exemple à l'appui d'une des notes complémentaires qui suivent ce mémoire (p. 151), relative aux fonctions continues sans dérivée. J'ai démontré, dans cette note, qu'on peut toujours, étant donnée une telle fonction $f(x)$, former une fonction continue aussi peu différente qu'on veut de celle-là et pourvue cependant d'une dérivée ; qu'il suffit, à cet effet, si $F(x)$ est la fonction primitive de $f(x)$ et ε une constante très petite, de prendre pour la nouvelle fonction le rapport $\dfrac{F(x + \varepsilon) - F(x - \varepsilon)}{2\varepsilon}$, extrêmement peu différent de $f(x)$ par définition et qui admet la dérivée $\dfrac{f(x + \varepsilon) - f(x - \varepsilon)}{2\varepsilon}$. C'est, du reste, ce que l'on conçoit intuitivement ; car, le rapport dont il s'agit exprimant la moyenne $\displaystyle\int_{x-\varepsilon}^{x+\varepsilon} f(u)\, \frac{du}{2\varepsilon}$ des valeurs de $f(x)$ dans une très petite étendue de part et d'autre de la valeur considérée x de la variable, les inégalités d'amplitude insensible, mais à période infiniment courte, qui empêchent les très petites différences $\Delta f(x)$ de varier graduellement ou de posséder ce que j'appelle, au n° 1 de la même note (p. 152), la continuité relative, se trouveront infiniment atténuées,

lières, qui viennent, les unes après les autres, converger dans son voisinage sous la forme d'un faisceau étroit, soit, au contraire, un lieu de bifurcation ou de séparation des intégrales particulières, qui en divergent successivement. Elle diffère de la solution singulière en ce que son raccordement avec les intégrales ordinaires ne se complète, en toute rigueur, que pour $t = +\infty$ ou $-\infty$, non à des distances ou à des instants précis t; et elle se distingue des intégrales ordinaires en ce que, pour la valeur donnée de t, elle présente des écarts inférieurs à toute quantité assignable avec des intégrales particulières qui s'en sont trouvées ou qui en seront sensiblement distantes, tandis que, pour la même valeur *quelconque* de t, l'écart de chaque intégrale non-asymptote d'avec toute autre solution qui en a été ou

par neutralisation mutuelle, dans la moyenne, et la dérivée, expression de la continuité relative ainsi acquise, ne pourra manquer d'apparaître.

Appliquons cette idée à la fonction, continue et sans dérivée, mais d'ailleurs familière aux géomètres,

$$(1) \qquad y = \sum \frac{\sin a_i x}{a_i},$$

où a_i désigne des nombres très rapidement croissants avec i, comme, par exemple, les produits $1.2.3\ldots i$, et où le signe de sommation $\sum$ s'étend à toutes les valeurs entières de i depuis 1 jusqu'à ∞.

Comme on aura, ici,

$$\int_{x-\varepsilon}^{x+\varepsilon} \sin (a_i u)\, \frac{d u}{2\varepsilon} = \frac{\cos a_i (x-\varepsilon) - \cos a_i (x+\varepsilon)}{2 a_i \varepsilon} = \frac{\sin a_i \varepsilon}{a_i \varepsilon} \sin a_i x,$$

la fonction demandée, extrêmement peu différente de (1) et pourvue d'une dérivée, sera

$$(2) \qquad Y = \sum \frac{\sin a_i \varepsilon}{a_i \varepsilon}\, \frac{\sin a_i x}{a_i}.$$

Le coefficient $\dfrac{\sin a_i \varepsilon}{a_i \varepsilon}$, sensiblement égal à 1 pour autant de valeurs qu'on voudra de a_i à partir de la première, mais infiniment petit pour les valeurs infinies de a_i, n'altérera qu'excessivement peu tous les termes de la série (1) entrant pour quelque chose d'appréciable dans la somme de cette série; et il annihilera, pour ainsi dire, les termes à période infiniment courte, qui, tout insensibles qu'ils soient, ont des dérivées sensibles. Aussi, l'introduction de ce coefficient permettra-t-elle à la série (2) d'avoir la dérivée, parfaitement définie,

$$(3) \qquad \frac{d Y}{d x} = \frac{1}{\varepsilon} \sum (\sin a_i \varepsilon)\, \frac{\cos a_i x}{a_i},$$

Il est clair que, s'il se présentait, dans quelque application physique de l'analyse, une fonction continue sans dérivée, ou non graduellement variable, on aurait avantage à lui faire acquérir de même des dérivées; ce à quoi l'on pourrait

qui en sera notablement distante ne descend pas au-dessous d'une certaine limite différente de zéro. Bref, la solution asymptote constitue le *noyau*, ou mieux, *l'axe d'un faisceau* d'intégrales, sa partie infiniment serrée, qui, comprenant les intégrales réunies depuis l'infini ou destinées à ne se séparer qu'à l'infini, est absolument sans largeur; au contraire les intégrales ordinaires voisines ne se rattachent au faisceau que d'une manière moins étroite, si ce n'est à l'infini, et elles ne le suivent de près que sur une partie de son parcours.

Soit, par exemple, l'équation

$$\frac{dx}{dt} = 1 - x^2.$$

parvenir soit par l'atténuation, comme on vient de voir, de ses ondulations infiniment courtes et d'une amplitude infiniment petite, soit par un changement de variable qui réduirait, sinon la grandeur de ces ondulations, du moins leur variabilité. J'ai fait usage (p. 535 de ce volume) du premier procédé, pour débarrasser de petites inégalités sensibles une fonction régie par une équation aux différences mêlées et, grâce à cette sorte d'*uniformisation* ou de *régularisation*, pour transformer l'équation dont il s'agit en une autre simplement différentielle. Quant au second procédé, une occasion de l'appliquer s'est offerte au n° 21 de la même Étude (p. 467 à 468) dans la question du mouvement transversal d'une plaque : il y a consisté à choisir la seconde des deux formes (31 *bis*) d'une certaine intégrale définie, à l'exclusion de la première, afin de s'en tenir à celle des deux où la variable r est éliminée du facteur φ qui introduit dans l'intégrale des ondulations infiniment courtes.

Comme on attribue naturellement aux fonctions non seulement la continuité, mais même une variabilité graduelle, toutes les fois que c'est possible, la logique ou, du moins, les principes d'unité et d'ordre qui guident l'esprit dans ses inductions exigeraient peut-être que l'on complétât toujours, implicitement, les fonctions continues dites sans dérivée, par un terme infiniment petit de nature à leur donner une dérivée. Par exemple, il devrait être entendu qu'on ajouterait toujours aux n premiers termes d'une série convergente, pour obtenir la valeur de la série, un terme complémentaire R_n, et que ce terme R_n, tout en tendant vers zéro, varierait de plus en plus rapidement à mesure que n grandirait, si c'était nécessaire pour neutraliser des ondulations non moins rapides de la somme développée des n premiers termes. Il est vrai qu'on n'aurait plus alors le droit de différentier une série en différentiant ses termes successifs. Mais cette manière d'opérer souffre déjà une exception quand la série va cesser d'être convergente, là où justement le reste R_n, quoique fort petit, se met à varier très vite et où, par suite, bien que la série proposée puisse encore avoir une dérivée finie parfaitement déterminée, les dérivées de ses divers termes cessent de former une seconde série convergente. Or il est inévitable d'étendre l'exception à tous les cas où cette seconde série diverge, sans qu'on ait davantage le droit d'en conclure que la dérivée de la série proposée n'existe pas.

Son intégrale générale, entre les limites $x = \mp 1$, est

$$x = \operatorname{tang\ hyp}(t - c) = \frac{e^{t-c} - e^{c-t}}{e^{t-c} + e^{c-t}},$$

où il faut donner à c des valeurs équidistantes, si l'on veut avoir des solutions dont chacune diffère également de la précédente sur l'ensemble de son parcours. Pour une certaine valeur de t, la différence entre les deux expressions de x qui correspondront à deux valeurs consécutives c, c_1 de la constante égalera le quotient

$$\frac{\operatorname{sin\ hyp}(c - c_1)}{\operatorname{cos\ hyp}(t - c) . \operatorname{cos\ hyp}(t - c_1)} = 2 \frac{e^{c-c_1} - e^{c_1-c}}{(e^{t-c} + e^{c-t})(e^{t-c_1} + e^{c_1-t})},$$

quotient qui s'annule seulement quand $c = \pm \infty$, ou, par suite, quand $x = \mp 1$. Donc, il faut poser $c = \pm \infty$ si l'on veut avoir des solutions qui, pour une valeur donnée *quelconque* de t, présentent des écarts aussi petits qu'on voudra d'avec des solutions différentes s'en écartant notablement pour d'autres valeurs de t. C'est dire que les deux intégrales extrêmes $x = \mp 1$ sont asymptotes, à l'exclusion de toutes les autres.

En général, représentons par $\varphi(t, x) = c$ l'intégrale de l'équation proposée, et supposons le paramètre c assez bien choisi pour que deux solutions particulières différant notablement quelque part (ne fût-ce même que pour de très grandes valeurs absolues de t) correspondent toujours à deux valeurs, notablement différentes aussi, de ce paramètre c. Il est clair que, pour une valeur donnée de t, quelconque mais fixe, c change alors infiniment vite à l'instant où, x variant, on traverse l'axe d'un faisceau d'intégrales; car on croise, à ce moment, une infinité d'intégrales qui, étant venues, par exemple, s'approcher autant qu'on veut de l'axe pour des valeurs de t spéciales à chacune, avaient d'abord différé sensiblement les unes des autres et, par conséquent, correspondent à des valeurs de c notablement espacées dans l'intervalle compris entre la première d'entr'elles et $\pm \infty$. Cela exige que la dérivée de φ par rapport à x, ou le facteur d'intégrabilité de l'équation différentielle, soit infini sur tout le parcours d'un axe pareil. Ainsi, *les intégrales asymptotes s'obtiendront en égalant à l'infini le facteur d'intégrabilité*, procédé qui donne déjà, comme on sait, les solutions singulières, lieux des valeurs de x pour lesquelles, des intégrales voisines se joignant, l'écart dx de celles-ci est infiniment moindre qu'il n'est partout ailleurs, ou infiniment moindre que le changement correspondant dc du paramètre.

Et la même règle s'étendra à un système quelconque d'équations simultanées (qu'on peut concevoir ramené au premier ordre); car si $\varphi(t, x, y, z) = c$ désigne une intégrale générale d'un pareil système, aucune des fonctions de t appelées x, y, z ne pourra, en changeant aussi peu qu'on le voudra, entraîner une variation notable de c, que dans le cas où la dérivée correspondante (facteur d'intégrabilité) de φ en x, y ou z dépassera toute grandeur finie.

On voit même que ces intégrales asymptotes rendront infinie, non-seulement quelqu'une des dérivées $\dfrac{d\varphi}{d(x,y,z)}$, mais encore la fonction φ elle-même ou la constante d'intégration c, ce qui n'aura pas lieu dans les solutions singulières, où la valeur de φ, à chaque instant t, sera celle de c dans l'intégrale particulière qu'une autre voisine joindra, à cet instant même, sur la solution singulière considérée.

Quoique ce procédé implique l'hypothèse de facteurs d'intégrabilité n'introduisant, par l'intégration, que des constantes sensiblement variables lors du passage d'une intégrale à une autre qui ne s'en écarte beaucoup que pour de très grandes valeurs absolues de t, néanmoins, il m'a conduit à toutes les solutions asymptotes que j'ai eu à étudier dans le mémoire cité (*); et M. Poincaré a reconnu

(*) *Conciliation du véritable déterminisme mécanique*, etc., p. 69 à 77 et 88 à 98.

qu'il fournit aussi celles d'autres équations différentielles, étudiées par ce jeune et déjà éminent analyste. On pourra donc s'en servir, sous la réserve indiquée (et sauf à exclure par une discussion spéciale les solutions étrangères qu'il lui arriverait parfois de donner), en attendant que l'on découvre, si la chose est possible, une règle générale tout à fait sûre pour atteindre le même but.

Quand il s'agit d'équations linéaires, aucune intégrale n'est asymptote plutôt qu'une autre quelconque. En effet, les fonctions x, y, z sont alors du premier degré par rapport aux constantes c, et elles éprouvent, pour des accroissements déterminés de ces constantes, les mêmes variations quelle que soit l'intégrale particulière d'où l'on part; en sorte que diverses valeurs de x, y, z, équidistantes pour une valeur de t, ne cessent à aucun instant de l'être, toutes s'écartant à la fois les unes des autres ou se rapprochant à la fois. Ainsi, *les équations linéaires n'admettent pas plus d'intégrales asymptotes distinctes que de solutions singulières.* Mais toutes les intégrales peuvent y être dites asymptotes, quand elles se rapprochent indéfiniment pour $t = +\infty$ ou $= -\infty$, et quand de plus, pour d'autres valeurs de t, elles divergent, au contraire, au point que les plus rapprochées partout ailleurs s'y écartent autant qu'on veut et en comprennent par suite, entre elles, une infinité d'autres s'écartant ainsi indéfiniment. C'est ce qui arrive, par exemple, pour les équations

$$\frac{dx}{dt} + \frac{x}{t} = 0, \quad \frac{dx}{dt} + x = 0,$$

dont les intégrales,

$$x = \frac{c}{t}, \quad x = ce^{-t},$$

convergent, pour $t = \infty$, vers la valeur $x = 0$, et divergent infiniment, les unes, pour $t = 0$, les autres, pour $t = -\infty$.

SUR L'INTÉGRATION, PAR APPROXIMATIONS SUCCESSIVES, D'UNE
ÉQUATION AUX DÉRIVÉES PARTIELLES DU SECOND ORDRE,
DONT DÉPENDENT LES PRESSIONS INTÉRIEURES
D'UN MASSIF DE SABLE A L'ÉTAT
ÉBOULEUX ;

Par M. J. BOUSSINESQ.

J'ai montré, dans trois notes des *Comptes-Rendus de
l'Académie des Sciences* ([*]), que l'équilibre-limite d'une
masse sablonneuse à surface supérieure horizontale,
contenue latéralement par une paroi verticale ou modérément inclinée sur la verticale, est régi par l'équation

$$(1) \qquad r - a^2 t = \frac{(1 + a^2)^2\, s^2}{(1 - a^4)\, x + (t - a^2 r)},$$

où r, s, t sont les trois dérivées secondes respectives $\frac{d^2\varpi}{dx^2}$,
$\frac{d^2\varpi}{dx\,dy}$, $\frac{d^2\varpi}{dy^2}$ d'une certaine fonction ϖ de deux coordonnées
x et y (la première, verticale, croissante de haut en bas, la
deuxième, horizontale, plus grande que $-ax$ dans tout le
massif), et où a désigne la tangente du demi-complément
$\frac{\pi}{4} - \frac{\varphi}{2}$ de l'angle φ de frottement intérieur du sable. Les

([*]) 17, 24 et 31 mars 1884; t. XCVIII, p. 667, 729 et 790.

dérivées secondes r, s, t importent seules, car c'est d'elles
que dépendent les pressions

$$-N_x = \Pi\,(x+t), \quad T = \Pi s, \quad -N_y = \Pi\,(a^2 x + r)$$

exercées dans le massif, dont Π représente le poids spécifique. D'ailleurs, ces dérivées secondes, ou même la fonction ϖ et, par conséquent, ses dérivées partielles premières,
s'annulent en tous les points où l'on a $y > ax$; de sorte
qu'il suffit de les déterminer dans un assez petit angle
dièdre, compris entre la paroi et le plan $y = ax$, où la différence $y - ax$ est négative et où d'ailleurs la somme $y + ax$
est, comme dans tout le reste du massif, supérieure à zéro.

A cet effet, r, s, t restant partout notablement moindres que
x en valeur absolue, une première approximation s'obtient
par l'annulation, dans l'équation (1), du second membre,
comparable à $\dfrac{s^2}{x}$ et, par conséquent, bien inférieur à r, s
ou t. Alors l'intégrale de (1) se réduit à

$$\varpi = f\,(y - ax) + f_1\,(y + ax).$$

Le second terme, $f_1\,(y + ax)$, s'y annule même par suite de
la condition spéciale $\varpi = 0$ (pour $y \geqq ax$), tandis que le
premier terme $f\,(y - ax)$ s'y détermine au moyen d'une
autre condition spéciale, exprimant le glissement du massif
contre la paroi. Par exemple, quand celle-ci est verticale,
on trouve $f''(y - ax) = \dfrac{y - ax}{a + \cot\varphi_1}$, φ_1 désignant l'angle du
frottement extérieur; et r, s, t ont les valeurs approchées
$a^2 f''(y - ax)$, $-a f''(y - ax)$, $f''(y - ax)$ (*). Ainsi, le
deuxième membre de (1) devient à fort peu près une fonction explicite de x et de y.

Il en serait de même si la surface supérieure du massif,
au lieu d'être horizontale, était inclinée, cas où, en faisant
tourner d'un angle γ convenablement choisi les axes précé-

(*) Voir, pour tous ces détails, les trois articles cités des *Comptes-Rendus*.

dents de coordonnées (dans le sens de oy vers ox), l'on continuerait à avoir l'équation (1) et les expressions ci-dessus de $-N_x$, T, $-N_y$, sauf le changement, partout, de x en $x\cos\gamma+\dfrac{y}{a^2}\sin\gamma$; et la surface supérieure serait représentée par la relation $y=-a^2 x\cot\gamma$ (avec $y>0$).

En résumé, dans tous ces cas, l'équation aux dérivées partielles du problème devient, à une deuxième approximation, de la forme simple

$$(2)\qquad r-a^2 t = \mathrm{F}(x,y),$$

presque aussi facilement intégrable que celle de première approximation, $r-a^2 t=0$. Quand ϖ et, par conséquent, r, s, t seront, de la sorte, mieux connus, leur substitution dans le second membre de (1) donnera une expression encore meilleure de $\mathrm{F}(x,y)$. Donc l'équation (2) pourra fournir alors une troisième approximation; et ainsi de suite.

Pour intégrer (2), introduisons, au lieu de x et de y, les deux nouvelles variables

$$(3)\quad\begin{cases} \alpha=y+ax,\ \beta=y-ax;\ \text{d'où}\ x=\dfrac{\alpha-\beta}{2a},\ y=\dfrac{\alpha+\beta}{2}.\\[2ex] \dfrac{d}{dx}=a\left(\dfrac{d}{d\alpha}-\dfrac{d}{d\beta}\right),\ \dfrac{d}{dy}=\dfrac{d}{d\alpha}+\dfrac{d}{d\beta},\ \dfrac{d^2}{dx^2}-a^2\dfrac{d^2}{dy^2}=-4a^2\dfrac{d^2}{d\alpha\,d\beta}. \end{cases}$$

L'équation (2), divisée par $-4a^2$, devient

$$(4)\qquad \frac{d^2\varpi}{d\alpha\,d\beta}=-\frac{1}{4a^2}\,\mathrm{F}\left(\frac{\alpha-\beta}{2a},\ \frac{\alpha+\beta}{2}\right),$$

Multiplions par $d\beta$ et intégrons à partir de $\beta=0$ (ou de $y-ax=0$), en observant que ϖ et ses dérivées tant premières que secondes s'annulent à cette limite. Nous aurons

$$\frac{d\varpi}{d\alpha}=-\frac{1}{4a^2}\int_0^\beta \mathrm{F}\left(\frac{\alpha-\beta}{2a},\ \frac{\alpha+\beta}{2}\right)d\beta;$$

et une seconde intégration donnera enfin, si $f(\beta)$ ou $f(y-ax)$ désigne une fonction arbitraire, nulle pour $\beta = o$, qu'on déterminera au moyen de la condition de glissement du massif contre la paroi,

$$(5) \qquad \varpi = f(\beta) - \frac{1}{4a^2} \int_o^\alpha d\alpha \int_o^\beta F\left(\frac{\alpha-\beta}{2a}, \frac{\alpha+\beta}{2}\right) d\beta.$$

Par exemple, dans le cas d'une paroi verticale, avec surface supérieure horizontale, pour lequel la valeur de s, à une première approximation, est,

$$s = -a\,f''(y-ax) = -\frac{a}{a+\cot\varphi_1}(y-ax),$$

le second membre de (1), réductible sensiblement à $\dfrac{1+a^2}{1-a^2}\dfrac{s^2}{x}$, devient, pour le calcul de la deuxième approximation, $\dfrac{1+a^2}{1-a^2}\left(\dfrac{a}{a+\cot\varphi_1}\right)^2\dfrac{(y-ax)^2}{x}$; de sorte qu'en posant, pour abréger,

$$(6) \qquad c = \frac{1+a^2}{1-a^2}\left(\frac{a}{a+\cot\varphi_1}\right)^2,$$

l'on a

$$(7) \qquad F(x,y) = c\,\frac{(y-ax)^2}{x} = 2\,ac\,\frac{\beta^2}{\alpha-\beta}.$$

On trouve alors, successivement,

$$\left\{ \begin{aligned} &\int_o^\beta \frac{\beta^2}{\alpha-\beta}\,d\beta = -\alpha\beta - \frac{\beta^2}{2} + \alpha^2 \log\frac{\alpha}{\alpha-\beta}, \\ &\int_o^\alpha d\alpha \int_o^\beta \frac{\beta^2\,d\beta}{\alpha-\beta} = \frac{1}{3}\left[-\alpha^2\beta - \frac{1}{2}\alpha\beta^2 + \alpha^3 \log\frac{\alpha}{\alpha-\beta} - \beta^3 \log\frac{-\beta}{\alpha-\beta}\right], \end{aligned} \right.$$

et, d'après (5), en substituant à α et β leurs valeurs (3),

$$(8) \quad \varpi = f(y - ax) + \frac{c}{6a}\left[(y^2 - a^2 x^2)\frac{3y + ax}{2} \right.$$
$$\left. + (y - ax)^3 \log \frac{y - ax}{-2ax} - (y + ax)^3 \log \frac{y + ax}{2ax} \right]$$

Il en résulte, par deux différentiations,

$$(9) \quad r = a^2 f''(y - ax) + ca\left[\frac{y^2}{ax} - \frac{y + ax}{2} + (y - ax)\log\frac{y - ax}{-2ax} \right.$$
$$\left. - (y + ax)\log\frac{y + ax}{2ax} \right],$$

$$s = -af''(y - ax) - c\left[-\frac{y - ax}{2} + (y - ax)\log\frac{y - ax}{-2ax} \right.$$
$$\left. + (y + ax)\log\frac{y + ax}{2ax} \right],$$

$$t = f''(y - ax) + \frac{c}{a}\left[\frac{3}{2}(y - ax) + (y - ax)\log\frac{y - ax}{-2ax} \right.$$
$$\left. - (y + ax)\log\frac{y + ax}{2ax} \right].$$

Enfin, la fonction $f''(y - ax)$ se détermine au moyen de la condition, spéciale à la paroi,

$$(10) \quad (\text{pour } y = o) \quad \frac{T}{-N_y} \quad \text{ou} \quad \frac{s}{a^2 x + r} = \text{tang } \varphi_1.$$

qui donne, d'après les valeurs (9) de s et r,

$$(11) \quad (\text{pour } y < ax) \quad f''(y - ax) = \left[1 + \frac{c}{2a}(\cot\varphi_1 - a + 4a\log 2) \right]\frac{y - ax}{a + \cot\varphi_1}$$

Ainsi, les expressions (9) de r, s, t et celles des pressions $-N_x = \Pi(x + t)$, $T = \Pi s$, $-N_y = \Pi(a^2 x + r)$, sont homogènes, du premier degré, en x et y; d'où il suit que les pressions continuent à être pareillement distribuées, comme à la première approximation, en tous les points d'une droite quelconque émanée de l'origine, et que les surfaces de rupture sont encore homothétiques par rapport à cette origine.

Sur toute la couche contiguë à la paroi (verticale) il vient

$$(\text{pour } y = o)$$

$$(12) \begin{cases} -N_y = \Pi x \dfrac{a^2}{1 + a\,\mathrm{tang}\,\varphi_1}\left[1 + (-1 + 2\log 2)\,c\right], \\[2ex] \dfrac{-N_x}{-N_y} = \dfrac{1}{a^2}\dfrac{1 - (2 - 2\log 2 + a\,\mathrm{tang}\,\varphi_1)\,c}{1 + (-1 + 2\log 2)\,c}, \quad \dfrac{T}{-N_y} = \mathrm{tang}\,\varphi_1. \end{cases}$$

On voit que la composante normale, $-N_y$, de la poussée supportée par l'unité d'aire de la paroi, égale le produit de Πx, c'est-à-dire de la poussée qu'exercerait le sable s'il était fluide, par le coefficient

$$(13) \qquad k = \dfrac{a^2}{1 + a\,\mathrm{tang}\,\varphi_1}\left[1 + (-1 + 2\log 2)\,c\right].$$

Lorsqu'on passe de la première approximation à la deuxième, ce coefficient est donc augmenté dans le rapport de 1 a $1 + (-1 + 2\log 2)\,c$, ou de 1 à $1 + (0{,}3863)\dfrac{1+a^2}{1-a^2}\left(\dfrac{a}{a + \cot\varphi_1}\right)^2$, vu la valeur, 1,3863 environ, du double du logarithme népérien de 2 et l'expression (6) de c.

Par exemple, dans le cas d'un sable ordinaire contenu par une paroi rugueuse, il faut faire $\varphi = \varphi_1 = 34°$; d'où $a = \mathrm{tang}\,28° = 0{,}5317$, $c = 0{,}1246$; et la valeur de première approximation trouvée pour k, qui était $\dfrac{a^2}{1 + a\,\mathrm{tang}\,\varphi_1} = 0{,}2081$, se trouve multipliée par 1,04813 ou augmentée de 0,01002 et portée à $k = 0{,}2181$.

Pour juger du progrès de l'approximation d'une de ces valeurs à l'autre, observons que chacune d'elles exprimerait exactement k, si l'angle de frottement intérieur φ', égal à φ

pour $y \geq ax$, était variable pour $y < ax$ et s'y trouvait défini, en chaque point, par l'équation

$$(14) \qquad \sin^2 \varphi' = \left(\frac{N_x - N_y}{N_x + N_y} \right)^2 + \left(\frac{2T}{N_x + N_y} \right)^2.$$

Dans le cas de la première approximation, ces valeurs de φ' croissent de plus en plus à mesure qu'on approche de la paroi et, sur la paroi même, quand φ_1 égale φ, on y a $\sin \varphi' = \dfrac{\sin \varphi}{\cos \left(\dfrac{\pi}{4} - \dfrac{\varphi}{2} \right)}$; ce qui, pour $\varphi = 34°$, donne $\varphi' = 39°17',8$, ou un accroissement total de $39°17',8 - 34° = 5°17',8$. Dans le cas de la deuxième approximation, le second membre de (14) devient fort complexe et d'une étude peu aisée. Mais il est probable que φ', toujours égal à φ sur le plan $y = ax$, s'éloigne encore sans cesse de φ quand on approche de la paroi, et que, par suite, sa valeur la plus distante de φ se produit à la paroi même ou pour $y = o$. Or les deux dernières formules (12), en prenant $\varphi_1 = 34°$, donnent alors

$$\frac{-N_x}{-N_y} = \frac{1}{a^2} \frac{1 - 0,12116}{1 + 0,04813} = 2,9659, \qquad \frac{T}{-N_y} = \operatorname{tang} 34°;$$

d'où

$$\sin^2 \varphi' = \left(\frac{1,9659}{3,9659} \right)^2 + \left(\frac{2 \operatorname{tang} 34°}{3,9659} \right)^2 = 0,36143, \quad \varphi' = 36°57',3.$$

Ainsi, la deuxième approximation suppose l'angle du frottement intérieur, près de la paroi, encore trop grand, de $36°57',3 - 34° = 2°57',3$. L'approximation gagnée sur cet angle par rapport à la valeur précédente $39°17',8$, n'est donc que de $39°17',8 - 36°57',3 = 2°20',5$ ou $140',5$. Or on peut conjecturer que, si cette approximation de $140',5$ sur l'angle en question a fait grandir le coefficient k de $0,01002$, une approximation parfaite, qui diminuerait cet angle

de tout ce qu'il avait d'abord en trop, c'est-à-dire de
$5°17',8 = 317',8$, produirait sur le coefficient k une augmentation totale sensiblement proportionnelle, ou exprimée
par $\dfrac{0,01002 \times 317',8}{140',5} = 0,0227$. La vraie valeur du coefficient
doit donc être, à peu près,

$$k = 0,2081 + 0,0227 = 0,2308.$$

Ce résultat confirme, de la manière la plus satisfaisante,
la méthode pratique que j'ai donnée, dans l'article du 31
mars 1884 cité plus haut, pour évaluer k par le moyen de
deux limites, l'une supérieure, l'autre inférieure, déduites
des formules de la première approximation, et dont on
prend finalement la simple moyenne arithmétique. En
effet, ces deux limites sont, ici, 0,2081, 0,2538 et leur
moyenne est, par suite,

$$k = 0,2309,$$

valeur pratiquement identique, comme on voit, à la précédente 0,2308.

ÉCLAIRCISSEMENTS ET COMPLÉMENTS

RELATIFS SURTOUT À L'ÉQUILIBRE STATIQUE OU DYNAMIQUE DE
DEUX CORPS QUI SE TOUCHENT.

P. 43, ligne 5 en remontant, après le mot « compréhensive »,
mettre en note: « Cette continuité, *trop compréhensive*, des fonctions simples de l'analyse, consiste surtout en ce que le plus petit
arc de la courbe qui les représente suffit pour qu'on puisse en
déduire la courbe entière, contrairement à ce qui arrive dans le
cas des fonctions arbitraires (si graduellement variables qu'on les
suppose) introduites par l'intégration des équations aux dérivées
partielles, et exprimant, par exemple, l'état initial d'un corps. »

P. 210, après la ligne 11, ajouter les deux alinéas suivants:

« Toute cette théorie, donnée pour le cas d'un corps élastique
naturellement limité par le plan $z = o$, s'étend d'ailleurs à celui d'un
corps dont la surface dans l'état naturel, tangente, par exemple,
à ce plan des xy, au centre de la future région d'application pris
pour origine, s'en écarte tout autour de quantités, $z = \varphi(x, y)$,
très petites entre les limites où surviennent ensuite des déplacements normaux sensibles w. Alors les conditions spéciales à cette
surface limite $z = \varphi(x, y)$ peuvent être censées se rapporter toujours, par raison de continuité, au plan $z = o$, vu que les écarts
$\varphi(x, y)$, comparés aux dimensions de la partie sensiblement déformée du corps, ne sont presque rien. Mais, une fois ce corps
élastique soumis à la pression P d'un corps dur (supposé lui avoir
été d'abord tangent à l'origine des coordonnées), la surface de

contact, siége de la pression P, a sa nouvelle ordonnée z, qui se compose toujours d'une fonction connue $\psi(x, y)$ exprimant la forme du corps dur et de trois termes w_0, ay, bx exprimant son rapprochement ou ses rotations, égale à la somme du petit déplacement subi w et de l'ordonnée primitive $\varphi(x, y)$, généralement non moins forte que w. La troisième condition spéciale, à joindre à $p_x = o$, $p_y = o$ sur toute la région d'application, n'est donc plus

$$w = \psi(x, y) + w_0 + ay + bx,$$

mais bien

$$w = \psi(x, y) - \varphi(x, y) + w_0 + ay + bx,$$

relation de même forme, où, seulement, la fonction $\psi(x, y) - \varphi(x, y)$ remplace la fonction $\psi(x, y)$, comme elle la remplace aussi dans l'expression des écarts existant, hors de la région de contact, entre la surface du corps élastique et celle du corps dur. En effet, ceux-ci sont évidemment, avant les déplacements, $\varphi(x, y) - \psi(x, y)$ et, après les déplacements,

$$w + \varphi(x, y) - \psi(x, y) - w_0 - ay - bx.$$

Ainsi, *la question de l'équilibre d'un corps élastique, limité par une surface un peu courbe $z = \varphi(x, y)$, et dont se rapproche un corps dur ayant une surface donnée $z = \psi(x, y)$, qui le touchait d'abord en un seul point, est identique à ce qu'elle devient quand la surface du corps élastique se réduit dans l'état naturel au plan $z = o$, pourvu que celle du corps dur tangent ait alors pour équation $z = \psi(x, y) - \varphi(x, y)$.*

Dans le cas, assez ordinaire, où les deux corps, avant de se comprimer, sont assimilables sur toute l'étendue de leurs futures surfaces de contact à deux paraboloïdes ayant pour axe la normale commune, le corps dur à considérer dans le problème transformé, ou dont la surface a pour équation $z = \psi(x, y) - \varphi(x, y)$, est aussi, évidemment, un paraboloïde analogue ; car la différence des deux polynômes homogènes du second degré $\psi(x, y)$, $\varphi(x, y)$ constitue un nouveau polynôme pareil. Le problème de la compression mutuelle, suivant leur axe commun, de ces deux corps à surface paraboloïdale, se ramène par conséquent au cas, étudié plus loin (n° 51 *bis*, p, 230), où la surface de celui des deux corps qui est élastique a sa forme naturelle plane et où l'autre est limité par un paraboloïde ayant l'équation $z = \psi\,(x, y) - \varphi\,(x, y)$; de sorte que ces deux corps ainsi transformés fictivement gardent entr'eux, soit avant, soit après les déformations, mêmes écarts, respectivement, que les deux corps réels proposés. »

P. 248, au bas du texte, ajouter ceci :

« Nous avons supposé naturellement plan le corps élastique que vient presser, sur une très petite partie de sa surface, un corps dur à forme arrondie, d'abord simplement tangent à cette surface. Mais on a vu que le problème est encore le même, quand la surface du corps élastique présente, elle aussi, dans l'état naturel, de légères courbures, à la condition d'observer que les déplacements w de sa partie en contact avec le corps dur sont alors les excès des ordonnées primitives $z = \psi\,(x, y)$ de la surface du corps dur sur celles, $z = \varphi\,(x, y)$, de la surface du corps élastique, accrus du déplacement w_0 du centre de cette région de contact. Tout se passe donc comme si la surface primitive du solide élastique était plane, mais que la surface du corps dur fût le paraboloïde ayant pour équation $z = \psi\,(x, y) - \varphi\,(x, y)$; et il suffit qu'on se donne les trois coefficients de la fonction homogène du second degré $\psi\,(x, y)$, définissant, avec la forme de la surface de contact, l'orientation ou l'azimut d'une de ses deux sections principales dans le plan tangent primitif $z = 0$, pour que, si la pression P est d'ailleurs supposée connue, l'on puisse déterminer complètement l'ellipse de contact, c'est-à-dire la grandeur de ses deux demi-axes a, b et l'azimut de l'un d'eux.

Or, imaginons maintenant qu'il y ait du côté des z négatifs, au lieu du corps dur, un second corps élastique poli, d'une forme paraboloïdale également connue, et qui, d'abord tangent, pour $x = 0$, $y = 0$ au plan $z = 0$, comme le corps élastique proposé, se soit un peu rapproché de celui-ci, dans le sens de l'axe normal des z, de manière à faire naître entr'eux la pression P. Il est naturel de se demander si la surface, alors inconnue, de contact, peut être un paraboloïde $z = \psi\,(x, y)$, savoir, celui dont les *trois* paramètres [coefficients des termes en x^2, $2\,xy$ et y^2 de la fonction $\psi\,(x, y)$] se détermineront par les *trois* équations exprimant que l'ellipse de contact correspondante, dans les deux corps, a même demi-grand axe a, même demi-petit axe b, et orientation pareille. Comme le mode de répartition de la pression P à son intérieur, exprimé par la formule (b) [p. 232], sera le même de part et d'autre, comme, d'ailleurs, la surface paraboloïdale de contact prolongée, à courbures naturellement intermédiaires entre celles des deux corps, passera, d'après ce qu'on a vu après la formule (d') [p. 237], en dehors des deux surfaces déformées de ces deux corps élastiques, c'est-à-dire entr'eux, toutes les conditions de l'équilibre simultané des deux corps pressés l'un contre l'autre se trouveront satisfaites, y compris celles de raccordement relatives à $z = o$, au nombre de six (savoir p_x, p_y nuls dans chacun des deux corps, et w, p_z égaux respectivement de part et d'autre). Ainsi le problème de cet équilibre sera résolu.

Si, par exemple, les corps dont il s'agit sont deux sphères, de rayons r, r', et de même nature, en appelant ρ le rayon de courbure de la surface de contact, compté positivement quand il est opposé à r ou de même sens que r'), on aura, pour la première sphère, $\varphi(x,y) = \dfrac{x^2 + y^2}{2r}$, $\psi(x,y) = - \dfrac{x^2 + y^2}{2\rho}$; d'où, dans le paraboloïde fictif de contact $- z = \dfrac{x^2 + y^2}{2\,\mathrm{R}}$, répondant au cas où la forme naturelle de la région d'application, sur cette sphère, est supposée rendue plane,

$$\varphi(x,y) - \psi(x,y) \text{ ou } - z = \left(\frac{1}{r} + \frac{1}{\rho}\right) \frac{x^2 + y^2}{2};$$

et les formules (f) [p. 246], (c''') [p. 236], où il faudra faire $\dfrac{1}{\mathrm{R}'} = \dfrac{1}{\mathrm{R}} = \dfrac{1}{r} + \dfrac{1}{\rho}$, $b = a$, donneront

$$(g) \qquad a^3 \left(\frac{1}{r} + \frac{1}{\rho}\right) = \frac{3\,(\lambda + 2\mu)}{16\,\mu\,(\lambda + \mu)}\,\mathrm{P}, \quad w_0 = a^2 \left(\frac{1}{r} + \frac{1}{\rho}\right).$$

On obtient, en accentuant r et w_0, des relations analogues pour le second corps élastique, à cela près que, par rapport à lui, la concavité du paraboloïde de contact change de sens, ou que ρ y devient $- \rho$. Par suite, a, P étant, ainsi que λ et μ, les mêmes de part et d'autre, une comparaison immédiate donne $\dfrac{1}{r} + \dfrac{1}{\rho} = \dfrac{1}{r'} - \dfrac{1}{\rho}$, ou

$$(g') \qquad \frac{1}{\rho} = \frac{1}{2} \left(\frac{1}{r'} - \frac{1}{r}\right),$$

valeur de $\dfrac{1}{\rho}$ montrant que la courbure de la surface de contact a, comme il le fallait bien, le signe de la plus grande des deux $\dfrac{1}{r}$, $\dfrac{1}{r'}$, mais une valeur moindre. Et il vient alors par l'élimination de

r, en observant que $w_0 + w_0'$ est le rapprochement total, ϑ, des centres des deux sphères, corrélatif à leur compression,

$$(g'') \qquad \left(\frac{1}{r} + \frac{1}{r'}\right) a^3 = \frac{3\,(\lambda + 2\mu)}{8\,\mu\,(\lambda + \mu)}\,P, \quad 2\,w_0 = 2\,w_0' = \vartheta = \left(\frac{1}{r} + \frac{1}{r'}\right) a^2.$$

En portant dans la première de celles-ci la valeur de a tirée de la dernière, on voit que *la pression mutuelle* P *est proportionnelle à la puissance* $\frac{3}{2}$ *du rapprochement éprouvé* ϑ, *lequel l'est lui-même au carré du rayon* a *du petit cercle de contact.* La pression P, répartie sur ce cercle d'après la formule (b) [p. 232], devient d'ailleurs maxima au centre, où elle atteint par unité d'aire la valeur $\frac{3}{2}\,\frac{P}{\pi a^2}$, et où les trois déformations *principales* ∂ qu'elle produit deviennent aussi, évidemment, maxima en valeur absolue : par raison de symétrie, ces dilatations principales ∂ y sont, l'une, $\frac{dw}{dz}$ et, les deux autres, égales entre elles, $\frac{du}{dx}$, $\frac{dv}{dy}$. Leur somme θ vaut $-\frac{3\,P}{2\,(\lambda+\mu)\,\pi a^2}$ en vertu d'une loi, due à Lamé, démontrée au n° 17 (p. 77), après les formules (43) ; et comme, d'ailleurs, on a, en ce centre, $-\frac{3\,P}{2\pi a^2} = \lambda\theta + 2\mu\,\frac{dw}{dz}$, la *contraction* $-\frac{dw}{dz}$ y est $\frac{3\,P}{4\,(\lambda+\mu)\,\pi a^2}$, tandis que chacune des deux autres, $-\frac{du}{dx}$, $-\frac{dv}{dy}$, y vaut, par suite, moitié moins.

Quand le rapprochement des deux sphères est dû à un choc, les seules déformations perceptibles ont lieu près de la surface de contact, dans des parties dont la masse totale et les inerties sont insignifiantes, en égard à leurs tensions. Ainsi, l'équilibre intérieur régi par les formules (g'') y existe sensiblement à tout instant du choc. Le système élastique de deux sphères ou, plus généralement, de deux corps contigus à formes massives et arrondies, est donc de ceux (dont on voit des exemples aux p. 507, 535, 541, 558, 561) où la *force vive* se trouve *séparée* presque entièrement de la *force de ressort*, de manière à n'en troubler que peu les lois ; et la réaction mutuelle P y est, même à l'état de mouvement, simple fonction du rapprochement ϑ des parties en présence non encore déformées sensiblement. C'est bien ce que suppose la théorie élémentaire du choc direct des corps élastiques, confirmée par l'expérience dans ce cas de corps massifs.

Si ρ désigne la densité commune des sphères, m et m' leurs masses $\frac{4}{3}\,\pi\rho r^3$ et $\frac{4}{3}\,\pi\rho\,r'^3$, les accélérations du centre de chacune vers le centre de l'autre vaudront respectivement $-\frac{P}{m}$, $-\frac{P}{m'}$; et l'on aura , pour équation de leur mouvement de rapprochement,

$$(g''') \qquad \frac{d^2\delta}{dt^2} = -\left(\frac{1}{m}+\frac{1}{m'}\right)P = -\frac{2u(\lambda+\mu)}{\pi\rho(\lambda+2\mu)}\frac{\dfrac{1}{r^3}+\dfrac{1}{r'^3}}{\sqrt{\dfrac{1}{r}+\dfrac{1}{r'}}}\,\delta^{\frac{3}{2}}.$$

On en déduit aisément, par exemple, la valeur maximum du rayon a du cercle de contact ; résultat particulièrement intéressant , car il peut être constaté en recouvrant l'une des sphères d'une mince couche d'huile , ou d'un enduit coloré , capable de laisser sa trace sur les parties touchées de l'autre. A cet effet, on multiplie (g''') par $2\frac{d\delta}{dt}\,dt$, et l'on intègre depuis le commencement du choc, où l'on avait $\delta = 0$, jusqu'au milieu de sa durée , où δ et a sont maximums, en observant que la dérivée $\frac{d\delta}{dt}$ s'annule à la limite supérieure et n'est autre chose, à la limite inférieure , que la vitesse V du choc , c'est-à-dire celle avec laquelle se rapprochent les deux sphères au moment où elles commencent à se toucher. Si l'on élimine enfin δ par la seconde formule (g''), il vient

$$(g^{\text{iv}}) \qquad \text{Maximum de } a = \left[\frac{5\pi\rho(\lambda+2\mu)}{8\mu(\lambda+\mu)}\frac{V^2}{\left(\dfrac{1}{r^3}+\dfrac{1}{r'^3}\right)\left(\dfrac{1}{r}+\dfrac{1}{r'}\right)^2}\right]^{\frac{1}{5}}.$$

On trouve, non moins aisément, pour la moitié de la durée du choc, en appelant α le quotient du rapprochement δ à un moment donné t par sa valeur maxima,

$$(g^{\text{v}}) \quad \left\{ \quad \left[\frac{5\pi\rho(\lambda+2\mu)}{8\mu(\lambda+\mu)}\frac{\sqrt{\left(\dfrac{1}{r}+\dfrac{1}{r'}\right)\dfrac{1}{V}}}{\dfrac{1}{r^3}+\dfrac{1}{r'^3}}\right]^{\frac{2}{5}} \int_0^1 \frac{d\alpha}{\sqrt{1-\alpha^{\frac{5}{2}}}}, \right.$$

expression où l'intégrale définie (égale , d'après M. Hertz, à 1,4716) peut se calculer en développant la fonction $\left(1-\alpha^{\frac{5}{2}}\right)^{-\frac{1}{2}}$ par la formule du binôme, puis intégrant en série, et évaluant la différence du résultat d'avec le développement analogue de $\displaystyle\int_0^1 \frac{dx}{\sqrt{1-x^2}}$ ou $\frac{\pi}{2}$.

Dans le cas le plus simple, les deux sphères sont égales et vont l'une vers l'autre avec une vitesse initiale, v, moitié de V. Le cercle de contact, au moment de sa plus grande étendue, a donc alors pour rayon, d'après (g^{iv}), $\left[\dfrac{10\pi_0\,(\lambda+2\mu)}{\mu\,(\lambda+\mu)}\right]^{\frac{1}{5}}\dfrac{r}{2}\,v^{\frac{2}{5}}$. Comme d'ailleurs, par raison de symétrie, le plan fixe mené perpendiculairement au milieu de la ligne des centres marque une limite qu'aucune des deux sphères ne dépasse, rien ne serait changé si ce plan devenait une paroi inébranlable, ou si le problème traité était celui du choc normal d'une sphère élastique de rayon r, animée de la vitesse v, contre un plan rigide fixe.

Au moment où se terminait l'impression de ce volume (décembre 1884), je me suis aperçu que M. Hertz (Heinrich), de Berlin, avait déjà reconnu, dans un Mémoire allemand (*Ueber die Berührung fester elastischer Korpër*) inséré en 1882 au *Journal für die reine und angewandte Mathematik* (t. XCII, p. 156), qu'une surface paraboloïdale de contact, réduite à une très petite partie elliptique voisine de son sommet, satisfaisait aux conditions de raccordement de deux corps élastiques arrondis en équilibre, pressés normalement l'un contre l'autre, et que les lois de cet équilibre, approximativement vérifiées même dans le mouvement des deux corps, conduisaient à celles de leur choc quand le frottement y est négligeable. La vue de ses formules m'a donné l'idée du Complément actuel et du précédent, consacrés à ces belles questions qu'il a traitées le premier. »

P. 356, *à la fin, ajouter* : « Notre solide élastique indéfini en tous sens, supposé s'être trouvé d'abord à l'état naturel, pourrait aussi avoir son mouvement produit non à la suite de déplacements initiaux donnés de certaines de ses parties, ou de vitesses initiales qu'on leur imprimerait, mais par l'application de forces extérieures X, Y, Z, venant s'y exercer sur l'unité de volume à partir de l'époque $t = o$. Quand il en est ainsi, les déplacements effectifs u, v, w à toute époque ultérieure t s'obtiennent, vu la forme linéaire des équations, en ajoutant ou superposant : 1° ceux d'équilibre que régissent les équations (177) [p. 277], représentés par les formules (185) [p. 286], ou (195) [p. 291] dans le cas le plus simple ; 2° des déplacements variables u, v, w, régis par les équations ordinaires

(;) du mouvement [p. 352], et déterminés de manière que leur somme avec les précédents vérifie les conditions d'état initial, c'est-à-dire de manière qu'ils aient leurs dérivées premières par rapport à t nulles pour $t = o$ et leurs propres valeurs à la même époque $t = o$ égales et contraires aux déplacements d'équilibre. »

P. 374, *ligne* 7 *en remontant; ajouter :* « Il est clair, d'ailleurs, que ces procédés d'intégration continueraient à s'appliquer, si l'équation aux dérivées partielles (1) [p. 357], s'augmentait, à son premier membre, de termes proportionnels à des dérivées de la fonction φ prises, par rapport à z, un nombre de fois $\varkappa$ inférieur à $\varkappa$, et, par rapport à z, $2 (\varkappa - \alpha)$ fois : on aurait seulement, à la place de (14) et (16), des équations différentielles moins simples, mais toujours linéaires, de l'ordre $\varkappa$ et à coefficients constants. »

P. 391, *ligne* 18; *ajouter cette phrase :* « On le vérifie, du reste, directement en découpant l'espace, autour du point $(x, y, \ldots)$, en zones concentriques $f\,d\varpi$, $= K r^{m-1}\, dr = K (\sqrt{2t})^m\, \xi^{m-1}\, d\xi$, d'un rayon $r = \xi \sqrt{2t}$ infiniment petit à l'époque $t = o$, et en observant que le second membre de (38) devient alors, pour cette époque $t = o$,

$$\frac{K}{K'} \int_o^\infty \psi \left(\frac{\xi^2}{2} \right) F (x, y, \ldots) \xi^{m-1}\, d\xi = F (x, y, \ldots). \text{ »}$$

P. 498, *ligne* 2, *après* « rupture », *ajouter* « (car les dilatations de la fibre la plus étendue, produites symétriquement de part et d'autre du point $x = o$, deviennent maxima en ce point) ».

P. 615, *ligne* 13., *à la fin de la phrase, mettre en note :* « Cette formule (159), étant une équation indéfinie, peut se différentier par rapport à z, et donnerait généralement $\dfrac{d^n \varphi}{dz^n} = \dfrac{d^n \varpi_o}{dt^n}$. Donc, on déduirait, si c'était nécessaire, de (204), au moyen de 2,4,6,8,... différentiations par rapport à t, les dérivées successives de φ en z, à la limite $z = o$: ce qui permettrait de connaître la manière dont φ varie en fonction de z au-dessous de la surface, dans les premières ondes considérées ici, et, par conséquent, les circonstances que le mouvement y présente à diverses profondeurs. »

P. 622, *formule* (212). — Il serait presque aussi simple, et peut-être préférable, d'y remplacer $i\pi$ par un arc très grand quelconque α, ou de ne pas supposer i entier; ce qui ajouterait au second membre de (214) le terme $\dfrac{i^2\pi^2}{a^2 + i^2\pi^2}\,\dfrac{\sin i\pi}{a}$, réductible, dans le troisième membre de (214), à la quantité très petite $-\dfrac{a\sin i\pi}{a^2 + i^2\pi^2}$, par sa combinaison avec le terme $-\displaystyle\int_0^{i\pi} \dfrac{1}{a}\cos a_n da_n = -\dfrac{\sin i\pi}{a}$.

P. 625, *à la fin de la note, ajouter :* « Mais j'observerai ici que, dans le cas considéré d'une houle à mouvements insensibles au fond, la forme, *pendulaire à une première approximation*, des petits déplacements périodiques, ou des vitesses u, v, w, peut être bien simplement établie. En effet, d'une part, il résulte d'une démonstration donnée dans cet *Essai sur la théorie des Eaux courantes* (*Additions*, p. 13 et 14) que les vitesses u, v, w, réduites à leurs termes *de première approximation*, sont les dérivées en x, y, z d'une fonction φ, toutes les fois qu'il s'agit de déplacements *périodiques* de faible amplitude, fussent-ils même non pendulaires. D'autre part, en appliquant la démonstration des pages 586 et 587 ci-dessus à une houle insensible au fond propagée dans le sens des x, de manière à y choisir pour l'espace ϖ celui que limitent en avant et en arrière deux plans normaux aux x, distants d'une longueur d'onde, sur lesquels la dérivée $\dfrac{d\pi}{dn}$ aura constamment des valeurs égales et contraires, on verra que l'équation indéfinie (166) [p. 588] s'étend au cas de ces houles. Elle y donne par conséquent

$$\frac{d^4\varphi}{dt^4} + q^2\,\frac{d^2\varphi}{dx^2} = 0,$$

ou bien

$$\frac{d^4\varphi}{dt^4} + \frac{q^2}{\omega^2}\,\frac{d^2\varphi}{dt^2} = 0,$$

vu la forme de φ, $\varphi = f(x - \omega t, z)$, caractéristique de toute *houle*, c'est-à-dire de tout système d'ondes *courantes*, animées d'une certaine *célérité* constante ω. Or cette équation différentielle implique évidemment, pour $\dfrac{d^2\varphi}{dt^2}$ et, par suite, pour la fonction périodique φ (de valeur moyenne nulle), la forme pendulaire, ou la proportionnalité au cosinus d'un arc fonction linéaire de t. »

ERRATA.

P. 80, *dernière ligne de la note ; au lieu de* « obliques », *lire* « tangentielles ».

P. 81, *à la fin de la première ligne du titre du § III, au lieu du mot* « de », *lire* « des ».

P. 84, *ligne 4 en remontant, à la fin, lire* « sin x ».

P. 203, *ligne 20 ; au lieu de w, lire w_0.*

P. 206, *ligne 24 ; au lieu de* « pose » *lire* « posé ».

P. 233, *dernière ligne, au commencement de la formule, lire* « b'') $\dfrac{1}{R}$ = etc.. ».

P. 248, *à la note, ligne 3 en remontant, au lieu de* « ocillations », *lire* « oscillations ».

P. 293, *dernière ligne, lire ainsi :* « x = o et x = π ».

P. 325, *ligne 6 en remontant ; à la fin, rétablir le mot* « a ».

P. 328, *dernière ligne, lire* « valeurs ».

P. 395, *ligne 11, au lieu de :* « a », *lire* « est », *et, à l'avant-dernière ligne de la note, à la fin, lire* « $\gamma \dfrac{d}{d\gamma}$ ».

P. 398, *formule* (*f*), *au lieu du dénominateur* $\psi(\gamma)$, *lire* $\psi'(\gamma)$.

P. 495, *à la fin, lire* « $\sqrt{\pi}$ ».

P. 508, *dans la formule, après le signe* =, *lire* « $f(\omega t - x)$ ».

P. 579, *ligne 9 en remontant, lire* « de t = — : à t = o ».

P. 598, *ligne 6 de la note, lire* « ρ = o et ρ = ρ ».

P. 611, *à la formule de la note, sous le radical, lire :* « $z^2 + (x - \xi)^2 + (y - v)^2$ ».

P. 614, *formule* (200), *lire* « γ = etc. »

P. 623, *formule* (216), *après les signes* =, *lire* « $\dfrac{\pi}{2}$ ».

P. 626, *ligne 1, lire* « $\mp kC$ = etc. »

Lille Imp. L. Danel.

9 782329 212753